普通高等教育“十一五”国家级规划教材
高等学校教材

地理信息系统原理与方法

（第四版）

Principles and Methods of Geographical Information Systems, Fourth Edition

吴信才　主　编
吴　亮　万　波　副主编

電子工業出版社
Publishing House of Electronics Industry
北京・BEIJING

内 容 简 介

本书是普通高等教育"十一五"国家级规划教材，详细介绍了地理信息系统（GIS）的原理与方法。本书分13章，重点介绍了GIS相关概念、空间数据结构、GIS的地理数学基础、GIS数据输入、空间数据处理、空间数据管理、空间分析、GIS数据可视化与制图、数字高程模型、网络GIS、三维GIS、GIS工程与标准、GIS发展趋势等内容。本书免费提供电子课件，可以登录司马云（www.smaryun.com）或华信教育资源网（www.hxedu.com.cn）注册后下载。

本书内容全面、针对性强，可作为地理信息系统、遥感、软件工程、测绘等专业本科生和研究生的教材，也可以作为城市规划、国土管理、环境科学及相关领域研究和开发人员的参考书。

图书在版编目（CIP）数据

地理信息系统原理与方法 / 吴信才主编. —4版. —北京：电子工业出版社，2019.8

ISBN 978-7-121-36658-1

Ⅰ. ①地… Ⅱ. ①吴… Ⅲ. ①地理信息系统－高等学校－教材 Ⅳ. ①P208.2

中国版本图书馆CIP数据核字（2019）第100422号

策划编辑：冉 哲
责任编辑：底 波
印　　刷：北京盛通数码印刷有限公司
装　　订：北京盛通数码印刷有限公司
出版发行：电子工业出版社
　　　　　北京市海淀区万寿路173信箱　邮编　100036
开　　本：787×1 092　1/16　印张：23.5　字数：601.6千字
版　　次：2002年3月第1版
　　　　　2019年8月第4版
印　　次：2024年8月第9次印刷
定　　价：68.00元

凡所购买电子工业出版社图书有缺损问题，请向购买书店调换。若书店售缺，请与本社发行部联系，联系及邮购电话：（010）88254888，88258888。

质量投诉请发邮件至zlts@phei.com.cn，盗版侵权举报请发邮件至dbqq@phei.com.cn。

本书咨询联系方式：ran@phei.com.cn。

前　言

随着信息技术的迅猛发展，以地理信息系统（GIS）为代表的空间信息技术水平迅速提高，应用领域不断扩大。人们对空间信息的要求在广泛性、精确性及综合性等方面也越来越高。伴随着计算机技术、信息技术、空间技术的发展，GIS正逐步建立起独立的理论体系和完整的技术系统，在国民经济建设和社会生活的各个方面发挥着越来越重要的作用。

经过近40年的发展，我国的GIS无论是在理论、技术方面，还是在应用方面都有了很大的发展，在某些方面已经处于国际先进水平。

中国地质大学（武汉）地理与信息工程学院，从20世纪80年代开始涉足GIS的研究，先后承担了原地质矿产部“八五”科技攻关项目、“九五”国家重中之重科技攻关项目、“十五”国家863项目、“十一五”国家863重点项目，以及“十五”“十一五”“十二五”国家支撑计划、国家自然科学基金项目等。经过20多年的不懈努力，积累了丰富的科研实践经验，创建了一套GIS技术方法及先进的GIS软件开发体系，培养了一支强大的科研技术队伍，建立了一个先进的教学科研基地（地理信息系统软件及其应用教育部工程研究中心/国家地理信息系统工程技术研究中心），研制了具有国际先进水平的GIS基础平台软件MapGIS。该软件先后荣获地质矿产部科技成果一等奖，国家科技进步二等奖，在国家科学技术部组织的国产GIS软件测评中连续十年名列榜首，成为国家科学技术部向全国推荐的首选GIS软件平台。该软件应用范围涉及地质、地理、石油、煤炭、有色、冶金、测绘、土地、城建、建材、旅游、交通、铁路、水利、林业、农业、矿山、出版、教育、公安、军事等20多个领域的专业与管理部门。

但是，GIS在理论和技术上仍然面临着许多新的课题需要研究和探讨，如三维GIS、网络GIS、移动GIS、云GIS、物联网GIS等；GIS还必须和其他应用技术，如遥感（RS）、全球导航卫星系统（GNSS）、人工智能（AI）及多媒体技术等相结合，才有可能得到更大的发展，才能更好地满足社会对信息的需要。而怎样将这些技术结合在一起，也正成为人们研究的方向。

本书是在2014年第三版的基础上修编而成的。本书针对近年来GIS的发展，新增了“智能GIS”“物联网GIS”“地理空间信息服务生态环境建设”等内容，比较充分地反映了当前GIS的最新理论、技术、方法及发展趋势，可以满足广大GIS学习者、从业者和研究者的需要。

本书由吴信才任主编，吴亮、万波任副主编，参与本书编写的人员还有胡茂胜、陶留锋、陈占龙、何占军、王润、杨林、叶亚琴、李圣文、江宝得、周林、郭明强、左泽均、尹培培等，这些同志长期从事GIS的研究和应用开发，具有丰富的实践经验。书中融入了科研集体在近年内取得的科研成果。

由于水平有限，再加上很多内容正处在研究、探索之中，书中错误在所难免，欢迎同行专家和读者批评指正。

本书免费提供电子课件，请登录司马云（www.smaryun.com）或华信教育资源网（www.hxedu.com.cn）注册后下载。

吴信才

目　录

第1章 绪 论

信息技术发展突飞猛进，信息产业获得空前发展，信息资源得到爆炸式扩张。多尺度、多类型、多时态的地理信息是人类研究和解决土地、环境、人口、灾害、规划、建设等重大问题时所必需的重要信息资源。信息时代人类对信息资源采集、管理、分析提出了很高的要求。系统论、信息论、控制论的形成，计算机技术、通信技术、人造卫星遥感等空间技术、自动化技术的应用，为信息资源的科学管理展示更加广阔的前景。地理信息系统（Geographic Information System，GIS）是在上述学科不断发展的历史背景下产生的，它是一门集计算机科学、信息科学、现代地理学、测绘遥感学、环境科学、城市科学、空间科学和管理科学为一体的新兴边缘学科。GIS 的迅速发展不仅为地理信息现代化管理提供契机，而且有利于其他高新技术产业的发展，可为人类提供规划、管理、决策的有用信息。

1.1 GIS 基本概念

1.1.1 信息与数据

信息是现实世界在人们头脑中的反映。人们用数字、文字、符号、语言、图形、影像、声音等把它记录下来，进行交流、传递或处理。信息向人们提供关于现实世界各种事实的知识。例如，一个人的存在，可以从姓名、性别、年龄、籍贯、社会关系、职称、工资等方面来描述，当一个人的情况发生变化时，如年龄变化、工资改变等，均应及时地对反映他的信息进行更新。由此可知，信息是客观事物的存在及演变情况的反映。

信息具有 4 个方面的特点。① 客观性：信息是客观存在的，任何信息都是与客观事物紧密联系的，但同一信息对不同的部门来说会有完全不同的重要性。② 适用性：信息对决策是十分重要的，它可作为生产、管理、经营、分析和决策的依据，因此它具有广泛适用性。③ 传输性：信息可以在信息发送者和接收者之间传输，既包括系统把有用信息送至终端设备（包括远程终端）和以一定形式提供给有关用户，也包括信息在系统内各子系统之间的传输和交换。信息在传输、使用、交换时其原始意义不会被改变。④ 共享性：在现代信息社会中，信息共享是最基本的特点，共享可使信息被多用户使用。随着科技进步和社会发展，信息已经与能源、材料一样重要。各个领域对信息应用的要求越来越高，信息就是成功和胜利的保证。谁掌握了信息的脉搏，谁就是未来竞争的胜利者。

由于需要对信息进行加工、处理、管理和使用，所以就要把信息记录下来，记录信息的手段有数字、文字、符号、声音、图像等。对于计算机而言，数据是指输入计算机并能被计算机进行处理的一切现象（数字、文字、符号、声音、图像等）。在计算机环境中，数据是描述实体或对象的唯一工具。数据是用以载荷信息的物理符号，没有任何实际意义，只是一种数学符号的集合，只有在其中加上某种特定的含义，它才代表某一实体或现象，这时数据才变成信息。GIS 的建立首先需要收集数据，然后对数据进行处理。成熟的 GIS 必须保证数据的正确表达和无误差传播。在不同阶段，数据在 GIS 处理框架中的赋存形态是不同的，同一实体在不同的GIS数据结构中，其描述数据的表现形式是不同的，甚至其数据的值也是不同的。同一数据由不同的人解释，其结果可能不同，必须保障数据的语义信息能够得到正确表达，并使其在应用中能被正确理解，以保证用户间数据畅通。

信息与数据是不可分离的，信息是数据的内涵，是数据的内容和对数据的解释，而数据是信息的表达。也就是说，数据是信息的载体，只有理解了数据的含义，对数据进行解释，才能得到数据中所包含的信息。GIS的建立过程就是信息（或数据）按一定方式流动的过程。通常，对信息和数据无须进行严格区分，在不引起误解的情况下可以通用，如“数据处理”与“信息处理”在一般情况下有相同的含义。

1.1.2 空间数据与地图

研究自然总是从搜集个别的自然现象、物体的空间特征开始。空间特征又称空间信息，空间信息可以从3个方面来描述：位置信息、属性信息和时间信息。位置信息与非位置信息彼此独立地随时间发生变化。空间数据是以点、线、面等方式，采用编码技术对空间物体进行特征描述，以及在物体间建立相互联系的数据集。位置信息用定位数据（也称几何数据）来记录，它反映自然现象的地理分布，具有定位的性质；非位置信息用属性数据来记录，它描述自然现象、物体的质量和数量特征。例如，地面上的山峰，可以从其所在的经度和纬度得知其具体的位置，而相应地理位置上的峰顶高程数据就是属性数据。一个井泉，可以从地形图上确定它的地理坐标（几何数据），而井泉的地面高度、性质、涌水量等参数则是该井泉的一系列属性信息。地质学家研究断裂构造，一方面要搜集断层通过的确切地点（几何数据），另一方面要记录该断层在不同地点的产状、性质和它的断距（属性数据）。时间是空间物体存在的形式之一，空间和时间相互联系而不能分割，时间信息反映空间物体的时序变化及发展过程与规律，无论是几何数据还是属性数据，都是在某一时刻采集的空间信息，时间信息也可隐含在属性数据中。

空间数据的表示方法有很多，空间数据的载体可以是以数字形式记录在磁盘上的信息，也可以是记录在纸上的地图，最常用的也是人们最习惯的方法是以地图形式来表示空间数据。地图是表达客观事物的地理分布及其相互联系的空间模型，是反映地理实体的图形，是对地理实体的简化和再现。它不仅能反映客观事物的瞬时存在，而且能反映自然界的动态变化；它不仅能反映某事物独立存在的属性，而且能反映诸事物的空间分布、组合和相互联系及其在时间中的变化。地图由点、线、面组成，它们被称为地图元素。例如，地图上的点可以是矿点、采样点、高程点、地物点和城镇等；地图上的线可以是地质界线、铁路、公路、河流等；地图上的面可以是土壤类型、水体、岩石类型等。地图元素由空间参考坐标系中的位置和非空间属性加以定义，地图通常是地理数据的二维表示，但也不排除多维表示，只是三维以上的表示难以在平面上描绘出来。地图的图例起着说明作用，是空间实体与非空间属性联系的关键。非空间属性可以用颜色、符号、数字、文字表示，使其明显易读，图例则对它们进行注释。

1.1.3 地理信息与地学信息

地理信息是表征地理系统诸要素的数量、质量、分布特征、相互联系和变化规律的数字、文字、图像及图形等的总称。从地理数据到地理信息的发展，是人类认识地理事物的一次飞跃。地球表面的岩石圈、水圈、大气圈和人类活动等是最大的地理信息源。地理科学的一个重要任务就是迅速采集地理空间的几何信息、物理信息和人为信息，并实时地识别、转换、存储、传输、再生成、显示、控制和应用这些信息。

地理信息属于空间信息，它通过经纬网或公里网建立的地理坐标来实现空间位置的识别，这种定位特征是地理信息区别于其他类型信息的最显著的标志。地理信息还具有多维结构的特征，即在二维空间的基础上实现多专题的第三维结构，而各个专题型、实体型之间的联系是通过属性码进行的，这就为地理系统各圈层之间的综合研究提供了可能，也为地理系统多层次的分析和信息的传输与筛选提供了方便。

地学信息所表示的信息范围更广，它不仅来自地表，还包括地下、大气层，甚至宇宙空间。凡是与人类居住的地球有关的信息都是地学信息。地学信息具有无限性、多样性、灵活性、共享性等特点。同地球上的自然资源、能源本身不同，地学信息不但没有限度，而且会爆炸式地增长。随着人类社会的发展，地学信息是人们深入认识地球系统、适度开发资源、净化能源、保护环境的前提和保证。人类将从地学信息中赢得预测、预报的时间，获得调控人流、物质和能量的科学依据及有效途径。

1.1.4 信息系统和 GIS

信息系统是能对数据和信息进行采集、存储、加工和再现，并能回答用户一系列问题的系统。信息系统的四大功能是数据采集、管理、分析和表达。信息系统是基于数据库的问答系统。在辅助决策过程中，信息系统可提供有用的信息。从计算机科学角度看，信息系统由硬件、软件、数据和用户 4 个主要部分组成。在计算机时代，大部分重要的信息系统都是部分或全部由计算机系统支持的，如目前流行的图书情报信息系统、经营信息系统、企业管理信息系统、金融管理信息系统、人事档案信息系统、空间信息系统和其他一些信息系统等。

GIS 有许多定义，不同的应用领域，不同的专业，对它的理解是不一样的，有人认为 GIS 是管理和分析空间数据的计算机系统，在计算机软硬件支持下对空间数据按地理坐标或空间位置进行各种处理，完成数据输入、存储、处理、管理、分析、输出等功能，对数据进行有效管理，研究各种空间实体及其相互关系，通过对多因素信息的综合分析可以快速地获取满足应用需要的信息，并能以图形、数据、文字等形式表示处理结果。还有人认为 GIS 是一种特定而又十分重要的空间信息系统，它是采集、存储、管理、分析和描述整个或部分地球（包括大气层在内）空间和地理分布有关的数据的空间信息系统。又有人认为 GIS 就是数字制图技术和数据库技术的结合。有人按研究专业领域不同给予 GIS 不同的名称，如地籍信息系统、土地信息系统、环保信息系统、管网信息系统和资源信息系统等。1987 年，英国教育部（DOE）下的定义："GIS 是一种获取、存储、检查、操作、分析和显示地球空间数据的计算机系统。"1988 年，美国国家地理信息与分析中心（NCGIA）下的定义："GIS 是为了获取、存储、检索、分析和显示空间定位数据而建立的计算机化的数据库管理系统。"应该说，上述定义均比较科学地阐明了 GIS 的对象、功能和特点。实际上，GIS 是在计算机软硬件支持下，以采集、存储、管理、检索、分析和描述空间物体的定位分布及与之相关的属性数据，并回答用户问题等为主要任务的计算机系统。

1.2 GIS 的发展过程

1.2.1 GIS 在国外的发展

GIS 起源于北美，是 20 世纪 60 年代逐渐发展起来的一门新兴技术。GIS 在国外的发展，可分为以下几个阶段。

1．起步阶段

20 世纪 60 年代初，计算机应用普及以后，很快就被应用于空间数据的存储和处理中。将原有的地图转换为能被计算机识别的数字形式，并利用计算机对地图信息进行存储和处理，这就是 GIS 的早期雏形。世界上第一个 GIS 是 1963 年由加拿大测量学家 R.F.Tomlinson 提出并建立的，称为加拿大地理信息系统（CGIS），主要用于自然资源的管理和规划。不久，美国哈佛大学研究生部主任 Howard T.Fisher 设计和建立了 SYMAP 系统软件，由于当时计算机技术水平的限制，使得 GIS 带有更多的机助制图色彩。这一阶段很多 GIS 研究组织和机构纷纷成立，1966 年美国成立了城市和区域信息系统协会（URISA），1968 年国际地理联合会（IGU）设立了地理数据收集委员会（CGDSP）。这些组织和机构的建立对传播 GIS 知识和发展 GIS 技术起着重要的指导作用。

2．发展阶段

20 世纪 70 年代，由于计算机硬件和软件技术的飞速发展，尤其是大容量存储设备的使用，促进了 GIS 向实用的方向发展，不同专题、不同规模、不同类型的各具特色的 GIS 在世界各地纷纷研制出来，美国、加拿大、英国、瑞典和日本等国对 GIS 的研究均投入了大量的人力、物力、财力。从 1970 年到 1976 年，美国地质调查局发展了 50 多个 GIS，用于获取和处理地质、地理、地形和水资源等信息；1974 年，日本国土地理院开始建立数字国土信息系统，存储、处理和检索测量数据、航空相片信息、行政区划、土地利用、地形地质等信息；瑞典在中央、区域和城市分三级建立了许多信息系统，如土地测量信息系统、斯德哥尔摩 GIS、城市规划信息系统等。这一阶段 GIS 受到政府、商业和学校的普遍重视，一些商业公司开始活跃起来，相关软件在市场上受到欢迎，据统计大约有 300 多个系统投入使用，许多大学和机构开始重视 GIS 软件设计及应用研究，如纽约州立大学布法罗校区创建了 GIS 实验室，1988 年发展成为包括加州大学和缅因州大学在内的由美国国家科学基金会支持的国家地理信息和分析中心。

3．应用阶段

20 世纪 80 年代，由于计算机迅速发展，GIS 逐步走向成熟，并在全世界范围内全面推广应用，应用领域不断扩大，GIS 与卫星遥感技术结合，开始用于全球性的问题，如全球变化和全球监测、全球沙漠化、全球可居住区评价、厄尔尼诺现象、酸雨、核扩散及核废料等。例如，美国地质调查局应用 GIS 对美国三里岛核泄漏事件在 24 小时内就做出了反应，并迅速地对核扩散进行了影响评价。20 世纪 80 年代是 GIS 发展具有突破性的年代，仅 1989 年市场上有报价的相关软件就有 70 多个，并涌现出一些有代表性的 GIS 软件，如 ARC/INFO、GenaMap、SPANS、MapInfo、ERDAS、Microstation、SICAD、IGDS/MRS 等。其中，ARC/INFO 已经越来越多地为世界各国地质调查部门所采用，并在区域地质调查、区域矿产资源与环境评价、矿产资源与矿权管理中发挥着越来越重要的作用。

4．普及阶段

20 世纪 90 年代至今，随着地理信息产品的建立和数字化信息产品在全世界的普及，GIS 已成为确定性的产业，每 2—3 年投入使用的 GIS 数量就翻一番，GIS 市场销售的年增长率为 35%以上，从事 GIS 的厂家已超过 1000 家。GIS 已渗透到各行各业，涉及千家万户，成为人们生产、生活、学习和工作中不可缺少的工具和助手。目前，随着计算机软硬件技术、数据库技术、网络技术、多媒体技术等计算机技术的迅速发展，GIS 的应用领域也进一步扩大。GIS 与虚拟环境技术相结合的虚拟 GIS，GIS 与 Internet 相结合的 WebGIS，GIS 与专家系统、神经网络技术相结合的智能 GIS，在网络支持下及分布式环境下实现跨地域的空间数据和地理信息处理资源共享的开放式 GIS 都得到了长足的发展，并将广泛应用于云计算、物联网、下一代互联网、泛在网、计算机、智能芯片等领域。另外，GIS 与各种应用模型（如环境模型、降雨模型）的结合，GIS 与 GNSS（Global Navigation Satellite System，全球导航卫星系统）、RS（Remote Sensing，遥感）的进一步集成，并行处理技术在 GIS 中的应用等都有了一定的发展。作为信息化社会的基础设施之一，GIS 已经成为许多机构日常工作中必不可少的工具，并将融入人类社会的各个方面，包括社区服务、车辆服务、手机位置服务、社交、娱乐、健康、医疗、教育等，大众化 GIS 已成为必然趋势。

1.2.2 GIS 在我国的发展

GIS 的研制与应用在我国起步较晚，虽然历史较短，但发展势头迅猛。GIS 在我国的发展可分为以下 4 个阶段。

1．准备阶段

20 世纪 70 年代初期，我国开始尝试将计算机应用于地图绘图和遥感领域。1972 年，我国开始研制绘图自动化工具；1974 年引进美国地球资源卫星图像并开展了卫星图像的处理和分析工作；1976 年召开了第一次遥感技术规划会议，并开展了部分遥感实验；1977 年开展了对数字地形模型基本数据的特征参数及其提取的试验，与此同时，我国第一张由计算机输出的全要素图诞生；1978 年召开了第一次数据库学术讨论会。这个时期开展的学术探讨和试验研究为我国 GIS 研制和开发积累了一定的经验，奠定了技术基础。

2．起步阶段

20 世纪 80 年代初期，随着计算机技术的发展，GIS 在我国全面进入试验阶段。1981 年，在渡口滩进行了遥感和 GIS 的典型试验，研究了多源数据采集的方法；成都计算机应用研究所围绕区域数据模型的建立，开展了大量的试验；与此同时，国内许多研究机构也开展了部分专题试验，设计了一些通用的软件。这个时期，我国在人才培养和机构建设方面也有很大发展，1985 年建立了我国第一个资源与环境系统实验室；1987 年在北京举行了国际地理信息系统学术讨论会；同时，相关高校也开设了 GIS 课程。这些都为我国 GIS 的发展奠定了良好的应用基础。

3．发展阶段

20 世纪 80 年代中期到 20 世纪 90 年代中期，我国 GIS 的研究和应用进入有组织、有计划、有目标的发展阶段，逐步建立了不同层次、不同规模的组织机构、研究中心和实验室。中国科学院于 1985 年开始筹建国家资源与环境系统实验室，这是一个新型的开放性研究实验室。1994 年，中国 GIS 协会在北京成立。GIS 研究逐步与国民经济建设和社会生活需求相结合，并取得了重要进展和实际应用效益，主要表现在 4 个方面：① 制定了国家 GIS 规范，解决了信息共享和系统兼容问题，为全国 GIS 的建立做准备；② 应用型 GIS 发展迅速；③ 在引进的基础上扩充和研制了一批相关软件；④ 开始出版有关 GIS 理论技术和应用等方面的著作，并积极开展国际合作，参与全球性GIS的讨论和实验。1992年10月，联合国经济发展部（UNDESD）在北京召开了城市GIS学术讨论会，对指导、协调和推动我国GIS发展起着重要的作用。

4．推广阶段

20世纪90年代中期至今，我国GIS技术在技术研究、成果应用、人才培养、软件开发等方面进展迅速，并力图将GIS从初步发展时期的研究实验、局部应用推向实用化、集成化、工程化，为国民经济发展提供辅助分析和决策依据。GIS在研究和应用过程中走向产业化，成为国民经济建设普遍使用的工具，并在各行各业发挥重大作用。另外，在应用方面，GIS在资源开发、环境保护、城市规划建设、土地管理、交通、能源、通信、地图测绘、林业、房地产开发、自然灾害的监测与评估、金融、保险、石油与天然气、军事、犯罪分析、运输与导航、110报警系统、公共汽车调度等方面都得到了具体应用。近年来，GIS通过网络的形式不断影响人们的生活。互联网地图、手机地图等所提供的GIS服务，给人们的日常生活带来了极大的便利。未来，GIS将逐步渗透到各行各业，随时随地地影响人们的生活。

1.3 地球信息科学与GIS软件及类型

1.3.1 地球信息科学

地球信息科学是研究地球表层信息流，以及地球表层资源与环境、经济与社会的综合信息流的科学。就地球信息科学的技术特征而言，它是记录、测量、处理、分析和表达地球参考数据及地球空间数据学科领域的科学。它属于边缘学科、交叉学科及综合学科，是以信息流作为研究的主题，即研究地球表层的资源、环境和社会经济等一切现象的信息流过程，以及以信息作为纽带的物质流、能量流等。

"信息流"这一概念是陈述彭院士在1992年针对地图学在信息时代面临的挑战而提出的。他认为，地图学的第一难关是解决地球信息源的问题。在16世纪以前，人类获取地图信息源主要通过艰苦的探险、组织庞大的队伍，采用当时认为是最先进的技术装备来解决这个问题；到了16～19世纪，地图信息源主要来自大地测量及建立在三角测量基础上的地形测图；20世纪前半叶，地图信息源主要来自航空摄影和多学科综合考察；20世纪后半叶，地图信息源主要来自卫星遥感、航空遥感和全球导航卫星系统。可以预见，21世纪，地图信息源将主要来自由卫星群、高空航空遥感、低空航空遥感、地面遥感平台，并由多光谱、高光谱、微波及激光扫描系统、定位定向系统（Position and Orientation System，POS）、数字成像系统等共同组成的星、机、地一体化、立体的对地观测系统。它可基于多平台、多谱段、全天候、多分辨率、多时相对全球进行观测和监测，极大地提高了信息获取的手段和能力。但是，无论是何种信息源，其信息流程都表现为：① 信息的获取；② 存储检索；③ 分析加工；④ 最终输出产品。

GIS与遥感、全球导航卫星系统等高新技术是进行研究地球信息科学的主要技术手段，即地球信息科学的研究手段是通过由GIS、RS和GNSS所构成的"3S"技术对地面进行立体观测的系统。该系统运作特点是在空间上是整体的，而不是局部的；在时间上是长期的，而不是短暂的；在时序上是连续的，而不是间断的；在时相上是同步的、协调的，而不是异相的；在技术上是由GIS、RS和GNSS这3种技术集成的，而不是孤立的。

1.3.2 GIS 软件

目前国外研发出比较流行的 GIS 软件有美国 Esri 公司的 ArcGIS、美国 Intergraph 公司的 MGE、美国 MapInfo 公司的 MapInfo、加拿大阿波罗科技集团的 Titan GIS 等。国内开发的比较流行的 GIS 软件有武汉中地数码公司的 MapGIS、北京超图公司的 SuperMap、北京大学的 Citystar、武汉大学吉奥公司的 GeoStar、北京灵图公司的 VRMap、中国林业科学研究院的 VIEWGIS 等，这些国产 GIS 软件的出现打破了国外 GIS 软件对我国市场的垄断，开创了用计算机编制地学图件的新时代，对推动我国的国民经济、提高综合国力起到了积极的促进作用。这些国产的 GIS 软件也相继推出了自己的组件化产品。

GIS 软件工业不可避免地受到计算机应用软件发展趋势的影响，由于微机的普及，Windows 系列的操作系统成为主流，许多传统的基于 UNIX 操作系统的应用软件已移植到 Windows 操作平台上，GIS 软件也不例外。面向对象的理论和方法逐渐成熟并被广泛地应用到软件的设计和生产中来，基于 CORBA（Common Object Request Broker Architecture，公共对象请求代理体系结构）和 DCOM（分布式组件对象模型）的系统软件已经进入操作系统，组件化的软件设计方法已经成为新的趋势。传统的 GIS 软件被分解为灵活的、按需组装的、可定制的 GIS“元件”。

1．GIS 软件平台的转移

最初的 GIS 软件多基于 UNIX 操作系统，但随着微软公司的 Windows 系列操作系统的迅速发展，大多数的微机使用了 Windows 系列操作系统，图形工作站也都支持 Windows NT，所以初期以 UNIX 为主流平台的 GIS 大型软件，都更换或扩展到了 Windows NT 平台。另外，由于微机的普及，各 GIS 软件厂商都开发了基于 Windows 操作系统的桌面 GIS 软件。

进入 21 世纪后，互联网技术的迅速普及使 GIS 发生了质的变化，Internet 已成为 GIS 新的操作平台。Internet 和 GIS 的结合即 WebGIS，它改变了地理信息的获取、传输、发布、共享和应用的方式。近年来，随着移动互联网和智能手机的发展及应用，出现了以移动互联网为支撑，以智能手机或平板电脑为终端，结合 GNSS 或基站为定位手段的 GIS，这是继桌面 GIS、WebGIS 之后又一新的技术热点，即移动 GIS。

2．控件化 GIS 与搭建式 GIS

前些年，针对偏重于设施管理和地图显示功能，而对空间分析要求不高的应用需求，软件厂商顺应计算机技术的发展，开发了 OCX 或 ActiveX 控件化 GIS 软件，用户可以综合利用 GIS 控件及其他控件，开发出中、小规模的 GIS 应用系统。用户可以使用流行的 VC、.NET 或 Delphi 等开发工具开发自己的应用系统。一些大型的 GIS 软件商都向用户提供控件，如美国 Esri 公司的 MapObjects、美国 MapInfo 公司的 MapX 等。

近年来，搭建式 GIS 软件是一种新的趋势，采用搭建式、向导式和插件式等 3 种开发方式，在尽可能零编程、少编程的情况下，通过拖放式开发就可实现特定功能的 GIS。搭建式开发方式大大缩短了开发时间，节约了 80%以上的开发成本，提高了 60%以上的工作效率，对开发人员的要求大大降低。凡有一定的计算机应用基础的开发人员，在通过相当短时间的培训，就能掌握搭建系统的使用方法，让用户从关心技术和细节功能，转向关心业务。这是 GIS 开发模式的重大变革，也是一场技术革命。

1.3.3 GIS 类型

1. WebGIS

随着计算机技术、网络技术、数据库技术等的发展及应用的不断深化，GIS 技术的发展呈现出新的特点和趋势，基于互联网的 WebGIS 就是其中之一。WebGIS 除应用于传统的国土、资源、环境等政府管理领域外，也正在促进与老百姓生活息息相关的车载导航、移动位置服务、智能交通、抢险救灾、城市设施管理、现代物流等产业的迅速发展。GIS 经历了单机环境应用向网络环境应用发展的过程，网络环境 GIS 应用从局域网内客户/服务器（Client/Server，C/S）结构的应用向 Internet 环境下浏览器/服务器（Browser/Server，B/S）结构的 WebGIS 应用发展。随着 Internet 的发展，WebGIS 开始逐步成为 GIS 应用的主流。WebGIS 相对于 C/S 结构而言，具有部署方便、使用简单、对网络带宽要求低的特点，为地理信息服务的发展奠定了基础。

早期的 WebGIS 功能较弱，主要应用于电子地图的发布和简单的空间分析与数据编辑，难以实现较为复杂的图形交互应用和复杂的空间分析，也无法取代传统的 C/S 结构的 GIS 应用，因此出现了 B/S 结构与 C/S 结构并存的局面，而 C/S 结构涉及客户端与服务器端之间的大量数据传输，无法在互联网平台上实现复杂的、大规模的地理信息服务。

近些年来，国内外许多 GIS 软件厂商相继推出了 WebGIS 软件产品，如美国 Esri 公司的 ArcGIS for Server 和 MapObjects IMS、美国 MapInfo 公司的 MapXtreme、美国 Intergraph 公司的 GeoMedia Web Map 和 GeoMedia Web Enterprise，以及国内的武汉中地数码公司的 MapGIS IGServer 和北京超图公司的 SuperMap IServer 等。同时，随着电子政务和企业信息化的发展，构建由多个 GIS 构成的信息系统体系，跨越传统的单个 GIS 边界，实现多个 GIS 之间的资源（包括数据、软件、硬件和网络）共享、互操作和协同计算，构建空间信息网格（Spatial Information Grid），已成为 GIS 应用发展亟待解决的关键技术问题。这要求将 GIS 的数据分析与处理的功能移到服务器端，通过多种类型的客户端上 Web Browser 或桌面软件调用服务器端的功能，来实现传统 C/S 结构 GIS 所具有的功能，最终使 B/S 结构取代 C/S 结构的应用，通过 GIS 应用服务器之间的互操作和协同计算，构建空间信息网格。

2. 三维 GIS

随着 GIS 研究与应用的不断深入，人们越来越多地要求从真正的三维空间的角度来处理问题。在应用要求较为强烈的部门如采矿、地质、石油等领域已率先应用了专用的具有部分功能的三维 GIS。因此，许多学者开始了对三维 GIS 的研究，并针对地质、矿山等特殊应用领域，建立了栅格化的数据模型及开展了一些特殊的空间分析，但其功能较为单一。随着计算机技术的发展，人们已不满足于一些简单的三维显示、查询等功能。于是，许多模拟系统开始集成传统的 GIS 技术和三维可视化技术，以数据库为基础，研究海量数据的存取和可视化。同样，三维 GIS 也有转向 Web 的趋势。荷兰的 ITC 对三维 WebGIS 进行了比较深入的研究及实现，在 Web 上实现了数字城市应用，并建立了一些具有初步功能的实验系统。

一些商用 GIS 也推出了三维 GIS 模块，如 ArcView 3D Analyst、Titan 3D、ERDAS IMAGINE 等。这些三维 GIS 模块通过处理遥感图像数据和三维地形数据，能在实时三维环境下，提供地形分析和实时三维飞行浏览。但这些三维 GIS 模块的技术主要集中于二维表面地形的分析，仅将数据在三维环境中进行显示，在空间查询等方面功能比较简单，还不是真正的三维 GIS（通常称之为 2.5 维）。武汉适普公司开发的 IMAGIS 结合三维可视化技术和虚拟现实技术，能够对三维对象进行建模、移动、漫游等操作，但缺乏空间数据库的有效管理，空间查询和分析功能较弱。中国人民解放军国防科学技术大学开发了 X-2000 三维军事电子地图系统，以 X-2000 空间数据库为核心，实现了地形分析、空间查询、真三维再现等多项功能。武汉大学吉奥公司也在其研制的 GeoStar 系统中加入了三维 GIS 模块，使其可以应用于城市规划等领域中。武汉中地数码公司开发的 MapGIS-TDE 中的构建平台是一个开放的、可扩展的三维开发平台，可提供系列面向三维应用的专业建模、分析及可视平台，以及系列面向三维应用的专业建模、分析及可视化工具，用户可借助构建平台提供的面向专业应用的建模、分析与可视化接口构建自己的三维应用。

目前，国内外诸多学者对三维 GIS 的三维数据结构、三维建模及单一领域的应用提出了许多方法和技术手段。三维 GIS 的研究经过十多年的发展，在取得许多成就的同时，仍然存在着诸多问题。目前，三维 GIS 还没有通用的基础开发平台。虽然已经开发出了许多三维 GIS 原型系统，但也只是集中于一些特殊的应用领域，特别是地质、数字城市等领域，与普遍应用还有较大的差距。

3. 时态 GIS

传统 GIS 处理的是无时间概念的数据，只能是现实世界在某个时刻的“快照”。然而，GIS 所描述的现实世界是随时间连续变化的，随着 GIS 应用领域的不断扩大，时间维必须作为与空间等量的因素加入 GIS。将时间的影响考虑到 GIS 应用中，就产生了时态 GIS 或四维 GIS。

时态 GIS 主要应用于以下几种情况：一是对象随时间变化很快，如噪声污染、水质检测、日照变化等，一秒得到一个甚至几个数据；二是历史回溯和衍变，如地籍变更、环境变化、灾难预警等，需要根据已有数据回溯过去某一时刻的情况或预测将来某一时刻的情况；三是科学家想对某一时刻的所有地质条件或某一时间段内的平均地质条件进行评价，他们是否能很容易地获得“*A* 时刻的值或从时间 *B* 到时间 *C* 这段时间内的值”。

1.4 GIS 与其他相关学科的关系

GIS 是记录、处理、分析和表达地球参考数据或地球空间数据领域的学科，是用来研究地球系统科学的一种技术手段，也是近几十年来新兴的涵盖计算机科学、地理学、测量学和地图学等多门学科的边缘学科、交叉学科及综合学科。

1.4.1 GIS 与测绘学

测绘学是研究、测定和推算地面几何位置、地球形状及地球重力场，据此测量地球表面自然形态和人工设施的几何分布，编制各种比例尺地图的理论和技术的学科。它包括测量和制图两项主要内容。

测绘学科中的大地测量、工程测量、矿山测量、地籍测量、航空摄影测量和遥感技术为 GIS 中的空间实体提供各种不同比例尺和精度的定位数据。电子速测仪、全球定位技术、解析或数字摄影测量工作站、遥感图像处理系统等现代测绘技术的使用，可直接、快速和自动地获取空间目标的数字信息，为 GIS 提供丰富和更为实时的信息源，并促使 GIS 向更高层次发展。GIS 的发展要求通过测绘能及时、快速、直接地提供数字形式数据，这样就促使常规的测量仪器向数字化测量仪器发展，促进了数字化测绘生产体系的建立。

从近20年来看，测绘学科在各分支学科自身发展的同时，分支学科间的交叉集成也成为一个发展趋势。全球导航卫星系统在大地测量与测量工程中的普遍应用，摄影测量向遥感的发展，地图学向GIS的发展，形成了3S集成的明显特色。3S集成代表了测绘学科内多种测量与遥感技术的有机融合，它不仅具有相互补充、相互促进的特点，而且能提高从数据获取到信息提取的速度，为现代测绘遥感技术的自动化、智能化和实时化创造了必要条件。这将从根本上改变传统测绘学科的内涵，测绘将由原来单纯提供信息的服务性工作转变为参与规划设计和决策管理的重要组成部分，将有力地推动管理的严格性、决策的科学性、规格的合理性和设计的高效性。伴随着相关学科的科技进步与发展，GIS在汲取各学科的成就的同时，也在不断地发展与进步。

1.4.2 GIS与地理学

地理学是一门古老的研究课题，曾被称为科学之母。以往，地理学仅指地球的绘图与勘查，今天地理学已成为一门范围广泛的学科。它不限于研究地球表面的各个要素，更重要的是被作为统一的整体，综合地研究其组成要素及它们的空间组合。它着重于研究各要素之间的相互作用、相互关系及地表综合体的特征和时空变化规律。地理学的综合性研究分为不同的层次，层次不同，综合的复杂程度也不同。高层次的综合研究，即人地相关性的研究，是地理学所特有的。另外，地理学还把现代地理现象作为历史发展的结果和未来发展的起点，研究不同发展时期和不同历史阶段地理现象的规律。现代地理学已经有可能对于某些区域的未来发展提出预测，并根据预测结果进行控制和管理，以满足人们对区域发展的要求。

地理学是GIS的理论依托。有的学者断言：“GIS和信息地理学是地理科学第二次革命的主要工具和手段。如果说GIS的兴起和发展是地理科学信息革命的一把钥匙，那么信息地理学的兴起和发展将是打开地理科学信息革命的一扇大门，必将为地理科学的发展和提高开辟一个崭新的天地。”GIS被誉为地学的第三代语言——用数字形式来描述空间实体。地理学为GIS提供了有关空间分析的基本观点与方法，是GIS的基础理论依托。而GIS的发展也为地理问题的解决提供了全新的技术手段，并使地理学研究的数学传统得到充分发挥，推动了地理学的发展。

1.4.3 GIS与地图学

GIS以地图数据库为基础，其最终产品之一也是地图，因此它与地图有着极为密切的关系，二者都是地理学的信息载体，同样具有存储分析和显示的功能。从地图学到地图学与GIS结合，这是科学发展的规律，GIS是地图学在信息时代的发展。关于GIS与地图学的关系问题，存在不少专门的论述，其作者既有地图专家，也有以遥感、摄影测量或其他专业背景的GIS专家。一类观点认为：“GIS脱胎于地图”“GIS是地图学的继续”“GIS是地图学的一部分”“GIS是数字的或基于可视化地图的GIS”等；另一类观点认为：“地图学是GIS的回归母体”“地图是模拟的GIS”“地图是GIS的一部分”等。英国的S.Caeettari认为：“GIS是一种把各系统发展中的一些学科原理综合起来的独特技术，作为其中一部分的地图学，不仅提供了一体化的框架和数据，而且提供了目标、知识、原理和方法。”把地图学和GIS加以比较可以看出，GIS是地图学理论、方法与功能的延伸，地图学与GIS是一脉相承的，它们都是空间信息处理的科学，只不过地图学强调图形信息传输，而GIS则强调空间数据处理与分析，在地图学与GIS之间一个最有力的连接是，通过地图可视化工具来增强GIS的数据综合和分析能力。

1.4.4 GIS与一般事务数据库

GIS离不开数据库技术。数据库技术主要是通过属性来进行管理和检索的，其优点是存储和管理有效，查询和检索方便，但数据表示不直观，不能描述图形拓扑关系，一般没有空间概念，即使存储了图形，也以文件形式管理，图形要素不能分解查询。GIS能处理空间数据，其工作过程主要是处理空间实体的位置、空间关系及空间实体的属性。例如，电话查号台可看作一个事务数据库系统，它只能回答用户所询问的电话号码，而通信信息系统除可查询电话号码外，还可提供电话用户的地理分布、空间密度、距离最近的邮电局等信息。

1.4.5 GIS与计算机地图制图

早在18世纪，欧洲一些国家就开始系统地绘制本国地形图。20世纪六七十年代期间，空间数据主要应用于资源调查、土地评价和规划等领域，各学科领域的科学家们认识到地表各特征之间的相互联系、相互影响这一事实后，开始寻找一种综合的多学科、多目标的调查分析方法来评价地表特征，因此产生了面向特殊目的的专题图件。20世纪60年代，计算机的出现使传统的制图方式被打破，对地球资源的量化分析和评价产生了实质性的发展，地图要素被量化成简单的数字，可以用计算机很方便地给予定性、定量及定位分析，进而用颜色、符号和文字说明完整地表达实体，因此产生了计算机地图制图技术。20世纪70年代后期，由于计算机硬件持续发展，计算机地图制图的历程向前迈进了一大步。20世纪80年代，美国地质调查研究所编制了旨在实现地图制图现代化的计划，它的任务是大规模地扩充和改进地图数字化设备，制定数据库信息交换标准，提高地图修编能力，改革传统的制图工艺，形成现代化数字制图流程，计算机地图制图技术的发展对GIS的产生起到了有力的促进作用，GIS的出现进一步为地图制图提供了现代化的先进技术手段，它必将引起地图制图过程的深刻变化，成为现代地图制图的主要手段。GIS应用于地图制图，可实现地图图形数字化，建立图形和属性两类数据相结合的数据库。但GIS不同于计算机地图制图，计算机地图制图主要考虑可视材料的显示和处理，考虑地形、地物和各种专题要素在图上的表示，并且以数字形式对它们进行存储、管理，最后通过绘图仪输出地图。计算机地图制图系统强调的是图形表示，通常只有图形数据，不太注重可视实体具有或不具有的非图形属性，而这种属性却是地理分析中非常有用的数据。GIS既注重实体的空间分布，又强调它们的显示方法和显示质量，强调的是信息及其操作，不仅有图形数据库，还有非图形数据库，并且可综合二者的数据进行深层次的空间分析，提供对规划、管理和决策有用的信息。数字地图是GIS的数据源，也是GIS的表达形式，计算机地图制图是GIS重要组成部分。

1.4.6 GIS与CAD

CAD（Computer Aided Design，计算机辅助设计）系统主要用来代替或辅助工程师进行各种设计工作，它可绘制各种技术图形，大至飞机，小至微芯片等，也可与计算机辅助制造（CAM）系统共同用于产品加工中的实时控制。GIS与CAD系统的共同特点是二者都有空间坐标，都能把目标和参考系统联系起来，都能描述图形数据的拓扑关系，也都能处理非图形属性数据。它们的主要区别是，CAD系统处理的多数为规则几何图形及其组合，它的图形功能尤其是三维图形功能极强，属性库功能相对较弱，采用的一般是几何坐标系；而GIS处理的多数为自然目标，有分维特征（海岸线、地形等高线等），因此图形处理的难度大，GIS的属性库内容结构复杂，功能强大，图形属性的相互作用十分频繁，且多具有专业化特征，GIS采用的多数是大地坐标，必须有较强的多层次空间叠置分析功能，GIS的数据量大，数据输入方式多样化，所用的数据分析方法具有专业化特征。因此，一个功能较全的CAD系统并不完全适合于完成GIS任务。

1.5 GIS组成

GIS主要由5个部分组成，即计算机硬件系统、计算机软件系统、地理空间数据、应用分析模型、系统开发管理和使用人员。

1.5.1 计算机硬件系统

GIS的建立必须有一个计算机硬件系统作为保证。随着计算机单机的性能不断提高，以及计算机网络技术的不断发展，能满足GIS运行的硬件设备可简可繁的要求。计算机网络是实现计算机之间通信的软件和硬件系统的统称，是以共享资源为目的，通过数据通信线路将多台计算机互连而组成的系统，共享的资源包括计算机网络中的硬件设备、软件或数据。计算机网络的种类繁多、性能各异，按照其空间分布范围的大小，分为局域网（Local Area Network，LAN）、广域网（Wide Area Network，WAN）等。因此，GIS的计算机硬件系统针对不同的网络结构，其配置、应用规模及连接模式等各有不同。

1. 单机模式

在单机模式下，按用户的要求及系统所要完成的任务和目的，其规模可大可小，一般分为两种配置情况。其主要硬件组成如图1-1所示。

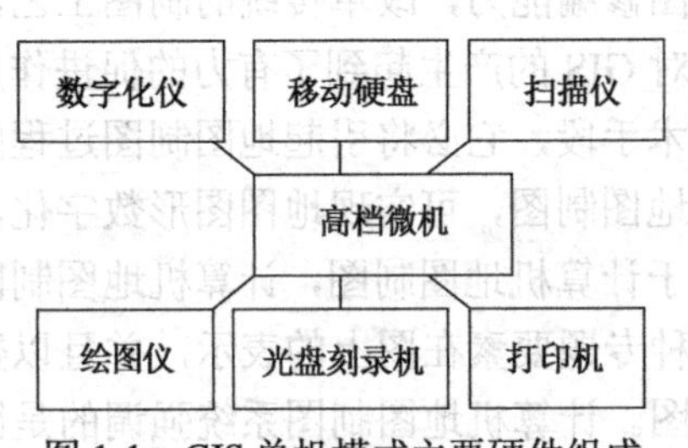

图1-1 GIS单机模式主要硬件组成

（1）简单型配置

最简单的硬件系统只需要高档微机加上一台打印机即可运行。微机处理、协调和控制计算机各个部件的动作，主要用作显示、监视和人机交互操作，如编辑、删改、增加、更新图形数据等。一般的GIS要求有足够的内存和硬盘空间。例如，美国环境系统研究所研制的ARC/INFO 8.0，其最低要求是内存空间必须大于64MB，硬盘空间必须大于4GB，否则软件很难运行。武汉中地数码公司开发的MapGIS，其最低要求是内存空间必须大于128MB，硬盘必须大于200MB。打印机主要用于打印图表、图像、数据和文字报告，以及提供硬拷贝的输出结果。

简单型配置适用于家庭、办公室等只做些较简单工作的环境，如数据处理、查询、检索和分析等。由于输入/输出的外围设备不完善，只能用键盘输入各种数据，或者先在其他系统上完成输入数据的工作，然后通过移动硬盘作为媒介，将数据输入这个系统的硬盘后再进行其他运算。由于简单型配置的系统功能较少，因此在数据输入的种类、数据量、数据更新及成果输出等方面都会受到诸多限制。

（2）基本型配置

这种硬件系统的配置规模比简单型配置的要大一些。除高档微机和打印机外，还需要配置数字化仪、扫描仪、光盘刻录机、移动硬盘及绘图仪等。数字化仪是GIS硬件中的重要输入设备。它可以利用光标或光笔人工跟踪图形，将各种地图数字化并输入硬盘存储。扫描仪是按栅格方式扫描后将图像数据交给计算机来处理；光盘刻录机和移动硬盘用来保存和备份数据；绘图仪主要用于输出各种图形。

基本型配置解决了地图的数字化输入和专题地图的输出问题。这样的系统就有条件完成GIS任务，能比较顺利地进行空间数据的输入、输出、查询、检索、运算、更新和分析等工作。当然，系统中主机的内存和硬盘空间还应适当增大，以确保大量地图数据的存储、处理和运算。

2．局域网模式

局域网是指在比较小的区域，如一座办公大楼、一个校园、一个公司等内建立的计算机网络，其通信距离较短、传输速率较快、误码率低。该系统以C/S模式建立，客户机一般为多台三维图形工作站TD系列或PC，服务器为一台或多台装有UNIX或Windows的计算机，网络设备采用3Com SuperStack II Hub 100快速以太网集线器，24个端口共享100Mb/s带宽，通过UTP连接为星状拓扑结构。客户端与服务器通过交换机100Mb/s端口，配置NETBEUI、TCP/IP，进行域名服务、网络资源管理，并通过PC NFS实现与UNIX或Windows服务器的数据传输。系统运行具有C/S结构GIS软件，应用服务以SQL Server（SQL，结构化查询语言；SQL Server，Microsoft开发和推广的关系数据库管理系统RDBMS）或Oracle数据库作为后台支持。系统通过NT Server定义各个结点的网络地址、用户、共享应用程序、硬盘空间和各种外设（包括数字化仪、扫描仪、绘图仪、制版机等），将GIS进程优化到网络上，实现数据输入、预处理、分色分版、修改和胶片制作等功能，完成大型地图产品输入、编辑、输出的一体化过程。GIS局域网模式主要硬件组成如图1-2所示。

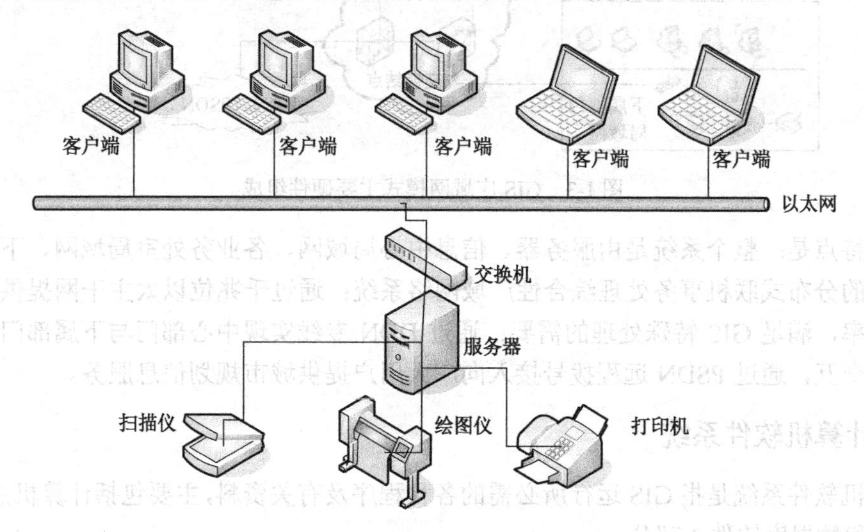

图1-2　GIS局域网模式主要硬件组成

局域网模式的特点是简单实用，易于建立，是低成本的GIS网络解决方案。但网络传输速率低，缺乏有效的管理和容错机制，适用于上网设备较少，对实时性、安全性要求不高的部门级应用。

3. 广域网模式

GIS 广域网模式是指将分布在几十千米以上的 GIS 用户通过网络系统连接起来，其主要特点是，物理位置分散、信息量大、网络安全要求高。因此，GIS 广域网一般要符合国际规范和标准，具有开放性，网络容量满足业务不断发展的需要，网络中可避免出现通道瓶颈，具有良好的可靠性、安全性、互操作性和可扩充性。

GIS 广域网模式一般在国土规划信息系统中比较常见，它用来连接信息中心、各业务处室及下属部门的网络系统，系统硬件平台一般采用 UNIX、PC 工作站/服务器，采用普通以太网作为末端类型，通过交换/路由设备与千兆位主干网连接。系统网络硬件组成主要有：① 千兆以太主干网络，连接服务器、各业务处室局域网、各信息中心局域网的高速通道；② 快速以太局域子网，各业务处室局域网、信息中心局域网及下属部门局域网；③ DDN、PSDN 广域子网，通过专用、公用通信线路实现中心部门、下属部门连接并提供对外服务。系统支持分布式数据处理，在 UNIX 或 Windows 操作系统下，实现数据访问、资源共享与应用分割，提供文件和打印服务，满足办公自动化需求。GIS 广域网模式主要硬件组成如图 1-3 所示。

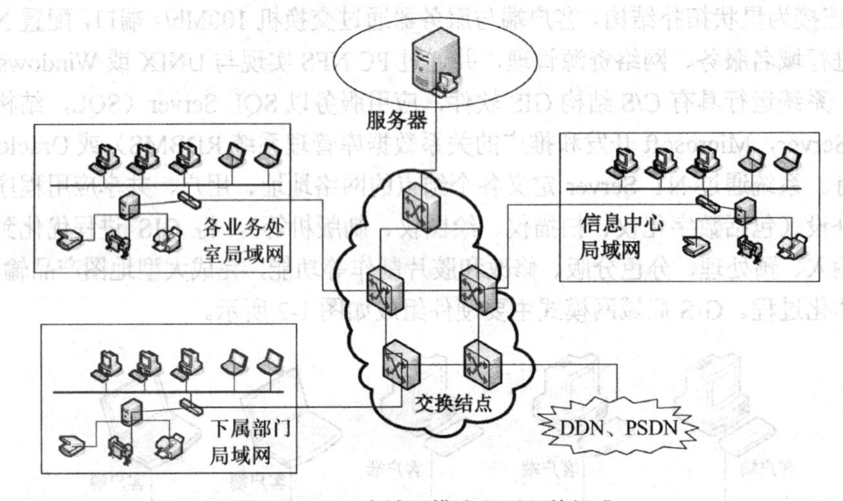

图 1-3　GIS 广域网模式主要硬件组成

网络特点是：整个系统是由服务器、信息中心局域网、各业务处室局域网、下属部门局域网组成的分布式联机事务处理综合性广域网络系统；通过千兆位以太主干网提供较高的数据传输速率，满足 GIS 特殊处理的需要；通过 DDN 专线实现中心部门与下属部门的数据共享与业务交互，通过 PSDN 远程拨号接入向广大用户提供城市规划信息服务。

1.5.2　计算机软件系统

计算机软件系统是指 GIS 运行所必需的各种程序及有关资料，主要包括计算机系统软件、GIS 软件和数据库软件 3 部分。

1. 计算机系统软件

计算机系统软件是指由计算机厂家提供的为用户开发和使用计算机提供方便的程序系统，通常包括操作系统、汇编程序、编译程序、库程序、数据库管理系统及各种维护手册。

2. GIS 软件

GIS 软件应包括 5 类基本模块（见图 1-4），包含下述诸子系统：数据输入和检验、数据库存储和管理、数据变换、数据显示和输出、用户接口等。

（1）数据输入和检验包括能将测量数据、地图数据、遥感数据、统计数据和文字报告转换成计算机兼容的数字形式的各种转换软件（如图 1-5）。

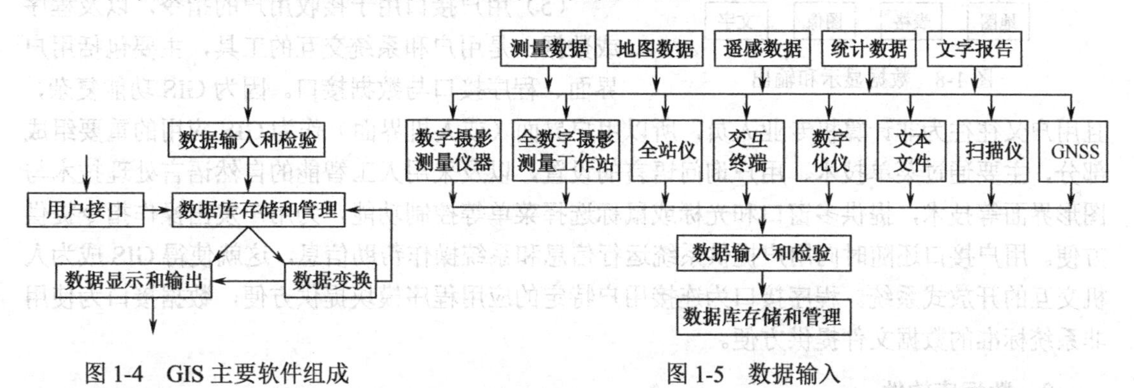

图 1-4　GIS 主要软件组成　　　　图 1-5　数据输入

许多计算机工具都可用于数据输入，如交互终端（键盘与显示器）、数字化仪、扫描仪、全站仪、GNSS、数字摄影测量仪器、全数字摄影测量工作站等。数据检验是通过观测、统计分析和逻辑分析检查数据中存在的错误，并通过适当的编辑方式加以改正的过程。事实上，数据输入和检验都是建立地理数据库必需的过程。

（2）数据存储和管理涉及地理元素的位置、连接关系及属性数据如何构造和组织，使其便于计算机和系统用户理解等。用于组织数据库的计算机程序称为数据库管理系统（Database Management System，DBMS）。地理数据库包括数据格式的选择和转换、数据的连接、查询、提取等，其组成如图 1-6 所示。

（3）数据变换包括以下两类操作，如图 1-7 所示。变换的目的是从数据中消除错误、更新数据、与其他数据库匹配等。为回答 GIS 提出的问题而采用的大量数据分析方法。空间数据和非空间数据可单独或联合进行变换运算。比例尺变换、数据和投影匹配（投影变换）、数据的逻辑检索、面积和边长计算等，都是 GIS 的一般变换特征。其他变换可能非常偏重专业应用，也可能将数据合并到一个只满足特定用户需要的专业化 GIS 中。

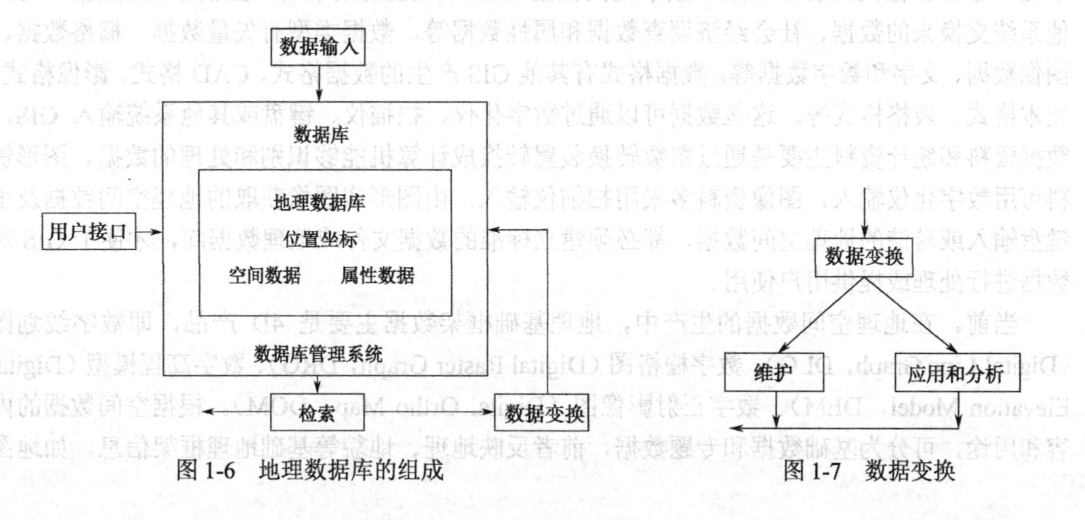

图 1-6　地理数据库的组成　　　　图 1-7　数据变换

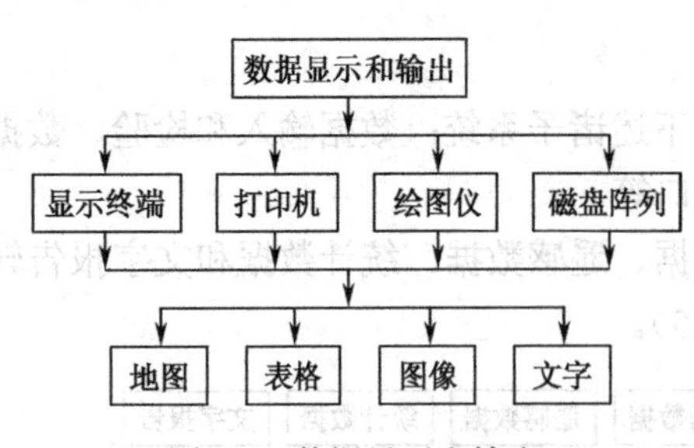

图 1-8　数据显示和输出

（4）数据显示和输出是指原始数据、分析或处理结果数据的显示和向用户输出。数据以地图、表格、图像等多种形式表示，可以在屏幕上显示或通过打印机、绘图仪输出，也可以以数字形式记录在磁介质上，如图 1-8 所示。

（5）用户接口用于接收用户的指令，以及程序或数据，是用户和系统交互的工具，主要包括用户界面、程序接口与数据接口。因为 GIS 功能复杂，且用户又往往为非计算机专业人员，所以用户界面（或人机界面）作为 GIS 应用的重要组成部分，主要通过菜单技术、用户询问语言的设置，以及采用人工智能的自然语言处理技术与图形界面等技术，提供多窗口和光标或鼠标选择菜单等控制功能，为用户发出操作指令提供方便。用户接口还随时向用户提供系统运行信息和系统操作帮助信息，这就使得 GIS 成为人机交互的开放式系统。程序接口为连接用户特定的应用程序模块提供方便，数据接口为使用非系统标准的数据文件提供方便。

3. 数据库软件

数据库软件是计算机软件系统的重要组成部分。GIS 是一种以海量空间数据为基础，供资源、环境及区域调查、规划、管理和决策使用的空间信息系统。目前，这些海量空间数据主要以地图为基础，并借助比较成熟的商业数据库软件（如 Oracle、SQL Server、DB2、Sybase 等）来存储和管理地图信息。在数据处理过程中，它既是资料的提供者，也是处理结果的归宿；在检索和输出过程中，它是形成绘图文件或各类地理数据的数据源。另外，利用成熟的商业数据库软件可对数据的调度、更新、维护、并发控制、安全、恢复等提供服务。

1.5.3　地理空间数据

在计算机环境中，数据是描述地理对象的唯一工具，它是计算机可直接识别、处理、储存和提供使用的手段，是一种计算机的表达形式。地理空间数据是 GIS 的操作对象，是 GIS 所表达的现实世界经过模型抽象的实质性内容，地理空间数据实质上就是指以地球表面空间位置为参照，描述自然、社会和人文经济景观的数据。这些数据来源主要有多尺度的各种地形图、遥感影像及其解译结果、数字地面模型、GNSS 观测数据、大地测量成果数据、与其他系统交换来的数据、社会经济调查数据和属性数据等。数据类型有矢量数据、栅格数据、图像数据、文字和数字数据等。数据格式有其他 GIS 产生的数据格式、CAD 格式、影像格式、文本格式、表格格式等。这些数据可以通过数字化仪、扫描仪、键盘或其他系统输入 GIS，数据资料和统计资料主要是通过图数转换装置转换成计算机能够识别和处理的数据。图形资料可用数字化仪输入，图像资料多采用扫描仪输入，由图形或图像获取的地理空间数据及由键盘输入或转储的地理空间数据，都必须建立标准的数据文件或地理数据库，才便于 GIS 对数据进行处理或提供用户使用。

当前，在地理空间数据的生产中，地理基础框架数据主要是 4D 产品，即数字线划图（Digital Line Graph，DLG）、数字栅格图（Digital Raster Graph，DRG）、数字高程模型（Digital Elevation Model，DEM）、数字正射影像图（Digital Ortho Map，DOM）。根据空间数据的内容和用途，可分为基础数据和专题数据，前者反映地理、地貌等基础地理框架信息，如地图数据、影像数据、土地数据等；后者反映不同专业领域的专题地理信息，如水资源数据、水质数据、矿产分布数据等。空间数据质量通过准确度、精度、不确定性、相容性、一致性、完整性、可得性、现势性等指标度量。这些数据由数据库管理系统进行管理，对数据的调度、更新、维护、并发控制、安全、恢复等提供服务。

1.5.4 应用分析模型

应用分析模型的建立和选择是GIS成功应用的重要因素，这是由GIS功能和目的所决定的。虽然GIS为解决各种现实问题提供了有效的基本工具，但对于某一专业应用目的的问题，必须通过构建专门的应用分析模型来解决，如土地利用适宜性模型、选址模型、洪水预测模型、人口扩散模型、森林增长模型、水土流失模型、最优化模型和影响模型等。这些应用分析模型是客观世界中相应系统经由概念世界到信息世界的映射，反映了人类对客观世界利用改造的能动作用，并且是GIS技术产生社会经济效益的关键所在，也是GIS生命力的重要保证。

1.5.5 系统开发管理和使用人员

人是GIS中的重要构成因素，GIS不是一幅地图，而是一个动态的地理模型，如果仅有系统软硬件和数据构不成完整的GIS，还需要人进行系统组织、管理、维护和数据更新、系统扩充完善、应用程序开发，并采用地理分析模型提取多种信息。

GIS必须置于合理的组织联系中（见图1-9）。如同生产复杂产品的企业一样，组织者要尽量使整个生产过程形成一个整体。要做到这些，不仅要在硬件和软件方面投资，还要对适当的组织机构中的工作人员和管理人员在培训方面进行投资，使他们能够应用新技术。近年来，硬件设备连年降价而性能日趋完善与增强，但有技能的工作人员及质优价廉的软件仍然不足。只有在对GIS合理投资与综合配置的情况下，才能建立有效的GIS。

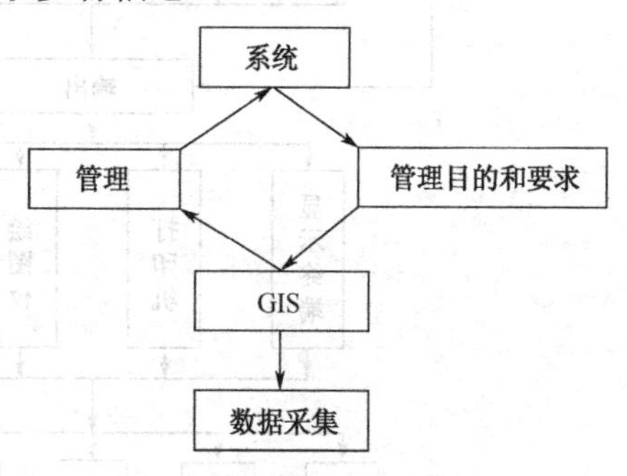

图1-9 GIS的组织联系

1.6 GIS功能和应用

1.6.1 GIS功能

在建立一个实用的GIS过程中，从数据准备到系统完成，都必须经过各种数据转换，每次转换都有可能改变原有的信息。GIS的基本数据流程如图1-10所示。GIS的功能主要是完成流程中不同阶段的数据转换工作。通常，GIS包括以下几项基本功能。

1. 数据采集与输入

数据采集与输入，即在数据处理系统中将系统外部的原始数据传输给系统内部，并将这些数据从外部格式转换为系统便于处理的内部格式的过程。对多种形式、多种来源的信息，可实现多种方式的数据输入。输入方式主要有图形数据输入，如管网图输入；栅格数据输入，如遥感图像的输入；测量数据输入，如GNSS数据的输入；属性数据输入，如数字和文字的输入。

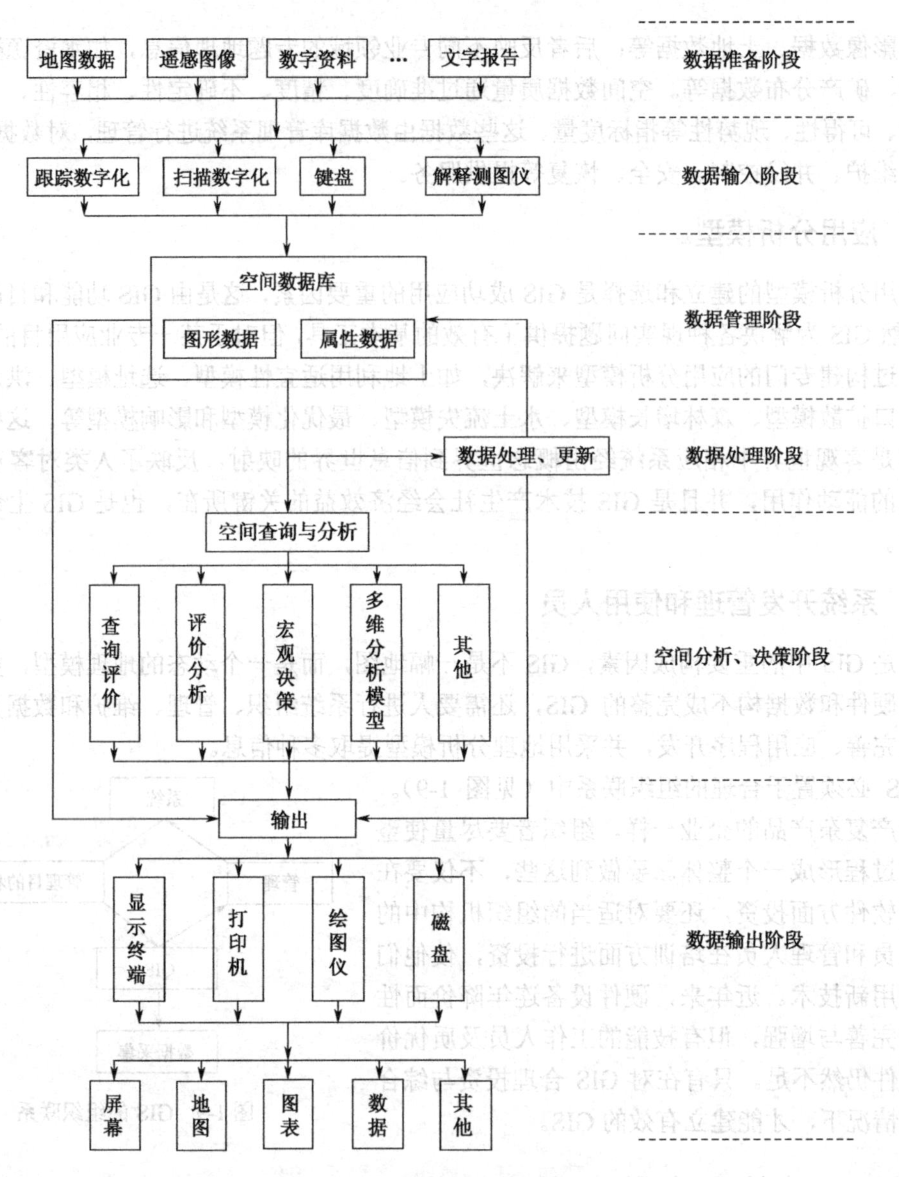

图 1-10　GIS 的基本数据流程

2. 数据编辑与更新

数据编辑主要包括属性编辑和图形编辑。属性编辑与数据库管理结合在一起完成。图形编辑主要包括拓扑关系建立、图形编辑、图形整饰、图幅拼接、图形变换、投影变换、误差校正等功能。数据更新即以新的数据项或记录来替换数据文件或数据库中相对应的数据项或记录，它是通过删除、修改、插入等一系列操作来实现的。由于空间实体都处于发展的时间序列中，所以人们获取的数据只反映某一瞬时或一定时间范围内的特征。随着时间的推进，数据会随之改变。数据更新可以满足动态分析的需要，对自然现象的发生、发展做出合乎规律的预测预报。

3. 数据存储与管理

数据存储是指将数据以某种格式记录在计算机内部或外部存储介质上。其存储方式与数据文件的组织密度相关，关键在于建立记录的逻辑顺序，即确定存储的地址，以便提高数据存取的速度。数据管理可分为属性数据管理和空间数据管理。属性数据管理一般直接利用商用关系数据库软件，如 ORACLE、SQL Server、FoxBase、FoxPro 等进行管理。空间数据管理是 GIS 数据管理的核心，各种图形或图像信息都以严密的逻辑结构存放在空间数据库中。

4. 空间查询与分析

空间查询与分析是 GIS 的核心，是 GIS 最重要和最具有魅力的功能，也是 GIS 有别于其他信息系统的本质特征。它主要包括数据查询检索、数据操作运算与数据综合分析。数据查询检索即从数据文件、数据库或存储装置中，查找和选取所需的数据。数据操作运算是指为了满足各种可能的查询条件而进行的系统内部数据操作，如数据格式转换、矢量数据叠合、栅格数据叠加等操作，以及按一定模式关系进行的各种数据运算，包括算术运算、关系运算、逻辑运算、函数运算等。数据综合分析功能可以提高系统评价、管理和决策的能力，主要包括信息量测、属性分析、统计分析、二维模型分析、三维模型分析、多要素综合分析等。

5. 空间决策支持

空间决策支持是指应用空间分析的各种手段对空间数据进行处理变换，以提取隐含于空间数据中的某些事实与关系，并以图形和文字的形式直接加以表达，为现实世界中的各种应用提供科学、合理的决策支持。它主要以管理科学、运筹学、控制论和行为科学为基础，以计算机技术、仿真技术和信息技术为手段，利用各种数据、信息、知识、人工智能和模型技术，面对半结构化的决策问题，支持决策活动的人机交互信息系统。因此，空间决策支持将克服对复杂空间问题决策缺少有效支持能力的问题，拓展了 GIS 传统的空间数据获取、存储、查询、分析、显示、制图、制表的功能。

6. 数据显示与输出

数据显示是中间处理过程和最终结果的屏幕显示，通常以人机交互的方式来选择显示的对象与形式。对于图形数据可根据要素的信息量和密集程度，选择放大或缩小显示。GIS 不仅可以输出全要素地图，也可以根据用户需要，分层输出各种专题图、各类统计图、图表及数据等。

1.6.2 GIS 应用

1. 资源清查

资源清查是 GIS 最基本的职能，其主要任务是将各种来源的数据汇集在一起，并通过系统的统计和覆盖分析功能，按照多种边界和属性条件，提供区域多种条件组合形式的资源统计和进行原始数据的快速再现。以土地利用类型为例，可以输出不同土地利用类型的分布和面积，按照不同高程带划分的土地利用类型，不同坡度区内的土地利用现状，以及不同类型的土地利用变化等，为资源的合理利用、开发和科学管理提供依据。例如，我国西南地区国土资源信息系统设置了 3 个功能子系统，即数据库系统、辅助决策系统、图形系统。该系统存储了 1500 多项 300 多万个资源数据。该系统提供了一系列资源分析与评价模型、资源预测预报及西南地区资源合理开发配置模型。该系统可绘制草场资源分布图、矿产资源分布图、各地县产值统计图、农作物产量统计图、交通规划图、重大项目规划图等不同的专业图。

2. 城乡规划

城乡规划中要处理许多不同性质和不同特点的问题，涉及资源、环境、人口、交通、经济、教育、文化和金融等多个地理变量和大量数据。GIS 的数据库管理有利于将这些数据信息归并到同一个系统中，并进行城市与区域多目标的开发和规划，包括城镇总体规划、城市建设用地适宜性评价、环境质量评价、道路交通规划、公共设施配置，以及城市环境的动态监测等。这些规划功能的实现，是以GIS 的空间搜索方法、多种信息的叠加处理和一系列分析软件（回归分析、投入产出计算、模糊加权评价、系统动力学模型等）加以保证的。我国大城市数量居于世界前列，根据加快中心城市的规划建设，加强城市建设决策科学化的要求，利用 GIS 作为城市规划管理和分析的工具，具有十分重要的意义。

3. 灾害监测

借助遥感遥测数据，利用 GIS 可以有效进行森林火灾的预测预报、洪水灾情监测和洪水淹没损失的估算，为救灾抢险和防洪决策提供及时准确的信息，例如，据我国大兴安岭地区的研究，通过普查分析森林火灾实况，统计分析十几万个气象数据，从中筛选出气温、风速、降水、温度等气象要素，春秋两季植被生长情况和积雪覆盖程度等 14 个因子，用模糊数学方法建立数学模型，建立微机信息系统的多因子的综合指标森林火险预报方法，对火险等级进行预报，准确率可达 73%以上。又如，黄河三角洲地区防洪减灾信息系统，在 ARC/INFO GIS 软件支持下，借助大比例尺数字高程模型及各种专题地图，如土地利用、水系、居民点、油井、工厂和工程设施及社会经济统计信息等，通过各种图形叠加、操作、分析等功能，可以计算出若干个泄洪区域及其面积，比较不同泄洪区域内的土地利用、房屋、财产损失等，最后得出最佳的泄洪区域，并制定整个泄洪区域内的人员撤退、财产转移和救灾物资供应等的最佳路线。

4. 土地调查

土地调查包括土地的调查、登记、统计、评价和使用等。土地调查的数据涉及土地的位置、房地界、名称、面积、类型、等级、权属、质量、地价、税收、地理要素及其有关设施等项内容。土地调查是地籍管理的基础工作，随着国民经济的发展，地籍管理工作的重要性变得越来越明显，土地调查的工作量变得越来越大，以往传统的手工方法已经不能胜任，GIS 为解决这一问题提供了先进的技术手段，借助 GIS 可以进行地籍数据的管理和更新、开展土地质量评价和经济评价、输出地籍图，同时还可以为有关用户提供所需的信息，为土地的科学管理和合理利用提供依据。因此，它是 GIS 的重要应用领域。

5. 环境管理

随着经济的高速发展，环境问题越来越受到人们的重视，环境污染、环境质量退化已经成为制约区域经济发展的主要因素。环境管理涉及人类社会活动和经济活动的一切领域，传统的环境管理方式已不断受到挑战，逐渐落后于我国经济发展的要求。为提高我国环境管理的现代化水平，很多新型的环境管理信息系统不断建成。从 1994 年下半年起，在国家环保局的统一领导下，进行了覆盖 27 个省的中国省级环境信息系统建设。一个环境管理信息系统应具备以下功能。

（1）为环境部门提供数据和信息的基础数据库应包括环境背景数据库、环境质量数据库、污染源数据库、环境标准数据库、环境法规数据库等。

（2）提供环境现状、环境影响、环境质量的统计、评价、预测、规划模块。

（3）为环境与经济持续发展、环境综合治理提供决策支持。

（4）为污染源的污染控制管理提供支持，实现排污收费、排污许可证制度的管理，实现排污申报管理。

（5）提供环境管理的数据录入、统计、查询、报表和图形编制方法。

（6）提供环保部门办公软件。

（7）提供信息传输的方法和手段。

6．城市管网

城市管网包括供水、排水系统，供电、供气系统，电缆系统等，城市管网是城市居民日常生活不可缺少的基本条件。GIS 能够建立二维矢量拓扑关系，特别是其网络分析功能为城市管网的设计管理和规划建设提供了强有力的工具。GIS 用于城市管网，将会对市民的日常生活方式产生深刻的影响。

7．作战指挥

军事领域中运用 GIS 技术最成功的是 1991 年的海湾战争。美国国防制图局战场 GIS 实时服务，为战争需要，在工作站上建立了 GIS 与遥感的集成系统。该系统利用自动影像匹配和自动目标识别技术处理卫星和高低空侦察机实时获得的战场数字影像，及时将反映战场现状的正射影像图叠加到数字地图上，数据直接传送到海湾前线指挥部和五角大楼，为军事决策提供 24 小时的实时服务。通过利用 GPS（Global Positioning System，全球定位系统）、GIS、RS 等高新尖端技术迅速集结部队及武器装备，以较低的代价取得了极大的利益。

8．宏观决策

GIS 利用拥有的数据库，通过一系列决策模型的构建和比较分析，为国家宏观决策提供依据。例如，GIS 支持下的土地承载力的研究，可以解决土地资源与人口容量的规划。我国在三峡地区研究中，通过利用 GIS 和机助制图的方法，建立环境监测系统，为三峡宏观决策提供了建库前后环境变化的数量、速度和演变趋势等可靠的数据。美国伊利诺伊州某煤矿区由于采用房柱式开采引起地面沉陷。煤矿公司为了避免沉陷对建筑物的破坏，减少经济赔偿，通过对该煤矿 GIS 数据库中岩性、构造及开采状况等数据的分析研究，利用图形叠合功能对地面沉陷的分布和塌陷规律进行了分析和预测，指出了地面建筑的危险地段和安全地段，为合理部署地面的房屋建筑提供了依据，取得了较好的效果。

9．城市公共服务

近年来，随着计算机技术和多媒体技术的飞速发展，GIS 已经不仅具有信息量大的特点，而且具有灵活性、交互性、动态性、现势性和可扩展性等特点。目前，城市公共服务系统通过应用 GIS 技术，集图形、图像、文本、声音、视频于一体，直观、形象、生动地描述城市空间地理信息和公共服务信息。例如，北京、上海、武汉等城市利用 GIS 技术建立城市公共服务系统，即利用城市城区的矢量地图作和影像地图作为空间定位基础，通过电子地图连接公众服务信息及其地理空间位置，以空间数据为索引，集成和融合城市的经济、文化、教育、企业、旅游等信息，为社会公众提供空间信息服务。政府通过公共服务系统全方位展示和宣传城市形象，介绍城市，提高城市品位，最大限度地满足政府部门对外招商引资及市民、投资者、旅游者对城市公共信息快速获取的需求。企业也可以通过公共服务系统宣传自己，以提高其国内外知名度。

10. 交通

GIS 在交通领域的应用，目前最主要形式是许多交通部门都应用了交通 GIS（Geography Information System-Transportation，GIS-T）。GIS-T 的基本功能包括编辑、制图、显示及测量等，主要用于对空间和属性数据的输入、存储、编辑，以及制图和空间分析等。编辑功能使用户可以添加和删除点、线、面或改变它们的属性。制图和显示功能可以制作和显示地图，分层输出专题地图，如交通规划图、国道图等，显示地理要素、技术数据，并可放大或缩小地图以显示不同的细节层次。测量功能用于测定地图上线段的长度或指定区域的面积。GIS-T 的其他功能包括叠加、动态分段、地形分析、栅格显示和路径优化等。在 GIS-T 的上述应用中，空间分析功能是 GIS 软件的核心，叠加分析、地形分析和最短路径优化分析等功能是为空间分析服务的。交通设计部门可以利用 GIS-T 的等高线、坡度坡向、断面图的数字地形模型的分析功能进行公路测设。

GIS-T 通过 GIS 与多种交通信息分析和处理技术的集成，可以为交通规划、交通控制、交通基础设施管理、物流管理、货物运输管理提供操作平台。例如，运输企业可以借助路径选择功能，对营运线路进行优化选择，并根据专用地图的统计分析功能，分析客货流量变化情况，编制行车计划。运输管理部门可以利用操作平台对危险品等特种货物运输进行路线选择和实时监控。

11. 导航

车辆导航监控是指利用现在的全球导航卫星系统对车辆所在位置进行定位，并与 GIS 相结合，配合城市电子导航地图及主要交通公路电子地图，提供实时导航监控信息。例如，在车辆导航监控中利用 GIS 来进行车辆导航、定位，提供图形化的人机界面；在矢量电子地图上，用户可以进行缩小、放大，地图漫游等操作；用户可以进行地理实体的查询；在电子地图上，用户可以进行路径规划，最短路径的选择；在电子地图上实时、准确地显示车辆的位置，跟踪车辆的行驶过程。基于 GIS、GNSS 等技术的车载导航监控可以为车辆等交通工具提供实时具体的导航监控服务，能以较低的造价和较短的时间来提高交通系统效率和交通安全，降低交通拥挤，减轻空气污染和节省能源，能使交通基础设施发挥出最大的效能，提高服务质量，使社会能够高效地使用交通设施和资源，从而获得巨大的社会经济效益。

12. 电子政务

电子政务就是政府部门应用现代信息和通信技术，将管理和服务通过网络技术进行集成，在互联网上实现政府组织机构和工作流程的优化重组，超越时间、空间和部门之间的分割限制，向社会提供优质和全方位的、规范而透明的、符合国际水准的管理和服务。而 GIS 为电子政务提供了基础地理空间平台，为电子政务提供了清晰易读的可视化工具，为电子政务提供了空间辅助决策的功能。GIS 技术的使用，为电子政务的海量数据管理、多源空间数据（地图数据、航空遥感数据、卫星遥感数据、GNSS 卫星定位数据、外业测量数据等）和非空间数据的融合、WebGIS 技术和自主版权软件系统的开发、空间分析、空间数据挖掘及空间辅助决策等提供了技术支撑，从而可提高政府部门的科学决策水平和决策效率。例如，政府部门在研究西部大开发、可持续发展、农村城镇化等发展战略，以及西气东输、西电东送及进藏铁路等重大建设工程时，如果不使用地理空间数据，也不采用 GIS 等先进技术，就难以获得有说服力的分析结论，更难以做出科学决策。

习题 1

1．什么叫作信息、数据？它们有什么区别？信息有什么特点？

2．什么叫作空间数据、地图？举例说明空间数据有几种类型。

3．什么叫作地理信息、地学信息、信息系统、GIS？它们之间有什么区别？

4．试述 GIS 的发展阶段及我国 GIS 的发展过程。

5．试述 GIS 与其他相关学科系统间的关系。

6．试述 GIS 的组成及各部分的主要功能。

7．举例说明 GIS 的应用。

第 2 章　空间数据结构

客观世界丰富多彩，要研究、认识、利用和改造它们就必须对现实世界加以简化和抽象。空间数据模型是对现实世界进行认知、表达和描述的基础，决定了空间数据结构和空间数据编码方式，并最终影响空间数据采集、存储、检索、查询及应用分析的操作效率。本章从空间数据的认知模型出发，首先介绍空间数据的认知过程，并进一步介绍空间数据的概念模型（Conceptual Model，CM）与表达模型；在此基础上，针对两种不同的数据模型，详细阐述不同数据模型的数据结构与编码方式，并对不同类型数据模型的优缺点进行对比分析；最后，结合实际的地理信息应用软件，对空间数据模型进行更为详细的阐述。

2.1　空间认知模型

2.1.1　空间认知过程概述

空间认知是一个信息加工过程。地理世界是非常复杂的，地理系统表现出来的各种各样的地理现象代表了现实世界。要正确认识和掌握现实世界这些复杂、海量的信息，就需要对信息进行去粗取精、去伪存真的加工。对复杂对象的认识是一个从感性认识到理性认识的抽象过程，是通过对各种地理现象的观察、抽象、综合取舍，得到实体目标（有时也称空间对象），然后对实体目标进行定义、编码结构化和模型化，以数据形式存入计算机的过程。空间数据表示的基本任务就是将以图形模拟的空间物体表示成计算机能够接收的数字形式。这同时也是一个将客观世界的地理现象转化为抽象表达的数字世界相关信息的过程，这个过程涉及 3 个层面：现实世界、概念世界和数字世界，如图 2-1 所示。

图 2-1　现实世界认知过程

（1）现实世界是存在于人们头脑之外的客观世界，事物及其相互联系就处在这个世界之中。事物可分成“对象”与“性质”两大类，又可分为“特殊事物”与“共同事物”两个重要级别。

（2）概念世界是现实世界在人们头脑中的反映。客观事物在概念世界中称为实体，反映事物联系的是实体模型。

（3）数字世界是概念世界中信息的数据化。现实世界中的事物及联系在这里用数据模型描述。

2.1.2　空间认知三层模型

GIS 是以数字形式表达的现实世界，是对特定地理环境的抽象和综合性表达。在现实世界与数字世界转换过程中，数据模型起着极其重要的作用。对现实世界进行抽象和综合后，首先必须选择一个数据模型来对其进行数据组织，然后选择相应的数据结构和相应的存储结构，将现实世界对应的信息映射为实际存储的比特数据。一般而言，GIS 空间数据模型由概念数据模型、逻辑数据模型和物理数据模型三个不同的层次组成。其中，概念数据模型是关于实体和实体间联系的抽象概念集，逻辑数据模型表达概念模型中数据实体及其之间的关系，而物理数据模型则描述数据在计算机中的物理组织、存储路径和数据库结构，如图 2-2 所示。

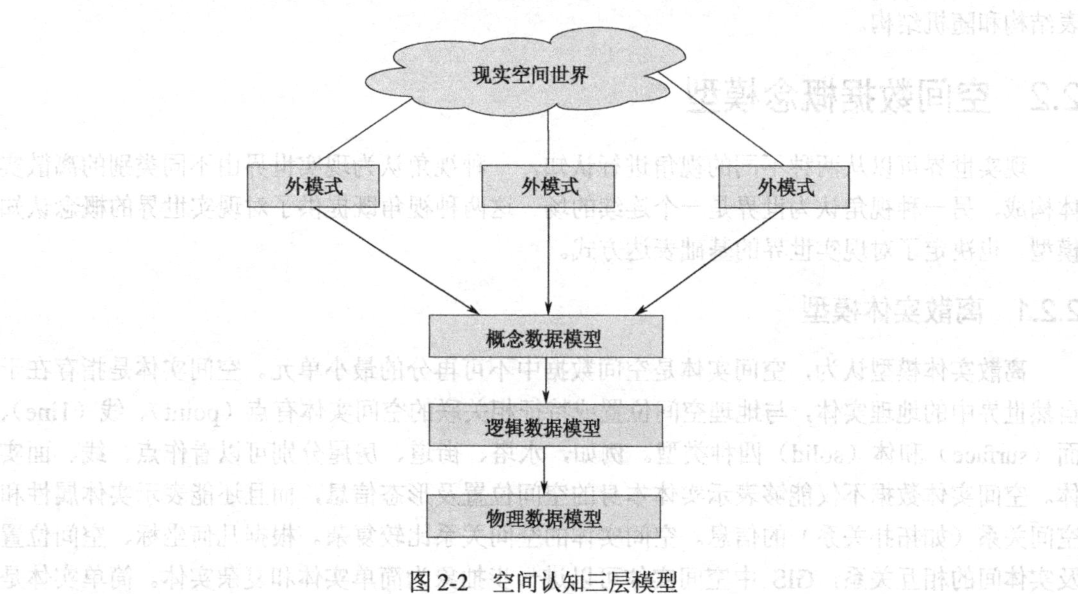

图 2-2　空间认知三层模型

1．概念数据模型

概念数据模型是人们对客观事实或现象的一种认识，有时也称语义数据模型。不同的人，由于在所关心的问题、研究对象、期望的结果等方面存在着差异，对同一客观现象的抽象和描述会形成不同的用户视图，称之为外模式。GIS 概念数据模型是考虑用户需求的共性，用统一的语言描述、综合、集成的用户视图。目前存在的概念数据模型主要有矢量数据模型、栅格数据模型和矢量-栅格一体化数据模型，其中矢量数据模型和栅格数据模型应用最为广泛。

2．逻辑数据模型

逻辑数据模型将概念数据模型确定的空间数据库信息内容（空间实体和空间关系）具体地表达为数据项、记录等之间的关系，这种表达有多种不同的实现方式。常用的逻辑数据模型包括层次模型、网络模型和关系模型。

层次模型和网络模型都能显式地表达数据实体间的关系，层次模型能反映出实体间的隶属或层次关系，网络模型能反映出实体复杂的多对多关系，但这两种模型都存在结构复杂的缺点。关系模型使用二维表格来表达数据实体间的关系，通过关系操作来查询和提取数据实体间的关系，其优点是操作灵活，以关系代数和关系操作为基础，具有较好的描述一致性，缺点是难以表达复杂对象关系，在效率、数据语义和模型扩展等方面还存在一些问题。

3．物理数据模型

逻辑数据模型并不涉及底层的物理实现细节，而计算机处理的只能是二进制数据，所以必须将逻辑数据模型转换为物理数据模型，即要完成空间数据的物理组织、空间存取方法和数据库总体存储结构等设计工作。① 物理表示组织。层次模型的物理表示方法有物理邻接法、表结构法、目录法。网络模型的物理表示方法有变长指针法、位图法和目录法等。关系模型的物理表示通常用关系表来完成。物理组织主要考虑如何在外存储器上以最优的形式存储数据，通常要考虑操作效率、响应时间、空间利用和总的开销等因素。② 空间数据的存取。常用的空间数据存取方法有文件结构法、索引文件和点索引结构三种。文件结构包括顺序结构、表结构和随机结构。

2.2 空间数据概念模型

现实世界可以从两种不同的视角进行认知，一种视角认为现实世界由不同类别的离散实体构成，另一种视角认为世界是一个连续的场。这两种视角既提供了对现实世界的概念认知模型，也决定了对现实世界的基础表达方式。

2.2.1 离散实体模型

离散实体模型认为，空间实体是空间数据中不可再分的最小单元。空间实体是指存在于自然世界中的地理实体，与地理空间位置或特征相关联的空间实体有点（point）、线（1ine）、面（surface）和体（solid）四种类型。例如，水塔、街道、房屋分别可以看作点、线、面实体。空间实体数据不仅能够表示实体本身的空间位置及形态信息，而且还能表示实体属性和空间关系（如拓扑关系）的信息。空间实体的空间关系比较复杂。根据几何坐标、空间位置及实体间的相互关系，GIS 中空间实体可以进一步抽象为简单实体和复杂实体。简单实体是一个结构简单、性质相同的几何形体元素，在空间结构中不可再分。复杂实体是相互独立的简单实体的集合，对外存在着一个封闭的边界。不同的软件系统中，空间实体的定义与划分是不同的。简单实体、复杂实体及其基本空间拓扑关系类型组成了空间概念的基本描述模型。

（1）点实体：表示零维空间实体，在空间数据库中表示对点实体的抽象，可以具体指单独一个点位，如独立的地物，也可以表示小比例图中逻辑意义上不能再分的集中连片和分散状态，当从较大的空间规模上来观测这些地理现象时，就能把它们抽象成点状分布的空间实体，如村庄、城市等。但在大比例尺地图上，同样的城市可以描述出十分详细的城市道路、建筑物分布等线实体和面实体。

（2）线实体：表示一维空间实体，有一定范围的点元素集合，表示相同专题点的连续轨迹。例如，可以把一条道路抽象为一条线，该线可以包含这条道路的长度、宽度、起点、终点及道路等级等相关信息。道路、河流、地形线、区域边界等均属于线实体。

（3）面实体：表示二维空间实体，表示平面区域大范围连续分布的特征。例如，土地利用中不同的用地类型、土壤不同的类型，大比例尺中的城市、农村等都可以认为是面实体。有些面状目标有确切的边界，如建筑物、水塘等，有些面状目标在实地上没有明显的边界，如土壤。

（4）体实体：表示三维空间实体，体是三维空间中有界面的基本几何元素。在现实世界中，只有体才是真正的空间三维对象，现在对三维空间的研究还处于初始阶段，以地质、大气、海洋污染等环境应用居多。

从地理现象到空间实体的抽象并不是一个可逆过程。同一个地理现象，它根据不同的抽象尺度（比例尺）、实际应用和视点被抽象成不同的空间实体。

实体模型主要用于描述非连续的地理现象，该现象以独立的方式或以与其他现象之间的关系的方式被研究。任何现象，无论大小，都可以被确定为一个对象，并假设它可以从概念上与其邻域现象相分离。

2.2.2 连续场模型

对于如地形、降水等地理现象，尽管离散实体的方法可以提供一定的表达，但由于这些现象本身在空间分布上的连续性，使得离散实体的表达存在缺陷。不同于离散实体模型，场模型是把地理空间的事物和现象作为连续的变量来看待的。场的观点认为，现实世界被很多变量描述，每个变量在任何可能的位置都是可以量测的。场模型特别适合表述和模拟具有一定空间内连续分布特点的现象。例如，空气中污染物的集中程度、地表的温度、土壤的湿度，以及空气与水流动速度和方向。根据应用的不同，场可以表现为二维或三维。一个二维场就是在二维空间中任何已知的点上都有一个值，而一个三维场就是在三维空间中对于任何位置来说都有一个值。

空间场模型观点认为，场的表示中任何一个位置都有一个测量值。与实体表示的方法不同，场的表示中不存在一个可识别的事物，但地理事物或现象可以通过场中空间单元的空间或时间聚集所体现。实际上，完全表示连续空间是不可能的，所以表示连续世界的空间数据模型都是在某种程度上的近似表达。一般来说，这些近似表达模型包括规则的空间点、规则的单元格、三角网、多边形，以及不规则的空间点、等值线等。其中，规则的空间点模型应用较为广泛。

总之，实体模型与场模型均可在建立两种不同地理世界认知观的基础上，反映地理世界的复杂性与认知的复杂性。这两种不同的概念模型也为空间数据模型的建立奠定了基础。基于实体模型和场模型，GIS 中实现了两种常见的空间数据模型，即矢量数据模型与栅格数据模型。

2.3 矢量数据模型

2.3.1 矢量数据的基本概念

矢量是具有一定大小和方向的量，在数学上和物理上也叫向量。在纸上用笔画一条线段，绘图机在纸上画一条线段，计算机图形中的一条有向线段，都是一个直观的矢量。线段长度表示大小，线段端点的顺序表示方向。有向线段用一系列有序特征点表示，有向线段集合就构成了图形。在 GIS 中，矢量数据就是代表地图图形的各离散点平面坐标(x, y)的有序集合。矢量数据模型是一种最常见的图形数据结构，主要用于表示地图图形元素的空间位置、附加属性及几何关系。其中，空间位置通过记录坐标的方式，尽可能地将点、线、面地理实体表现得精确无误，而不同要素之间的几何关系则可以通过不同要素的拓扑关系进行描述。

2.3.2 实体数据结构

按照空间要素的几何特征，可以简单抽象为点实体、线实体、面实体等类型。下面将对不同类别实体的存储与表达方式进行介绍。

1．点实体

点实体包括由单独一对坐标(x, y)定位的一切地理或制图实体。在矢量数据模型中，除点实体的坐标(x, y)外还应存储其他一些与点实体有关的数据来描述点实体的类型、制图符号和显示要求等。点是空间上不可再分的地理实体，可以是具体的也可以是抽象的，如地物点、文本位置点或线段网络的结点等。如果点是一个与其他信息无关的符号，则记录时应包括符号类型、大小、方向等相关信息；如果点是文本实体，记录的数据应包括字符大小、字体、排列方式、比例、方向及与其他非图形属性的联系方式等信息。对其他类型的点实体也应做相应处理。点实体的矢量数据模型如图 2-3 所示。

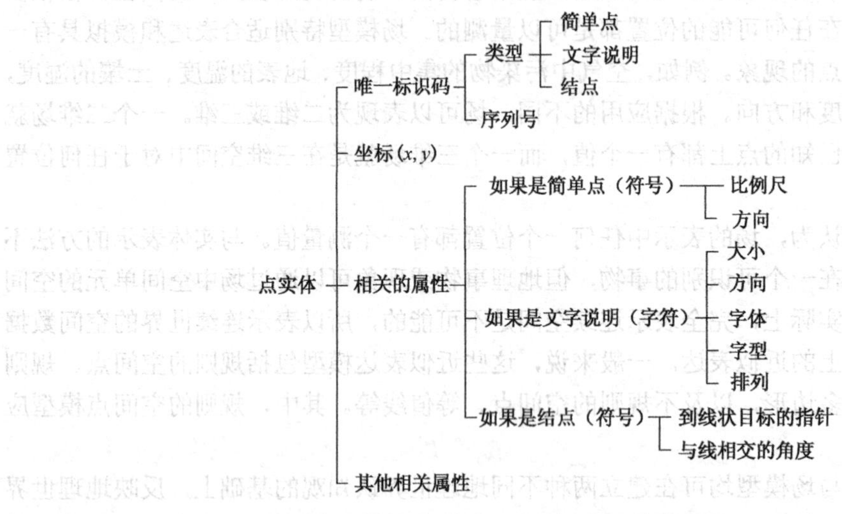

图 2-3　点实体的矢量数据模型

2．线实体

线实体可以定义为直线元素组成的各种线性要素，直线元素由两对坐标(x, y)定义。最简单的线实体只存储它的起止点坐标、属性、显示符等有关数据。例如，线实体输出时可能用实线或虚线描绘，这类信息属于符号信息，它说明线实体的输出方式。虽然线实体并不是以虚线存储的，但仍可用虚线输出。

弧、链是 n 个坐标对的集合，这些坐标可以描述任何连续而又复杂的曲线。组成曲线的线元素越短，坐标(x, y)数量越多，也就越逼近于一条复杂的曲线。既要节省存储空间，又要求较为精确地描绘曲线，唯一的办法是增加数据处理工作量。也就是在线实体的记录中加入一个指示字，当启动显示程序时，这个指示字告诉程序：需要数学内插函数（如样条函数）加密数据点且与原来的点匹配，于是在输出设备上得到较精确的曲线。不过，数据内插工作却增加了，弧和链的存储记录中也要加入线的符号类型等信息。

线的网络结构。简单的线或链没有携带彼此互相连接的空间信息，而这种连接信息又是供排水网和道路网分析中必不可少的信息。因此，要在数据结构中建立指针系统才能让计算机在复杂的线网结构中逐线跟踪每一条线。指针的建立要以结点为基础，如建立水网中每条支流之间连接关系时必须使用这种指针系统。指针系统包括结点指向线的指针，每条从结点出发的线汇于结点处的角度等，从而完整地定义线网的拓扑关系。

如上所述，线实体主要用来表示线状地物（公路、水系、山脊线）、符号线和多边形边界，有时也称为弧、链、串等，其矢量数据编码的基本内容如图 2-4 所示。

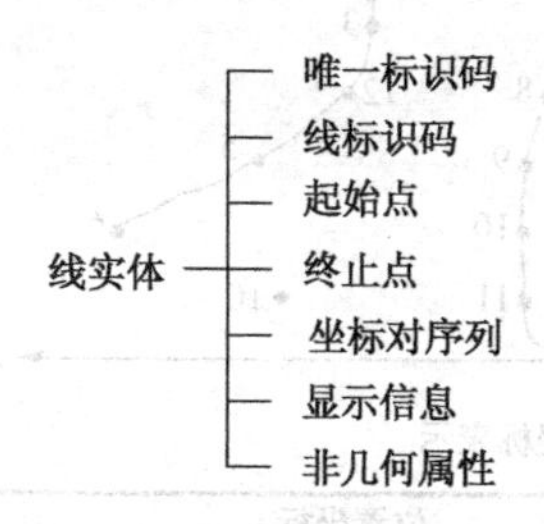

图 2-4　线实体矢量数据编码的基本内容

唯一标识码是系统排列序号；线标识码可以标识线的类型；起始点和终止点可以用点号或直接用坐标表示；坐标对序列是指组成线实体各点的坐标(x,y)序列；显示信息是显示时的文本或符号等；与线相连的非几何属性可以直接存储在线文件中，也可单独存储，而由标识码连接查找。

3. 面实体

多边形（有时称为区域）数据是描述地理空间信息的最重要的一类数据。在区域实体中具有名称属性和分类属性的多用多边形表示，如行政区、土地类型、植被分布等；具有标量属性的有时也用等值线描述（如地形、降雨量等）。

多边形矢量编码不但要表示位置和属性，更重要的是能表达区域的拓扑特征，如形状、邻域和层次结构等，以便恢复这些基本的空间单元可以作为专题图的资料进行显示和操作，由于要表示的信息十分丰富，基于多边形的运算多而复杂，因此多边形矢量编码比点实体和线实体的矢量编码要复杂得多，也更为重要。

在讨论多边形数据结构编码时，首先对多边形网提出如下要求。

（1）组成地图的每个多边形应有唯一的形状、周长和面积。它们不像栅格结构那样具有简单而标准的基本单元。例如，即使大多数美国的规划街区也不能设想它们具有完全一样的形状和大小。对土壤或地质图上的多边形来说更不可能有相同的形状和大小了。

（2）地理分析要求的数据结构应能够记录每个多边形的邻域关系，其方法与水系网中记录连接关系一样。

（3）专题地图上的多边形并不都是同一等级的，而可能是多边形内嵌套小的多边形（次一级）。例如，湖泊的水域线在土地用图上可以算是个岛状多边形，而湖中的岛屿为“岛中之岛”。这种所谓“岛”或“洞”的结构是多边形关系中较难处理的问题。

4. 点、线、面实体坐标编码

任何点、线、面实体都可以用直角坐标点(x, y)来表示。这里的(x, y)可以对应于地面坐标经度和纬度，也可以对应于数字化时所建立的平面坐标系 x 和 y。对于点则是一对(x, y)表示；对于线则是用一组有序的(x, y)坐标对表示；对于多边形则用一组有序的但首尾坐标相同的坐标对表示。这些点是由光滑的曲线间隔采样而来的。同样的曲线长度，取点越多，以后恢复时越接近原来的曲线；反之，取点过少，则恢复时就会成为折线。点、线、面实体的坐标表示和坐标点编码文件如图 2-5 所示。

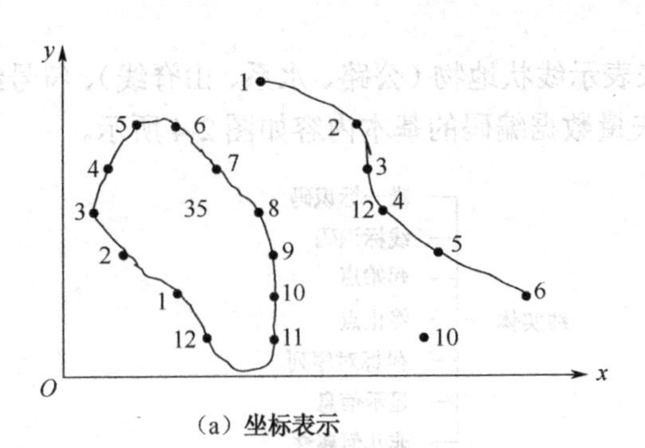

（a）坐标表示

	特征值	位置坐标
点实体	10	x, y
线实体	12	$x_1, y_1; x_2, y_2; x_3, y_3; x_4, y_4; x_5, y_5; x_6, y_6$
面实体	35	$x_1, y_1; x_2, y_2; x_3, y_3; x_4, y_4; x_5, y_5; x_6, y_6; x_7, y_7; x_8, y_8; x_9, y_9; x_{10}, y_{10}; x_{11}, y_{11}; x_{12}, y_{12}; x_1, y_1$

（b）坐标点编码文件

图 2-5　点、线、面实体的坐标表示和坐标点编码文件

2.3.3　拓扑数据结构

1. 拓扑关系的基本含义

拓扑关系是矢量数据模型的另一个重要特征。拓扑的概念来源于拓扑学。作为一门新兴的几何学，拓扑学是研究图形的主要科学，主要研究的是图形在连续变形下的不变的整体性质，又称为“橡皮板几何学”或“弹性几何学”。拓扑学与欧几里得几何学的不同之处在于它不涉及距离、方位或曲直等性质，即不涉及图形的量度性质。例如，火车站的交通示意图、公共汽车站的路牌都可以看作拓扑图形，因为这些图形在比例、形状或位置方面均有着极大的变形。在欧几里得几何学中，只允许图形做刚体运动（平移、旋转、反射），在这种运动中，图形上任意两点间的距离保持不变，因此，这里的几何性质就是指那些在刚体运动中保持不变的性质，因此欧几里得几何学又可称为“刚体几何学”。拓扑学中的运动可称为“弹性运动”，对图形可以任意伸张、扭曲、拉缩，但图形中不同的各点仍为不同的点，不可能使不同的两点合并成一点。当且仅当一个图形做弹性运动使其与另一个图形重合时，这两个图形就是“拓扑等价”的（见图 2-6），一个图形的拓扑性质是那些与此图形等价的图形都具有的性质。因此，图形的拓扑性质就是那些在弹性运动中保持不变的性质。

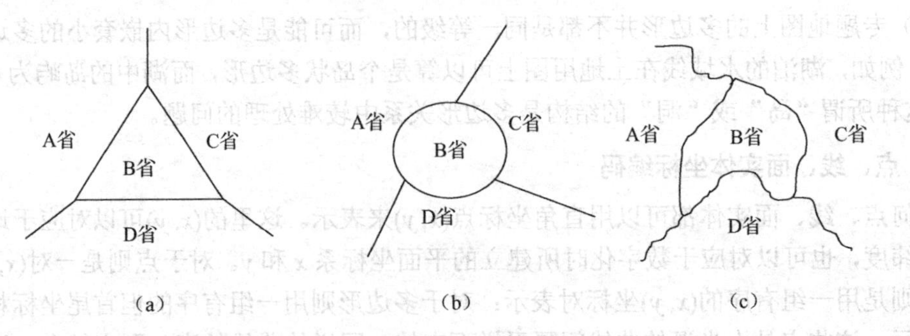

图 2-6　拓扑等价的三个图形

在地图上仅用距离和方向参数描述图上目标之间的关系是不圆满的。因为图上两点间的距离或方向（在实地上是一定的）会随地图投影不同而发生变化，所以仅用距离和方向参数

还不可能确切地表示它们之间的空间关系。在地图图形的连续变换中，它的某些性质发生了变化，如长度、角度和相对距离，但另一些性质则保持不变，如邻接性、包含性、相交性和空间目标的几何类型（点、线、面实体特征类型）等。这类在连续变形中保持不变的属性称为拓扑属性。

空间拓扑关系讨论空间实体间的拓扑属性，即在拓扑变换旋转、平移、缩放等变化下保持不变的空间关系，它是 GIS 中不可缺少的一种基本关系。拓扑关系是不考虑度量和方向的空间实体之间的空间关系。地理空间中的点、线、面实体之间存在着各种各样的拓扑关系，因此表示拓扑关系的数据是空间数据的重要组成部分。另外，空间拓扑关系是空间查询与分析的基础。一方面它为 GIS 数据库的有效建立、空间查询、空间分析、辅助决策等提供了最基础的关系，另一方面它使空间拓扑关系理论应用于 GIS 查询语言，形成一个标准的空间查询语言成为可能，从而通过应用程序进行空间特征的存储、提取、查询、更新等。

拓扑关系是指网结构元素结点、弧段、面域之间的空间关系，主要表现为下列三种关系。

（1）拓扑邻接

拓扑邻接是指存在于空间图形的同类元素之间的拓扑关系。如图 2-7（a）所示，结点邻接关系有 N_1/N_4，N_1/N_2 等，多边形邻接关系有 P_1/P_3，P_2/P_3 等。

（2）拓扑关联

拓扑关联是指存在于空间图形的不同类元素之间的拓扑关系。如图 2-7（a）所示，结点与弧段关联关系有 N_1/C_1、N_1/C_3、N_1/C_6，N_2/C_1、N_2/C_2、N_2/C_5 等，多边形与线段的关联关系有 P_1/C_1、P_1/C_5、P_1/C_6，P_2/C_2、P_2/C_4、P_2/C_5、P_2/C_7 等。

（3）拓扑包含

拓扑包含是指存在于空间图形的同类但不同级的元素之间的拓扑关系，如图 2-7（b）所示，P_1 包含 P_2 和 P_3。

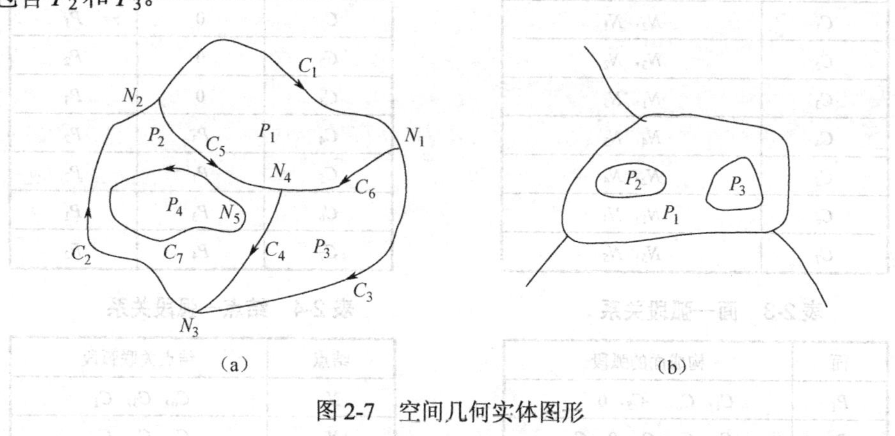

图 2-7　空间几何实体图形

空间数据拓扑关系对 GIS 的数据处理和空间分析具有重要意义。根据拓扑关系，不需要利用坐标或距离，就可以确定一种地理实体相对于另一种地理实体的位置关系。拓扑数据也有利于空间要素的查询。例如，查询某铁路线有哪些车站，汇入某条主流的支流有哪些，以某个交通“结点”为中心呈辐射状的道路各通向何地。

2．拓扑关系的存储表达

在矢量拓扑数据结构中，空间数据不但要记录空间实体的位置，而且要记录空间实体间的拓扑关系，这是 GIS 区别于其他数据库管理系统的重要标志。建立拓扑关系是一种对空间结构关系进行明确定义的数学方法。目前，空间数据的拓扑数据结构的表示方法没有固定的格式，也还没有形成标准，但其基本原理是相同的。因此，在矢量拓扑数据结构表示方法中，任何地理实体均可以用点、线、面来表示其特征，并且可根据各实体间的空间拓扑关系，解译出更多的信息。

对于二维空间数据而言，矢量数据可抽象为点（结点）、线（弧段或边）、面（多边形）三种要素，也称拓扑要素。对于三维空间数据而言，还要加上体。三维空间最基本的拓扑关系主要有拓扑邻接、拓扑关联、拓扑包含等几种。拓扑数据结构中关键问题就是对这些拓扑要素间的拓扑关系进行表示，几何数据的表示可参照矢量数据的简单数据。虽然目前 GIS 中基本拓扑关系的表示方法不尽相同，但只要能完整表达出拓扑要素间的基本拓扑关系就可以了。

根据如图 2-8 所示的基本拓扑关系，图 2-7（a）所示的拓扑实体关系数据结构分别见表 2-1 至表 2-4。其中，表 2-3 中的“-”表示边的方向为逆时针方向，“0”为区分含洞的弧段。

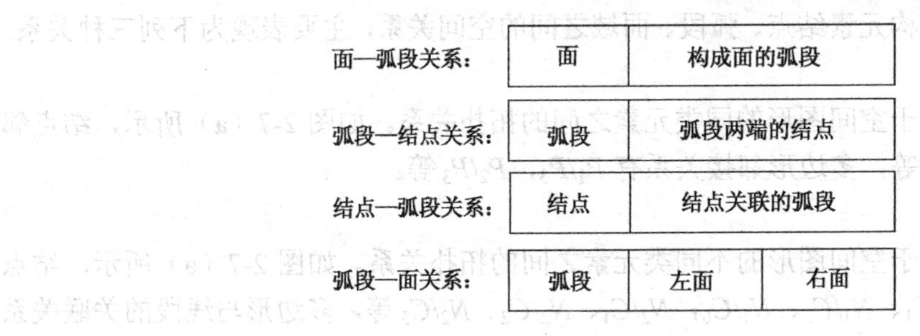

图 2-8　基本拓扑关系

表 2-1　弧段—结点关系

弧段	弧段两端结点
C_1	N_2，N_1
C_2	N_3，N_2
C_3	N_1，N_3
C_4	N_4，N_3
C_5	N_2，N_4
C_6	N_1，N_4
C_7	N_5，N_5

表 2-2　弧段—面关系

弧段	左面	右面
C_1	0	P_1
C_2	0	P_2
C_3	0	P_3
C_4	P_3	P_2
C_5	P_1	P_2
C_6	P_3	P_1
C_7	P_4	P_2

表 2-3　面—弧段关系

面	构成面的弧段
P_1	C_1，C_6，$-C_5$，0
P_2	C_4，C_5，C_2，0，C_7
P_3	C_4，C_6，$-C_3$，0
P_4	C_7，0

表 2-4　结点—弧段关系

结点	结点关联弧段
N_1	C_6，C_3，C_1
N_2	C_1，C_5，C_2
N_3	C_2，C_4，C_3
N_4	C_4，C_5，C_6
N_5	C_7

目前，人们对拓扑关系的表达进行了大量研究，提出了更复杂的关联和邻接关系，但各种 GIS 软件对矢量空间数据拓扑关系的表达还没有超过使用上述所列的各种关系。实际上，许多 GIS 在处理使用上述表格的方式有所不同，对于上述出现变长记录的表格（如结点关联的弧段），有的系统使用指针方法，有的则直接存储变长记录（如 ArcGIS）。

实际上，拓扑数据结构的构建大大增加了数据编辑的难度和复杂性，以至它成为一个引起广泛争议的问题。显然，拓扑关系的存在为数据错误的查找和空间分析提供了必要的前提，但并不是所有的 GIS 应用都必须具备这种预先存储的、耗费大量精力才能创建的数据结构。许多 GIS 软件只使用其中几种最基本的拓扑关系，就能满足大多数的空间分析需要，但更复杂的空间分析，也许需要更多的拓扑关系。通常，建立的拓扑关系越多，数据编辑的维护难度就越大、越复杂，但进行处理比较复杂的空间分析时就越方便，空间分析花费的时间就越短。因此，是否应预先存储拓扑关系、存储哪些拓扑关系成为当前争论的焦点。

2.4　栅格数据模型

2.4.1　栅格数据的基本概念

将工作区域的平面表象按一定分解力做行和列的规则划分，形成许多网格，每个网格单元称为像素，栅格数据模型实际上就是像元阵列，即矩阵形式的像元集合，栅格中的每个像元是栅格数据中最基本的信息存储单元，其坐标位置可以用行号和列号确定。由于栅格数据是按一定规则排列的，所以表示的实体位置关系是隐含在行号、列号之中的。网格中每个元素的代码代表了实体的属性或属性的编码，根据所表示实体的表象信息差异，各像元可用不同的“灰度值”来表示。若每个像元规定 N 比特，则其灰度值范围可在 0～2^{N-1}；把“白～灰～黑”的连续变化量化成 8 比特（bit），其灰度值范围就允许在 0～255，共 256 级；若每个像元只规定 1 比特，则灰度值仅为 0 和 1，这就是所谓的二值图像，0 代表背景，1 代表前景。实体可分为点实体、线实体和面实体。点实体在栅格数据中表示为一个像元；线实体表示为在一定方向上连接成串的相邻像元集合；面实体由聚集在一起的相邻像元集合表示。这种数据结构便于计算机对面状要素的处理。

用栅格数据表示的地表是不连续的，是量化和近似离散的数据，这意味着地表一定面积内（像元地面分辨率范围内）地理数据的近似性，如平均值、主成分值或按某种规则在像元内提取的值等。另外，栅格数据的比例尺就是栅格大小与地表相应单元大小之比。像元大小相对于所表示的面积较大时，对长度、面积等的度量有较大影响。这种影响除对像元的取舍外，还与计算长度面积的方法有关。如图 2-9（a）所示，a 点与 c 点之间的距离是 5 个单位，但在图 2-9（b）中，a 与 c 之间的距离可能是 7，也可能是 4，取决于算法。若以像元边线计算则为 7，而以像元为单位计算则为 4。同样，图 2-9（a）中三角形的面积为 6 个平方单位，而图 2-9（b）中的则为 7 个平方单位，这种误差随像元的增大而增加。

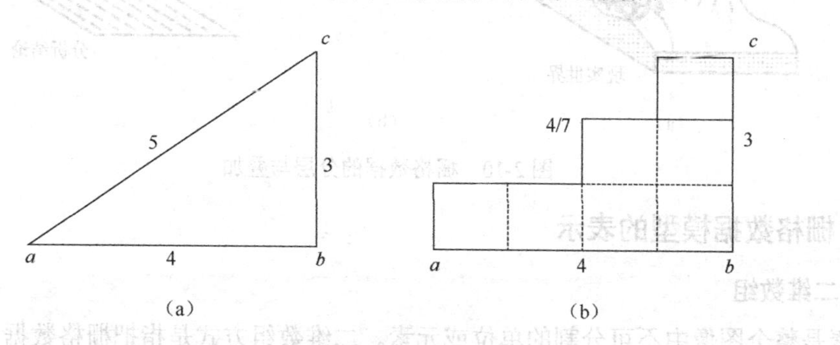

图 2-9　栅格数据模型对观测值的影响

2.4.2 栅格数据层的概念

GIS 对现实世界的描述可以以地理空间位置为基础，按道路、行政区域、土地使用、土壤、房屋、地下管线、自然地形等不同专题属性来组织地理信息。在栅格数据模型中，物体的空间位置用其在平面网格中的行号和列号坐标表示，物体的属性用像元的取值表示，每个像元在一个网格中只能取值一次，同一个像元要表示多重属性的事物就要用多个笛卡儿平面网格，每个笛卡儿平面网格表示一种属性或同一属性的不同特征，这种平面称为层。地理数据在栅格数据模型中必须分层组织存储，每一层构成单一的属性数据层或专题信息层。例如，同样以线性特征表示的地理要素，河流可以作为一个层，道路可以作为另一个层；同样以多边形特征表示的地理要素，湖泊可以作为一个层，房屋可以作为另一个层。根据使用目的不同，可以确定需要建立哪些层及需要建立哪些描述性属性。在如图 2-10 所示中，图 2-10（a）是现实世界按专题内容的分层表示，第三层为植被，第二层为土壤，第一层为地形，图 2-10（b）是现实世界各专题层所对应的栅格数据层，图 2-10（c）是对不同栅格数据层进行叠加分析得出的分析结论。

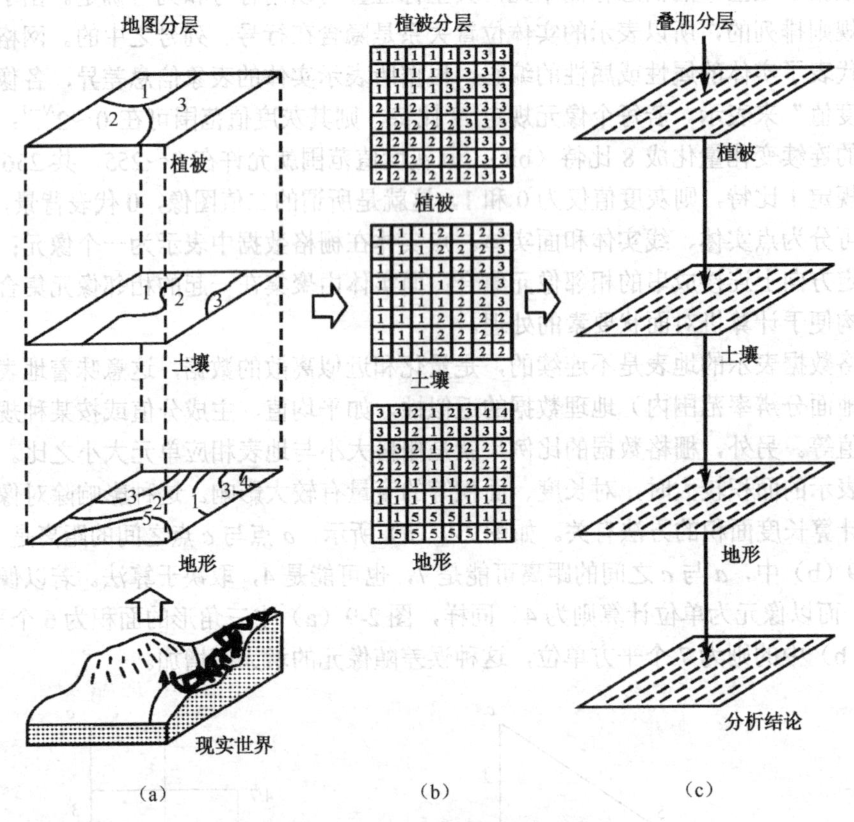

图 2-10　栅格数据的分层与叠加

2.4.3 栅格数据模型的表示

1. 二维数组

像素是整个图像中不可分割的单位或元素。二维数组方式是指把栅格数据中各像素的值对应的二维数组相应的各元素加以存储的方式，它适合于灰度级大的浓淡图像的存储及在通用计算机中的处理，是最常采用的一种方式。在采用二维数组的方式中，还有组合方式和比特面方式。

组合方式是指在计算机的一个字长中存储多个像素的方式。为了节约存储量，经常在保存数据时采用。例如，16 比特/字的计算机中，按每像素 8 比特的数据，可以把相邻的 2 像素数据分别存储到上 8 比特和下 8 比特中。同样，如果是按每像素 4 比特数据，则一个字可以存储连续的 4 像素的数据；如果是按每像素 1 比特数据，则一个字可以存储 16 像素的数据，如图 2-11（a）所示。

比特面方式就是把数据存储到能按比特进行存取的二维数组（可以理解为 1 比特/字），即比特面的方式。对于 n 比特的浓淡图像，如图 2-11（b）所示，要准备 n 个比特面。在比特面 k 中（$k=0,1,\cdots,n-1$），存储的是以二维形式排列的各个像素值的第 k 比特（0 或 1）的数据。另外，也有对于 n 比特/字的二维数组，把它作为 n 比特面考虑，从而把二维图像存储到各比特面中的用法。以比特面作为单位进行处理时，其优点是能够在各个面间进行高效率的逻辑运算，以及存储设备利用率高等，但也存在对浓淡图像的处理上耗费时间的问题。

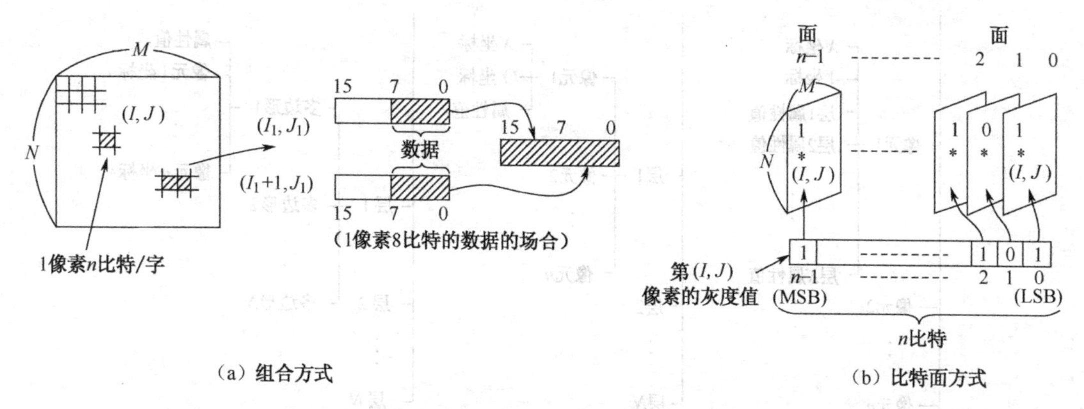

（a）组合方式

（b）比特面方式

图 2-11 组合方式和比特面方式

2. 一维数组

如果给栅格数据内的全体像素赋予按照某一顺序排序的一维连续号码，则能够把栅格数据存储到一维数组中。上述的二维数组，在计算机内部的存储如图 2-12 所示，实际上也变成了一维数组。

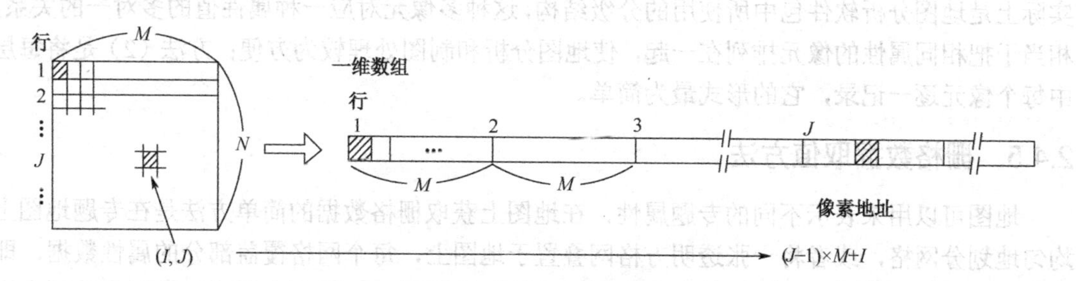

图 2-12 把栅格数据存储到一维数组中

另外，也有不存储栅格全体数据，而只是把应该存储的像素信息，按照一定规则存储到一维数组中的方法。这种方法主要用于在栅格数据中存储图形轮廓线信息等。

2.4.4 栅格数据的组织方法

假定基于笛卡儿坐标系上的一系列叠置层的栅格地图文件已建立起来，那么如何在计算机内组织这些数据才能达到最优数据存取、最少存储空间、最短处理过程呢？如果每一层中每一个像元在数据库中都是独立单元，即数据值、像元和位置之间存在着一对一的关系，则按上述要求组织数据的可能方法有三种，如图 2-13 所示。

（1）以像元为记录的序列。不同层中同一个像元位置上的各属性值表示为一个列数组，该方法缩写为 BIP，如图 2-13（a）所示。

（2）以层为基础。每一层以像元为序列记录它的坐标和属性值，第一层记录完毕后再记录第二层，如图 2-13（b）所示。这种方法较为简单，但需要的存储空间最大，缩写为 BSQ。

（3）以层为基础，但每一层内则以多边形（也称制图单元）为序记录多边形的属性值和充满多边形的各像元的坐标，该方法缩写为 BIL，如图 2-13（c）所示。

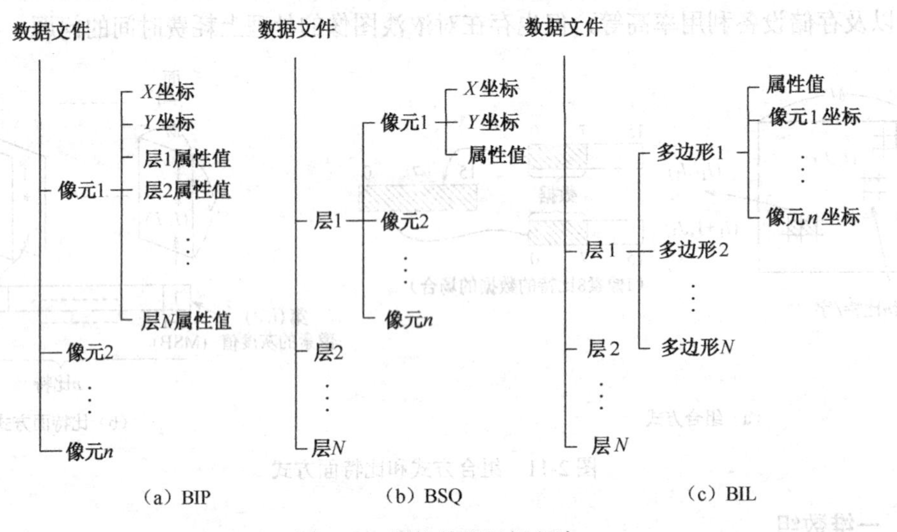

图 2-13 栅格数据组织方法

方法（1）节省了许多存储空间，因为 *N* 层中实际只存储了一层的像元坐标；方法（3）则节省了许多用于存储属性的空间，同一属性的制图单元的 ***n*** 个像元只记录一次属性值，它实际上是地图分析软件包中所使用的分级结构，这种多像元对应一种属性值的多对一的关系，相当于把相同属性的像元排列在一起，使地图分析和制图处理较为方便；方法（2）是将每层中每个像元逐一记录，它的形式最为简单。

2.4.5 栅格数据取值方法

地图可以用来表示不同的专题属性，在地图上获取栅格数据的简单方法是在专题地图上均匀地划分网格，或者将一张透明方格网叠置于地图上，每个网格覆盖部分的属性数据，即为该网格栅格数据的取值。但常常会遇到一些特殊的情况，如同一个网格可能对应地图上多种专题属性，而每个单元只允许取一个值，目前对于这种多重属性的网格，有以下几种不同的取值方法。

（1）中心归属法：每个栅格单元的值以网格中心点对应的面域属性值来确定，如图 2-14（a）所示。

（2）长度占优法：每个栅格单元的值以网格中线（水平或垂直）的大部分长度所对应的面域属性值来确定，如图 2-14（b）所示。

（3）面积占优法：每个栅格单元的值以在该网格单元中占据最大面积的属性值来确定，如图 2-14（c）所示。

（4）重要性法：根据栅格内不同地物的重要性程度，选取特别重要的空间实体决定对应的栅格单元值，如稀有金属矿产区，其所在区域尽管面积很小或不位于中心，也应采取保留的原则，如图 2-14（d）所示。

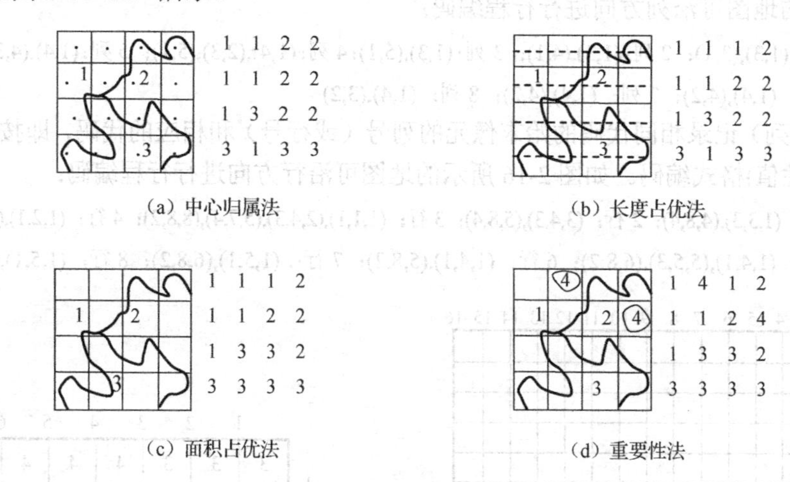

图 2-14　栅格数据取值方法

2.4.6　栅格数据存储的压缩编码

直接栅格编码是最简单、最直观而又非常重要的一种栅格结构编码方法，通常称这种编码为图像文件或栅格文件。直接栅格编码就是将栅格数据看作一个数据矩阵，逐行（或逐列）逐个记录代码，可以每行都从左到右逐像元记录，也可以奇数行从左到右、偶数行从右到左记录，为了特定目的还可以采用其他特殊的顺序。栅格结构无论采用何种压缩方法，其逻辑原型都是直接编码的网格文件。

当每个像元都有唯一的属性值时，一层内的编码就需要 m（行）×n（列）个存储单元。数字地面模型就属于此种情况。如果一个多边形（或制图单元）内的每个像元都具有相同的属性值，就有可能大大节省栅格数据的存储量，其关键点是恰当地设计数据结构和编码方法。

1. 链式编码

链式编码又称弗里曼链码或边界链码。如图 2-15 所示的多边形，该多边形边界可以表示为：由某一原点开始并按某些基本方向确定的单位矢量链。基本方向可定义为：东=0、南=3、西=2、北=1 等。如果再确定原点为像元(10,1)，则该多边形边界按顺时针方向的链式编码为：

0,1,02,3,02,1,0,3,0,1,03,32,2,33,02,1,05,32,22,3,23,3,23,1,22,1,22,1,22,1,22,13

链式编码对多边形的表示具有很强的数据压缩能力，且具有一定的运算功能，如面积和周长计算等，探测边界急弯和凹进部分等都比较容易。但是，叠置运算如组合、相交等则很难实施，除非还原成栅格结构，且公共边界需要存储两次，还会产生数据冗余。

2．行程编码

只在各行(或列)数据的代码发生变化时依次记录该代码及相同代码重复的个数，即按(属性值,重复个数)编码。如图 2-16 所示的地图可沿行方向进行行程编码：

1 行：(3,3),(4,5)；2 行：(3,4),(4,4)；3 行：(1,1),(3,3),(4,3),(2,1)；4 行：(1,2),(3,3),(2,3)；
5 行：(1,4),(3,1),(2,3)；6 行：(1,4),(2,4)；7 行：(1,5),(2,3)；8 行：(1,5),(2,3)

逐个记录各行（或列）代码发生变化的位置和相应的代码，即按(位置,属性值)编码。如图 2-16 所示的地图可沿列方向进行行程编码：

1 列：(1,3),(3,1)；2 列：(1,3),(4,1)；3 列：(1,3),(5,1)；4 列：(1,4),(2,3),(5,1)；5 列：(1,4),(4,3),(6,2),(7,1)；
6 列：(1,4),(4,2)；7 列：(1,4),(4,2)；8 列：(1,4),(3,2)

按行（或列）记录相同代码的始末像元的列号（或行号）和相应的代码，即按(起始位置,终止位置,属性值)格式编码。如图 2-16 所示的地图可沿行方向进行行程编码：

1 行：(1,3,3),(4,8,4)；2 行：(3,4,3),(5,8,4)；3 行：(1,1,1),(2,4,3),(5,7,4),(8,8,2)；4 行：(1,2,1),(3,5,3),(6,8,2)；
5 行：(1,4,1),(5,5,3),(6,8,2)；6 行：(1,4,1),(5,8,2)；7 行：(1,5,1),(6,8,2)；8 行：(1,5,1),(6,8,2)

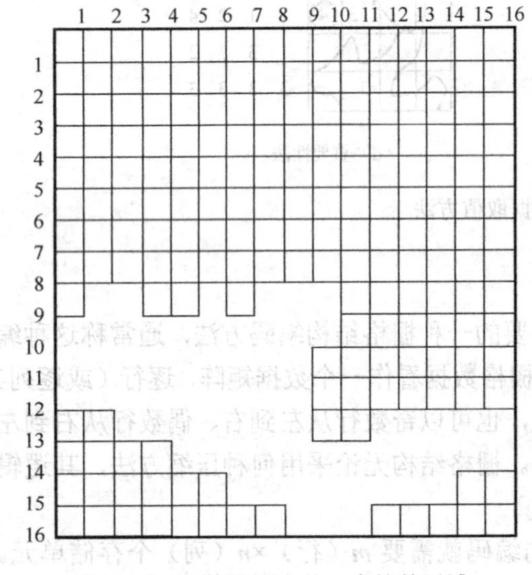

图 2-15 栅格地图上的一个简单区域

	1	2	3	4	5	6	7	8
1	3	3	3	4	4	4	4	4
2	3	3	3	3	4	4	4	4
3	1	3	3	3	4	4	4	2
4	1	1	3	3	3	2	2	2
5	1	1	1	1	3	2	2	2
6	1	1	1	1	2	2	2	2
7	1	1	1	1	1	2	2	2
8	1	1	1	1	1	2	2	2

图 2-16 多区域栅格地图

3．块式编码

块式编码是将行程编码扩大到二维的情况，把多边形范围划分成由像元组成的正方形，然后对各个正方形进行编码。块式编码数据结构中包括三个数字：块的原点坐标（可以是块的中心或块的左下角/右上角像元的行、列号），块的大小（块包括的像元数），以及记录单元的代码。图 2-17 所示说明了如何对图 2-16 所示的地图进行分块，其块式编码如下：

(1,1,2,3),(1,3,1,3),(1,4,1,4),(1,5,3,4),(1,8,1,4),(2,3,1,3),(2,4,1,3),(2,8,1,4),(3,1,1,1),(3,2,1,3),(3,3,2,3),
(3,8,1,2),(4,1,1,1),(4,2,1,1),(4,5,1,3),(4,6,1,2),(4,7,2,2),(5,1,4,1),(5,5,1,3),(5,6,1,2),(6,5,1,2),(6,6,3,2),
(7,5,1,1),(8,5,1,1)

一个多边形所能包含的正方形越大，多边形的边界越简单，块式编码的效果就越好。行程编码和块式编码都对大而简单的多边形更有效，而对那些碎部仅比像元大几倍的复杂多边形效果并不好。块式编码即中轴变换的优点是多边形之间求并及求交都方便，且探测多边形的延伸特征也较容易；但对某些运算不适应，必须再转换成简单栅格数据形式才能顺利进行。

4．四叉树编码

将图像区域按四个大小相同的象限四等分，每个象限又可根据一定规则判断是否继续等分为次一层的四个象限，无论分割到哪一层象限，只要子象限上仅含一种属性代码或符合既定要求的少数几种属性时，就停止继续分割，否则会一直分割到单个像元为止。这种分解过程如图 2-18 所示。而块状结构则用四叉树来描述，如图 2-19 所示。按照象限递归分割的原则所分图像区域的栅格阵列应为 2*n*×2*n*（*n* 为分割的层数）的形式。

3	3	3	4	4	4	4	4
3	3	3	3	4	4	4	4
1	3	3	3	4	4	4	2
1	1	3	3	3	2	2	2
1	1	1	1	3	2	2	2
1	1	1	1	2	2	2	2
1	1	1	1	1	2	2	2
1	1	1	1	1	2	2	2

图 2-17　块式编码分解示意图

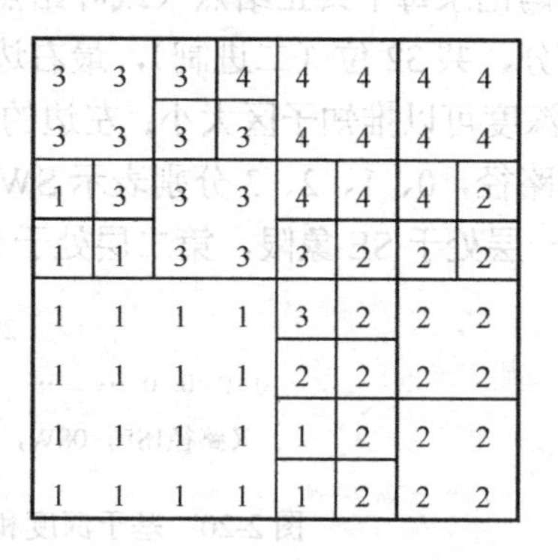

图 2-18　四叉树分解过程

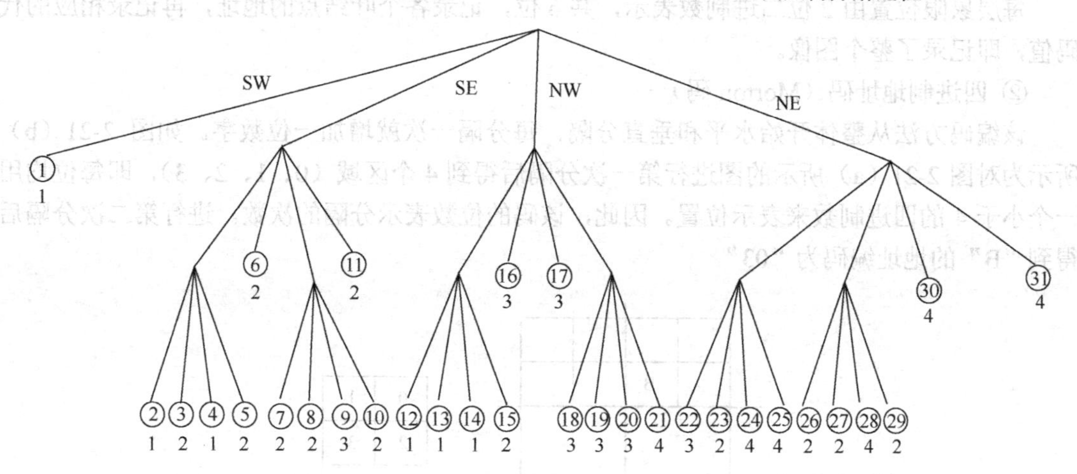

图 2-19　四叉树结构

所谓四叉树结构，就是把整个 2*n*×2*n* 像元组成的阵列当作树的根结点，树的高度为 *n* 级（最多为 *n* 级）。每个结点有分别代表南西（SW）、南东（SE）、北西（NW）、北东（NE）4 个象限的 4 个分支。4 个分支中要么是树叶，要么是树杈。树叶不能继续划分，说明该四分之一范围或全属于多边形范围或全不属于多边形范围，该结点代表子象限具有单一的代码；树杈不只包含一种代码，说明该四分之一范围内，一部分在多边形内，另一部分在多边形外，因此必须继续划分，直到变成树叶为止。四叉树编码有指针四叉树编码和线性四叉树编码两种方法。

(1) 指针四叉树编码

指针四叉树编码通过在子结点与父结点之间设立指针的方式建立起整个结构。按这种方法，四叉树的每个结点通常存储 6 个量，即 4 个子结点指针、一个父结点指针和该结点的属性代码。这种方法除要记录叶结点外，还要记录中间结点，一般要占用较大存储空间。

（2）线性四叉树编码

线性四叉树编码为美国马里兰大学 GIS 中采用的编码方法，它的基本思想是：不需要记录中间结点和使用指针，仅记录叶结点，并用地址码（如 Morton 码等）表示叶结点的位置。因此，其编码包括叶结点的地址码和本结点的属性或灰度值，并且地址码隐含了叶结点的位置和深度信息。最常见的地址码是四进制或十进制 Morton 码。

① 基于深度和层次的线性四叉树编码

该编码记录每个终止结点（或叶结点）的地址和值，值就是子区的属性代码，其中地址包括两部分，共 32 位（二进制），最右边 4 位记录该叶结点的深度，即位于四叉树的第几层上，有了深度可以推知子区大小；左边的 28 位记录路径，在右边第 5 位往左记录从叶结点到根结点的路径，0、1、2、3 分别表示 SW、SE、NW、NE。如图 2-20 所示的第 4 个结点深度为 3，第一层处于 SE 象限，第二层处于 SW 象限，第三层处于 NW 象限。

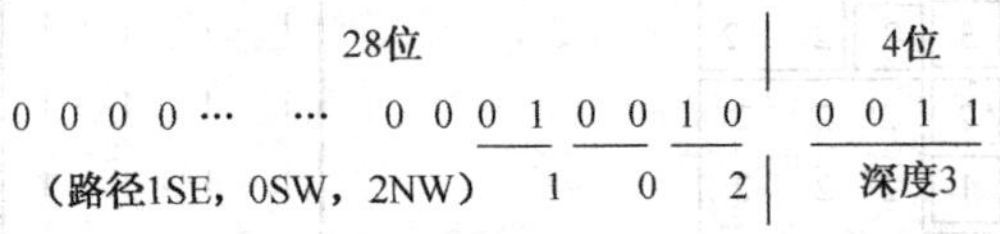

28位 | 4位

0 0 0 0… … 0 0 0 1 0 0 1 0 0 0 1 1

（路径1SE，0SW，2NW） 1 0 2 | 深度3

图 2-20 基于深度和层次的线性四叉树编码的示意图

每层象限位置由 2 位二进制数表示，共 6 位，记录各个叶结点的地址，再记录相应的代码值，即记录了整个图像。

② 四进制地址码（Morton 码）

该编码方法从整体开始水平和垂直分隔，每分隔一次就增加一位数字。如图 2-21（b）所示为对图 2-21（a）所示的图进行第一次分隔后得到 4 个区域（0、1、2、3），即每位均用一个小于 4 的四进制数来表示位置。因此，该码的位数表示分隔的次数。进行第二次分隔后得到“B”的地址编码为“03”。

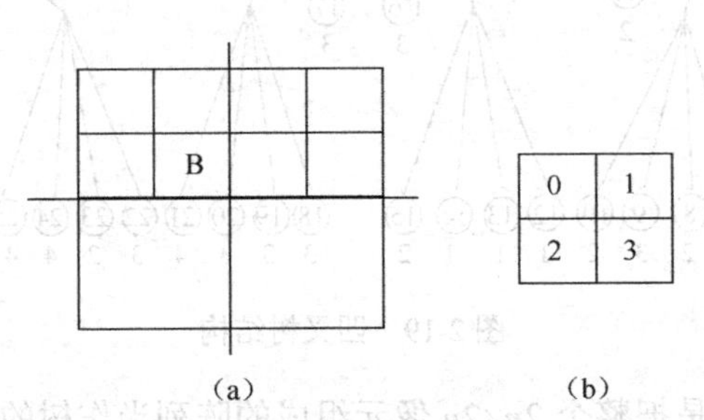

图 2-21 从上而下生成四进制 Morton 码

③ 十进制地址码（Morton 码）

Morton 码是这样获得的：给出两个数，把它们的二进制位从右到左逐位取出并交叉放到 Morton 码中。例如，对于 3 和 4，有：

$$(00\ 00\ 00\ 11)_2 = (3)_{10}$$

$$(00\ 00\ 01\ 00)_2 = (4)_{10}$$

则它们的 Morton 码是 $(0000\ 0000\ 0010\ 0101)_2 = (37)_{10}$。第一个数的第 i 位对应 Morton 码的第 $2i-1$ 位，第二个数的第 j 位对应 Morton 码的第 $2j$ 位。其中，i 和 j 从 1 开始。

在一个 $n \times n$ 的图像阵列中，每个像元点都相应地给出一个 Morton 码。如图 2-22 所示为 8×8 的图像阵列每个像元的 Morton 码。如第 5 行第 7 列的 Morton 码为 55，即 $(5)_{10}=(0101)_2$，$(7)_{10}=(0111)_2$，两个二进制数交换位后为 $(00110111)_2=(55)_{10}$。

行 \ 列	0	1	2	3	4	5	6	7
0	0	1	4	5	16	17	20	21
1	2	3	6	7	18	19	22	23
2	8	9	12	13	24	25	28	29
3	10	11	14	15	26	27	30	31
4	32	33	36	37	48	49	52	53
5	34	35	38	39	50	51	54	55
6	40	41	44	45	56	57	60	61
7	42	43	46	47	58	59	62	63

图 2-22　8×8 的图像阵列每个像元的 Morton 码

这样就可将用行和列表示的二维图像，用 Morton 码写成一维数据，通过 Morton 码就可知道像元的位置。

把一幅 $2n \times 2n$ 的图像压缩成线性四叉树的过程为：

- 按 Morton 码把图像读入一维数组；
- 比较相邻的四个像元，一致的合并，只记录第一个像元的 Morton 码；
- 比较所形成的大块，相同的再合并，直到不能合并为止。

对用上述线性四叉树的编码方法所形成的数据还可进一步用游程长度编码压缩。压缩时只记录第一个像元的 Morton 码。

例如，图 2-24 所示为图 2-23 所示图像的 Morton 码。该栅格图像的压缩处理过程如下。

行 \ 列	0	1	2	3
0	*A*	*A*	*A*	*A*
1	*A*	*B*	*B*	*B*
2	*A*	*A*	*B*	*B*
3	*A*	*A*	*B*	*B*

图 2-23　4×4 的图像阵列

行 \ 列	0	1	2	3
0	0	1	4	5
1	2	3	6	7
2	8	9	12	13
3	10	11	14	15

图 2-24　4×4 的图像阵列对应的 Morton 码

- 按 Morton 码读入一维数组。

Morton 码：　0　1　2　3　4　5　6　7　8　9　10　11　12　13　14　15

像元值：　*A*　*A*　*A*　*B*　*A*　*A*　*B*　*B*　*A*　*A*　*A*　*A*　*B*　*B*　*B*　*B*

- 四相邻像元合并，只记录第一个像元的 Morton 码。由于 Morton 码 8、9、10、11 的像元均为 *A*，故只记录第一个 Morton 码 8 即可，从而达到压缩的目的。

0　1　2　3　4　5　6　7　8　12

A　*A*　*A*　*B*　*A*　*A*　*B*　*B*　*A*　*B*

- 由于不能进一步合并，所以可用行程长度编码压缩。

0　3　4　6　8　12

A　*B*　*A*　*B*　*A*　*B*

在解码时，根据 Morton 码就可知道像元在图像中的位置（左上角），本 Morton 码和下一个 Morton 码之差即为像元个数。知道了像元的个数和像元的位置就可恢复原始图像。

四叉树编码法有许多优点：① 容易而有效地计算多边形的数量特征；② 阵列各部分的分辨率是可变的，边界复杂部分四叉树较高，即分级多、分辨率也高，而不需要表示许多细节的部分则分级少、分辨率低，因此既可精确地表示图形结构又可减小存储量；③ 栅格结构到四叉树及四叉树到简单栅格结构的转换比其他压缩方法容易；④ 多边形中嵌套异类多边形的表示较方便。

四叉树编码的最大特点是转换的不确定性，同一形状和大小的多边形可能得出多种不同的四叉树结构，故不利于形状分析和模式识别。但是，因为它允许多边形中嵌套多边形（“洞”）的结构存在，所以越来越多的 GIS 工作者对四叉树结构很感兴趣。上述这些压缩数据的方法应视图形的复杂情况合理选用，同时应在系统中备有相应的程序。另外，用户的分析目的和分析方法也决定压缩方法的选取。

2.5 矢量数据模型与栅格数据模型

在计算机辅助制图和 GIS 发展早期，最初引用的是矢量处理技术，栅格数据处理技术始于 20 世纪 70 年代中期。几年前，这两种数据结构势不两立，很难兼容，因此给数据利用带来许多不便。近年来，人们越来越清楚地认识到，原先把栅格和矢量数据结构的差别当成重要的概念差别，事实上都是技术问题。计算机技术的发展使运算速度、存储能力、地理数据的空间分辨率等大大提高。为了更有效地利用 GIS，人们面临的问题之一是栅格和矢量数据结构的选择。

2.5.1 矢量数据与栅格数据结构的比较

GIS 的数据范围十分广泛，数据保存方式多种多样，数据结构类型复杂。空间数据的矢量结构和栅格结构是模拟 GIS 的截然不同的两种方法，它们各有千秋，相互补充、相互促进。矢量数据与栅格数据结构的比较见表 2-5。

表 2-5 矢量数据与栅格数据结构的比较

矢 量 数 据	栅 格 数 据
数据存储量小	数据存储量大
空间位置精度高	空间位置精度低
用网络连接法能完整地描述拓扑关系	难以建立网络连接关系
输出简单容易，绘图细腻、精确、美观	输出速度快，但绘图粗糙、不美观
可对图形及其属性进行检索、更新和综合	便于面状数据处理
数据结构复杂	数据结构简单
获取数据速度慢	快速获取大量数据
数学模拟困难	数学模拟方便
多种地图叠加分析困难	多种地图叠加分析方便
不能直接处理数字图像信息	能直接处理数字图像信息
空间分析不容易实现	空间分析易于进行
难以描述边界复杂、模糊的事物	容易描述边界复杂、模糊的事物
数据输出的费用较高	技术开发费用低

2.5.2 矢量、栅格一体化

新一代集成化的 GIS，要求能够统一管理图形数据、属性数据、影像数据和数字高程模型（Digital Elevation Model，DEM）数据，称为四库合一。关于图形数据与属性数据的统一管理，近年来已取得突破性的进展，不少 GIS 软件商先后推出各自的空间数据引擎（Spatial Data Engine，SDE），初步解决了图形数据与属性数据的一体化管理。而矢量与栅格数据，按照传统的观念，认为是两类完全不同性质的数据结构。当利用它们来表达空间目标时，对于线状实体，人们习惯使用矢量数据结构；对于面状实体，在基于矢量的 GIS 中，主要使用边界表达法，而在基于栅格的 GIS 中，一般用元子空间填充表达法。因此，人们联想到对用矢量方法表示的线状实体，是否也可以采用元子空间填充法来表示，即在数字化一个线状实体时，除记录原始取样点外，还记录所通过的栅格。同样，对于每个面状地物除记录它的多边形边界外，还记录中间包含的栅格。一方面，它保留了矢量的全部性质，以目标为单元直接聚集所有的位置信息，并能建立拓扑关系；另一方面，它建立了栅格与地物的关系，即路径上的任意一点都直接与目标建立了联系。这样，既保持了矢量特性，又具有栅格的性质，就能将矢量与栅格统一起来，这就是矢量与栅格一体化数据结构的基本概念。

2.5.3 矢量和栅格数据结构的选择

根据上述比较，在 GIS 建立过程中，应根据应用目的要求、实际应用特点、可能获得的数据精度及 GIS 软件和硬件配制情况，在矢量和栅格数据结构中选择合适的数据结构。矢量数据结构是人们最熟悉的图形表达形式，对于线划地图来说，用矢量数据来记录往往比用栅格数据节省存储空间。相互连接的线网络或多边形网络则只有矢量数据结构模式才能做到，因此矢量数据结构更有利于网络分析（交通网、供/排水网、煤气管道、电缆等）和制图应用。矢量数据表示的数据精度高，并易于附加对制图物体属性分门别类地描述。矢量数据只能在矢量式数据绘图机上输出。目前解析几何被频繁地应用于矢量数据的处理中，对于一些直接与点位有关的处理及有现成数学公式可循的针对个别符号的操作计算，用矢量数据有其独到的便利之处。矢量数据便于产生各个独立的制图物体，并便于存储各图形元素间的关系信息。

栅格数据结构是一种影像数据结构，适用于遥感图像的处理。它与制图物体的空间分布特征有着简单、直观而严格的对应关系，对制图物体空间位置的可探性强，并为应用机器视觉提供了可能性，对于探测物体之间的位置关系，栅格数据最为便捷。在多边形数据结构的计算方法中常常采用栅格方案，而且在许多情况下，栅格方案更有效。例如，多边形周长、面积、总和、平均值的计算、从一点出发的半径等在栅格数据结构中全部简化为简单的计数操作。又因为栅格坐标是规则的，删除和提取数据都可按位置确定窗口来实现，比矢量数据结构方便得多。以矢量数据结构为基础发展起来的栅格算法表明，存在着一种比以前想象中更为有效的方法去解决某些栅格结构曾经存在的问题。例如，栅格结构的数据存储量过大的问题可用本书 2.1 节提出的压缩方法来解决。

栅格数据结构和矢量数据结构都有一定的局限性。一般来说，大范围小比例的自然资源、环境、农业、林业、地质等区域问题的研究，城市总体规划阶段的战略性布局研究等，使用栅格数据结构比较合适。城市分区或详细规划、土地管理、公用事业管理等方面的应用，矢量数据结构比较合适。当然，也可以把两种结构混合起来使用，在同一屏幕上同时显示两种方式的地图。

目前，GIS 的开发者和使用者都积极研究这两类数据结构的相互转换技术，而且已开发出栅格数据结构和矢量数据结构相互转换的软件。矢量到栅格的转换是简单的，有很多著名的程序可以完成这种转换。栅格到矢量的转换也很容易理解，但具体算法要复杂得多。实现两种数据结构的相互转换，可大大提高 GIS 软件的通用性，近年来，也有人在试着用一个软件同时实现栅格和矢量两种结构，以方便用户使用。

2.6 MapGIS 空间数据模型概述

之前介绍了两种基本的空间数据模型。实际上，GIS 应用中的数据表达模型会更加复杂，因为其中不仅涉及空间实体的几何表达，同时也涉及属性、行为、关系、约束规则、可视化等问题。为此，本节以 MapGIS 软件为例，对面向实体的空间数据模型进行详细阐述。

MapGIS 的空间数据模型将现实世界中的各种现象抽象为对象、关系和规则，并在此基础上定义了各种行为（操作），使得模型更接近人类面向实体的思维方式。该模型还综合了面向图形的空间数据模型的特点，使得模型表达能力强，广泛适应 GIS 的各种应用。该模型具有以下特点。

（1）真正面向地理实体，全面支持对象、类、子类、子类型、关系、有效性规则、数据集、地理数据库等概念。

（2）对象类型覆盖 GIS 和 CAD 对模型的双重要求，包括要素类、对象类、关系类、注记类、修饰类、动态类、几何网络。

（3）具备类视图概念，可通过属性条件、空间条件和子类型条件定义要素类视图、对象类视图、注记类视图和动态类视图。

（4）要素可描述任意几何复杂度的实体，如水系。

（5）完善的关系定义，可表达实体间的空间关系、拓扑关系和非空间关系。空间关系按照九交模型定义；拓扑关系支持结构表达方式和空间规则表达方式；完整地支持四类非空间关系，包括关联关系、继承关系（完全继承或部分继承）、组合关系（聚集关系或组成关系）、依赖关系。

（6）支持关系多重性，包括 1∶1、1∶M、N∶M。

（7）支持有效性规则的定义和维护，包括定义域规则、关系规则、拓扑规则、空间规则、网络连接规则。

（8）支持多层次数据组织，包括地理数据库、数据集、数据包、类、几何元素、几何实体、几何数据等。MapGIS 面向实体的空间数据模型如图 2-25 所示。

（9）几何数据支持向量表示法和解析表示法，包括折线、圆、椭圆、弧、矩形、样条、Bezier 曲线等形态，能够支持规划设计等应用领域。

1. 实体表达及分类

（1）对象

在 MapGIS 中，对象是现实世界中实体的表示，如房子、湖泊之类的实体，均可用对象表示。对象有属性、行为和一定的规则，以记录的形式存储对象。对象是各种实体一般性的抽象，特殊性对象包括要素、关系、注记、修饰符、轨迹、连接边、连接点等。

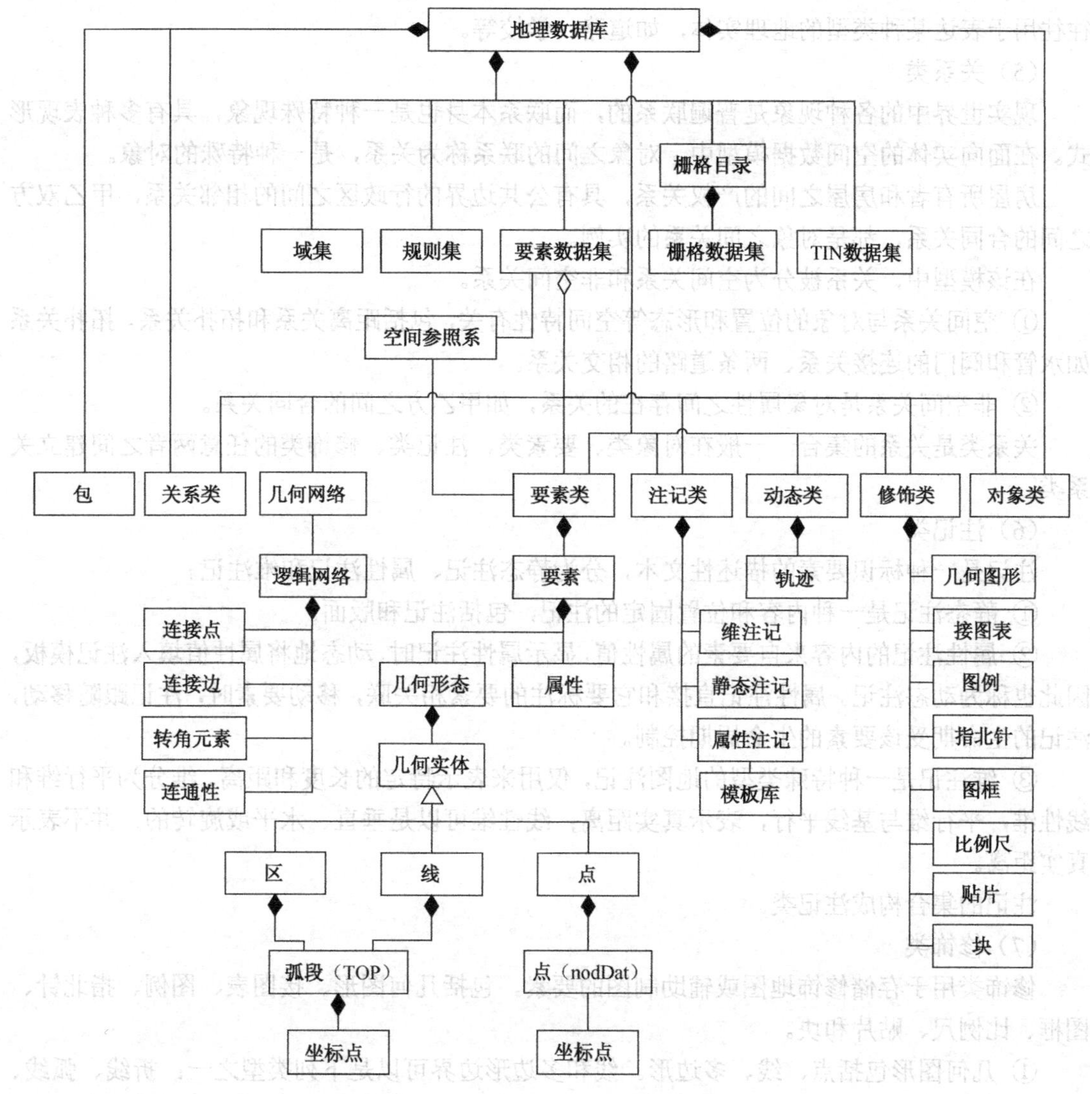

图 2-25　MapGIS 面向实体的空间数据模型

（2）对象类型、子类型

根据对象的行为和属性可以将对象划分成不同的类型，具有相同行为和属性的对象构成对象类，特殊的对象类包括要素类、关系类、注记类、修饰类、动态类、几何网络。

子类型是对象类的轻量级分类，以表达相似对象，如供水管网中区分钢管、塑料管、水泥管等。不同类或子类型的对象可以有不同的属性默认值和属性域。

（3）对象类

对象类是具有相同行为和属性的对象的集合。在空间数据模型中，一般情况下，对象类是指没有几何特征的对象（如房屋所有者、表格记录等）的集合；在忽略对象特殊性的情况下，对象类可以指任意一种类型的对象集。

（4）要素类

要素是具有几何特征的对象，要素包括属性、几何元素和图示化信息，几何元素是点、线、多边形等几何实体的组合。要素类是具有相同属性的要素的集合，是一种特殊的对象类，往往用于表达某种类型的地理实体，如道路、学校等。

（5）关系类

现实世界中的各种现象是普遍联系的，而联系本身也是一种特殊现象，具有多种表现形式。在面向实体的空间数据模型中，对象之间的联系称为关系，是一种特殊的对象。

房屋所有者和房屋之间的产权关系，具有公共边界的行政区之间的相邻关系，甲乙双方之间的合同关系，都是对象之间关系的实例。

在该模型中，关系被分为空间关系和非空间关系。

① 空间关系与对象的位置和形态等空间特性有关，包括距离关系和拓扑关系。拓扑关系如水管和阀门的连接关系、两条道路的相交关系。

② 非空间关系是对象属性之间存在的关系，如甲乙方之间的合同关系。

关系类是关系的集合，一般在对象类、要素类、注记类、修饰类的任意两者之间建立关系类。

（6）注记类

注记是一种标识要素的描述性文本，分为静态注记、属性注记和维注记。

① 静态注记是一种内容和位置固定的注记，包括注记和版面。

② 属性注记的内容来自要素的属性值，显示属性注记时，动态地将属性值填入注记模板，因此也称为动态注记。属性注记直接和它要标注的要素相关联，移动要素时，注记跟随移动，注记的生命期受该要素的生命周期控制。

③ 维注记是一种特殊类型的地图注记，仅用来表示特定的长度和距离。维分为平行维和线性维，平行维与基线平行，表示真实距离；线性维可以是垂直、水平或旋转的，并不表示真实距离。

注记的集合构成注记类。

（7）修饰类

修饰类用于存储修饰地图或辅助制图的要素，包括几何图形、接图表、图例、指北针、图框、比例尺、贴片和块。

① 几何图形包括点、线、多边形。线和多边形边界可以是下列类型之一：折线、弧线、圆、椭圆、弧、矩形、样条、Bezier 曲线。几何图形主要考虑图面的要求，而对平面拓扑和形态没有严格要求，如多边形的端点不要求严格重合，线可以自相交。

② 图框分为内图框和外图框。

③ 贴片是一种带图示化信息的矩形框，用于遮盖不需要显示的图形。

④ 块是修饰类要素的组合，可以自由组合或拆散。

（8）动态类

动态类是一种特殊的对象类，是空间位置随时间变化的动态对象的集合。动态对象的位置随时间变化形成轨迹，动态类中记录轨迹的信息，包括 x、y、z、t 和属性。

（9）几何网络

几何网络是边要素和点要素组成的集合，边要素和点要素相互联系，一条边连接两个点，一个点可以连接大量的边。边要素可以在二维空间交叉而不相交，如立交桥。几何网络中的要素表示网络地理实体，如道路、车站、航线等。

每个几何网络都有一个逻辑网络与之对应，逻辑网络依附于几何网络，由边元素、结点元素、转角元素及连通性元素组成。

逻辑网络中的元素没有空间特性，即没有坐标值。逻辑网络存储网络的连通信息，是网络分析的基础。

2．要素类的数据组织方式

要素类由要素组成，每个要素包含属性、几何元素和图示化信息这三部分内容。几何元素有两种数据组织方式。

（1）直接存储简单点、简单线、简单多边形。这种组织方式使得该模型与传统的简单要素模型兼容。

（2）按照“几何元素—几何实体—几何数据”三个层次组织和存储空间信息。这种组织方式使该模型与传统的拓扑数据模型兼容，但表达能力更强，可描述几何形态较为复杂的地理实体，如水系。在三个层次中：

- 几何数据包含点和弧段，弧段可以是折线、圆、椭圆、弧、矩形、样条、Bezier 曲线之一，是地理实体的特征点或边界线；
- 几何实体分为点状、线状、面状。点状几何实体由几何数据层的一个点或多个点组成；线状几何实体由一到多条弧段有序组成；面状几何实体由一到多条弧段有序构成的多边形表示；
- 几何元素由任意多个点状、线状和面状几何实体组成，共同表达要素的几何特征。

几何元素的这种组织方式使得用户能够在同一个要素类中存储空间重叠的不同要素，如“铁路”要素类中的京汉线和京广线；还使得用户能够按照语义对要素进行分类和组织，而不是按照几何形态对要素进行分类和组织。

通过在要素类上施加空间规则，可以限制要素类中一条弧段是否只能有左、右多边形各一个。

3．视图

视图展现给用户的是对应类中的部分空间数据、部分属性数据，或者两者之一。MapGIS 视图具有以下特点。

（1）MapGIS 提供要素类、对象类、注记类、动态类的视图。

（2）视图根据给定的空间条件、属性条件在原始类中选择数据，但这些数据本身并没有被复制，仅是逻辑上的复制。

（3）视图本身仅存储创建这个视图的空间条件和属性条件。空间条件包括矩形范围、类和子类型，属性条件包括纵向条件和横向条件，纵向条件限制视图所包含的字段，横向条件通过条件表达式（如“面积<500”）限制视图的记录范围。

（4）MapGIS 视图分为只读视图和可读/写视图。

4．空间关系定义

根据空间相关性，可将关系划分为空间关系和非空间关系。关系可以仅表示对象之间的联系，除此之外，没有其他含义，即关系没有属性；关系也可以有特定的含义，有属性的，如合同关系中每条关系都与一份合同对应。

MapGIS 提供了完整的关系支持，包括齐全的空间关系和非空间关系，如图 2-26 所示。

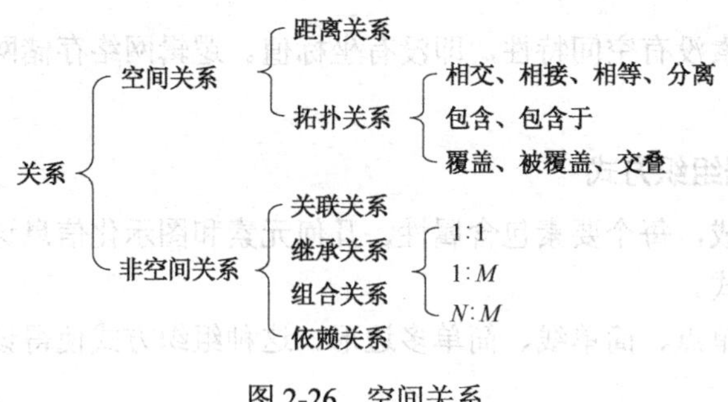

图 2-26 空间关系

（1）空间关系

① 距离关系

距离关系是最常见的空间关系之一，一般采用欧式距离。

② 拓扑关系

拓扑关系是另一类空间关系，这种关系不随距离、角度的变化而变化。例如，相邻多边形与公共弧段之间的关系，几何网络中边—边的连接关系。

MapGIS 按照九交模型定义拓扑关系，其中有现实意义的拓扑关系包括相交、相接、相等、分离、包含、包含于、覆盖、被覆盖、交叠九种。

MapGIS 完全支持基于数据结构和基于空间规则的拓扑关系表达方式。基于数据结构的拓扑关系表达方式只能表达要素类内部要素之间的平面拓扑关系，但比较适用于地籍管理等应用领域。基于空间规则的拓扑关系表达方式的应用灵活，容易表达同类要素之间的关系，也容易表达不同要素类之间的拓扑关系，如县级行政区必须包含于省级行政区中。

（2）非空间关系

非空间关系是对象属性之间存在的关系，与对象的语义有关，包括关联关系、继承关系、组合关系、依赖关系。

① 关联关系是最一般的关系，关系两端的对象相互独立，不存在依赖。

② 继承关系包括完全继承和部分继承，完全继承是指子类继承父类的所有属性，部分继承是指子类只继承父类的部分属性。在实际应用中，子类往往是父类的特例，如某地区属于沉积岩，也属于砂岩，砂岩继承了沉积岩的属性。

③ 组合关系是部分与整体的关系，组合关系分为聚集和组成。聚集是指组合体与各部分具有不同的生命周期；组成是指组合体与各部分具有相同的生命周期，也就是同生共死。聚集关系举例如下：计算机和它的外围设备，一台计算机可能连接到零台或多台打印机，即使没有所连接的计算机，那台打印机也可以生存。组成关系举例如下：电线杆（原始对象）和变压器（目的对象）之间可以构成一对多的组成关系，一旦电线杆被删除，变压器也要被删除。

④ 依赖关系由对象的语义引起，如某段行政边界以河流中心线为准。依赖关系也称引用关系。

非空间关系具有多重性，具体表现为 $1:1$、$1:M$、$N:M$。

5. 有效性规则

对象特性的一个特殊表现是某些属性的取值往往存在边界条件，对象之间的关系（包括空间关系）甚至关系本身存在某种约束条件。所有这些限制条件统称为有效性规则。MapGIS 中，有效性规则分为四种类型：属性规则、空间规则、连接规则、关系规则。有效性规则可以作用在类上，也可以作用在子类型上。

（1）属性规则与定义域

属性规则用于约定某个字段的默认值，限定取值范围，设置合并和拆分策略。属性规则通过“定义域”来表达，取值范围分为连续型和离散型，相应地把定义域分为范围域和编码域。

范围域适用于数值型、日期型、时间型等可连续取值的字段类型，编码域除可以适用于连续取值类型外，还可用于字符串等类型的字段。

合并和拆分策略定义要素合并和拆分时属性字段的变化规则，合并策略包括默认、累加、加权平均。拆分策略包括默认、复制、按比例。例如，地块合并，合并后的要素属性“地价”可定义为“累加”策略。

（2）空间规则

空间规则作用于要素类或要素类之间，用于限定要素在某个空间参照系中的相互关系。常见的空间规则如下。

① 要素类中每条弧段只能作为两个多边形的边界。

② 要素类中多边形之间不能重叠。

③ 要素类中多边形之间不能有缝隙。

④ “城镇”要素必须落在“行政区”要素内部。

⑤ 不能有悬挂线。

⑥ 线不能自相交。

⑦ “阀门”必须与“水管”的端点重合。

（3）关系规则

关系规则随着关系的产生而产生，用于限定对象之间关系映射的数目。例如，原始类和目的类之间建立了 *N*-*M* 的关系，则通过关系规则可以限定关系的原始对象数是 1-3，目的对象数是*-5，即原始类中的每个对象与目的类中至少 1 个、最多 3 个对象建立关系；而目的类中的对象可以和原始对象没有关系，但最多只能与 5 个原始对象有关系。

（4）连接规则

连接规则主要使用在几何网络中，用以约束可能和其他要素相连的网络要素的类型，以及可能和其他任何特殊类型相连的要素的数量。有两种类型的连接规则：边对边连接规则、点对边连接规则。

边对边连接规则约束了哪一种类型的边通过一组结点可以与另一种类型的边相连。点对边连接规则约束了哪一种边类型可以和哪一种结点类型相连。

习题 2

1．什么叫作像元、灰度值、栅格数据？

2．举例说明栅格数据层的概念。

3．栅格数据如何以数组的形式进行存储？

4．栅格数据有哪几种组织方法？各自有什么优缺点？

5．栅格数据如何进行取值？

6．栅格数据存储压缩编码方法主要有哪几种？每种方法是如何进行压缩的？

7．什么叫作矢量数据？点、线、面实体数据编码的基本内容是什么？

8．什么叫作拓扑关系？举例说明拓扑关系有哪几种类型。

9．举例说明实体式数据结构，以及它有什么缺点。

10．举例说明索引式数据结构、DIME 数据结构、链状双重独立式数据结构。

11．地理数据的显式和隐式表示有什么区别？

12．在实际工作中应如何对矢量和栅格数据结构进行有效选择？

第3章　GIS的地理数学基础

3.1　几何空间

3.1.1　距离空间

距离在描述空间位置之间的关系时是一个十分重要的概念。实际上，GIS 中距离的种类有多种，与之对应的抽象数学理论是本节的主要内容。

定义 3.1　设 X 为任意一个非空集合，$d: X{\cdot}X \rightarrow R$ 为一个函数，使得对于 X 的任何点 x、y、z 满足下列性质

M_1：$d(x, y) \geqslant 0$

M_2：$d(x, y)=0 \Leftrightarrow (x=y)$

M_3：$d(x, y)=d(y, x)$

M_4：$d(x, y) \leqslant d(x, z)+ d(z, y)$

则(X, d)称为以 d 为距离的距离空间。若 $x, y \in X$，则实数 $d(x, y)$称为从点 x 到点 y 的距离。

在上面的性质中，M_3 称为对称性，M_4 称为三角不等式。

例如，对于可数无限维实数空间 R^{x_0}，定义距离函数 d 为：对空间中的任意两点 $p(x_1, x_2,\cdots)$ 和 $q(y_1, y_2,\cdots)$，$d(p, q)=\sqrt{\sum_{i=1}^{\infty}(x_i-y_i)^2}$，这里 $\sum_{i=1}^{\infty}x_i$ 和 $\sum_{i=1}^{\infty}y_i$ 均收敛。

可以证明，$d(p,q)$一定收敛，(R^{x_0}, d)满足距离空间定义。(R^{x_0}, d)称为希尔伯特（Hilbert）空间。

现在我们考察几种 GIS 中常用的距离及其与距离空间的关系。

最短线距离：沿地球球面从一个城市到另一个城市的最短距离。

曼哈顿距离：地球上两个城市经度差与纬度差之和。

旅行时间：城市间旅行（假定沿公路线旅行）所需的最短时间。

考察上述距离定义，M_1 和 M_2 显然为这三种距离所满足。最短线距离和曼哈顿距离也满足距离空间的对称性。但旅行时间则不一定，若考虑路面状况、地理特性（坡度等）、交通规则（单行线）等，则对称性不能满足。

三角不等式性质为最短线距离所满足。对于旅行时间，三角不等式也不一定满足。如图 3-1 所示，城市 a 和 b 及 b 和 c 间有高速公路，而 a 与 c 之间只有低等级公路，则就旅行时间而言，$T(a, b)+T(b, c) \geqslant T(a, c)$不一定成立。

由上面的讨论，我们知道地球球面上的城市集合与最短线距离，以及曼哈顿距离均构成距离空间，而与旅行时间则不能构成距离空间。这说明传统的距离空间（也称度量空间）不能完全适应 GIS 的需要。特别需要说明的是，旅行时间这类的距离在 GIS 应用中有很重要的意义。例如，图 3-2 所示是灾区与急救中心的位置，用于解决地震后的救灾问题。救灾中心 M 需要在最短时间内赶到灾区 A、B、C、D、E，此时通常意义下的距离已不重要，对称性、三角不等式难以满足，时间是最重要的。

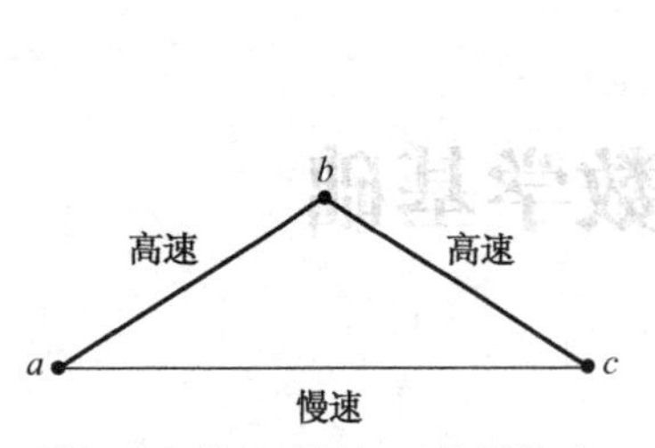

图 3-1　旅行时间与三角不等式

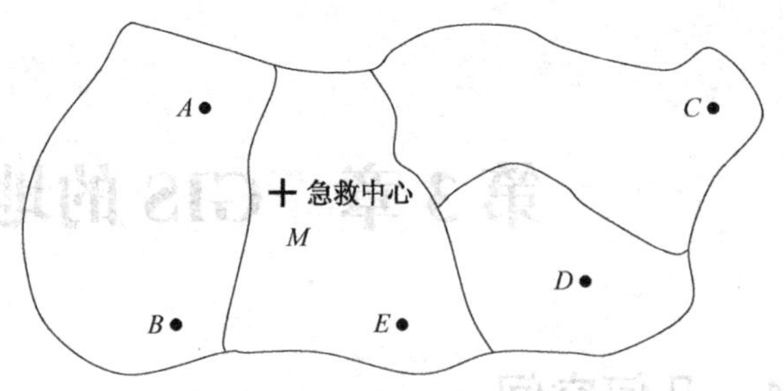

图 3-2　灾区与急救中心的位置

3.1.2　欧氏空间

定义 3.2　设 d 为定义在集合 R^n 上的距离函数，$d: R^n \to R$，对于 R^n 中的任意元素 x 和 y，$x=(x_1, x_2, \cdots, x_n)$，$y=(y_1, y_2, \cdots, y_n)$，有 $d(x, y)=\sqrt{\sum_{i=1}^{n}(x_i-y_i)^2}$，则 $E^n=(R^n, d)$称为 n 维欧氏空间，R^n 的每个元素称为空间 E^n 的点，d 称为 R^n 上的欧氏距离。当 n=2 时，E^2 称为欧氏平面。

欧氏空间是 GIS 中常用的一个重要数学空间，许多地理信息模型以欧氏空间为基础。下面讨论欧氏平面 E^2 中点、线、面的定义。

点：欧氏平面的点由实数对(x, y)唯一确定，x 和 y 分别为其横坐标值和纵坐标值。

通常也可以用矢量表示欧氏平面的点(x, y)，即用从坐标原点到(x, y)的有方向的线段表示点(x, y)，所有这些点的集合称为笛卡儿平面，记为 R^2。在笛卡儿平面中，允许下列对点的运算。

相加：$(x_1, y_1)+(x_2, y_2) = (x_1+x_2, y_1+y_2)$。

相减：$(x_1, y_1)-(x_2, y_2) = (x_1-x_2, y_1-y_2)$ 。

乘常数：$k(x, y) = (kx, ky)$ 。

求模：给定矢量 $\boldsymbol{a} = (a_1, a_2)$，其模为$\|\boldsymbol{a}\| = \sqrt{a_1^2 + a_2^2}$ 。

矢量间的距离：给定点 $\boldsymbol{a} = (a_1, a_2)$，$\boldsymbol{b} = (b_1, b_2)$，从 $\boldsymbol{a}$ 到 $\boldsymbol{b}$ 的距离定义为$|\boldsymbol{ab}| = \|\boldsymbol{a}-\boldsymbol{b}\|$，即$|\boldsymbol{ab}| = \sqrt{(b_1-a_1)^2+(b_2-a_2)^2}$ 。

矢量间的夹角 α：矢量 $\boldsymbol{a}$ 与 $\boldsymbol{b}$ 的夹角 α 由下列三角几何方程给定：

$$\cos\alpha = (a_1b_1+a_2b_2) \div (\|\boldsymbol{a}\| \cdot \|\boldsymbol{b}\|)$$

矢量和的夹角 β：如图 3-3 所示，β 在[0,360)范围内的值由下列三角几何方程唯一确定。

$$\begin{cases}\sin\beta = (b_1-a_1) \div |\boldsymbol{ab}| \\ \cos\beta = (b_2-a_2) \div |\boldsymbol{ab}|\end{cases}$$

线：给定 R^2 中两个不同点 $\boldsymbol{a}$ 和 $\boldsymbol{b}$，由 $\boldsymbol{a}$、$\boldsymbol{b}$ 确定的线定义为点集$\{\lambda\boldsymbol{a}+(1-\lambda)\boldsymbol{b} \mid \lambda \in R\}$。

线段：给定 R^2 中的两个不同点 $\boldsymbol{a}$ 和 $\boldsymbol{b}$，由 $\boldsymbol{a}$ 和 $\boldsymbol{b}$ 确定的线段定义为点集$\{\lambda\boldsymbol{a}+(1-\lambda)\boldsymbol{b} \mid \lambda \in [0,1]\}$。

射线：给定 R^2 中的两个不同点 $\boldsymbol{a}$ 和 $\boldsymbol{b}$，由 $\boldsymbol{b}$ 出发经 $\boldsymbol{a}$ 的射线定义为点集$\{\lambda\boldsymbol{a}+(1-\lambda)\boldsymbol{b} \mid \lambda \geqslant 0\}$。

图 3-4 给出了上述定义的直观图示。由线的定义，我们可以得到多边形的定义。

多线段（Polyline）：R^2 上的多线段定义为线段（称为边）的有限集合，使得集合中边的端点除两个端点外（称为极点）任意一个端点恰好为两条边的端点。若任意两条边均不相交于端点外的任何地方，则这类多线段称为简单多线段。若多线段中没有极点，则称该多线段是闭合的。多线段的类别如图 3-5 所示。

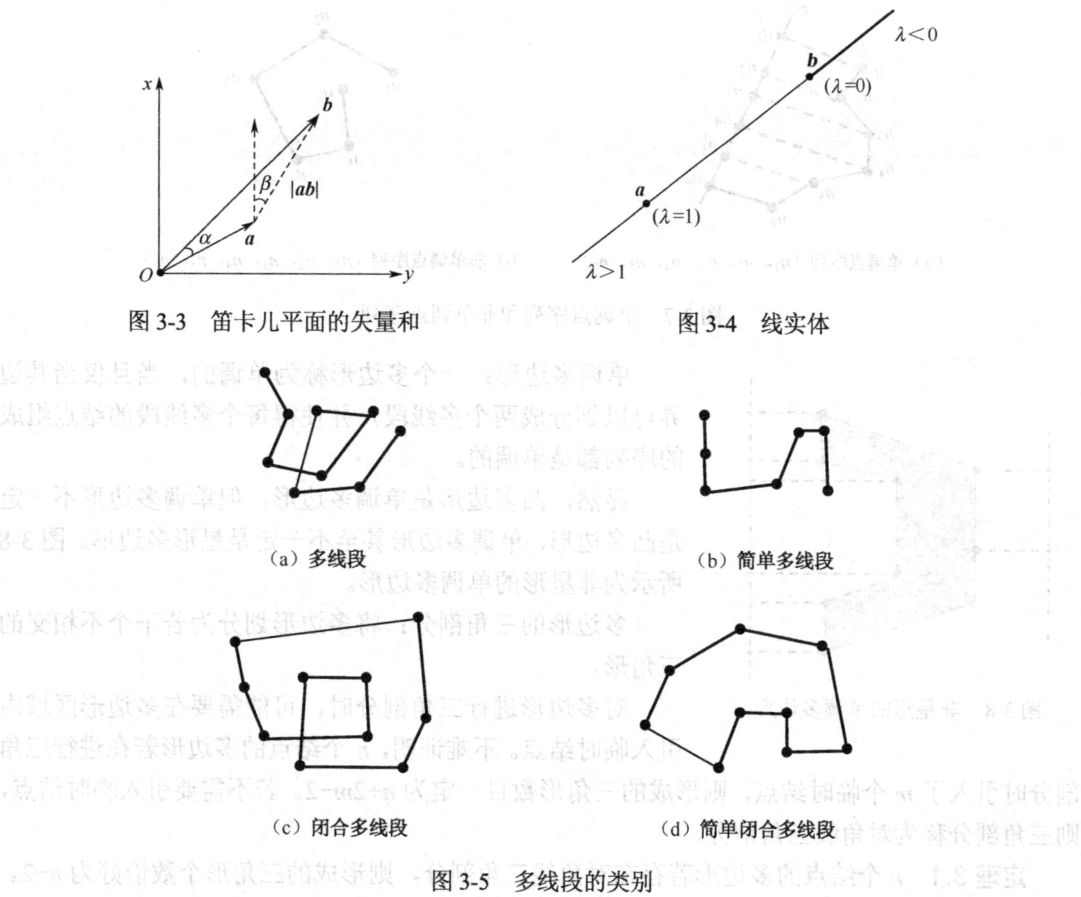

图 3-3　笛卡儿平面的矢量和

图 3-4　线实体

图 3-5　多线段的类别

多边形：R^2 中由闭合多线段圈定的区域称为多边形，该多线段称为多边形的边界，多线段的每个端点称为多边形的结点。

简单多边形：若多边形的边界是简单多线段，则称为简单多边形。

凸多边形：若多边形的任意一个内角均小于 180°，则称为凸多边形。

凸多边形的一个重要性质是多边形内任意两点的边线仍落在多边形内。另一类较凸多边形条件弱一点的多边形称为星形多边形（Star-shaped Polygon）。在星形多边形中至少存在一个点，该点与多边形内其他任何点的连线均在多边形内。多边形的类别如图 3-6 所示。

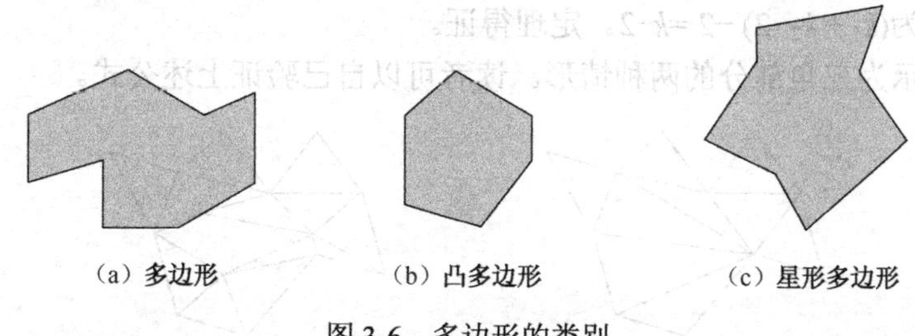

图 3-6　多边形的类别

单调多线段点序列：欧氏平面上的点序列 $L=(p_1, p_2,\cdots, p_n)$，若存在欧氏平面上的一条直线 l，使得将 L 上的点投影到 l 上时，L 中点的顺序不变，则称为单调点序列。单调点序列和非单调点序列如图 3-7 所示。

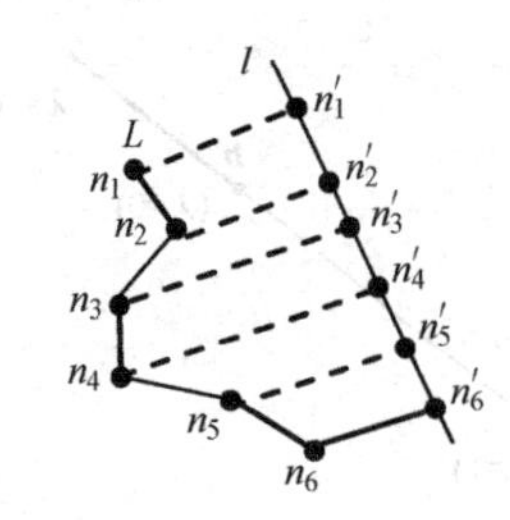

（a）单调点序列（n_1，n_2，n_3，n_4，n_5，n_6）

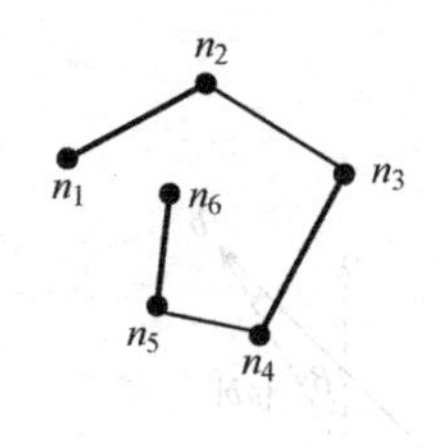

（b）非单调点序列（n_1，n_2，n_3，n_4，n_5，n_6）

图 3-7　单调点序列和非单调点序列

单调多边形：一个多边形称为单调的，当且仅当其边界可以划分成两个多线段，并使得每个多线段的结点组成的序列都是单调的。

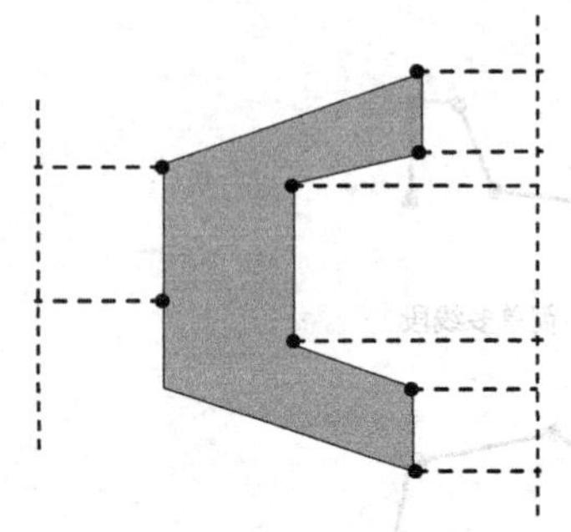

图 3-8　非星形的单调多边形

显然，凸多边形是单调多边形，但单调多边形不一定是凸多边形，单调多边形甚至不一定是星形多边形。图 3-8 所示为非星形的单调多边形。

多边形的三角剖分：将多边形划分为若干个不相交的三角形。

对多边形进行三角剖分时，可能需要在多边形区域内引入临时结点。不难证明，n 个结点的多边形若在进行三角剖分时引入了 m 个临时结点，则形成的三角形数目一定为 $n+2m-2$。若不需要引入临时结点，则三角剖分称为对角线三角剖分。

定理 3.1　n 个结点的多边形若存在对角线三角剖分，则形成的三角形个数恰好为 $n-2$。

证明：对结点个数 n 用归纳法。

当 $n=3$ 时，恰有一个三角形，结论显见。

设 $n<k$ 时，定理成立。

当 $n=k$ 时（$k>3$），设多边形为 P。沿着 P 的三角剖分的一条边 e（e 不是多边形 P 的边）将 P 分割成两个多边形 P_1 和 P_2，因为结点数 $n>3$，所以这样的分割是可行的。

设 P_1 有 k_1 个结点，P_2 有 k_2 个结点，显然 $k_1+k_2=k+2$（P_1 与 P_2 的公共边上的结点被重复计算），$k_1<k$ 且 $k_2<k$。

由归纳假定，对于 P_1 和 P_2 定理成立。故 P_1 有 k_1-2 个三角形，P_2 有 k_2-2 个三角形，则 P 的三角形数目为$(k_1+k_2-2)-2=k-2$。定理得证。

如图 3-9 所示为三角剖分的两种情形。读者可以自己验证上述公式。

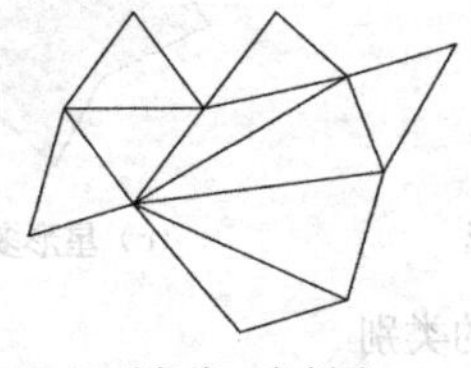

（a）对角线三角剖分

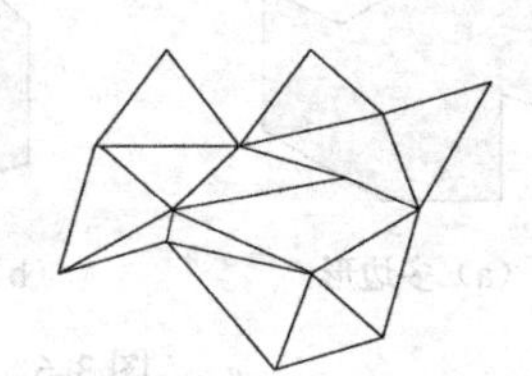

（b）非对角线三角剖分

图 3-9　多边形的三角剖分

以上讨论了欧氏空间的一些几何对象及性质，这些几何对象都是 GIS 中的基本元素，由它们组成更为复杂的空间对象。

变换是一个重要的数学概念，在GIS中应用广泛。下面给出欧氏平面变换的概念及一些常见的变换类型。

变换：欧氏平面的任意函数 $f: R^2 \to R^2$ 称为一个变换。

实际上，有用的变换一定保留了对象的某种性质，而改变了另外一些性质。下面是欧氏平面的一些常见变换。

欧氏变换：保留对象的大小和形状的变换。例如，平移变换 T，其数学形式为：对任意 $(x, y) \in R^2$，有 $T(x, y) \to (x+a, y+b)$，这里 a 和 b 为常量。

相似变换：保留对象的形状，但大小可能发生变化的变换。

例如，缩放变换 S_1（Scaling）是一类相似变换。其形式定义为：S_1 是 $R^2 \to R^2$ 的函数，对于任意 $(x, y) \in R^2$，有 $S_1(x, y) = (ax, by)$，这里 a 和 b 为常量。

仿射变换：保留对象仿射性质的变换。旋转变换 R_1、反射变换 R_2 都是仿射变换。其定义如下。

R_1 是 $R^2 \to R^2$ 的函数，对任意 $(x, y) \in R^2$，有：

$$R_1(x, y) = (x\cos\theta - y\sin\theta,\ x\sin\theta + y\cos\theta)$$

这里 θ 是一个常数。R_1 将欧氏平面的所有点以原点为中心，旋转了角度 θ。

R_2 是 $R^2 \to R^2$ 的函数，对任意 $(x, y) \in R^2$，有：

$$R_2(x, y) = (x\cos 2\theta + y\sin 2\theta,\ x\sin 2\theta - y\cos 2\theta)$$

这里 θ 是一个常数。R_2 称为通过原点且与 x 轴夹角为 θ 的直线上的反射变换。

投影变换：保留对象投影性质的变换。投影变换的基本思想是在一个灯光源上将一幅图投影到一个屏幕上。经过投影，一个圆可能变成一个椭圆。

拓扑变换：保留对象拓扑性质的变换。

3.1.3 基于集合的几何空间

基于集合的几何空间包括集合、关系、函数和凸集等内容。

1. 集合

集合论是现代数学的基础。虽然集合的基础理论没有为描述空间对象的性质及关系提供特殊的手段，但它仍是GIS的基础。例如，一个地理区域（如北京市）是另一个地理区域的一部分（如中国），而这个地理区域本身又由另一些地理区域组成（如海淀区、东城区等）。这正是集合间的包含关系。事实上，集合理论为描述一大类地理对象关系提供了方便的途径。

另外，在计算几何中，集合也是最基本的概念。例如，判定一个点是否落在一定区域内（元素与集合的隶属关系）、两个多边形叠加后的结果（两个集合的交集、补集、并集）等。

下面简单回顾集合理论的一些基本概念。

集合：由特定成员组成的一个整体称为一个集合，这些成员称为集合的元素。x 是集合 A 的元素，记为 $x \in A$。

集合是一个广泛的概念，对于计算机模型而言，集合通常是有限集或可数集。

在经典集合论中，一个对象是否为一个集合的元素是确定的。但对于GIS而言，较准确地反映一个元素属于一个集合的程度，在一些情况下更为适用，这是模糊集合论的内容。在后面的章节中将讨论这个问题。

空集合：没有任何元素属于这个集合的集合称为空集合，记为$\varnothing$。

集合的包含与子集：若集合B的每个元素也是集合A的元素，则称B包含于A，记为$B\subseteq A$，B也称为A的子集。

集合的相等：若集合A与集合B有$A\subseteq B$、$B\subseteq A$同时成立，则称集合A与集合B相等，记为$A=B$。

集合的基数：集合A的元素个数称为A的基数，记为$|A|$。

幂集：设A为任意集合，$P(A)$定义为$P(A)=\{x \mid x\leqslant A\}$，$P(A)$称为$A$的幂集，记为$2^A$。

集合的并：设A、B是任意两个集合，集合$\{x \mid x\in A$ 或 $x\in B\}$称为集合A与集合B的并集，记为$A\bigcup B$。

集合的交：设A、B是任意两个集合，集合$\{x \mid x\in A$ 且 $x\in B\}$称为集合A与B的交集，记为$A\bigcap B$。

集合的差：设A、B是任意两个集合，集合$\{x \mid x\in A$ 且 $x\notin B\}$称为A相对于B的差集，记为$A-B$。

全集合：若集合A包含所讨论问题的全部元素，则称A为全集合，记为U。

集合的补：全集合U与集合A的差集，称为A的补集，记为A'。

集合的对称差：设集合A、B是任意两个集合，集合$\{x \mid x\in A$ 或 $x\in B$ 但 $x\notin A\cap B\}$称为A与B的对称差。集合的交、并、差运算如图3-10所示。

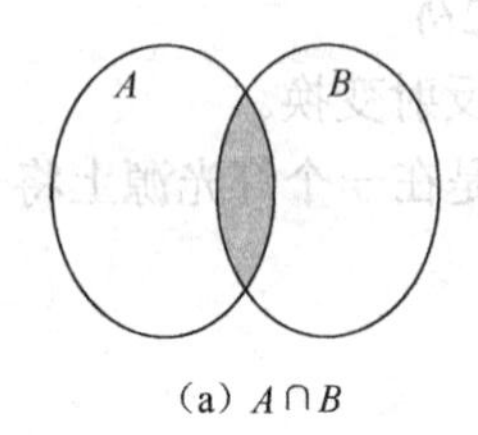

（a）$A\cap B$

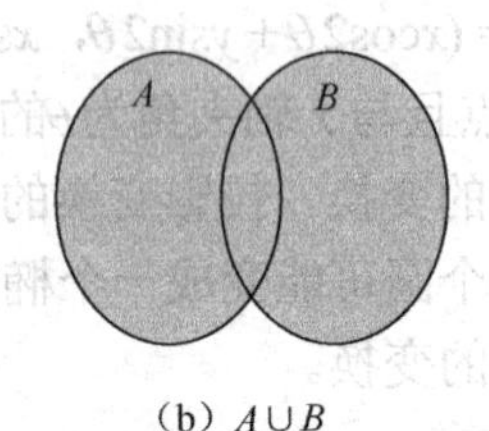

（b）$A\cup B$

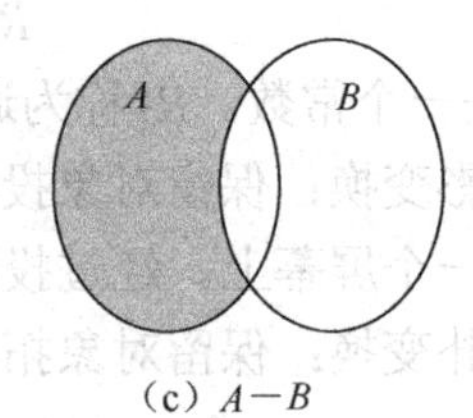

（c）$A-B$

图3-10　集合的交、并、差运算

表3-1列出了本书中常用的集合符号及表示符号，在后面将直接引用。

表3-1　常用的集合符号及表示符号

集　合	定　义	数学符号
布尔集	由{True, False}组成的集合	B
自然数	由正整数组成的集合	N
整数集	由正整数、负整数、0组成的集合	Z
有理数集	由全体有理数组成的集合	Q
实数集	由全体实数组成的集合	R
复数集	由全体复数组成的集合	C
开区间	$\{x\mid x>a$ 且 $x<b$ 且 $x\in R\}$	(a, b)
闭区间	$\{x\mid x\geqslant a$ 且 $x\leqslant b$ 且 $x\in R\}$	$[a, b]$
半开区间	$\{x\mid x\geqslant a$ 且 $x<b$ 且 $x\in R\}$	$[a, b)$

2. 关系

关系是描述对象之间关联形式的数学概念，也是GIS中广泛使用的基本概念，如点与点的邻接关系、面与面的相邻关系、几何对象之间的空间关系等。这一部分我们简单介绍关系的定义和一些基本性质。

定义 3.3 由几个具有给定次序的元素 $a_1, a_2, \cdots, a_n$ 组成的序列，称为有序 n 元组，记作：$(a_1, a_2, \cdots, a_n)$。当 n=2 时，称为序偶。

例如，欧氏平面的点 (x, y) 就是一个序偶，设距离采用欧氏距离，则欧氏平面 R^2 可以定义为所有实数序偶的集合，即 $R^2=\{(x, y)|\ x, y\in R\}$。

定义 3.4 设 $A_1, A_2, \cdots, A_n$ 是任意集合，则称集合 $\{a_1, a_2, \cdots, a_n|\ a_i\in A_i, i=1, 2, \cdots, n\}$ 为集合 $A_1, A_2, \cdots, A_n$ 的笛卡儿积，记为 $A_1\times A_2\times\cdots\times A_n$。

例如，设 $A=\{f_1, f_2, \cdots, f_n\}$，$n\in N$，这里 $f_1, f_2, \cdots, f_n$ 为 n 个多边形，$B=\{c_1, c_2, \cdots, c_m\}$，$m\in N$，这里 $c_1, c_2, \cdots, c_m$ 为 m 种不同颜色，则 A 与 B 的笛卡儿积为：

$$
\begin{aligned}
A\times B = \{&(f_1, c_1), (f_1, c_2), \cdots, (f_1, c_m),\\
&(f_2, c_1), (f_2, c_2), \cdots, (f_2, c_m),\\
&\qquad\qquad\vdots\\
&(f_n, c_1), (f_n, c_2), \cdots, (f_n, c_m)\}
\end{aligned}
$$

可以看出，$A\times B$ 实际上表述了各个多边形可能的所有着色。

定义 3.5 设 $n\in N$，$A_1, A_2, \cdots, A_n$ 为任意 n 个集合，$\rho\leqslant A_1\times A_2\times\cdots\times A_n$，则称 ρ 为 $A_1, A_2, \cdots, A_n$ 间的 n 元关系。当 n=2 时，称 ρ 为 A_1 到 A_2 的二元关系。若 $A_1=A_2$，则称 ρ 为 A 上的二元关系。

如前所述，关系表述的是对象间的关联模式。在实际应用中，二元关系经常使用。

例：$A=\{f_1,f_2,f_3\}$，f_1、f_2、f_3 为多边形，B=\{黄, 红, 蓝\}，B 为三种颜色组成的集合。则：

$A\times B$=\{(f_1,黄),(f_1,红),(f_1,蓝),(f_2,黄),(f_2,红),(f_2,蓝),(f_3,黄),(f_3,红),(f_3,蓝)\}

ρ_1=\{(f_1,黄),(f_2,蓝),(f_3,蓝)\}

ρ_2=\{(f_1,黄),(f_1,蓝),(f_2,蓝),(f_3,蓝)\}

ρ_3=\{(f_1,黄),(f_2,蓝)\}

由关系的定义可知，ρ_1、ρ_2、ρ_3 均是 A 到 B 的关系，它们表述的是 f_1、f_2、f_3 可能的着色，其中 ρ_2、ρ_3 显然不是确定的着色方案，因为 ρ_2 中 f_1 有两种着色，而 ρ_3 中 f_3 没有着色。

关系的一些重要性质由定义 3.6 给出。

定义 3.6 设 ρ 是 A 上的二元关系。

自反性：若对于每个 $a\in A$，有 $(a, a)\in\rho$，则称 ρ 是自反的。

反自反性：若对于每个 $a\in A$，有 $(a, a)\notin\rho$，则称 ρ 是反自反的。

对称性：若对于任意 $a, b\in A$，如果 $(a, b)\in\rho$，那么 $(b, a)\in\rho$，则称 ρ 是对称的。

反对称性：若对于任意 $a, b\in A$，如果 $(a, b)\in\rho$，$(b, a)\in\rho$，那么 $a=b$，则称 ρ 是反对称的。

传递性：若对于任意的 $a, b, c\in A$，如果 $(a, b)\in\rho$，$(b, c)\in\rho$，那么 $(a, c)\in\rho$，则称 ρ 是传递的。

上面这些关系的性质在描述空间对象之间的关系时经常用到。图 3-11（a）所示的连线表示旅游景点之间有公路连接的二元关系，图 3-11（b）所示的带箭头的连线表示旅游景点与离其最近的旅游景点之间的二元关系。图 3-11（a）所示的二元关系，满足对称性（若景点 a 到 b 有公路连接，则 b 到 a 有公路连接）、反自反性（景点到自身无公路连接）。若将关系扩展为景点之间的可达关系（一个景点可通过公路到达另一个景点），则可达关系是自反的（假定景点到自身可达）、对称的（若景点 a 到 b 可达，则 b 到 a 可达）、传递的（若景点 a 到 b 可达，b 到 c 可达，则 a 到 c 可达）。

图 3-11（b）表达的关系是反自反的（离一个景点最近的景点不应是自身），对称性和传

递性均不满足。离景点 a 最近的景点是 b，但离 b 最近的是 c。同样，离景点 a 最近的是 b，离 b 最近的是 c，显然 c 不是离 a 最近的景点。

定义 3.7 若集合 A 上的关系ρ满足自反性、对称性、可传递性，则称ρ是等价关系。例如，在图 3-11（a）中定义的可达关系是等价关系。

定义 3.8 若集合 A 上的关系ρ满足自反性、反对称性和传递性，则称ρ是 A 上的偏序关系。

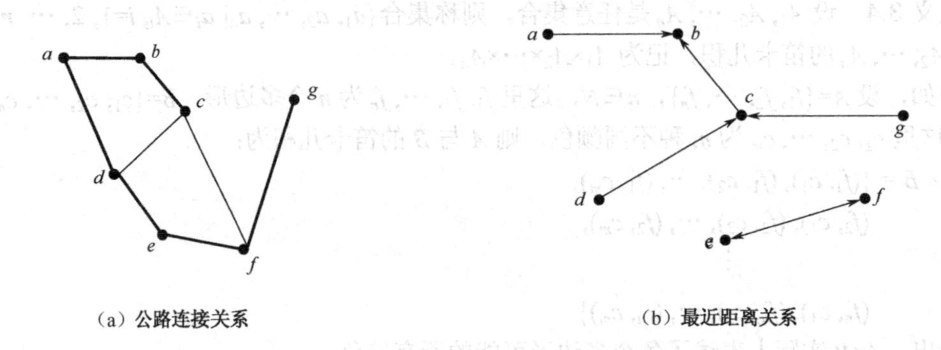

（a）公路连接关系　　（b）最近距离关系

图 3-11　旅游景点之间的二元关系

偏序关系也是一种常见的关系类型。例如，地图中面与面的包含关系是自反的（任何面都包含自身）、反对称的（若面 f_1 包含面 f_2，且面 f_2 包含面 f_1，则 $f_1=f_2$）、传递的（若面 f_1 包含面 f_2，面 f_2 包含面 f_3，则面 f_1 包含面 f_3）。

3．函数

函数是关系的一种特殊类型，由定义 3.9 给出。

定义 3.9 设 f 是集合 X 到集合 Y 的一个关系，如果对每个 $x\in X$ 有唯一的 $y\in Y$，使 $(x, y)\in f$，则称关系 f 为从 $X\rightarrow Y$ 的函数，记为 $f: X\rightarrow Y$，称 x 为自变量，y 为 f 作用下 x 的象，记为 $y=f(x)$。

例如，令 $X=\{f_1,f_2,f_3\}$，$Y=\{$黄,红,蓝$\}$，f_1、f_2、f_3 均为多边形。

$\rho_1=\{(f_1,黄),(f_2,黄),(f_3,蓝)\}$

$\rho_2=\{(f_1,黄),(f_2,红),(f_3,蓝)\}$

显然，ρ_1 和ρ_2 均是 $X\rightarrow Y$ 的函数。

对于函数 $f: X\rightarrow Y$，X 称为 f 的定义域，记为 dom f；Y 称为 f 的值域包，集合$\{y \mid y\in Y$，且存在 $x\in X\}$，使得 $y=f(x)$，称为 f 的值域，记为 ran f。

函数的直观形式如图 3-12 所示。

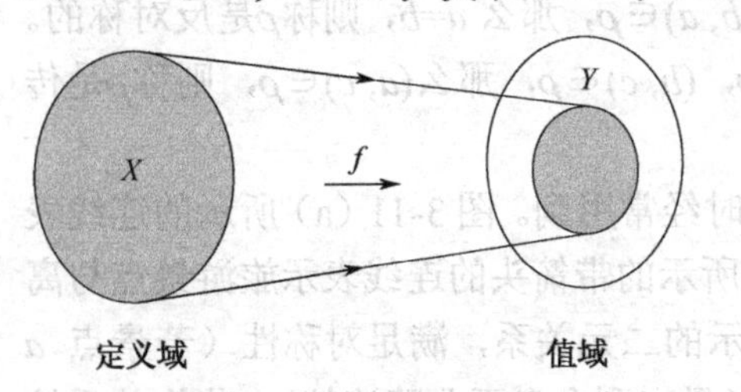

图 3-12　函数的直观形式

4．凸集

前面给出了凸多边形的定义，这一部分我们从集合论的角度来讨论多边形的凸特性。

定义 3.10 设 S 是欧氏平面的点集，$x, y\in S$，若从连接 x 到 y 的线段上的点均属于 S 或 $x=y$，则称点 x 从点 y 是可见的。

定义 3.11 设 S 是欧氏平面的点集，$x\in S$，x 称为 S 的观察点，当且仅当对 S 中的任意一点 y 从 x 都是可见的。

定义 3.12 设 S 是欧氏平面的点集，若 S 中存在一个观察点，则称 S 是半凸的。

显然，星形多边形是半凸集。

定义 3.13　设 S 是欧氏平面的点集，S 称为凸集，当且仅当 S 中的每个点都是 S 的一个观察点。

图 3-13 给出了点 x、y、z 之间的可见特性。从 y 可见 x 和 z，但 x 和 z 互不可见。

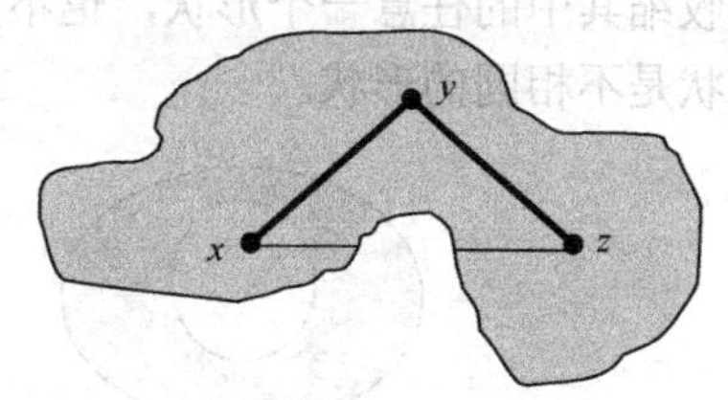

图 3-13　点 x、y、z 之间的可见性

由可见性的定义可知，点集 S 中的可见性是 S 上的一个二元关系，它满足自反性（从 x 可见 x 自身）、对称性（x 可见 y，则 y 必定可见 x），但不满足传递性。图 3-13 中，x 可见 y，y 可见 z，但 x 不可见 z。

由定义 3.12 和定义 3.13，可以把多边形分成三大类：非半凸多边形、半凸多边形、凸多边形，如图 3-14 所示。

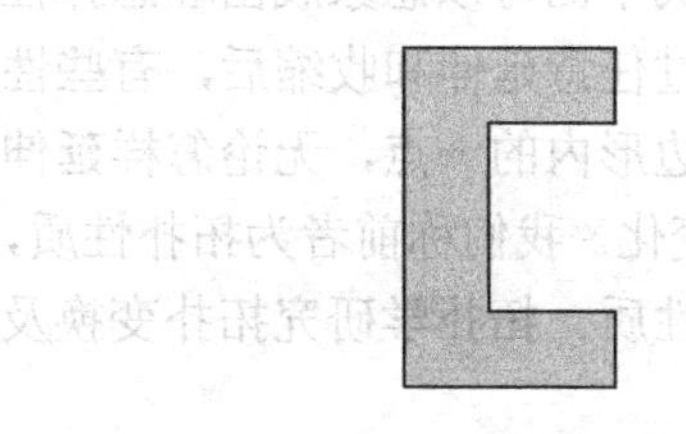

（a）非半凸多边形

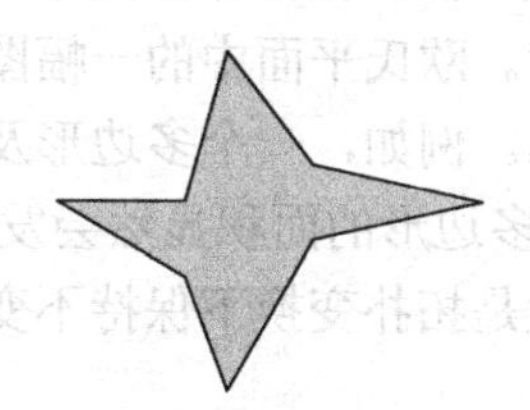

（b）半凸多边形

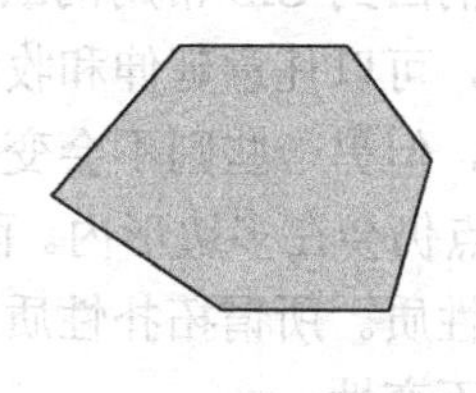

（c）凸多边形

图 3-14　多边形的三种类型

需要注意的是，任意两个凸集的交集仍然是凸集，据此可以给出一个点集的凸壳（Convex Hull）的定义。

定义 3.14　点集 S 的凸壳定义为包含 S 的所有凸集的交集。

实际上，S 的凸壳即是包含 S 的最小凸集。可以证明，一个有限点集的凸壳一定是一个凸多边形。点集的凸壳如图 3-15 所示。凸壳在 GIS 和计算几何中是一个十分重要的概念，在 GIS 中可能对应覆盖某几个城市的最小区域。计算几何中对求解一个点集的凸壳的算法有专门的研究。

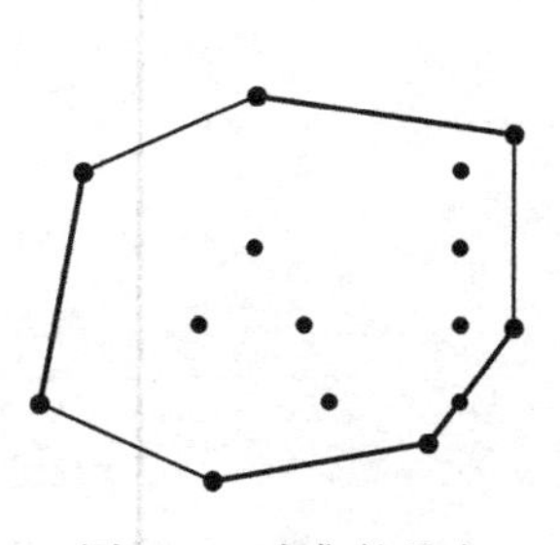

图 3-15　点集的凸壳

3.1.4　拓扑空间

拓扑学要研究的是世界中存在多少种不同的曲面。一个基本的假设是，所有的曲面都是由理想的弹性膜做成的，可以随意延伸和收缩，但不允许折叠和撕裂。这种延伸和收缩就是拓扑变换。

如图 3-16 所示的三种不同形状：图 3-16（a）是椭球体，图 3-16（b）是规则球体，图 3-16（c）是立方体。如果它们都是由理想的弹性膜做成的，则通过延伸和收缩，不难从一种形状变化到另一种形状。也就是说，在拓扑空间中，这三种几何形状是完全对等的。

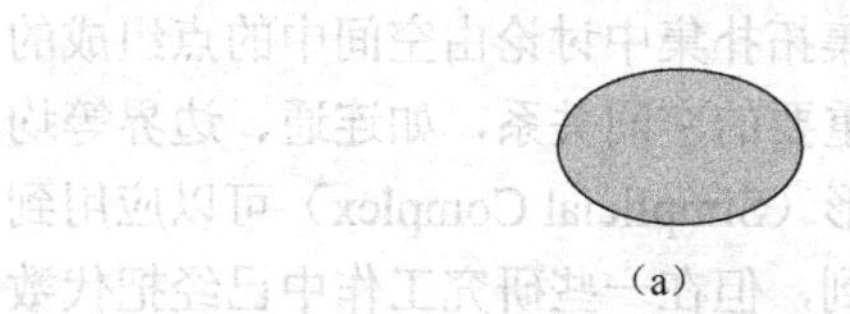

（a）

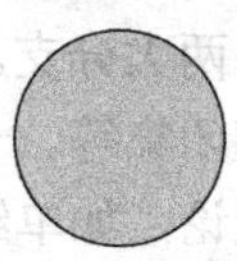

（b）

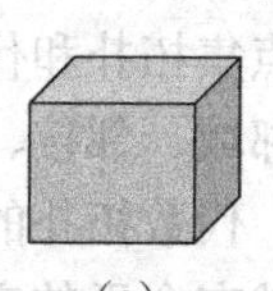

（c）

图 3-16　拓扑空间中三种完全对等的几何形状

如图 3-17 所示的三种不同形状：图 3-17（a）是带有一个洞的拓扑曲面，图 3-17（b）是一个不带洞的拓扑曲面，而图 3-17（c）是带有三个洞的拓扑曲面。这时，无论我们怎样延伸或收缩其中的任意一个形状，也不可能将其变成另一种形状。因此，在拓扑空间中，这三种形状是不相同的形状。

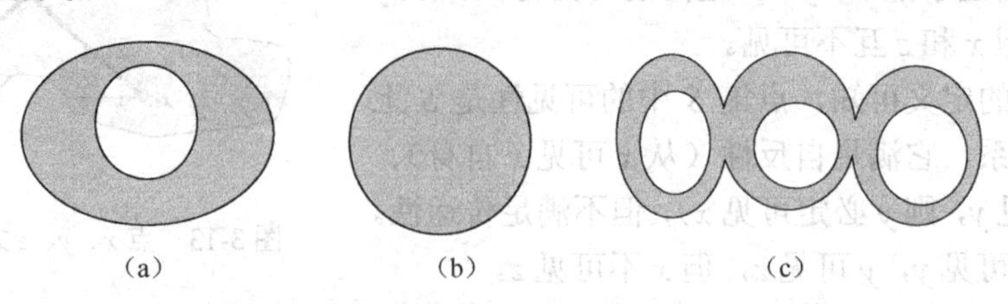

图 3-17　拓扑空间中三种不同的几何形状

现在让我们回到 GIS 常用的欧氏平面。在拓扑空间中，欧氏平面可以想象成由理想弹性膜做成的平面，可以任意延伸和收缩。欧氏平面中的一幅图经过任意延伸和收缩后，有些性质发生了变化，但另一些则不会变化。例如，一个多边形及多边形内的一点，无论怎样延伸或收缩，这一点仍会在多边形内。而多边形的面积显然会发生变化。我们称前者为拓扑性质，后者为非拓扑性质。所谓拓扑性质就是拓扑变换下保持不变的性质。拓扑学研究拓扑变换及拓扑变换下的不变性。

表 3-2 列出了欧氏平面的常见拓扑和非拓扑性质。

表 3-2　欧氏平面的常见拓扑和非拓扑性质

拓扑性质	一个点是一条弧的端点 一条弧是一条简单弧（自身无交点） 一个点在一个区域的边界上 一个点在一个区域的内部 一个点在一个区域的外部 一个区域是开区域（不包含其边界） 一个区域是闭区域（包含其边界） 一个区域是简单区域（不包含任何洞） 一个区域是连通区域（从区域中的任意点通过区域内的一条路径可以到达任意其他点）
非拓扑性质	一个点在一个环内 两点间的距离 一个点到另一个点的方向 弧的长度 一个区域边界的周长 一个区域的面积

这里弧为欧氏平面中连接两点的一条曲线，环为一条闭合弧，区域为平面中由环圈定的一个确定区域（可能包含洞或子区域）。

拓扑学主要分为点集拓扑和代数拓扑两大分支。点集拓扑集中讨论由空间中的点组成的集合的拓扑性质，如邻域、邻接、开集和闭集等。一些重要的空间关系，如连通、边界等均可在点集拓扑中定义。代数拓扑的一些理论，如单纯复形（Simplicial Complex）可以应用到空间数据模型中。虽然在今天的空间数据库中还难以见到，但在一些研究工作中已经把代数拓扑运用到空间系统的概念模型中了。

3.2 地球椭球体与大地控制

3.2.1 地球椭球体

地球表面是一个高低不平、极其复杂的表面。在地球表面上分布着山地、盆地及海洋，其中海洋面积约占 71%，陆地面积约占 29%。从高达 8844.43m 的世界最高点——珠穆朗玛峰，到深达 11 022m 的太平洋西部马里亚纳海沟，两者相差近两万米。地球表面的这种复杂性给测绘工作者带来极大的不便，所以人们必须寻找一个能用数学公式表示而又基本符合地球自然表面的统一依据面来代替这个自然表面，这样处理测量数据和制图就变得方便了。

假定海水处于“完全”静止状态，把海水面延伸到大陆上去，形成包围整个地球的连续表面，我们通常称它为大地水准面，它包围的球体称为大地体。大地测量中用水准量测方法得到地面上各点的高程就是依据这个水准面来确定的，大地水准面上任何一点的铅垂线都与大地水准面成正交，而铅垂线的方向又受地球内部质量分布不均匀和地面高低起伏的影响，致使大地水准面产生微小起伏，所以大地水准面仍是一个不规则的、不能用简单数学公式表达的曲面。

为了便于测量成果的计算和制图工作的需要，我们选用一个大小和形状同大地体极为近似的、可以用数学方法表达的旋转椭球来代替。旋转椭球是以椭圆的短轴（地轴）为轴旋转而成的。

图 3-18 表明了在局部地段上地球的自然表面、大地水准面和地球椭球面三者的位置关系。凡与局部地区（一个或几个国家）的大地水准面符合得最好的旋转椭球，称为“参考椭球”。

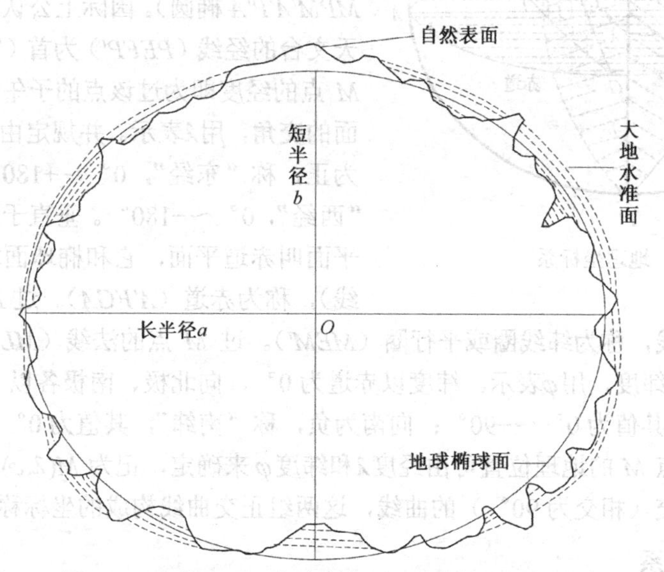

图 3-18 自然表面、大地水准面和地球椭球面的关系

地球椭球的形状和大小常用长半径 a（赤道半径）、短半径 b（极轴半径）、扁率、第一偏心率 e、第二偏心率 e'表示，这些数据又称为椭球元素。

由于采用不同的资料计算，各国使用的椭球体的元素是不同的。我国 1952 年以前采用海福特椭球，从 1953 年起，改用克拉索夫斯基椭球，1978 年开始采用国际大地测量协会所推荐的"1975 年国际椭球"，并以此建立了我国新的、独立的大地坐标系。常见的地球椭球体数据见表 3-3。

表 3-3　常见的地球椭球体数据

椭球名称	年　代	长半径 a(m)	短半径 b(m)	扁率 α
贝赛尔（德，Bessel）	1841	6 377 397	6 356 079	1 : 299.15
克拉克（英，Clarke）	1866	6 378 206	6 356 534	1 : 295.0
海福特（美，Hayford）	1880	6 378 249	6 356 515	1 : 293.47
克拉索夫斯基（Krasovsky）	1910	6 378 388	6 356 912	1 : 297.0
1975 年国际椭球	1940	6 378 245	6 356 863	1 : 298.3
1980 年国际椭球	1975	6 378 140	6 356 755	1 : 298.257
全球地心坐标系	1979	6 378 137		1 : 298.257

3.2.2　大地控制

大地控制的主要任务是确定地面点在地球椭球体上的位置，包括点在地球椭球面上的平面位置和点到大地水准面的高度，即经纬度和高程。为此，必须首先了解确定点位的坐标系。

1．地理坐标系

地理坐标系的构成如图 3-19 所示。设 PP'为地球的旋转轴（又称地轴），它与椭球面的交点 P、P'分别称为地球的北极和南极。过旋转轴的平面与椭球面的截线称为经线或子午线（参见图中的 $MPM'A'P'A$ 椭圆）。国际上公认通过英国格林尼治天文台的经线（$PEFP'$）为首（零）子午线。所以，M 点的经度即为过该点的子午圈截面与起始子午面的交角，用λ表示。并规定由首子午线起，向东为正，称"东经"，0°～+180°；向西为负，称"西经"，0°～−180°。垂直于地轴并通过地心的平面叫赤道平面，它和椭球面相交的大圆圈（交线），称为赤道（$A'FGA$）。过 M 点画平行于赤道面与椭球面的截线，称为纬线圈或平行圈（MEM'）。过 M 点的法线（ML）与赤道面的交角（$\angle MLA$）称地理纬度，用φ表示。纬度以赤道为 0°，向北极、南极各以 90°计算，向北为正，称"北纬"，其值为 0°～+90°；向南为负，称"南纬"，其值为 0°～−90°。

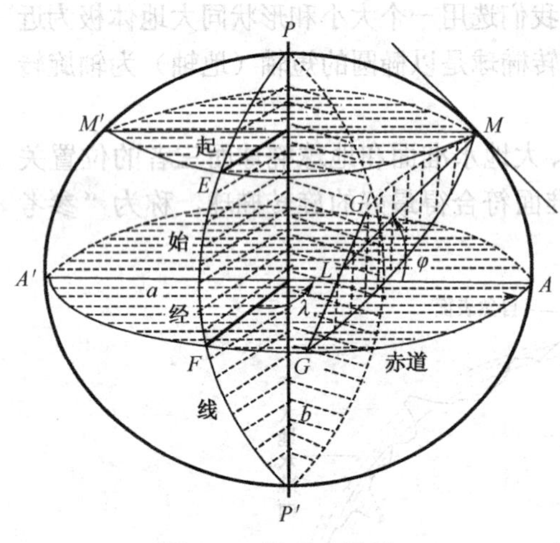

图 3-19　地理坐标系

地面上任意点 M 的地理位置可由经度λ和纬度φ来确定，记为 $M(\lambda,\varphi)$。经线和纬线是地球表面上两组正交（相交为 90°）的曲线，这两组正交曲线构成的坐标称为地理坐标系。

2．大地坐标系

世界各国分别设立了各自的坐标原点，建立了不同的坐标系，这里只简要介绍我国的大地坐标系的情况。

（1）1954 年北京坐标系（简称北京 54 坐标系）。解放初期，从苏联 1942 年坐标系联测并经过平差计算而延长到我国，建立了 1954 年北京坐标系。该坐标系的原点在苏联西部的普尔科夫，采用克拉索夫斯基椭球元素。经过几十年的实践证明，使用克拉索夫斯基椭球体已经不能很好地满足我国大地测量工作的要求，存在以下几个方面的问题。

① 克拉索夫斯基椭球体与 1975 年国际大地测量协会推荐的地球椭球（ICA-75 椭球）相比，其长轴 a 大 105m 左右。这样必然会给理论研究和实际工作带来诸多不便。

② 克拉索夫斯基椭球面相对大地水准面，自西向东有较大的系统性倾斜。大地水准面差距最大可达+68m，并且出现在我国经济发达的东部沿海地区。这样必然给大地测量数据的归算工作带来麻烦。

③ 在处理重力测量资料中所常用的计算公式，也与克拉索夫斯基椭球体不匹配。

为了适应我国大地测量工作深入发展的需要，我国于 1978 年决定建立中国国家大地坐标系。

（2）1980 年国家大地坐标系。1978 年 4 月，在西安召开了全国天文大地网平差会议，确定重新定位，建立我国新的坐标系，为此有了 1980 年国家大地坐标系。选用了 1975 年国际大地测量协会推荐的参考椭球（ICA-75），其具体参数为 a=6 378 140m，α=1/298.257。采用 ICA-75 椭球，可使几何大地测量与物理大地测量所使用的椭球一致。1980 年，国家大地坐标系的大地原点设在我国中部西安市附近的泾阳县境内，位于西安市西北方向约 60km，故该坐标系又称为 1980 年西安坐标系（简称西安 80 坐标系），大地原点称为西安大地原点。由于大地原点在我国居中位置，因此可以减少坐标传递误差的积累。参考椭球体和大地原点确定之后，便可进行椭球体定位和精确测量大地原点坐标，进而再以大地原点坐标为基准，推算其他大地点坐标。注意，不同国家由于采用的参考椭球及定位方法不同，因此同一地面点在不同坐标系中的大地坐标值也不相同。

（3）2000 国家大地坐标系（CGCS2000）。北京 54 坐标系和西安 80 坐标系由于其成果受技术条件制约，精度偏低，无法满足新技术的要求。从技术和应用方面来看，北京 54 坐标系和西安 80 坐标系具有一定的局限性，已不适应发展的需要，主要表现在以下几点。

① 二维坐标系统。西安 80 坐标系是经典大地测量成果的归算及其应用，它的表现形式为平面的二维坐标。它只能提供点位平面坐标，而且表示两点之间的距离精确度也只能达到用现代手段测得的 1/10 左右。高精度、三维与低精度、二维之间的矛盾是无法协调的。例如，将卫星导航技术获得的高精度点的三维坐标表示在现有地图上，不仅会造成点位信息的损失（三维空间信息只表示为二维平面位置），同时也将造成精度上的损失。

② 参考椭球参数。随着科学技术的发展，国际上对参考椭球的参数已进行了多次更新和改善。西安 80 坐标系所采用的 ICA-75 椭球，其长半轴要比国际公认的 WGS84 椭球长半轴的值大 3m 左右，而这可能引起地表长度误差达 10 倍左右。

③ 随着经济建设的发展和科技的进步，维持非地心坐标系下的实际点位坐标不变的难度加大，维持非地心坐标系的技术也逐步被新技术所取代。

④ 椭球短半轴指向。西安 80 坐标系采用指向 JYD1968.0 极原点，与国际上通用的地面坐标系如 ITRS，或者与 GPS 定位中采用的 WGS84 等椭球短轴的指向（BIH1984.0）不同。

空间技术的发展成熟与广泛应用迫切要求国家提供高精度、地心、动态、实用、统一的大地坐标系作为各项社会经济活动的基础性保障。在此背景下，国务院批准的于 2008 年 7 月 1 日启用的大地坐标系，是我国最新的坐标系，采用的是 ITRF97 框架历元 2000.0。2000 国家大地坐标系的英文名称为 China Geodetic Coordinate System 2000，英文缩写为 CGCS2000。2000 国家大地坐标系的原点在包括海洋和大气的整个地球的质量中心，坐标系的 Z 轴由原点指向历元 2000.0 的地球参考极的方向，X 轴由原点指向格林尼治参考子午线与地球赤道面（历元 2000.0）的交点，Y 轴与 X 轴、Z 轴构成右手正交坐标系。2000 国家大地坐标系的大地测量基本常数分别如下。

长半轴：a=6 378 137m

扁率：α=1/298.257 222 101

地心引力常数：GM=3.986 004 418×10^{14}m^3/s^2

自转角速度：ω=7.292 115×10^{-5}rad/s

短半轴：b=6 356 752.314 14m

极曲率半径=6 399 593.625 86m

第一偏心率：e=0.081 819 191 042 8

(4) WGS-84 坐标系。这是一种国际上采用的地心坐标系。坐标原点为地球质心，其地心空间直角坐标系的 Z 轴指向国际时间局（BIH）1984.0 定义的协议地极（CTP）方向，X 轴指向 BIH1984.0 的协议子午面和 CTP 赤道的交点，Y 轴与 Z 轴、X 轴垂直构成右手坐标系，称为 1984 年世界大地坐标系。这是一个国际协议地球参考系统（ITRS），是目前国际上统一采用的大地坐标系。GPS 广播星历是以 WGS-84 坐标系为根据的。

WGS-84 采用的椭球是国际大地测量与地球物理联合会第 17 届大会大地测量常数推荐值，其 4 个基本常数分别如下。

长半径：a=6 378 137±2m

地球引力常数：GM=3 986 005×10^8±(0.6×10^8)m^3/s^2

正常化二阶带谐系数：C_{20}= −484.166 85×10^{-6}±(1.3×10^{-9})，J_2=108 263×10^{-8}

地球自转速度：ω=7 292 115×10^{-11}±(0.150×10^{-11})rad/s

3. 高程系

高程分为绝对高程（又称海拔高程）和相对高程。绝对高程是指由高程基准面起算的地面点的垂直高度。地面点之间的高程差称为相对高程（简称高差）。高程基准面是根据验潮站所确定的多年平均海水面而决定的，如图 3-20 所示。

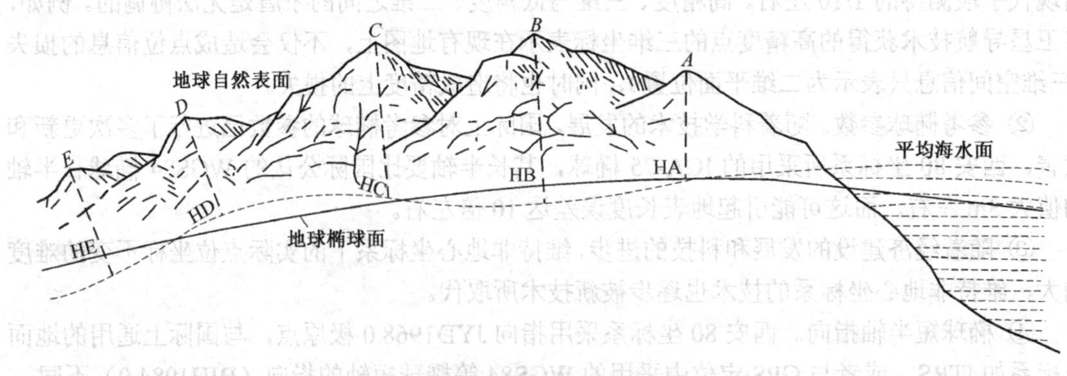

图 3-20 高程起算及高程

实践证明，在不同地点的验潮站所得的平均海水面之间存在差异，选用不同的基准面就有不同的高程系统。例如，我国曾经使用过的 1954 年黄海平均海水面、坎门平均海水面、吴淞零点、废黄河零点等多个高程系统，均分别为不同地点的验潮站所得的平均海水面。一个国家通常只能采用一个平均海水面作为统一的高程基准面。

(1) 1956 年黄海高程系。我国规定采用以青岛验潮站 1950—1956 年测定的黄海平均海水面，作为我国统一高程基准面，凡由该基准面起算的高程，统称为“1956 年黄海高程系”。

其水准原点设在青岛市的观家山上，对黄海平均海水面的高程值为 72.289m。国家各级的高程控制点（水准点、埋石点等）的高程数值，都由该点起，通过水准测量等方法传算过去，构成全国的高程控制网，为测绘地图提供了必要条件。

（2）1985 年国家高程基准。由于观测数据的积累，黄海平均海水面发生了微小变化，国家决定启用新的高程系，并命名为“1985 年国家高程基准”。该系统是采用青岛验潮站 1952—1979 年潮汐观测计算的平均海水面，国家水准原点的高程值为 72.260m，使高程控制点的高程产生了微小变化，但对已成地图上的等高线高程的影响可以不计，可认为是没有变化。

4．大地控制网

在广阔的区域上进行测量和制图，不可能独家一次完成，必须由许多单位分期分批完成，为了保证测量成果的精度符合国家的统一要求，首先必须在全国范围内选取若干个具有控制意义的点，然后精确测定其平面位置和高程，构成统一的大地控制网。大地控制网由平面控制网和高程控制网组成。

（1）平面控制网

平面控制网又称水平控制网，其测量的主要目的是确定控制点的平面位置，主要的方法为三角测量和导线测量。

三角测量，是在地面上选择一系列控制点，并建立起相互连接的三角形，组成三角锁和三角网，测量一段精确的距离作为起始边，在这个边的两个端点，采用天文观测的方法确定起点位，精确测定各三角形的内角。根据以上已知条件，利用正弦定理，即可推算出各三角形边长和其顶点坐标。三角测量为了达到层层控制的目的，由国家测绘主管部门统一布设了一、二、三、四等三角网。一等三角网是全国平面控制的骨干，由近于等边的三角形构成，边长为 20～25km，布设形式基本按经纬线方向，一等三角网测量的精度最高。二等三角网是在一等三角网的基础上扩展的，三角形平均边长为 13km，这样可以保证在测绘 1∶10 万、1∶5 万地形图时，每 150km^2 内有一个大地控制点，即每幅图内至少有 3 个大地控制点。在二等三角网的基础上进一步插补三等三角网或点，三等三角网点密布全国，三角形平均边长约为 8km，以保证在 1∶2.5 万测图时，每 50km^2 内有一个大地控制点，即每幅图内有 2～3 个控制点。四等三角网通常由测量实施单位自行布设，边长约为 4km，保证在 1∶1 万测图时，每幅图内有 1～2 个控制点。

导线测量，把各个控制点连接成连续的折线，然后测定这些折线的边长和转角，最后根据起算点的坐标和方位角推算其他各点坐标。导线测量有两种形式：一种是闭合导线，即从一个高等级控制点开始测量，最后再回到这个控制点，形成一个闭合多边形；另一种是附合导线，即从一个高等级控制点开始测量，最后附合到另一个高等级控制点。作为国家控制网的导线测量，也可分为一、二、三、四等。通常将一、二等导线测量称为精密导线测量。

（2）高程控制网

高程控制网是在全国范围内按照统一规范，由精确测定高程的地面点所组成的控制网，是测定其他地面点高程的控制基础。建立高程控制网的目的是精确求得地面点到大地水准面的垂直高度。高程控制网分一、二、三、四等，各等精度不同，一等点最精确，其余逐级降低。建立高程控制网的方法，主要由水准测量来完成。

20 世纪 60 年代至今，世界各国已建成了上千个 GIS，这些系统应用领域广，特别是应用在自然资源和环境等方面显示了很强的能力和极好的效果。对于每一个系统而言，具有各自不同的特征，但有一点是共同的，这就是每一个 GIS 都具有统一的地理基础。

地理基础是地理信息数据表示格式与规范的重要组成部分。它主要包括统一的地图投影系统，统一的地理网格坐标系，以及统一的地理编码系统。它为各种地理信息的输入、输出及匹配处理提供一个统一的定位框架，从而使各种地理信息和数据能够具有共同的地理基础。

3.3 地图投影

3.3.1 地图投影的概念

在一般情况下，要将地球椭球面上的点映射到平面地图上，需要建立一个转换方法，这个转换方法就称为地图投影。地图投影是指建立地球椭球面上的经纬线网和平面上的经纬线网对应关系的方法。它实质上是建立了地球椭球面上的点的经纬坐标与地图面上的坐标之间的函数关系。由于地球椭球面或圆球面是不可展开的曲面，即不能展开成平面，而地图又必须是一个平面，所以将地球表面展开成地图平面必然会产生裂隙或褶皱。那么采用什么样的数学方法将曲面展开成平面，而使其误差最小呢？答案是地图投影的方法，即用各种方法将地球表面的经纬网线投影到地图平面上。不同的投影方法具有不同性质和大小的投影变形，因此在各类 GIS 的建立过程中，选择恰当的地图投影系统就是首先必须考虑的问题。

投影，数学上的含义是两个面之间点与点、线与线的对应。同样，地图投影的定义是：建立地球椭球表面（或球体表面）与地图平面之间点与点或线与线的一一对应关系。

如果地球表面上有一点 $A(\varphi,\lambda)$，它在平面上的对应点是 $A'(X,Y)$，则按地图投影的定义，其数学转化公式为：

$$\begin{cases} X = f_1(\varphi,\lambda) \\ Y = f_2(\varphi,\lambda) \end{cases} \tag{3-1}$$

3.3.2 地图投影的变形

地球表面是一个不规则的曲面，要把这样一个曲面表现到平面上，就会发生裂隙或褶皱。在投影面上，则以经纬线的“拉伸”或“压缩”（通过数学手段）来避免，从而可形成一幅完整的地图，也就因此产生了变形。地图投影的变形，通常可分为长度、面积和角度三种，其中长度变形是其他变形的基础。为了进一步了解地图上的变形，应知道下列术语及其定义。

长度比——地面上微分线段投影后的长度 ds' 与其相应的实地长度 ds 之比。如果用符号 μ 表示长度比，那么

$$\mu = ds'/ds \tag{3-2}$$

长度变形——长度比与 1 之差值。如果用符号 V_μ 表示长度变形，则有

$$V_\mu = \mu - 1 \tag{3-3}$$

投影上的长度比不仅随该点的位置而变化，而且随着在该点上不同的方向而变化。这样，在一定点上的长度比必存在有最大值和最小值，称其为极值长度比，并通常用符号 a 和 b 表示极大与极小长度比。极值长度比的方向称为主方向。沿经线和纬线方向的长度比分别用符号 m、n 表示。在经纬线正交投影中，沿经纬线方向的长度比即为极值长度比，此时 $m=a$ 或 b，$n=b$ 或 a。

面积比——地面上微分面积投影后的大小 dF' 与其相应的实地面积 dF 的比称为面积比，

通常用符号 P 表示，即

$$P=\mathrm{d}F'/\mathrm{d}F \tag{3-4}$$

面积变形——面积比与 1 的差值。用符号 V_P 表示，即

$$V_P=P-1 \tag{3-5}$$

角度变形——地面上某一角度投影后的角值 β' 与其实际的角值 β 之差，即 $\beta'-\beta$。在一定点上，方位角的变形随不同的方向而变化，所以一点上不同方向的角度变形是不同的。投影中，一定点上的角度变形的大小是用其最大值来衡量的，即最大角度变形，通常用符号 ω 表示。

$$\sin\frac{\omega}{2}=\frac{a-b}{a+b} \tag{3-6}$$

变形椭圆——地球面上无穷小圆在投影中通常不可能保持原来的形状和大小，而是投影成为不同大小的圆或各种形状大小的椭圆，统称为变形椭圆，如图 3-21 所示。

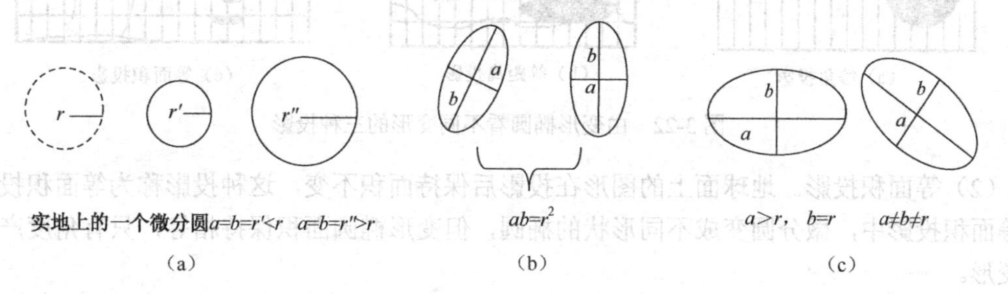

图 3-21　变形椭圆

一般可以根据变形椭圆来确定投影的变形情况。如果投影后为大小不同的圆形，如图 3-21（a）所示，$a=b$，则该投影为等角投影；如果投影后为面积相等而形状不同的椭圆，如图 3-21（b）所示，$ab=r^2$，则该投影为等面积投影；如果投影后为面积不等形状各不相同的椭圆，如图 3-21（c）所示，则该投影为任意投影，其中如果椭圆的某一半轴与微分圆的半径相等，$b=r$，则该投影为等距离投影。从变形椭圆中还可看出，变形椭圆的长短半轴即为极值长度比，长轴与短轴的方向即为主方向。

等变形线——投影上变形值相等的点的连线，有面积比等值线、最大角度变形等值线等。地图投影略图上绘有等变形线，用以直观评价地图投影的变形分布状况和投影使用的优劣。在地图制图实践中，为了获得具有较小的变形及其在制图区域内变形分布最均匀的投影，提出使投影上的等变形线与制图区域的轮廓形状基本一致的要求，并把它作为投影选择上的一个基本原则。

3.3.3　地图投影的分类

地图投影的分类方法有很多，总体来说，基本上可以根据外在的特征和内在的性质进行分类。下面介绍常用的几种地图投影分类方法。

1. 根据地图投影的变形（内蕴的特征）分类

根据地图投影中可能引入的变形的性质，可以分为等角、等面积和任意（其中包括等距离）投影，如图 3-22 所示。

（1）等角投影。地球表面上无穷小图形投影后仍保持相似，或者两微分线段所组成的角度在投影后仍保持相似或不变，这种投影称为等角投影（又称正形投影）。在等角投影中，微

分圆经投影后仍为圆形，随点位（纬度增加）的变化，面积有较大变形。

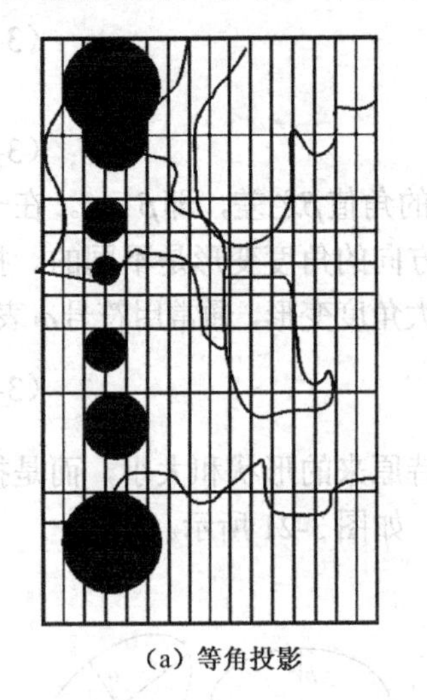
(a) 等角投影

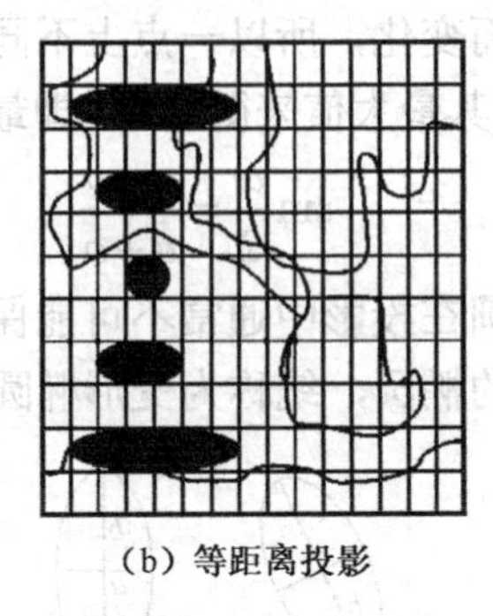
(b) 等距离投影

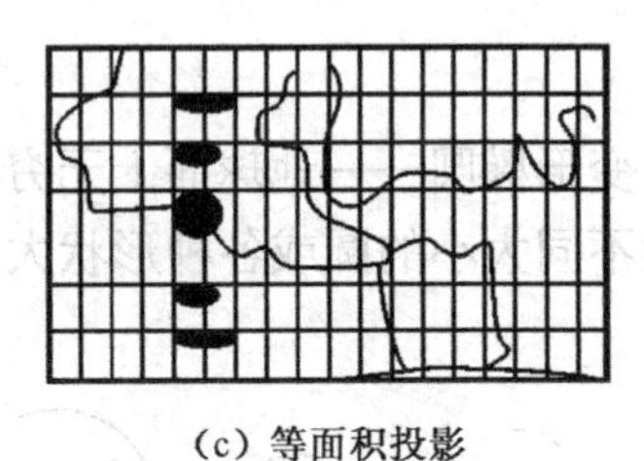
(c) 等面积投影

图 3-22 由变形椭圆看不同变形的三种投影

（2）等面积投影。地球面上的图形在投影后保持面积不变，这种投影称为等面积投影。在等面积投影中，微分圆变成不同形状的椭圆，但变形椭圆面积保持相等，只有角度产生很大变形。

（3）任意投影。既不具备等角性质，又没有等面积性质的投影，统称为任意投影。在任意投影中，如果沿某一主方向的长度比等于 1，即 a=1 或 b=1，则称这种投影为等距离投影。

2. 根据投影面与地球表面的相关位置分类

在地图投影中，我们首先将不可展开的椭球面投影到一个可展开的曲面上，然后将该曲面展开成为一个平面，得到我们所需要的投影。通常采用的这个可展曲面有圆锥面、圆柱面、平面（曲率为零的曲面），相应地可以得到圆锥投影、圆柱投影、方位投影。同时还可以由投影面与地理轴向的相对位置区分为正轴投影（极点在两地极上或投影面的中心线与地轴一致）、横轴投影（极点在赤道上或投影面的中心线与地轴垂直）及斜轴投影（极点既不在两地极上又不在赤道上，或者投影面的中心线与地轴斜交）。如图 3-23 所示，在这一分类中，当投影面与地球面相切时称为切投影，而投影面与地球面相割时称为割投影。

3. 根据正轴投影时经纬网的形状分类

根据正轴投影时经纬网的形状，投影可分为圆锥、圆柱、方位、伪圆锥、伪圆柱、伪方位和多圆锥投影等。

（1）圆锥投影：投影中纬线为同心圆圆弧，经线为圆的半径（见图 3-24 中的右图 C），且经纬间的夹角与经差成正比例。

该投影按变形性质又可分为等角、等面积和任意（主要为等距离）圆锥投影。等角割圆锥投影也称兰勃特（Lambert）正形圆锥投影，正轴等面积割圆锥投影也称阿伯斯（Albers）投影。

（2）圆柱投影：投影中纬线为一组平行直线，经线为垂直于纬线的另一组平行直线，且两相邻经线之间的距离相等（见图 3-24 中的左图 C）。

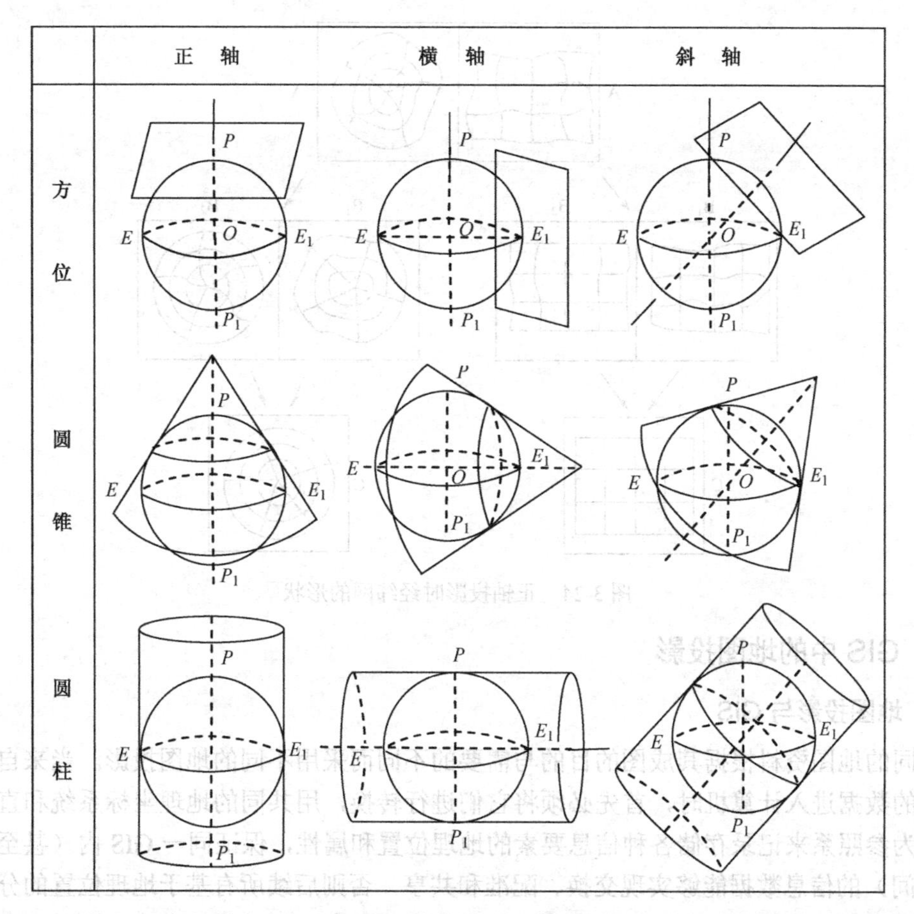

图 3-23 投影方法示意图

该投影按变形性质可分为等角、等面积和任意（包括等距离）圆柱投影。等角圆柱投影也称墨卡托（Mercator）投影，它在海图和小比例尺区域地图上有广泛应用。等角横切椭圆柱投影即著名的高斯-克吕格（Gauss-kruger）投影，等角横割椭圆柱投影即通用横轴墨卡托（Universal Transverse Mercator，UTM）投影，它们广泛用于编制大比例尺地形图中。

（3）方位投影：投影中纬线为同心圆，经线为圆的半径（见图 3-24 中的右图 C），且经线间的夹角等于地球面上相应的经差。

该投影有非透视方位投影和透视方位投影之分。非透视方位投影按变形性质可分为等角、等面积和任意（包括等距离）方位投影。等面积方位投影也称兰勃特（Lambert）等面积方位投影。等距离方位投影又称波斯特尔（Postel）投影。

（4）伪圆锥投影：投影中纬线为同心圆圆弧，经线为交于圆心的曲线（见图 3-24 右图 B_2）。

（5）伪圆柱投影：投影中纬线为一组平行直线，而经线为某种曲线（见图 3-24 中的左图 B_2）。

（6）伪方位投影：投影中纬线为同心圆，而经线为交于圆心的曲线（见图 3-24 中的右图 B_2）。

（7）多圆锥投影：投影中纬线为同轴圆圆弧，其圆心在中央直径线上，而经线为对称中央直径线的曲线（见图 3-24 中的右图 A）。

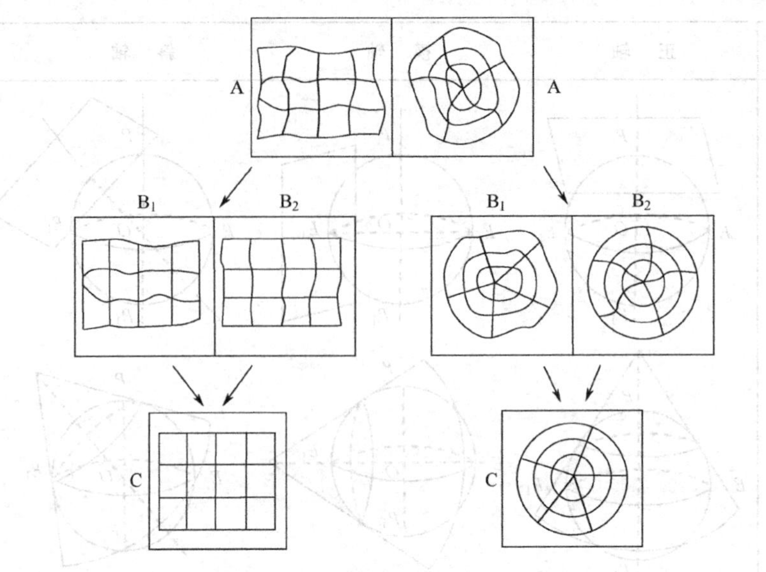

图 3-24　正轴投影时经纬网的形状

3.3.4　GIS 中的地图投影

1. 地图投影与 GIS

不同的地图资料根据其成图的目的与需要的不同而采用不同的地图投影。当来自这些地图资料的数据进入计算机时，首先必须将它们进行转换，用共同的地理坐标系统和直角坐标系统作为参照系来记录存储各种信息要素的地理位置和属性，保证同一 GIS 内（甚至不同的 GIS 之间）的信息数据能够实现交换、配准和共享，否则后续所有基于地理位置的分析、处理及应用都是不可能的。地图投影对 GIS 的影响是渗透在 GIS 建设的各个方面的，它们之间的相互关系如图 3-25 所示。

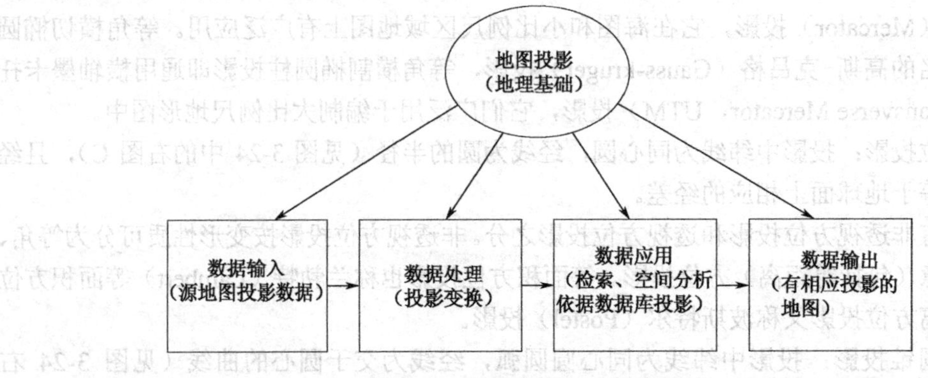

图 3-25　地图投影与 GIS 的关系

2. GIS 中地图投影的选择

地图投影是将地球椭球面上的地理信息科学、准确地转绘到平面上的控制骨架和定位的依据。因此，在制作地图过程中，新编地图投影的选择是否恰当，将直接影响地图的精度和实用价值。由于投影的种类日益增多，要恰当地选择投影，必须顾及以下几个因素。

（1）制图区域的地理位置、形状和范围

制图区域的地理位置决定了所选择投影的种类。例如，制图区域在极地位置，可选择正轴方位投影；制图区域在赤道附近，应考虑选择横轴方位投影或正轴圆柱投影；制图区域在中纬地区，应考虑选择正轴圆锥投影或斜轴方位投影。

根据制图区域的形状选择投影时，应遵循一条基本原则：投影的无变形点和线应位于制图区域的中心位置，等变形线尽量与制图区域的形状一致，从而保证制图区域的变形分布均匀。例如，同是中纬地区，如果制图区域呈现沿纬线方向延伸的长形区域，则应选择单标准纬线正轴圆锥投影；如果制图区域呈现沿经线方向略窄，沿纬线略宽的长形区域，则应选择双标准纬线正轴圆锥投影；如果制图区域出现南北、东西方向差别不大的圆形区域，则应考虑选择斜轴方位投影。同是在低纬赤道附近，如果是沿赤道方向呈东西延伸的长条形区域，则应选择正轴圆柱投影；如果是近似圆形的区域，则选择方位投影。

制图区域的范围大小也影响地图投影的选择。当制图区域范围不太大时，无论选择什么投影，制图区域内各处变形差异都不会太大。曾有人以我国新疆维吾尔自治区为例，用等角、等积、等距三种正轴圆锥投影进行比较，其计算结果表明，不同纬度的长度变形差别仅为0.0001～0.0003mm。而对于制图区域广阔的大国地图、大洲地图、半球图、世界地图等，则需要慎重地选择投影。

（2）地图的内容

地图所表现的主题和内容是什么，关系到选择什么投影。如交通图、航海图、航空图、军用等方面的地图，要求方向正确，小区域的形状能与实地相似，应选择等角投影。而自然地图和社会经济地图中的分布图、类型图、区划图等则要求保持面积对比关系的正确，因此应选用等面积投影。如世界时区图，为了使时区的划分表现清楚，只能选择经线投影成直线的正轴圆柱投影；作为中小学的教学用图，由于学生的年龄和知识的局限性，最好选择各种变形都不太大的任意投影，如较常见的等距离投影就能给学生一种接近于实际的地理概念。

（3）出版方式

地图在出版方式上，有单幅图、系列图和地图集之分。单幅图的投影选择比较简单，只考虑上述几个因素即可。系列图虽然表现内容较多，但由于性质相近，也应该选择同一变形性质的投影，以便于相互比较与参证。而地图集情况就比较复杂了。由于地图集是一个统一协调的有机整体，故投影选择又不能过多，应尽量采用同一系统的投影，再根据个别内容的特殊要求，在变形性质方面予以适当变化。

此外，在选择地图投影时，应使所选择的投影尽可能与编图资料所采用的经纬线投影形状相似，以便使工作简化。

3．我国 GIS 中地图投影的应用

我国的各种 GIS 中都采用了与我国基本比例尺地形图系列一致的地图投影系统，就是大于或等于 1∶50 万时采用高斯-克吕格投影，1∶100 万采用正轴等角割圆锥投影。采用这种坐标系统的配置与设计的原因如下。

① 我国基本比例尺地形图（1∶5000、1∶1 万、1∶2.5 万、1∶5 万、1∶10 万、1∶25 万、1∶50 万和 1∶100 万）中大于或等于 1∶50 万的地形图均采用高斯-克吕格投影为地理基础。

② 我国 1∶100 万地形图采用正轴等角割圆锥投影，其分幅与国际百万分之一所采用的分幅一致。

③ 我国大部分省区图多采用正轴等角割圆锥投影和属于同一投影系统的正轴等面积割圆锥投影。

④ 在正轴等角割圆锥投影中，地球表面上两点间的最短距离（即大圆航线）表现为近于直线，这有利于 GIS 中空间分析和信息量度的正确实施。

因此，我国 GIS 中采用高斯投影和正轴等角割圆锥投影既适合我国的国情，也符合国际上通行的标准，下面对这两种投影分别予以介绍。

（1）高斯-克吕格投影

我国现行的大于或等于 1∶50 万比例尺的各种地形图都采用高斯-克吕格投影，简称高斯投影。

1）高斯投影的基本条件（性质）

① 中央经线（椭圆筒和地球椭球体的切线）和赤道投影成垂直相交的直线。

② 投影后没有角度变形（即经纬线投影后仍正交）。

$$X = s + \frac{\lambda^2 N}{2}\sin\varphi\cos\varphi + \frac{\lambda^4 N}{24}\sin\varphi\cos^3\varphi(5-\tan^2\varphi+9\eta^2+4\eta^4)+\cdots \tag{3-7}$$

③ 中央经线上没有长度变形，等变形线为平行于中央经线的直线。

根据上述三个条件，即可导出高斯投影的直角坐标基本公式：

$$Y = \lambda N\cos\varphi + \frac{\lambda^3 N}{6}\cos^3\varphi(1-\tan^2\varphi+\eta) + \frac{\lambda^5 N}{120}\cos^5\varphi(5-18\tan^2\varphi+\tan^4\varphi)+\cdots \tag{3-8}$$

式中，X，Y 为平面直角坐标系的纵、横坐标；φ、λ为椭球面上地理坐标系的经纬度（分别自赤道和投影带中央经线起算）；s 为由赤道至纬度的子午线弧长；N 为纬度处的卯酉圈曲率半径（可据纬度由制图用表查取）；η为$\eta^2=e'^2\cos^2$，其中 $e'^2=(a^2-b^2)/b^2$，为地球的第二偏心率，a、b 分别为地球椭球体的长轴、短轴。

2）投影的变形分析与投影带的划分

高斯投影没有角度变形，面积变形是通过长度变形来表达的。其长度变形的基本公式为：

$$\mu = 1+\frac{1}{2}\cos^2\varphi(1+\eta^2)\lambda^2+\frac{1}{6}\cos^4\varphi(2-\tan^2\varphi)\lambda^4-\frac{1}{8}\cos^4\varphi\lambda^4+\cdots \tag{3-9}$$

由公式可知长度变形的规律如下。

① 中央经线上没有长度变形，即$\lambda=0$ 时，$\mu=1$。

② 在同一条纬线上，离中央经线越远变形越大，即λ增大，μ也增大。

③ 在同一条经线上，纬度越低，变形越大，即φ越小，μ越大。

表 3-4 为高斯投影 6° 带内长度变形值。投影变形最大值在赤道和投影边缘经线的交点上。当经差为 3° 时，长度变形为 1.38‰，3° 带内最大长度变形为 0.38‰。

表 3-4 高斯投影 6° 带内长度变形值

纬度 \ 变形值 \ 经差	0°	1°	2°	3°
90°	0	0.000 00	0.000 00	0.000 00
80°	0	0.000 00	0.000 02	0.000 04
70°	0	0.000 02	0.000 04	0.000 06
60°	0	0.000 04	0.000 15	0.000 34

续表

经差 变形值 纬度	0°	1°	2°	3°
50°	0	0.000 06	0.000 25	0.000 57
40°	0	0.000 09	0.000 36	0.000 81
30°	0	0.000 12	0.000 46	0.001 03
20°	0	0.000 13	0.000 54	0.001 21
10°	0	0.000 14	0.000 59	0.001 34
0°	0	0.000 15	0.000 61	0.001 38

为了控制投影变形不致过大，保证地形图精度，高斯投影采用分带投影方法，即将投影范围的东西界加以限制，使其变形不超过一定的限度。我国规定 1∶2.5 万～1∶50 万地形图均采用经差 6° 分带，大于或等于 1∶1 万比例尺地形图采用经差 3° 分带。

① 6° 分带法：从格林尼治零度经线起，自东半球向西半球，经差每 6° 分为一个投影带，如图 3-26 所示。

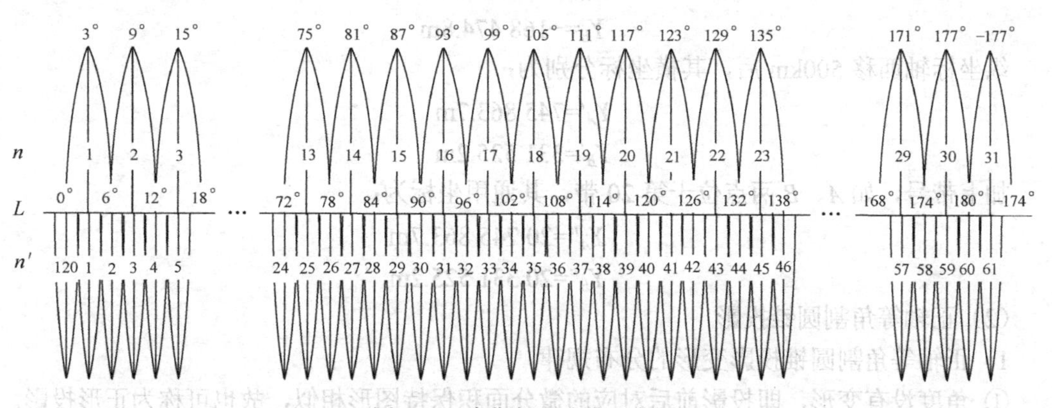

图 3-26　高斯投影分带示意图

东半球的 30 个投影带，从 0° 起算往东划分，即东经 0°～6°，6°～12°，…，174°～180°，用阿拉伯数字 1～30 进行标记。各投影带的中央经线位置，可用下式计算（式中 n 为投影带带号）：

$$L_0=(6n-3)^\circ \tag{3-10}$$

西半球的 30 个投影带，从 180° 起算，再回到 0°，即西经 180°～174°，174°～168°，…，6°～0°，各带的带号为 31～60，各投影带中央经线的位置，可用下式计算（式中 n 为投影带带号）：

$$L_0=(6n-3)^\circ-360^\circ \tag{3-11}$$

我国领土位于东经 72°～136° 之间，共包括 11 个投影带，即 13～23 带，各带的中央经线分别为 75°，81°，…，135°。

② 3° 分带法：从东经 1° 30′起算，每 3° 为一带，将全球划分为 120 个投影带，即东经 1° 30′～4° 30′、东经 4° 30′～7° 30′、……、东经 178° 30′～西经 178° 30′、……、西经 1° 30′～东经 1° 30′。其中央经线的位置分别为 3°，6°，9°，…，180°，西经 177°，…，3°，0°。这样分带的目的在于使 6° 带的中央经线均为 3° 带的中央经线。即 3° 带中有半

数的中央经线同 6° 带重合，在从 3° 带转换成 6° 带时，可以直接转换，不需要任何计算。

3）高斯投影平面直角坐标网

高斯投影平面直角坐标网，是由高斯投影每个投影带构成一个单独的坐标系。投影带的中央经线投影后的直线为 X 轴（纵轴），赤道投影后的直线为 Y 轴（横轴），它们的交点为原点。

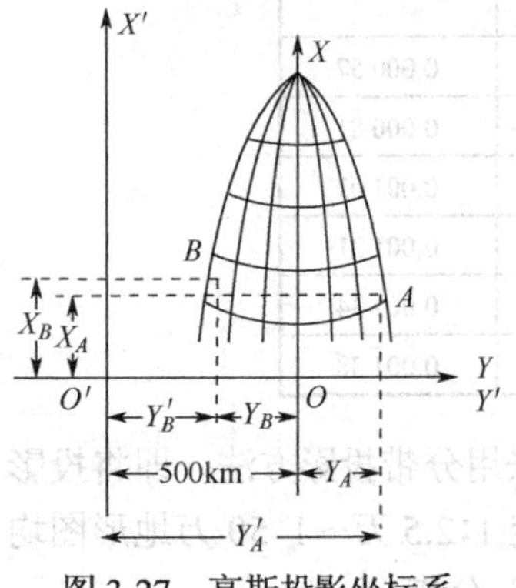

图 3-27 高斯投影坐标系

我国位于北半球，全部 X 值都是正值，在每个投影带中则有一半的 Y 值为负。为了使计算中避免横坐标 Y 值出现负值，规定每带的中央经线西移 500km。由于高斯投影每个投影带的坐标都是对本带坐标原点的相对值，所以各带的坐标完全相同。为了指出投影带是哪一带，规定要在横坐标（通用值）之前加上带号。因此，计算一个带的坐标值，制成表格，就可供查取各投影带的坐标时使用（有关地形图图廓点坐标值可从《高斯-克吕格坐标表》中查取）。如图 3-27 所示，A、B 两点原来的横坐标分别为：

$$Y_A=245\,863.7\text{m}$$

$$Y_B=-168\,474.8\text{m}$$

纵坐标轴西移 500km 后，其横坐标分别为：

$$Y_A'=745\,863.7\text{m}$$

$$Y_B'=331\,525.2\text{m}$$

加上带号，如 A、B 两点位于第 20 带，其通用坐标为：

$$Y_A''=20\,745\,863.7\text{m}$$

$$Y_B''=20\,331\,525.2\text{m}$$

（2）正轴等角割圆锥投影

1）正轴等角割圆锥投影变形的分布规律

① 角度没有变形，即投影前后对应的微分面积保持图形相似，故也可称为正形投影。

② 等变形线和纬线一致，同一条纬线上的变形处处相等。

③ 两条标准纬线上没有任何变形。

④ 在同一条经线上，两条标准纬线外侧为正变形（长度比大于 1），而两条标准纬线之间为负变形（长度比小于 1），因此，变形比较均匀，绝对值也比较小。

⑤ 同一条纬线上等经差的线段长度相等，两条纬线间的经纬线长度处处相等。

图 3-28 所示是用微分圆表示的双标准纬线正轴等角割圆锥投影的变形分布情况。由于采用分带投影，每带纬差较小，我国范围内的 1:100 万地图变形值几乎相等，其长度变形最大不超过±0.03%（南北图廓、中间纬线上），面积变形约为长度变形的 2 倍。

2）成果表的应用

这种投影的直角坐标是以图幅的中央经线作为 X 轴，中央经线与最南边的纬线（φ_S）的交点作为原点，过此点的切线作为 Y 轴，构成直角坐标系来计算的。因此，按投影公式，以经纬线交点的纬度和该点对中央经线的经差，即可算出其直角坐标值。而且，由于经纬网图形是以中央经线为轴左右对称的，因此，只要计算右方经差为 1°、2°、3° 的经纬线交点的坐标，左方的经纬线交点的坐标，只要 Y 值为负即可，如图 3-29 所示。

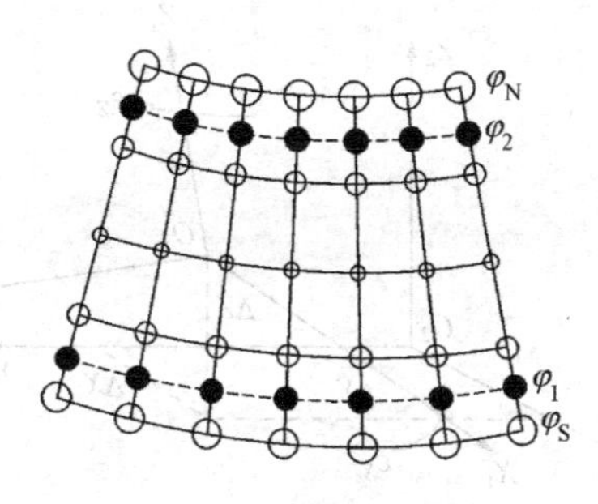

图 3-28　投影变形规律

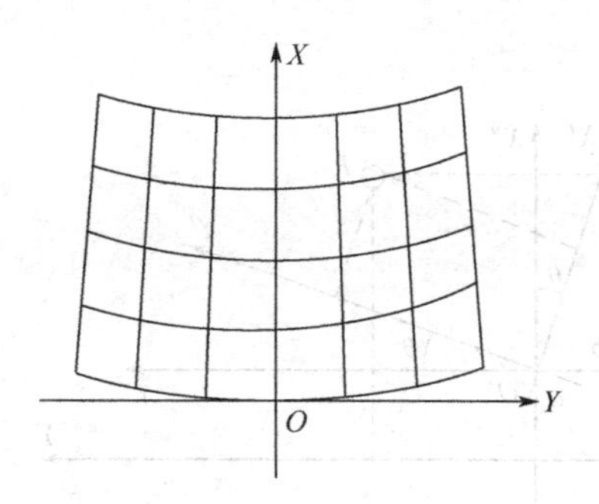

图 3-29　直角坐标

一幅图的直角坐标成果，可以在同一纬度带中通用。现已将投影坐标数据列成表格，以便查用。

3.4　空间坐标转换

在 GIS 中，数据往往来自不同的坐标系，如城市地理坐标系和大地坐标系。为了能同时处理所有数据，必须采用某些方法来针对不同的坐标系统、地图投影进行坐标转换，并尽可能地做到无损转换。空间坐标系转换包括不同坐标系之间的转换和同一坐标系不同投影之间的变换。

3.4.1　坐标系转换

1．平面直角坐标系之间的转换

如图 3-30 所示，坐标系 $X'O'Y'$的原点在坐标系 XOY 中的坐标为(a, b)，X轴与 X'轴的夹角为θ。在 $X'O'Y'$系中有一点 P，其坐标为(X', Y')，则由坐标系平移公式与坐标系旋转公式可得：

$$X=X'\cos\theta-Y'\sin\theta+a \tag{3-12}$$

$$Y=Y'\cos\theta+X'\sin\theta+b \tag{3-13}$$

2．不同空间直角坐标系之间的转换

设有两个三维空间坐标系 $O_1\text{-}X_1Y_1Z_1$ 和 $O_2\text{-}X_2Y_2Z_2$ 具有如图 3-31 所示的关系，则同一点在两个坐标系中的坐标(X_1, Y_1, Z_1)和(X_2, Y_2, Z_2)之间有如下关系：

$$\begin{pmatrix} X_2 \\ Y_2 \\ Z_2 \end{pmatrix}=\begin{pmatrix} \Delta X \\ \Delta Y \\ \Delta Z \end{pmatrix}+(1+k)\cdot R_1(\varepsilon_X)\cdot R_2(\varepsilon_Y)\cdot R_3(\varepsilon_Z)\begin{pmatrix} X_1 \\ Y_1 \\ Z_1 \end{pmatrix} \tag{3-14}$$

式中，

$$R_1(\varepsilon_X)=\begin{pmatrix} 1 & 0 & 0 \\ 0 & \cos\varepsilon_X & \sin\varepsilon_X \\ 0 & -\sin\varepsilon_X & \cos\varepsilon_X \end{pmatrix}，R_2(\varepsilon_Y)=\begin{pmatrix} \cos\varepsilon_Y & 0 & -\sin\varepsilon_Y \\ 0 & 1 & 0 \\ \sin\varepsilon_Y & 0 & \cos\varepsilon_Y \end{pmatrix}，R_3(\varepsilon_Z)=\begin{pmatrix} \cos\varepsilon_Z & \sin\varepsilon_Z & 0 \\ -\sin\varepsilon_Z & \cos\varepsilon_Z & 0 \\ 0 & 0 & 1 \end{pmatrix}$$

$(\Delta X, \Delta Y, \Delta Z)^{\mathrm{T}}$ 为坐标平移参数，ε_X、ε_Y、ε_Z 为坐标旋转参数（也称三个欧勒角），k 为坐标比例系数。式（3-14）即为著名的 Bursa-Wolf 模型。

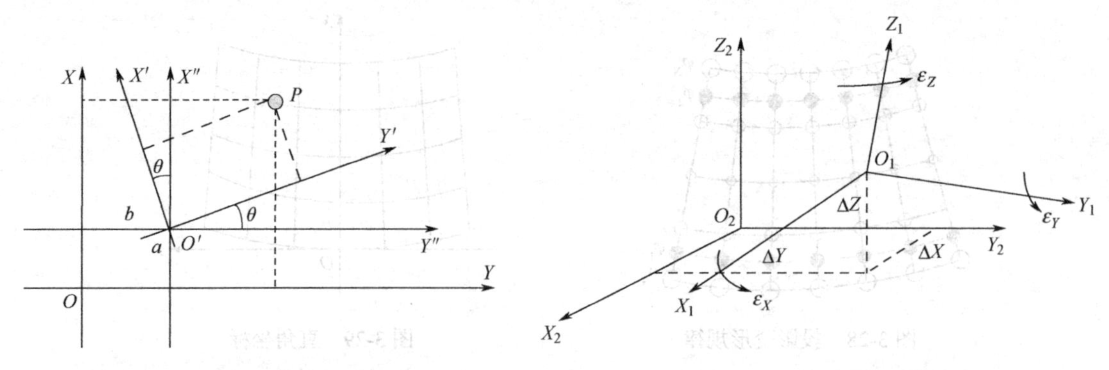

图 3-30　平面直角坐标系转换　　　　图 3-31　空间直角坐标系转换

3．大地坐标系和空间直角坐标系之间的转换

如图 3-32 所示，同一坐标系内，大地坐标系和空间直角坐标系之间的变换如下。

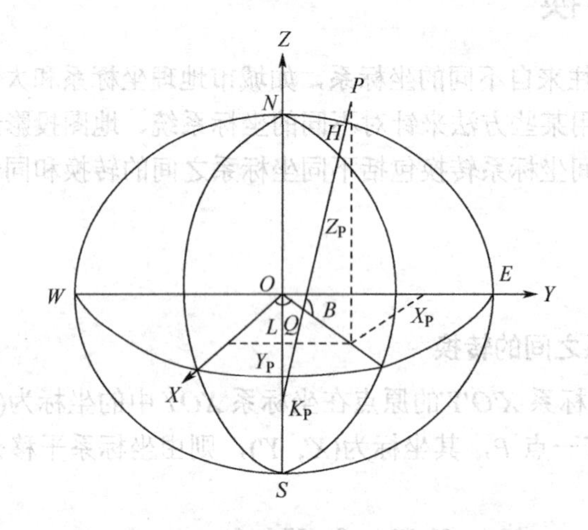

图 3-32　大地坐标系和空间直角坐标系变换

（1）由(B, L, H)求(X, Y, Z)

$$X=(N+H)\cdot\cos B\cdot\cos L \tag{3-15}$$

$$Y=(N+H)\cdot\cos B\cdot\sin L \tag{3-16}$$

$$Z=[N(1-e^2)+H]\cdot\sin B \tag{3-17}$$

式中，H 为 P 点的大地高；N 为卯酉圈的曲率半径，$N=\dfrac{a}{W}=\dfrac{a}{\sqrt{1-g^2\sin^2 B}}$。

（2）由(X, Y, Z)求(B, L, H)

$$B=\arctan\left[\frac{1}{\sqrt{X^2+Y^2}}\cdot\left(Z+\frac{c\cdot e^2\cdot\tan B}{\sqrt{1+e'^2+\tan^2 B}}\right)\right] \tag{3-18}$$

$$L=\arctan(Y/X) \tag{3-19}$$

$$H=\frac{\sqrt{X^2+Y^2}}{\cos B}-N \tag{3-20}$$

式中，$c=a^2/b$，$e'^2=\dfrac{e^2}{1-e^2}$。

在求 B 时，应使用迭代法。为减少迭代次数，按下述方法求得 B 的初值只需要迭代两次即可满足精度要求：$B_0=\varphi+\Delta B$，$\varphi=\arcsin(Z/R)$，$R=\sqrt{X^2+Y^2+Z^2}$，$\Delta B=A\cdot\sin(2\varphi)\cdot[1+2\cdot A\cdot\cos(2\varphi)]$，$A=ae^2/(2R\sqrt{1-e^2\sin^2\varphi})$。

不同坐标系统的控制点坐标可以通过一定的数学模型，在一定的精度范围内进行互相转换，在使用时，必须注意所用成果参考的坐标系。

4．北京 54 坐标系与西安 80 坐标系的转换

西安 80 坐标系与北京 54 坐标系其实是一种椭球参数的转换。在同一个椭球里的转换都是严密的，而在不同的椭球之间的转换是不严密的，因此不存在一套转换参数可以全国通用。在每个地方会不一样，因为它们是两个不同的椭球基准。

两个椭球间的坐标转换，一般而言，比较严密的是用七参数布尔莎模型，即 X 平移、Y 平移、Z 平移、X 旋转（WX）、Y 旋转（WY）、Z 旋转（WZ）、尺度变化（DM）。要求出 7 个参数就需要在一个地区有 3 个以上的已知点。如果区域范围不大，可以用 3 个参数，即 X 平移、Y 平移、Z 平移，而将 X 旋转、Y 旋转、Z 旋转、尺度变化面视为 0。

具体转换过程如下。

步骤 1：模型选择

全国及省级范围：坐标转换选择二维七参数转换模型。

省级以下：坐标转换可选择三维四参数模型或平面四参数模型。

对于相对独立的地方坐标：与西安 80 坐标系的联系可采用平面四参数模型或扎利夫改化法模型。

步骤 2：重合点选取

坐标重合点可采用在两个坐标系下均有坐标成果的点。但最终重合点还需根据所确定的转换参数，计算重合点坐标残差，根据其残差的大小来确定，若残差大于中误差的 3 倍则剔除，重新计算坐标转换参数，直到满足精度要求为止；用于计算转换参数的重合点数量与转换区域的大小有关，但不得少于 3 个。

步骤 3：模型参数计算

用所确定的重合点坐标，根据坐标转换模型利用最小二乘法计算模型参数。转换坐标改正量计算，以北京 54 坐标系向西安 80 坐标系转换为例（可视为新旧坐标系统的转换）。

（1）大地坐标改正量计算公式

$$\mathrm{d}B=-\frac{\Delta x}{M}\sin B\cos L-\frac{\Delta y}{M}\sin B\sin L+\frac{\Delta z}{M}\cos B+\frac{1}{M}\left[\frac{e^2}{W}\Delta a+\frac{N}{2W^2}(2-e^2\sin^2 B)\Delta e^2\right]\sin B\cos B$$

$$\mathrm{d}L=-\frac{1}{N\cos B}(\Delta x\sin L-\Delta y\cos L)$$

式中，Δa、Δe^2 分别为 ICA-75 椭球与克拉索夫斯基椭球长半径、第一偏心率平方之差。即 $\Delta a=a_{80}-a_{54}$，$\Delta e^2=e_{80}^2-e_{54}^2$。

则各个点在西安 80 坐标系中的大地坐标为：

$$B_{80}=B_{54}+\mathrm{d}B，L_{80}=L_{54}+\mathrm{d}L$$

- 根据转换的 B_{80}、L_{80}，采用高斯投影正算公式计算相应的高斯平面坐标 X_{80}、Y_{80}。
- 求取全国 1∶1 万以大比例尺网格点的转换改正量：

$$\mathrm{DX}_1=X_{80}-X_{54}$$
$$\mathrm{DY}_1=Y_{80}-Y_{54}$$

（2）平差改正量的计算

北京 54 坐标系所提供的大地原点成果没有经过整体平差，西安 80 坐标系提供的大地原点成果是经过整体平差的数据，所以新旧系统转换还要考虑平差改正量的问题。计算平差改正量比较复杂，没有一定的数学模式。不同地区的平差改正量差别很大，在我国中部某些地区，平差改正量在 1m 以下，而在东北地区则在 10m 以上。

在实际计算中，在全国均匀地选择一定数量的一、二等大地点，利用它们新（西安 80 坐标系）旧（北京 54 坐标系）坐标系的坐标进行多种分析试算并剔除粗差点，然后分别计算它们的坐标差值，根据这些差值和它们的大地坐标分别绘制两张平差改正量分布图（即 dX，dY 分布图），这样在分布图上可以直接内插出全国 1∶1 万以大比例尺网格点的平差改正量 DX_2、DY_2。

（3）大比例尺网格点的转换改正量

根据全国 1∶1 万以大比例尺网格点的转换改正量 DX_1、DY_1 和平差改正量 DX_2、DY_2 按下列公式计算北京 54 坐标系向西安 80 坐标系转换坐标转换改正量 DX、DY。

$$DX= DX_1+DX_2$$

$$DY= DY_1+DY_2$$

将 DX、DY 换算成 1∶1 万以大比例尺网格点大地坐标转换改正量 DB_{5480}、DL_{5480}。

5．西安 80 坐标系与 2000 国家大地坐标系的转换

由于这两种坐标系统的起算点不在一个椭球基准面上，所以这就涉及两个椭球间的相互转换问题。所谓坐标转换的过程最重要的就是转换参数的求解过程，目前的转换方法主要分为数学计算模型、网格内插模型。常用的方法有三参数法、四参数法和七参数法。

（1）测算三参数（ΔX、ΔY、ΔZ）的基本方法是利用该点的西安 80 坐标系和 2000 国家大地坐标系的平面坐标，通过测量转换软件计算出参数。

（2）四参数法的转换区域范围不大，最远距离不大于 30km（经验值）。这种方法受距离的限制。

平面直角坐标转换模型：

$$\begin{bmatrix} x_2 \\ y_2 \end{bmatrix} = \begin{bmatrix} x_0 \\ y_0 \end{bmatrix} + (1+m) \begin{bmatrix} \cos\alpha & -\sin\alpha \\ \sin\alpha & \cos\alpha \end{bmatrix} \begin{bmatrix} x_1 \\ y_1 \end{bmatrix}$$

式中，x_0、y_0 为平移参数；α 为旋转参数；m 为尺度参数；x_2、y_2 为 2000 国家大地坐标系下的平面直角坐标；x_1、y_1 为原坐标系下平面直角坐标。坐标单位为 m。

（3）一般而言，比较严密的使用七参数法，即 X 平移、Y 平移、Z 平移、X 旋转、Y 旋转、Z 旋转、尺度变化。测算七参数需要在一个地区内查找 3 个或 3 个以上的已知重合点（西安 80 坐标系和 2000 国家大地坐标系），最好工作区在已知重合点内，重合点在 5 个以上，这样换算成果资料精度更高。

二维七参数转换模型：

$$\begin{bmatrix} \Delta L \\ \Delta B \end{bmatrix} = \begin{bmatrix} -\dfrac{\sin L}{N\cos B}\rho'' & \dfrac{\cos L}{N\cos B}\rho'' & 0 \\ -\dfrac{\sin B\cos L}{M} & -\dfrac{\sin B\sin L}{M}\rho'' & \dfrac{\cos B}{M}\rho'' \end{bmatrix} \begin{bmatrix} \Delta X \\ \Delta Y \\ \Delta Z \end{bmatrix} +$$

$$\begin{bmatrix} \tan B\cos L & \tan B\sin L & -1 \\ -\sin L & \cos L & 0 \end{bmatrix}\begin{bmatrix} \varepsilon_X \\ \varepsilon_Y \\ \varepsilon_Z \end{bmatrix}+\begin{bmatrix} 0 \\ -\frac{N}{M}e^2\sin B\cos B\rho'' \end{bmatrix}m+$$

$$\begin{bmatrix} 0 & 0 \\ \frac{N}{Ma}e^2\sin B\cos B\rho'' & \frac{(2-e^2\sin^2 B)}{1-f}\sin B\cos B\rho'' \end{bmatrix}\begin{bmatrix} \Delta a \\ \Delta f \end{bmatrix}$$

式中，ΔB、ΔL 为同一点位在两个坐标系下的纬度差、经度差，单位为弧度；Δa、Δf 为椭球长半轴差（单位为 m）、扁率差（无量纲）；ΔX、ΔY、ΔZ 为平移参数，单位为 m；ε_X、ε_Y、ε_Z 为旋转参数，单位为弧度；m 为尺度参数（无量纲）。

插值内插模型主要有多项式回归法（二次曲面）、高斯克吕格加权法、加权反距离法、三角剖分法、临近点法、最小曲率内插法等。

模型参数计算：用所确定的重合点坐标，根据坐标转换模型利用最小二乘法计算模型参数，也就是计算重合点坐标改正量，利用两个坐标系间控制点的坐标改正量，采用适宜的方法计算一定间隔的网格结点上的坐标改正量内插其他任意点上的坐标改正量，从而实现不同坐标的变换，其优点在于可以很好地拟合由于大地网局部性系统误差（或形变）的影响产生的变形差，能达到局部细致拟合和全网连续的效果，且有较高的转换精度。

插值内插模型整体转换法，其基本思路是：以各个转换点（网格点）为中心，以适当的搜索半径搜索出计算该点的西安 80 坐标系向 2000 国家大地坐标系的坐标改正量，进而获得该点的 2000 国家大地坐标系坐标。坐标重合点可采用在两个坐标系下均有坐标成果的点。但最终重合点还需根据所确定的转换参数，计算重合点坐标残差，根据其残差的大小来确定，若残差大于中误差的 3 倍则剔除，重新计算坐标转换参数，直到满足精度要求为止；用于计算转换参数的重合点数量与转换区域的大小有关，但不得少于 5 个。

6．坐标转换精度评定和评估方法

（1）坐标转换精度评定

用上述模型进行坐标转换时必须满足相应的精度指标，具体精度评估指标及评估方法见下述内容。选择部分重合点作为外部检核点，不参与转换参数计算，用转换参数计算这些点的转换坐标与已知坐标比较进行外部检核。应选定至少 6 个均匀分布的重合点对坐标转换精度进行检核。对北京 54 坐标系、西安 80 坐标系与 2000 国家大地坐标系转换分区转换及数据库转换点位的平均精度应小于图上的 0.1mm。

具体：对于 1 : 5000 坐标转换，西安 80 坐标系与 2000 国家大地坐标系转换分区转换平均精度小于或等于 0.5m；北京 54 坐标系与 2000 国家大地坐标系转换分区转换平均精度小于或等于 1.0m。

（2）坐标转换精度评估方法

依据计算坐标转换模型参数的重合点的残差中误差评估坐标转换精度对于 n 个点，坐标转换精度估计公式如下。

① V（残差）=重合点转换坐标-重合点已知坐标

② 空间直角坐标 X 残差中误差　　$M_X=\pm\sqrt{\frac{[VV]_X}{n-1}}$

③ 空间直角坐标 Y 残差中误差　　$M_Y=\pm\sqrt{\frac{[VV]_Y}{n-1}}$

④ 空间直角坐标 Z 残差中误差 $$M_Z = \pm\sqrt{\frac{[VV]_Z}{n-1}}$$

空间点位中误差 $$M_P = \sqrt{M_X^2 + M_Y^2 + M_Z^2}$$

⑤ 平面坐标 X 残差中误差 $$M_X = \pm\sqrt{\frac{[VV]_X}{n-1}}$$

⑥ 平面坐标 Y 残差中误差 $$M_Y = \pm\sqrt{\frac{[VV]_Y}{n-1}}$$

⑦ 大地高 H 残差中误差 $$M_H = \pm\sqrt{\frac{[VV]_H}{n-1}}$$

平面点位中误差 $$M_P = \sqrt{M_X^2 + M_Y^2}$$

3.4.2 投影转换

在制图作业中，常常需要将一种地图投影的制图资料转换到另一种投影的地图上，这种转换称为地图投影的坐标变换（也称不同地图投影的转换）。

1．传统地图的投影变换

传统的手工编图作业，通常采用网格转绘法或蓝图（或棕图）拼贴法来解决投影转换问题。

（1）网格转绘法是将地图资料投影网格和新编地图的投影网格对应加密，也就是把地图资料微小网格与新编地图的微小网格一一对应，在对应的微小网格范围内，采取手工方法逐点、逐线转绘。

（2）蓝图（或棕图）拼贴法是将地图资料按新编地图比例尺复照后晒成蓝图（或棕图），利用纸张湿水后的可伸缩性，切块拼贴在新编地图投影网格的相应位置上。

2．数字地图的投影变换

随着制图自动化的发展，常规制图方法已逐渐被制图自动化作业所代替，制图自动化作业就是利用计算机自动、连续地将原始资料图上的二维点位变换成新编图投影中的二维点位。这就要求建立两种不同投影点的坐标变换关系式。

制图自动化作业中变换地图投影，具体变换过程如下。

① 通过矢量化或测量数据将原始投影的纸质地图变成数字地图。

② 在计算机中按一定的数学方法变换一种投影点的坐标到另一种投影点的坐标。

③ 将变换后的数字资料用绘图仪输出成新地图。

当前，大多数地图制图软件和 GIS 软件都具有投影转换功能，尽管形式不同，但首先找出从一种投影点的坐标，变换为另一种地图投影点的坐标变换关系式，这是实现投影变换的基础。实现这种关系式的方法有很多，下面介绍几种常用的方法。

（1）反解变换法（又称间接变换法）

首先反解出原投影的地理坐标φ、λ，然后代入新投影中求出新投影点的直角坐标或极坐标。

原始资料图投影点的坐标方程式为：

$$\begin{aligned} x &= f_1(\varphi,\lambda) \\ y &= f_2(\varphi,\lambda) \end{aligned} \tag{3-21}$$

新编图地图投影点的坐标方程式为：

$$\begin{aligned} X &= \varphi_1(\varphi, \lambda) \\ Y &= \varphi_2(\varphi, \lambda) \end{aligned} \tag{3-22}$$

显然，如果从原始资料图中反解出：

$$\begin{aligned} \varphi &= \varphi(x, y) \\ \lambda &= \lambda(x, y) \end{aligned} \tag{3-23}$$

代入新编图投影方程，则有：

$$\begin{aligned} X &= \varphi_1[\varphi(x, y), \lambda(x, y)] \\ Y &= \varphi_2[\varphi(x, y), \lambda(x, y)] \end{aligned} \tag{3-24}$$

若为圆锥投影、伪圆锥投影、方位投影等，则是用平面极坐标表示投影方程式的，即

$$\begin{aligned} \rho &= \varphi_1(\varphi, \lambda) \\ \delta &= \varphi_2(\varphi, \lambda) \end{aligned} \tag{3-25}$$

这时，应先将原投影点的直角坐标变为平面极坐标，求出φ、λ，然后再代入新编图投影方程。

平面极坐标和平面直角坐标的关系式为：

$$\begin{aligned} \delta &= \arctan\left(\frac{y}{(x_0 - x)}\right) \\ \rho &= \sqrt{(x_0 - x)^2 + y^2} \end{aligned} \tag{3-26}$$

式中，x_0为平面直角坐标原点至平面极坐标原点的距离。

这种变换投影的方法是严密的，不受制图区域大小的影响，因此可在任何情况下使用。

（2）正解变换法或直接变换法

确定原始资料图和新编图相应的直角坐标的直接联系，称为正解变换法或直接变换法。

这种方法直接建立两种投影点的直角坐标关系式，它们的表达式为：

$$\begin{aligned} X &= F_1(x, y) \\ Y &= F_2(x, y) \end{aligned} \tag{3-27}$$

这种关系反映了编图过程中的数学实质，并指出了原始资料图和新编图之间投影点的精确对应关系。圆锥投影、伪圆锥投影、多圆锥投影、方位投影、伪方位投影的坐标是极坐标表示的，应先将原投影平面极坐标改为平面直角坐标，再求两种投影平面直角坐标之间的关系。

（3）数值变换法

这种方法应用在不知道原始投影点直角坐标的解析式或不易求出两种投影点的平面直角坐标之间的关系的情况下，可以用近似多项式的方法表示点的坐标变换关系式：

$$\begin{aligned} X' &= a_{00} + a_{10}x + a_{01}y + a_{20}x^2 + a_{11}xy + a_{02}y^2 + a_{30}x^3 + a_{21}x^2y + a_{12}xy^2 + a_{03}y^3 \\ Y' &= b_{00} + b_{10}x + b_{01}y + b_{20}x^2 + b_{11}xy + b_{02}y^2 + b_{30}x^3 + b_{21}x^2y + b_{12}xy^2 + b_{03}y^3 \end{aligned} \tag{3-28}$$

为了解上面的三项多项式，需要在两投影之间选择地理坐标对应的10个点的平面直角坐标x_i、y_i和X_i、Y_i组成线性方程组。解这些线性方程组，即可求出系数a_{ij}、b_{ij}的值。有了a_{ij}、b_{ij}值，则可以用上面多项式求解其他点坐标了，这些相应点应选择在投影图形周围并具有特征的点。

应用这种方法一般不是一次进行全部区域投影的变换，而是分块变换，以保证变换的一定精度。

3．利用 MapGIS 进行投影变换示例

在 MapGIS 中可通过动态投影来实现投影转换，也可利用投影转换工具来实现投影转换。这两种效果相同，但投影机制不同。动态投影并没有修改原数据，它并不是真正意义的投影转换，但显示效果和投影转换的效果一样。对多个图层构建的地图进行动态投影，必须遵循的前提是所有图层具有相同空间参照系。下面重点讲述动态投影。

动态投影需在设置空间参照系的基础上完成，需保证参与动态投影的数据有空间参照系（源空间参照系）。而利用动态投影功能设置的空间参照系为目的参照系，动态投影的结果是将源参照系下的数据投影到目的参照系上。在下面的内容中，基于 MapGIS IGServer for .NET 平台自带示例数据库 World.HDF 中的图层，实现动态投影。具体步骤如下。

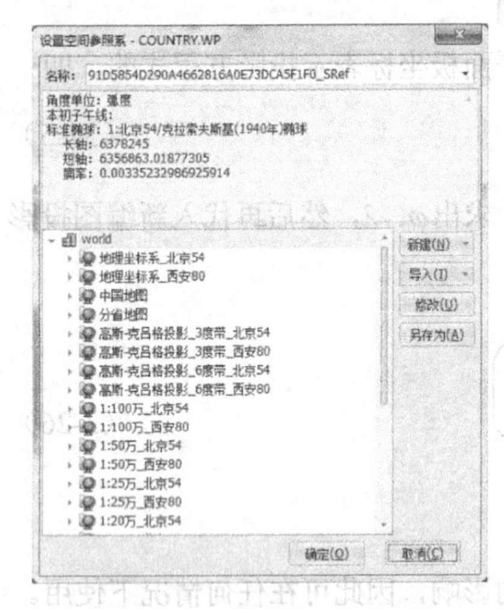

图 3-33　查看源空间参照系

（1）数据准备

选择简单要素类下具有相同空间参照系的图层，查看源空间参照系。任意右击一个图层（COUNTRY.WP），选择空间参照系，其信息如图 3-33 所示。

（2）新建 MAPX 文档

新建地图文档。单击开始菜单，新建空白文档，再右击工作空间视图中未命名的“地图文档”下的“新地图 1”，选择“添加图层”添加要投影的地图数据，右击“新地图 1”，在弹出的菜单中先后选择“按约束类型排序”和“预览地图”，如图 3-34 所示。单击工具栏上的“保存”按钮，保存 MAPX 文档到本地指定位置，并命名为 testMap.mapx。

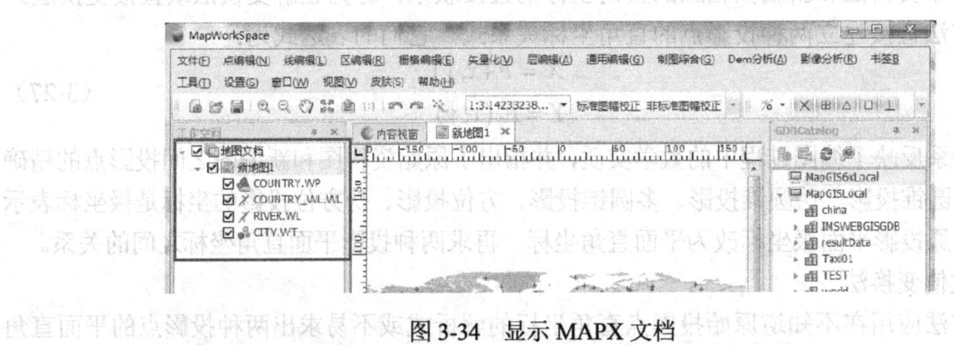

图 3-34　显示 MAPX 文档

（3）动态投影参数设置

在上述步骤中新建文档 testMap.mapx 的基础上，完成动态投影，方法如下。

① 打开动态投影参数设置界面。在 MapWorkSpace 中，打开文档 testMap.mapx，右击“新地图 1”，在弹出的菜单中选择“属性”，弹出“新地图 1 属性页”对话框，如图 3-35 所示。

② 设置动态投影参数。设置动态投影参数为 true。在投影参照系后单击“…”按钮，弹出设置空间参照系的界面。动态投影参数设置方法有 4 种：第 1 种，从系统读出的空间参照系目录下单击获取已存在的空间参照系（包括来自收藏夹、数据库、图层等）；第 2 种，在第一种的基础上“修改当前参照系”，作为 MAPX 文档的参照系；第 3 种，从外部导入空间参照系信息文件（*.xml）；第 4 种，新建空间参照系，然后从目录上选取。此处选择第 1 种方

法，选择 MapGISLocal 数据源—World 数据库—用户自定义坐标系—Google 直角坐标系。然后单击“确定”按钮，完成动态投影目的参照系的设置。最后单击主界面的“确定”按钮，地图以目的投影空间参照系的状态显示，如图 3-36 所示。

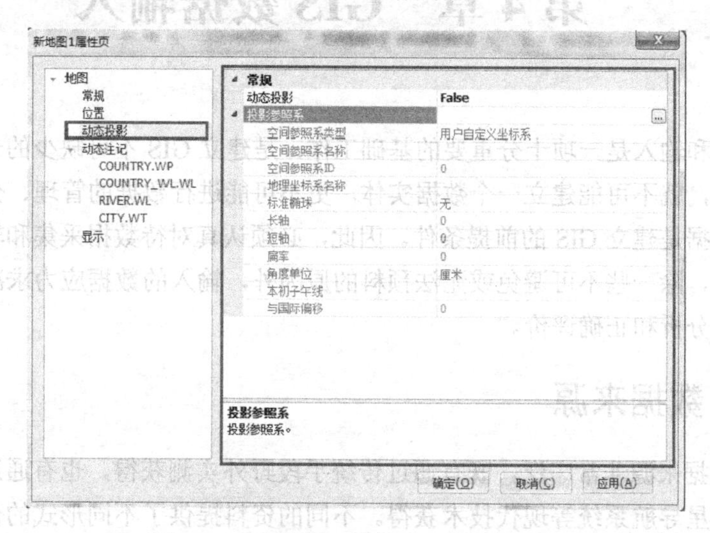

图 3-35 “新地图 1 属性页”对话框

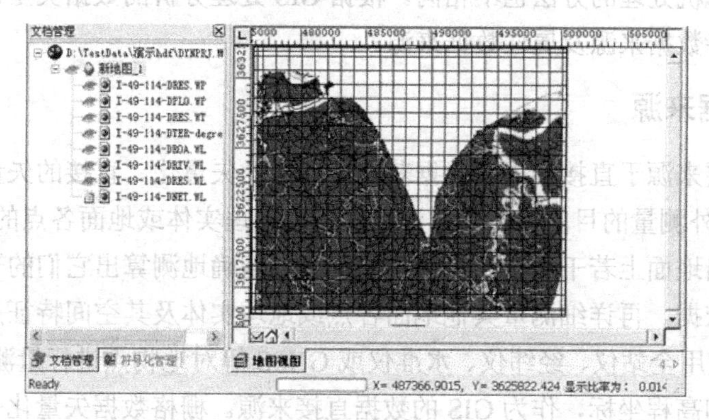

图 3-36 动态投影结果

习题 3

1．什么是地图投影？它与 GIS 的关系如何？

2．地图投影的变形包括哪些？

3．地图投影的分类方法有几种？它们是如何进行分类的？

4．我国 GIS 中为什么要采用高斯-克吕格投影和正轴等角割圆锥投影？

5．说明高斯-克吕格投影的变形性质、变形分布规律及其用途。

6．高斯-克吕格投影中为什么要采取分带投影的方法？

7．某图幅的图号为 I50D002011，请计算该图幅所在的高斯-克吕格投影的投影带号及投影带的中央经线。

8. 什么是正轴等角割圆锥投影？我国新编百万分之一地图为何要采用双标准纬线正轴等角割圆锥投影？

9．实现地图投影转换的基本思路是什么？

第 4 章　GIS 数据输入

数据采集和输入是一项十分重要的基础工作，是建立 GIS 不可缺少的一部分。没有数据的采集和输入，就不可能建立一个数据实体，更不可能进行数据的管理、分析和成果输出。准确实时的数据是建立 GIS 的前提条件。因此，必须认真对待数据采集和输入，数据选择要确保数据真实，除一些不可避免或无法预料的原因外，输入的数据应力求准确，否则将会影响最终成果的分析和正确评价。

4.1　GIS 数据来源

GIS 的数据来源非常广泛，既有通过传统手段野外实测获得，也有通过航天航空遥感、航测、全球卫星导航系统等现代技术获得。不同的资料提供了不同形式的信息，不同的信息输入计算机和计算机处理的方法也不相同。根据 GIS 处理分析的数据类型，主要可以分为矢量数据来源、栅格数据来源及属性数据来源。

4.1.1　矢量数据来源

矢量数据主要来源于直接的矢量数据获取和间接的矢量化。直接的矢量数据主要通过野外测量来获取。野外测量的目的在于确定测量区域内地理实体或地面各点的平面位置和高程。测量前，需预选出地面上若干个重要点作为控制点，精确地测算出它们的平面位置和高程，以此作为控制和依据，再详细测量其他地面各点或地理实体及其空间特征点的平面位置和高程。野外测量可使用全站仪、经纬仪、水准仪或 GNSS 等对地物点进行量测，经过系列运算，获得其平面坐标和高程坐标，作为 GIS 的数据直接来源。栅格数据矢量化是目前矢量数据获取的主要来源。早期主要通过纸质地图扫描矢量化后获得，近年来随着高分影像的快速、便捷获取以及人工智能技术的进步，大量的矢量数据变更主要通过影像数据的自动、半自动矢量提取及人工辅助编辑获得。最终，这些矢量数据根据不同的应用目的，被编制成各种比例尺的普通地图、专题地图、矢量电子地图等。

4.1.2　栅格数据来源

遥感数据是 GIS 的重要数据源，也是最常见的直接栅格数据获取手段。遥感数据含有丰富的资源与环境信息，在 GIS 支持下，可以与地质、地球物理、地球化学、地球生物、军事应用等方面的信息进行信息复合和综合分析。遥感数据是一种大面积的、动态的、近实时的数据源，遥感技术是 GIS 数据更新的重要手段。遥感数据可用于提取线划图数据和生成数字正射影像数据（DOM）、DEM 数据等。另外，扫描的纸质地图是早期一种重要的间接栅格数据来源，通常作为矢量化底图使用。

4.1.3 属性数据来源

在 GIS 中，属性数据主要指与空间位置有关，反映空间实体某些特性的数据。一般用数值、文字表示，也可用其他媒体表示（如示意性的图形或图像、声音、动画等）。它是对空间数据的说明，表现了空间实体的空间属性以外的其他属性特征。如一个城市点，它的属性数据有人口、GDP、绿化率等描述指标。属性数据主要来源于社会经济数据、人口普查数据、野外调查或监测数据，例如，环境污染监测数据，地质钻井数据，磁力、重力、地震等地球物理数据，气象、水文观测数据等。属性数据在采集时，既可以在矢量数据采集的同时采集，也可以在其之后采集。采集的方法主要有数据记录装置、键盘输入、光学字符识别（OCR）、声音识别系统等，但最常用的方法仍是用键盘直接输入电子数据表或数据库。

4.2 数据输入

数据输入是对 GIS 所管理、处理的数据进行必要编码和写入数据库的操作过程。任何 GIS 都必须考虑空间数据和属性数据（非空间数据）两方面数据的输入。由于 GIS 数据种类繁多，精度要求高而且相当复杂，加上受到计算机发展水平的限制，所以在相当长的一段时期内，手工输入仍然是主要的数据输入手段。随着计算机、通信等信息技术的不断发展，数据采集和输入方式也呈现多样化，而且数据采集和输入的自动化程度也越来越高。当然，GIS 数据采集和输入需要投入极大的工作量，几乎占据建立整个系统工作量的一半以上。GIS 应用致命的问题是所有输入的数据都必须转换为与特定系统数据格式一致的数据结构，因此迫切需要通过先进的计算机全自动录入或数据采集技术为 GIS 提供可靠的数据。现在已经形成标准数字地理数据集合格式，数据转换的自动方法已经开始使用，数据采集的数字方法已能直接用于产生数字文件。

4.2.1 野外数据采集

1. 平板仪测量

平板仪由平板和照准仪组成。平板由测图板、基座和三脚架组成；照准仪由望远镜、竖直度盘、支柱和直尺构成。其作用同经纬仪的照准部相似，所不同的是沿直尺边在测图板上画方向线，以代替经纬仪的水平度盘读数。平板仪还有对中用的对点器，用以整平的水准器和定向用的长盒罗盘等附件。平板仪测图实质上是一个光学模拟过程，即靠的是光学仪器，手工操作实现对中、整平、定向、照准、画线、描图等一系列制图作业方式，一切完全靠手工操作，野外劳动强度大，生产作业经费较高，同时由于受仪器设备的限制，对高差大及老城区复杂的地形适应性差。其作业流程如图 4-1 所示。平板仪测图的成果一般是一张图纸。因此，需要通过各种输入设备（如扫描仪或数字化仪）完成图数转化的过程，将图形信号离散成计算机所能识别和处理的数据信号，然后输入 GIS 中进行管理。

2. 全站仪测量

全站型电子速测仪简称全站仪，它是一种可以同时进行角度（水平角、竖直角）测量、距离（斜距、平距、高差）测量和数据处理，由机械、光学、电子元件组合而成的测量仪器。由于只需一次安置，仪器便可以完成测站上所有的测量工作，故称之为“全站仪”。全站仪包含测量的四大光电系统，即水平角测量系统、竖直角测量系统、水平补偿系统和测距系统。

通过键盘可以输入操作指令、数据和设置参数。以上各系统通过 I/O 接口接入总线与微处理机联系起来。微处理机的主要功能是，根据键盘指令启动仪器进行测量工作，执行测量过程中的检核和数据传输、处理、显示、储存等工作，保证整个光电测量工作有条不紊地进行。输入/输出设备是与外部设备连接的装置（接口），它使全站仪能与磁卡或微机等设备进行交互通信、传输数据。全站仪配合电子手簿便携机等进行外业数据采集，然后把外业采集的数据通信到计算机中去，利用相关的绘图软件加以处理，自动生成地物、地貌。同时把外业采集的各种特征点的数据保留下来以利于修改。其作业流程如图 4-2 所示。

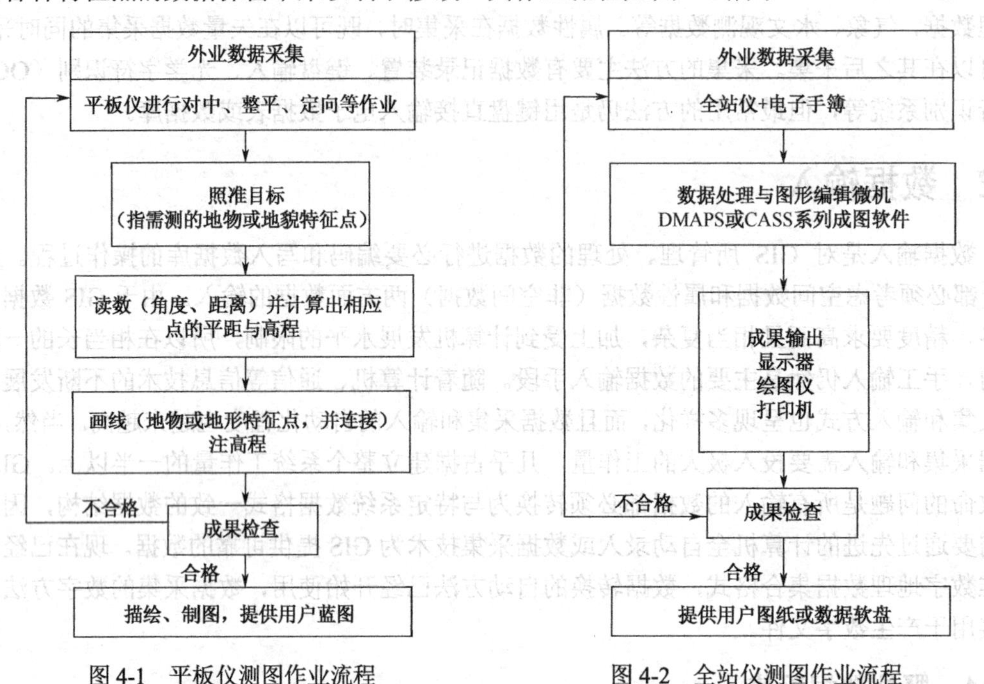

图 4-1　平板仪测图作业流程　　　　图 4-2　全站仪测图作业流程

3．GPS 测量

近年来，GPS 已越来越多地应用于 GIS 的野外采集数据源。GPS 地面接收器根据来自 GPS 卫星的信号计算地面点的位置。普通 GPS 接收器的精度为 10～25m，差分式（differential）GPS 技术则可以测得精度非常高的数据。差分式 GPS 技术使用两台 GPS 接收器，一台安置在已知精确坐标数据的地点，称为参考站（base station），另一台则用于量测地面未知点，称为使用者接收器（roving receiver）。如果两台 GPS 接收器以相同的方式设置，使用同样的几颗卫星计算位置，那么它们记录的位置误差应当是相等的，根据地面参考站接收器接收的数据计算误差，将使用者接收器获取的数据减去这一误差就可获得很高精度的位置数据，一般可达到厘米级的精度。大多数 GPS 接收器将采集的坐标数据和相关的专题属性数据存储在内存中，可以下载到计算机中利用其他程序做进一步处理，或者直接下载到 GIS 数据库中，还可以将坐标数据直接转换成另一地图坐标系统或大地坐标系统。使用 GPS，可以在步行中或驾车时采集地面点的坐标数据，为 GIS 的野外数据采集提供了灵活和简便的工具。

4.2.2　地图数字化

空间数据主要是指图形实体数据。空间数据输入则是通过各种输入设备完成图数转化的过程，将图形信号离散成计算机所能识别和处理的数据信号。通常在 GIS 中用到的图形数据类型包括各种地图、航天航空相片（航片）、遥感数据、点采样数据等。应该注意的是，没有统一而简单的方法来输入这些图形数据，只有一些普遍适用的方法供 GIS 用户选择使用。用户可以依据如何应用图形数据、图形数据的类型、现有设备状况、现有人力资源状况和经济状况等因素综合考虑，选用单一方法或几种方法结合起来输入所需要的图形数据。

空间数据的采集可以说是长期制约地图数据库与 GIS 建设的“瓶颈”，也是当前国内外研究的热点和难点。实现空间数据的快速采集与更新，必须解决三个问题：一是图形图像识别的智能化；二是多种信息源数据采集的技术集成；三是数据资源的共享。其中，难度最大、最迫切需要解决的是第一个问题。

目前，图形图像识别的智能化已有一些进展，尤其是已有一批扫描地图数字化软件投入市场，并得到广大用户的认可。栅格数据矢量化的算法思想也有所突破，还出现了可对彩色图像进行矢量化的软件。但目前对特殊线型的矢量化，对有交叉线的矢量化还不够尽如人意，有待进一步研究。

1．扫描仪简介

除少数特殊产品外，绝大多数扫描仪是按栅格方式扫描后将图像数据交给计算机来处理的。扫描仪可分为滚筒式（卷纸）、平板式、CCD（Charge Coupled Device，电荷耦合器件）直接摄像式三种，其中大幅面的地图以滚筒（卷纸）式用得最多。目前市场上常见的 A0 幅面的滚筒式单色分灰度扫描仪的分辨率为 400～800dpi（即每英寸 400～800 点，大约相当于每毫米 15～30 点），这比手扶跟踪数字化操作的精度要高。普通的扫描仪大多数按灰度分类扫描，高级的可按颜色分类扫描。

因光学、电子、机械技术的发展和相互作用，扫描仪的成本正在迅速下降，但扫描仪要比数字化仪贵得多。

2．扫描数字化前准备

（1）原图准备

由于扫描数字化是采样头对原图进行扫描的，凡扫到需要色（对于黑白地图来说，黑色为需要色，对于彩色地图来说，对哪种颜色扫描，哪种颜色就叫需要色）就记录一个数（如 1），扫到不需要色就记录另一个数（如 0）。为提供扫描数字化，首先要选择色调分明，线划实在而不膨胀的地图作为原图；其次要在图上精确划定数字化的范围，标出坐标原点；最后要清理图面，如修净污点，连好线划上的断头。这样才可固定在滚筒（滚筒式扫描机）或平台（平台式扫描机）上，作为扫描原图。

（2）选择数据记录格式

扫描数字化仪的数据记录格式有两种：一种是数字格式，也就是每个网格记录一个二进制数 0 或 1，它适用于对黑白或彩色线划地图数字化；另一种是连续格式，每个网格记录一个灰度值（0～255 个灰阶），它适用于对相片数字化。因此，要根据原图的形式选择数据记录格式，并在控制柜的面板上安排好。

（3）选择光孔的孔径

扫描仪采样头中透光孔的孔径有很多规格，例如，12.5μm×12.5μm、25μm×12.5μm、50μm×25μm、50μm×40μm、100μm×100μm（1μm=1/1000mm），它用来控制网格的大小，也就是控制分辨率，孔径越小，网格就越小，分辨率就越高，数据量也就越大。根据地图的精度要求，应选择具有一定的分辨率，数据量又不致过大的孔径。通常选择 100μm×100μm（或 50μm×40μm）的孔径，即地图上 0.1mm 粗的线划一般只占 1 或 2 个网格。

（4）计算坐标差

当原图经过定向，固定在滚筒（或平台）上之后，要计算出扫描仪原点和原图原点之差，以便控制记录装置。

3. 栅格扫描数据到矢量数据的转化

栅格到矢量的转换计算主要用于将像元阵列变成线数据，将栅格扫描数据变成文本和线划，当栅格数据用笔式绘图仪输出时，也需首先转换成矢量数据。

从扫描仪输出的数据由一系列记录图像存在或不存在的像元组成。这种数据的矢量化处理比一般栅格数据的矢量化处理要复杂些。首先要用一种统称为细化处理的算法在扫描得到的密集像元形成的“肥胖”线划中贯通一条细线，此线被认为是原图上的线。其次细化处理时产生的线还包括比实际需要多许多的坐标对，必须用“剔除”算法去掉，以节省宝贵的存储空间。同时还要人机交互式地处理线划间断、重叠等问题。

普通线化地图的扫描后矢量化，其处理过程如图 4-3 所示。

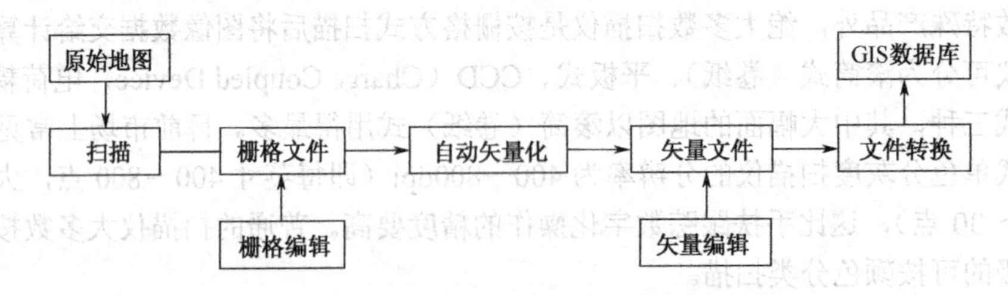

图 4-3　扫描并自动矢量化的过程

（1）对扫描后的图像进行手工编辑，去掉不需要的要素杂点，不清楚的地方做简单修补。

（2）由软件将栅格数据转换成矢量数据，同时进行灰度、颜色、符号、线型、注记的识别，这一处理过程往往花费较多的计算时间。

（3）手工对转换后的矢量图形进行编辑，使之符合 GIS 数据库的要求。

4. 其他类型的自动数字化仪器

为了满足大量幅面大、内容又复杂的数字化材料的快速数字化要求，在上述扫描仪的基础上发展了一些新型数字化仪器。人们之所以对自动扫描如此感兴趣，主要原因是在一定程度上来说数字化是传统制图过渡到数字成图的重要问题之一。

（1）视频数字化仪

到目前为止已研制了多种简单的视频数字化仪，主要用于数字化航片上判读出来的边界信息，或者将整张航片栅格化处理。这些数字化仪包括与微电子装置连接在一起的视频摄像机，把电视画面的模拟量转变成栅格化数字影像。

这些简单的视频数字化仪，主要用于航片上道路和其他线性物体的数字化，数字化结果直接输入遥感图像分析系统。

（2）解析测图仪

用立体测图仪自动获取数据的第一次改进是在机械绘图桌上装上电子机械 X、Y、Z 记录器，再将记录器与纸带穿孔机连接把记录到的数据穿孔，立即得到三维坐标，立体测图仪也就变成了三维数字化仪。这种初级三维数字仪初次尝试取得一定的成功后，完全新型的解析测图仪就发展起来了，用这类仪器不仅能记录三维坐标，还能通过联网的微机处理比例尺变形和其他制图变形，处理后的数据以直接处理的形式记入硬盘上。这类仪器的应用功能正在增加，是三维数据获取的最佳方式，除用于测图外，还能与综合制图系统接口。

4.2.3 数字摄影测量

传统的摄影测量是利用光学摄影机获取的相片，经过处理以获取被摄物体的形状、大小、位置、特性及其相互关系的一门学科。现代数字摄影测量是对非接触传感器系统获得的影像及其数字表达进行记录、测量和解析，从而获得自然物体和环境的可靠信息的一门工艺、科学和技术。摄影测量的发展经历了模拟摄影测量、解析摄影测量和数字摄影测量三个阶段。

模拟摄影测量这个发展阶段是从1851年到1970年，它是利用光学或机械投影方法实现摄影过程的反转，它通常用两个或多个投影器模拟摄影机摄影时的位置和姿态，构成与实际地形表面成比例的几何模型，通过对该模型的测量得到地形图和各种专题图。其作业流程如图4-4所示，因此，由模拟摄影测量得到的地形图和各种专题图需要进行数字化后输入GIS数据库中。

随着计算机技术的发展，摄影测量由模拟法逐渐向解析法过渡。解析摄影测量是以电子计算机为主要手段，通过对摄影相片的测量和解析计算方法的交会方式来研究和确定被摄物体的形状、大小、位置、性质及其相互关系，并提供各种摄影测量产品。德国人斯密特于20世纪50年代建立了解析摄影测量的基本理论，这一理论随即应用于解析空间三角测量。解析空间三角测量能很好地处理像点坐标的系统误差和粗差，保证了成果的高精度和高可靠性。另外，1957年美国的海拉瓦提出了解析测图的思想，并于20世纪60年代初研制成第一台解析测图仪。解析测图仪是根据数学关系式来建立立体模型的，可以预先做各种系统误差的改正，而且可以处理各种类型的相片，扩展了摄影测量的应用领域。其作业流程如图4-5所示，由解析摄影测量得到的数字线划地图和数字高程模型可以直接输入能支持该数据格式的GIS数据库中，由解析摄影测量得到的影像地图等非数字产品需要进行数字化后才能输入GIS数据库中。

随着计算机技术的进一步发展和数字图像处理、影像匹配、模式识别等技术在摄影测量领域的应用，摄影测量开始进入数字摄影测量阶段。它通过对所获取的数字或数字化影像进行处理，自动提取或人工干预提取被摄对象，并用数字方式表达的几何与物理信息，从而获得各种形式的数字产品和目视化的产品。美国于20世纪60年代初研制了全数字自动化系统DAMC，它是把模拟的相片进行扫描转换成由灰度表示的数字影像，利用计算机代替人眼进行立体观测，实现摄影测量的自动化。数字摄影测量与模拟、解析摄影测量的区别在于，它不再依赖精密而昂贵的光学和机械仪器，处理的原始资料是数字影像或数字化影像，处理过程中以计算机视觉代替人眼进行立体观测，实现几何信息和物理信息的自动提取，其产品的形式是数字的，包括数字地图、数字地面模型、数字正射影像和数字景观图等。其作业流程如图4-6所示，由数字摄影测量得到的数字线划地图、数字高程模型及数字影像地图可以直接输入能支持该数据格式的GIS数据库中。

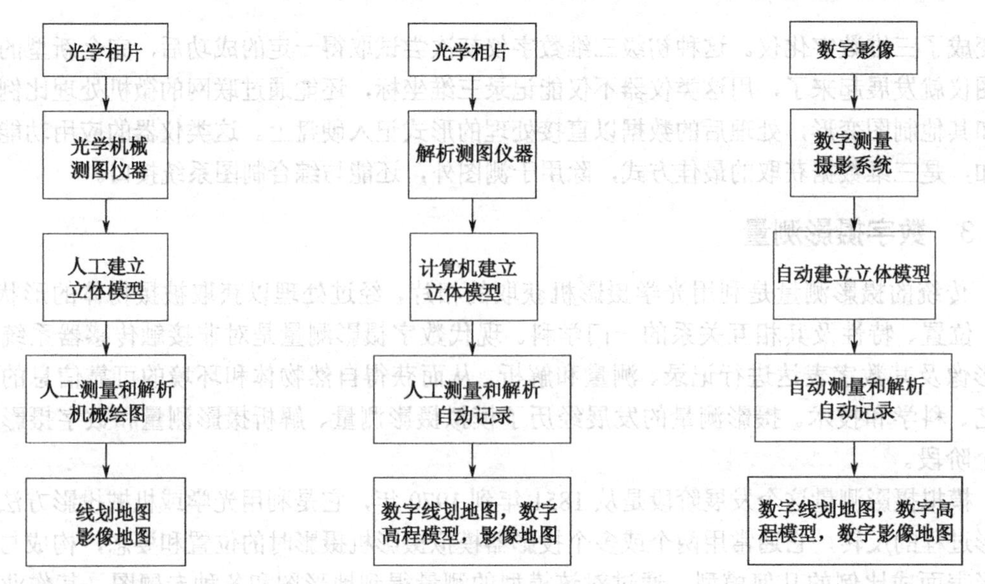

图 4-4　模拟摄影测量作业流程　　图 4-5　解析摄影测量作业流程　　图 4-6　数字摄影测量作业流程

4.2.4　遥感影像处理

遥感是在不直接接触的情况下，对目标物或自然现象远距离感知的一门探测技术。具体地讲是指在高空和外层空间的各种平台上，运用各种传感器获取反映地表特征的各种数据，通过传输、变换和处理，提取有用的信息，实现研究地物空间形状、位置、性质及其与环境的相互关系。将遥感技术与计算机技术结合，使遥感制图从目视解释走向计算机化的轨道，并为 GIS 的地图更新、研究环境因素随时间变化情况提供了技术支持，也是 GIS 获取数据源的一个重要手段。

由于遥感影像获取的平台、方式等各异，会出现各种各样的误差，不同的应用中所关心的对象不一致，因此遥感影像必须通过计算机进行一定的处理后才能被 GIS 等软件应用。利用计算机进行遥感处理的图像必须是数字图像，以摄影方式获取的模拟图像必须用图像扫描仪等进行模数转换；以扫描方式获取的数字数据必须转存到一般数字计算机都可以读出的 CCT 等通用载体上。遥感影像处理系统由硬件（计算机、显示器、数字化仪等）和软件（具有数据输入、输出、校正、变换、分类等功能）构成，影像处理的内容主要包括校正、变换和分类等。其中校正有几何校正和辐射校正，图像变换主要用于改善图像视觉效果的增强处理和便于进行图像判读及分析特征的提取处理，图像分类主要是利用物体的光谱特性对单个像元或比较匀质的像元组给出对应其特征的名称。这样，遥感影像经过相应处理后可直接输入 GIS 数据库中进行管理。

4.2.5　现有数据转换

任何信息系统总要利用已有数据，以减轻信息收集、编码、输入的工作量。除利用本单位、本部门的现成资料外，常用的、通用的数据供社会共享已成为一种趋势。特别是在发达国家，有很多政府机构或私人公司已经开始向社会公开提供数据服务，这种服务大致有五类信息：基本数字化地图、自然资源数据、地面数字高程、遥感数据，以及与人口统计相结合的空间、属性、地址数据。这些数据服务可以减少在数据收集与数据输入方面付出的劳动，对 GIS 普及起到了有力的促进作用。

现有的数据转换输入从计算机的角度来看虽然难度不大，但在技术上要解决分类、编码、格式等标准化问题。特别是卫星遥感得到的数据，其格式不一定与资源环境信息系统数据库的一致，还需进行各种必要的预处理才能输入数据库。这些预处理包括调整分辨率和像元形状、地图投影交换、数据记录格式等，使数据与数据库的要求保持一致。还有一个特殊问题是，与地形数据如道路、各类边界的匹配和定向问题，特别是早期的低分辨率卫星图像的定向。虽然可以从陆地卫星图像上推知它的定向和定位元素，但因像元过于粗大而不能精确定位，与其他数据配合使用应注意分辨率的匹配。预处理可能包括数据简化处理，如把几个波段简单地合成或其他基本变换多波段数据组合在一起，然后进行土地利用或其他分类，最后把分类结果输入数据库可大大减少数据容量，这样的预处理操作是在图像分析系统中进行的。

4.3 数据输入质量控制

质量本来就是一个难以捉摸的概念。空间数据质量是指空间数据可靠性和精度，通常用空间数据误差来度量。人们往往认为，以计算机为基础的信息系统的数据质量是可靠的。很少有人怀疑利用信息系统产生的分析结果在数据质量方面会有问题，但事实远非如此。在某些情况下，由于多种原因，计算机分析结果甚至会比手工分析结果的误差更大。除软件、硬件的质量、计算方法上的问题，以及分类、编码、输入、操作上的明显疏忽外，数据本身的质量也是重要的原因。GIS 主要功能之一是综合不同来源、不同分辨率和不同时间的数据，利用不同比例尺和数据模型进行操作分析，这种不同来源数据的综合和比例尺的改变使 GIS 数据误差问题变得极为复杂。

4.3.1 数据质量问题

1. 微观方面数据质量问题

（1）定位精度

定位精度是指 GIS 的空间坐标数据与其真实的地面位置之间的误差，这种误差主要有两种。第一种是偏差。偏差是描述真实位置与表达位置偏移的距离。可在地图上抽取某些要素，用这些要素在数据库中的坐标值和对应物体的实测坐标进行比较，据此来判断偏移是否过大。理想的偏差应为零，表明图上位置与实际位置没有系统偏差。第二种是偏移的分布。如果上述抽样点的偏移量在某些地方很小，在另一些地方很大，则说明偏移的分布不均匀，数据质量不稳定。如果各个点的偏移量都差不多，虽然总量并不很小，但分布比较均匀，则说明数据的质量还比较稳定。位置精度常采用标准差和均方差来度量。

（2）属性精度

属性精度是指属于地理数据库中点、线、面的属性数据正确与否。属性定义往往也会有误差，除人为因素外，还有技术因素，属性误差度量取决于数据的类型。对分类数据（如土地利用等级、植被类型、陆地覆盖层、土壤类型或行政管理分区等）的精度估算，主要取决于分类精度估计。分类精度估计是一个复杂和有争论的问题，分类精度估计的困难主要是对精度具有有效影响的因素如分类数目、独立区域的形状和大小、测试点的选择方式及分类的彼此混类现象等不能很好确定。分类精度估计常采用纯量精度指标或“分类误差矩阵”。分类误差矩阵 $\boldsymbol{C}$ 是采样点属性的真值和估值所组成的表格，其元素 c_{ij} 被认为是 i 类但实际上是 j 类的点的数目，它是一种总体精度指标。根据分类误差矩阵 $\boldsymbol{C}$ 可计算能描述属性误差的一系列纯量指标。对数字数据的精度估算，一般不用由分类矩阵求出的误差指标，而用标准差和方差等。

（3）逻辑一致性

逻辑一致性是指数据之间要维护良好的逻辑关系。例如，森林的边界与道路的边界应当是不一样的，但制图时，往往只给出道路边界；行政境界与管理区域境界应严格一致；对于水库的制图表达，不同时期的 GIS 数据层所表达的水库边界可能位置不同，虽然边界精度都很高，但数据层之间具有逻辑不一致性。在这种情况下，解决问题的办法是提供一个标准的水库外围轮廓线，每层数据水库水涯线的表达与标准水库边界线配准。

重要的是，要认识到两个数据集合不但要使它们的位置精度水平一致，而且在逻辑关系上也应当是一致的。这是因为，同一边界，在两个数据集合中如果位置上存在微小不同，也许仍能满足位置精度水平的要求，但当两个数据进行叠合时，这种微小差别会在缝隙处产生一个非常小的区域，称之为裂片。有些 GIS 软件能够处理这种情况，在其中一种特征周围附加一个不确定的带区，当两种特征叠加时，能够处理带区的叠加问题，就像不存在裂片一样（处理成不定带区的边界通常称为模糊边界）。

逻辑一致性没有测量标准。虽然同一特征在位置上的不一致性是可以测量的，然而它们或许是具有逻辑一致性关系的几种特征的组合体，测量所有可能的叠加组合体的不一致性可能是不现实的。

逻辑一致性的检查最好是在数据输入 GIS 前就去做，在地图数字化的准备阶段和单幅图的数字化检查阶段进行，必要时，可重绘该幅图进行逻辑一致性检查。

（4）分辨率

对于数字遥感图像、栅格型空间数据库而言，分辨率越高，像素就越低，这就意味着每个度量单元具有较多的信息和潜在的细节；分辨率越低，就意味着像素越高，每个度量单元的细节就越小，因此看起来有些粗糙。如果能正确地处理分辨率，就可以通过提供合适的信息量和信息密度去模仿连续色调，从而大大地改善对细节的显示，正确地选择分辨率还有助于确保数字化图像中的色调能忠实于原图像。但在矢量数字化地图方面，人们往往会忽视分辨率的问题。以为地图要素都以坐标方式储存起来后，可以以任何比例输出，但实际上还是有比例的。例如，原始地图按 1∶10 000 要求输入时，比 1m 还短的线一般要忽略，但是把数字化地图放大到 1∶500 输出时，用户肯定认为太粗糙。因此，矢量空间数据库的比例主要由分辨率和位置精度决定，必须在数据库设计阶段就定义好最小制图单位，在数据输入时，小于最小制图单位的元素（主要是线段长度太短）不存入数据库，大于最小制图单位的元素则必须存入。在实践中，采用手工数字化输入地图时，图纸的比例尺稍大一些容易保证输入的精度和分辨率。

对于专题图而言，如土壤图、土地利用图及其他类型分类图，分解力是指所表达的最小物体的大小，称之为最小制图元。如何确定图中表达的最小物体单元，取决于地图的编辑过程、使用目的、可读性、原始数据精度、制图成本、信息的表达和存储要求等。

在 GIS 中，信息的存储和表达是矛盾的。在 GIS 数据库中，地理数据可以以任意比例存储，为满足输出的比例要求，可以增加标识和其他的地图细节描述。在这种意义上，GIS 数据库中的数据不能以特定的比例存储，因此，最小制图单元应当设置得非常小，甚至对于一个很大的分层区域也是如此。对于输出的地图上的内容细节应该根据输出的比例大小而选择。

2．宏观方面的数据质量问题

（1）完整性

完整性包括数据层的完整性、数据分类的完整性和数据检验完整性。

数据层的完整性是指所感兴趣的研究区域可用的数据组成部分的完整性。这主要是指可能存在所要区域数据不能 100%覆盖或属性不完整等；还有就是由于研究区域内数据变化没有及时得到更新，造成数据的不完整。

数据分类的完整性主要是指如何选择分类才能表达数据。某些分类常常导致数据重复或缺项等，如地质方面的数据库需要对岩石进行分类，由于资料是从不同角度、用不同方法间接得到的，分类后可能在空间上相互重叠或有空白区域，因为技术条件的制约，所以常常无法肯定这些重叠区或空白区究竟属于哪一类岩石。

数据检验完整性主要是指对野外数据测量成果和其他独立数据源数据的检验。例如，地质学家用实线标注他们在野外直接证实的岩石类型，像这些边界线在实地也是可以看得见的。用虚线或点线标注的红外遥感推测的边界线，在地质遥感中应用很广泛，但在 GIS 中就没有标准的方法对此数据的准确性进行检验。数据集合通常不提供这方面的信息。因此，用户无法知道不同的边界线和分类情况被检验的程度如何。数据检验完整性或许要指明数据集合内地理特征的属性完整性如何，也可能是以每幅图为单位，以表格形式表明所检验数据集合的类型和位置的情况。

（2）时间性

对于许多类型的地理信息来说，时间是一个严格的因素，任何研究项目所需的数据很难在同一时间收集齐全，人口统计数据就具有非常敏感的时间性。在使用现有的数据包括地图、报告、遥感数据、外业数据等，这些数据的获取时间各不相同，有的过时了、有的按过去标准收集、有的不全等。GIS 数据收集和输入有相当长的过程，而外部世界在不停地变化。当把不同地点的数据联系起来进行对比分析时，某些地点的数据可能是某个历史时期，而另一些地点的数据可能是另一个历史时期，这样就会有数据收集时间性差异。

（3）地域性

理想的情况应是整个研究区域或整个国家具有一致的数据，即同等精度、统一分类标准的数据覆盖整个区域。但实际情况往往不是这样的，资源数据的使用者经常发现某些必要的数据只有部分地区才有，其余地区只有小比例尺地图提供的粗略数据，因此不得不重新收集。由于定义和概念的变化及地表自然变化等原因，使新老数据不相匹配。

（4）数据档案

资料的收集、输入、处理方法都会对数据质量产生影响，应该对整个过程有文档资料的记载和说明。当用户对数据质量有怀疑时，可查看文档来判断误差产生的原因，或者给予纠正。每一数据源和处理方法都应有关于数据生产的误差水平方面的信息。数据档案主要是指数据集合生产历史，原始数据及处理这些数据所使用的处理步骤等。

4.3.2　误差来源

所有空间信息都存在误差。空间信息的产生和使用每一步都有误差产生。除 GIS 原始数据本身带有误差外，在空间数据库中进行各种操作、转换和处理也将引入误差。由一组测量结果通过转换处理产生另一种产品时，通常转换次数越多，产品中引入新误差和不确定性也越多。GIS 产品的有效性和 GIS 本身的生命力与空间数据质量的研究成效是密切相关的。因此，要保证产品的质量，在 GIS 建立过程中，必须深刻了解每个阶段、每个环节的误差来源，并进行严格的质量监控，最大限度地减少误差。在使用 GIS 过程中，数据误差来源可按数据所处的不同阶段划分（见表 4-1）。

表 4-1　使用 GIS 过程中的误差来源

阶　段	误 差 来 源
测量	人差（对中误差、读数误差、平差误差）、仪器差（不完善、缺乏检校、未做改正）、环境影响（气候、气压、温度、磁场、信号干扰、风、光源）、GNSS 数据误差（信号精度、接收机精度、定位方法、处理算法、坐标变换、轨道信号）等
遥感	仪器差（摄影平台、传感器的结构及稳定性、信号数字化、光电转换、分辨率）、解析误差
制图	展绘控制点、编绘、清绘、综合、复制、套色等
输入	原稿质量、操作员人为误差（经验技能、生理因素、工作态度）、纸张变形、数字化仪精度、数字化方式等
处理	几何改正、坐标变换、投影变换、数据编辑、数据格式转换、拓扑匹配、地图叠置等
输出	比例尺误差、输出设备误差、媒质不稳定等
使用	用户错误理解信息造成的误差、不正确地使用信息造成的误差等

4.3.3　数据质量控制主要方法

1．建立误差分析体系

误差分析体系包括误差源的确定、误差的鉴别和度量方法、误差传播模型的建立及控制和削弱误差对 GIS 产品影响的方法。传统的概率统计仍是建立误差分析体系的理论基础，但是，必须根据 GIS 操作运算的特点对经典的概率统计理论进行扩展和补充。

2．敏感度分析法

一般而言，精确确定 GIS 数据的实际误差非常困难。为了从理论上了解输出结果如何随输入数据的变化而变化，可以通过人为地在输入数据中加上扰动值来检验输出结果对这些扰动值的敏感度。然后根据适合度分析，由置信域来衡量由输入数据的误差所引起的输出数据的变化。

为了确定置信域，需要进行地理敏感度测试，以便发现由输入数据的变化引起输出数据变化的程度，即敏感度。这种研究方法得到的并不是输出结果的真实误差，而是输出结果的变化范围。对于某些难以确定实际误差的情况，这种方法是行之有效的。

在 GIS 中，敏感度检验一般有以下几种：地理敏感度、属性敏感度、面积敏感度、多边形敏感度、增删图层敏感度等。敏感度分析法是一种间接测定 GIS 产品可靠性的方法。

3．尺度不变空间分析法

地理数据的分析结果应与所采用的空间坐标系统无关，即为尺度不变空间分析，包括比例不变和平移不变。尺度不变是数理统计中常用的一个准则，一方面保证用不同的方法能得到一致的结果；另一方面又可在同一尺度下合理地衡量估值的精度。

也就是说，尺度不变空间分析法使 GIS 的空间分析结果与空间位置的参考系无关，以防止由基准问题而引发分析结果的变化。

4．Monte Carlo 实验仿真

由于 GIS 的数据来源繁多，种类复杂，既有描述空间拓扑关系的几何数据，又有描述空间物体内涵的属性数据。对于属性数据的精度往往只能用打分或不确定度来表示。对于不同的用户，由于专业领域的限制和需要，数据可靠性的评价标准并不相同。因此，想用一个简单的、固定不变的统计模型来描述 GIS 的误差规律似乎是不可能的。在对所研究问题的背景不十分了解的情况下，Monte Carlo 实验仿真是一种有效的方法。

Monte Carlo 实验仿真首先根据经验对数据误差的种类和分布模式进行假设，然后利用计算机进行模拟实验，将所得结果与实际结果进行比较，找出与实际结果最接近的模型。对于某些无法用数学公式描述的过程，用这种方法可以得到实用公式，也可检验理论研究的正确性。

5．空间滤波

获取空间数据的方法可能是不同的，既可以采用连续方式采集，也可以采用离散方式采集，这些数据采集的过程可以看成随机采集，其中包含倾向性部分和随机性部分。前者代表所采集物体的实际信息，而后者是由观测噪声引起的。

空间滤波可分为高通滤波和低通滤波。高通滤波是从含有噪声的数据中分离出噪声信息；低通滤波是从含有噪声的数据中提取信号。例如，经高通滤波后可得到一个随机噪声场，然后用随机过程理论等方法求得数据的误差。

对 GIS 数据质量的研究，传统的概率论和数理统计是其最基本的理论问题，同时还需要信息论、模糊逻辑、人工智能、数学规划、随机过程、分形几何等理论与方法的支持。

习题 4

1．GIS 有哪些数据来源？

2．空间数据输入主要有哪几种方法？各自如何进行操作？

3．手扶跟踪数字化误差主要有哪些来源？如何提高数字化精度？

4．手扶跟踪数字化与扫描数字化主要有哪些区别？

5．非空间数据如何输入？如何实现空间数据和非空间数据的连接？

6．在 GIS 中，不同阶段的数据，主要有哪些误差来源？

第5章　空间数据处理

空间数据处理是指GIS对空间数据及其属性数据所提供的操作手段，并不涉及空间数据的分析。空间数据的分析主要是指GIS为用户提供的解决问题的方法。空间数据处理过程是空间数据分析的前置条件，也是建立应用GIS过程中不可缺少的一个阶段。空间数据处理不仅要提供方便的空间数据整饰手段，也要满足数据进行质量检查与纠正的需要，从功能上来讲主要涉及空间数据的显示、编辑、误差分析、压缩和数据转换等方面。

5.1　空间数据的显示基础

空间信息可视化是指运用计算机图形图像处理技术，将复杂的科学现象和自然景观及一些抽象概念图形化的过程。具体地说是利用地图学、计算机图形图像技术，将地学信息输入、查询、分析、处理，采用图形、图像，结合图表、文字、报表，以可视化形式实现交互处理和显示的理论、技术和方法。

空间数据的显示是空间信息可视化的基本功能，主要是指将空间数据直接进行可视化显示的方法。

5.1.1　二维观察变换

GIS中的地图数据库涉及多种数据源，它们往往参考于不同的坐标系，这为空间数据处理带来很多不便。而各种图形输出设备，如图形屏幕显示器、绘图仪等，又各有其独特的坐标系。为了增强地图数据库的空间数据处理功能和更方便地使用各种图形输入、输出设备，需引入三种坐标系。

（1）世界坐标系（World Coordinate System，WCS）

世界坐标系是指用户坐标系。世界坐标系通常为直角坐标系，一般由用户自己选定，与机器设备无关。图形输入数据库时所依据的就是这种坐标系，图形输出时应当仍然用用户所使用的坐标系，因为图形输出是面向用户的。用户坐标空间一般为实数域，理论上是连续的、无限的。作业区的左下角的坐标值通常为非零值。

（2）规格化数据库坐标系（Normalized Database Coordinate System，NDCS）

在图形输入时，其数据来源可能是不一样的，表现在它们的椭球参数、投影方式、比例尺及单位等的不同。而图形输出时，又可能会由于用户的需求不一样，要求输出结果用不同的椭球参数、不同的投影方式、不同的比例尺、不同的单位等。为了能统一管理，通常在地图数据库中使用规格化数据库坐标系，即在库中将使用统一的椭球参数、投影方式、比例尺和单位等。

（3）设备坐标系（Device Coordinate System，DCS）

设备坐标系是物理设备的I/O空间。每一种图形设备都有其独有的坐标系，在数字化仪上对地图或其他图形数字化时，由于数字化仪的游标器给出的是设备台面坐标（也叫相对坐标），而不是该图所依据的投影坐标，因此，在一般情况下要进行从 DCS 到 WCS 的变换，使得一幅图的数据，特别是多幅有关联的图幅的数据位于一个统一的理论参考系中。在屏幕上显示图形或在绘图机上绘图时，要进行另一种坐标变换。

在地图数据库中，三种坐标系之间均是双向变换关系，如图 5-1 所示。

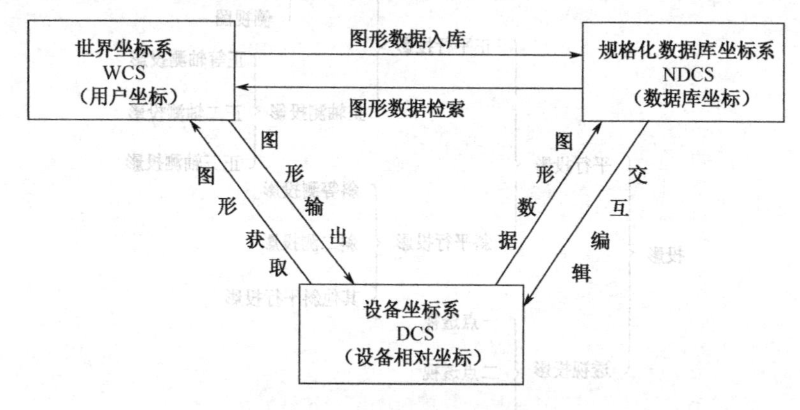

图 5-1 三种坐标系的关系

可见，在进行图形数据交互编辑时，为了能实现在用户指定屏幕视口上显示图形，就必须进行 NDCS 到 DCS 的变换和 DCS 到 NDCS 的变换。因此，在图形数据编辑之前，用户先选定窗口范围(wxl,wyl)和(wxr,wyr)及视口范围(vxl,vyl)和(vxr,vyr)，然后进行二维观察变换，以实现在屏幕上适当位置正确显示窗口内数据，之后可通过键盘或鼠标对屏幕图形进行交互式编辑。

观察变换将两种不同坐标系中的图形联系起来，将窗口转为视口。转换过程是：先平移窗口使其左下角与坐标系原点重合，再比例变换使其大小与视口相等，最后再通过平移使其移到视口位置，窗口中的全部图形经过与此相同的变换后便成视口中的图形了。因此观察变换矩阵如下。

$$\boldsymbol{H}=\begin{bmatrix}1 & 0 & 0\\ 0 & 1 & 0\\ -\mathrm{wxl} & -\mathrm{wyl} & 1\end{bmatrix}\cdot\begin{bmatrix}\dfrac{\mathrm{vxr}-\mathrm{vxl}}{\mathrm{wxr}-\mathrm{wxl}} & 0 & 0\\ 0 & \dfrac{\mathrm{vyr}-\mathrm{vyl}}{\mathrm{wyr}-\mathrm{wyl}} & 0\\ 0 & 0 & 1\end{bmatrix}\cdot\begin{bmatrix}1 & 0 & 0\\ 0 & 1 & 0\\ \mathrm{vxl} & \mathrm{vyl} & 1\end{bmatrix}$$

$$=\begin{bmatrix}\dfrac{\mathrm{vxr}-\mathrm{vxl}}{\mathrm{wxr}-\mathrm{wxl}} & 0 & 0\\ 0 & \dfrac{\mathrm{vyr}-\mathrm{vyl}}{\mathrm{wyr}-\mathrm{wyl}} & 0\\ \mathrm{vxl}-\mathrm{wxl}\dfrac{\mathrm{vxr}-\mathrm{vxl}}{\mathrm{wxr}-\mathrm{wxl}} & \mathrm{vyl}-\mathrm{wyl}\dfrac{\mathrm{vyr}-\mathrm{vyl}}{\mathrm{wyr}-\mathrm{wyl}} & 1\end{bmatrix} \tag{5-1}$$

5.1.2 投影变换

实际物体都是三维的，可以在三维直角坐标系中描述，但显示屏是二维的，所以最终还是用二维图形基元产生图形。从三维物体模型描述到二维图形描述的转换过程称为投影变换。确切地说，从空间选定的一个投影中心和物体上每点连直线便构成了一簇射线，射线与选定的投影平面的交点集便是物体的投影。

投影变换分类如图 5-2 所示。

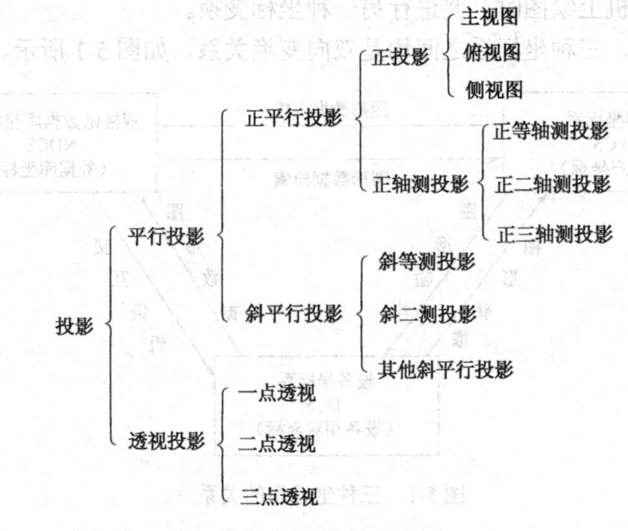

图 5-2　投影变换分类

平行投影与透视投影间的区别在于投影射线是相互平行的还是汇聚于一点的，或者说投影中心是在无限远处的还是在有限远处的（见图 5-3 和图 5-4）。正平行投影与斜平行投影的区别在于投影线是否与投影平面垂直。

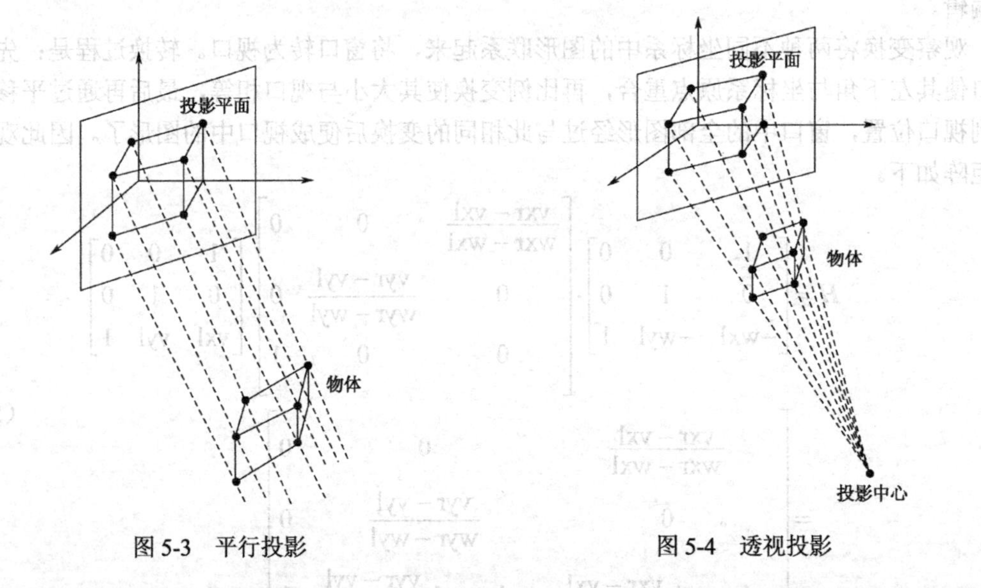

图 5-3　平行投影　　图 5-4　透视投影

平行投影图是物体向投影平面作平行投影所产生的图形。例如，在机械制图中的三视图就是三维向二维作特殊的平行投影——正投影的结果（见图 5-5）。这种投影实感性较差，是因为在一个视图上只能表现物体两个方向的情况。如果改变投影面体系中物体的位置，或者是物体不变而选择另一个投影方向，以在一个图中同时出现物体三个方向的情形，那么投影图的实感性便会显著增强，如正轴测投影（见图 5-6）。

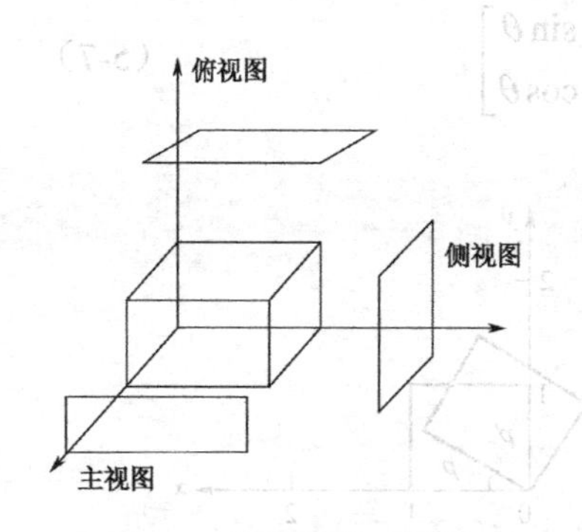

图 5-5　正投影的三视图

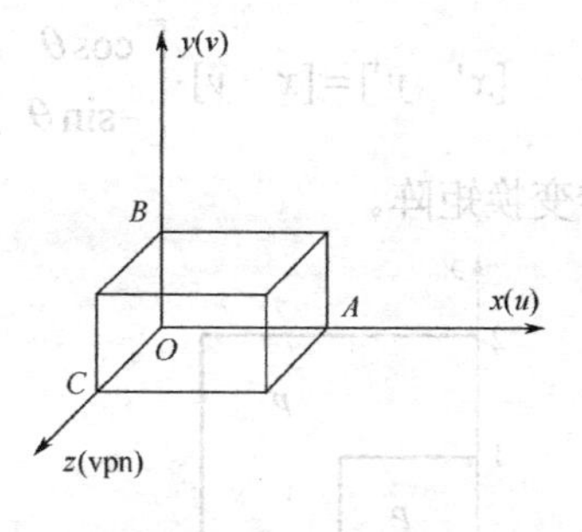

(a) 观察坐标系与用户坐标系重合

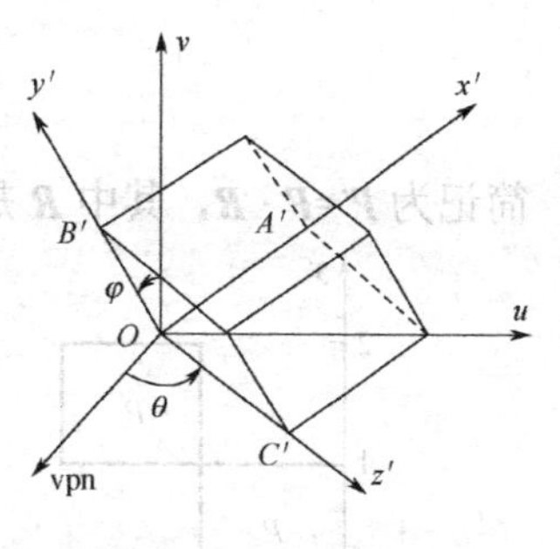

(b) 旋转变换后的坐标系的位置关系

图 5-6　正轴测投影示意图（物体旋转两次，可观察到物体的三个面）

透视投影属于中心投影，它比轴测投影更富有立体感和真实感，因为它能正确地表现出远近和层次关系，使观察者获得立体的、有深度的空间感觉。

5.1.3　几何变换

对于输入计算机中的图形数据，有时因为比例尺不符，或者为了实现地图的合成与排版，需要对这些图形数据进行几何变换（线性变换），可满足 GIS 应用的要求。

1. 二维几何变换

二维几何变换包括平移、比例和旋转变换。我们假设变换前和变换后的图形坐标分别用(x, y)和(x', y')表示。

平移变换：如图 5-7（a）所示，它使图形移动位置。新图 p'的每个图元点是原图形 p 中每个图元点在 x 和 y 方向上分别移动 T_x 和 T_y 所产生的，所以对应点之间的坐标值满足关系式：

$$x' = x + T_x \quad 和 \quad y' = y + T_y \tag{5-2}$$

可利用矩阵形式表示为：

$$[x' \quad y'] = [x \quad y] + [T_x \quad T_y] \tag{5-3}$$

简记为 $\boldsymbol{P}' = \boldsymbol{P} + \boldsymbol{T}$，$\boldsymbol{T} = [T_x \quad T_y]$ 是平移变换矩阵（行向量）。

比例变换：如图 5-7（b）所示，它改变显示图形的比例。新图形 p'的每个图元点的坐标值是原图形 p 中每个图元点的坐标值分别乘以比例常数 S_x 和 S_y，所以对应点之间的坐标值满足关系式：

$$x' = x \cdot S_x \quad 和 \quad y' = y \cdot S_y \tag{5-4}$$

可利用矩阵形式表示为：

$$[x' \quad y'] = [x \quad y] \cdot \begin{bmatrix} S_x & 0 \\ 0 & S_y \end{bmatrix} \tag{5-5}$$

简记为 $\boldsymbol{P}' = \boldsymbol{P} \cdot \boldsymbol{S}$，其中 $\boldsymbol{S}$ 是比例变换矩阵。

旋转变换：图形相对坐标原点的旋转，如图 5-7（c）所示，它产生图形位置和方向的变动。新图形 p'的每个图元点是原图形 p 每个图元点保持与坐标原点的距离不变并绕原点旋转θ角产生的，以逆时针方向旋转为正角度，对应图元点的坐标值满足关系式：

$$x' = x\cos\theta - y\sin\theta \quad 和 \quad y' = x\sin\theta + y\cos\theta \tag{5-6}$$

用矩阵形式表示为：

$$[x' \quad y'] = [x \quad y] \cdot \begin{bmatrix} \cos\theta & \sin\theta \\ -\sin\theta & \cos\theta \end{bmatrix} \tag{5-7}$$

简记为 $\boldsymbol{P}'=\boldsymbol{P}\cdot\boldsymbol{R}$，其中 $\boldsymbol{R}$ 是旋转变换矩阵。

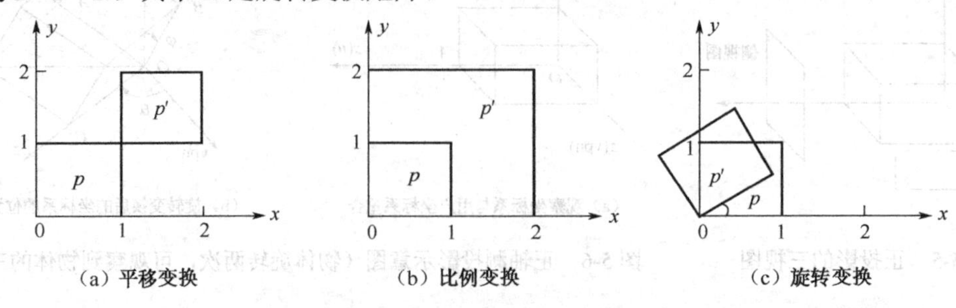

图 5-7　三种基本图形变换

在上述三种变换中，比例和旋转变换都是做矩阵乘法。如果将这样的变换进行组合，如旋转变换后再做比例变换，我们可得 $\boldsymbol{P}''=\boldsymbol{P}'\cdot\boldsymbol{S}=(\boldsymbol{P}\cdot\boldsymbol{R})\boldsymbol{S}$。按照矩阵乘法的性质，我们可得 $(\boldsymbol{P}\cdot\boldsymbol{R})\cdot\boldsymbol{S}=\boldsymbol{P}\cdot(\boldsymbol{R}\cdot\boldsymbol{S})$，其中 $(\boldsymbol{R}\cdot\boldsymbol{S})$ 构成组合变换矩阵。若许多图形进行相同的变换，则利用组合变换可减少运算量。但是平移变换却有形式 $\boldsymbol{P}'=\boldsymbol{P}+\boldsymbol{T}$，如果也能够采用矩阵的相乘形式，则三种变换便能利用矩阵乘法任意组合了。

采用几何学中的齐次坐标系可达到此目的，即 n 维空间中的物体可用 n+1 维齐次坐标空间来表示。例如，二维空间直线 $ax+by+c=0$，在齐次空间中成为 $aX+bY+cW=0$，以 X、Y 和 W 为三维变量，构成没有常数项的三维平面（故此得名齐次空间）。点 $P(x, y)$ 在齐次坐标系中用 $P(WX, WY, W)$ 表示，其中 W 是不为零的比例系数。所以从 n 维的通常空间到 n+1 维的齐次空间变换是一到多的变换，而其反变换是多到一的变换。例如，齐次空间点 $P(X, Y, W)$ 对应的笛卡儿坐标是 $x=X/W$ 和 $y=Y/W$。将笛卡儿坐标用齐次坐标表示时，W 的值取 1。齐次坐标系中的基本二维几何变换如下。

平移变换：

$$[x' \quad y' \quad 1] = [x \quad y \quad 1] \cdot \begin{bmatrix} 1 & 0 & 0 \\ 0 & 1 & 0 \\ T_x & T_y & 1 \end{bmatrix} = \boldsymbol{P}\cdot T(T_x, T_y) \tag{5-8}$$

比例变换：

$$[x' \quad y' \quad 1] = [x \quad y \quad 1] \cdot \begin{bmatrix} S_x & 0 & 0 \\ 0 & S_y & 0 \\ 0 & 0 & 1 \end{bmatrix} = \boldsymbol{P}\cdot S(S_x, S_y) \tag{5-9}$$

绕坐标原点旋转变换：

$$[x' \quad y' \quad 1] = [x \quad y \quad 1] \cdot \begin{bmatrix} \cos\theta & \sin\theta & 0 \\ -\sin\theta & \cos\theta & 0 \\ 0 & 0 & 1 \end{bmatrix} = \boldsymbol{P}\cdot R(\theta) \tag{5-10}$$

在齐次坐标系中，三种基本变换都用矩阵乘法表示，从而可以通过基本变换矩阵的连乘来实现变换组合，以达到特殊变换的目的。例如，将图形绕任意点 $A(x_r, y_r)$ 进行旋转变换，该变换可分成三个步骤来实现：利用平移变换 $T_1(-x_r, -y_r)$ 移动图形，使点 (x_r, y_r) 移至坐标原点；利用旋转变换 $R(\theta)$ 产生绕在坐标原点 A 点的旋转；再利用平移变换 $T_2(x_r, y_r)$ 移动旋转后的图形，使 A 点回到(x_r, y_r)处。完成全部变换的图形坐标可以表示成：

$$\begin{aligned}[x' \quad y' \quad 1] &= [x \quad y \quad 1]\cdot T_1(-x_r,-y_r)\cdot R(\theta)\cdot T_2(x_r,y_r) \\ &= [x \quad y \quad 1]\cdot\{T_1(-x_r,-y_r)\cdot R(\theta)\cdot T_2(x_r,y_r)\} \\ &= [x \quad y \quad 1]\cdot\begin{bmatrix}1 & 0 & 0\\ 0 & 1 & 0\\ -x_r & -y_r & 1\end{bmatrix}\cdot\begin{bmatrix}\cos\theta & \sin\theta & 0\\ -\sin\theta & \cos\theta & 0\\ 0 & 0 & 1\end{bmatrix}\cdot\begin{bmatrix}0 & 0 & 0\\ 0 & 1 & 0\\ x_r & y_r & 1\end{bmatrix}\end{aligned} \quad (5\text{-}11)$$

所以绕点(x_r, y_r)旋转θ角的复合变换矩阵是：

$$T_1(-x_r,-y_r)\cdot R(\theta)\cdot T_2(x_r,y_r)=\begin{bmatrix}\cos\theta & \sin\theta & 0\\ -\sin\theta & \cos\theta & 0\\ (1-\cos\theta)x_r+y_r\sin\theta & (1-\cos\theta)y_r+x_r\sin\theta & 1\end{bmatrix} \quad (5\text{-}12)$$

任意矩阵的乘法满足结合律不满足交换律，在进行连续变换时一定要按变换次序对变换矩阵求积后才得到总的变换矩阵。这和在图形变换中不同次序的变换会产生不同的变换结果一致。请读者自行验证。

2．三维几何变换

基本的三维几何变换也是平移、比例和旋转。平移和比例变换是二维情况的直接推广。

平移变换：

$$[x' \quad y' \quad z' \quad 1]=[x \quad y \quad z \quad 1]\cdot T(T_x,T_y,T_z) \quad (5\text{-}13)$$

式中

$$T(T_x,T_y,T_z)=\begin{bmatrix}1 & 0 & 0 & 0\\ 0 & 1 & 0 & 0\\ 0 & 0 & 1 & 0\\ T_x & T_y & T_z & 1\end{bmatrix}$$

比例变换：

$$[x' \quad y' \quad z' \quad 1]=[x \quad y \quad z \quad 1]\cdot S(S_x,S_y,S_z) \quad (5\text{-}14)$$

式中

$$S(S_x,S_y,S_z)=\begin{bmatrix}S_x & 0 & 0 & 0\\ 0 & S_y & 0 & 0\\ 0 & 0 & S_z & 0\\ 0 & 0 & 0 & 1\end{bmatrix}$$

旋转变换：三维坐标系中绕过坐标原点的任意方向直线的旋转可由绕三个坐标轴的旋转组合构成。我们规定旋转正方向与坐标轴矢量符合右手法则，即从坐标轴正值点向坐标原点观察，逆时针方向转动的角度为正。旋转方向的定义如图 5-8 所示。

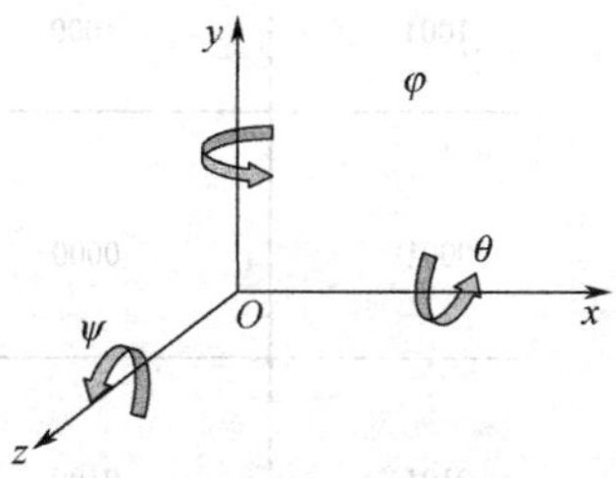

图 5-8　旋转方向的定义

绕 z 轴的旋转不改变原空间点的 z 坐标值，这类似在二维情况中讨论过的旋转变换，因此绕 z 轴旋转的坐标变换关系为：

$$[x' \quad y' \quad z' \quad 1]=[x \quad y \quad z \quad 1]\cdot R_z(\psi) \quad (5\text{-}15)$$

式中

$$R_z(\psi)=\begin{bmatrix}\cos\psi & \sin\psi & 0 & 0\\ -\sin\psi & \cos\psi & 0 & 0\\ 0 & 0 & 1 & 0\\ 0 & 0 & 0 & 1\end{bmatrix}$$

由坐标轴的对称性，绕 x 轴的旋转不改变空间点的 x 坐标值，绕 y 轴的旋转不改变 y 坐标值。因此绕 x 轴旋转的坐标变换关系和绕 y 轴旋转的坐标变换关系分别为：

$$[x' \quad y' \quad z' \quad 1]=[x \quad y \quad z \quad 1]\cdot R_x(\theta) \tag{5-16}$$

$$[x' \quad y' \quad z' \quad 1]=[x \quad y \quad z \quad 1]\cdot R_y(\varphi) \tag{5-17}$$

式中

$$R_y(\varphi)=\begin{bmatrix}\cos\varphi & 0 & -\sin\varphi & 0\\ 0 & 1 & 0 & 0\\ \sin\varphi & 0 & \cos\varphi & 0\\ 0 & 0 & 0 & 1\end{bmatrix},\quad R_x(\theta)=\begin{bmatrix}1 & 0 & 0 & 0\\ 0 & \cos\theta & \sin\theta & 0\\ 0 & -\sin\theta & \cos\theta & 0\\ 0 & 0 & 0 & 1\end{bmatrix}$$

5.1.4 窗口裁剪技术

窗口操作是交互式图形编辑系统的重要工具，利用窗口我们既可以观察图形的全景，又可移动窗口观察图形的不同部分，还可以将图形局部放大，观察其细部，使图形的编辑、修改、设计更加方便、精确。在窗口确定以后，还要考虑如何切掉窗口以外（对正开窗）或以内（对负开窗）的线条，从而只显示窗口以内或以外的内容，这一过程称为裁剪。

不同的图形需要采取不同的裁剪技术，相同元素对不同的窗口形状有不同的方法。现在以正开窗且窗口为矩形来讨论图形元素的裁剪方法。

（1）点的选取

只要窗口左下角和右上角坐标已知，判断点是否在窗口内是非常容易的。设窗口左下角和右上角坐标为(x_l, y_l)和(x_r, y_r)，点 p 的坐标为(x_p, y_p)，显示时只要 $x_l < x_p < x_r$ 且 $y_l < y_p < y_r$ 成立，p 点在窗内就被选取，否则舍去。

（2）线状要素的选取

线状要素是由有序线段组成的折线来逼近的，因此对线状要素的选取只要讨论线段的选取就可以了。下面介绍 Cohen-Sutherland 直线裁剪算法，首先对直线段的两个端点按所在区域进行分区编码，根据编码可以迅速地判明全部在内的线和全部在某边界外侧的线。只有不属于这两种情况的线，才需要求出交点，舍去交点外侧部分。将剩余部分作为新的线段看待，又从头开始考虑。两遍循环之后，就能确定该线段是部分截留，还是全部舍弃。

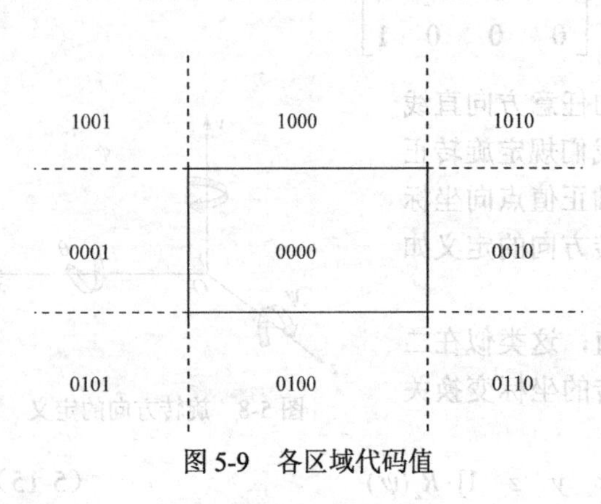

图 5-9　各区域代码值

整个算法的思路和步骤如下。

① 分区编码

延长裁剪边框将二维平面分为 9 个区域，每个区域各用一个 4 位二进制代码标识。各区域代码值如图 5-9 所示。

设线段的两个端点为$P_1(x_1,y_1)$和$P_2(x_2,y_2)$。

根据上述的规则，可以求出P_1和P_2的区域代码C_1和C_2。

② 判别

根据C_1和C_2的具体值，可以有三种情况：两个端点码都是零，则两个端点都在窗口内，线段完全可见，接受此线段；两个端点码对应位之间的逻辑与不全为零，则它们处于窗口某一边线的同一外侧，线段完全不可见，摒弃此线段；当两个端点码不都是零，但各位的逻辑与都为零时，线段可能部分可见，也可能完全不可见，这时需要进行线段与窗边界交点位置计算。

③ 求交点

通过端点$P_1(x_1,y_1)$和$P_2(x_2,y_2)$的直线方程是：

$$y = m(x - x_1) + y_1，\ m = (y_2 - y_1) / (x_2 - x_1)$$

直线与组成窗边的4条直线交点如下。

窗左边：$x_{cl} = x_1$，$y_{cl} = m(x_1 - x_1) + y_1$，式中$m \neq \infty$。

窗右边：$x_{cr} = x_r$，$y_{cr} = m(x_r - x_1) + y_1$，式中$m \neq \infty$。

窗上边：$x_{ct} = x_1 + \frac{1}{m}(y_r - y_1)$，$y_{ct} = y_r$，式中$m \neq 0$。

窗下边：$x_{cb} = x_1 + \frac{1}{m}(y_1 - y_1)$，$y_{cb} = y_1$，式中$m \neq 0$。

④ 对剩下的线段，可重复①～③的步骤，最多重复到第三遍为止。这时，剩下的线段或者全在窗内，或者全在窗外，从而完成了对线段的裁剪。

（3）面状要素（多边形）的选取

多边形的边界也是一条有序线段组成的折线，只不过它是一条封闭的折线罢了。裁剪方法基本上同线状要素的处理方法，但在显示时要进行校正，即把窗口边界上有关线段加入显示部分的多边形的边并形成一个封闭的值。

5.2 空间数据的编辑方法

空间数据编辑又叫数字化编辑，它是指对地图资料数字化后的数据进行编辑加工，其主要目的是在改正数据差错的同时，相应地改正数字化资料的图形。大多数数据编辑都是消耗时间的交互处理过程，编辑时间与输入时间几乎一样多，有时甚至更多。全部编辑工作都是把数据显示在屏幕上并由键盘和鼠标控制数据编辑的各种操作。GIS的图形编辑系统主要包括图形数据编辑和属性数据编辑。

5.2.1 图形数据编辑

空间和非空间数据输入时会产生一些误差，主要有：空间数据不完整或重复、空间数据位置不正确、空间数据变形、空间与非空间数据连接有误及非空间数据不完整等。所以，在大多数情况下，当空间和非空间数据获取后，必须经过检核，然后进行交互式编辑。

1．图形数据交互式编辑步骤

一般来说，以交互式进行图形数据编辑按如下步骤进行。

（1）利用系统的文件管理功能，将存在地图数据库中的图形数据（文件）装入内存。

（2）开窗显示图形数据，检查错误之处。

（3）数字化定位和编辑修改。

（4）若在编辑工作中出现误操作，则可用系统提供的多级 Undo（后悔）功能，改正误操作。

（5）当所有编辑工作完成后，再利用系统的文件管理功能，将编辑好的图形数据存储到地图数据库中。

步骤（3）提到的数字化定位是指一旦发现图形上的错误，数据库中相应的数字化数据就可找到，原则上数字检测的方法依据坐标、特征码和序列号，检测的方法取决于数字化数据的结构和资料本身。数据结构将在第 6 章中讨论，须指出的是，在地图数据库中地图数据可能被处理的程度是衡量一个数据结构价值的重要标志。

对图形数据的编辑是通过向系统发布编辑命令（多数是窗口菜单）用光标激活来完成的。编辑命令主要有：增加数据、删除数据、修改数据三类。编辑的对象是点元、线元及面元，而每种图元又包含空间形状数据和非空间数据两类。

常用的编辑命令如下。

（1）增加数据：输入点元、线元、面元，复制点元、线元、面元。

（2）删除数据：删除点元、线元、面元。

（3）修改空间位置数据：移动点元、线元、面元，旋转点元、线元、面元，镜像点元、线元、面元。

（4）修改空间形状数据：修改线上点；修改面元的弧段上的点，线元和弧段的端点匹配；延长或缩短线元及面元的弧段。

（5）修改非空间数据：修改点元色、线元色、面元色，修改点元高度、宽度、角度，修改线宽，修改点元符号，修改线型符号，修改面元填充符号。

2．图形数据处理方法

（1）图元捕捉

点的捕捉：在 GIS 中，点的捕捉是为了捕捉点的实体。假设图幅上有一个点 $A(x, y)$，为捕捉该点，常设置一定的捕捉半径 D（通常为几像素），当选择点 $S(x,y)$离 A 点距离小于 D 时，认为捕捉 A 点成功。实际中为避免进行平方运算，常把捕捉区域设定成矩形，如图 5-10 所示。因此，点捕捉的实质是判断选择点 $S(x,y)$是否在圆或设定的矩形之内。捕捉点的逻辑表达式为：

$$(X_{\min} \leqslant S_x \leqslant X_{\max}) \text{ AND } (Y_{\min} \leqslant S_y \leqslant Y_{\max})$$

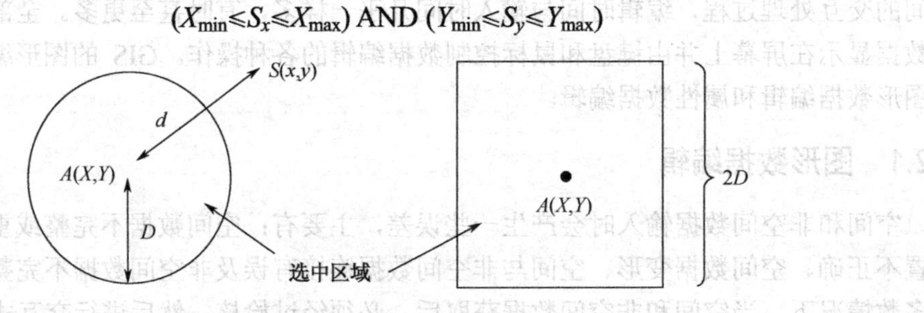

图 5-10　捕捉点的过程

线元的捕捉：假设图幅上有一个线元，其坐标点分别为$(x_1, y_1)(x_2, y_2)\cdots(x_n, y_n)$，为捕捉该线元，设置的捕捉半径为 D。从理论上说，选择点的光标点坐标 $S(x, y)$到线元的各直线段之间的距离 $d_1, d_2, d_3, \cdots$中，如果有一个距离 d_i满足 $d_i<D$，则认为该线元被捕捉。在图 5-11 中，

若$(d_1 \text{ OR } d_2 \text{ OR } d_3) < D$，则表示选择点$S(x, y)$捕捉到了该线元。实际上，由于一个线元由很多直线段组成，为此需要分别求光标点$S(x, y)$到各直线段的垂直距离，这样的计算量很大。借助线元外接矩形信息，可减少计算工作量，提高捕捉线元的速度，具体过程如下。

先查光标所选点坐标$S(x, y)$是否在某线元的外接矩形内，如果不在该矩形内，则光标点$S(x, y)$不可能捕捉到该线元；如果在该矩形内，则光标点$S(x, y)$有可能捕捉到该线元。显然，这里通过外接矩形可大大缩小寻找目标的范围。当光标点$S(x, y)$有可能捕捉到该线元时，再进行进一步的计算判断，即从光标点$S(x, y)$依次对每条直线段计算该点到各直线段的距离，并从中判断是否存在某个距离$d_i<D$。若存在，则认为该线元被捕捉；否则该线元未被捕捉。

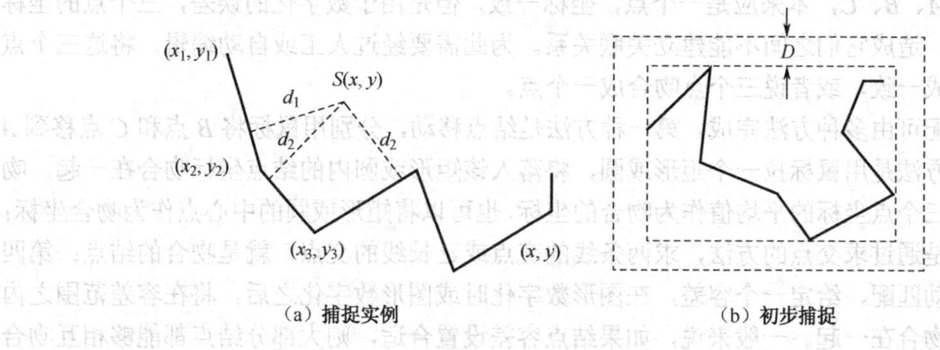

图 5-11　线元的捕捉

面元（多边形）的捕捉：假设图幅上有一个多边形，其边界坐标点分别是$(x_1, y_1)(x_2, y_2)\cdots(x_n, y_n)$。多边形的捕捉实际上是判断选择点$S(x, y)$是否在多边形内。为提高捕捉多边形的速度，通常的步骤如下。

首先查所选点$S(x, y)$是否在某多边形的外接矩形内，如图 5-12（a）所示。如果不在该矩形内，则选择点$S(x, y)$不可能捕捉到该多边形；如果在该矩形内，则选择点$S(x, y)$有可能捕捉到该多边形。当该多边形有可能被选中时，就可进一步判断选择点$S(x, y)$是否在该多边形之内。

判断点是否在多边形内的方法有很多，其中一个方法是射线法，见图 5-12（b）。从选择点坐标$S(x, y)$画一垂直线或水平线，计算该线与多边形的交点个数，若交点个数为奇数，则点$S(x, y)$在多边形内；若交点个数为偶数，则点$S(x, y)$在多边形外。

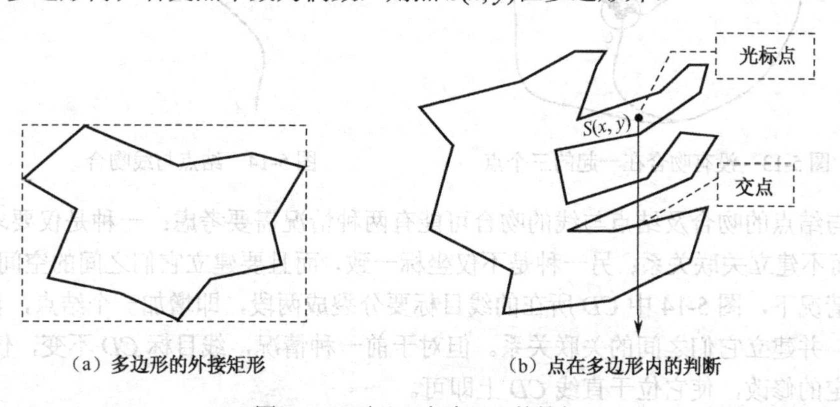

图 5-12　面元（多边形）的捕捉

（2）线元（弧段）交点计算

在 GIS 中，线元（弧段）求交是一种基本操作，在拓扑关系建立、图形叠置分析、缓冲区分析、图形显示等很多地方均需要用到线元或弧段的求交算法。一般情况下，线元或弧段的求交工作量是很大的。例如，对两条弧段求交点，假定两条弧段分别有 m 和 n 个坐标点，则求两条弧段的交点就要进行 $(m-1)\times(n-1)$ 次直线求交和判断直线是否相交的运算。由于一幅图中存在大量弧段，所以求交计算量很大。为此可用外接矩形的方法先判断两条弧段相交的可能性，即先判断两条弧段的外接矩形是否相交，如果不相交，则说明两条弧段没有交点；否则，两条弧段有可能存在交点，再进一步对两条弧段中各直线段求交运算。

（3）线元端点匹配

结点匹配是指线元或弧段端点间的匹配。如图 5-13 所示，三个线目标或多边形的边界弧段中的结点 A、B、C，本来应是一个点，坐标一致，但是由于数字化的误差，三个点的坐标不完全一致，造成它们之间不能建立关联关系。为此需要经过人工或自动编辑，将这三个点的坐标匹配成一致，或者说三个点吻合成一个点。

结点匹配可由多种方法完成。第一种方法是结点移动，分别用鼠标将 B 点和 C 点移到 A 点；第二种方法是用鼠标拉一个矩形或圆，将落入该矩形或圆内的结点坐标吻合在一起，吻合时可以将三个点坐标的平均值作为吻合的坐标，也可以将矩形或圆的中心点作为吻合坐标；第三种方法是通过求交点的方法，求两条线的交点或延长线的交点，就是吻合的结点；第四种方法是自动匹配，给定一个容差，在图形数字化时或图形数字化之后，将在容差范围之内的结点自动吻合在一起。一般来说，如果结点容差设置合适，则大部分结点都能够相互吻合在一起，但有些情况下还需要使用前三种方法进行人工编辑。

结点与线匹配是指线元或弧段端点和另一个线元或弧段中间某点匹配。在数字化过程中，经常遇到一个结点与另一条线状目标或弧段的中间相交，这时由于测量误差或数字化时的误差，它也可能不完全交于该线目标或弧段上，而需要进行编辑，这称为结点与线匹配或结点与线吻合，如图 5-14 所示。编辑的方法也有多种：一是结点移动，将结点移动到线目标上；二是使用线段求交，求出 AB 与 CD 的交点；三是使用自动编辑的方法，在给定容差内，将它们自动求交并吻合在一起。

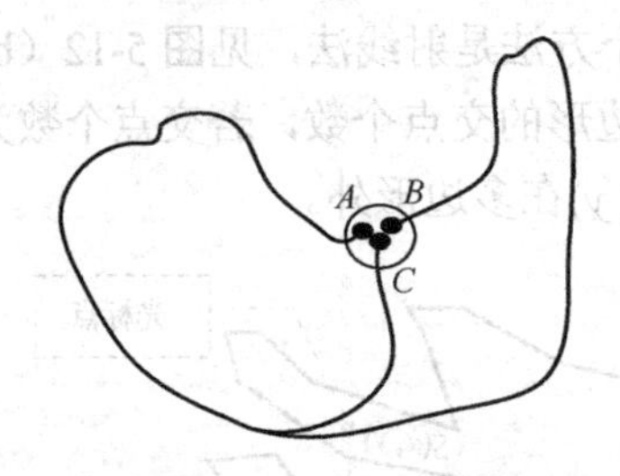

图 5-13　没有吻合在一起的三个点

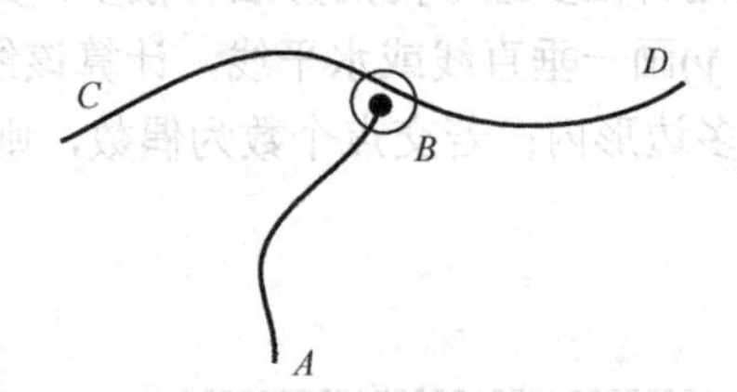

图 5-14　结点与线吻合

结点与结点的吻合及结点与线的吻合可能有两种情况需要考虑：一种是仅要求它们的坐标一致，而不建立关联关系；另一种是不仅坐标一致，而且要建立它们之间的空间关联关系。在后一种情况下，图 5-14 中 CD 所在的线目标要分裂成两段，即增加一个结点，再与结点 B 进行吻合，并建立它们之间的关联关系。但对于前一种情况，线目标 CD 不变，仅将 B 点坐标进行一定的修改，使它位于直线 CD 上即可。

5.2.2　属性数据编辑

我们知道，GIS 所要获取、管理及分析加工的地理信息有三种形态：空间信息、属性信息和关系信息。前面已经叙述有关空间信息——图形数据的编辑，关系信息的建立及编辑将在后面说明，这里介绍属性信息编辑功能的实现。

属性数据就是描述空间实体特征的数据集，这些数据主要用来描述实体要素类别、级别等分类特征和其他质量特征。

对属性数据的输入与编辑，一般是在属性数据处理模块中进行的，但为了建立属性描述数据与几何图形的联系，通常需要在图形编辑系统中设计属性数据的编辑功能，主要是将一个实体的属性数据连接到相应的几何目标上，也可在数字化及建立图形拓扑关系的同时或之后，对照一个几何目标直接输入属性数据。一个功能强的图形编辑系统可能提供删除、修改、复制属性等功能。

5.2.3 拓扑关系的构建与编辑

各种地图及影响图数字化以后，还需要建立相应的拓扑关系来反映地物间的特征关系。矢量数据的拓扑关系对 GIS 空间分析和查询能力有很大影响，矢量数据中结点、弧段、多边形拓扑关系的生成是 GIS 数据处理中的重要问题之一。

一般建立拓扑关系有手工建立和自动建立两种方法。手工建立就是采用人机交互操作的方式，用户通过操作输入设备（如鼠标或键盘等），在屏幕上依次指出构成一个区域的各个弧段、一个区域与另外哪几个区域相互关联、组成一条线路的各个线段等。自动建立则是利用系统提供的拓扑关系自动建立功能，对获取的矢量数据进行分析判断，从而可以建立多边形、弧段、结点之间的拓扑关系，但有时自动建立的拓扑关系需要手工修改。建立拓扑关系只需要注意实体间的连接及相邻关系，而对于结点位置和弧段的形状等不必过分在意。

1. 点和线之间拓扑关系的建立

拓扑关系生成中的关键是生成多边形的拓扑关系，而点、线拓扑关系的生成是多边形拓扑关系生成的基础。点、线拓扑关系的建立实质是建立结点与弧段、弧段与结点的关系表格，一般有两种方案。

（1）在图形采集和编辑时自动建立

这一方案首先对获取的数字化数据预处理，对图形进行必要的编辑，如结点的匹配与拟合、线段的一致性检查、重复数字化线段的删除等，以尽可能保证数字化数据没有错误和遗漏等。其次，需要检查多边形的闭合性，对悬线、桥线等错误进行处理。否则，建立的拓扑关系将不能很好地反映地物间的关系。最后，消除全部错误后，通过对弧段求交求得结点，从而对弧段进行分割，最后形成点、线拓扑关系。在通过这种方式建立的拓扑关系过程中，主要有两个数据文件：一个是记录结点所关联的弧段，即弧段列表；另一个是记录弧段的两个端点的列表。在数字化时自动判断新的弧段的端点是否已有记录。如果存在，则将该结点编号登记；如果没有，则产生一个新的结点，并登记。

（2）在图形采集和编辑后自动建立

这种方式在图形采集和编辑后，采用计算机软件自动建立拓扑关系。

2. 多边形矢量数据拓扑关系的建立

多边形有三种基本情况：独立多边形、具有公共边的简单多边形和“岛”（多边形嵌套）。独立多边形，如独立房屋，这种多边形可以在数字化过程中直接生成，因为它仅涉及一条封闭的弧段；具有公共边的简单多边形，在数据采集时只需输入边界弧段数据，然后用一种算法自动将多边形的边界聚合起来，建立多边形文件；嵌套的多边形，除要按照第二种方法自动建立多边形外，还要考虑内岛。一般而言，多边形的拓扑建立需要经过以下步骤（以具有公共边的简单多边形为例）。

（1）弧段的组织

弧段的组织主要是找出在弧段的中间相交而不是端点相交的情况，自动切成新弧段；为便于查找和检索，把弧段编号并按照一定顺序存储，如图 5-15 所示。

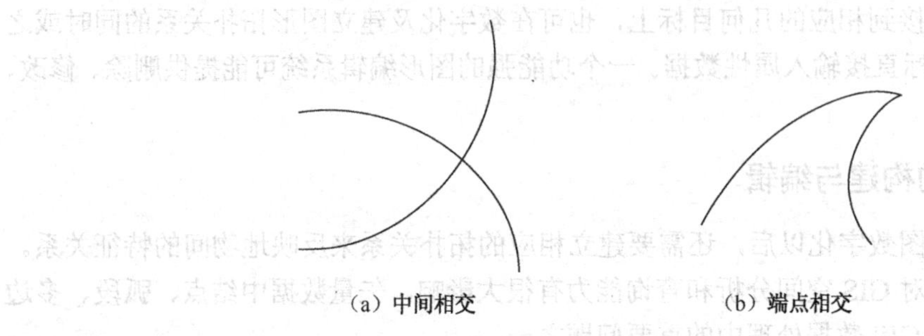

图 5-15　弧段的组织

（2）结点匹配

结点匹配是指把一定限差内的端点作为一个结点，其坐标值取多个端点的平均值。然后，对结点顺序编号。如图 5-16 所示的三条弧段的端点 A、B、C 本来应该是同一个结点，但由于数字化误差，三个点的坐标不完全一致，造成它们之间不能建立关联关系。因此，以任意一弧段的端点为圆心，以给定容差为半径，产生一个搜索圆，搜索落入该搜索圆内的其他弧段的端点，若存在其他弧段的端点，则取这些端点坐标的平均值作为结点位置，并代替原来各弧段的端点坐标。

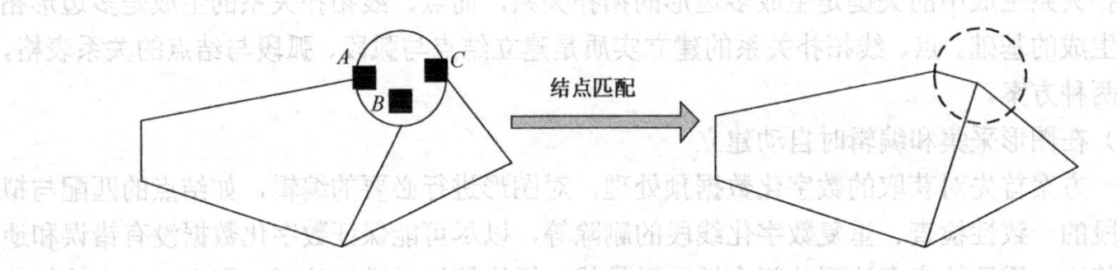

图 5-16　结点匹配示意图

（3）检查多边形是否闭合

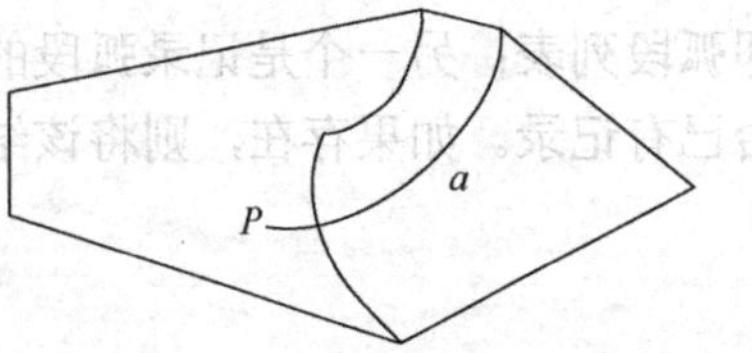

可以通过判断一条弧段的端点是否有与之匹配的端点来检查多边形是否闭合。如图 5-17 所示的弧段 a 的端点 P 没有与之匹配的端点，故不能与其他的弧段组成闭合多边形。造成这种情况的原因可能有很多，如结点匹配限差不合适、数字化误差较大或数字化错误等。这些可以通过图形编辑或重新确定匹配限差来确定。另外，可能这条弧段本身就是悬挂弧段，没有必要参与多边形拓扑，这种情况可以另做标记，使之不能参加下一阶段拓扑建立多边形的环节。

图 5-17　非闭合的多边形示意图

（4）建立多边形拓扑关系

建立多边形与弧段的拓扑关系，并将与弧段关联的左、右多边形填入弧段文件中。建立多边形拓扑关系时，必须考虑弧段的方向性，即弧段从起始结点出发，到终结点结束，沿该弧段前进方向，将其关联的两个多边形定义为左多边形和右多边形。多边形拓扑关系是从弧段文件出发建立的。建立多边形拓扑关系的算法如下。

① 顺序取一个结点为起始结点，取完为止，取过该结点的任意一条弧段作为起始弧段。

② 取这条弧段的另一个结点，在这个结点上，靠这条弧段最右端的弧段作为下一条弧段。

③ 是否回到起点：若是，则已形成一个多边形，记录并转到步骤④；否则转到步骤②。

④ 取起始点上开始的、刚才所形成多边形的最后一条边作为新的起始弧段，转到步骤②；若这条弧段已用过两次，即已成为两个多边形的边，则转到步骤①。

例如，图 5-18 所示建立多边形拓扑关系的过程如下。

① 从 N_1 结点开始，起始弧段定为 N_1N_2；从 N_2 算起，N_1N_2 最右边的链为 N_2N_5；从 N_5 算起，N_2N_5 最右边的链为 N_5N_1。形成的多边形为 $N_1N_2N_5N_1$。

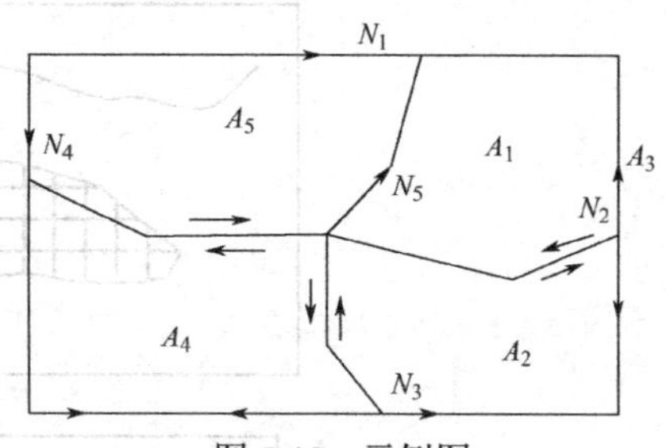

图 5-18　示例图

② 从 N_1 结点开始，以 N_1N_5 为起始弧段，形成的多边形为 $N_1N_5N_4N_1$。

③ 从 N_1 开始，以 N_1N_4 为起始弧段，形成的多边形为 $N_1N_4N_3N_2N_1$。

④ 这时以 N_1 为结点的所有弧段均被使用了两次，因此转向下一个结点 N_2，继续进行多边形追踪，直至所有的结点取完。这样，共追踪出 5 个多边形，即 A_1、A_2、A_3、A_4、A_5。

对于嵌套多边形而言，需要在建立简单多边形之后或在建立过程中，采用多边形包含分析方法判别一个多边形包含了哪些多边形，并将这些多边形按逆时针排列。

5.2.4　图幅拼接处理

随着 GIS 应用领域的不断扩大，如城市规划系统、地下管网管理系统、土地管理系统、公安警用系统等，由于其管理的数据量很大，且比例尺也大，所以靠对单幅图的管理已不能适应应用的需要。目前，像上述这样的一些 GIS 应用，多数是以图幅为单位进行管理的。即按图幅将大区域空间数据进行分割，现在世界各国的一般方法是采用经纬线分幅或采用规则矩形分幅，如图 5-19 所示。

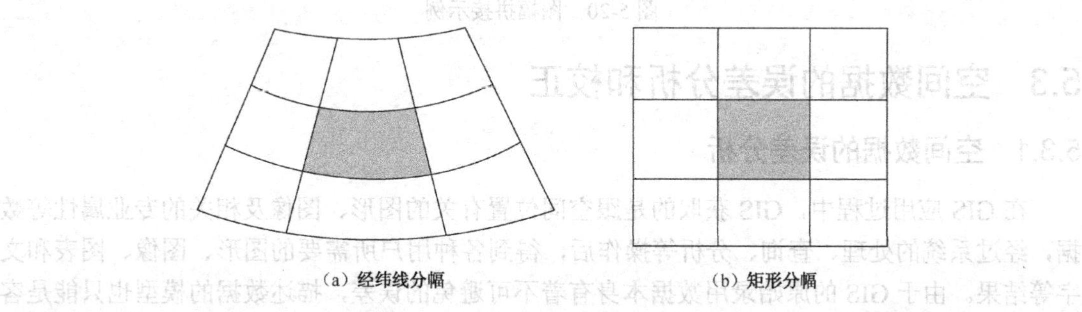

图 5-19　图幅之间邻近关系示意图

采用分幅管理空间数据就势必造成一个空间实体会分属多个图幅，对于整个空间而言，就不能保证正确的拓扑关系。如何做到既能按分幅数字化录入、存储和管理空间数据，又能将分属不同图幅的同一目标建立起正确的联系，以利于对整个空间数据进行正确的检索、分析和统计等功能的实现，正成为 GIS 开发人员讨论的话题。

在相邻图幅的边缘部分，由于原图本身的数字化误差，使得同一实体的线段或弧段的坐标数据不能相互衔接，或是由于坐标系统、编码方式等不统一，因此需进行图幅数据边缘匹配处理。

图幅的拼接总是在相邻两个图幅之间进行的。要将相邻两个图幅之间的数据集中起来，就要求相同实体的线段或弧段的坐标数据相互衔接，也要求同一实体的属性码相同，因此必须进行图幅数据边缘匹配处理。图 5-20 所示是幅图拼接示例。

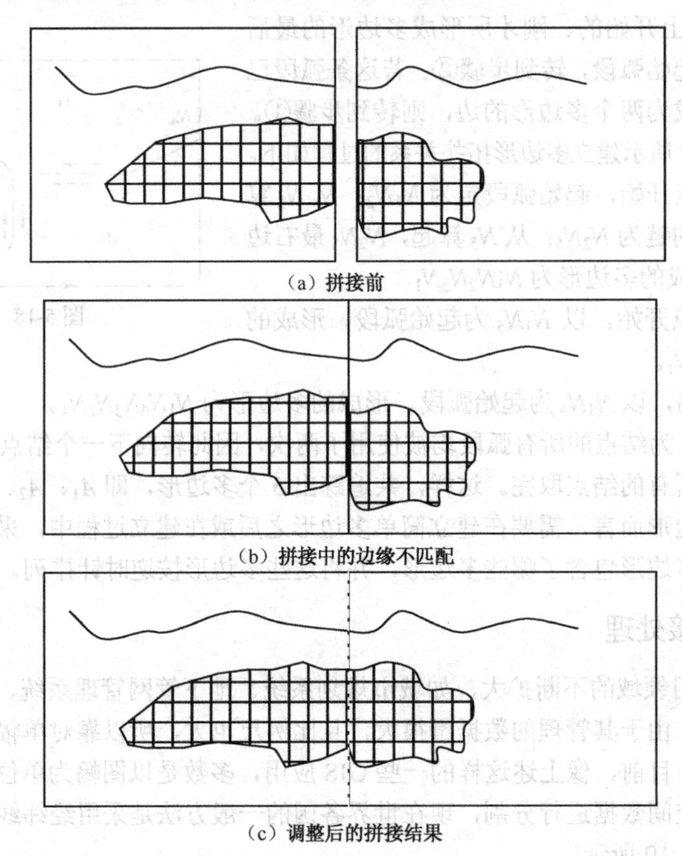

（a）拼接前
（b）拼接中的边缘不匹配
（c）调整后的拼接结果

图 5-20　图幅拼接示例

5.3　空间数据的误差分析和校正

5.3.1　空间数据的误差分析

在 GIS 应用过程中，GIS 获取的是跟空间位置有关的图形、图像及相关的专业属性等数据，经过系统的处理、查询、分析等操作后，得到各种用户所需要的图形、图像、图表和文字等结果。由于 GIS 的原始录用数据本身有着不可避免的误差，描述数据的模型也只能是客观实体的一种近似，并且 GIS 产品的“生产”过程中——各种空间操作、处理等又会引入新的误差或不确定性。这些误差是否会影响 GIS 产品的质量、GIS 输出的图表精度及 GIS 综合分析推理所得结论的精确度和可信度？会不会严重干扰 GIS 对问题所做的结论？

用户在使用 GIS 解决具体问题的过程中，必须先谨慎地思考上述一系列问题，才能做出正确的决策。这一点，在以往的 GIS 设计中常常被忽视，使得由 GIS 生成的各种漂亮精美图件与其内在质量不相符合而导致决策失误。

GIS 空间数据误差处理和分析就是针对上述背景而提出的研究课题，其核心是建立一套误差分析和处理理论体系。根据 GIS 数据误差研究的成果，未来的 GIS 应当在提供产品的同时，附带提供产品的质量指标，就像测量工作者在提供大地坐标时，同时提供坐标精度一样。

从应用角度看，GIS 空间数据误差分析和处理的研究内容可概括为正演和反演两大问题。当 GIS 录入数据的误差和各种操作中引入误差已知时，计算 GIS 最终生成产品的误差大小和数值的过程是误差的正演问题。反之，根据用户对 GIS 产品所提出的误差限值要求，确定 GIS 录入数据误差和质量，是误差的反演问题。显然，误差传播机制是解决正演、反演问题的关键。

GIS 数据误差的研究，对评价 GIS 产品的质量，确定 GIS 录用数据的标准，改善 GIS 的算法，减少 GIS 设计与开发的盲目性及 GIS 的其他研究领域都有深远的影响。

GIS 数据误差研究的主要对象是 GIS 数据中固有误差和操作处理中产生的误差，研究内容为这些误差的性质、度量和传播。固有误差的来源和度量依赖于数据采集的直接法（指从野外直接进行数据采集）或间接法（指从地图等图件上进行数据采集）。因此，这方面的研究历史可追溯到 GIS 建立之前的大地测量、工程测量和摄影测量，以及制图学中的经典误差理论。在 GIS 空间操作运算产生的误差方面，1969 年，Frolov 建立了一个估计拓扑匹配误差的公式。1975 年，Switzer 提出了一种估计从矢量到栅格数据转换精度的方法。1978 年，Goodchild 给出了检验多边形叠置过程中产生的无意义多边形统计量。1982 年，Chrisman 引入了著名的"ε-误差带"。1986 年，Burrough 对空间数据误差这一领域内的重要研究成果进行了总结。此外，Openshaw 也是从事该方面研究的著名学者。还应当特别提到的是，早在 1975 年，MacDougall 就用令人信服的例子说明了不考虑空间数据误差所带来的严重后果。

GIS 误差问题真正受到重视还是从 20 世纪 80 年代末开始的。1988 年 12 月，由美国地理信息和分析中心（NCGIA）主持召开的专题讨论会，其宗旨就是为 GIS 空间数据误差研究确定方向和立题。这是 GIS 误差理论研究史上的一个里程碑，标志着人们对 GIS 误差问题进行系统研究的开始。

1990 年以前，GIS 数据误差研究的重点集中在误差的来源分析、空间和非空间误差度量指标的建立及由数据变换处理函数所引入误差的模拟等。这一时期的特点是没有在 GIS 环境下将误差传播模拟的众多内容联系起来，甚至有些研究是独立于 GIS 环境之外进行的，这就是至今还没有能够进行误差处理分析的实用 GIS 原因之一。但可以深信，随着 GIS 数据误差问题各项研究的深入，预计将来的 GIS 将具备这一功能。

尽管 GIS 数据误差理论的研究内容繁多，但就目前来看，最有前途的发展方向可概括为下列 7 个。

1. 建立误差分析体系

这个体系包括误差源的确定、误差的鉴别和度量方法、误差传播模型的建立及控制和削弱误差对 GIS 产品影响的方法。传统的概率统计仍是建立误差分析体系的理论基础。但是，必须根据 GIS 操作运算的特点对经典的概率统计理论进行扩展和补充。

2. 用敏感度分析法确定评价 GIS 产品质量的置信域

一般而言，精确确定 GIS 输入数据的实际误差非常困难。为了从理论上了解输出结果如何随输入数据误差的变化而变化，可以人为地在输入数据中加上扰动值来检验输出结果对这些扰动值的敏感程度。根据适合度分析，置信区间是衡量由输入数据误差引起输出结果变化的指标。目前应用最广泛的两种适合度分析是加权叠置和加权多维尺度变换。为了确定置信域，即敏感度，从这种研究中得到的并不是输出结果的真实误差，而是输出结果的变化范围。对于某些难以确定的误差，这种方法是行之有效的。在 GIS 中，敏感度检验一般有以下几种：地理敏感度、属性敏感度、面积敏感度、多边形敏感度和增删图层敏感度。敏感度分析是一种间接测定 GIS 产品可靠性的方法。

3. 尺度不变空间分析法

地理数据的分析结果应与采用的空间坐标系统无关，即尺度不变空间分析，它包括比例不变和平移不变。在集合分析和建模过程中，当把面元作为空间数据采集单元时，为了保证在改变面元集合方式的情况下不影响分析结果，需要满足尺度不变条件。此外，当把空间集合看成空间滤波器时，用尺度不变空间分析法就可以严格地测定空间集合的影响程度。尺度不变是数理统计中常用的一个准则：一方面能保证用不同方法得到的结果一致；另一方面又可在同一尺度下合理地衡量估值的精度。

4. 空间集合与分区法

在 GIS 分析中，常常把小区域看成面元，而一个大区域又由若干个面元组成。这在城市规划和社会经济分析中是常见的。这种面元可以是正规的方格形，也可以是不规则的三角形。每个面元的大小是空间精度的一个函数，由此引入了一个用于处理空间数据误差或不确定性的基本方法。由于将面元看成建立 GIS 空间数据误差模型的随机抽样点，因此需要首先划分研究区域，然后对每个区域面元所包含的信息进行集合或综合抽象，而面元的大小和信息的综合方法又直接影响结果的精度。

5. 空间数据误差的概念模式

我们可以把地理要素定义在空间（几何位置）、专题（属性）和时间三个维度中，每个维度的精度可由相应的误差大小来描述。例如，空间位置误差是由三维坐标精度来描述的，专题数据精度取决于数据的类型，它们常常与位置精度有关；在空间数据精度分析中常常被忽视的是时间精度，数据的可靠程度通常是时间的反函数，因为数据的空间属性和专题属性是随时间的变化而变化的。

空间数据误差的特点之一是多样性。数据质量包括 6 个主要部分：位置精度、属性精度、数据情况说明、逻辑一致性、完整性和时间精度。位置精度和属性精度分别是指精度的空间因素和专题因素。数据情况说明是指数据的来源、数据处理和编码方法及对数据所进行的变换。逻辑一致性是指数据编码关系的可靠性，包括拓扑、空间属性（如同类多边形的边长和面积）及专题属性的一致性。完整性是指描述数据库中目标及目标的抽象概括之间的关系。总之，空间数据误差可以认为是由空间、专题和时间三个误差分量组成的。

6. 蒙特卡洛实验仿真

GIS 处理过程中的空间数据误差传播模型是很复杂的。由于 GIS 数据来源繁多，种类复杂，既有描述空间拓扑关系的几何数据，也有描述空间物体内涵的属性数据。对于属性数据的精度常常只能用打分或不确定度来表示。对于不同的用户，由于专业领域的限制和需要，数据可靠性的评价标准并不相同。因此，想用一个简单的、固定不变的统计模型描述 GIS 误差传播规律似乎是不可能的。在对所研究问题的背景不十分了解的情况下，蒙特卡洛（Monte Carlo）实验仿真是一种有效方法，它首先依据经验对数据误差的种类和分布模式进行假设，然后利用计算机进行模拟实验，将所得结果与实际结果进行比较，找出与实际结果最接近的模型。对于某些无法用数学表达式描述的过程，用这种方法既可得到实用公式，也可检验理论研究的正确性。

7. 空间滤波

获取空间数据的方法可能是不同的，既可以采用连续方式采集，也可以采用离散方式采集。这些数据的采集过程又可以看成随机采样，其中包含倾向性部分和随机性部分。前者代表所采集物体的形状信息，它可以是确定性参数，也可以是带有先验性质的信号；后者是由观测噪声引起的。

空间滤波分高通滤波和低通滤波。前者是指从含有噪声的数据中分离提取噪声信息的过程；而后者是指从数据中提取信号的过程。经高通滤波后可得到一个点（或线、面）的随机噪声场，然后按随机过程理论或方差-协方差分量估计理论求得数据采集误差。

5.3.2 空间数据的误差校正

前面叙述的数据编辑处理，一般只能消除或减少在数字化过程中因操作产生的局部误差或明显差错，但因图纸变形和数字化过程的随机误差所产生的影响，必须进行几何校正。

从理论上讲，几何校正是根据图形的变形情况，计算出其校正系数，然后根据校正系数，校正变形图形。常用的几何校正方法有一次变换、二次变换及高次变换。

1. 二次变换和高次变换

这两种变换是实施地图内容转换的多项式拟合方法，它由以下多项式表达。

$$
\begin{aligned}
x' &= f_1(x,y) = a_1x + a_2y + a_{11}x^2 + a_{12}xy + a_{22}y^2 + A \\
y' &= f_2(x,y) = b_1x + b_2y + b_{11}x^2 + b_{12}xy + b_{22}y^2 + B
\end{aligned}
\tag{5-18}
$$

式中，x 和 y 为变换前的坐标，x'和 y'为变换后的坐标；系数 a 和 b 是函数 f_1 和 f_2 的待定系数。A 和 B 代表三次以上高次项之和。该式是高次曲线方程，符合此方程的变换称为高次变换。

若不考虑 A 和 B，则改写为二次曲线方程：

$$
\begin{aligned}
x' &= f_1(x,y) = a_1x + a_2y + a_{11}x^2 + a_{12}xy + a_{22}y^2 \\
y' &= f_2(x,y) = b_1x + b_2y + b_{11}x^2 + b_{12}xy + b_{22}y^2
\end{aligned}
\tag{5-19}
$$

符合上列二次曲线方程的变换为二次变换。这两种变换的实质是：制图资料上的直线经变换后，可能为二次曲线或高次曲线，它适用于原图有非线性变形的情况。

在二次变换中有 5 对未知数，理论上只要知道数字化原图上 5 个点的坐标及其相应的理论值，便可以算出 a 和 b，从而建立起变换方程，完成几何校正的任务，即对数字化地图的所有空间数据进行校正。实际应用时，取多于 5 个点及其理论值，并用最小二乘法进行求解，可提高解算系数的精度。另外，所选点的分布应能控制全图。

2. 一次变换

同素变换和仿射变换均为一次变换。

（1）同素变换是一种较复杂的一次变换形式，其函数式为：

$$
\begin{aligned}
x' &= \frac{a_1 x + a_2 y + a_3}{c_1 x + c_2 y + c_3} \\
y' &= \frac{b_1 x + b_2 y + b_3}{c_1 x + c_2 y + c_3}
\end{aligned}
\tag{5-20}
$$

其主要性质有：直线变换后仍为直线，但同一线段上的长度比不是常数；平行线变换后为直线束；同一条线束中经一条割线的交叉比在变换前后保持不变；通过同一条割线上相应各点的线束的交叉比在变换前后也保持不变。

（2）仿射变换是一种比较简单的一次变换，其表达式为：

$$
\begin{aligned}
x' &= a_1 x + a_2 y + a_3 \\
y' &= b_1 x + b_2 y + b_3
\end{aligned}
\tag{5-21}
$$

式中的 3 对待定系数，只要知道不在同一条直线上的 3 个对应点坐标就可求得。实际应用时，往往利用 4 个以上对应点坐标和最小二乘法求解变换系数，以提高变换精度。

仿射变换的特点是：直线变换后仍为直线；平行线变换后仍为平行线，并保持简单的长度比；不同方向上的长度比发生变化。

5.4 空间数据的压缩与光滑

在空间数据输入计算机后，有时为了减少数据的存储量以节省存储空间，加快后继处理速度，把大量原始数据转换为有用的、有条理的、精练而简单的信息的过程称为数据简化或数据压缩。数据压缩的主要对象是线状要素中心轴线和面状要素边界数据。相反，在进行图形输出时，又需要将以前压缩的数据恢复成其本来面目，必须对它们进行光滑，称之为曲线光滑。

5.4.1 数据压缩

常用的数据压缩方法有如下几种。

1. 间隔取点法

每隔 k 个点取一点或每隔一个规定的距离取一点，但首末点一定要保留。这种方法可以大量压缩数字化使用连续方法获取的点和栅格数据矢量化而得到的点，但不一定能恰当地保留方向上曲率显著变化的点。

2. 垂距法

这种方法是按垂距的限差选取符合或超过限差的点，如图 5-21 所示。P_2 点的垂距大于限差，应保留；P_3 点的垂距小于限差，予以舍弃。

3. 合并法（偏角法）

这种方法是沿着边界线，逐点计算通过当前点 P_j 的两条直线 L_j 和 L'_j 之间的夹角 α_j，其中，L_j 是经过 P_j 和 P_{j-k_0} 两点的直线，而 L'_j 是经过 P_j 和 P_{j+k_0} 这两点的直线。若 $|\alpha_j|$ 小于某一阈值 α_0，那么就认为 P_j 是一个应保留的点。取 $k_0=2$，合并法如图 5-22 所示。

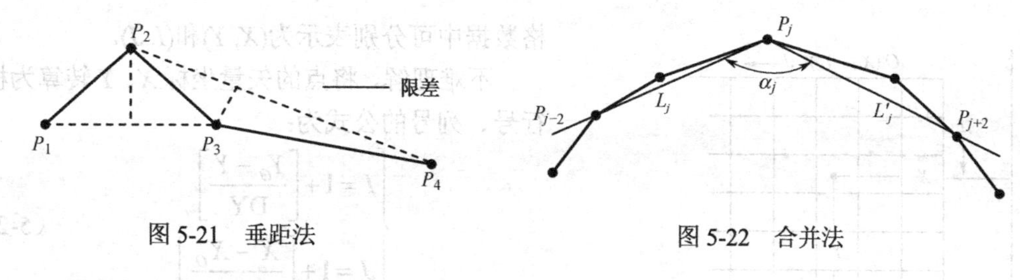

图 5-21　垂距法　　　　图 5-22　合并法

4．分裂法（道格拉斯–普克法）

这种方法可用以下几步来描述。

（1）在给定曲线的两端之间连一条直线。

（2）对曲线上的每个点计算它与直线的垂直距离。若所有这些距离均小于某一阈值ε_0，那么就用它来表示原曲线。

（3）若步骤（2）中条件不满足，则含有最大垂直距离的点 P_j 为保留点将原曲线分成两段曲线，对它们递归地使用分裂法。

此法试图保持曲线走向和允许使用人员规定合理的限差，其执行过程如图 5-23 所示。

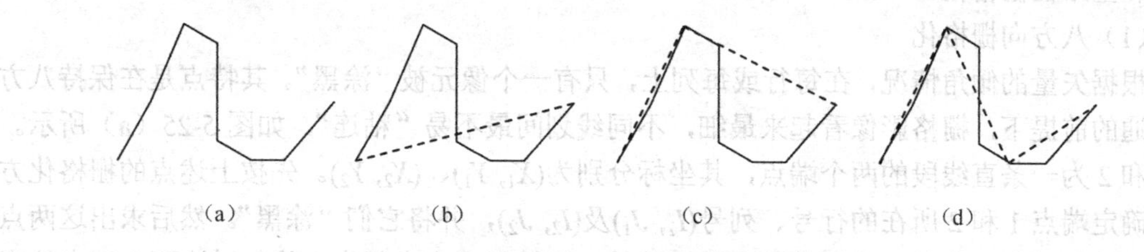

图 5-23　分裂法（道格拉斯–普克法）执行过程

在图 5-23 中，实线为原曲线，虚线为压缩后的曲线。

5.4.2　曲线光滑

曲线光滑是指假想曲线（或接近它们的曲线）为一组离散点，寻找形式比较简单、性能良好的曲线解析式。曲线光滑有两种方式：插值方式与逼近方式。前者所得到的曲线通过原先给定的离散点，而后者的曲线与所给的离散点相当“接近”。拉格朗日插值曲线和三次参数曲线是插值方式的曲线，贝塞尔曲线（Bezier）和 B 样条曲线是逼近方式的曲线。另外还有分段圆弧法、分段三次多项式插值法等。

5.5　栅格数据与矢量数据的互相转换

在 GIS 领域里，栅格数据与矢量数据各有千秋，它们互为补充，必要时互相转换，这是由 GIS 处理方式及这两种数据格式各自的特点所决定的。

5.5.1　矢量数据转换成栅格数据

1．点的栅格化

习惯上，矢量数据中的点坐标用 X、Y 来表示，而在栅格数据中，像元的行号、列号用 I、J 来表示。如图 5-24 所示，设 O 为矢量数据的坐标原点，$O'(X_O, Y_O)$为栅格数据的坐标原点。网格的行平行于 X 轴，网格的列平行于 Y 轴。A 为制图要素的任意一点，则该点在矢量和栅

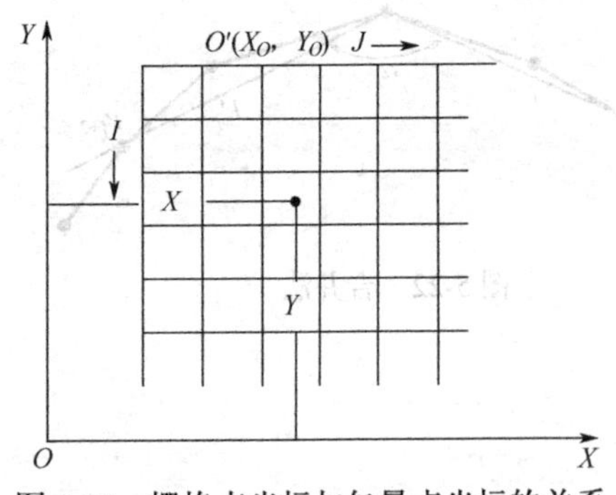

图 5-24 栅格点坐标与矢量点坐标的关系

格数据中可分别表示为(X, Y)和(I, J)。

不难理解，将点的矢量坐标 X、Y 转算为栅格行号、列号的公式为：

$$\begin{cases} I = 1 + \left[\dfrac{Y_O - Y}{\mathrm{DY}}\right] \\ J = 1 + \left[\dfrac{X - X_O}{\mathrm{DX}}\right] \end{cases} \tag{5-22}$$

式中，DX、DY 分别表示一个栅格的宽和高，当栅格为正方形时，DX=DY；[]表示取整。

2．线的栅格化

在矢量数据中，曲线是由折线来逼近的。因此只要说明了一条直线段如何被栅格化，那么对任何线的栅格化过程也就清楚了。图 5-25 所示为线栅格化的两种不同方法，即八方向栅格化和全路径栅格化。

（1）八方向栅格化

根据矢量的倾角情况，在每行或每列上，只有一个像元被“涂黑”。其特点是在保持八方向连通的前提下，栅格影像看起来最细，不同线划间最不易“粘连”，如图 5-25（a）所示。设 1 和 2 为一条直线段的两个端点，其坐标分别为(X_1, Y_1)、(X_2, Y_2)。先按上述点的栅格化方法，确定端点 1 和 2 所在的行号、列号(I_1, J_1)及(I_2, J_2)，并将它们“涂黑”。然后求出这两点位置的行数差和列数差。若行数差大于列数差，则逐行求出本行中心线与过这两个端点的直线的交点，见公式：

$$\begin{aligned} Y &= Y_{\text{中心线}} \\ X &= (Y - Y_1)\cdot m + X_1 \end{aligned} \tag{5-23}$$

式中

$$m = \frac{X_2 - X_1}{Y_2 - Y_1}$$

并按式（5-22），将其所在的栅格“涂黑”。若行数差小于或等于列数差，则逐列求出本列中心线与过这两个端点的直线的交点，见公式：

$$\begin{aligned} X &= X_{\text{中心线}} \\ Y &= (X - X_1)\cdot m' + Y_1 \end{aligned} \tag{5-24}$$

式中

$$m' = \frac{Y_2 - Y_1}{X_2 - X_1}$$

仍按式（5-22），将其所在的栅格“涂黑”。

用式（5-23）或式（5-24）得到栅格坐标，需要进行浮点乘法和加法运算，计算量较大。目前，用得较多的矢量数据栅格化算法是 Bresenham 算法，该算法仅用整数加法和乘法运算，具体内容请读者参考有关书籍。

（2）全路径栅格化

全路径栅格化是一种“分带法”，即按行计算起始列号和终止列号（或按列计算起始行号和终止行号）的方法，如图 5-25（b）所示。基于矢量的首末点和倾角α的大小，可以在带内计算出行号或列号（I_α、I_e或J_α、J_e）：

当$|X_2-X_1|<|Y_2-Y_1|$时，计算行号I_α、I_e；

当$|X_2-X_1|\geqslant|Y_2-Y_1|$时，计算列号$J_\alpha$、$J_e$。

下面给出$|X_2-X_1|\geqslant|Y_2-Y_1|$时的计算过程。

设当前处理行为第i行，像元边长为m，转换步骤如下。

① 计算矢量倾角α的正切

$$\tan\alpha=(Y_2-Y_1)/(X_2-X_1)$$

② 计算起始列号J_α

$$J_\alpha=\left[\left(\frac{Y_O-(i-1)\cdot m-Y_1}{\tan\alpha}+X_1-X_O\right)/m\right]+1$$

③ 计算终止列号J_e

$$J_e=\left[\left(\frac{Y_O-i\cdot m-Y_1}{\tan\alpha}+X_1-X_O\right)/m\right]+1$$

④ 将第i行从J_α列开始到J_e列为止的中间所有像元“涂黑”。

⑤ 若当前处理行不是终止行，则把本行终止列号J_e作为下行的起始列号J_α，行号i加 1，并转步骤③；否则，本矢量段栅格化过程结束。

要注意，需将矢量段首点和末点所在的栅格列号分别作为第一行的J_α和最后一行的J_e的限制条件，以免使栅格影像变长失真；当首、末两点的行号相同时，则直接在首、末两点J_α与J_e间“涂黑”就行；若$Y_2>Y_1$，则需将首、末两点号互换后再使用上式。

当要以任何方向探测栅格影像的存在或需要知道矢量可能只出现在哪些栅格所覆盖的范围时，全路径栅格化数据结构最为理想。

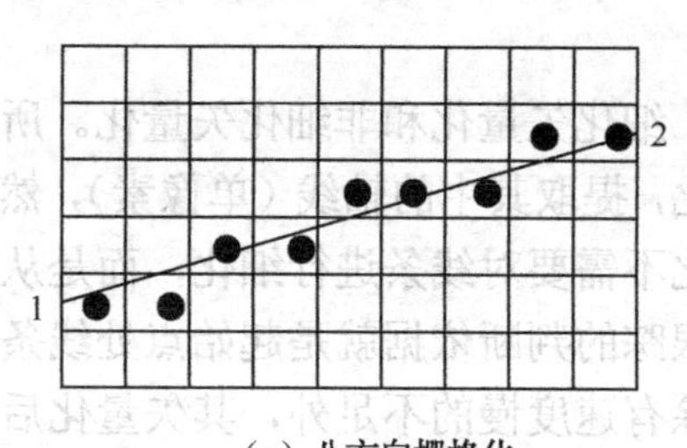

（a）八方向栅格化

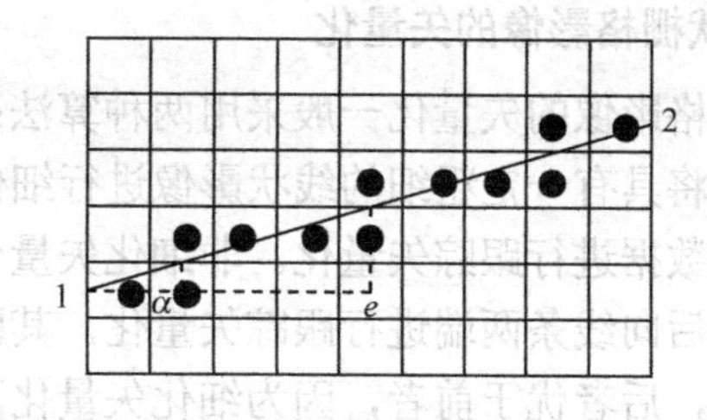

（b）全路径栅格化

图 5-25　两种栅格化方案

3. 面域的栅格化

面域的栅格化可用种子点填充算法或扫描线种子点填充算法，这两种算法都需要先用上述的线段栅格化将面域的边线栅格化且填上边界色，然后，将填充区内任意点作为填充种子。

（1）种子点填充算法

可采用递归方式实现种子点填充算法：对符合填充条件的种子点近邻点赋以与种子点相同的像素值，并以它们作为新的种子点再进行同样的近邻填充，直至不再产生新种子。

算法表示成：

```
Seed-Fill-4(x, y, con,value)
{    if (pixel(x, y)<>con)
```

```
  {  putpixel(x, y, value);
     for (i=-1; i<=1;i=i+2)
        Seed-Fill-4(x+i, y, con, value);
     for (i=-1;i<1;i=i+2)
        Seed-Fill-4(x, y+i, con, value); }}
```

算法中，con 为面域的边界色，value 为要填充色。

（2）扫描线种子点填充算法

作为上面介绍的种子点填充算法的改进，扫描线种子点填充算法将每个扫描行中连续的待填充段作为一个处理单位，因此减少了对栈空间大小的需求。其算法步骤如下。

① 选择一个种子点 Seed(x, y)，并将其存入栈内。

② 若栈已空，则算法结束，否则执行步骤③。

③ 从栈中取出要填色的像素，对在同一条扫描线上与该点相连的所有需要填色的点进行填色操作，记下进行填色的最左和最右位置：X_{left} 和 X_{right}。

④ 对步骤③的上一行和下一行进行扫描，在 $X_{\mathrm{left}} \leqslant x \leqslant X_{\mathrm{right}}$ 范围内，考察是否全是边界点或已被填色的点，若不完全是，则将要填色的每一段最右位置作为新的种子点存入栈内。

⑤ 返回步骤②。

5.5.2 栅格数据转换成矢量数据

1．点的矢量化

对于任意一个栅格点 A 而言，将其行号、列号 I、J 转换为其中心点的 X、Y 的公式为：

$$X = X_O + (J - 0.5) \cdot \mathrm{DX}$$
$$Y = Y_O - (I - 0.5) \cdot \mathrm{DY} \qquad (5\text{-}25)$$

2．线状栅格影像的矢量化

线状栅格影像的矢量化一般采用两种算法：细化矢量化和非细化矢量化。所谓细化矢量化就是首先将具有一定粗细的线状影像进行细化，提取其中的轴线（单像素），然后再沿其中的轴线栅格数据进行跟踪矢量化。非细化矢量化不需要对线条进行细化，而是从线条上任意一点起，先后向线条两端进行跟踪矢量化，其跟踪的判断依据就是起始点处线条的宽度。比较两种算法，后者优于前者，因为细化矢量化除有速度慢的不足外，其矢量化后线条会因为细化而造成线条两头缩短，且会因为线条粗细不匀而造成矢量化的线有毛刺现象。

3．面状栅格数据的矢量化

对于面状栅格数据进行矢量化，只要通过逐行扫描，先找到一个要素集合的边缘点，然后沿面状要素的边缘跟踪，直到整个面域的边界（包括外沿及可能的各内沿）跟踪结束（即封闭）为止。在跟踪过程中，随时将被跟踪到的栅格位置 I_k、J_k（k=1, 2, ⋯, n）转换为矢量坐标 X_k、Y_k，并加以记录。对被矢量化了的面域做上标记，以便在寻找未被矢量化的其他面域时，将其排除。

习题 5

1．数据处理这一步骤在使用 GIS 过程中起什么作用？主要包括哪些内容？

2．误差校正和图形编辑有何区别？各用于什么情况？

3．一般 GIS 中有哪几个坐标系？在什么情况下需要做它们之间的转换？

4．图形编辑的主要步骤是什么？

5．什么是图元捕捉？点、线、面图元捕捉分别采用什么方法？

6．线元端点匹配起什么作用？通常怎样实现？

7．多边形自动生成的目的是要建立什么拓扑关系？怎样建立？

8. 为什么要进行数据压缩和数据光滑？它们的基本原理是什么？不同的方法对处理后的效果有什么影响？

9．图形变换中的投影变换和地图投影变换有什么含义？它们各适用于什么情况？

10．为什么需要进行图幅拼接？怎样实现？

11．在 GIS 中，为什么需要进行栅格数据和矢量数据之间的转换？这些转换有哪些算法？

第 6 章　空间数据管理

空间数据是对空间事物的描述，空间数据实质上是指以地球表面空间位置为参照，用来描述空间实体的位置、形状、大小及其分布特征等诸多方面信息的数据。空间数据是一种带有空间坐标的数据，包括文字、数字、图形、影像、声音等多种方式。空间数据是对现实世界中空间特征和过程的抽象表达，用来描述现实世界的目标，它记录地理空间对象的位置、拓扑关系、几何特征和时间特征。位置特征和拓扑特征是空间数据特有的特征。此外，空间数据还具有定位、定性、时间、空间关系等特性。空间数据库是应用于管理地理空间数据的专门化数据库，这类数据库具有明显的空间特征。本章将介绍利用空间数据库管理空间数据的相关内容，包括空间数据模型、空间数据组织、数据的索引查询、空间数据引擎、元数据等，最后介绍关系型空间数据库的结构设计，以及空间数据仓库、数据中心、NoSQL 非关系数据库等空间数据管理的最新技术与发展。

6.1　概述

6.1.1　空间数据管理方式

空间数据组织管理是 GIS 的核心内容，GIS 中数据管理方法随着 GIS 和数据库技术的发展而不断发展。目前，主要有五种数据管理方法：文件管理、文件与关系数据库混合管理、全关系型数据库管理、面向对象数据库管理和对象-关系数据库管理。

1．文件管理

GIS 中的数据分为空间数据和属性数据两类，空间数据描述空间实体的地理位置及其形状，属性数据则描述相应空间实体有关的应用信息。文件管理是指将 GIS 中所有的数据都存放在自行定义的空间数据结构及其操纵工具的一个或多个文件中，包括非结构化的空间数据、结构化的属性数据等。空间数据和属性数据两者之间通过标识码建立联系。

2．文件与关系数据库混合管理

文件与关系数据库混合管理（混合型管理）空间数据是目前绝大多数商用 GIS 软件所采用的数据管理方法，已经得到广泛应用。这种方法用商用 DBMS 管理属性数据，用文件系统管理空间数据，空间实体位置与其属性通过标识码建立联系。

3．全关系型数据库管理

随着大型关系数据库的发展和日臻完善，利用大型关系数据库去管理海量的 GIS 数据成为可能。在全关系型数据库管理方法中，使用统一的关系数据库管理空间数据和属性数据，空间数据以二进制数据块的形式存储在关系数据库中，形成全关系型的空间数据库。GIS 应用程序通过空间数据访问接口访问空间数据库中的空间数据，通过标准的数据库访问接口访问属性数据。

4．面向对象数据库管理

为了克服关系数据库管理空间数据的局限性，提出了面向对象数据模型，并依此建立了面向对象数据库。应用面向对象数据库管理空间数据，可以通过在面向对象数据库中增加处理和管理空间数据功能的数据类型以支持空间数据，包括点、线、面等几何体，并且允许定义对于这些几何体的基本操作，包括计算距离、检测空间关系，甚至稍微复杂的运算，如缓冲区分析、叠加分析等，也可以由对象数据库管理系统“无缝”地支持。

5．对象-关系数据库（ORDB）管理

对象数据库是采用全新的面向对象概念来设计数据库的全新数据库类型，但面向对象数据库并非十全十美，它的技术与理论还不成熟，而它的缺点正好是关系数据库的强项。由于面向对象数据模型较为复杂，而且缺乏数学基础，所以使得很多系统管理功能难以实现，也不具备 SQL 语言处理集合数据的强大能力。另外，对于数据库应用程序来说，由于面向对象的数据库技术及数据组织模型尚未成熟，开发者无法轻易地在关系数据库和面向对象数据库之间舍此取彼，从而产生了一种折中的方案，即对象-关系数据库。

6.1.2 数据库管理系统

数据库管理系统是在文件管理系统的基础上进一步发展的系统，是位于用户与操作系统之间进行数据库存取和各种管理控制的软件，是数据库系统的中心枢纽，在用户应用程序和数据文件之间起到了桥梁作用。用户（及其应用程序）对数据库的操作全部通过 DBMS 进行。它的最大优点是提供了两者之间的数据独立性，即应用程序访问数据文件时，不必知道数据文件的物理存储结构；当数据文件的存储结构改变时，不必改变应用程序，如图 6-1 所示。通常说的数据库系统软件平台主要就是指 DBMS 软件，例如，当前常用的大型数据库软件 Oracle 和 SQL Server，以及小型数据库软件 Visual FoxPro 和 Access 等。

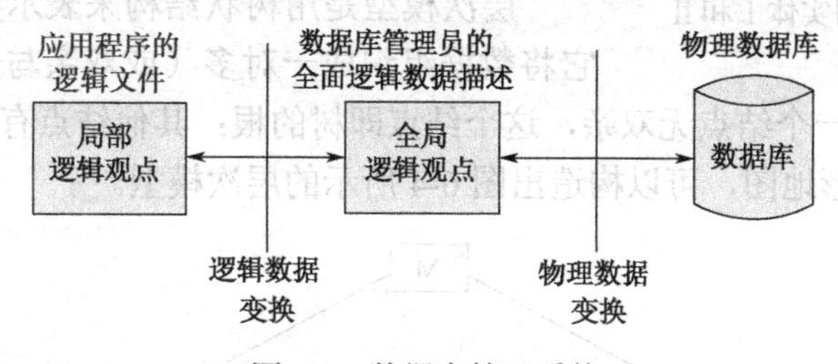

图 6-1　数据库管理系统

6.1.3 空间数据库系统

空间数据的管理就是利用计算机实现空间数据的定义、操纵、储存，并且基于空间位置的高效查询。空间数据库系统（Geospatial Database System）通常是指带有数据库的计算机系统，采用现代数据库技术来管理空间数据。因此，广义地讲空间数据库系统不仅包括空间数据库（Spatial Database）本身（指实际存储于计算机中的空间数据），还包括相应的计算机硬件系统、操作系统、计算机网络结构、数据库管理系统、空间数据管理系统、地理空间数据库和空间数据库管理人员（Database Administrator，DBA）等组成的一个运行系统。通过地理空间数据库管理系统将分幅、分层、分要素、分类型的地理空间数据进行统一管理，以便于空间数据的维护、更新、分发及应用，如图 6-2 所示。

建立空间数据库的目的就是将相关的数据有效地组织起来，并根据其地理分布建立统一的空间索引，进而可以快速调度数据库中任意范围的数据，达到对整个地形的无缝漫游，根据显示范围的大小可以灵活、方便地自动调入不同层次的数据。例如，可以一览全貌，也可以看到局部地方的微小细节。

空间数据库整体上是一个集成化的逻辑数据库，所有数据能够在统一的界面下进行调度、浏览，各种比例尺、各种类型的空间数据能够互相套合、互相叠加形成一体化的空间数据库。

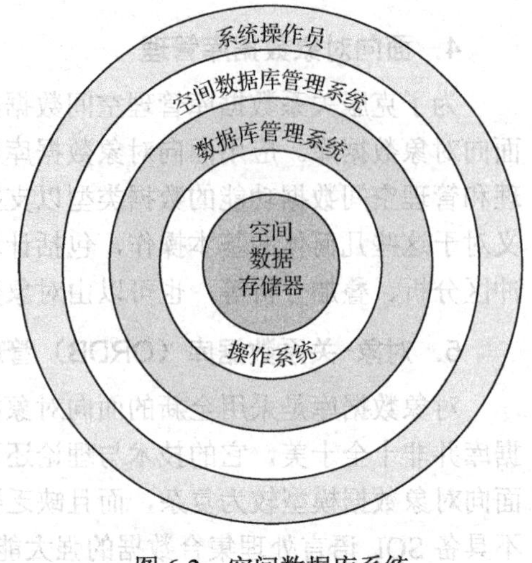

图 6-2　空间数据库系统

6.2　空间数据模型

数据模型是描述数据内容和数据之间联系的工具，它是衡量数据库能力强弱的主要标志之一。数据库设计的核心问题之一就是设计一个好的数据模型。目前在数据库领域，常用的数据模型有：层次模型、网状模型、关系模型及最近兴起的面向对象模型。下面以两个简单的空间实体为例（见图 6-3），简述这几个数据模型中的数据组织形式及其特点。

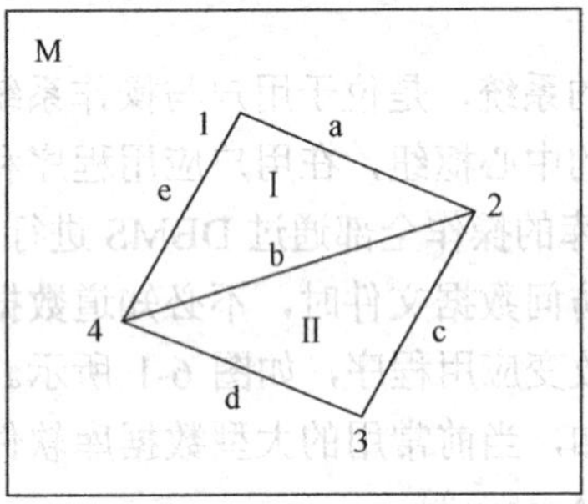

图 6-3　地图 M 及其空间实体Ⅰ和Ⅱ

6.2.1　传统数据模型

1. 层次模型

层次模型是用树状结构来表示实体间联系的模型。它将数据组织成一对多（或双亲与子女）关系的结构，其特点为：有且仅有一个结点无双亲，这个结点即树的根；其他结点有且仅有一个双亲。对于图 6-3 所示的多边形地图，可以构造出图 6-4 所示的层次模型。

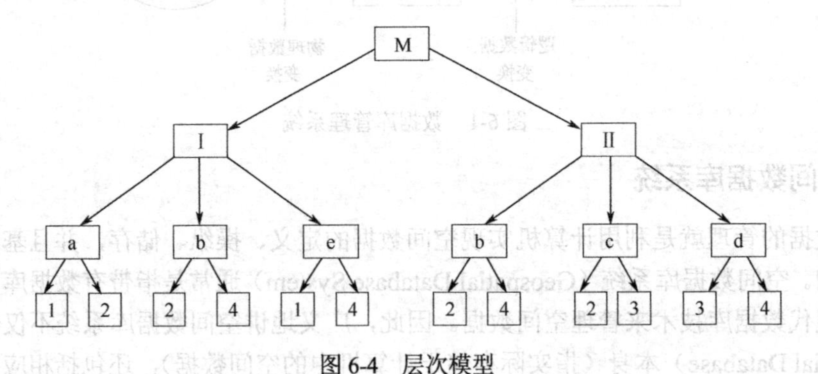

图 6-4　层次模型

层次数据库结构特别适用于文献目录、土壤分类、部门机构等分级数据的组织。例如，“全国—省—县—乡”是一棵十分标准的有向树，其中“全国”是根结点，省以下的行政区划单元都是子结点。这种数据模型的优点是层次和关系清楚，检索路线明确。

层次模型不能表示多对多的联系，这是令人遗憾的缺陷。在 GIS 中，若采用这种层次模型将难以顾及公共点、线数据共享和实体元素间的拓扑关系，导致数据冗余度增加，而且给拓扑查询带来困难。

2. 网状模型

用丛结构（或网结构）来表示实体及其联系的模型就是网状模型。在该模型中，各记录类型间可具有任意数量连接关系。一个子结点可有多个父结点；可有一个以上的结点无父结点；父结点与某个子结点记录之间可以有多种联系（一对多、多对一、多对多）。图 6-5 所示是图 6-3 所示多边形地图的网状模型。

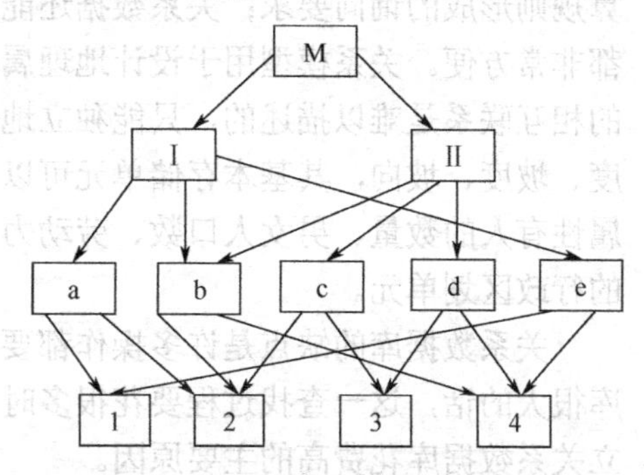

图 6-5　网状模型

网状数据库结构特别适用于数据间相互关系非常复杂的情况，除上面说的图形数据外，不同企业部门之间的生产、消耗联系也可以很方便地用网状结构来表示。

网状数据库结构的缺点是：数据间联系要通过指针表示，指针数据项的存在使数据量大大增加，当数据间关系复杂时指针部分会占用大量数据库存储空间。另外，修改数据库中的数据，指针也必须随着变化。因此，网状数据库中指针的建立和维护可能成为相当大的额外负担。

3. 关系模型

关系模型的基本思想是用二维表形式表示实体及其联系。二维表中的每列对应实体的一个属性，其中给出相应的属性值，每一行形成一个由多种属性组成的多元组，或者称元组（Tuple），与一特定实体相对应。实体间联系和各二维表间联系采用关系描述或通过关系直接运算建立。元组（或记录）由一个或多个属性（数据项）标识，这样的一个或一组属性称为关键字，一个关系表的关键字称为主关键字，各关键字中的属性称为元属性。关系模型可由多张二维表形式组成，每张二维表的“表头”称为关系框架，故关系模型即是若干关系框架组成的集合。如图 6-3 所示的多边形地图，可用表 6-1 来表示多边形与边界及结点之间的关系。

表 6-1　关系表

关系 1：边界关系

多边形号 *P*	边号 *E*	边长 *L*
I	a	30
I	b	40
I	e	30
II	b	40
II	c	25
II	d	28

关系 2：边界-结点关系

边号 *E*	起结点号 SN	终结点号 EN
a	1	2
b	2	4
c	2	3
d	3	4
e	4	1

关系 3：结点坐标关系

结点号 *N*	*X*	*Y*
1	19.8	34.2
2	38.6	25.0
3	26.7	8.2
4	9.5	15.7

关系模型中应遵循以下条件。

（1）二维表中同一列的属性是相同的。

（2）赋予表中各列不同名字（属性名）。

（3）二维表中各列的次序是无关紧要的。

（4）没有相同内容的元组，即无重复元组。

（5）元组在二维表中的次序是无关紧要的。

关系数据库结构的最大优点是它的结构特别灵活，可满足所有用布尔逻辑运算和数学运算规则形成的询问要求；关系数据还能搜索、组合和比较不同类型的数据，加入和删除数据都非常方便。关系模型用于设计地理属性数据的模型较为适宜。因为在目前，地理要素之间的相互联系是难以描述的，只能独立地建立多个关系表。例如，地形关系，包含的属性有高度、坡度、坡向，其基本存储单元可以是栅格方式或地形表面的三角面；人口关系，包含的属性有人的数量、男女人口数、劳动力、抚养人口数等，其基本存储单元通常对应于某一级的行政区划单元。

关系数据库的缺点是许多操作都要求在文件中顺序查找满足特定关系的数据，如果数据库很大的话，这一查找过程要花很多时间。搜索速度是关系数据库的主要技术标准，也是建立关系数据库花费高的主要原因。

6.2.2 面向对象模型

面向对象的定义是指无论怎样复杂的事例都可以准确地由一个对象表示。每个对象都是包含了数据集和操作集的实体，也就是说，面向对象模型（Object Oriented Model）具有封装性的特点。

1. 面向对象的概念

（1）对象与封装性

在面向对象的系统中，每个概念实体都可以模型化为对象。对于多边形地图上的一个结点、一条弧段、一条河流、一个区域或一个省都可看成对象。一个对象是由描述该对象状态的一组数据和表达其行为的一组操作（方法）组成的。例如，河流的坐标数据描述它的位置和形状，而河流的变迁则表达了它的行为。由此可见，对象是数据和行为的统一体。

一个对象 object 可定义成一个三元组：

object=(ID, S, M)

其中，ID 为对象标识，M 为方法集，S 为对象的内部状态，它可以直接是一个属性值，也可以是另外一组对象的集合，因此它明显地表现出对象的递归。

（2）分类

类是关于同类对象的集合，具有相同属性和操作的对象组合在一起。属于同一类的所有对象共享相同的属性项和操作方法，每个对象都是这个类的一个实例，即每个对象都可能有不同的属性值。可以用一个三元组来建立一个类型：

class=(CID, CS, CM)

其中，CID 为类标识或类型名，CS 为状态描述部分，CM 为应用于该类的操作。显然有，当 object∈class 时：

S∈CS 和 M=CM

因此，在实际的系统中，仅需对每个类定义一组操作，供该类中的每个对象应用。由于每个对象的内部状态不完全相同，所以要分别存储每个对象的属性值。

例如，一个城市的 GIS 中，包括了建筑物、街道、公园、电力设施等类型。而洪山路一号楼则是建筑物类中的一个实例，即对象。建筑物类中可能有建筑物的用途、地址、房主、建筑日期等属性，并可能需要显示建筑物、更新属性数据等操作。每个建筑物都使用建筑物类中操作过程的程序代码，代入各自的属性值操作该对象。

（3）概括（Generalization）

在定义类型时，将几种类型中某些具有公共特征的属性和操作抽象出来，形成一种更一般的超类。例如，将 GIS 中的地物抽象为点状对象、线状对象、面状对象以及由这三种对象组成的复杂对象，因此这四种类型可以作为 GIS 中各种地物类型的超类。

比如，设有两种类型：

$$\left.\begin{array}{l}\text{Class}_1=(\text{CID}_1, \text{CS}_A, \text{CS}_B, \text{CM}_A, \text{CM}_B)\\ \text{Class}_2=(\text{CID}_2, \text{CS}_A, \text{CS}_C, \text{CM}_A, \text{CM}_C)\end{array}\right\}$$

Class_1 和 Class_2 中都带有相同的属性子集 CS_A 和操作子集 CM_A，并且

$$\text{CS}_A \in \text{CS}_1 \text{ 和 } \text{CS}_A \in \text{CS}_2 \text{ 及 } \text{CM}_A \in \text{CM}_1 \text{ 和 } \text{CM}_A \in \text{CM}_2$$

因此将它们抽象出来，形成一种超类：

$$\text{Superclass} = (\text{SID}, \text{CS}_A, \text{CM}_A)$$

这里的 SID 为超类的标识号。

在定义了超类以后，Class_1 和 Class_2 可表示为：

$$\left.\begin{array}{l}\text{Class}_1=(\text{CID}_1, \text{CS}_B, \text{CM}_B)\\ \text{Class}_2=(\text{CID}_2, \text{CS}_C, \text{CM}_C)\end{array}\right\}$$

此时，Class_1 和 Class_2 称为 Superclass 的子类（Subclass）。

例如，建筑物是饭店的超类，因为饭店也是建筑物。子类还可以进一步分类，如饭店类可以进一步分为小餐馆、普通旅社、宾馆、招待所等类型。因此，一个类可能是某个或某几个超类的子类，同时又可能是几个子类的超类。

建立超类实际上是一种概括，避免了说明和存储上的大量冗余。由于超类和子类的分开表示，所以就需要一种机制，在获取子类对象的状态和操作时，能自动得到它的超类的状态和操作。这就是面向对象方法中的模型工具——继承，它提供了对世界简明而精确的描述，以利于共享说明和应用的实现。

（4）联合（Association）

在定义对象时，将同一类对象中的几个具有相同属性值的对象组合起来，为了避免重复，设立一个更高水平的对象表示那些相同的属性值。

假设有两个对象：

$$\left.\begin{array}{l}\text{Object}_1=(\text{ID}_1, S_A, S_B, M)\\ \text{Object}_2=(\text{ID}_2, S_A, S_C, M)\end{array}\right\}$$

其中，这两个对象具有一部分相同的属性值，可设立新对象 Object_3 包含 Object_1 和 Object_2：

$$\text{Object}_3=(\text{ID}_3, S_A, \text{Object}_1, \text{Object}_2, M)$$

此时，Object_1 和 Object_2 可变为：

$$\left.\begin{array}{l}\text{Object}_1=(\text{ID}_1, S_B, M)\\ \text{Object}_2=(\text{ID}_2, S_C, M)\end{array}\right\}$$

Object_1 和 Object_2 称为“分子对象”，它们的联合所得到的对象称为“组合对象”。联合的一个特征是它的分子对象应属于一种类型。

（5）聚集（Aggregation）

聚集是指将几个不同特征的对象组合成一个更高水平的对象。每个不同特征的对象是该复合对象的一部分，它们有自己的属性描述数据和操作，这些是不能为复合对象所公用的，但复合对象可以从它们那里派生得到一些信息。例如，弧段聚集成线状地物或面状地物，简单地物组成复杂地物。

例如，设有两种不同特征的分子对象：

$$\text{Object}_1=(\text{ID}_1, S_1, M_1)$$

$$\text{Object}_2=(\text{ID}_2, S_2, M_2)$$

用它们组成一个新的复合对象：

$$\text{Object}_3=(\text{ID}_3, S_3, \text{Object}_1(S_u), \text{Object}_2(S_v), M_3)$$

其中，$S_u \in S_1$，$S_v \in S_2$。从上式可见，复合对象 Object_3 拥有自己的属性值和操作，它仅是从分子对象中提取部分属性值，且一般不继承子对象的操作。

在联合和聚集这两种对象中，用“传播”作为传递子对象的属性到复杂对象的工具。也就是说，复杂对象的某些属性值不单独存储在数据库中，而是从它的子对象中提取或派生。例如，一个多边形的位置坐标数据，并不直接存储在多边形文件中，而是存储在弧段和结点文件中，多边形文件仅提供一种组合对象的功能和机制，通过建立聚集对象，借助于传播的工具可以得到多边形的位置信息。

2. GIS中的面向对象模型

（1）空间地物的几何数据模型

GIS中面向对象的几何数据模型如图6-6所示。从几何方面划分，GIS的各种地物可抽象为：点状地物、线状地物、面状地物以及由它们混合组成的复杂地物。每一种几何地物又可能由一些更简单的几何图形元素构成。例如，一个面状地物是由周边弧段和中间面域组成的，弧段又涉及结点和中间点坐标。或者说，结点的坐标传播给弧段，弧段聚集成线状地物或面状地物，简单地物组成复杂地物。

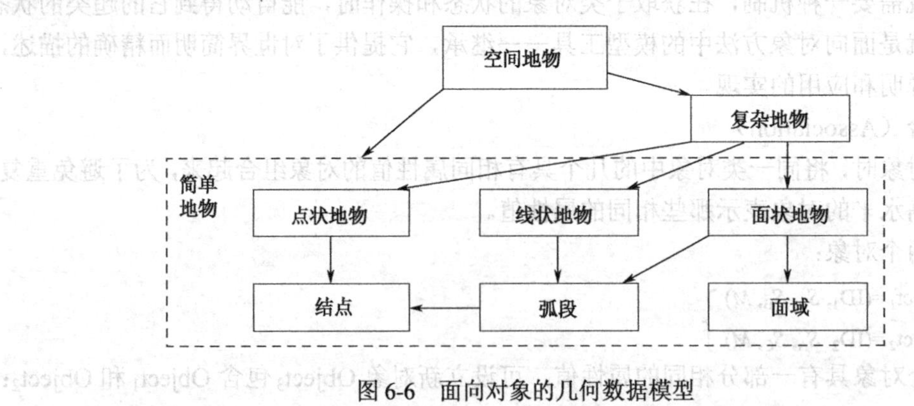

图6-6　面向对象的几何数据模型

（2）拓扑关系与面向对象模型

通常地物之间的相邻、关联关系可通过公共结点、公共弧段的数据共享来隐含表达。在面向对象数据模型中，数据共享是其重要的特征。将每条弧段的两个端点（通常它们与另外的弧段公用）抽象出来，建立单独的结点对象类型，而在弧段的数据文件中，设立两个结点子对象标识号，即用“传播”的工具提取结点文件的信息，如图6-7所示。

区域文件

区域标识	弧段标识
1	21
2	22，24，25，23
3	23
4	24，26，28
5	25，26，27

弧段文件

弧段标识	起结点	终结点	中间点串
21	11	11	…
22	12	15	…
23	13	13	…
24	14	12	…
25	15	14	…
26	16	14	…
27	16	15	…
28	16	12	…

结点文件

结点标识	X	Y	Z
11	100	90	100
12	90	85	120
13	60	88	110
14	55	82	150
15	30	80	130
16	52	20	90

图 6-7　拓扑关系与数据共享

这一模型既解决了数据共享问题，又建立了弧段与结点的拓扑关系。同样，面状地物对弧段的聚集方式与数据共享、几何拓扑关系的建立也达到一致。

（3）面向对象的属性数据模型

关系数据模型和关系数据库管理系统基本上适应 GIS 中属性数据的表达与管理。若采用面向对象数据模型，语义将更加丰富，层次关系也更加明了。可以说，面向对象数据模型是在包含关系数据库管理系统功能的基础上，增加面向对象数据模型的封装、继承、信息传播等功能。

下面是以土地利用管理 GIS 为例的面向对象的属性数据模型，如图 6-8 所示。

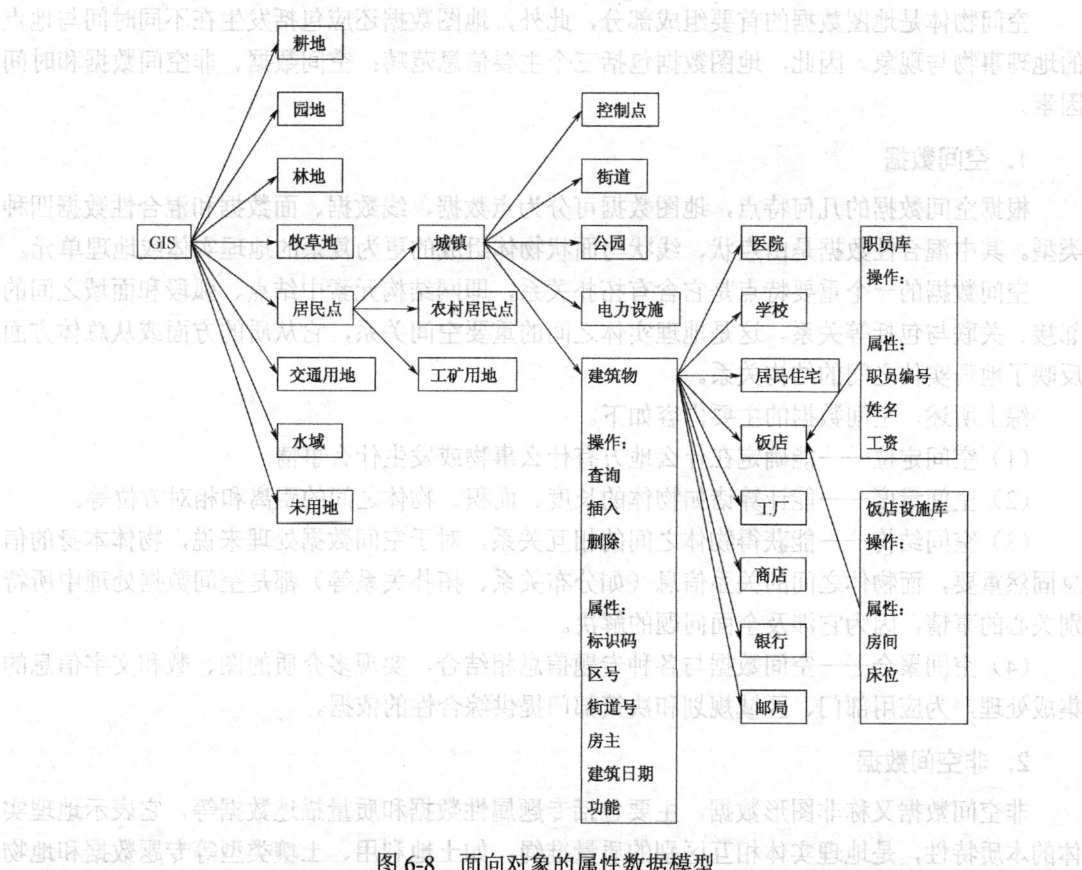

图 6-8　面向对象的属性数据模型

GIS 中的地物可根据国家分类标准或实际情况划分类型。如土地利用管理 GIS 的目标可分为耕地、园地、林地、牧草地、居民点、交通用地、水域、未利用地等几大类，地物类型的每一大类又可以进一步分类，如居民点可再分为城镇、农村居民点、工矿用地等子类。另外，根据需要还可将具有相同属性和操作的类型综合成一个超类。例如，工厂、商店、饭店属于产业，它有收入和税收等属性，可把它们概括成一个更高水平的超类——产业类。由于产业可能不仅与建筑物有关，还可能包含其他类型如土地等，所以可将产业类设计成一个独立的类，通过行政管理数据库来管理。在整个系统中，可采用双重继承工具，当要查询饭店类的信息时，既要能够继承建筑物类的属性与操作，又要能够继承产业类的属性与操作。

属性数据管理中也需要用到聚集的概念和传播的工具。例如，在饭店类中，可能不直接存储职工总人数、房间总数和床位总数等信息，它可能从该饭店的子对象职员、房间床位等数据库中派生得到。

6.3 空间数据组织

地图数据是一个基于空间参考的数据，它以定点、定线或定面的方式与地球表面建立位置联系。图像数据如遥感数据等，图形数据如普通地图、专题地图等，地理统计数据及环境监测数据等，均是地图数据的重要代表。

6.3.1 地图数据的基本组成

空间物体是地图数据的首要组成部分，此外，地图数据还应包括发生在不同时间与地点的地理事物与现象。因此，地图数据包括三个主要信息范畴：空间数据、非空间数据和时间因素。

1. 空间数据

根据空间数据的几何特点，地图数据可分为点数据、线数据、面数据和混合性数据四种类型。其中混合性数据是由点状、线状与面状物体组成的更为复杂的地理实体或地理单元。

空间数据的一个重要特点是它含有拓扑关系，即网结构元素中结点、弧段和面域之间的邻接、关联与包括等关系。这是地理实体之间的重要空间关系，它从质的方面或从总体方面反映了地理实体之间的结构关系。

综上所述，空间数据的主要内容如下。

（1）空间定位——能确定在什么地方有什么事物或发生什么事情。

（2）空间量度——能计算诸如物体的长度、面积、物体之间的距离和相对方位等。

（3）空间结构——能获得物体之间的相互关系，对于空间数据处理来说，物体本身的信息固然重要，而物体之间的关系信息（如分布关系、拓扑关系等）都是空间数据处理中所特别关心的事情，因为它涉及全面问题的解决。

（4）空间聚合——空间数据与各种专题信息相结合，实现多介质的图、数和文字信息的集成处理，为应用部门、区域规划和决策部门提供综合性的依据。

2. 非空间数据

非空间数据又称非图形数据，主要包括专题属性数据和质量描述数据等，它表示地理实体的本质特性，是地理实体相互区别的质量准绳，如土地利用、土壤类型等专题数据和地物要素分类信息等。

地图数据中的空间数据表示地理物体位于何处和与其他物体之间的空间关系；而地图数据中的非空间数据则对地理物体进行语义定义，表明该物体“是什么”。除这两个方面的主要信息外，地图数据中还可包含一些补充性的质量、数量等描述信息，有些物体还有地理名称信息。这些信息的总和，能从本质上对地理物体进行相当全面的描述，可看作地理物体多元信息的抽象，是地理物体的静态信息模型。

3．时间因素

地理要素的空间与规律是 GIS 的中心研究内容，但空间和时间是客观事物存在的形式，两者之间是互相联系而不能分割的。因此，往往要分析地理要素的时序变化，阐明地理现象发展的过程和规律。时间因素为地理信息增加了动态性质。在物体所处的二维平面上定义第三维专题属性，得到的是在给定时刻的地理信息。在不同时刻，按照同一信息采集模型，得到不同时刻的地理信息序列。

若把时间看作第四维信息，则可对地理现象进行如下划分。

- 超短期的：如地震、台风、森林火灾等。
- 短期的：如江河洪水、作物长势等。
- 中期的：如土地利用、作物估产等。
- 长期的：如水土流失、城市化等。
- 超长期的：如火山爆发、地壳形变等。

地理信息的这种动态变化特征，一方面要求信息及时获取并定期更新，另一方面要重视自然历史过程的积累和对未来的预测和预报，以免使用过时的信息导致决策失误，或者缺乏可靠的动态数据而不能对变化中的地理事件或现象做出合乎逻辑的预测预报和科学论证。

6.3.2　图形数据模型

1．矢量数据模型

在矢量数据中，单个地理实体是基本逻辑数据单位。根据在数据模型中所反映的实体间联系的程度，可有两种基本实施方案：无结构的面条模型和反映实体间空间关系的拓扑模型。

（1）面条模型

在面条模型中，仅仅把实体的空间信息定义成坐标串，不存储任何空间关系。因此，这种模型仅适用于简单的图形再现，不能用于空间分析，对共位物体还会产生数据冗余，从而难以保持有关数据的一致性。从这个意义上讲，这种模型只能用于彼此分离（不共位）的图形或作为空间数据输入的预备结构。

（2）拓扑模型

拓扑模型在空间数据模型中得到了广泛的承认，不少著名的数据模型都是围绕着这个概念建立起来的。因为拓扑模型不仅能保证共位物体的无冗余存储，还可利用结构法则检索物体间的空间关系异常。例如，可以为河流网、交通网、电力网、给水网、排水网等建立拓扑关系，这样就可以根据网线的关系来达到跟踪、检索、分析等目的。

2．面片数据模型

在这类模型中，基本数据元素是基于一个空间单元的。实体信息是按照这种空间单元进行采集的。面片数据模型主要表现为以下两种形式：网格系统和多边形系统。

（1）网格系统

网格系统用规则的小面块集合来逼近自然界不规则的地理单元。数据采集与图像处理中普遍采用正方形，这就意味着正方形砌块是分割二维空间的实用形式。

（2）多边形系统

多边形系统借助任意形状的弧段集合来精确表达地理单元的自然轮廓。它是表达面状地理要素的重要手段。多边形系统不像网格系统那样使用简单的二维阵列结构，各个面域单元之间的关系不是系统所有的，需要专门建立，即要建立多边形网结构元素之间的拓扑关系。

6.3.3 专题属性数据模型

各种 GIS，除管理图形数据系统外，还在不同程度上管理和处理与图形数据相关联的专题数据。在层次、网状和关系模型中，最常用的专题属性数据模型是关系数据模型。

6.3.4 图形数据与专题属性数据的连接

在空间数据库系统中，图形数据与专题属性数据一般采用分离组存储的方法，以增强整个系统数据处理的灵活性，尽可能减少不必要的机时与空间上的开销。然而，地理数据处理又要求对区域数据进行综合性处理，其中包括图形数据与专题属性数据的综合性处理。因此，图形数据与专题属性数据的连接也是很重要的。图形数据与专题属性数据的连接基本上有4种方式。

1. 图形数据与专题属性数据分别管理

这种方式没有集中控制的数据库管理系统，它有两种管理形式。

（1）属性数据是作为图形数据记录的一部分进行存储的。这种方式只有当属性数据量不大的个别情况下才是有用的。大量的属性数据加载于图形记录上会导致系统响应时间的普遍延长。当然，其主要的缺点在于属性数据的存取必须经由图形记录才能进行。

（2）用单向指针指向属性数据，此方式的优点在于属性数据多少不受限制，且对图形数据没有什么坏影响。缺点是仅有从图形到属性的单向指针，因此，互相参照是非常麻烦的，并且容易出错，如图 6-9（a）所示。

2. 对通用 DBMS 扩展以增加空间数据的管理能力

对通用 DBMS 进行必要的扩展，以增加空间数据的管理能力，使空间数据和属性数据在同一个 DBMS 管理之下。这种方式使空间和属性数据之间的联系比较密切，还便于利用某些 DBMS 产品的现成功能（如多用户的控制、客户机/服务器的运行模式等），但为了使空间数据适应关系模型，需牺牲软件运行的效率，如图 6-9（b）所示。

3. 属性数据与图形数据具有统一的结构

此方式中有双向指针参照，且由一个数据库管理系统来控制，使灵活性和应用范围均大为提高。这一方式能满足许多部门在建立信息系统时的要求，如图 6-9（c）所示。

4. 图形数据与属性数据自成体系

此方式为图形数据和属性数据彼此独立地实现系统优化提供了充分的可能性，以进一步适用于不同部门的数据处理方法。这里属性数据有其专用的数据库系统，很多情况下是用于事务管理的商业数据库，并且在它的基础上建立了能够从属性到图形的反向参照功能，如图 6-9（d）所示。

GIS
应用软件
数据库
管理系统
图形
属性
(a)
GIS
应用软件
数据库管理
系统（扩展空间
数据管理功能）
商用数据库
图形
属性
(b)
GIS
应用软件
数据库
管理系统
图形
属性
系统单位
(c)
GIS
应用软件
空间数据库
管理系统
属性数据库
管理系统
图形
属性
(d)

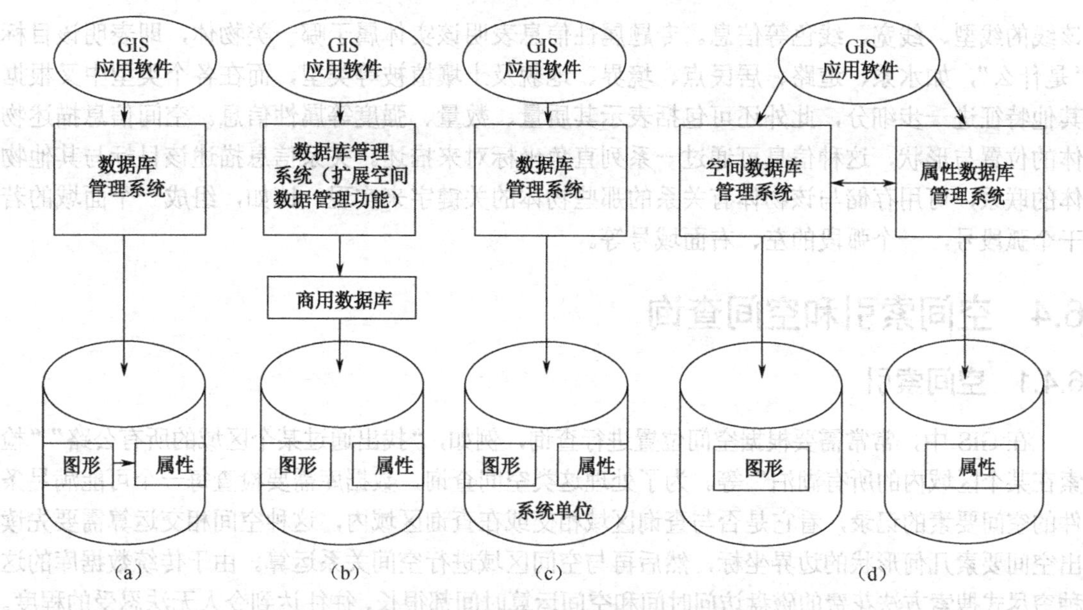

图 6-9　图形数据与专题属性数据的连接

当然，在许多 GIS 中，图形数据和属性数据并不使用单一的连接方式，而是根据具体情况使用多种方式。例如，MapGIS 以第三种方式为主，但也包含第四种方式。

6.3.5　地理实体信息框架

有关地理实体的各种信息内容，可表示为描述实体记录数据项的集合，这样便形成一种信息框架，表示实体信息的逻辑构成。例如，一个地理实体的信息结构可表示为如图 6-10 所示的两种形式。

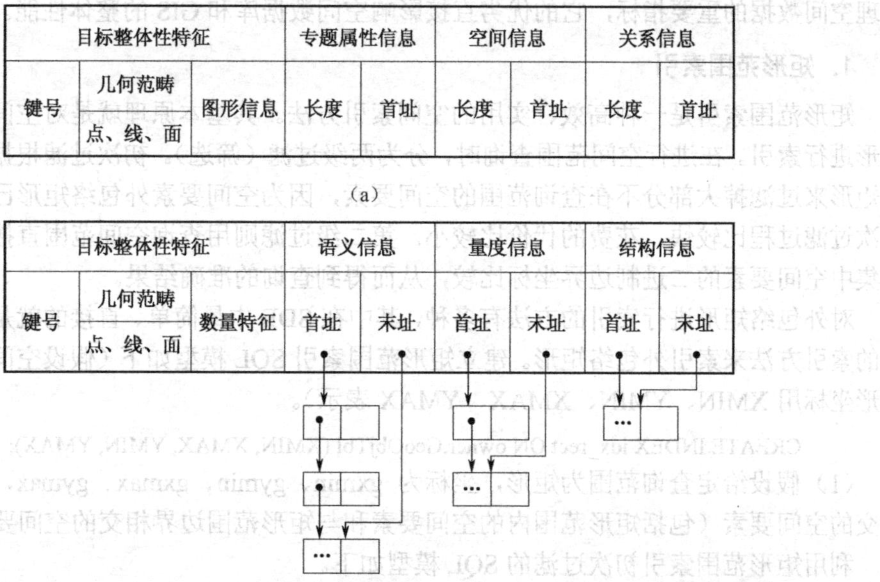

目标整体性特征
专题属性信息
空间信息
关系信息
键号
几何范畴
点、线、面
图形信息
长度
首址
长度
首址
长度
首址
(a)
目标整体性特征
语义信息
量度信息
结构信息
键号
几何范畴
点、线、面
数量特征
首址
末址
首址
末址
首址
末址
…
…
…
(b)

图 6-10　地理实体的信息结构

其中，图形信息用来描述实体的图形特征。如果实体为一条线，则其图形信息描述的是该线的线型、线宽、线色等信息。专题属性信息表明该实体属于哪一类物体，即表明该目标“是什么”，如水系、道路、居民点、境界、地貌及土壤植被等类型，而在各个类型中又根据其他特征进一步细分，此外还可包括表示其质量、数量、强度等属性信息。空间信息描述物体的位置与形状，这种信息可通过一系列直角坐标对来描述。关系信息描述该目标与其他物体的联系，可用存储与该物体有关系的那些物体的关键字来实现，比如，组成一个面域的若干个弧段号，一个弧段的左、右面域号等。

6.4 空间索引和空间查询

6.4.1 空间索引

在 GIS 中，常常需要根据空间位置进行查询，例如，“找出通过某个区域的所有公路”“检索在某个区域内的所有湖泊”等。为了处理这类空间查询，数据库需要检查每一个可能满足条件的空间要素的记录，看它是否与查询区域相交或在查询区域内，这种空间相交运算需要先读出空间要素几何形状的边界坐标，然后再与空间区域进行空间关系运算。由于传统数据库的这种穷尽式搜索方法花费的磁盘访问时间和空间运算时间都很长，往往达到令人无法忍受的程度。

传统的关系数据库为了提高检索效率，一般都建立一系列的索引机制，如 B+树。但是，这些都是一维索引，无法处理空间数据库中的二维和多维的空间数据，所以必须为空间数据库另外建立专门的索引机制——空间索引。

空间索引是指根据空间要素的地理位置、形状或空间对象之间的某种空间关系，按一定的顺序排列的一种数据结构，一般包括空间要素标识、外包络矩形及指向空间要素的指针。这里，外包络矩形是指空间要素的封装边界，它是每一种空间索引必不可少的要素。

空间索引的目的是为了在 GIS 中快速定位到所选中的空间要素，从而提高空间操作的速度和效率。空间索引的技术和方法是 GIS 关键技术之一，是快速、高效地查询、检索和显示地理空间数据的重要指标，它的优劣直接影响空间数据库和 GIS 的整体性能。

1．矩形范围索引

矩形范围索引是一种高效、实用的空间索引方法。其基本原理就是对空间要素的外包络矩形进行索引。在进行空间范围查询时，分为两级过滤（筛选）。初次过滤根据空间要素外包络矩形来过滤掉大部分不在查询范围的空间要素，因为空间要素外包络矩形已被索引，所以初次过滤过程比较快，花费的代价比较小。第二级过滤则用查询空间范围直接与初次过滤结果集中空间要素的二进制边界坐标比较，从而得到查询的准确结果。

对外包络矩形进行索引的方法有多种，其中在 SDE 中最简单、直接的就是利用关系数据库的索引方法来索引外包络矩形。建立矩形范围索引 SQL 模型如下（假设空间要素的外包络矩形坐标用 XMIN、YMIN、XMAX、YMAX 表示）。

```
CREATE INDEX idx_rect ON owner.GeoObjTbl (XMIN, XMAX, YMIN, YMAX);
```

（1）假设给定查询范围为矩形，坐标为 gxmin、gymin、gxmax、gymax，查询矩形范围相交的空间要素（包括矩形范围内的空间要素和与矩形范围边界相交的空间要素）。

利用矩形范围索引初次过滤的 SQL 模型如下。

```
SELECT id0 from owner.GeoObjTbl WHERE ((gxmin< = XMAX AND gxmin > = XMIN) OR
(gxmax< = XMAX AND gxmax> = XMIN)) AND ((gymin<=YMAX AND gymin>=YMIN) OR
(gymax< =YMAX AND gymax>=YMIN))
```

（2）假设给定查询范围为矩形，坐标为 gxmin、gymin、gxmax、gymax，查询仅在矩形范围内的空间要素（不包括交到了矩形范围边界的空间要素）。

利用矩形范围索引初次过滤的 SQL 模型如下。

```
SELECT id0 from owner.GeoObjTbl WHERE (gxmin<XMAX AND gxmin >XMIN) AND
(gxmax<XMAX AND gxmax>XMIN) AND (gymin<YMAX AND gymin>YMIN) AND
(gymax<=YMAX AND gymax>=YMIN)
```

单元网格索引思路比较简单，其基本思想是将研究区域用横竖划分为大小相等或不等的网格，记录每一个网格所包含的空间要素。当用户进行空间查询时，首先计算出查询空间要素所在的网格，然后通过该网格快速定位到所选择的空间要素。

2. 单元网格索引

（1）传统单元网格索引编码

在建立地图数据库时需要用一个平行于坐标轴的正方形数学网格覆盖在整个数据库数值空间上，将后者离散化为密集栅格的集合，以建立制图物体之间的空间位置关系。通常是把整个数据库数值空间划分成 32×32（或 64×64）的正方形网格，建立另一个倒排文件——栅格索引。每一个网格在栅格索引中有一个索引条目（记录），在这个记录中登记所有位于或穿过该网格的物体的关键字，可用变长指针法或位图法实现。在图 6-11 中有三个制图物体：一条河流、一个湖泊和一条省界，它们的关键字分别为 5、11 和 23。河流穿过的栅格为 2、34、35、67、68；湖泊覆盖的栅格为 68、69、101、100；省界通过的栅格为 5、37、36、35、67、99、98、97。这种物体与栅格的关系可用位图法来表示。如图 6-12 所示，一个栅格中包含的物体个数就是该栅格在栅格索引的对应记录中存储的比特“1”的个数。这是定位（开窗）检索的基本工具。此外，物体与栅格的关系也可用变长指针法表示，如图 6-13。

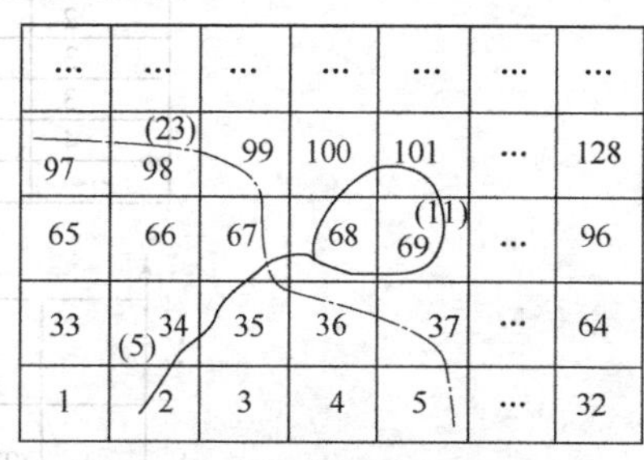

图 6-11　数据库数值空间的栅格

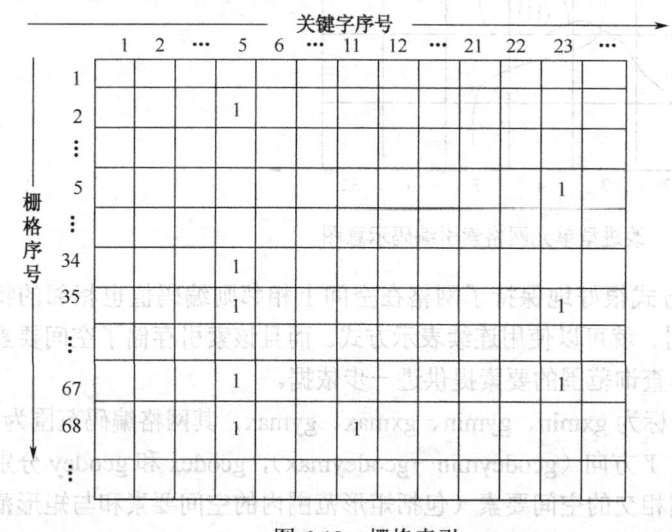

图 6-12　栅格索引

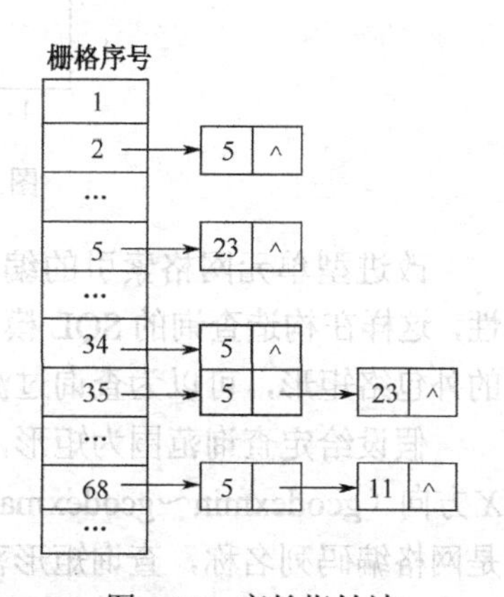

图 6-13　变长指针法

利用传统单元网格索引查询的 SQL 模型如下（GCODE 为网格编码列名称）。

```
SELECT id0 from owner.GeoObjTbl WHERE GCODE IN (…)
```

由于传统型单元网格编码方式过于简单，使得编码值在空间上不能保持连续性，即空间上相邻的网格编码不连续，所以在使用 SQL 模型进行查询时，只能使用 IN 语法。这样，如果查询涉及的网格编码太多，则容易超出 SQL 模型的长度。

（2）改进型单元网格索引编码

改进型单元网格索引将传统型编码由一维升至二维，变成 *X* 和 *Y* 方向上的编码；将空间要素的标识、空间要素所在网格的 *X* 和 *Y* 方向上的编码，以及空间要素的外包络矩形作为一条数据库记录存储。如果一个空间要素跨越多个网格，则同样存储多条记录。如图 6-14 所示，[X1, Y1]，[X2, Y2]是 5 的外包络矩形，[X3, Y3]，[X4, Y4]是 11 的外包络矩形，[X5, Y5]，[X6, Y6]是 23 的外包络矩形。

*X*方向网格编码	*Y*方向网格编码	要素标识	要素外包络矩形
1	1		
2	1	5	[X1,Y1],[X2,Y2]
3	1		
4	1		
5	1	23	[X5,Y5],[X6,Y6]
…	…	…	…
2	2	5	[X1,Y1],[X2,Y2]
3	2	5	[X1,Y1],[X2,Y2]
3	2	23	[X5,Y5],[X6,Y6]
4	2	23	[X5,Y5],[X6,Y6]
…	…	…	…

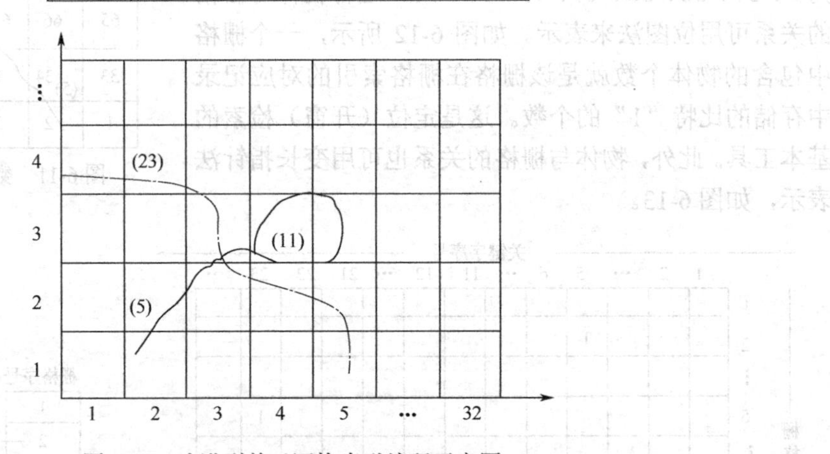

图 6-14　改进型单元网格索引编码示意图

改进型单元网格索引的编码方式很好地保持了网格在空间上相邻则编码值也相邻的特性，这样在构造查询的 SQL 模型时，就可以使用连续表示方式。而且该索引存储了空间要素的外包络矩形，可以为查询过滤非查询范围的要素提供进一步依据。

假设给定查询范围为矩形，坐标为 gxmin、gymin、gxmax、gymax，其网格编码范围为：*X* 方向（gcodexmin～gcodexmax），*Y* 方向（gcodeymin～gcodeymax），gcodex 和 gcodey 分别是网格编码列名称，查询矩形范围相交的空间要素（包括矩形范围内的空间要素和与矩形范围边界相交的空间要素），利用单元网格索引过滤的 SQL 模型如下。

```
SELECT id0 from owner.GeoObjTbl WHERE (gcodex>= gcodexmin AND gcodex<=gcodexmax
AND gcodey>= gcodeymin AND gcodey<=gcodeymax)AND (((gxmin<=XMAX AND gxmin>=
XMIN) OR (gxmax<=XMAX AND gxmax>= XMIN)) AND ((gymin<=YMAX AND gymin> =
YMIN) OR (gymax<= YMAX AND gymax>=YMIN)))
```

3. R树索引

R 树最早是由 A.Guttman 在 1984 年提出的，随后又有了许多变形，构成由 R 树、R＋树、Hibert R 树、SR 树等组成的 R 系列树空间索引。R 系列树都是平衡树的结构，非常像 B 树，也具有 B 树的一些性质。下面以 Guttman 的 R 树为例介绍 R 树的结构。

R 树的每个结点不存放空间要素的值。叶结点中存储该结点对应的空间要素的外包络矩形和空间要素标识码，这个外包络矩形是个广义上的概念，二维上是矩形，三维空间上就是长方体，以此类推到高维空间。非叶结点（叶结点的父亲、祖先结点）存放其子女结点集合的整体外包络矩形和指向其子女结点的指针。注意，空间要素相关的信息只存在叶结点上。

图 6-15 所示是二维空间中一个 R 树结构示意图，图中的例子表示了三组多边形（矩形，用实线画出）及对应于这三组多边形的 R 树中结点的外包络矩形（用虚线画出），R 树本身画在右边。

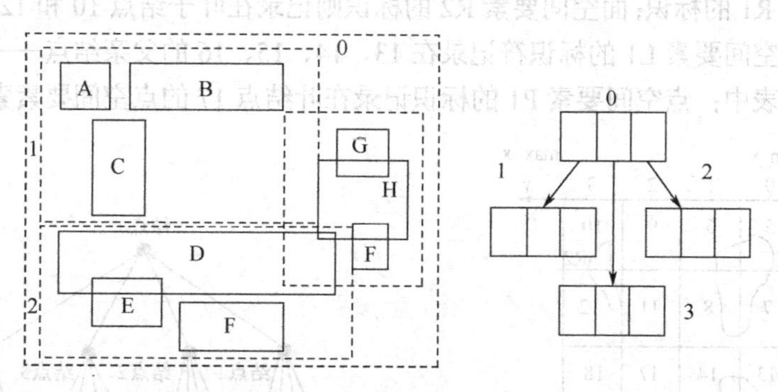

图 6-15　R 树结构示意图

让 R 树的结构尽可能合理是一个非常复杂的问题。上面众多的方法都不能很完美地衡量空间的聚集，都只能做到局部的优化，无法保证由此形成的 R 树的整体结构最优。空间要素插入顺序的不同会形成不同结构的 R 树，所以随着空间要素的频繁插入和删除，会将 R 树的查询效率带向不可预知的方向。

但 R 树空间索引具有其他索引方法无法比拟的优势：它按数据来组织索引结构，这使其具有很强的灵活性和可调节性，无须预知整个空间要素所在空间范围，就能建立空间索引。由于具有与 B 树相似的结构和特性，使其能很好地与传统的关系数据库相融合，更好地支持数据库的事务、回滚和并发等功能。这是许多国外空间数据库选择 R 树作为空间索引的一个主要原因。

4. 四叉树索引

四叉树索引的基本原理是将已知的空间范围划成四个相等的子空间，将每个或其中几个子空间继续按照一分为四的原则划分下去，这样就形成了一个基于四叉树的空间划分。四叉树索引有满四叉树索引和一般四叉树索引。以下两个四叉树索引均为满四叉树索引。

（1）基于固定网格划分的四叉树索引

在基于固定网格空间划分的四叉树索引机制中，二维空间范围被划分为一系列大小相等的棋盘状矩形，即将地理空间的长和宽在 X 和 Y 方向上进行 2^N 等分，形成 $2^N \times 2^N$ 的网格，并以此建立 N 级四叉树。其中，树的非叶结点（即内部结点）数的计算公式为：MAX_NONLEAFNODE_NUM= $\sum_{i=0}^{N-1} 4^i$ ，叶结点（即外部结点）数的计算公式为：MAX_LEAFNODE_NUM= $2^N \times 2^N = 4^N$。若非叶结点从四叉树的根结点开始编号，从 0 到 MAX_NONLEAFNODE_NUM−1，叶子结点则从 MAX_NONLEAFNODE_NUM 开始编号，直到 MAX_ NONLEAFNODE_NUM+MAX_LEAFNODE_NUM−1。如图 6-16 所示为二维空间的二级划分（即 N=2）及其四叉树结构。根据计算公式，当 N=2 时，非叶结点数为 5，编码为 0～4，叶结点数是 16，编码为 5～20。

在四叉树中，空间要素标识记录在其外包络矩形所覆盖的每一个叶结点中，但是，当同一父亲的四个兄弟结点都要记录该空间要素标识时，则只将该空间要素标识码记录在该父亲结点上，并按这一规则向上层推进。如图 6-16 所示，面空间要素 R1 的外包络矩形同时覆盖 5、6、7、8 这四个兄弟子空间，根据以上规则，只需在它们的父亲结点——1 号结点的面空间要素索引结点表中记录 R1 的标识；面空间要素 R2 的标识则记录在叶子结点 10 和 12 的面空间要素索引结点表中；线空间要素 L1 的标识符记录在 13、14、15、16 的父亲结点——3 号结点的线空间要素索引结点表中；点空间要素 P1 的标识记录在叶结点 17 的点空间要素索引结点表中。

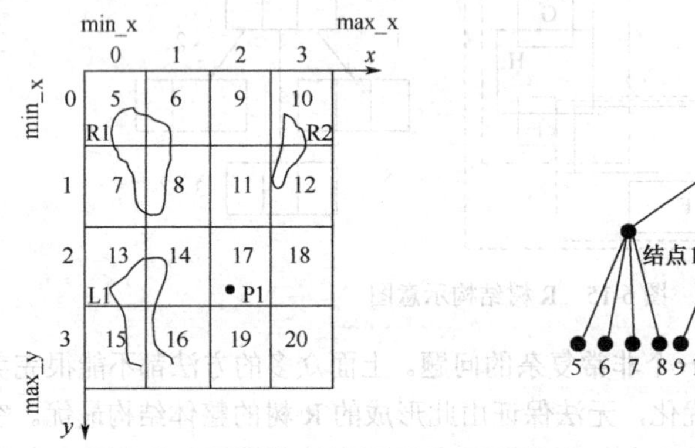

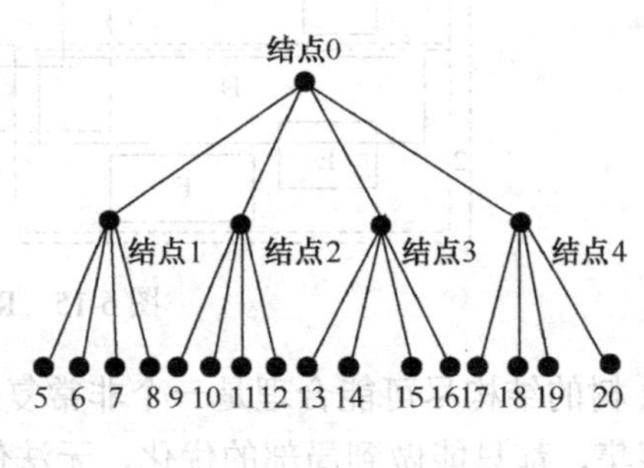

图 6-16 N=2 时的空间划分及其四叉树结构

（2）线性可排序四叉树索引

线性可排序四叉树索引是 SuperMap 研制出来的一种扩展型四叉树索引。它与传统四叉树索引的不同之处有两点：一点是四叉树结点编码方式不同，另一点是结点和空间要素的对应关系不同。

线性可排序四叉树索引在编码上放弃了传统的四叉树编码方式，其编码示意图如图 6-17 所示。首先将四叉树分解为二叉树，即在父结点层与子结点层之间插入一层虚结点，虚结点不用来记录空间要素。然后按照中序遍历树的顺序对结点进行编码，包括加入的虚结点。进行空间查询时，首先根据查询区域生成所要搜索的结点编号的集合。由于新的编码方式，孩子和父亲结合编号的连续性将结点编号集合变换成连续的结点编号的范围，这样就可以很容易地用 SQL 模型构造条件，从索引表中检索出满足要求的空间要素。

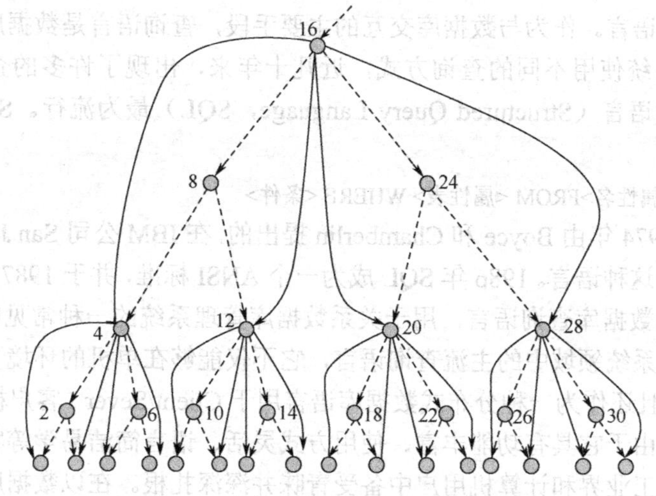

图 6-17 线性可排序四叉树编码示意图

5. 多级索引

多级索引是将多种不同或相同的索引方法组合使用，对单级索引空间或空间范围进行多级划分，解决超大型数据量的 GIS 检索、分析、显示的效率问题。多级索引由于其多级的结构特性，往往可以很好地利用计算机硬件资源的并行工作特性，如多 CPU、磁盘阵列等，来提高检索的效率。

多级索引的方法有很多，不同的单级索引组合便可以构成不同的多级索引方法。但是由于每种索引的特性不同，所以如何将多种索引融合成一体构成一种高效的多级索引也是空间索引的一个研究方向。

索引分割单元网格索引是一种简单高效的多级索引方法，其基本原理类似于四叉树，将空间范围进行多级划分，每一级划分的空间均采用单元网格索引，构成一个多级网格空间，以适应不同范围的高效查询；与四叉树不同的是，每一次空间划分均为物理分割，一旦该级的网格确定，则需建立相应的物理表格存储该级的索引信息。

空间范围的每一级划分的原理就是通过规则划分（矩形或正方形）将索引区域划分为不重叠的许多子空间（矩形或正方形），对于该索引区域建立一个范围索引表，记录每个子空间的范围、划分的级别和子空间索引表名称；对每个子空间单元按照以上规则进行再次划分；对于最后一级的子空间，则为每个子空间单元建立一个子空间索引表，存储落在这个子空间之内的空间要素标识码、外包络矩形，并且对于最后一级的子空间，如果包含的空间要素个数太多，可直接将该子空间物理分割成多个。

通过该方式索引，在进行空间检索时，可以直接访问空间区域覆盖的和与空间区域相交的子空间的索引表，然后对空间索引表进行进一步求精判断，以检索出符合要求的空间实体。由于进行了物理分割，那么单个空间索引表维持恒定且较少的记录数，而且空间索引表的字段域也只有几个，数据量大大减少，因此检索效率也就会比单级网格索引要高。

6.4.2 空间查询

1. 标准数据库查询语言

对于数据库来说，一个简单的获取数据库数据的要求被定义为一个查询，而为此目的开发的语言称为查询语言。作为与数据库交互的主要手段，查询语言是数据库管理系统的一个核心要素。不同系统使用不同的查询方式，近几十年来，出现了许多的查询语言，但它们中只有结构化查询语言（Structured Query Language，SQL）最为流行。SQL 语句的基本结构如下。

SELECT <属性名>FROM <属性表> WHERE <条件>

SQL 语言是 1974 年由 Boyce 和 Chamberlin 提出的，在 IBM 公司 San Jose 实验室研制的 System R 上实现了这种语言。1986 年 SQL 成为一个 ANSI 标准，并于 1987 年成为 ISO 标准。SQL 语言是标准的数据库查询语言，用于关系数据库管理系统的一种常见的商业查询语言，是目前关系数据库系统领域中的主流查询语言，它不仅能够在单机的环境下提供对数据库的各种操作访问，而且还作为一种分布式数据库语言用于 Client/Sever（客户机/服务器）模式数据库应用的开发。由于它具有功能丰富、使用方式灵活、语言简洁易学等特点，因此深受用户欢迎，在计算机工业界和计算机用户中备受青睐并深深扎根。在以数据库系统为主流的今天，它被广泛用于数据库管理系统中，它使全部用户，包括应用程序员、DBA 管理员和终端用户受益匪浅。其优点主要体现在以下几点。

（1）非过程化语言

SQL 是一个非过程化的语言，因为它一次处理一个记录，对数据提供自动导航。SQL 允许用户在高层的数据结构上工作，而不对单个记录进行操作，可操作记录集。所有 SQL 语句接受集合作为输入，返回集合作为输出。SQL 的集合特性允许一条 SQL 语句的结果作为另一条 SQL 语句的输入，SQL 不要求用户指定对数据的存放方法。这种特性使用户更易集中精力于要得到的结果。

（2）统一的语言

SQL 可用于所有用户的 DB 活动模型，包括系统管理员、数据库管理员、应用程序员、决策支持系统人员及许多其他类型的终端用户。基本的 SQL 命令只需很少时间就能学会，最高级的命令在几天内便可掌握。SQL 为许多任务提供了命令，包括：查询数据；在表中插入、修改和删除记录；建立、修改和删除数据对象；控制对数据和数据对象的存取；保证数据库一致性和完整性。以前的数据库管理系统为上述各类操作提供单独的语言，而 SQL 将全部任务统一在一种语言中。

（3）所有关系数据库的公共语言

由于所有主要的关系数据库管理系统都支持 SQL 语言，用户可将使用 SQL 的技能从一个 RDBMS 转到另一个，所有用 SQL 编写的程序都是可以移植的。标准 SQL 以其特有的功能和优点，无可替代地成为现阶段 GIS 的主要查询语言，目前大多数的商用 GIS 软件，如 MapInfo、ARC/INFO 等都提供 SQL 查询功能。

2. 空间查询语言

空间数据库是一种特殊的数据库，其应用必须能够处理像点、线、面这样复杂的数据类型。它与普通数据库的最大不同之处在于包含空间概念，而标准 SQL 语言不支持空间概念，通常只提供简单的数据类型，如整型、日期型等。目前多数 GIS 对此的解决方案是在 SQL 的基础上引入空间数据类型和空间操作函数来实现空间特征的查询，如增加 WITHIN 算子（SELECT <目标> WITHIN <区域>），称之为空间数据库查询语言（Geometric SQL，GSQL），使空间数据类型完全地集成于 SQL 语言。

GSQL 主要的语句类型有查询语句和分析语句。查询语句能够实现从某个类（可以是要素类、简单要素类和对象类）中提取符合条件的记录，结果形成一个新类；分析语句主要是实现 OGC（Open Geospatial Consortium，开放地理空间信息联盟）规定的常用的空间分析，如包含、求缓冲区等。

以 GSQL 查询语句的基本语法结构如下。

SET @CLS-xxx = SELECT clsName | alaisName | ATT FROM prefix.clsName [as alaisName] [WHERE search_condition]; [ORDER BY fieldName [ASC | DESC]]

SET @VAL-xxx = SELECT clustering_function FROM prefix.clsName [as alaisName] [WHERE search_condition];

分析语句的基本语法结构如下。

SET @CLS-xxx = special_analysis_function(parameter1, parameter2)。

空间数据库管理系统（SDBMS）作为一种扩展的 DBMS，既可以处理空间数据，也可以处理非空间数据。因此，应当对 SQL 进行扩展，使它支持空间数据。许多文献对空间数据库查询的不同方面做了很有意义的研究和讨论，大部分研究的基础是关系数据库的查询语言，通过适当扩展以实现空间数据库的查询功能。空间数据库查询语言是空间数据库不可缺少的重要组成部分，如何将关系数据库查询语言进行适当扩展，以适应空间数据的需求，是目前亟待研究的课题。

（1）关系模型的扩展

在空间数据库中，由于地理信息本身的多样性和复杂性，如果单独依靠关系数据库结构化查询语言 SQL 来检索和查询用户所需的地理信息，那么将很难表达用户的查询需求。因此，空间数据库开发者往往需要根据用户对系统的需求和系统的功能对 SQL 语言进行扩展。在空间数据库领域，扩展关系模型主要从以下几方面进行扩展。

① 突破关系模型中关系必须是第一范式的限制，允许定义层次关系和嵌套关系。

② 增加抽象数据类型如图形数据类型点、线、面、栅格、图像等和用户自定义数据类型。

③ 增加空间谓词，如表示空间关系的谓词，包含、相交等，表示空间操作的谓词，叠加、缓冲区等。

④ 增加适合于空间数据索引的方法，如 R 树、四叉树等。

由于以上扩展，使图形数据的存储和管理也可以由一个扩展关系 DBMS 来实现，因此，扩展关系模型具有以下优势。

① 可以用统一的 DBMS 来管理图形和属性数据，即建立整体的空间数据库系统结构，可以克服由关系数据库相分离的系统结构所带来的一系列问题。

② 图形数据管理也可以享用 DBMS 在数据管理方面带来的优越性，如数据安全保障、数据恢复、并发控制等。

③ 图形数据的关系化表达，使其能享用客户机/服务器的优势。数据库服务器的主要优点是服务器只把处理后的记录集（而不是整个文件）传输给客户机，从而有利于缓解网络负载。

由于图形和属性皆可由同一个 DBMS 管理，因此，基于扩展关系模型的空间数据库通常是面向实体的（Feature-oriented）。一个空间要素如点、线、面即为一个实体，每个实体都有唯一的标识 ID。每个实体通过双重指针将图形和属性连接起来，其中一个指针指向特征类的名称、类型数据精度等元数据，另一个指针指向特征的属性表，包括实体的标识号、面积、状态等属性。

（2）OGIS 标准的 SQL 扩展

开放的地理数据互操作规范（Open Geodata Interoperation Specification，OGIS）是一些主要软件供应商组成的联盟，它负责制定与 GIS 互操作相关的行业标准。OGIS 的空间数据模型可以嵌入 C、Java、SQL 等语言中。OGIS 目前是基于空间的对象模型的，对 SQL 进行了扩展。它提供了：① 针对所有几何类型的基本操作，如 SpatialReference 返回所定义几何体采用的基础坐标系统；② 描述空间对象间拓扑关系的函数，如 Disjoint 用来判断对象间是否相离；③ 空间分析的一般操作，如 Difference 用来返回几何体与给定几何体不相交的部分。

OGIS 规范仅仅局限用于空间的对象模型，空间信息有时可以很自然地映射到基于场的模型。OGIS 正在开发针对场数据类型和操作的统一模型。这种场模型或许会整合到 OGIS 未来的标准中。

即使在对象模型中，对于简单的选择—投影—连接查询来说，OGIS 的操作也有局限性。用 GROUP BY 和 HAVING 子句来支持空间聚集查询确实会出问题。最后，OGIS 标准过于关注基本拓扑和空间度量的关系，而忽略了对整个度量操作的类的支持，也就是说，它不支持那些基于方位（如北、南、左、前等）谓词的操作。OGIS 标准还不支持动态的、基于形状及基于可见性的操作。

（3）对象-关系 SQL——SQL3/SQL99

面向对象的模型中的一些概念，如用户自定义类型、属性及方法的继承等，非常适合于处理复杂的空间数据。面向对象技术的出现，能够扩展 RDBMS 的功能，从而可以支持空间数据。随着关系模型和 SQL 的广泛应用，人们把简单类型和面向对象的功能结合起来，产生新的“混合”类型的空间数据库 ORDBMS（对象关系数据库管理系统），ORDBMS 就是随着对象技术的发展而出现的。利用 ORDBMS 带来的必然结果就是要求对 SQL 进行扩展，使其支持空间数据对象的功能，因此，产生了 SQL 在 ORDBMS 上的标准 SQL3/SQL99。

SQL3 是 SQL 的最新标准。SQL3/SQL99 不是专门针对 GIS 或空间数据库的，它是对 SQL 进行对象-关系扩展的一个标准平台，可使用户在关系数据库的框架内定义自己的数据类型，支持抽象数据类型（Abstract Data Type，ADT）和其他数据结构。它规定了句法和语义，由厂商自行定制符合其要求的实现。SQL3 标准不仅是对 SQL 的语法规则做出了更加详细和准确的定义，而且对空间数据的支持也做出了一个统一的描述，使得长期以来一直困扰 GIS 开发者的空间数据存储问题得到了一个解决方案。它详细地描述了空间数据类型点、线、面在数据库中的存储方式，并能够定义操作于空间数据的空间运算符。

6.4.3 空间查询处理

查询、检索是 GIS 中使用最频繁的功能之一。GIS 用户提出的大部分问题都可以表达为查询形式。例如，“一个给定的地块与危险废弃厂相邻吗”“河流洪水泛滥区与提出的高速公路网交叠吗”“长江穿过的省区有哪些”。在这些查询中，除属性条件查询外，更主要的是涉及空间位置的查询，例如，“相邻”“交叠”“穿过”等条件查询。空间查询是空间分析基础，用于回答用户的简单问题，任何空间分析都开始于空间查询。空间查询不改变空间数据库数据、不产生新的空间实体和数据。

由于空间对象的复杂性，空间数据本身大数据量的特性，所以空间对象上的计算一般都是非常复杂而昂贵的，计算空间关系的处理要求就多。空间查询处理涉及复杂的数据类型，使得面向空间数据的查询比单纯的属性数据查询要复杂得多，例如，一个湖泊的边界可能需要数千个矢量数据来精确表示，因此空间数据查询的效率变成了空间数据库性能的瓶颈，而现有的关系数据库查询优化技术不能完全适用于空间数据，所以查询优化技术的研究势必成为空间数据库应用的难点和突破点。空间数据由于其数据量非常庞大并且数据结构复杂，在查询过程中，如果对所有的数据进行一次过滤，判断其是否满足查询条件，那么用户等待计算机处理的时间将是不能忍受的。目前，空间查询优化研究取得了较大的发展，但对于不同空间数据模型来说，优化策略也不尽相同。为了减少复杂几何计算，得到正确的查询结果，提高查询执行的效率，空间查询通常采用如图 6-18 所示的两步算法来高效地处理这些大对象：过滤步骤（Filter）和求精步骤（Refinement）。其查询的基本思想是：首先用一个不精确的大致范围来进行查询，产生一个满足条件的较小候选集合，然后对候选集合中的对象进行精确筛选，产生最终的查询结果。

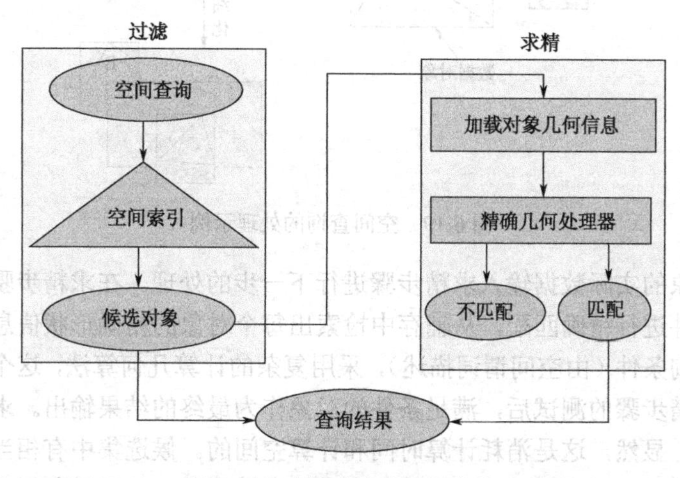

图 6-18　空间查询的处理步骤

从图 6-19 中可以看出，当执行空间查询时，查询处理器首先访问空间索引。空间索引中存储的是空间对象的近似描述，对这些近似描述做相关的操作，排除掉不可能满足查询条件的对象，余下的对象可能满足查询条件，这些对象构成了候选集，这相当于查询的过滤步骤。通常的空间数据索引方法是使用近似的概念，索引结构管理那些比空间对象简单的几何对象代替空间对象。用一个空间对象的近似表示来判断可能会满足要求的候选对象，这个近似值被选择出来（如果对象 A 和 B 的近似值确实满足一个关系，那么对象 A 和 B 很可能就具有那种关系，例如，如果近似值是不相交的，则对象 A 和 B 可能是不相交的，然而，如果近似值是非不相交的，则对象 A 和 B 仍有可能是不相交的）。选择对象的一个近似空间对象作为索引进行快速过滤，最常用的是最小边界矩形（MBR）。索引只管理对象的 MBR 及指向数据库对象描述的指针（ID），这种索引得到的只是检索结果的候选集合。举个例子，考虑如下点查询："找出所有符合下列条件的河流：它们的冲积平原与 SHRINE 交叠。"用 SQL 形式表示如下。

```
SELECT    River.Name
FROM      River
WHERE     overlap(River.Flood-plain, : SHRINE)
```

通过在参数前面加":"来表示用户定义参数，如:SHRINE。现在如果用 MBR 来近似表示所有河流的冲积平原，那么判断一个点是否在 MBR 内比检查这个点是否在一个表示冲积平原精确形状的不规则多边形内的代价要小得多。这个近似检查的结果是真实结果集的超集。

超集有时称为候选集。空间谓词有时也可以被替换成一个近似简化查询优化器，在这个步骤中，touch(River.Flood-Plain, :SHRINE)可以替换成 overlap (MBR(River.Flood-Plain, :SHRINE), MBR(:SHRINE))。有些空间运算符，如 inside（在内部）、north-Of（在北部）、buffer（缓冲区分析）可以近似成相应 MBR 之间的交叠关系，这样的转换能够保证使用精确几何体的最终结果中的元组不会在过滤步骤中被排除掉。

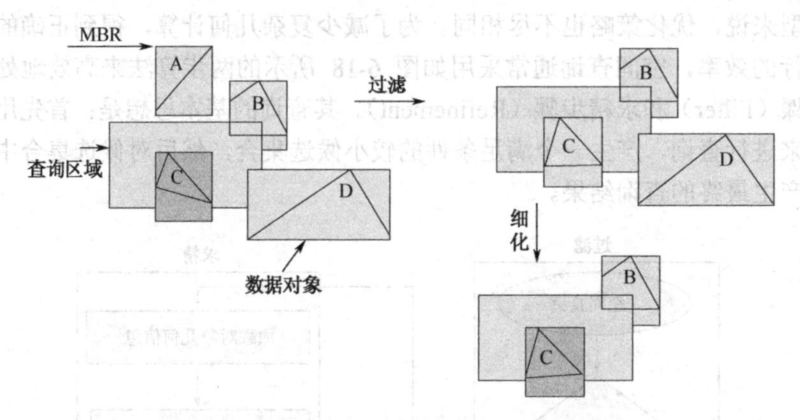

图 6-19　空间查询的处理示例

将候选集对象的实际数据输入求精步骤进行下一步的处理。在求精步骤中，对过滤得到的对象与查询条件进行精确匹配，从辅存中检索出每个对象的精确形状信息，测试候选对象是否确实满足查询条件（由空间谓词描述），采用复杂的计算几何算法，这个测试由不同的阶段组成。经过求精步骤的测试后，满足条件的对象作为最终的结果输出。求精步骤对实际数据进行几何计算，显然，这是消耗计算时间和计算空间的。候选集中有相当一部分对象并不满足实际的查询条件，尽可能减少这样的对象进入求精步骤，从而避免不必要的几何计算，这是提高查询效率的途径之一。此外，改进几何算法、改进查询执行速度是另一途径。

经过初次不精确查询后产生的候选集合越小，精确查询时参与比较的空间对象就越少，越能够提高查询效率。因此，初次不精确查询技术是优化的重点。不精确查询中经常使用空间对象的相近外部边界来实现，例如，在进行 WITHIN 和 INTERSECT 空间操作时，通过检查相近外部边界，快速得到一个不准确空间对象集合。为了满足快速和集合最小性原则，初次不精确查询时，使用的最小外部边界应该满足简单和高度近似的原则。

6.4.4　查询优化

由于空间数据具有结构复杂、数据量庞大等特点，使得面向空间数据的查询比单纯的属性数据查询要复杂得多，因此空间数据查询的效率变成了空间数据库性能的瓶颈，而现有的关系数据库查询优化技术不能完全适用于空间数据，所以查询优化技术的研究势必成为空间数据库应用的难点和突破点。

查询处理效率是空间查询优化研究的一个重要内容。查询处理效率的提高主要来自两个方面：外部环境和应用程序。据统计，对于大型关系数据来说，从网络、硬件配置、操作系统、数据库参数进行优化所获得的性能提升，全部加起来占性能提升的 40%左右，其余 60%的性能优化则来自对应用程序的优化。当然，外部环境的升级对查询优化能够起到一定的作用，在对外部环境进行充分升级后，开发人员所关注的则是对应用程序的优化。

目前，空间查询优化研究取得了较大发展，但对于不同空间数据模型来说，优化策略也不尽相同，主要有空间索引技术、查询路径的优化、数据压缩及缓存等方法。关于空间索引技术在前文中已进行了详细论述。

1. 查询路径的优化

查询通常使用像 SQL 这样的高级声明性语言来表达，这意味着用户只需要指明结果集，而获取结果的策略则交由数据库负责。用于度量策略或计算计划的标准，就是执行查询所需要的时间。在传统数据库中，该度量在很大程度上取决于 I/O 代价，因为可用的数据类型和对这些类型进行操作的函数相对来说都是易于计算的，而空间数据库由于包含了复杂数据类型和 CPU 密集型的函数，在空间数据库中选择一个优化策略的任务比在传统数据库中更为复杂。

2. 数据缓存技术

近几年，数据缓存技术发展得非常快，如果在数据库系统中使用它，可以大幅提高数据检索效率。其工作原理是：为后台数据库设置大容量的缓存区，用于缓冲客户对数据库的访问请求，减少对服务器访问的输入/输出次数，从而提高数据库系统的检索效率。

从广义角度讲，数据缓存技术的含义广泛，它是指对一切广义数据的缓存。从狭义角度讲，数据缓存技术专指对后台关系数据库中数据的缓存。前者是基于 WWW 技术的，是对站点、网页、链接等许多非结构化或半结构化内容的缓冲；而后者基于传统的数据库应用领域，对索引文件和数据库数据等结构化内容的缓冲。在数据缓存技术的研究领域，根据数据缓存区的应用位置不同可以分为以下三种：客户机端数据缓存系统、集中式数据缓存系统、分布式数据缓存系统。

6.5 空间数据引擎

6.5.1 空间数据引擎的概念

关系数据库无法存储、管理复杂的地理空间框架数据以支持空间关系运算和空间分析等 GIS 功能。因此，GIS 软件厂商在纯关系数据库管理系统的基础上，开发空间数据管理的引擎。空间数据引擎是用来解决如何在关系数据库中存储空间数据，使空间数据实现真正的数据库方式管理，建立空间数据服务器的方法。空间数据引擎是用户和异种空间数据库之间一个开放的接口，它是一种处于应用程序和数据库管理系统之间的中间件技术。用户可通过空间数据引擎将不同形式的空间数据提交给数据库管理系统，由数据库管理系统统一管理，同样，用户也可以通过空间数据引擎从数据库管理系统中获取空间类型的数据来满足客户端操作需求。目前 GIS 软件与大型商用关系数据库管理系统（RDBMS）的集成大多采用空间数据引擎来实现。使用不同 GIS 厂商数据的客户可以通过空间数据引擎将自身的数据提交给 RDBMS，由 DBMS 统一管理。同样，客户也可以通过空间数据引擎提供的用户和异构数据库之间的数据接口，从关系型 DBMS 中获取其他类型的 GIS 数据，并转化成客户可以使用的方式。空间数据引擎就成为各种格式的空间数据出入 RDBMS 的转换通道。

空间数据引擎提供空间数据管理及应用程序接口，是客户端/服务器的两层架构软件，它可以对空间数据进行存储、管理，以及快速地从商用数据库，如 Oracle、Microsoft SQL Server、Sybase、IBM DB2 和 Informix 获取空间数据。SDE 是一种伸缩性比较好的解决方案，无论是小的工作组还是大型企业实现它都可以很方便地对空间属性数据进行整合。在不同的 DBMS 中，空间数据引擎所起的作用也不一样。对于传统 RDBMS（如 Oracle、MS SQL Server、Sybase）来说，由于它们不支持空间数据类型，因此空间数据引擎的作用是对空间数据进行模拟存储和分析，对此，空间数据在 RDBMS 中实际上采用基本数据类型进行存储，如数值型、二进制型，但是随着扩展型 DBMS 的出现，在 DBMS 中可以定义抽象数据类型，用户利用这种能力可以增加空间数据类型及相关函数，因此，空间数据类型与函数就从应用服务层转移到数据库服务层。具体来说，空间数据引擎有以下作用。

（1）与空间数据库联合，为任何支持的用户提供空间数据服务。

（2）提供开放的数据访问，通过 TCP/IP 横跨任何同构或异构网络，支持分布式的 GIS。

（3）SDE 对外提供了空间几何对象模型，用户可以在此模型基础之上建立空间几何对象，并对这些几何对象进行操作。

（4）快速的数据提取和分析。SDE 提供快速的空间数据提取和分析功能，可进行基于拓扑的查询、缓冲区分析、叠加分析、合并和切分等。

（5）SDE 提供了连接 DBMS 数据库的接口，其他的一切涉及与 DBMS 数据库进行交互的操作都是在此基础之上完成的。

（6）与空间数据库联合可以管理海量空间信息，SDE 在用户与物理数据的远程存储之间构建了一个抽象层，允许用户在逻辑层面上与数据库交互，而实际的物理存储则交由数据库来管理。数据的海量是由空间数据库管理系统来保障的。

（7）无缝的数据管理，实现空间数据与属性数据统一存储。传统的地理信息的存储方式是将空间数据与属性数据分别存储，空间数据因其复杂的数据结构，多以文件的形式保存，而属性数据多利用关系数据库存储。而 SDE 涉及空间属性数据在 DBMS 中如何存储及管理，通过 SDE，则可以把这两种数据同时存储到数据库中，实现空间属性数据一体化管理，保证了更高的存储效率和数据完整性。

（8）并发访问。SDE 与空间数据库相结合，提供空间数据的并发响应机制。用户对数据的访问是动态的、透明的。

这样，SDE 一方面可以实现海量数据的多用户管理、数据的高速提取和空间分析，以及同开发环境良好的集成和兼容，同应用系统的无缝嵌入。另一方面，它屏蔽掉了不同数据库和不同 GIS 文件格式之间的壁垒，实现了多源数据的无缝集成，从而为最终实现 GIS 的互操作提供一种有效途径。

6.5.2 空间数据引擎的工作原理

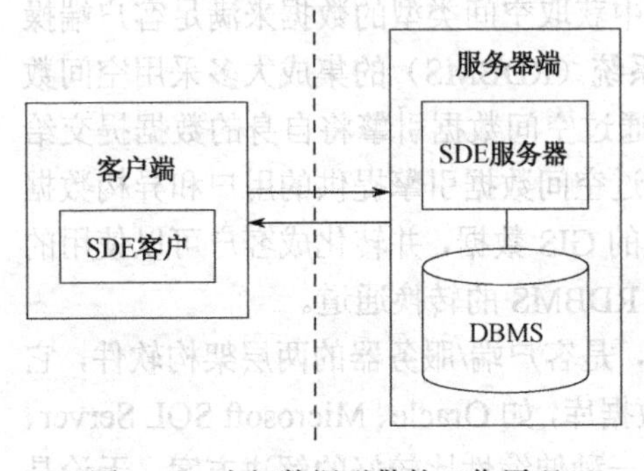

图 6-20 空间数据引擎的工作原理

空间数据引擎的工作原理如图 6-20 所示，空间数据引擎在用户和异构空间数据库的数据之间提供了一个开放的接口，它是一种处于应用程序和数据库管理系统之间的中间件技术，SDE 客户端发出请求，由 SDE 服务器端处理这个请求，转换成为 DBMS 能处理的请求事务，由 DBMS 处理完相应的请求，SDE 服务器端再将处理的结果实时反馈给 GIS 的客户端。客户可以通过空间数据引擎将自身的数据交给 RDBMS，由 DBMS 统一管理，同样，客户也可以通过空间数据引擎从关系型DBMS中获取其他类型的GIS数据，并转换成为客户端可以使用的方式。RDBMS 已经成为各种格式不同空间数据的容器，而空间数据引擎就成为空间数据出入该容器的转换通道。在服务器端，有SDE服务器处理程序、关系数据库管理系统和应用数据。服务器在本地执行所有的空间搜索和数据提取工作，将满足搜索条件的数据在服务器端缓冲区存放，然后将整个缓冲区中的数据发往客户端应用。这种在服务器端处理并缓冲的方法大大提高了效率，降低了网络负载，这在应用操纵数据库中成百万上千万的记录时是非常重要的。SDE采用协作处理方式，处理既可以在SDE客户端，也可在SDE服务器端，取决于具体的处理在哪一端更快。客户端应用则可运行于多种不同的平台和环境，去访问同一个SDE服务器和数据库。

SDE服务器端同时可以为多个SDE客户端提供并发服务，关键在于客户端发出的请求的多样性，可以读取数据、插入数据、更新数据、删除数据。读取数据本身就包括查询、空间分析功能，而插入数据、更新数据和删除数据不仅包含从普通空间数据文件导入空间数据库的情形，还可能涉及多用户协同编辑的情形。从功能上看，SDE最常用的功能就是提供空间数据访问和空间查询。

在多用户并发访问（如协同编辑）的情况下，可能会产生冲突，SDE必须处理可能出现的所有并发访问冲突。SDE服务器和空间数据库管理系统一起，为客户端提供完整的、透明的数据访问。

SDE存储和组织数据库中的空间要素的方法是将空间数据类型加到关系数据库中，不改变和影响现有的数据库和应用，它只是在现有的数据表中加入图形数据项，供软件管理和访问与其关联的空间数据，SDE通过将信息存入层表来管理空间可用表。对空间可用表，可以进行数据查询、数据合并，也可以进行图形到属性或属性到图形的查询。

SDE管理空间数据通过以下要素来实现。地理要素可以是自然的（如河流、植被）和人为子集（如用地范围、行政区域）或人造设施（如道路、管线、建筑）等。SDE中的地理要素由其属性和几何形状——点、线或面组成。SDE也允许“空Shape”，“空Shape”没有几何形状，但有属性。点用于定义离散的、无面积或长度的地理要素，如大比例尺地图上的水井、电线杆，以及较小比例尺地图上的建筑甚至城市等。点Shape可有一个或多个点，含多个点的Shape称为多点Shape，多点Shape表示一组不相连的坐标点。线用于表示街道、河流、等高线等地理要素。SDE支持简单线（simple lines）和线（lines）两种类型的线Shape。简单线可用于表示带分支的河流或街道。简单线可分为几部分以表示不连续的 Shape。线是像公共汽车线路那样的图形，该图形有自我交叉或重复。面（或多边形）是一组封闭的图形，如国家、地区、土地利用情况、土壤类型等。面可以是简单多边形或带岛的多边形。

坐标。SDE用X、Y坐标存放图形。点由单一(X, Y)坐标记录；线由有序的一组(X, Y)坐标记录；面由一组起始结点和终止结点相同的线段对应的(X, Y)坐标记录。SDE还允许以Z值来表示X、Y点处对应的高度或深度。因此，SDE的图形可以是二维的(X, Y)，也可以是三维的(X, Y, Z)。SDE对每种类型的图形都有一组合法性检查规则，在该图形存入RDBMS之前，检查其几何正确性。

度量。度量表示沿着一个地理要素上某些给定点处的距离、时间、地址或其他事件，除空图形外，所有的图形类型都可以加上度量值。度量值与图形坐标系无关。

注记。对于SDE数据模型而言，注记是与图上的要素或坐标相关联的文字（串），使要素属性存储于数据库中与其相关的一个或多个属性表内。与图上地理要素或坐标无关的文字、图形，如地理标题、比例尺、指北针等，SDE 不将其存入数据库。

6.5.3 空间数据引擎实例

以 MapGIS-SDE 软件为例，介绍空间数据引擎如何在大型商用数据库（如 Oracle、SQL Server、DB2、Informix、DM4）有效地存储空间数据。

MapGIS-SDE达到TB级的空间数据存储与处理能力（单个物理数据库设计容量可达32TB，实体数设计长度为 64 位），企业服务器集群的设计架构使系统的数据容量不受限制，增量复制的多级服务器机制提高了用户访问海量空间数据的效率。

MapGIS-SDE 是 MapGIS 地理数据库的基础，空间数据引擎负责处理空间数据模型与关系数据模型之间的映射，地理数据库则在空间数据引擎的基础上实现对象分类、子类型、关系、定义域、有效性规则等语义的表达，实现面向实体的空间数据模型。

1. 体系结构

MapGIS-SDE 是一个界于 RDBMS 和地理数据库之间的中间件，其作用是使关系数据库能存储、管理和快速检索空间数据。其体系结构如图 6-21 所示。

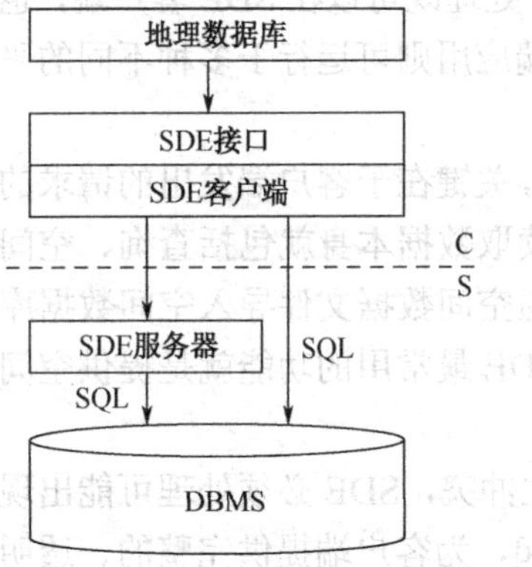

图 6-21 MapGIS-SDE 体系结构

2. 引擎机制

MapGIS-SDE 分为服务器端和客户端。服务器端位于 RDBMS 之上，为客户提供空间数据的查询和分析服务。

MapGIS-SDE 客户端是应用软件的基础，为上层应用软件提供 SDE 接口，客户端对 SDE 所有功能的调用都是通过这个接口来完成的，SDE 接口提供给用户标准的空间查询和分析函数。

MapGIS-SDE 服务器执行客户端的请求，将客户端按照空间数据模型提出的请求转换成 SQL 请求，在服务器端执行所有空间搜索和数据提取工作，将满足空间和属性搜索条件的数据在服务器端缓冲存放并发回到客户端。

在某些特殊应用中，客户端可以直接访问空间数据库，而不需要在服务器端安装 SDE 服务器，由 SDE 客户端直接把空间请求转换成 SQL 命令发送到 RDBMS 上，并解释返回的数据。这种客户端具备 SDE 服务器的大部分功能，是一种胖客户，但效率较高。

3. 接口技术

数据服务层是空间数据存储和提供空间数据服务的核心，因此空间数据服务层接口的一致性和数据服务层对商业数据库的访问效率是数据服务层实现策略中的核心问题。为了保持数据服务层的跨平台性及对所有不同类型客户的调用（请求空间数据服务的方式）一致性，SDE 对所有的数据服务层客户（应用服务器、Web 服务器、表示层的胖客户和瘦客户等）提供统一标准的服务接口。

为了提供高效的空间数据服务，针对不同类型的商业数据库，MapGIS-SDE 采用访问效率最高的数据库访问接口，具体接口技术如表 6-2 所示。

表 6-2 商用数据库接口选择表

商业数据库类型	SDE 与 DBMS 接口技术
MS SQL Server	ODBC，ADO
Oracle	ODBC，OCI，OO4O，JDBC
IBM DB2	CLI，OLE DB，JDBC
Sybase	ODBC，OLE DB
Informix	ODBC，OLE DB
DM4	ODBC，JDBC
其他数据库	ODBC，OLEDB

采用以上数据库访问技术实现的 SDE，既可以和对应的数据库管理系统物理地部署在同一台服务器上，也可以分开部署在两台服务器上，这样可以减轻数据库服务器的负载，如图 6-22 所示。

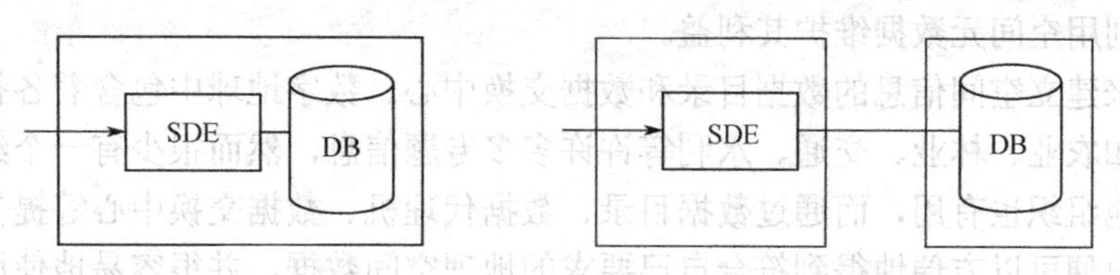

图 6-22　SDE 与 RDBMS 的部署关系图

6.6　空间元数据

信息社会的发展，导致了社会各行各业对翔实、准确的各种数据的需求量迅速增加以及数据库的大量出现。对不同类型的数据，要求数据的内容、格式、说明等符合一定的规范和标准，以利于数据的交换、更新、检索、数据库集成以及数据的二次开发利用等，而这一切都离不开元数据（Metadata）。对空间数据的有效生产和利用，要求空间数据规范化和标准化。例如，各应用领域的数据库不但要提供空间和属性数据，还应该包括大量的引导信息以及由纯数据得到的推理、分析和总结等，这些都是由空间数据的元数据系统实现的。

6.6.1　空间元数据的定义及其作用

对于空间元数据标准内容的研究，目前国际上主要由欧洲标准化委员会（CEN/TC 287）、美国联邦地理数据委员会（FGDC）和国际标准化组织地理信息/地球信息技术委员会（ISO/TC 211）三个组织进行。

关于空间元数据的定义，欧洲标准化委员会认为，空间元数据是“描述地理信息数据集内容、表示、空间参考、质量以及管理的数据”；而美国联邦地理数据委员会和国际标准化组织地理信息/地球信息技术委员会则认为，空间元数据是“关于数据的内容、质量、条件以及其他特征的数据”。

总的来说，空间元数据是“关于数据的数据”，它在地理信息中用于描述地理数据集的内容、质量、表达方式、空间参考、管理方式以及数据集的其他特征，它是实现地理空间信息共享的核心标准之一。

地理空间元数据与数据字典的主要区别在于：元数据是对关于数据集本身及其内容的全面分层次规范化的描述，且任何数据集的元数据描述格式和内容都是相同的，因此可以用相同的管理系统对所有数据集的元数据进行管理和维护；而数据字典只是描述数据集中的部分内容，且没有统一的规范和标准，不同数据集生产者只是根据不同需求对数据集内容做出描述或说明，因此不可用相同的管理系统进行统一的管理和维护。

空间元数据主要有下列几个方面的作用。

（1）用来组织和管理空间信息，并挖掘空间信息资源，这正是数字地球的特点和优点所在。通过它可以在 Internet 上准确地识别、定位和访问空间信息。

（2）帮助数据所有者查询所需空间信息。比如，它可以按照不同的地理区间、指定的语言以及具体的时间段来查找空间信息资源。

（3）维护和延续一个机构对数据的投资。空间元数据可以确保一个机构对数据投资的安全。空间数据集建立后，随着机构中人员的变换以及时间的推移，后期接替该工作的人员会对先前的数据了解甚少或一无所知，这样便对先前数据的可靠性产生疑问，而通过空间元数据内容，则可以充分描述数据集的详细情况。同样，当用户使用数据引起矛盾时，数据提供单位也可以利用空间元数据维护其利益。

（4）用来建立空间信息的数据目录和数据交换中心。数字地球中包含着各行各业不同内容的信息，如农业、林业、交通、水利等许许多多专题信息，然而很少有一个组织产生的数据可能对其他组织也有用，而通过数据目录、数据代理机、数据交换中心等提供的空间元数据内容，用户便可以方便地得到符合自己要求的地理空间数据，并很容易地使用它们。从而它已经成为实现地理空间信息跨部门、跨行业和跨区域共享的有效解决途径之一。当然，要想真正实现空间信息的全球共享，还涉及处理空间信息的软件系统、空间信息的软件模型和数据格式以及国家的政策法规等。

（5）提供数据转换方面的信息。在未来的空间信息中，均应当包含空间元数据信息，以便使用户在获取包含空间信息数据集的同时就可以得到空间元数据信息。通过空间元数据，人们便可以接收并理解数据集，且可以与自己的空间信息集成在一起，进行不同方面的分析决策，使地理空间信息实现真正意义上的共享，发挥其最大的应用潜力。

目前，对于地理空间元数据的应用需求主要集中在目录、历史记录、地理空间数据集内部以及可读性 4 个方面。其具体的实施应用，关键是在获取和整理地理空间数据的同时，要严格按照地理空间元数据的标准规范，建立该数据集的元数据和相应的元数据管理系统，并向上一级数据交换中心提供该数据集的元数据标准规范。

6.6.2 空间元数据的分类

按照 Metadata 所描述的数据内容，Metadata 可分为数据系列 Metadata、数据集 Metadata、要素类型和要素实例 Metadata、属性类型和属性实例 Metadata，如图 6-23 所示。

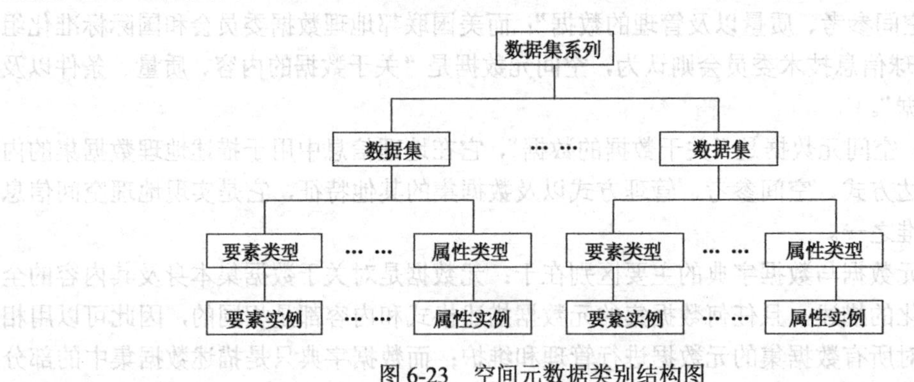

图 6-23 空间元数据类别结构图

1. 数据集系列 Metadata

数据集系列 Metadata 是指一系列拥有共同主题、日期、分辨率以及方法等特征的空间数据系列或集合，它也是用户用于概括性查询数据集的主要内容。通常，数据集系列的定义由数据集生产者具体定义，如航空摄影时，飞机在一条航带上用同一台摄影机和相同参数拍摄的一系列航片，或者按照行政区划组成的国家资源环境数据库中的某一区域库等内容，都是组成数据集系列的数据集。

在软件实现上，如果拥有数据集系列 Metadata 模块，则既可以使数据集生产者方便地描述宏观数据集，也可以使用户很容易地查询到数据集的相关内容，以实现空间信息资源的共享。当然，要获取数据集的详细信息，还需要通过数据集 Metadata 来实现。

2. 数据集 Metadata

数据集 Metadata 模块是整个 Metadata 标准软件的核心，它既可以作为数据集系列 Metadata 的组成部分，也可以作为后面数据集属性以及要素等内容的父代 Metadata 数据集系列。在 Metadata 软件标准设计的初级阶段，通过该模块便可以全面反映数据集的内容。当然随着数据集的变化，为避免重复记录 Metadata 元素内容以及保持 Metadata 元素的实时性，它便可通过继承关系仅仅更新变化了的信息，这时 Metadata 软件系统的层次性便显得异常重要。

3. 要素类型和要素实例 Metadata

要素类型在数据集内容中相对比较容易理解，它是指由一系列几何对象组成的具有相似特征的集合。比如，数据集中的道路层、植被层等，便是具体的要素类型。

要素实例或具体要素是具体的要素实体，它用于描述数据集中的典型要素，而且通过它可以直接获取有关具体地理对象的信息。该模块是 Metadata 体系中详细描述现实世界的重要组成部分，也是未来数字地球中走向多级分辨率查询的依据，如武汉长江大桥便是一个具体要素。因此，我们通过数据集系列、数据集、要素类型等层次步骤，便可以逐级对地理世界进行描述，用户也可以按照这一步骤，沿网络获取详细的数据集内容信息。

4. 属性类型和属性实例 Metadata

属性类型是用于描述空间要素某一相似特征的参数，如桥梁的跨度便是一个属性类型；属性实例则是要素实例的属性，如某一桥梁穿越某一道路的跨度属性类型和属性实例是与要素类型和要素实例对应的模块，它们是地理数据集软件层次结构或继承关系的组成部分，也是 Metadata 软件系统的高级阶段内容。

6.6.3 空间元数据的内容

描述空间信息的空间元数据内容按照部分、复合元素和数据元素来组织，如图 6-24 所示。

空间元数据标准体系的内容具体分为 8 个标准部分和 4 个引用部分，具体的标准化内容以及它们之间的相互关系如图 6-25 所示。

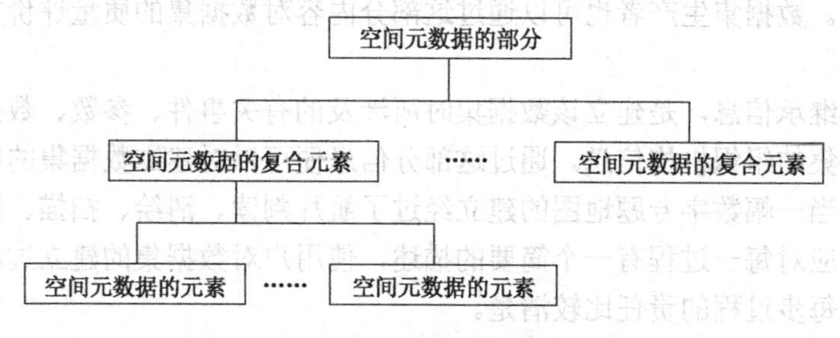

图 6-24 空间元数据内容组织示意图

空间元数据标准由两层组成，第一层是目录层，它提供的空间元数据复合元素和数据元素是数字地球中查询空间信息的目录信息，它相对概括了第二层中的一些选项信息，是空间元数据体系内容中比较宏观的信息；第二层是空间元数据标准的主体，它由 8 个标准部分和 4 个引用部分组成，包括了全面描述地理空间信息的必选项、条件可选项以及可选项的内容。

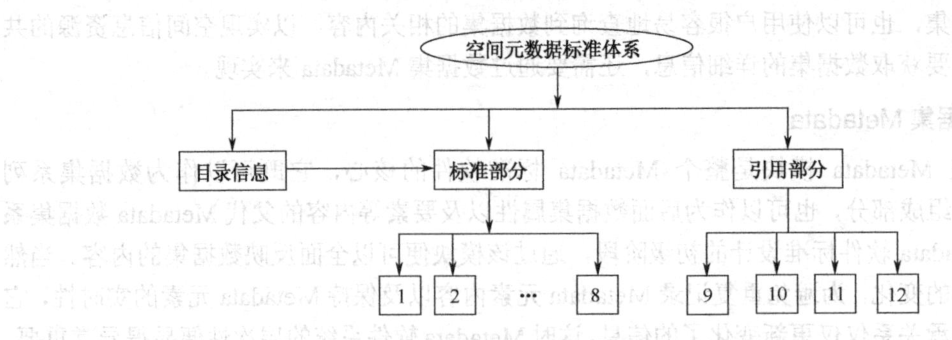

图 6-25　空间元数据内容标准的组织框架

下面对空间元数据本身及其组成地理空间元数据的各部分进行详细说明。

1．空间元数据

空间元数据是关于数据集内容、质量、表示方式、空间参考、管理方式以及数据集的其他特征的数据，它位于整个标准体系的最上段，属于复合元素，由两个层次组成。

在构成空间元数据标准内容的两个层次中，第一层目录信息主要用于对数据集信息进行宏观描述，它适合在数字地球的国家级空间信息交换中心或区域以及全球范围内管理和查询空间信息时使用。第二层则作为详细或全面描述地理空间信息的空间元数据标准内容，是数据集生产者在提供数据集时必须提供的信息。

2．标准部分

标准部分有 8 个内容。

（1）标识信息，是关于地理空间数据集的基本信息。通过标识信息，数据集生产者可以对有关数据集的基本信息进行详细的描述，如描述数据集的名称、作者信息、所采用的语言、数据集环境、专题分类、访问限制等，同时用户也可以根据这些内容对数据集有一个总体的了解。

（2）数据质量信息，是对空间数据集质量进行总体评价的信息。通过这部分内容，用户可以获得有关数据集的几何精度和属性精度等方面的信息，也可以知道数据集在逻辑上是否一致，以及它的完备性如何，这是用户对数据集进行判断，以及决定数据集是否满足其需求的主要判断依据。数据集生产者也可以通过这部分内容对数据集的质量评价方法和过程进行详细的描述。

（3）数据集继承信息，是建立该数据集时所涉及的有关事件、参数、数据源等信息，以及负责这些数据集的组织机构信息。通过这部分信息便可以对建立数据集的中间过程有一个详细的描述，如当一幅数字专题地图的建立经过了航片判读、清绘、扫描、数字地图编辑及验收等过程时，应对每一过程有一个简要的描述，使用户对数据集的建立过程比较了解，也使数据集生成的每步过程的责任比较清楚。

（4）空间数据表示信息，是数据集中表示空间信息的方式。它由空间表示类型、矢量空间表示信息、栅格空间表示信息、影像空间表示信息及传感器波段信息等内容组成，它是决定数据转换及数据能否在用户计算机平台上运行的必备信息。利用空间数据表示信息，用户便可以在获取该数据集后对它进行各种处理或分析了。

（5）空间参照系信息，是有关数据集中坐标的参考框架以及编码方式的描述，它是反映现实世界与地理数字世界之间关系的通道，如地理标识参照系统、水平坐标系统、垂直坐标系统和大地模型等。通过空间参照系中的各元素，可以知道地理实体转换成数字对象的过程以及各相关的计算参数，使数字信息成为可以度量和决策的依据。当然，它的逆过程也是成立的，可以由数字信息反映出现实世界的特征。

（6）实体和属性信息，是关于数据集信息内容的信息，包括实体类型、实体属性、属性值、域值等方面的信息。通过该部分内容，数据集生产者可以详细地描述数据集中各实体的名称、标识码及含义等内容，也可以使用户知道各地理要素属性码的名称、含义及权威来源等。

在实体和属性信息中，数据集生产者可以根据自己数据的特点，在详细描述和概括描述之间选择其一，以描述数据集的属性等特征。

（7）发行信息，是关于数据集发行及其获取方法的信息，包括发行部门、数据资源描述、发行部门责任、订购程序、用户订购过程和使用数据集的技术要求等内容。通过发行信息，用户可以了解到数据集在何处，怎样获取，获取的介质和获取的费用等信息。

（8）空间元数据参考信息，是有关空间元数据当前现状及其负责部门的信息，包括空间元数据日期信息、联系地址、标准信息、限制条件、安全信息和空间元数据扩展信息等内容，它是当前数据集进行空间元数据描述的依据。通过该空间元数据描述，用户便可以了解到所使用的描述方法的实时性等信息，从而加深了对数据集内容的理解。

3. 引用部分

以下 4 部分内容作为地理空间元数据的引用部分，自己不单独使用，而是被标准（1～8）部分所引用。这 4 部分内容在整个元数据标准规范中多次重复出现，为了减少本标准规范的冗余度，增强组成规范的内容的层次性和独立性，所以对这 4 部分内容单独处理。在具体实现某一数据集的元数据时，该 4 部分内容会多次出现在标准（1～8）部分中。

（1）引用信息，是引用或参考该数据集所需要的简要信息，它自己从不单独使用，而是被标准内容部分有关元素引用。它主要由标题、作者信息、参考时间、版本等信息组成。

（2）时间范围信息，是关于有关事件的日期和时间的信息。该部分是引用标准内容部分有关元素时要用到的信息，它自己不单独使用。

（3）联系信息，是与数据集有关的个人和组织联系时所需要的信息，包括联系人的姓名、性别、所属单位等信息。该部分是引用标准内容部分有关元素时要用到的信息，它自己不单独使用。

（4）地址信息，是同组织或个人通信的地址信息，包括邮政地址、电子邮件地址、电话等信息。该部分是描述有关地址元素的引用信息，它自己不单独使用。

6.7 空间数据库设计

6.7.1 空间数据库概念结构设计

所谓概念模型，是指对用户信息需求的综合分析、归纳，形成一个不依赖于空间数据库管理系统的信息结构的理论模型。它是从用户的角度对现实世界的一种信息描述，因此它不依赖于任何空间数据库软件和硬件环境。概念模型是一种信息结构，所以它由现实世界的基本元素及这些元素之间的联系信息所组成。

概念数据模型是地理实体和现象的抽象概念集，是逻辑数据模型的基础，也是地理数据的语义解释。从计算机的角度看，概念数据模型是抽象的最高层，是对现实世界的数据内容与结构的描述，它与计算机无关。构造概念数据模型应该遵循的基本原则是：语义表达能力强；作为用户与空间信息系统软件之间交流的形式化语言，应易于用户理解；独立于具体物理实现；最好与逻辑数据模型有一致的表达形式，不需要任何转换，或者容易向数据模型转换。

对于概念模型来说，有许多可用的设计工具，比较流行的建模工具有 E-R 模型（实体-关系模型）和 UML 模型。

1. E-R 模型

E-R（Entity-Relationship）模型中有三个要素：实体、属性和联系，以及由三者关系构成的空间 E-R 模型。

（1）实体

实体，有广义和狭义的两种理解。广义的实体是指现实世界中客观存在的，并可相互区别的事物。实体可以指个体，也可以指总体，即个体的集合。例如，一个人是一个实体，银行账户可看作一个实体。狭义的实体是指现实生活中的地理特征和地理现象，可根据各自的特征加以区分。实体的特征至少有空间特征和非空间特征两个组成部分。空间特征描述实体的位置、形状，在模型中表现为一组几何实体；非空间特征描述实体的名字、长度等与空间位置无关的属性。

地理实体在模型中表示为要素。要素是由几何实体和属性组成的。它包括简单类型，例如，一个界址点、一个行政界线、一块土地，它们的几何形态分别为简单点、简单线和简单区。还有一些复杂类型的实体，例如，一个河流的流域，它的几何特性对应的是多种形态的几何实体，所以它的几何特性是一个复合类型。换句话说，通过原子几何实体（点、线、区）的任意组合可表达和描述任意几何复杂度的实体。

几何实体是地理对象的外观特征或可视化形状。地理实体可以用三种几何实体表示在地图上：点、线、多边形。继续细分下去，几何形态包括单点、多点、单弧段、多弧段、多边形等。

（2）属性

属性是用来描述实体性质，并通过联系互相关联。实体是物理上或概念上独立存在的事物或对象。在 State-Park 例子中，Forest、River、Forest-stand Road 及 Fire-station 都是实体。

实体由属性来刻画性质。例如，Name 是实体 Forest 的属性。用于唯一标识实体实例的属性（或属性集）称为码（Key）。在我们的例子中，假定任意两条道路均不能同名的话，实体 Road 的 Name 属性就是一个码。本例中数据库的所有 Road 实例都有唯一的名称。尽管这不是概念设计的问题，但 DBMS 中必须有一个机制来保证这种约束。

属性可以是单值或多值的。Species（树种）是 Forest-stand 的单值属性。我们利用本例的情况来解释多值属性。Facility 实体有一个 Pointid 属性，它是该实体实例的空间位置的唯一标识。我们假定，由于地图比例尺的缘故，所有 Facility 实例都要用点来表示。一个给定的设施可能会跨越两个点对应的位置，这时 Pointid 属性就是多值的。其他实体也会有类似情况。属性是实体所具有的特性。例如，账号和余额（属性）描述了银行中一个特定的账户（实体）。

假设要存储有关 Forest 的 Elevation（高程）信息，由于 Elevation 的值在 Forest 实体内部会变化，所以我们将该属性作为多值属性（因为不支持场数据类型）。

（3）联系

除实体和属性外，构成E-R模型的第三个要素是联系。客观事物联系可概括为两种：实体内部各属性之间的联系，反映在数据上是记录内部联系；实体之间的联系，反映在数据上则是记录之间的联系。实体之间通过联系相互作用和关联。设有两个均包含有若干个体的总体A、B，其间建立了某种联系。可将联系方式分为1∶1、1∶*N*、*N*∶*N*等三种情况。

（4）空间E-R模型

由于E-R模型强调实体属性，忽略实体的空间特性，所以只能通过属性表达实体的简单空间特性，如实体的中心坐标、具有空间含义的编码或名称等；而对于复杂的空间特性，如实体的空间分布、形状、空间关系（如相对方位、相互距离、重叠和分离程度）等，则难于表达。GIS是强调空间特性及其表达的信息系统，因此必须研究具有强大的空间表达能力来表达现实世界的空间数据抽象模型，以及面向计算机的空间数据组织模型。根据空间数据的空间特性对基本E-R方法和扩展E-R方法进行改进，这种方法便称为空间E-R方法，它最初由Calkins提出，在GIS中具有较成功的应用。下面介绍空间E-R方法。

① 空间实体及其表达

空间数据描述的实体（即空间实体）与一般实体的不同之处是它具有空间特性，即它除作为一般实体的普通属性外，还具有不同于一般实体的空间属性。空间属性一般用点、线、面或Grid-cell、Tin、Image像元表示。

Calkins定义了三种空间实体类型：有空间属性对应的一般实体；有空间属性对应的需要用多种空间尺度（类型）表达的实体，如道路在一些GIS中既表达为线，又表达为面；有空间属性对应的需要表达多时段的实体，如十年的土地利用。在基本E-R方法中或一般扩展E-R方法中，用矩形表达实体，只能描述和表达地理实体的一个层面，即只能表达物理/概念实体或只能表达空间实体。Calkins将物理/概念实体名称和空间实体类型同时表达在一个特定的矩形框中，对上面三种空间实体类型分别用单个特定矩形框、两个交叠的特定矩形框、三个重叠的特定形框表示。

② 空间实体间的关系及其表达

与空间实体一样，空间实体间的关系也具有双重性，既具有一般实体间的关系，如拥有/属于关系、父/子关系等，也具有空间实体所特有的关系，如拓扑关系（包括点与点的相离、相等，点与线的相离、相接、包含于，面与面的分离、交叠、相接、包含、包含于、相等、覆盖、被覆盖等）。Calkins把空间实体间的关系归纳为三类：一般关系（一般数据库均具有）；拓扑关系（相邻、联结、包含）；空间操作导出的关系（邻近、交叠、空间位置的一致性），并分别用菱形、六边形、双线六边形表示。针对空间E-R方法的特点，将其与基本E-R方法进行了比较。

2. UML模型

UML模型是另一个流行的概念建模工具，是用于面向对象软件设计的概念层建模的新兴标准之一。它是一种综合型语言，用于在概念层对结构化模式和动态行为进行建模。

UML是一种通用的可视化建模语言，用于对软件进行描述、数据处理可视化理解、构造和建立软件制品的文档。作为一种建模语言，UML的定义包括UML语义和UML表示法两部分。

（1）UML语义，描述基于UML的精确元模型定义。元模型为UML的所有元素在语法和语义上提供了简单、一致、通用的定义性说明，使开发者能在语义上取得一致，消除了因人而异的最佳表达方法所造成的影响。

（2）UML 表示法，是指定义 UML 符号的表示法，为开发者或开发工具使用这些图形符号和文本语法进行系统建模提供了标准。这些图形符号和文字所表达的是应用级的模型，在语义上它是 UML 元模型的实例。UML 包含五类图，用例图、静态图、对象图、行为图、交互图和实现图。这里我们采用静态图中的类图。

UML 类图描述系统中类的静态结构，不仅定义系统中的类，表示类之间的联系，如关联、依赖、聚合等，也包括类的内部结构（类的属性和操作）。类图描述的是一种静态关系，在系统的整个生命周期都是有效的。

需要注意的是，虽然在系统设计的不同阶段都使用类图，但这些类图表示了不同层次的抽象。在概念抽象阶段，类图描述研究领域的概念；在设计阶段，类图描述类与类之间的接口；而在实现阶段，类图描述软件系统中类的实现。类图的三种层次与模型中的概念模型、逻辑模型和物理模型相对应，UML 类图表示法如表 6-3 所示。

表 6-3　UML 类图表示法

关系		说明	表示法
关联	普通关联	类与类之间连接的描述	示例类A 示例类B
	递归关联	类与它本身之间的关联关系	示例类A * * 自相关
	限定关联	使用限定词将关联中多的那一端具体对象分成对象集	示例类A 限定条件 限定关联 示例类B
	关联类	与一个关联关系相连的类	关联类 示例类A 示例类B
	聚合	表明类与类之间的关系具有整体与部分的特点	示例类A 0..* 示例类B
	组成	在聚合关系中，构成整体的部分类，完全隶属于整体类	示例类A 0..* 示例类B
通用化		一个类的之所以信息被另一个类继承，是因为继承某个类的类中不仅可以有属于自己的信息，而且还拥有了被继承类中的信息，这种机制就是通用化，通用化也称继承	示例类A 示例类B
实现		对同一事物的两种描述建立在不同的抽象层上，体现说明和现实之间的关系	示例类A <Realize> 示例类B
依赖		两个模型元素间的关系	示例类A 示例类B

E-R 模型中“实体”的概念和 UML 模型中“类”的概念相近。实体和类都有属性，并且都参与到如继承和聚合这样的联系中。类除属性外还包括方法。方法是封装了逻辑和计算代码的过程或函数，而 E-R 模型的实体一般不包含方法。类图可以对类的属性和方法进行建模，这种概念建模方式可以直接映射到面向对象的语言中，能够降低阻抗失配，即从概念模型转化到逻辑层次模型时遇到的困难。

6.7.2 空间数据库逻辑结构设计

数据逻辑模型是指把数据库概念设计阶段产生的概念数据库模式变换为逻辑数据库模式，即适应于某种特定数据库管理信息系统所支持的逻辑数据模型。数据库逻辑设计依赖于逻辑数据模型和数据库管理信息系统。数据模型可以分为传统的数据模型、面向对象数据模型和针对空间数据的特征而设计的空间数据模型等，下面对这些模型和数据库管理系统进行介绍。

逻辑数据模型描述数据库数据内容与结构，是GIS对地理数据表示的逻辑结构，是数据抽象的中间层，由概念数据模型转换而来。关系数据模型、网络数据模型和层次数据模型是常见的逻辑数据模型。空间逻辑数据模型是用户通过GIS看到的现实世界地理空间，也是数据的系统表示，因此，它既要考虑用户容易理解，又要考虑便于物理实现、易于转换成物理数据模型。

根据概念数据模型所列举的内容，建立逻辑数据模型，旨在用逻辑数据结构来表达概念数据模型中所提出的各种信息结构问题。通过对目前流行的GIS软件体系结构的分析和研究，目前GIS流行的逻辑数据模型归纳起来大体上有三种逻辑数据模型，即混合数据模型、集成数据模型和地理关系数据模型。

逻辑结构设计的目的是从概念模型导出特定的数据库管理系统可以处理的数据库逻辑结构（数据库的模式和外模式），这些模式在功能、性能、完整性和一致性约束及数据库可扩充性等方面均应满足用户提出的要求。

1. 非关系数据模型

在非关系数据模型中，实体用记录表示，实体的属性对应记录的数据项（或字段）。实体之间的联系在非关系数据模型中转换成记录之间的两两联系。

（1）层次模型（Hierarchical Data Model）

层次模型是数据库系统中最早出现的数据模型，层次数据库系统采用层次模型作为数据的组织方式。层次数据库系统的典型代表是IBM公司的IMS（Information Management System）数据库管理系统，这是1968年IBM公司推出的第一个大型的商用数据库管理系统，曾经得到广泛的使用。

层次模型用树状结构来表示各类实体以及实体间的联系。现实世界中许多实体之间的联系本来就呈现出一种很自然的层次关系，如行政机构、家族关系等。

在数据库中定义满足下面两个条件的基本层次联系的集合为层次模型。

① 有且只有一个结点没有双亲结点，这个结点称为根结点。

② 根以外的其他结点有且只有一个双亲结点。

在层次模型中，每个结点表示一个记录类型，记录（类型）之间的联系用结点之间的连线（有向边）表示，这种联系是父子之间的一对多的联系。这就使得层次数据库系统只能处理一对多的实体联系。

每个记录类型可包含若干个字段，这里，记录类型描述的是实体，字段描述实体的属性。各个记录类型及其字段都必须命名。各个记录类型、同一个记录类型中各个字段不能同名。每个记录类型可以定义一个排序字段，也称为关键字字段。如果定义该排序字段的值是唯一的，则它能唯一地标识一个记录值。

一个层次模型在理论上可以包含任意有限个记录型和字段，但任何实际的系统都会因为存储容量或实现复杂程度而限制层次模型中包含的记录型个数和字段的个数。

在层次模型中，同一双亲的子女结点称为兄弟结点（Twin 或 Sibling），没有子女结点的结点称为叶结点。

（2）网状模型（Network Data Model）

在现实世界中，事物之间的联系更多的是非层次关系的，用层次模型表示非树状结构是很不直接的，网状模型则可以克服这一弊病。

网状数据库系统采用网状模型作为数据的组织方式。网状数据模型的典型代表是 DBTG 系统，也称 CODASYL 系统。这是 20 世纪 70 年代数据系统语言研究会 CODASYL（Conference On Data System Language）下属的数据库任务组（Data Base Task Group，DBTG）提出的一个系统方案。DBTG 系统虽然不是实际的软件系统，但是它提出的基本概念、方法和技术具有普遍意义，它对于网状数据库系统的研制和发展起了重大的影响。后来不少的系统都采用 DBTG 模型或者简化的 DBTG 模型，例如，Cullinet Software 公司的 IDMS、Univac 公司的 DMS1100、Honeywell 公司的 IDS/2、HP 公司的 IMAGE 等。

在数据库中，把满足以下两个条件的基本层次联系集合称为网状模型。

① 允许一个以上的结点无双亲。

② 一个结点可以有多于一个的双亲。

网状模型是一种比层次模型更具普遍性的结构，它去掉了层次模型的两个限制，允许多个结点没有双亲结点，允许结点有多个双亲结点，此外它还允许两个结点之间有多种联系（称之为复合联系）。因此网状模型可以更直接地去描述现实世界。而层次模型实际上是网状模型的一个特例。

与层次模型一样，网状模型中每个结点表示一个记录类型（实体），每个记录类型可包含若干个字段（实体的属性），结点间的连线表示记录类型（实体）之间一对多的父子联系。

（3）面向对象模型

面向对象模型中最基本的概念是对象和类。

① 对象

现实世界中实体的模型化，它和记录的概念相似，但更复杂。每个对象有唯一的标识符，并把一个状态和一个行为封装在一起。

② 类

每个类由两部分组成，其一是对象类型；其二是对这个对象类型进行的操作方法。对象的状态是描述该对象属性值的集合，对象的行为是对该对象操作的集合。

③ 类层次

一个系统中所有的类和子类组成一个树状的类层次。

④ 面向对象模型的优缺点

优点：由于面向对象模型中不仅包括描述对象状态的属性集，而且包括类的方法及类层次，具有更加丰富的表达能力，因此，面向对象的数据库比层次、网状、关系数据库使用更方便。

缺点：由于模型复杂，系统实现起来难度大。

2．关系数据模型

用一个二维表格表示实体和实体之间联系的模型，称为关系数据模型。关系模型由三部分组成：关系数据结构、关系操作集合和关系的完整性。

（1）关系数据结构

用关系（表格数据）表示实体和实体之间联系的模型称为关系模型。通俗地讲，关系就是二维表格。

（2）关系操作集合

关系操作采用集合操作方式，即操作的对象和结果都是集合。这种操作方式也称为一次一个集合的方式。关系模型中常用的关系操作包括：选择、投影、连接、除、并、交、差等查询操作和增、删、改操作两大部分。查询的表达能力是其中最重要的部分。

关系模型的基本思想是用二维表形式表示实体及其联系的。二维表中的每一列对应实体的一个属性，其中给出相应的属性值，每一行形成一个由多种属性组成的多元组，或称元组，与一特定实体相对应。实体间联系和各二维表间联系采用关系描述或通过关系直接运算建立。元组（或记录）是由一个或多个属性（数据项）来标识的，这一个或一组属性称为关键字，一个关系表的关键字称为主关键字，各关键字中的属性称为元属性。关系模型可由多张二维表形式组成，每张二维表的“表头”称为关系框架，故关系模型即是若干关系框架组成的集合。如图 6-26 所示的多边形地图，可用表 6-4 所示关系表示多边形与边界及结点之间的关系。

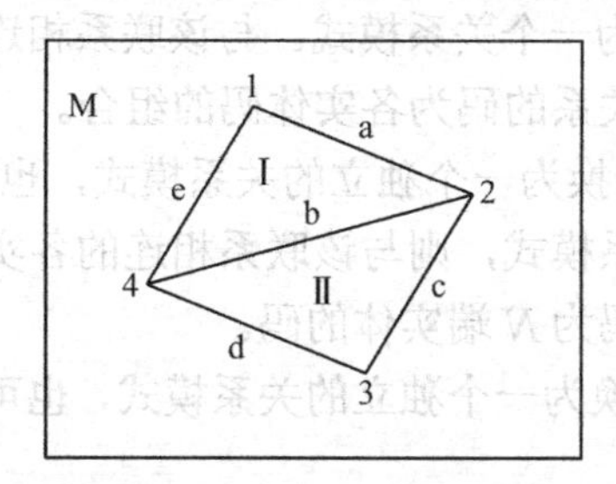

图 6-26　多边形地图 M 及其空间实体 I 和 II

表 6-4　关系表

关系 1：边界关系

多边形号 *P*	边号 *E*	边长 *L*
I	a	30
I	b	40
I	c	30
II	b	40
II	c	25
II	d	28

关系 2：边界-结点关系

边号 *E*	起结点号 SN	终结点号 EN
a	1	2
b	2	4
c	2	3
d	3	4
e	4	1

关系 3：结点坐标关系

结点号 *N*	*X*	*Y*
1	19.8	34.2
2	38.6	25.0
3	26.7	8.2
4	9.5	15.7

关系模型中应遵循以下条件。

① 二维表中同一列的属性是相同的。

② 赋予表中各列不同名字（属性名）。

③ 二维表中各列的次序是无关紧要的。

④ 没有相同内容的元组，即无重复元组。

⑤ 元组在二维表中的次序是无关紧要的。

非关系模型的数据库系统在 20 世纪 70 年代至 80 年代初非常流行，在数据库系统产品中占据了主导地位，现在已逐渐被关系模型的数据库系统所取代，但在美国等一些国家里，由于早期开发的应用系统都是基于层次数据库或网状数据库系统的，因此目前仍有不少层次数据库或网状数据库系统在继续使用。

3. E-R 模型向关系模型转换

关系模型是由 Codd E. F.在 20 世纪 70 年代初首次引入数据库领域中的。关系模型是一种数学化的模型，它用数学方法研究数据库的结构和定义数据库的操作，具有坚实的数学基础。与网状模型和层次模型相比，关系模型具有模型结构简单、数据的表示方法统一、语言表述一体化、数据独立性强等特点。把数据的逻辑结构归结为满足一定条件的二维表中的元素，这种表就称为关系。关系的集合就构成了关系模型。

E-R 模型可以向现有的各种数据库模型转换，E-R 模型向数据模型的转换是逻辑数据设计阶段的重要步骤之一。这种转换要遵循一定的规则，对不同的数据库模型有不同的转换规则。将 E-R 图转换为关系模型实际上就是要将实体、实体的属性和实体之间的联系转化为关系模式，这种转换一般遵循如下原则。

（1）一个实体转换为一个关系模式。实体的属性就是关系的属性，实体的码就是关系的码。

（2）一个 $M:N$ 联系转换为一个关系模式。与该联系相连的各实体的码以及联系本身的属性均转换为关系的属性，而关系的码为各实体码的组合。

（3）一个 $1:N$ 联系可以转换为一个独立的关系模式，也可以与 N 端对应的关系模式合并。如果转换为一个独立的关系模式，则与该联系相连的各实体的码以及联系本身的属性均转换为关系的属性，而关系的码为 N 端实体的码。

（4）一个 1∶1 联系可以转换为一个独立的关系模式，也可以与任意一端对应的关系模式合并。

（5）3 个或 3 个以上实体间的一个多元联系转换为一个关系模式。与该多元联系相连的各实体的码以及联系本身的属性均转换为关系的属性，而关系的码为各实体码的组合。

（6）同一实体集的实体间的联系，即自联系，也可按上述 1∶1、$1:N$ 和 $M:N$ 三种情况分别处理。

（7）具有相同码的关系模式可合并。

为了进一步提高数据库应用系统的性能，通常以规范化理论为指导，还应该适当地修改、调整数据模型的结构，这就是数据模型的优化。确定数据依赖，消除冗余的联系，确定各关系模式分别属于第几范式，确定是否要对它们进行合并或分解。一般来说将关系分解为 3NF 的标准。

（1）表内的每一个值都只能被表达一次。

（2）表内的每一行都应该被唯一的标识（有唯一键）。

（3）表内不应该存储依赖于其他键的非键信息。

图 6-27、图 6-28 就是一个将 E-R 模型转换成关系模型的实例。

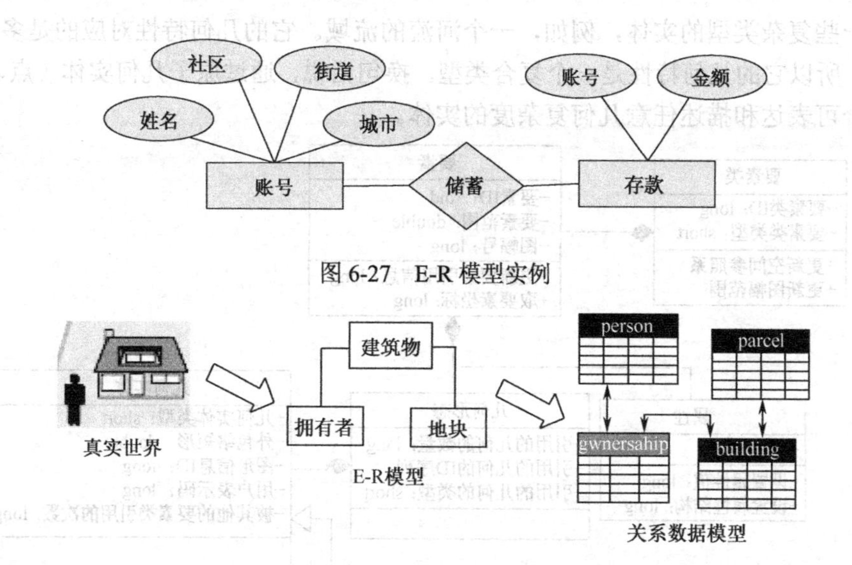

图 6-27 E-R 模型实例

图 6-28 E-R 模型与关系模型

4. 面向实体的逻辑模型

逻辑模型即模型中对象的意义和关系，它是在概念数据模型的基础上定义、标准化、规格化实体的。也就是根据前述概念数据模型确定的空间数据库信息内容（空间实体及相互关系），具体地表达数据项，记录其之间的关系，因此可以有若干不同的实现方法。一般来说，可以将空间逻辑数据模型分为结构化模型和面向操作的模型两大类。

结构化模型的本质是一种显式表达数据实体之间关系的数据结构，有层次数据模型和网状数据模型两种。其中，层次数据模型是按照树状结构组织数据记录以反映数据之间的隶属或层次关系的；网状数据模型是层次数据模型的一种广义形式，是若干层次结构的合并，虽然复杂，但是能够反映显示生活中极为常见的多对多的联系。

面向操作的模型是一种关系模型，这种模型用二维表格表达数据实体之间的关系，用关系操作提取或查询数据实体之间的关系，因此，称之为面向操作的逻辑数据模型。这种逻辑数据模型灵活简单，但是表示复杂关系时比其他数据模型困难。

在逻辑模型的构建过程中，研究的重点是如何在概念模型中空间实体及相互关系的基础上具体地表达数据项和记录之间的关系。应该对空间对象进行更加详细的建模，并对其元素对象的属性和方法进行定义，将概念模型更进一步地贴近最终计算机的内部表达，定义出清晰的内部成员属性及方法。

（1）要素类的建模与表达

为了能真实地模拟整个真实世界，本文设计的空间数据模型是面向地理实体的，即根据语义而不是根据几何表示的复杂性来划分实体，要素类建模图如图 6-29 所示。

什么是实体？实体就是现实生活中的地理特征和地理现象，可根据各自的特征加以区分。实体的特征至少有空间位置参考信息和非空间位置信息两个组成部分。空间特征描述实体的位置、形状，在模型中表现为一组几何实体；非空间特征描述的是实体的名字、长度等与空间位置无关的属性。

地理实体在模型中表示为要素。要素是由几何实体和属性组成的。它包括简单类型，例如，一个界址点、一个行政界线、一块土地；它们的几何形态分别为简单点、简单线和简单区。还有一些复杂类型的实体，例如，一个河流的流域。它的几何特性对应的是多种形态的几何实体，所以它的几何特性是一个复合类型。换句话说，通过原子几何实体（点、线、区）的任意组合可表达和描述任意几何复杂度的实体。

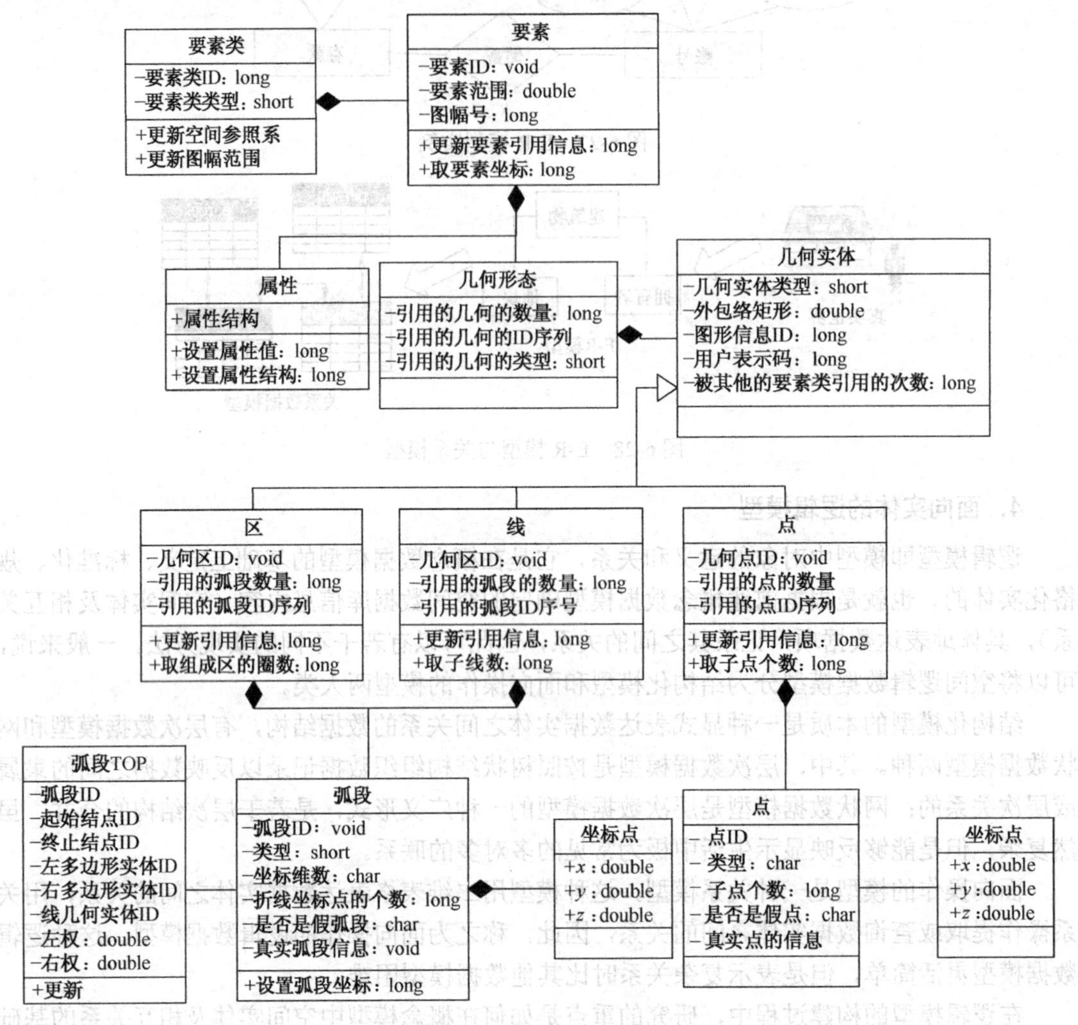

图 6-29　要素类建模图

什么是几何实体？它是地理对象的外观特征或可视化形状。地理实体可以用三种几何实体表示在地图上：点、线、多边形。继续细分下去，几何形态包括单点、多点、单弧段、多弧段、多边形等。

（2）注记类的建模与表达

在地图上，表现地理现象的地理要素除有几何形状和空间位置外，还有一些描述文本，如表示城市的要素类具有与其名称相关的文本，通常将这些文本称为注释。在本文的地理数据库中的注记是在制图显示时用来标注要素的文本，它可以确定位置或识别要素。注记按类型分为静态注记、属性注记和维注记三种。注记类建模图如图 6-30 所示。

静态注记的文字内容和注记位置均由用户输入。根据版式的不同，静态注记又分为静态文本注记和 HTML 版面注记。

静态文本注记主要是对于地图上实体信息的简单描述，文本形式为单行。存储的内容包括字体、字形、表现方式等控制参数，以及文本内容、定位点坐标和显示模板的ID。

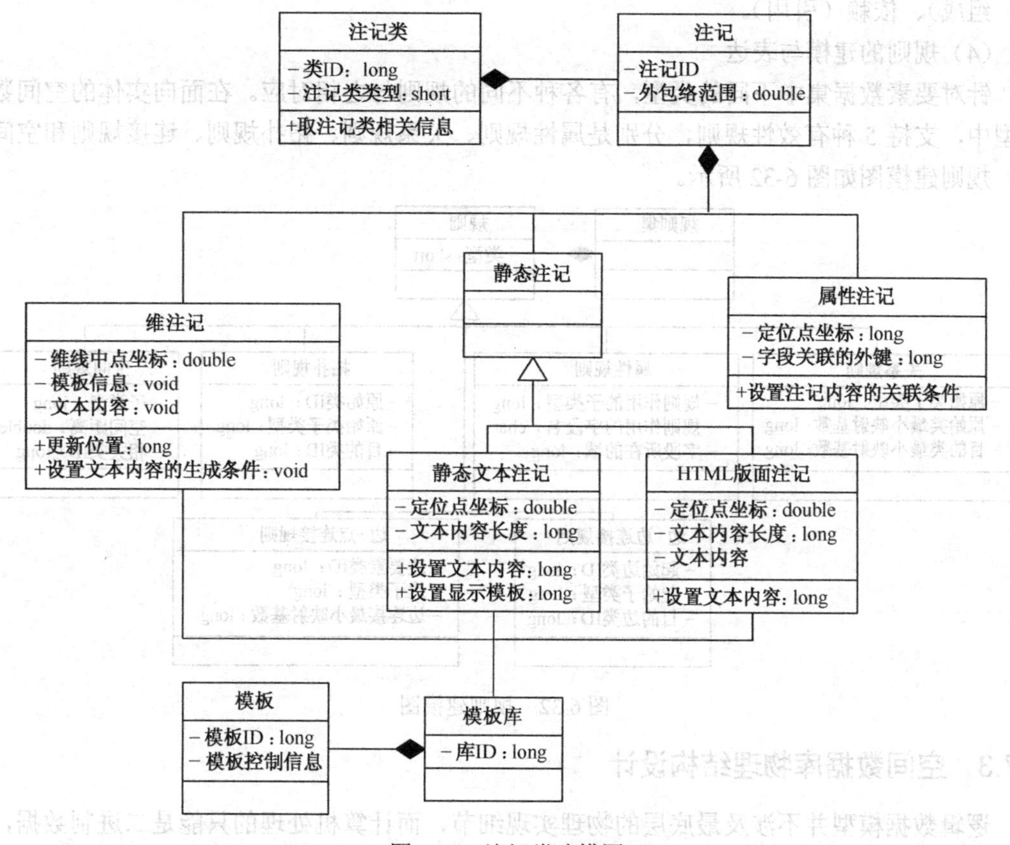

图 6-30　注记类建模图

（3）关系类的建模与表达

关系是指地理数据库中两个或多个对象之间的联系（association）或连接（link）。它可以存在于空间对象之间、非空间对象之间、空间对象和非空间对象之间。关系的集合称为关系类。关系类建模图如图 6-31 所示。

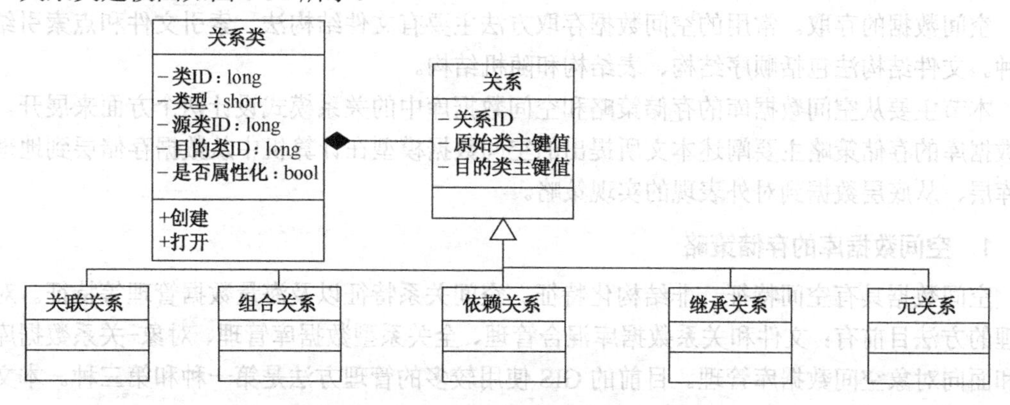

图 6-31　关系类建模图

空间关系是与实体的空间位置或形态引起的空间拓扑关系，包括分离、包含、相接、相等、相交、覆盖等九种。

非空间关系是对象的语义引起的关系，包括关联（一般）、继承（完全、部分）、组合（聚集、组成）、依赖（引用）。

（4）规则的建模与表达

针对要素数据集中不同的类型，有各种不同的规则与之相对应。在面向实体的空间数据模型中，支持 5 种有效性规则，分别是属性规则、关系规则、拓扑规则、连接规则和空间规则。规则建模图如图 6-32 所示。

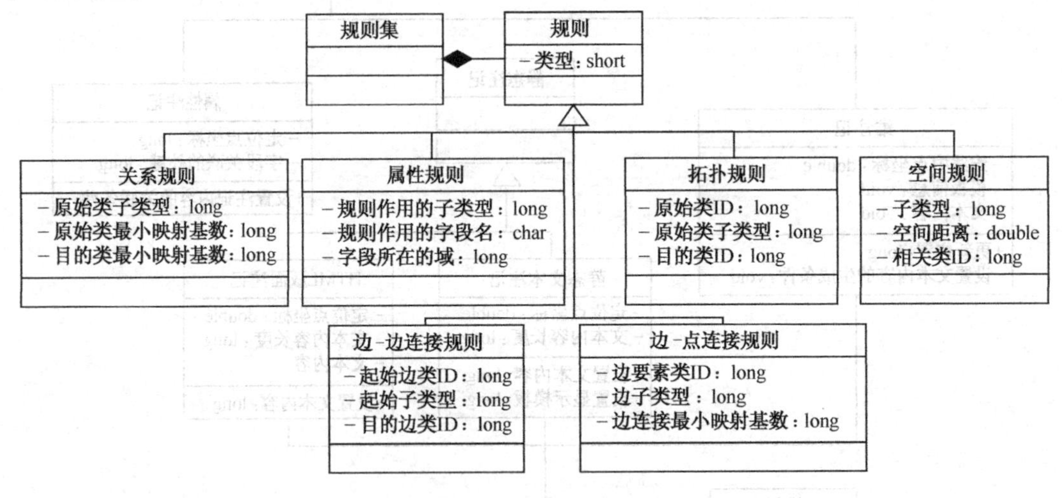

图 6-32 规则建模图

6.7.3 空间数据库物理结构设计

逻辑数据模型并不涉及最底层的物理实现细节，而计算机处理的只能是二进制数据，所以我们必须进一步将逻辑模型转换为物理数据模型。物理数据模型是指关于空间数据的物理表示组织。层次模型的物理表示方法有物理邻接法、表结构法、目录法。网络模型的物理表示方法有变长指针法、位图法和目录法等。关系模型的物理表示通常用关系表来完成。物理组织主要是考虑如何在外存储器上以最优的形式存储数据，通常要考虑操作效率、响应时间、空间利用和总的开销等因素。

空间数据的存取。常用的空间数据存取方法主要有文件结构法、索引文件和点索引结构三种。文件结构法包括顺序结构、表结构和随机结构。

本节主要从空间数据库的存储策略和空间数据库中的关系模式设计两个方面来展开。空间数据库的存储策略主要阐述本文所提出的空间数据模型在计算机中从数据存储层到地理数据库层、从底层数据到对外表现的实现策略。

1. 空间数据库的存储策略

空间数据具有空间特征、非结构化特征、空间关系特征以及海量数据管理等特征。对其管理的方法目前有：文件和关系数据库混合管理、全关系型数据库管理、对象-关系数据库管理和面向对象空间数据库管理。目前的 GIS 使用较多的管理方法是第一种和第三种。本文采用对象-关系数据库管理，基于商业数据库进行存储，其存储策略概念如图 6-33 所示。

空间数据引擎是地理数据库的基础，负责处理空间数据模型与关系数据模型之间的映射，地理数据库则在空间数据引擎的基础上实现对象分类、子类型、关系、定义域、有效性规则等语义的表达，实现面向实体的空间数据模型。

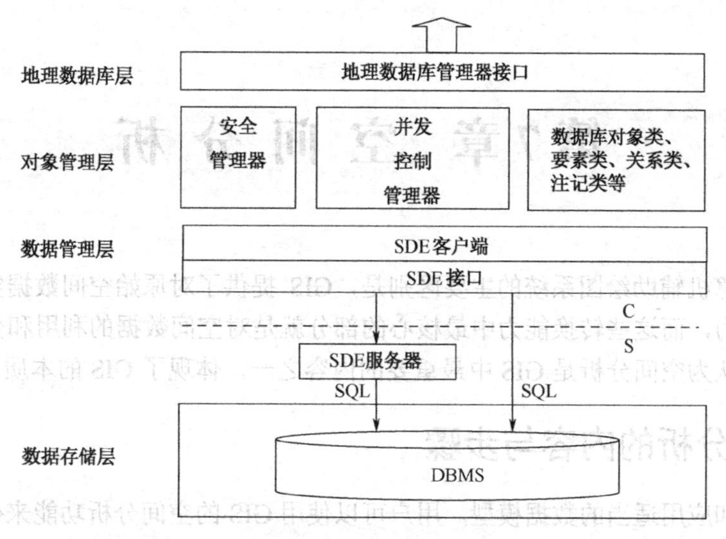

图 6-33　存储策略概念

SDE 分服务器端和客户端，服务器端位于 RDBMS 之上，为客户提供空间数据的查询和分析服务。SDE 客户端是应用软件的基础，为上层应用软件提供 SDE 接口，客户端对 SDE 所有功能的调用都是通过这个接口来完成的，SDE 接口提供给用户标准的空间查询和分析函数。SDE 服务器执行客户端的请求，将客户端按照空间数据模型提出的请求转换成 SQL 请求，在服务器端执行所有空间搜索和数据提取工作，将满足空间和属性搜索条件的数据在服务器端缓冲存放并发回到客户端。

2. 空间数据库中的关系模式

对象-关系数据库是关系模型和对象模型相结合的产物，它既保持了 RDBMS 的所有功能和优势，同时通过使用抽象数据类型可以封装任意复杂的内部结构和属性，以表示空间对象。所以在设计和实现基于对象-关系数据库的面向实体的空间数据模型时，仍需要按照传统关系数据库的设计方法，设计数据库表的关系模式。

空间数据库主要包含空间数据和元数据信息两部分。空间数据以“地理数据库—要素数据集—类”的层次进行组织。例如，类层次的对象有要素类、注记类、对象类、关系类和规则等，每一种对象在空间数据库中需要用一个表集来描述其信息和内部关系。元数据信息是前面所有空间数据的描述性信息，使用数据字典进行表达，包括地理数据库数据字典表关系、要素类的关系模式、注记类的关系模式、关系类的关系模式、规则的关系模式等。

习题 6

1．空间数据库和普通数据库的异同点分别是什么？

2．空间数据库模型的三层结构之间的关系如何？

3．归纳本文介绍的 MapGIS-SDE 空间数据引擎逻辑结构。

4．空间数据仓库与空间数据库有什么不同？

5．数据中心的主要优势是什么？

6．说明空间数据库、空间数据仓库和数据中心之间的逻辑关系。

第7章 空间分析

GIS 与计算机辅助绘图系统的主要区别是，GIS 提供了对原始空间数据实施转换以回答特定查询的能力，而这些转换能力中最核心的部分就是对空间数据的利用和分析，即空间分析能力。可以认为空间分析是 GIS 中最重要的内容之一，体现了 GIS 的本质。

7.1 空间分析的内容与步骤

通过开发和应用适当的数据模型，用户可以使用 GIS 的空间分析功能来研究现实世界。由于模型中蕴涵着空间数据的潜在趋向，从而可能由此得到新的信息。GIS 提供一系列的空间分析工具，用户可以将它们组合成一个操作序列，从已有模型来求得一个新模型，而这个新模型就可能展现出数据集内部或数据集之间新的或未曾明确的关系，从而深化我们对现实世界的理解。

从宏观上划分，空间分析可以归纳为以下三个方面。

（1）拓扑分析：包括空间图形数据的拓扑运算，即旋转变换、比例尺变换、三维及三维显示、几何元素计算等。

（2）属性分析：包括数据检索、逻辑与数学运算、重分类、统计分析等。

（3）拓扑与属性的联合分析：包括与拓扑相关的数据检索、叠置处理、区域分析、邻域分析、网络分析、形状探测、瘦化处理、空间内插等。

由此可见，空间分析的内容相当宽泛。在本章中，我们只限于讨论数据检索及表格分析、多边形叠置、缓冲分析、网络分析等若干核心内容，其他方面的内容或分散于其余章节，或单独成章讨论。

在实施空间分析之前，需要对问题进行评估并建立目标。在对数据做任何判断或得出任何结论之前，要全面考虑处理过程，要对数据和模型提出充分的问题，要制定明确的步骤来勾画全面的目标并控制进展。

空间分析大致分为以下步骤。

1. 建立分析的目的和标准

分析的目的定义了你打算利用地理数据库回答什么问题，而标准则具体规定了你将如何利用 GIS 回答你所提出的问题。例如，某项研究的目的可能是确定适合建造一个新的公园的位置，或者是计算洪水可能造成的损失。而满足这些目的的标准应该表述成一系列空间询问，这样才有利于分析。例如，下面列出了一些可能用于公园选址的标准。

（1）公园的位置既要交通便利又要环境安静，也就是说距主要公路的距离要适当。

（2）公园应设计成环绕一个天然的小河流。

（3）使公园的可利用面积最大，公园中应很少或没有沿河流分布的沼泽地。

上述各个标准可以利用缓冲、线段与多边形的叠加等空间操作来分析，在完成这些空间操作之后，就可以对适合于建造新公园的不同土地区域做出评价了。

2．准备空间操作的数据

数据准备在信息系统的建立过程中是一个非常重要的阶段，在这个阶段，GIS 用户需要做大量耐心细致的工作，需要投入大量的资金和人力来建立地理数据库。

在做空间分析之前，地理数据库还可能要做一些修改，如转换单位、略去数据库中的某些部分等。这个阶段往往要生成新的属性数据库或在原有数据库中增加新的属性项。

对于数据准备的要求随研究对象而异，在进行分析之前，对数据准备进行全面的考虑，将有助于更有效地完成工作。

3．进行空间分析操作

为了得到所需数据，可能需要进行许多操作（检索提取、缓冲、叠置等），每一步的空间操作都用来满足步骤 1 中所提出的一项标准。

4．准备表格分析的数据

大多数分析都要求利用空间操作得到一个（或一组）最终的数据层，然后就必须准备用于分析的数据，包括空间和属性数据。

所生成的层的属性表包括了利用逻辑表达式和算术表达式进行表格分析的信息。通常，必须将进行分析时所需要的数据项加到属性表中。例如，如果想根据地块数据层中的地块面积、现有结构和土壤类型来计算地块财产值，就要在属性表中加入一个数据项（取名可能是“VALUE”）来存放财产值。

5．进行表格分析

利用逻辑表达式和算术表达式，可以对在步骤 3 中进行的空间操作所获得的新属性关系进行分析。在本步骤中，将利用步骤 1 中所确定的标准，定义一系列逻辑运算和算术运算，来对所得到的地理数据库进行操作。

6．结果的评价和解释

通过表格分析获得了一个答案，必须对结果进行评价，以确定其有效性。

该结果是否提供了可靠而又有意义的答案？这是一个重要的验证步骤，必要时可能还需要请有关专家帮助解译和验证结果。

7．改进分析

如果认为分析还有局限性和缺点，可以进一步改善，返回适当的步骤重新进行分析。

8．产生最终的结果图和表格报告

空间分析的成果往往表现为图件或报表。图件对于凸显地理关系是最好不过的，而报表则用于概括表格数据并记录计算结果。

在理想情况下，空间分析功能应该独立于数据模型，如缓冲（Buffer）操作并不取决于矢量或栅格系统的选择，用户不需要了解特殊的技术细节。当然，从系统实现的角度来看，基于矢量方式的分析和基于栅格方式的分析是不一样的。在对诸如面积等几何元素实施计算时，矢量方式是根据研究对象的坐标数据，而栅格方式则是对像元进行计数。与栅格方式相比，矢量方式下的某些操作更精确（如基于多边形的面积量算比栅格中的像元计数要精确，计算多边形周长也比统计区域边界的像元的边缘要精确），某些操作更快（如沿道路网络查找路径），但某些操作则更为复杂或更慢（如多层叠置、缓冲区查找等）。

7.2 空间度量基础算法

空间度量是 GIS 的一项基本内容和主要功能，也是 GIS 的常用工具。本节主要是对物体之间的距离、角度、面积、中心等计算方法进行介绍。

7.2.1 长度量算

1．两点之间的距离

二维矢量空间中的两点(x_1, y_1)和(x_2, y_2)之间的欧几里得距离，以及三维矢量空间中的两点(x_1, y_1, z_1)和(x_2, y_2, z_2)之间的欧几里得距离分别用式（7-1）和式（7-2）定义：

$$D_2=\sqrt{(x_2-x_1)^2+(y_2-y_1)^2} \tag{7-1}$$

$$D_3=\sqrt{(x_2-x_1)^2+(y_2-y_1)^2+(z_2-z_1)^2} \tag{7-2}$$

2．点到直线的距离

已知直线 L 和任意一个点 P，设 $d(P, L)$表示点 P 到 L 的距离。这是点 P 到直线 L 的最短距离。如果 L 是一个有限的线段，那么 P 在 L 上的基点（过 P 点作 L 的垂线，垂线和 L 的交点成为 P 在 L 上的基点）可能在线段之外，这就需要一个不同的计算最短距离的方法。首先要考虑点到一条直线的垂直距离。

（1）两点定义的直线

在二维和三维中，如果 L 是通过两个点 P_0、P_1 给出的，则我们可以使用矢量积直接计算出点 P 到 L 的距离。两个矢量的矢量积的模等于两个矢量构成的平行四边形的面积，因为 $|\boldsymbol{v}_L\times\boldsymbol{w}|=|\boldsymbol{v}_L\|\boldsymbol{w}|\sin\theta|$，其中 θ 是两个矢量 $\boldsymbol{v}_L$ 和 $\boldsymbol{w}$ 的夹角。但是，平行四边形的面积也等于底和高的乘积。令 $\boldsymbol{v}_L=P_0P_1=(P_1-P_0)$，$\boldsymbol{w}=P_0P=(P-P_0)$，如图 7-1 所示，这样点 P 到直线 L 的距离就是底 P_0P_1 的高。

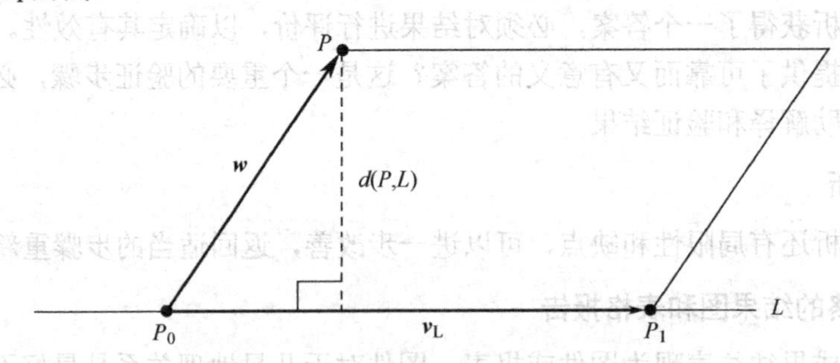

图 7-1 点到显式二维方程定义的直线距离

那么，$\boldsymbol{v}_L\times\boldsymbol{w}=\text{Area}(\text{平行四边形}(\boldsymbol{v}_L,\boldsymbol{w}))=|\boldsymbol{v}_L|d(P,L)$，这得出了：

$$d(P,L)=\frac{|\boldsymbol{v}_L\times\boldsymbol{w}|}{\boldsymbol{v}_L}=|\boldsymbol{u}_L\times\boldsymbol{w}| \tag{7-3}$$

在式（7-3）中，$\boldsymbol{u}_L=\boldsymbol{v}_L/|\boldsymbol{v}_L|$为直线 L 的单位矢量。若要计算多个点到同一条直线的距离，则首先计算 $\boldsymbol{u}_L$ 是最高效的。

这里没有计算分子的绝对值，这就使公式计算出的结果是带有符号的距离，正的表示点在直线的一边，负的表示点在直线的另一边。在其他情况下，我们可能希望获得绝对值。同时可以看出，分子的形式与直线隐式方程的形式相似。

（2）二维隐式方程定义的直线

在二维中，有许多情况，直线 L 很容易通过一个隐式方程来定义 $f(x, y) = ax + by + c = 0$。对于任意二维点 $P = (x, y)$，距离 $d(P, L)$可以直接用这个方程计算出。

矢量 $\boldsymbol{n}_L = (a, b)$是直线 L 的法线矢量，利用 $\boldsymbol{n}_L$ 我们可以计算任意点 P 到 L 的距离。首先在 L 上任意选一点 P_0，然后将矢量 P_0P 投影到 $\boldsymbol{n}_L$，如图 7-2 所示。

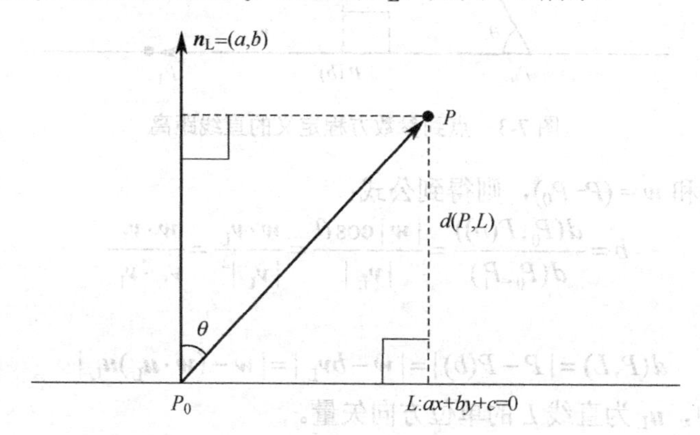

图 7-2　点到二维隐式方程定义的直线距离

具体如下。

① 因为 a 和 b 不同时为 0，设 $a < 0$ 或 $a > 0$，则 $P_0 = (-c/a, 0)$位于直线 L 上；相反，如果 $a = 0$，$b < 0$ 或 $b > 0$，则 $P_0 = (0, -c/b)$，最后的结果是相同的。

② 对在 L 上的任意点 P_0 有：$\boldsymbol{n}_L \cdot P_0P = |\boldsymbol{n}_L|\,|P_0P|\cos\theta = |\boldsymbol{n}_L|\,d(P, L)$。

③ 对选定的点 P_0：$\boldsymbol{n}_L \cdot P_0P = (a, b) \cdot (x+c/a, y) = ax + by + c = f(x, y) = f(P)$等同于②。

最后得出公式：

$$d(P,L)=\frac{f(p)}{|\boldsymbol{n}_L|}=\frac{ax+by+c}{\sqrt{a^2+b^2}} \tag{7-4}$$

进一步讲，可以用$|\boldsymbol{n}_L|$除以 $f(x, y)$的每个系数，使隐式方程规范化，即$|\boldsymbol{n}_L| = 1$。

这样得出非常高效的公式：

$$d(P, L) = f(p) = ax + by + c，当 a^2 + b^2 = 1 \tag{7-5}$$

对每个距离计算，式（7-5）只用了 2 次乘法运算和 2 次加法运算。因此，在二维中，若需要计算多个点到同一条直线 L 的距离，那么先得到规格化的隐式方程，然后使用这个公式。同时注意，只是比较距离（也就是说，寻找与直线距离最近或最远的点），这时则不需要规范化，因为它只是通过乘以一个常数因子来改变距离的值的。

若θ为 L 与 x 轴的夹角并且 $P_0 = (x_0, y_0)$是 L 上的点，那么规范化后的隐式方程有：$a = -\sin\theta$，$b = \cos\theta$ 和 $c = x_0\sin\theta - y_0\cos\theta$。

（3）参数方程定义的直线

在 n 维空间中，已知直线 L 的参数方程为 $P(t) = P_0 + t\,(P_1-P_0)$，$P$ 为任意 n 维空间中的任意一点。为了计算点 P 到直线 L 的距离 $d(P, L)$，从点 P 作直线 L 的垂线，交于点 $P(b)$，则向量 $P_0P(b)$是矢量 P_0P 在线段 P_0P_1 上的投影，如图 7-3 所示。

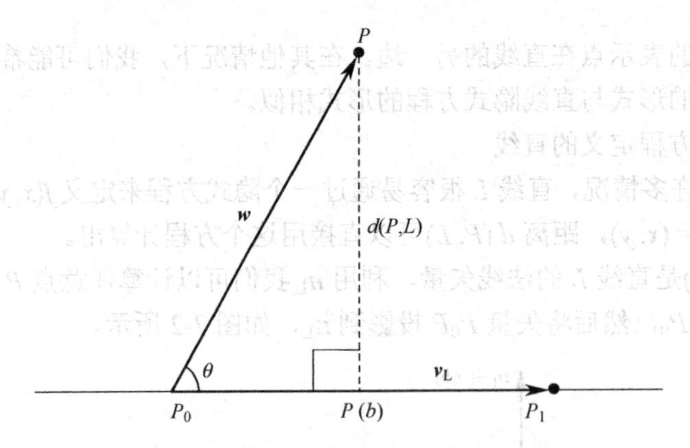

图 7-3　点到参数方程定义的直线距离

设 $\boldsymbol{v}_L=(P_1-P_0)$和 $\boldsymbol{w}=(P-P_0)$，则得到公式：

$$b=\frac{d(P_0,P(b))}{d(P_0,P_1)}=\frac{|\boldsymbol{w}|\cos\theta}{|\boldsymbol{v}_L|}=\frac{\boldsymbol{w}\cdot\boldsymbol{v}_L}{|\boldsymbol{v}_L|^2}=\frac{\boldsymbol{w}\cdot\boldsymbol{v}_L}{\boldsymbol{v}_L\cdot\boldsymbol{v}_L} \tag{7-6}$$

因此：

$$d(P,L)=|P-P(b)|=|\boldsymbol{w}-b\boldsymbol{v}_L|=|\boldsymbol{w}-(\boldsymbol{w}\cdot\boldsymbol{u}_L)\boldsymbol{u}_L| \tag{7-7}$$

在式（7-7）中，$\boldsymbol{u}_L$为直线 L 的单位方向矢量。

这个公式很适合在 n 维空间中使用，同时在计算基点 $P(b)$也很有用。在三维空间中，和矢量积公式同样高效。但在二维中，当 $P(b)$不是必需的时，隐式公式的方法更好，尤其是计算多个点到同一条直线的距离。

（4）点到射线或线段的距离

射线以某个点 P_0 为起点，沿某个方向无限延伸。它可以用参数方程 $P(t)$表达，其中 $t\geqslant0$，$P(0)=P_0$ 是射线的起点。一个有限的线段由一条直线上两个端点 P_0、P_1 间的所有点组成。同样也可以用参数方程 $P(t)$表达，其中 $P(0)=P_0$，$P(1)=P_1$ 为两个端点，并且点 $P(t)$ $(0\leqslant t\leqslant1)$是线段上的点。

计算点到射线或线段的距离与点到直线的距离不同的是，点 P 到直线 L 的垂线与 L 的交点可能位于射线或线段之外。在这种情况下，实际的最短距离是点 P 到射线的起点的距离（见图 7-4）或是线段的某个端点的距离（见图 7-5）。

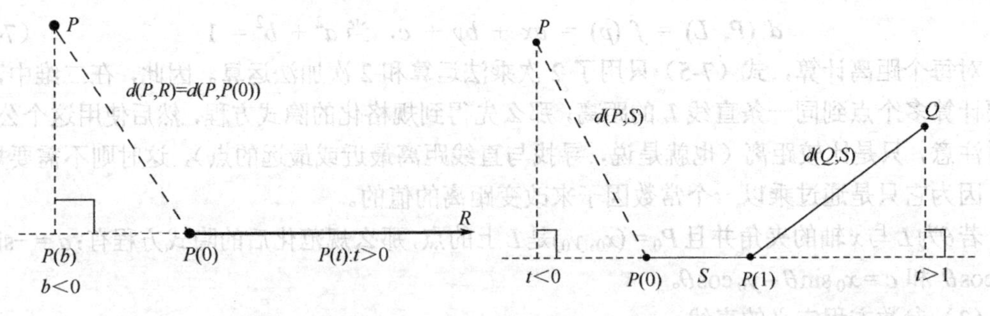

图 7-4　点到射线 R 的距离　　　　图 7-5　点到线段 S 的距离

对于射线，只有一个选择，就是计算 P 到射线起点的距离。而对于一条线段，则必须判断哪一个端点离 P 更近，可以分别计算点到两个端点的距离，然后取最短的，但这不是最高效的办法。而且，同时要判断点 P 在直线 L 上的基点是否在线段外。有一个简便的方法：考

虑 P_0P_1、P_0P 的夹角，P_1P、P_0P_1 的夹角，如果其中有个角为 90°，则对应的线段的端点是 P 在 L 上的基点 $P(b)$；如果不是直角，则 P 的基点必然落在端点的一边或另一边，这时要看角是锐角还是钝角，如图 7-6 和图 7-7 所示。这些考虑可以通过计算矢量的数量积是正的、负的还是 0 来判断。最终得出应该计算点 P 到 P_0 还是点 P 到 P_1 的距离，或者是点 P 到直线 L 的垂直距离。这些技术可以应用到 n 维空间中。

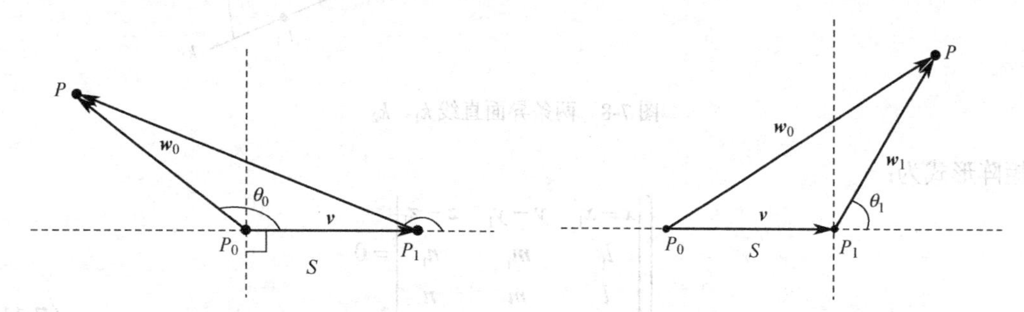

图 7-6　计算 P_0P_1 与 P_0P 的夹角　　　图 7-7　锐角时的情况

（5）三维空间中点到直线的距离

点 $M_0(x_0, y_0, z_0)$到直线 L：$\dfrac{x-x_1}{l}=\dfrac{y-y_1}{m}=\dfrac{z-z_1}{n}$ 的距离为：

$$\frac{\begin{bmatrix} \vec{i} & \vec{j} & \vec{k} \\ x_0-x_1 & y_0-y_1 & z_0-z_1 \\ l & m & n \end{bmatrix}}{\sqrt{l^2+m^2+n^2}} \tag{7-8}$$

其中，取直线 L 上两相异点的坐标(x_1, y_1, z_1)和(x_2, y_2, z_2)，则 $l=x_2-x_1$，$m=y_2-y_1$，$n=z_2-z_1$。

3．三维空间中线到线的空间距离

算法的理论基础：用空间解析几何法求两条异面直线之间的距离。

如图 7-8 所示，空间直线 k_1 通过点 $P_1(x_1, y_2, z_1)$和点 $P_2(x_2, y_2, z_2)$，直线 k_2 通过点 $P_3(x_3, y_3, z_3)$和点 $P_4(x_4, y_4, z_4)$，则 k_1 的方程为$(x-x_1)/(x_2-x_1)=(y-y_1)/(y_2-y_1)=(z-z_1)/(z_2-z_1)$，$k_2$ 的方程为$(x-x_3)/(x_4-x_3)=(y-y_3)/(y_4-y_3)=(z-z_3)/(z_4-z_3)$。

设 $S=S_1\times S_2$，其中 $S_1=\{l_1, m_1, n_1\}=\{x_2-x_1, y_2-y_1, z_2-z_1\}$，$S_2=\{l_2, m_2, n_2\}=\{x_4-x_3, y_4-y_3, z_4-z_3\}$，$S=\{l, m, n\}$，则 $l=m_1n_2-m_2n_1$，$m=n_1l_2-n_2l_1$，$n=l_1m_2-l_2m_1$。

如图 7-8 所示，两条异面直线 k_1：$P=P_1+tS_1$，k_2：$P=P_3+tS_2$，过 k_1 和 k_2 分别作平面 M_1 和 M_2，使它们都与 S 平行，则 M_1 和 M_2 的交线必平行于 S。但这条交线分别与 k_1 及 k_2 共面，所以它与 k_1 及 k_2 垂直，且分别交于 D_1 及 D_2，于是直线 D_1D_2 就是 k_1 及 k_2 的公垂线，且$|D_1D_2|$就规定为两条异面直线 k_1 及 k_2 之间的距离。设公垂线方程为 $P=Q+tS$，利用两直线共面的充要条件，即 k_1：$P=P_1+tS_1$，k_2：$P=P_3+tS_2$ 共面的充要条件是：$(P_1-P_3, S_1, S_2)=0$，得出如下结论。

$$\begin{cases}(Q-P_1,S_1,S)=0\\(Q-P_3,S_2,S)=0\end{cases} \tag{7-9}$$

也就是公垂线上任意一点的位置向量要同时符合：

$$\begin{cases}(P-P_1,S_1,S)=0\\(P-P_3,S_2,S)=0\end{cases} \tag{7-10}$$

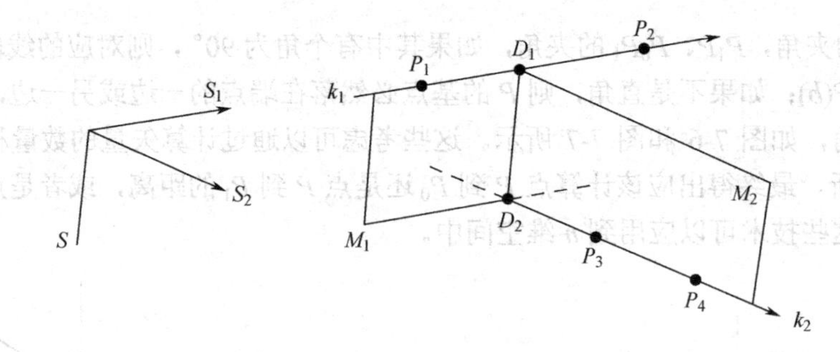

图 7-8 两条异面直线 k_1，k_2

即矩阵形式为：

$$\begin{cases}\begin{vmatrix} x-x_1 & y-y_1 & z-z_1 \\ l_1 & m_1 & n_1 \\ l & m & n \end{vmatrix}=0 \\ \begin{vmatrix} x-x_3 & y-y_3 & z-z_3 \\ l_2 & m_2 & n_2 \\ l & m & n \end{vmatrix}=0 \end{cases} \tag{7-11}$$

如图 7-8 所示，$|D_1D_2|$等于 P_1P_3 在 S 上投影的数值，即$|P_1P_3|\cdot S/|S|$，于是得：

$$|D_1D_2|=|(P_3-P_1)|\cdot S/|S|=|l(x_3-x_1)+m(y_3-y_1)+n(z_3-z_1)|/\sqrt{l^2+m^2+n^2}$$

很显然，算法的核心就是利用这一方法当中的中间结果和最终公式推导所得。

4．线目标的长度计算

线目标的长度公式：

$$l=\sum_{i=1}^{n-1}[(x_{i+1}-x_i)^2+(y_{i+1}-y_i)^2]^{\frac{1}{2}}=\sum_{i=1}^{n}l_i \tag{7-12}$$

线目标的长度的精度主要通过合理地选择曲线坐标点串及适当地加密坐标点来改善。

7.2.2 角度量算

（1）求直线 $a_0x+b_0y+c=0$ 与直线 $a_1x+b_1y+c=0$ 的夹角公式：

$$a=\arctan\frac{b_1}{a_1}-\arctan\frac{b_0}{a_0}=\arctan\frac{a_0b_1-a_1b_0}{a_0a_1+b_0b_1} \tag{7-13}$$

当 $a_0b_1-a_1b_0=0$ 时，两条直线平行；

当 $a_0a_1+b_0b_1=0$ 时，两条直线垂直。

（2）求矢量 $\boldsymbol{A}(x_a, y_a, z_a)$（二维情形时 $\boldsymbol{A}(x_a, y_a)$，这里指的是三维情形）与矢量 $\boldsymbol{B}(x_b, y_b, z_b)$ 的夹角。

那么，矢量 $\boldsymbol{A}$、$\boldsymbol{B}$ 的点积表示为：$a\cdot b=x_ax_b+y_ay_b+z_az_b$，则两个矢量的夹角为：

$$\cos\theta=\frac{a\cdot b}{|a\|b|} \tag{7-14}$$

7.2.3 任意多边形面积量算

矢量数据多边形的面积计算基于求梯形面积公式，如图 7-9 所示。

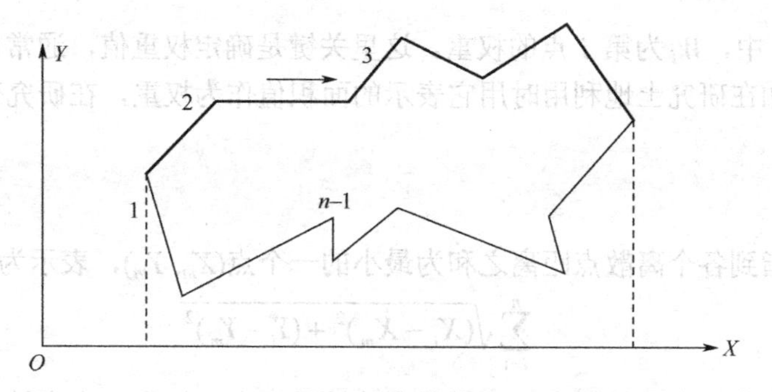

图 7-9　矢量数据多边形面积计算

从图 7-9 中可知，当顺时针走向时，求出的面积为正值；逆时针走向时，求出的面积为负值。实际面积为面积值的绝对值。

由于多边形面积计算的上述特征，在 CIS 分析中，常根据所求面积的正、负值，可判断多边形弧段闭合的走向是顺时针还是逆时针；也可用来判断点和线段的空间关系，如某点在线的左侧还是右侧。如图 7-10（a）所示，因△*ABP* 面积为正，故 *P* 点在矢量 ***AB*** 的右侧；还可判断两点和线段的空间关系，如两点是否位于线段的同侧。如图 7-10（b）所示，因△*ABN* 面积为正，△*ABM* 面积为负，故点 *M* 和 *N* 分别在矢量 ***AB*** 的两侧；如图 7-10（c）所示，因△*ABN* 和△*ABM* 面积均为正，故点 *M* 和 *N* 在矢量 ***AB*** 的同侧。

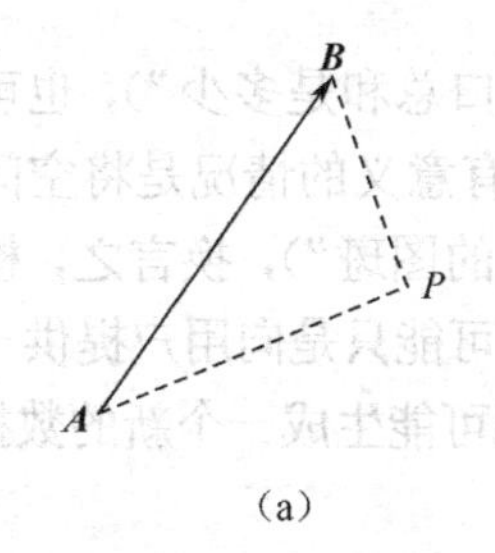

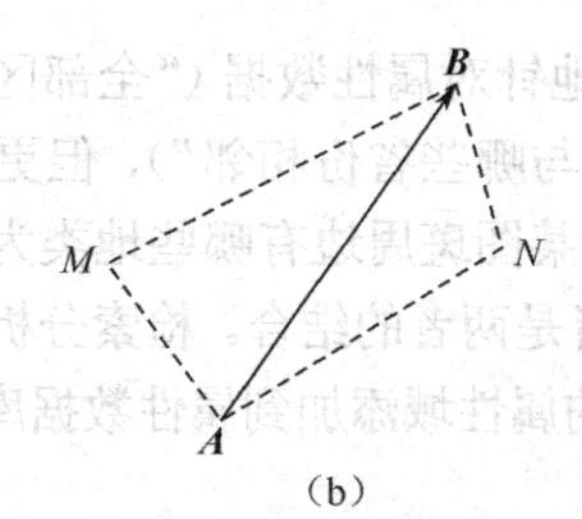

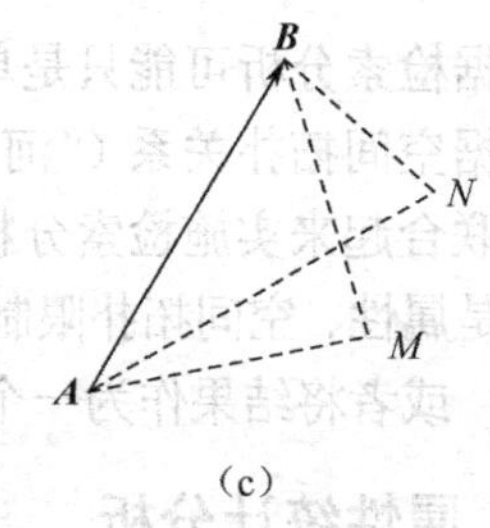

图 7-10　多边形面积计算的应用

7.2.4　分布中心的计算

空间分析中常用分布中心来概括地表示空间的总体分布位置，用来跟踪某些地理分布的变化，如描述人口的变迁、土地利用的变化。假设有 *n* 个离散点(X_1, Y_1), (X_2, Y_2), …, (X_n, Y_n)，可以用不同方法来表示分布中心。

1. 算术平均中心

$$C_x = \sum_{i=1}^{n} X_i / n, \quad C_y = \sum_{i=1}^{n} Y_i / n \tag{7-15}$$

在式（7-15）中，(C_x, C_y)表示算术平均中心坐标点。

算术平均中心没有考虑不同点在分析问题时重要性之间的差异，实际各点的重要性是不同的，为此需进行加权计算。

2. 加权平均中心

$$C_{xw} = \sum_{i=1}^{n} X_i W_i / \sum_{i=1}^{n} W_i \qquad C_{yw} = \sum_{i=1}^{n} Y_i W_i / \sum_{i=1}^{n} W_i \tag{7-16}$$

在式（7-16）中，W_i为第 i 点的权重。这里关键是确定权重值，通常以该离散点表示的统计量来表示，如在研究土地利用时用它表示的面积值作为权重，在研究变迁时用它表示的人口数作为权重。

3．中位中心

中位中心是指到各个离散点距离之和为最小的一个点(X_m, Y_m)，表示为下式的值为最小。

$$\sum_{i=1}^{n}\sqrt{(X_i - X_m)^2 + (Y_i - Y_m)^2} \tag{7-17}$$

中位中心是一个很有用的概念，大量用在选址设计中。如当 n 个离散点表示居民点，为确定商业布点就要用到中位中心。

4．极值中心

极值中心是指到各个离散点中最大距离为最小的一个点(X_e, Y_e)，表示为下式的值为最小。

$$\max(\sqrt{(X_i - X_e)^2 + (Y_i - Y_e)^2}) \tag{7-18}$$

极值中心地理意义在于，该点与 n 个离散点中所有点的距离都不太远。

必须指出，在计算中位中心和极值中心时同样都可以考虑权重问题。

7.3 数据检索分析

数据检索分析可能只是单纯地针对属性数据（“全部区域的人口总和是多少”），也可能是单纯依据空间拓扑关系（“河北省与哪些省份相邻”），但更多、更有意义的情况是将空间数据与属性联合起来实施检索分析（“某图斑周边有哪些地类为水浇地的图斑”），换言之，检索条件可以是属性、空间拓扑限制或者是两者的结合。检索分析的结果可能只是向用户提供一个统计结果，或者将结果作为一个新的属性域添加到属性数据库中，还可能生成一个新的数据层。

7.3.1 属性统计分析

单纯对属性数据库的统计分析包括单属性统计、单属性函数变换、双属性分类统计、双属性数学运算等。

单属性统计是针对属性数据库中的某个字段，统计总和、最大值、最小值及平均值，给出字段值落在各个区间内或等于各个离散值的记录数，并据此绘制各类统计图（折线、直方、立体直方、饼图、立体饼图等）。这一功能在 GIS 中的使用是相当频繁的。如城市管网系统中，用户常常提出诸如“管网总长是多少”“管径大于 300mm 的管段有多少”“各类材质的管段分别有多少”等问题，这些都可以通过单属性统计来获得答案。

单属性函数变换是对选定的初等函数，将属性字段作为函数自变量，将字段值依次带入初等函数，得到变换结果。系统常常是让用户在属性数据库中选择一个已有字段或在属性数据库中扩充一个字段来存放运算结果。用来完成计算的函数可以有很多，如幂函数、指数函数、对数函数、三角函数、反三角函数等。很多函数对变量域有限制（如对数函数中真值要大于 0），系统应允许指定默认值，当变量非法时将结果设置为此默认值。

双属性分类统计除要选择分类字段并划分出各类范围外，还需要指定统计字段和统计方式。统计方式分计数方式和累计方式，其中计数方式是累计各类图元数，而累计方式则是将每一类的累计字段值相加。

以土地详查为例，假定现有某一数据层是一个县的全部图斑（区数据），图斑属性中有权属号（记录图斑所属县、乡、村）、面积、地类等字段，现要统计各村图斑总面积，就可以将图斑属性中的“权属号”作为分类字段，“面积”作为统计字段，统计方式是累计方式；如果要统计各村每类用地的数目，则要将“地类”作为统计字段，采用计数方式来统计。

7.3.2 布尔逻辑查询分析

使用布尔逻辑的规则对属性及空间特性进行运算操作来检索数据使 GIS 在检索功能方面具有了极大的灵活性，因为它允许用户按属性数据、空间特性形成任意的组合条件来查询数据。布尔逻辑的运算有和（AND）、或（OR）、异或（XOR）、非（NOT）等。

例如，在地下管网信息系统中假设集合 *A* 是埋深小于 3m 的煤气管道，集合 *B* 是长度大于 300m 的煤气管道。那么，逻辑运算 *A* AND *B* 就检索出埋深小于 3m 且长度大于 300m 的所有煤气管道；*A* OR *B* 检索出埋深小于 3m 及长度大于 300m 的所有煤气管；*A* XOR *B* 检索出所有埋深小于 3m 及长度大于 300m 的所有煤气管道，但不包括两条件同时满足的那些煤气管道；*A* AND NOT *B* 检索出埋深小于 3m 但长度小于或等于 300m 的所有煤气管道。

7.4 叠置分析

叠置分析是 GIS 用户经常用以提取数据的手段之一。该方法源于传统的透明材料叠加，即将来自不同数据源的图纸绘于透明纸上，在透光桌上将图纸叠放在一起，然后用笔勾绘出感兴趣的部分（即提取感兴趣的数据）。地图的叠置，按直观概念就是将两幅或多幅地图重叠在一起，产生新数据层和新数据层上的属性。新数据层或新空间位置上的属性就是各叠置地图上相应位置处各属性的函数。

一般情况下，为便于管理和应用开发地理信息（空间信息和属性信息），在建库时是分层进行处理的。也就是说，根据数据的性质分类，性质相同的或相近的归并到一起，形成一个数据层。例如，对于一个地形图数据库来说，可以将所有建筑物作为一个数据层，所有道路作为一个数据层，地下管线井作为另一个数据层等。我们经常要将各数据层综合起来进行分析，如对各管线井求取离它最近的道路并计算它离最近道路的距离，这类问题就需要对多层数据实施叠置来产生具有新特征的数据层。

7.4.1 栅格叠加分析

栅格数据来源复杂，包括各种遥感数据、航测数据、航空雷达数据、各种摄影的图像数据，以及数字化和网格化的地质图、地形图，各种地球物理、地球化学数据和其他专业图像数据。叠加分析操作的前提是要将其转换为统一的栅格数据格式，且各个叠加层必须具有统一的地理空间，即具有统一的空间参考（包括地图投影、椭球体、基准面等），统一的比例尺及具有统一的分辨率。

栅格叠加可以用于数理统计，如行政区划图和土地利用类型图叠加，可计算出某一行政区划内的土地利用类型个数及各种土地利用类型的面积；可进行益本分析，即计算成本、价值等，如城市土地利用图与大气污染指数分布图、道路分布图叠加，可进行土地价格的评估与预测；可进行最基本的类型叠加，如土壤图与植被图叠加，可得出土壤与植被分布之间的关系图；可以进行动态变化分析及几何提取等应用；在各类地质综合分析中，栅格方式的叠置分析也十分有用，很多种类的原始资料如化探资料、微磁资料等，都是离散数据，容易转换成栅格数据，因此便于栅格方式的叠置分析。另外，由于没有矢量叠加时产生细碎多边形的问题，栅格方式的叠置产生的结果有时更为合理。

在栅格系统中，层间叠加可通过像元之间的各种运算来实现。设 A，B，C…表示第一、第二、第三等各层上同一坐标处的属性值，f 函数表示各层上属性与用户需要之间的关系，U 为叠置后属性输出层的属性值，则

$$U=f(A, B, C\cdots)$$

叠加操作的输出结果可能是：各层属性数据的平均值（简单算术平均或加权平均等），各层属性数据的最大值或最小值，算术运算结果，逻辑条件组合等。

基于不同的运算方式和叠加形式，栅格叠加变换包括如下几种类型。

（1）局部变换：基于像元与像元之间一一对应的运算，每个像元都是基于它自身的运算，不考虑其他的与之相邻的像元。

（2）邻域变换：以某一像元为中心，将周围像元的值作为算子，进行简单求和、求平均值、最大值、最小值等。

（3）分带变换：将具有相同属性值的像元作为整体进行分析运算。

（4）全局变换：基于研究区域内所有像元的运算，输出栅格的每一个像元值是基于全区的栅格运算，这里像元是具有或没有属性值的栅格。

1. 局部变换

每一个像元经过局部变换后的输出值与这个像元本身有关系，而不考虑围绕该像元的其他像元值。如果输入单层网格，局部变换以输入网格像元值的数学函数计算输出网格的每个像元值，如图 7-11 所示。单层网格的局部变换可以是基本的代数运算，也可以是三角函数、指数、对数、幂等运算来定义其函数关系。多层网格的局部变换与把空间和属性结合起来的矢量地图叠置类似，但效率更高。输出栅格层的像元值可由多个输入栅格层的像元值或其频率的量测值得到，如图 7-12 所示。概要统计（包括最大值、最小值、值域、总和、平均值、中值、标准差等）也可用于栅格像元的测度。例如，用最大统计量的局部变换运算可以从代表 20 年降水变化的 20 个输入栅格层中计算一个最大降水量网格，这 20 个输入栅格层中的每个像元都是以年降水数据作为其像元值的。

输入栅格					输出栅格			
2	0	1	1		6	0	3	3
2	3	0	2	×3 =	6	9	0	6
3		2	3		9		6	9
1	1		2		3	3		6

图 7-11　单层局部变换

输入栅格					乘数栅格					输出栅格			
2	0	1	1		1	1	2	2		2	0	2	2
2	3	0	2	×	1	2	2	2	=	2	6	0	4
3		2	3		2	2	3	3		6		6	9
1	1		2		2	3	3	4		2	3		8

图 7-12　多层局部变换

2. 邻域变换

邻域变换输出栅格层的像元值主要与其相邻像元值有关。如果要计算某一像元的值，就将该像元看作一个中心点，一定范围内围绕它的网格可以看作它的辐射范围。这个中心点的值取决于采用何种计算方法将周围网格的值赋给中心点，其中的辐射范围可自定义。若输入栅格在进行邻域求和变换时定义了每个像元周围 3×3 个网格的辐射范围，在边缘处的像元无法获得标准的网格范围，辐射范围就减少为 2×2 个网格，如图 7-13 所示，那么，输出栅格的像元值就等于它本身与辐射范围内栅格值之和。比如，左上角栅格的输出值就等于它和它周围像元值 2、0、2、3 之和 7。

输入栅格

2	0	1	1
2	3	0	2
3		2	3
1	1		2

（邻域求和）=

输出栅格

7	8	7	4
10	13	12	9
10	12	13	9
5	7	8	7

图 7-13　邻域变换

中心点的值除可以通过求和得出外，还可以取平均值、标准方差、最大值、最小值、极差频率等。邻域变换中的辐射范围一般都是规则的方形网格，也可以是任意大小的圆形、环形和楔形。圆形邻域是以中心点像元为圆心，以指定半径延伸扩展的；环形或圈饼状邻域是由一个小圆和一个大圆之间的环形区域组成的；楔形邻域是以中心点单元为圆心的圆的一部分。

邻域变换的一个重要用途是数据简化。例如，滑动平均法可用来减少输入栅格层中像元值的波动水平，该方法通常用 3×3 或 5×5 矩形作为邻域，随着邻域从一个中心像元移到另一个中心像元，计算出在邻域内的像元平均值并赋予该中心像元。滑动平均的输出栅格表示初始单元值的平滑化。另一个例子是以种类为测度的领域运算，列出在邻域之内有多少不同的单元值，并把该数目赋予中心像元，这种方法用于表示输出栅格中植被类型或野生物种的种类。

3. 分带变换

将同一区域内具有相同像元值的网格看作一个整体进行分析运算，称为分带变换。区域内属性值相同的网格可能并不毗邻，一般通过一个分带栅格层来定义具有相同值的栅格。分带变换可对单层网格或两个网格进行处理，如果为单个输入栅格层，分带运算用于描述地带的几何形状，如面积、周长、厚度和矩心。面积为该地带内像元总数乘以像元大小。连续地带的周长就是其边界长度，由分离区域组成的地带，周长为每个区域的周长之和。厚度以每个地带内可画的最大圆的半径来计算。矩心决定了最近似于每个地带的椭圆形的参数，包括矩心、主轴和次轴。地带的这些几何形状测度在景观生态研究中尤为有用。

多层栅格的分带变换如图 7-14 所示，通过识别输入栅格层中具有相同像元值的网格在分带栅格层中的最大值，将这个最大值赋给输入层中这些网格导出并存储到输出栅格层中。输入栅格层中有 4 个地带的分带网格，像元值为 2 的网格共有 5 个，它们分布于不同的位置并不相邻，在分带栅格层中，它们的值分别为 1、5、8、3 和 5，那么取最大的值 8 赋给输入栅格层中像元值为 2 的网格，原来没有属性值的网格仍然保持无数据。分带变换可选取多种概要统计量进行运算，如平均值、最大值、最小值、总和、值域、标准差、中值、多数、少数和种类等，如果输入栅格为浮点型网格，则无最后 4 个测度。

输入栅格

2	0	1	1
2	3	0	2
	0	2	
1	1	0	2

分带栅格

1	2	3	4
5	6	7	8
1	2	3	4
5	5	5	5

=

输出栅格

8	7	5	5
8	6	7	8
	7	8	
5	5	7	8

图 7-14　分带变换

4. 全局变换

全局变换是基于区域内全部栅格的运算，一般指在同一网格内进行像元与像元之间距离的量测。自然距离量测运算或者欧几里得几何距离运算属于全局变换。欧几里得几何距离运算分为两种情况：一种是以连续距离对源像元建立缓冲，在整个网格上建立一系列波状距离带；另一种是对网格中的每个像元确定与其最近的源像元的自然距离，这种方式在距离量测中比较常见。

欧几里得几何距离运算首先定义源像元，然后计算区域内各个像元到最近的源像元的距离。在方形网格中，垂直或水平方向相邻的像元之间的距离等于像元的尺寸大小或者等于两个像元质心之间的距离；如果对角线相邻，则像元距离约等于像元的尺寸大小的 1.4 倍；如果相隔一个像元，那么它们之间的距离等于像元大小的 2 倍，其他像元距离依据行列来计算。如图 7-15 所示，输入栅格有两组源数据，源数据 1 是第 1 组，共有 3 个栅格，源数据 2 组只有 1 个栅格。欧几里得几何距离定义源像元为 0 值，而其他像元的输出值是到最近的源像元的距离。因此，如果默认像元大小为 1 个单位的话，则输出栅格中的像元值按照距离计算原则赋值为 0、1、1.4 或 2。

输入栅格

		1	1
			1
	2		

欧几里得几何距离 =

输出栅格

2.0	1.0	0.0	0.0
1.4	1.0	1.0	0.0
1.0	0.0	1.0	1.0
1.4	1.0	1.4	2.0

图 7-15　欧几里得几何距离运算

5. 栅格逻辑叠加

栅格数据中的像元值有时无法用数值型字符来表示，不同专题要素用统一的量化系统表示也比较困难，故使用逻辑叠加更容易实现各个栅格层之间的运算。比如，某区域土壤类型包括黑土、盐碱土及沼泽土，也可获得同一地区的土壤 pH 值及植被覆盖类型相关数据，要求查询出土壤类型为黑土、土壤 pH 值<6 且植被覆盖以阔叶林为主的区域，将上述条件转换为条件查询语句，使用逻辑求交即可查询出满足上述条件的区域。

二值逻辑叠加是栅格叠加的一种表现方法，用 0 和 1 分别表示假（不符合条件）与真（符合条件）。描述现实世界中的多种状态仅用二值是远远不够的，使用二值逻辑叠加往往需要建立多个二值图，然后进行各个图层的布尔逻辑运算，最后生成叠加结果图。符合条件的位置点或区域范围可以是栅格结构影像中的每一个像元，或者是四叉树结构影像中的每一个像块，也可以是矢量结构图中的每一个多边形。

图层之间的布尔逻辑运算包括与（AND）、或（OR）、非（NOT）、异或（XOR）等。

（1）与（&）：比较两个或两个以上栅格数据图层，如果对应的栅格值均为非 0 值，则输出结果为真（赋值为 1），否则输出结果为假（赋值为 0）。

（2）或（|）：比较两个或两个以上栅格数据图层，如果对应的栅格值中只有一个或一个以上为非 0 值，则输出结果为真（赋值为 1），否则输出结果为假（赋值为 0）。

（3）非（^）：对一个栅格数据图层进行逻辑“非”运算，如果栅格值为 0 值，则输出结果为真（赋值为 1）；如果栅格值为非 0 值，则输出结果为假（赋值为 0）。

（4）异或（!）：比较两个或两个以上栅格数据图层，如果对应的栅格值的逻辑真假互不相同（一个为 0 值，另一个为非 0 值），则输出结果为真（赋值为 1），否则输出结果为假（赋值为 0）。

图 7-16 所示为一个布尔逻辑“与”运算。

输入栅格1					输入栅格2					输出栅格			
1	0	1	1		0	2	3	0		0	0	1	0
1	1	0	0	&	5	1	4	0	=	1	1	0	0
0	0	1	0		1	2	3	0		0	0	1	0
1	1	0	2		5	5	5	0		1	1	0	0

图 7-16　布尔逻辑“与”运算

6. 栅格关系运算

关系运算以一定的关系为基础，符合条件的为真，赋予 1 值；不符合条件的为假，赋予 0 值。关系运算符包括 6 种：=、<、>、<>、>= 和<=。

图 7-17 所示为关系“>”运算。

输入栅格1					输入栅格2					输出栅格			
1	5	1	1		0	2	3	0		1	1	0	1
1	3	0	0	>	5	1	4	0	=	0	1	0	0
0	4	1	0		1	2	3	0		0	1	0	0
1	2	0	2		5	5	5	0		0	0	0	1

图 7-17　关系“>”运算

7.4.2　矢量叠加分析

矢量系统的叠加分析比栅格系统的要复杂得多。拓扑叠加之前，假设每一层都是平面增强的（已经建立了完整的拓扑关系），当两层数据叠加时，结果也必然应是平面增强的。当两条线交叉时，要计算新的交叉点；一条线穿过某一区域时，必然产生两个子区域。

拓扑叠加能够把输入特征的属性合并到一起，实现特征属性在空间上的连接，拓扑叠加时，新的组合图的关系将被更新。

叠加可以是多边形对多边形的叠加（生成多边形数据层），也可以是线对多边形的叠加（生成线数据层）、点对多边形的叠加（生成点数据层）、多边形对点的叠加（生成多边形数据层），还可以是点对线的叠加（生成点数据层）。我们首先详细分析一下多边形与多边形叠加。

1．多边形与多边形叠加

多边形与多边形合成叠加的结果，是在新的叠置图上，产生了许多新的多边形，每个多边形内都具有两种以上的属性。这种叠加特别能满足建立模型的需要。例如，将一个描述地域边界的多边形数据层叠加到一个描述土壤类别分界线的多边形要素层上，得到的新的多边形要素层就可以用来显示一个城市中不同分区的土壤类别。

由于两个多边形叠加时其边界在相交处分开，因此，输出多边形的数目可能大于输入多边形的总和。在多边形叠加操作中往往产生许多较小的多边形，其中有些并不代表实际的空间变化，这些小而无用的多边形称为碎多边形或伪多边形，它们是多边形叠加的主要问题，如图 7-18 所示。

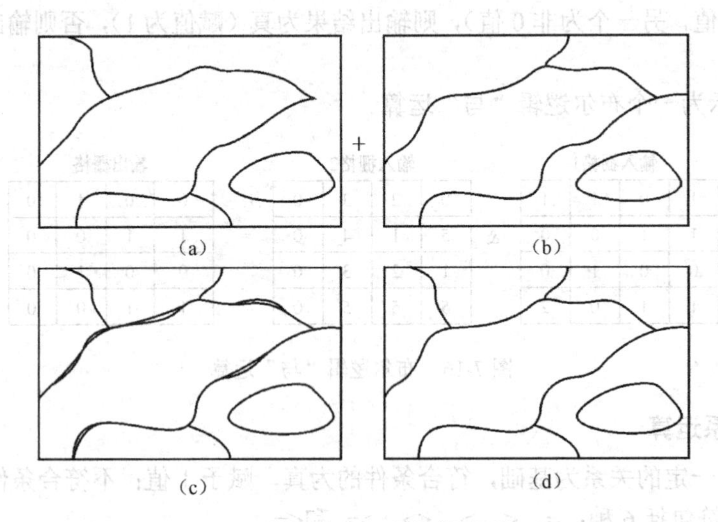

图 7-18　多边形叠加的问题

伪多边形产生的原因是同一条线在两次输入的细微差异。如果同一条线在两张图上，则数字化时必然有微小的差异。但在大多数情况下，图上的线是根据不同来源的数据编辑而成的，编辑时常常忽略它们是同一条线的事实。例如，道路可能是县界的一部分，同时也是两块地、两类土壤或植被的分界线。即使数字化时尽量增加精度，也不能消除这一现象。有些系统允许用户设置一个容差值，以消除叠加过程中产生的伪多边形，但这一容差值较难把握，因为容差值过大，有些真实的多边形会被删除；容差值太小，又不能完全剔除错误的多边形。

多边形叠加的整个过程如下。

（1）计算交叉点。

（2）形成结点和链。

（3）建立拓扑和新对象/新标识符。

（4）如果需要的话，去除大量的碎多边形，融合相似多边形。

（5）连接新属性，并添加到属性表中。

多边形叠加是一个很耗时的处理过程。多边形叠加可以用来对数据进行一定地理区域的裁剪。例如，用一个专题图层中的乡镇边界去叠加所有其他的专题图层，从而只得到与该乡镇相关的所有数据。

多边形与多边形叠加可以有合并（UNION）、相交（INTERSECT）、相减（SUBSTRACTION）、判别（IDENTITY）等方式。它们的区别在于输出数据层中的要素不同。合并保留两个输入数据层中所有多边形；相交则保留公共区域；相减从一个数据层中剔除另一个数据层中的全部区域；判别将一个层作为模板，而将另一个输入层叠加在它上面，落在模板层边界范围内的要素被保留，而落在模板层边界范围以外的要素都被剪切掉。

下面以图解方式详细解释几类叠加方式的不同，如图 7-19 至图 7-22 所示。在各图中，叠加结果用阴影表示，叠加结果的属性为：

标识码，面积，周长，f1，区号，f2

其中，区号为第二个数据层的区号。

标识码	面积	周长	f1
1	320.5	61.2	a

标识码	面积	周长	f2
1	280.7	50.1	b

标识码	面积	周长	f1	区号	f2
1	198.2	51.3	a		
2	122.3	42.1	a	1	b
3	158.4	53.4		1	b

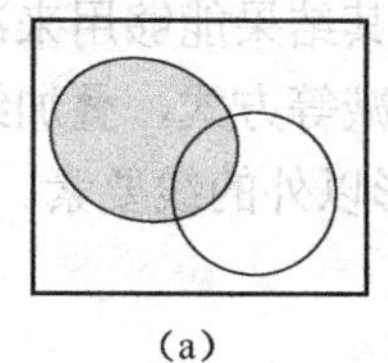

(a)

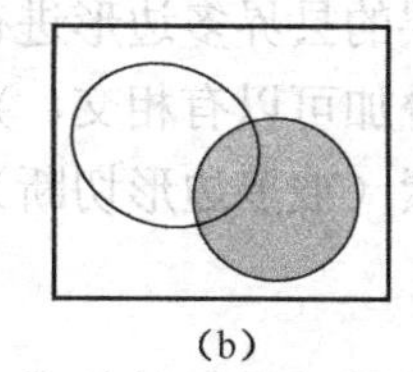

(b)

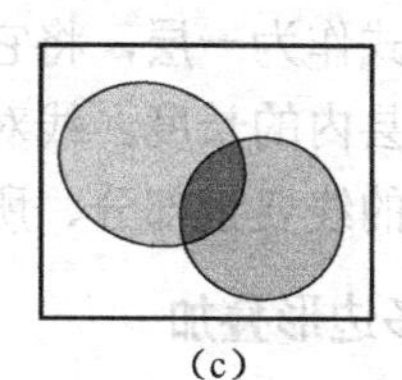

(c)

图 7-19　多边形合并叠加

标识码	面积	周长	f1
1	320.5	61.2	a

标识码	面积	周长	f2
1	280.7	50.1	b

标识码	面积	周长	f1	区号	f2
1	122.3	42.1	a	1	b

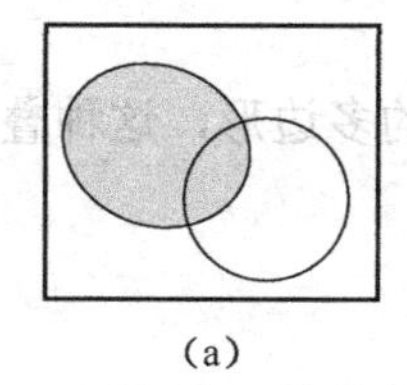

(a)

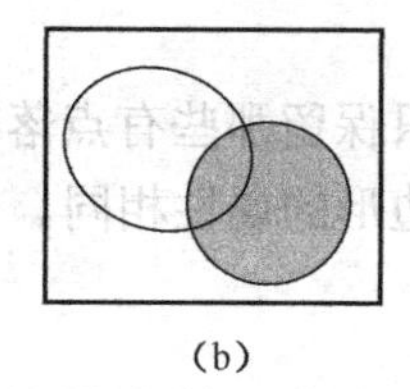

(b)

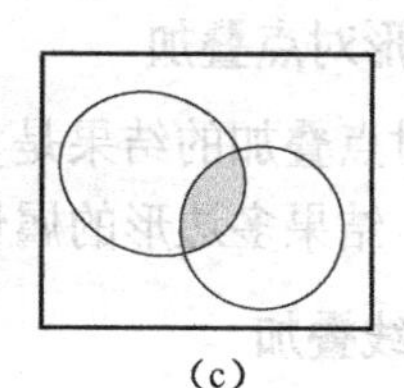

(c)

图 7-20　多边形相交叠加

标识码	面积	周长	f1
1	320.5	61.2	a

标识码	面积	周长	f2
1	280.7	50.1	b

标识码	面积	周长	f1	区号	f2
1	198.2	51.3	a		

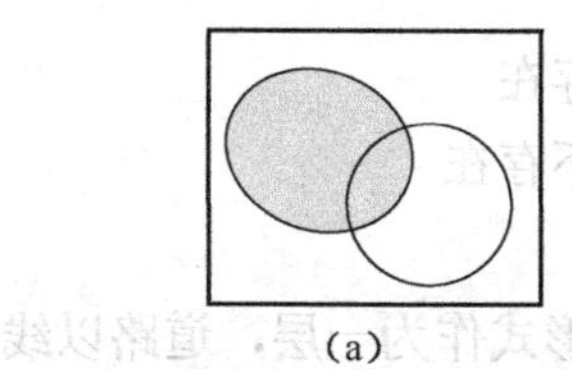

(a)

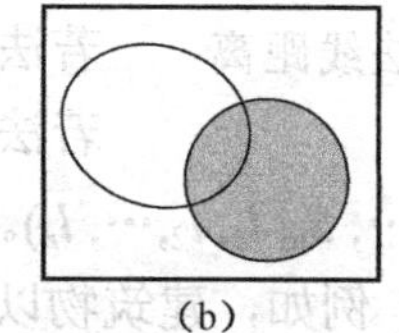

(b)

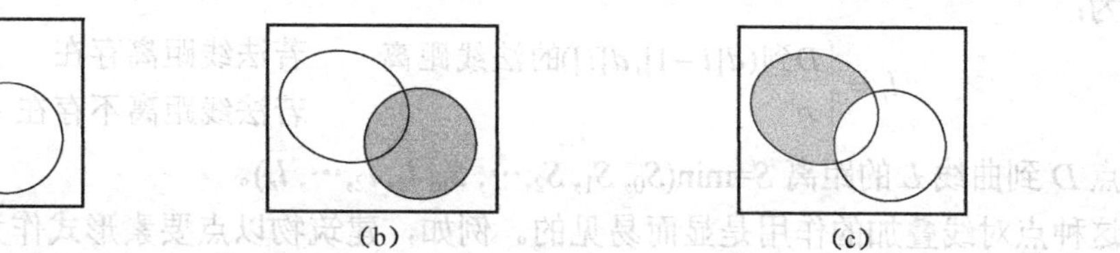

(c)

图 7-21　多边形相减叠加

标识码	面积	周长	f1
1	320.5	61.2	a

标识码	面积	周长	f2
1	280.7	50.1	1

标识码	面积	周长	f1	区号	f2
1	198.2	51.3	a		
2	122.3	42.1	a	1	b

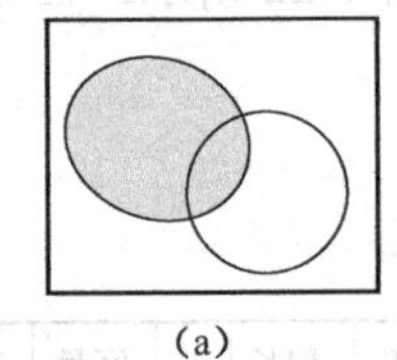
(a)

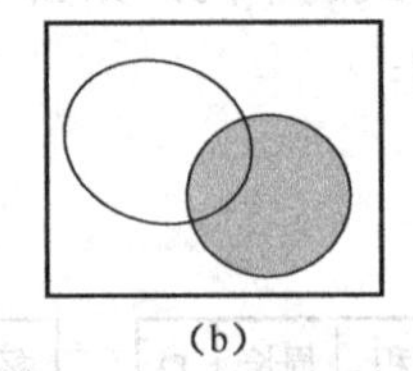
(b)

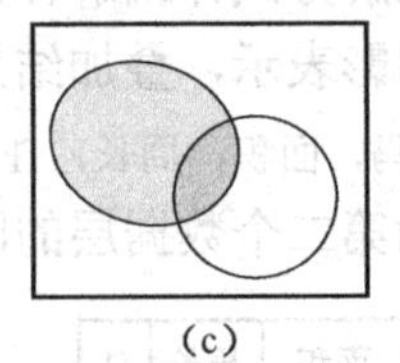
(c)

图 7-22　多边形判别叠加

2. 线对多边形叠加

线对多边形叠加的结果是一些弧段，这些弧段也具有它们所在的多边形的属性。例如，公路以线的形式作为一层，将它与另一层的县界多边形进行叠加，其结果能够用来决定每条公路落在不同县内的长度。线对多边形叠加可以有相交、判别、相减等方式，叠加结果分别是穿过多边形的线要素部分、所有线要素（被多边形切断）、多边形以外的线要素。

3. 点对多边形叠加

点对多边形叠加的实质是计算包含关系，叠加结果是一串带有附加属性的点要素，点所在的多边形的属性被连接到点的属性中。例如，井的位置以点要素的形式作为一层土地租用分区以多边形要素的形式记录在另一层，那么这两层进行点对多边形叠加的结果可以用来确定井在各土地租用分区内的分布。点对多边形叠加也可以有相交、判别、相减等方式，叠加结果分别是落在多边形内的点要素、所有点要素、多边形以外的点要素。

4. 多边形对点叠加

多边形对点叠加的结果是多边形，但只保留那些有点落在上面的多边形，这种叠加不进行属性连接，结果多边形的属性和原始多边形的属性相同。

5. 点对线叠加

点对线叠加的结果为点要素，它保留所有点，找到距离某点最近的线并计算出点与线之间的距离，然后将线号和点线距离记录到该点的属性中。

点线距离定义如下。

对任意点 D 和曲线 L，假设 L 由 n 个离散点 $d[0], d[1], d[2],\cdots,d[n]$ 构成，则 D 到 $d[0], d[1],\cdots, d[n]$ 的距离分别为 $S_0, S_1,\cdots,S_n$，D 到直线段 $(d[0], d[1]), (d[1], d[2]),\cdots,(d[n-1], d[n])$ 的法线距离分别为：

$$l_i=\begin{cases}D\text{到}(d[i-1],d[i])\text{的法线距离} & \text{若法线距离存在}\\ \infty & \text{若法线距离不存在}\end{cases}$$

那么点 D 到曲线 L 的距离 $S=\min(S_0, S_1, S_2,\cdots, S_n, l_1, l_2,\cdots, l_n)$。

这种点对线叠加的作用是显而易见的。例如，建筑物以点要素形式作为一层，道路以线要素形式作为一层，点对线的叠加将求出离每个建筑物最近的道路及相应的距离。

7.5 缓冲区分析

在GIS的空间操作中，涉及确定不同地理特征的空间接近度或临近性的操作就是建立缓冲区。例如，在林业方面，要求距河流两岸在一定范围内规定出禁止砍伐树木的地带，以防止水土流失；又例如，城市道路扩建需要推倒一批临街建筑物，于是要建立一个距道路中心线一定距离的缓冲区，落在缓冲区内的建筑是必须拆迁的。

7.5.1 缓冲区分析的概念

缓冲区分析就是在点、线、面实体（缓冲目标）周围建立一定宽度范围的多边形。换言之，任何目标所产生的缓冲区总是一些多边形，这些多边形将构成新的数据层。

图7-23所示为单个点、单个线或单个面的缓冲区。如果缓冲目标是多个点（或多个线、多个面），则缓冲分析的结果是各单个点（线、面）的缓冲区的合并。碰撞到一起的多边形将被合并为一个，也就是说，GIS可以自动处理两个特征的缓冲区重叠的情况，取消由于重叠而落在缓冲区内的弧段，如图7-24所示。

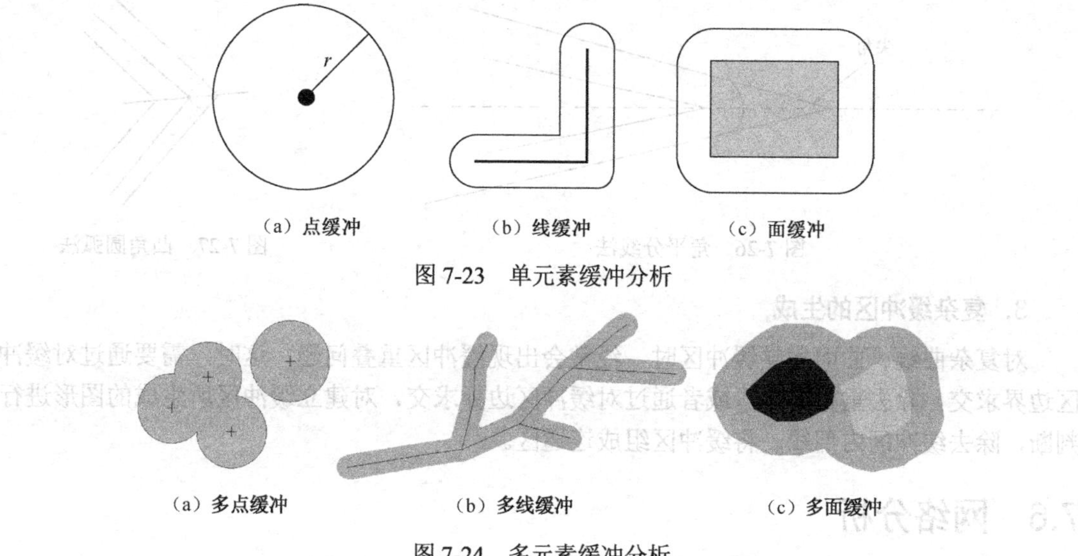

图7-23　单元素缓冲分析

图7-24　多元素缓冲分析

根据地理实体的性质和属性，对其规定不同的缓冲区距离，通常是十分必要的。例如，沿河流两岸绘出的禁止砍伐树木带的宽度应根据河流类型及两岸土质而定。因此，GIS应有求取可变缓冲区的能力，如允许用户在属性表中定义一项，作为缓冲区宽度，如图7-25所示。

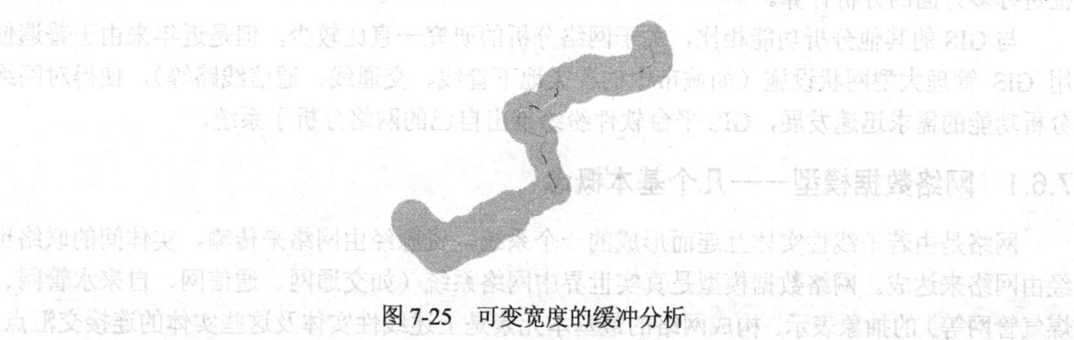

图7-25　可变宽度的缓冲分析

7.5.2 建立缓冲区的算法

建立缓冲区的实质是绘制面、线、点状地物的扩展距离图。

1. 点缓冲区算法

等距离的点缓冲区是一个圆。

2. 线缓冲区和面缓冲区的基本算法

（1）角平分线法

角平分线法建立线缓冲区和面缓冲区的实质是在线的两边按一定距离（称为缓冲距）作平行线，在线的端点画圆弧相连，如图 7-26 所示。

在求算过程中，当直线相接处（拐点）出现凸角时需要做特殊处理。

（2）凸角圆弧法

凸角圆弧法将线的拐点求出凹凸性，凸侧用圆弧弥合法，以防角平分线法中出现尖角；凹侧用角平分法建立。凸角圆弧法如图 7-27 所示。

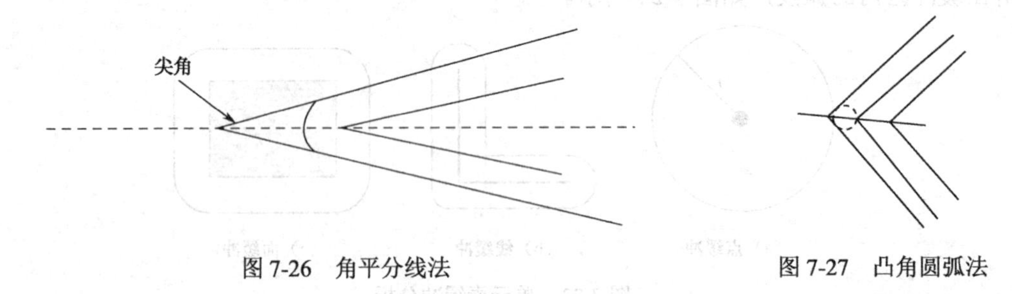

图 7-26 角平分线法　　图 7-27 凸角圆弧法

3. 复杂缓冲区的生成

对复杂曲线、曲面建立缓冲区时，经常会出现缓冲区重叠问题，这时，需要通过对缓冲区边界求交，除去重叠部分，或者通过对缓冲区边界求交，对建立缓冲区所生成的图形进行判断，除去缓冲区内部线，将缓冲区组成连通区。

7.6 网络分析

网络是 GIS 中一类独特的数据实体，它由若干线性实体通过结点连接而成。网络分析是空间分析的一个重要方面，是依据网络拓扑关系（线性实体之间，线性实体与结点之间，结点与结点之间的联结、连通关系），并通过考察网络元素的空间、属性数据，对网络的性能特征进行多方面的分析计算。

与 GIS 的其他分析功能相比，关于网络分析的研究一直比较少，但是近年来由于普遍使用 GIS 管理大型网状设施（如城市中的各类地下管线、交通线、通信线路等），使得对网络分析功能的需求迅速发展，GIS 平台软件纷纷推出自己的网络分析子系统。

7.6.1 网络数据模型——几个基本概念

网络是由若干线性实体互连而形成的一个系统，资源经由网络来传输，实体间的联络也经由网络来达成。网络数据模型是真实世界中网络系统（如交通网、通信网、自来水管网、煤气管网等）的抽象表示。构成网络的最基本元素是上述线性实体及这些实体的连接交汇点。

前者称为网线或链，后者一般称为结点。

网线构成网络的骨架，是资源传输或通信联络的通道，可以代表公路、铁路、航线、水管、煤气管、河流等；结点是网线的端点，又是网线汇合点，可以表示交叉路口、中转站、河流汇合点等。

除上述基本网络元素外，由于分析任务的不同，网络还可能有若干附属元素。例如，在路径分析中用来表示途经地点或可以进行资源装卸的站点，在资源分配中用来表示资源发散地点或资源汇聚地点的中心，对资源传输或通信联络起阻断作用的障碍等。

由于通用性的不同以及网络分析功能的侧重点不同，各个 GIS 的网络模型也不尽相同，差异主要体现在对网络附属元素的分类和设定上。

针对网络分析的需要，作为网络基本元素的网线或结点除自身的常规属性外，还要具有一些特殊的属性数据。比如，为了实施路径分析和资源分配，网线数据应包含正反两个方向上的阻碍强度（如流动时间、耗费等）以及资源需求量（如学生人数、水流量、顾客量等），而结点数据也应包括资源需求量。特别应该指出的是，在有些 GIS 平台（如 ARC/INFO、MapGIS）中，结点还可以具有转角数据，从而可以更加细致地模拟资源流动时的转向特性。具体地说，每个结点可以拥有一个转向表，其中的每一项说明了资源从某一网线经该结点到另一网线时所受的阻碍强度。

对于附属的网络元素，与其相关的数据则主要用来满足网络分析的需要。与中心相联系的数据包括该中心的资源容量、阻碍限度（资源流出或流向该中心所能克服的最大累积阻碍），有些 GIS 还允许赋予中心一定的延迟量，以表达该中心相对于其他中心进行资源分配的优先程度。与站点相关的数据一般有传输量（即资源装卸量）、阻碍强度。障碍一般无须任何相关数据。

以上所讨论的是，在 GIS 特别是通用 GIS 平台中较为广泛采用的网络模型及相关概念，正如前面所说，不同的 GIS 网络模型往往会在网络附属元素的设定和运用方面体现出自身的特色。对于网络分析系统的设计研制者而言，重要的问题在于建立一个抽象的、具有相当适应面的，并且也是便于实现分析任务的网络模型；而对于这一系统的使用者而言，关键之处在于，深入理解现实网络系统中各个组成部分的特点及其相互关系，明确自身的管理分析任务，在此基础上，用网络模型中的不同元素合理地表示这些组成成分。

7.6.2 常规的网络分析功能

虽然各个 GIS 的网络分析功能有所不同，但有些分析功能是用户经常需要的，以下是常见的网络分析功能。

1. 路径分析

路径分析是 GIS 中最普遍也是基本的功能，其核心是对最佳路径和最短路径的求解。救护车需要了解从医院到病人家里走哪条路最快，旅客往往要在众多航线中找到费用最小的中转方案，这些都是最佳路径求解的例子。从网络模型的角度看，最佳路径求解就是在指定网络中两结点间找一条阻碍强度最小的路径。最佳路径的产生基于网线和结点转角（如果模型中结点具有转角数据的话）的阻碍强度。例如，如果要找最快的路径，阻碍强度要预先设定为通过网线或在结点处转弯所花费的时间；如果要找费用最小的路径，阻碍强度就应该是费用。当网线在顺逆两个方向上的阻碍强度都是该网线的长度，而结点无转角数据或转角数据都是 0 时，最佳路径就成为最短路径。

最短路径分析需要计算网络中从起点到终点所有可能的路径，从中选择一条到起点距离最短的一条。用于最短路径分析的算法有很多，其中最著名的是 Dijkstra 算法（Dijkstra，1959），该算法可描述如下。

设一个网络由可 k 个结点组成，以 $N=\{n_i=1, 2, \cdots, k\}$表示结点集，其中一个结点为起始结点，设其为 n_s。Dijkstra 算法将 N 划分成两个子集，一个子集包含那些到起始结点的最短距离已确定的结点，称这些结点为已确定结点，以 S 表示这一子集；另一个子集包含未确定结点，即它们到起始结点的最短距离尚未确定，以 Q 表示这一子集。又设 $\boldsymbol{d}$ 为一个距离矩阵（array），存放每个结点到 n_s 的最短距离，$d(i)$表示结点 n_i 到 n_s 的最短距离；$\boldsymbol{p}$ 为一个前置结点矩阵，存放由 n_s 到其他结点的最短路径上每个结点的前一个结点，$p(i)$表示结点 n_i 在最短路径上的前一个结点。已知每两个相连结点之间的距离（或它们之间路径的长度），Dijkstra 算法按如下几个步骤运行。

（1）将 $\boldsymbol{d}$ 和 $\boldsymbol{p}$ 初始化，使 $\boldsymbol{d}$ 的每个元素值为无穷大，$\boldsymbol{p}$ 的每个元素值为空值，并设 S 和 Q 为空集。

（2）将 n_s 加入 Q，令 $d(s)=0$。

（3）从 Q 中找出到 n_s 最短距离为最小的结点，设该结点为 n_u。

（4）将 n_u 加入 S，并将它从 Q 中删除。

（5）找出与 n_u 相连的所有结点，从这些结点中取出一个，令其为 n_v。

① 如果 n_v 已存在于 S 中，则执行下面第②步，否则，做如下判断：

如果 $d(v) < d(u) + n_u$ 和 n_v 之间的距离，则执行第②步；

否则{令 $d(v) = d(u) + n_u$ 和 n_v 之间的距离；

$p(v)=n_u$；

将 n_v 加进 Q 中；

}

② 如果与 n_u 相连的所有结点都已做过上述判断，则继续执行第（6）步；否则，取下一个未判断结点，令其为 n_v，执行第①步。

（6）判断 Q 是否为空集，若不是，则回到第（3）步；否则，停止运算。

在某些情况下，用户可能要求系统一次求出所有结点之间的最佳路径，或者要了解两个结点间的第 2、第 3 乃至第 K 条最佳路径。这种需求的提出往往是由于现有网络模型不能包容所有特殊或突发的情况。

另一种路径分析功能是最佳游历方案（包括网线游历和结点游历）的求解。警察需要了解巡查完他担任巡逻的各个街道的最有效线路，铁路巡道员也需要知道巡查完他负责的路轨的最佳路线，这些都是网线最佳游历方案求解的例子。也就是给定一个网线集合和一个结点，求解最佳路径，使之由指定结点出发至少经过每条网线一次而回到起始结点。结点最佳游历方案求解，则是给定一个起始结点、一个终止结点和若干个中间结点，求解最佳路径，使之由起点出发遍历全部中间结点而达终点。推销员可以利用求解结果以尽可能最少的旅程遍访其所分配的每一座城市；商场送货车每天送大量的商品到各个居民点，司机也想知道怎么安排行程最快。

2．资源分配

资源分配就是为网络中的网线和结点寻找最近的中心。例如，资源分配能为城市中的每一条街道上的学生确定最近的学校，为水库提供其供水区，等等。资源分配模拟资源是如何在中心（学校、消防站、水库等）和它周围的网线（街道、水路等）、结点（交叉路口、汽车中转站等）间流动的。

资源分配根据中心容量以及网线和结点的需求将网线和结点分配给中心，分配是沿最佳路径进行的。当网络元素被分配给某个中心后，该中心拥有的资源量就依据网络元素的需求而缩减，当中心的资源耗尽时，分配就停止。

考虑这样一个问题：一所学校要依据就近入学的原则来决定应该接收附近哪些街道上的学生。这时，可以将街道作为网线构成一个网络，将学校作为一个结点并将其指定为中心，以学校拥有的座位数作为此中心的资源容量，每条街道上的适龄儿童作为相应网线的需求，走过每条街道的时间作为网线的阻碍强度。如此资源分配功能将从中心出发，依据阻碍强度由近及远地寻找周围的网线并把资源分配给它（也就是把学校的座位分配给相应街道上的儿童），直至被分配网线的需求总和达到学校的座位总数。

用户还可以通过赋给中心的阻碍限度来控制分配的范围。例如，如果限定儿童从学校走回家所需时间不能超过 30 分钟，就可以将这一时间作为学校对应的中心的阻碍限度，这样，当从中心延伸出去的路径的阻碍值达到这一限度时，即使中心资源尚有剩余，分配也将停止。

确切地说，资源分配问题是要在 m 个候选点中选择 P 个供应点为 n 个需求点服务，使得为这几个需求点服务的总距离（或时间、费用）为最少。假设 w_i 记为需求点 i 的需求量，D_{ij} 记为从候选点 j 到需求点 i 的距离，则 P 中心问题可表示为：

$$\min(\sum_{i=1}^{n}\sum_{j=1}^{m} a_{ij} \cdot w_i \cdot d_{ij}) \tag{7-19}$$

并满足公式：

$$\sum_{j=1}^{m} a_{ij} = 1 \qquad i=1,\ 2,\ \cdots,\ n \tag{7-20}$$

和公式：

$$\sum_{j=1}^{m}(\prod_{i=1}^{n} a_{ij}) = P \qquad P < m \leqslant n \tag{7-21}$$

式中，a_{ij} 是分配的指数。如果需求点 i 得到供应点 j 的服务，则其值为 1，否则为 0。

$$a_{ij} = \begin{cases} 1 & i \text{ 由 } j \text{ 服务} \\ 0 & \text{其他} \end{cases} \tag{7-22}$$

上述两个约束条件是为了保证每个需求点仅受一个供应点服务，并且只有 P 个供应点。

3．连通分析

人们常常需要知道从某一结点或网线出发能够到达的全部结点或网线。例如，当地震发生时，救灾指挥部需要知道，把所有被破坏的公路和桥梁考虑在内，救灾物资能否从集散地出发送到每个居民点。如果有若干居民点与物资集散地不在一个连通分量之内，指挥部就不得不采用特殊的救援方式（如派遣直升机）。这一类问题称为连通分量求解。

另一个连通分析问题是最少费用连通方案的求解问题，例如，公路部门拟修建足够数量的公路，使某个县的5个镇直接或间接地相互连接，如何使费用最少呢？如果把每一条可能修建的公路作为网线，把相应的预算费用作为网线的耗费，上述问题就转化为求一个网线集合，使全部结点连通且总耗费最少。

在实际应用中，常有类似在 n 个城市间建立通信线路这样的问题。这可用图来表示，图的顶点表示城市，边表示两城市间的线路，边上所赋的权值表示代价。对 n 个顶点的图可以建立许多生成树，每棵树可以是一个通信网。若要使通信网的造价最低，就需要构造图的最小生成树，如图7-28所示。

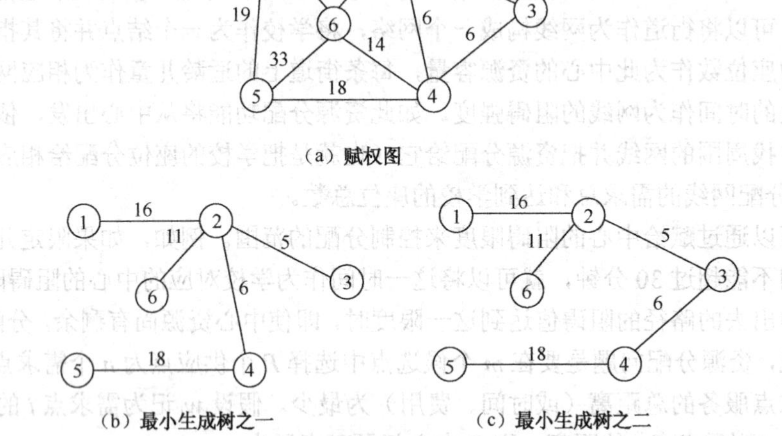

图7-28　最小生成树

生成树是图的极小连通子图。一个连通的赋权图 G 可能有很多的生成树。设 T 为图 G 的一个生成树，若把 T 中各边的权数相加，则这个和数称为生成树 T 的权数。在图 G 的所有生成树中，权数最小的生成树称为图 G 的最小生成树。

构造最小生成树的依据有两条：

① 在网中选择 $n-1$ 条边连接网的 n 个顶点；

② 尽可能选取权值为最小的边。

下面介绍构造最小生成树的克鲁斯卡尔（Kruskal）算法。该算法是1956年提出的，俗称“避圈”法。设图 G 是由 m 个结点构成的连通赋权图，则构造最小生成树的步骤如下。

① 先把图 G 中的各边按权数从小到大重新排列，并取权数最小的一条边为 T 中的边。

② 在剩下的边中，按顺序取下一条边。若该边与 T 中已有的边构成回路，则舍去该边，否则选进 T 中。

③ 重复步骤②，直到有 $m-1$ 条边被选进 T 中，这 $m-1$ 条边就是图 G 的最小生成树。

例：设有如图7-28（a）所示的图，图的每条边上标有权数。为了使权数的总和为最小，应该从权数最小的边选起。在此，选边(2, 3)；去掉该边后，在图中取权数最小的边，此时，可选边(2, 4)或边(3, 4)，选边(2, 4)；去掉边(2, 4)，下一条权数最小的边为(3, 4)，但使用边(3, 4)后会出现回路，故不可取，应去掉边(3, 4)；下一条权数最小的边为(2, 6)；依上述方法重复，可形成图7-28（b）所示的最小生成树。如果前面不取边(2, 4)，而取边(3, 4)，则形成图7-28（c）所示的最小生成树。

4．流分析

所谓流，就是将资源由一个地点运送到另一个地点。流分析的问题主要是按照某种最优化标准（时间最少、费用最低、路程最短或运送量最大等）设计运送方案。

为了实施流分析，就要根据最优化标准的不同扩充网络模型。要把中心分为收货中心和发货中心，分别代表资源运送的起始点和目标点。这时发货中心的容量就代表待运送资源量，收货中心的容量代表它所需要的资源量。网线的相关数据也要扩充，如果最优化目标是使运送量最大，则要设定网线的传输能力；如果目标是使费用最低，则要为网线设定传输费用（在该网线上运送一个单位的资源所需的费用）。

5．选址

选址功能涉及在某一指定区域内选择服务性设施的位置，如市郊商店区、消防站、工厂、飞机场、仓库等的最佳位置的确定。在网络分析中的选址问题一般限定设施必须位于某个结点处或某条网线上，或者限定在若干候选地点中选择位置。存在种类繁多的选址问题，实现方法和技巧也多种多样，不同 GIS 在这方面各有特色。造成这种多样性的原因主要是：对“最佳位置”的解释不同（即用什么标准来衡量一个位置的优劣）以及要定位的是一个设施还是多个设施。

由于存在大量的各种各样的选址问题，所以产生了有各种各样的选址问题的数学模型及求解方法。这里讨论的是仅限于选址的范围为一个网络图，而且选址位置必须位于网络图的某一个或几个顶点上，也可位于一条边的某一个位置上。选址问题又可以分为求网络图的中心点与中位点两类问题。

（1）中心点选址问题

中心点选址问题是使最佳选址位置所在的顶点与图中其他顶点之间的最大距离达到最小。这类选址问题适用于学校、医院、消防站点等一类服务设施的布局问题。例如，某镇要在其所辖的几个村之一修建一个学校，为这几个村服务，要求学校至最远村的距离达到最小。这类选址问题，实际上就是求网络图的中心点问题。其数学描述如下。

设 $G=(V, E)$（其中，$V=\{v_1, v_2, \cdots, v_n\}$，$E=\{e_1, e_2, \cdots, e_n\}$）是一个无向简单连通赋权图，连接两个顶点的边的权值代表该两个顶点之间的距离，对于每一个顶点 v_i，它与各顶点之间的最短路径长度为 $d_{i1}, d_{i2}, \cdots, d_{im}$。这几个距离中的最大数称为顶点 v_i 的最大服务距离，记为 $e(v_i)$。那么，中心点选址问题就是求图 G 的中心点 v_{io}，使得：

$$e(v_{io}) = \min\{e(v_i)\}$$

（2）中位点选址问题

中位点选址问题是使最佳选址位置所在的顶点到网络图中其他顶点的距离（也可以是加权距离）总和达到最小。这类选址问题的数学描述如下。

设 $G=(V, E)$（其中，$V=\{v_1, v_2, \cdots, v_n\}$，$E=\{e_1, e_2, \cdots, e_n\}$）是一个简单连通赋权无向图，连接两个顶点的边的权值为该两点之间的距离，对于每一个顶点 v_i（i=1, 2, ⋯, n），有一个正的负荷 $a(v_i)$，而且它与其他各顶点的最短路径长度为 $d_{i1}, d_{i2}, \cdots, d_{im}$，那么，中位点选址问题就是求图 G 中的中位点 v_{io}，使得：

$$S(v_{io}) = \min S(v_i) = \min\left\{\sum_{j=1}^{n} a(v_j)d_{ij}\right\}$$

例如，某超市要确定一个配送中心，要使该中心到超市各分店的距离最短，这就是一个典型的中位点选址问题。

除以上所述内容外，还有如关阀搜索、上下游追踪、空间排序、可访问性分析等网络分析功能，不再一一赘述。

7.7 空间统计分析

空间统计分析，即空间数据的统计分析，是现代计量地理学中一个快速发展的方向和领域，是将空间信息（如距离、面积、体积、长度、高度、方向、中心性或其他数据空间特征）整合到经典统计分析中，以研究与空间位置相关的事物和现象的空间关联和空间关系，从而提示要素的空间分布规律的空间分析方法。其核心是认识与地理位置相关的数据间的空间依赖、空间关联或空间自相关，通过空间位置建立数据间的统计关系。空间统计分析被用于各种不同类型的分析，包括模式分析、形状分析、表面建模和表面预测、空间回归、空间数据集的统计比较、空间相互作用的统计建模和预测等。

7.7.1 空间自相关

大部分的地理现象都具有空间相关特性，即距离越近的两事物越相似。空间自相关描述的是在空间区域中位置上的变量与其邻近位置上同一变量的相关性。空间自相关分析包括全局空间自相关分析和局部空间自相关分析。

全局空间自相关分析采用单一的值来反映同一个变量在空间区域中的自相关程度，可分析在整个研究范围内同一个变量是否具有自相关性。局部空间自相关分析分别计算每个空间单元与邻近单元就同一个变量的自相关程度，可分析在特定的局部地点同一个变量是否具有自相关性。

空间自相关分析的方法主要有：Moran's I、Geary's C、Getis-Ord G 等，以下主要讨论应用较为广泛的 Moran's I 和 Geary's C 统计量。

1. Moran's I 统计量

Moran's I 统计量包括全局和局部 Moran's I 统计量。

全局 Moran's I 定义是：

$$I=\frac{\sum_{i}^{n}\sum_{j\neq i}^{n}w_{ij}(x_i-\bar{x})(x_j-\bar{x})}{S^2\sum_{i}^{n}\sum_{j\neq i}^{n}w_{ij}} \tag{7-23}$$

式中，$-1\leqslant I\leqslant 1$，1 表示极强的正空间自相关，-1 表示极强的负空间自相关，0 表示空间随机分布。n 为样本数目。x_i、x_j 为 i、j 点或区域的对应的属性值。$\bar{x}$ 为均值。w_{ij} 为空间权重矩阵中的元素。该矩阵表达空间对象的邻接关系，如二进制空间权重矩阵。当 i、j 相邻时 w_{ij} 为 1，不相邻时 w_{ij} 为 0。$S_i^2=\frac{1}{n}\sum_{i}^{n}(x_i-\bar{x})^2$ 。

对于局部位置 i 的空间自相关，Moran's I 定义是：

$$I_i(d)=Z_i\sum_{j\neq i}^{n}w'_{ij}Z_j \tag{7-24}$$

式中，Z_i是x_i的标准化变换，$Z_i = \dfrac{x_i - \bar{x}}{\sigma}$，$w_{ij}$为按照行和归一化后的权重矩阵（每行的和为1）中的元素，该矩阵为非对称的空间权重矩阵。

在进行空间统计分析时，需要对X的空间分布进行假设，主要分为正态分布、随机分布假设。通过对正态分布、随机分布的空间分布假设计算 Moran's I 的期望值及方差，可检验空间对象是否存在空间自相关。

对于正态分布假设，其期望值和方差的计算公式如下：

$$E(I) = -\frac{1}{(n-1)} \tag{7-25}$$

$$\mathrm{var}(I) = \frac{n^2 S_1 - nS_2 + 3S_0^2}{(n^2-1)S_0^2} - E(I)^2 \tag{7-26}$$

对于随机分布假设，其期望值和方差的计算公式如下：

$$E(I) = -\frac{1}{(n-1)} \tag{7-27}$$

$$\mathrm{var}(I) = \frac{n[(n^2-3n+3)S_1 - nS_2 + 3S_0] - k[(n^2-n)S_1 - 2nS_2 + 6S_0^2]}{(n-1)(n-2)(n-3)S_0^2} - E(I)^2 \tag{7-28}$$

式中，$S_0 = \sum_{i=1}^{n}\sum_{j=1}^{n} w_{ij}$，$S_1 = \frac{1}{2}\sum_{i=1}^{n}\sum_{j=1}^{n}(w_{ij}+w_{ji})^2$，$S_2 = \sum_{i=1}^{n}(w_i + w_j)^2$，$w_i = \sum_{j=1}^{n} w_{ij}$，$w_j = \sum_{i=1}^{n} w_{ji}$；

$k = \dfrac{n\sum_{i=1}^{n}(x_i - \bar{x})^4}{\left[\sum_{i=1}^{n}(x_i - \bar{x})^2\right]^2}$。

根据以下标准化统计量可以进行假设检验：

$$Z_i = \frac{1 - E(I)}{\sqrt{\mathrm{var}_i(I)}} \tag{7-29}$$

式中，Z_i为标准化统计量，在5%显著性水平下，Z_i大于1.96或小于–1.96时，表示空间对象具有显著的空间自相关性。

2. Geary's C 统计量

对于全局空间自相关，全局 Geary's C 统计量采用如下公式计算。

$$C = \frac{\sum_{i=1}^{n}\sum_{j=1}^{n} w_{ij}(x_i - x_j)^2 (N-1)}{2\sum_{i=1}^{n}(x_i - \bar{x})^2 \sum_{i=1}^{n}\sum_{j=1}^{n} w_{ij}} \tag{7-30}$$

式中，$0 \leqslant C \leqslant 2$，0表示极强的正空间自相关，2表示极强的负空间自相关，1表示空间随机分布，其他参数的定义与 Moran's I 计算公式中的参数相同。

对于局部位置i的空间自相关：

$$C_i(d) = \sum_{j \neq i}^{n} w_{ij}(x_i - x_j)^2 \tag{7-31}$$

与 Moran's I 类似，Geary's C 的期望与方差也主要分为正态分布、随机分布两种假设，本节不再赘述。

7.7.2 空间聚类分析

空间聚类分析是指将数据对象集分组成为由类似的对象组成的簇，这样在同一簇中的对象之间具有较高的相似度，而不同簇中的对象差别较大。其基本原理是，根据样本自身的属性，用数学方法按照某些相似性或差异性指标，定量地确定样本之间的亲疏关系，并按这种亲疏关系程度对样本进行聚类。空间聚类分析方法是地理学中研究地理事物分类问题和地理分区问题的重要的数量分析方法。

空间聚类分析是一个非监督分类的过程，可形式化描述为：空间实体数据集 $D=\{D_1, D_2,\cdots, D_n\}$，根据一定的相似性准则将 D 划分为 $k+1$（$k\geqslant 1$）个子集，即 $D=\{C_0, C_1, C_2,\cdots, C_k\}$；其中，$C_0$ 为噪声，C_i（$i\geqslant 1$）为簇，且需要满足以下条件。

（1）$\bigcup\limits_{i=0}^{k} C_i = D$。

（2）对于 $\forall C_m, C_n \subseteq D, m \neq n$，需要同时满足以下条件：

① $C_m \bigcap C_n = \varnothing$；

② $\text{MIN}_{\forall p_i, p_j \in C_m}(\text{Similar}(p_i, p_j)) > \text{MAX}_{\forall p_x \in C_m, \forall p_y \in C_n}(\text{Similar}(p_x, p_y))$，这里 Similar()表示相似性度量函数。

空间聚类分析从方法上可分为：划分方法、层次方法、基于密度的方法、基于网格的方法。空间聚类分析方法分类如图 7-29 所示。

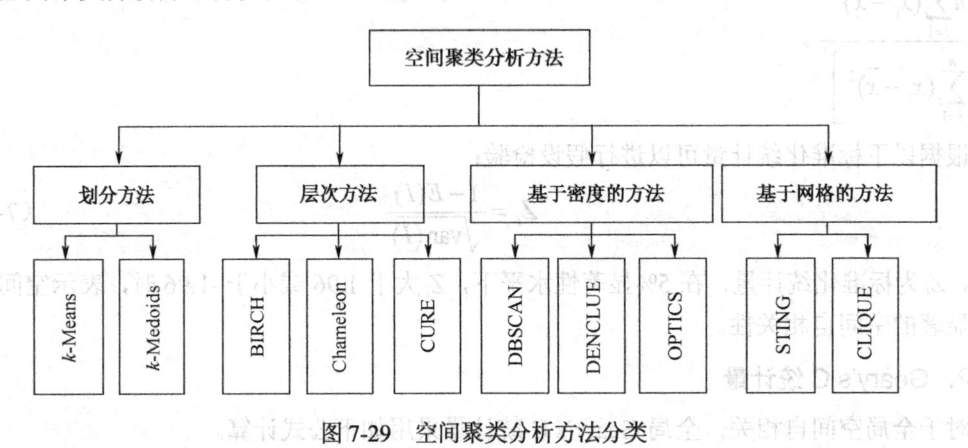

图 7-29　空间聚类分析方法分类

1. 划分方法

典型的划分方法为 *k*-Means、*k*-Medoids，其基本方法为：给定空间实体的集合及划分的簇的数目，通过目标函数评估簇的质量，从而使簇内空间实体相似，簇与簇之间空间实体相异。

k-Means 是典型的空间聚类算法，首先从 n 个数据对象随机地选择 k 个对象，每个对象初始地代表了一个簇中心，对剩余的每个对象，根据其与各个簇中心的距离，将它赋给最近的簇，然后重新计算每个簇的平均值。这个过程不断重复，直到准则函数收敛（说明，一般都采用均方差作为标准测度函数）。特点：各聚类本身尽可能紧凑，而各聚类之间尽可能分开，这个特点正是聚类的最根本的实质要求。但是 *k*-Means 也有缺点：产生类的大小相差不会很

大，对于脏数据很敏感。而在这一点上，*k*-Medoids 做出了相应的改进，*k*-Medoids 不采用聚类中对象的平均值作为参照点，而选用聚类中位置中心的对象，即中心点，仍然基于最小化所有对象与其参照点之间的相异度之和的原则来执行。

2．层次方法

典型的层次方法为 BIRCH、Chameleon、CURE，其基本方法为：由树状结构的底部开始逐层向上进行聚合，给定空间实体集合 $D=\{D_1, D_2,\cdots, D_n\}$。

（1）初始化：置每个空间实体 D_i 为一个簇，共形成 n 个簇：$D_1, D_2,\cdots, D_n$。

（2）找最近的两个簇：$\text{distance}(D_r, D_k) = \text{MIN}_{\forall D_m, D_n\in S, D_m\neq D_n} \text{distance}(D_m, D_n)$，从现有的所有簇中找出距离最近（相似度最大）的两个类 D_m, D_n。

（3）合并 D_m, D_n：将类 D_m, D_n 合并成一个新类 D_{mn}，现有的类数减 1。

（4）若所有的空间实体都属于同一个簇，则终止；否则，返回步骤（2）。

3．基于密度的方法

典型的基于密度的方法为 DBSCAN、DENCLUE、OPTICS，其策略为：只要空间实体的密度（给定半径的邻域空间实体数目）超过某个阈值，就继续增长给定的簇，可发现任意形状的簇。

以 DBSCAN 为例，其算法流程如下。

```
标记所有对象为 unvisited;
Do
{
  随机选择一个 unvisited 对象 P;
  标记 P 为 visited;
  If(p 的 e-邻域至少有 MinPts 个对象)
  {
      创建一个新簇 C，添加 P 到 C 中;
      令 N 为 P 的 e-邻域中的对象集合;
      For  N 中每个对象 Q;
          If(Q is unvisited) 标记 Q 为 visited;
          If (Q 的 e-邻域至少有 MinPts 个对象) 将这些对象添加到 N 中
          If (Q 不是任何簇的成员) 把 Q 添加到 C 中;
      END For
      输出 C
  }
Else 暂时标记 P 为噪声
}
Until 没有 unvisited 的对象
```

4．基于网格的方法

典型的基于网格的方法为 STING、CLIQUE，其策略为：把空间实体空间划分为有限个网格，每个网格具有空间实体的属性信息，如计数、最大（小）值、平均值等，聚类操作在网格上进行。基于网格的方法的时间复杂度与空间数目无关，因此对于海量空间实体聚类是一种效率很高的方法，常常与基于密度、基于划分的方法集成使用。

STING（Statistical Information Grid）算法首先将空间区域划分为若干个矩形单元，这些单元形成一个层次结构，每个高层单元被划分为多个低一层的单元。单元中预先计算并存储属性的统计信息，高层单元的统计信息可以通过底层单元计算获得。这种算法的优点是效率很高，而且层次结构有利于并行处理和增量更新；其缺点是聚类的边界全部是垂直或水平的，与实际情况可能有比较大的差别，影响聚类的质量。

CLIQUE（Clustering in Quest）算法综合了基于密度和基于网格的聚类方法。其主要思想是将多维数据空间划分为多个矩形单元，通过计算每一个单元中全部数据点的比例的方法确定聚类。其优点是能够有效地处理高维度的数据集，缺点是聚类的精度有可能会降低。

7.7.3 空间关联分析

1. 关联规则的基本概念

空间关联规则是传统关联规则研究的衍生和发展，因此有必要先回顾关联规则的产生和相关定义。

关联规则首先由 Agrawal 提出，并应用于零售行业，实现从顾客的购买记录中发现顾客的购买模式，如“90%的男性顾客在购买了尿布的同时也购买了啤酒”。这种购买模式即可以用 $\text{lift}(X \Rightarrow Y)=1$ 形式的关联规则表示。根据这条关联规则，商场的决策者可以将摆放尿布的货架和摆放啤酒的货架放在一起，从而实现销量的增长。

与事务数据库的关联规则挖掘相似，从空间数据库中也可以得到 $X \Rightarrow Y[s\%, c\%]$ 形式的关联规则，此时 X、Y 为谓词集合，且 X、Y 的谓词集中至少包含一个空间谓词。空间谓词主要包括：空间方向关系谓词（如位于北方、位于东南等）、空间距离关系谓词（如靠近、远离等）和空间拓扑关系谓词（如穿过、包含等）。

空间关联规则可以表达为：

$$X_1 \wedge \cdots \wedge X_n \Rightarrow Y_1 \wedge \cdots \wedge Y_m \ [s\%, c\%]$$

其中，谓词集 $X_1,\cdots,X_n,Y_1,\cdots,Y_m$ 中至少包含一个空间谓词，令 $X = X_1 \wedge \cdots \wedge X_n$，$Y = Y_1 \wedge \cdots \wedge Y_m$，且 $X \cap Y = \varnothing$，通常将 X 称为规则的前件，Y 称为规则的后件，$s\%$为规则的支持度，表示空间对象集 D 中包含 $X \cup Y$ 的百分比，使用概率 $P(X \cup Y)$计算，$c\%$为规则的置信度，表示空间对象集 D 中包含 X 的事务同时包含 Y 的事务的百分比，使用条件概率 $P(Y \mid X)$计算，即：

$$\text{support}(X \Rightarrow Y) = P(X \cup Y)$$
$$\text{confidence}(X \Rightarrow Y) = P(Y \mid X)$$

支持度和置信度是两个最基本的评价关联规则的参数，利用这两个参数，可以在挖掘过程中过滤大量无趣关联规则，从而得到兴趣度更高的规则。但当进行低支持度挖掘或长模式挖掘等情况时，只使用这两个参数仍然容易产生一些无趣的关联规则。这也变成了关联规则挖掘的瓶颈之一，学者们也针对各种特定情况提出了很多提高关联规则质量的方法，目前比较成熟的做法是引入另一个关联规则评价指标提升度（lift），提升度定义为：

$$\text{lift}(X \Rightarrow Y) = \frac{P(X \cup Y)}{P(X)P(Y)} = \frac{\text{support}(X \Rightarrow Y)}{\text{support}(X)\text{support}(Y)}$$

提升度是一种相关性度量指标，它表示 X、Y 的联合概率分布与它们在独立假设下的期望概率的比率。当 X、Y 的出现相互独立时，$P(X\cup Y)=P(X)P(Y)$，此时 $\text{lift}(X\Rightarrow Y)=1$；否则 X、Y 的出现是相互依赖和相关的。$\text{lift}(X\Rightarrow Y)$ 表示 X、Y 在同一数据集中出现的频率与预期值的比。小于 1 时表示 X 的出现与 Y 的出现是负相关的，即 X 的出现可能导致 Y 的不出现，数值越小代表负相关的程度越大；大于 1 时表示 X 的出现与 Y 的出现是正相关的，即 X 的出现很可能伴随着 Y 的出现，数值越大代表证明正相关程度越大。

在进行关联规则挖掘前先给定一些关联规则挖掘过程中涉及的定义概念。

当一个谓词集 X 包含 k 个谓词时，将 X 称为 k 谓词集，如果谓词集 X 的支持度大于或等于最小支持度阈值，则 X 是频繁谓词集，也称频繁 k 谓词集。如果不存在真超谓词集 A，使得 A 与 X 在空间对象集 D 中具有相同的支持度时，则称谓词集 X 在空间对象集 D 中是闭的。如果谓词集 X 是闭的、频繁的，则谓词集 X 为闭频繁谓词集。如果谓词集 X 是频繁的，并且不存在超谓词集 A 使得 $X\subset A$ 且 A 是频繁谓词集，则 X 是极大频繁谓词集。

空间关联规则的产生一般经过两个步骤：①根据最小支持度阈值得到所有频繁谓词集；②根据最小置信度阈值，由频繁谓词集产生空间关联规则。

2. 空间关联规则挖掘方法

如何迅速高效地发现所有频繁项集，是关联规则挖掘的核心问题，也是衡量关联规则挖掘算法效率的重要标准。

查找频繁项集的方法，根据挖掘策略的不同，可以分为三大类。

（1）经典的查找策略

基于广度优先搜索策略的关联规则算法：Apriori 算法、DHP 算法。

基于深度优先搜索策略的算法：FP-Growth 算法、ECLAT 算法 COFI 算法。

（2）基于精简集的查找策略

A-close 算法。

（3）基于最大频繁项集的查找策略

MAFIA 算法、GenMax 算法、DepthProject 算法。

接下来，我们着重介绍其中最有代表性的两种经典算法，也是最常用的两种算法：Apriori 算法和 FP-Growth 算法。

（1）Apriori 算法

Apriori 算法是 Agrawal 等人于 1994 年提出的，是一种由频繁项集生成布尔关联规则的算法，也是最经典的关联规则算法之一。Apriori 使用频繁项集的先验性质（即频繁 k 项集的所有非空子集也必定是频繁的），对数据库进行逐层搜索迭代，通过 k 项集来探索$(k+1)$项集，最终生成频繁项集。设 D 为事务数据库，C_k 为候选 k 项集集合，L_k 为频繁 k 项集的集合，即 C_k 中满足最小支持度阈值的 k 项集的集合。Apriori 算法第一步先找到频繁 1 项集的集合 L_1，然后通过迭代得到 L_k，其中每得到一个 L_k 就需要对数据库完整扫描一遍，L_k 的产生主要包括以下两个步骤。

① 连接（join）：为得到 L_k，先将 L_{k-1} 与自身连接产生 C_k。设 l_1 和 l_2 是 l_{k-1} 中的项集，$l_i[j]$ 表示 l_i 中 j 项，为实现高效的连接，算法将项集中的项都按一定顺序排序（一般按 1 项集的出现次数由大到小排序）。执行连接 L_{k-1} 操作时，当且仅当 L_{k-1} 中两个项集的前$(k-2)$项相同时两项集才可执行连接操作。例如，l_1 和 l_2 是 L_{k-1} 中两元素，则当且仅当$(l_1[1]=l_2[1])\wedge(l_1[2]=l_2[2])\wedge\cdots\wedge(l_1[k-2]=l_2[k-2])\wedge(l_1[k-1]\neq l_2[k-1])$时，$l_1$ 和 l_2 可连接产生候选 k 项集$\{l_1[1],$

$l_1[2], l_1[k-2], l_1[k-1], l_2[k-1]\}$。

② 剪枝（prune）：由连接操作得到的 C_k 是 L_k 的超集，即 C_k 中可能包含非频繁 k 项集，但频繁 k 项集集合 L_k 全部包含在 C_k 中，因此为了得到 L_k，需要删除 C_k 中的非频繁 k 项集。如果对 C_k 中每个元素都通过扫描一遍数据库来验证其是否是频繁的，当 C_k 很大时，该过程的计算量将很大。因此，在剪枝过程中使用先验性质，设 $C_k[i]$ 是 C_k 中的一个候选 k 项集，如果 $C_k[i]$ 的一个 $(k-1)$ 项子集不在 L_{k-1} 中，即该项子集是非频繁的，则 $C_k[i]$ 是非频繁，从而从 C_k 中删除。

Apriori 算法产生频繁项集的核心算法如下。

Apriori 算法，基于候选项使用逐层迭代方法产生频繁项集。

输入：事务数据库 D，最小支持度阈值 min_sup。

输出：事务数据库 D 中的频繁项集 L。

```
(1) L1=find_freq_1_ itemsets(D, min_sup);//得到频繁 1 项集 L1
(2) for(k=2; Lk-1≠∅; k++) {
(3) Ck=apriori_Gen(Lk-1);
(4) foreach t ∈ D{
(5)     Ct= subset(Ck, t);
(6)     foreach c ∈ Ct
(7)       c.count++;}
(8)     Lk={c∈Ck|c,count≥ min _sup};}
(9) return L = ∪k Lk
```

apriori_Gen(L_{k-1})方法的过程如下。

```
(1) foreach l1 ∈ Lk-1
(2) foreach l2 ∈ Lk-1
(3) if((l1 [1] = l2 [1]) ∧ (l1 [2] = l2 [2]) ∧ ⋯ ∧ (l1 [k-2] = l2 [k-2]) ∧ (l1 [k-1] ≠ l2 [k-1])){
(4)     c= l1⋈l2
(5)     if is_infreq_subset(c, Lk-1)
(6)       delete c;
(7)     else add c to Ck;}
(8) return Ck
```

is_infreq_subset(c, L_{k-1})方法的过程如下。

```
(1) foreach(k-1)-subset s of c
(2)     if s∈Lk-1   return True;
(3)     return False;
```

其中，apriori_Gen()函数完成连接步骤产生候选 k 项集集合 C_k，然后使用 subset()函数得到 C_k 的所有 $(k-1)$ 项集，并通过对其逐一判断是否在 L_{k-1} 中来实现剪枝。

得到频繁项集后，便可以由频繁项集直接产生关联规则，设最小置信度是 min_conf，由置信度公式可得：

$$\text{confidence}(X \Rightarrow Y) = P(Y|X) = \frac{\text{support}(X \cup Y)}{\text{support}(X)}$$

对每个频繁项集 l 和其对应的非空子集 s，如果满足：

$$\frac{\text{support}(l)}{\text{support}(s)} \geqslant \text{min\_conf}$$

则可输出规则“$s \Rightarrow (l-s)$”，由于规则是由频繁项集产生的，因此得到的规则先天满足最小支持度。

（2）FP-Growth 算法

Apriori 算法虽然能够得到完备的关联规则，但由于算法执行过程中要重复扫描整个数据库，而且会产生大量的候选项集。因此，随着数据库变大，Apriori 算法的时间开销将急速增长。为解决该问题，Han 等人提出了一种不产生候选项集的频繁模式挖掘算法 FP-Growth（Frequent-Pattern Growth，频繁模式增长）。

该算法首先将事务数据库中的所有频繁项集压缩到一颗保留有频繁项集关联信息的 FP-tree（频繁模式树），然后对 FP-tree 采用频繁项增长方式来构造频繁项集。事务数据如表 7-1 所示，FP-tree 的构造如图 7-30 所示。

表 7-1　事务数据

TID	事务数据集	TID	事务数据集
T_1	C_2，C_4，C_6	T_5	C_1，C_2，C_3，C_6，C_7
T_2	C_1，C_2，C_4	T_6	C_1，C_2，C_6，C_7
T_3	C_1，C_2，C_5，C_6	T_7	C_1，C_2，C_4，C_6，C_7
T_4	C_1，C_2，C_5		

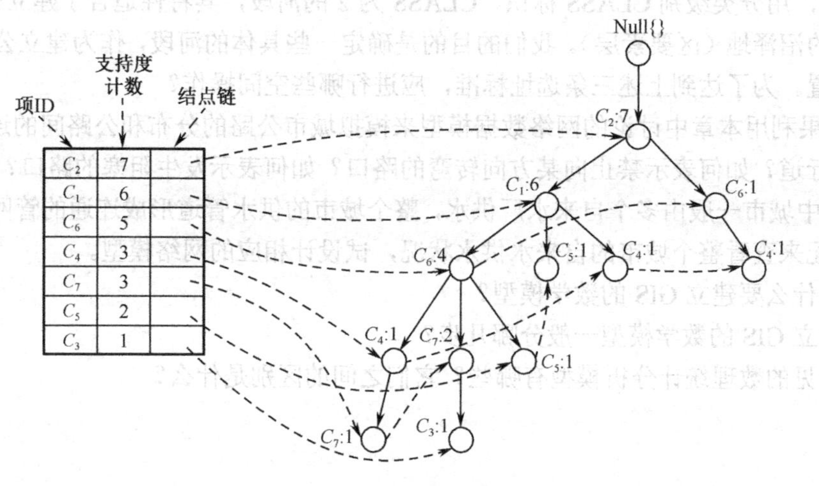

图 7-30　FP-tree 的构造

FP-tree 构建时只需要扫描两次数据库。第一次扫描数据库，得到频繁 1 项集的集合，包括其中每个频繁 1 项集的支持度计数。然后按支持度计数由高到低的顺序将频繁 1 项集的集合重新排序得到频繁项列表 L。最后创建 FP-tree 根结点 root。第二次扫描数据库，对数据库中每一条事务做以下处理。

利用 L 过滤事务数据中的非频繁项，同时将事务数据中的频繁项按 L 中的次序排序，记为$(p|P)$，其中 p 是第一个元素，P 是剩下的元素。然后调用 insert_tree $((p|P), T)$方法：首先令 T 为根结点 root，如果 T 下有子结点 N=p，则将 N 计数加 1；否则，为 T 增加一个新的子结点 N=p，计数为 1。如果 P 非空，则递归调用 insert_tree(P, N) 。

FP-tree 构建完毕后，FP-Growth 使用频繁模式增长方法从 FP-tree 中挖掘关联规则。以图 7-30 中构建的 FP-tree 为例，设最小支持度计数为 2，首先考虑 C_5 为后缀，包含 C_5 的两个分支分别是{C_2，C_1，C_6，C_5：1}和{C_2，C_1，C_5：1}，则其对应的前缀路径为{C_2，C_1，C_6：1}和{C_2，C_1：1}，它们是 C_5 的条件模式基。使用条件模式基构建 C_5 的条件 FP-tree，得到的条件 FP-tree 只包含两个单路径{C_2：2，C_1：2}，由于 C_6 的支持度计数小于最小支持度计数，因此不包含 C_6。则由两个单路径与 C_5 组合得到三个频繁项集：{C_1，C_5：2}，{C_2，C_5：2}，{C_1，C_2，C_5：2}。分别对所有的项重复此过程便可以得到所有满足最小支持度的频繁项集，然后再由频繁项集产生得到关联规则。

习题 7

1．GIS 与计算机辅助绘图系统的主要区别是什么？

2．空间分析的一般步骤是怎样的？

3．都有哪些空间量算？它们与哪些空间分析有关？

4．7.1 节中所举的例子列出了以下公园选址的标准。

（1）公园的位置既要交通便利又要环境安静，也就是说距主要公路的距离要适当。

（2）公园应设计成环绕一个天然的小河流。

（3）使公园的可利用面积最大，公园中应很少或没有沿河流分布的沼泽地。

假设已经准备好了下面几层数据：穿过研究区的公路（线要素层）、位于研究区内的河段（线要素层，用分类级别 CLASS 标识，CLASS 为 2 的河段，其特性适合于建立公园）、位于研究区内的沼泽地（区要素层）。我们的目的是确定一些具体的河段，作为建立公共郊游公园的可能位置。为了达到上述三条选址标准，应进行哪些空间操作？

5．如果利用本章中讨论的网络数据模型来模拟城市公路的分布和公路间的连接关系，如何表现单行道？如何表示禁止向某方向转弯的路口？如何表示发生阻塞的路口？

6．大中城市一般由多个自来水厂供水，整个城市的供水管道形成连通的管网，如果要运用资源分配来查看整个城市的自来水供水状况，试设计相应的网络模型。

7．为什么要建立 GIS 的数学模型？

8．建立 GIS 的数学模型一般分哪几步？

9．常见的数理统计分析模型有哪些？它们之间的区别是什么？

第 8 章　GIS 数据可视化与制图

8.1　地图符号与符号库

8.1.1　地图符号的定义与分类

地图符号是地表要素在地图上的抽象化表示，是传输信息，沟通客观世界、制图者和用图者的桥梁。随着地图内容的扩展、地图形式的多样化，地图符号还在不断变革、补充和完善，地图符号的类别也更多。现代地图符号可从不同角度进行分类。

1. 按符号与实地物体的比例关系分类

由于地物平面轮廓的大小各不相同，按一定比例尺缩小后，符号与物体平面轮廓的比例关系可以分为以下三种。

（1）依比例符号

对于实地上占有面积较大的物体，按地图比例尺缩小后，还能保持与实地形状相似的平面轮廓图形，这类符号称为依比例符号。符号形状、位置与实地一致，如房屋、湖泊、旱地、草地等。依比例符号均为正形符号。依比例符号的轮廓线有实线、虚线、点线之分，轮廓范围内则按物体的种类与特性，加绘相应的符号及说明注记来表示。

（2）不依比例符号

地面上较小的物体，按地图比例尺缩小后，不能保持物体平面轮廓形状，其符号称为不依比例符号。不依比例符号所表示的物体在实地上占有很小的面积，一般为独立物体，按比例尺缩小到图上后只有一点，因此采用记号性符号表示如水井、纪念碑、塔、独立树等。不依比例符号只能显示物体的位置和意义，不能用来测定物体的面积大小。

（3）半依比例符号

实地上的线状和狭长物体，按地图比例尺缩小后，长度能按比例表示，而宽度却不能按比例表示，这类符号称为半依比例符号。半依比例符号一般是线状符号，如铁路、境界、电力线、管线、围墙等。半依比例符号只能供图上测量其位置和长度，不能测量宽度。

表示地物究竟是采用依比例、不依比例还是半依比例符号不是绝对的，而是随地物本身大小的差异和地图比例尺大小的变化而变化的。同类地物由于大小差别，在同一地图上就分别存在依比例、半依比例和不依比例三种符号。例如，同是独立房屋就有依比例表示的大楼房和不依比例表示的简易房屋；同一条河流，上游由于河床狭窄采用半依比例符号，而下游随着河床的变宽则采用依比例符号。同时，在随着比例尺的缩小，同一物体的表示，也还会出现依比例符号向不依比例符号转化（如变电所、塔、亭等），依比例符号向半依比例符号的转化（如道路、河流）。在大比例尺地图上是依比例符号，到了较小比例尺地图上，就可能变成不依比例或半依比例的符号。

2. 按表示的地物形态分类

（1）点状符号

点状符号表示图面上既没有面积大小又没有长度的地物或地理现象，如测量点、居民点、车站等。点状符号以符号定位点标识地物的位置，以角度标识地物的方向，以色彩、大小标识地物的重要程度、质量、数量等特征。

（2）线状符号

线状符号表示图面上有长度而无面积大小的地物或地理现象，如道路，河流、城墙等。线状符号的长度能按比例表示，而宽度无法按比例表示，因此它属于半依比例符号。在配置时，线状符号的一条有形或无形的定位线与要素的坐标序列重合，表达要素的延续性。线状符号可以是最简单的直线，也可以是几种线型如直线、虚线、点线的组合，还可以是点状符号按一定规则的排列或是点状符号与各类线型的组合，因此，线状符号在结构上比点状符号复杂。

（3）面状符号

面状符号表示图面上有面积的地物或地理现象，如水域、平原、水库等，其长度与宽度都随比例尺变化，属于依比例符号。面状符号可以是晕线、图案，还可以是按一定排列方式的点符号、线符号或它们的组合，这些填充内容标识了要素的性质、空间分布的数量、质量等特征。因此，面状符号是三类符号中构造最为复杂的符号。

3. 按地物的性质分类

按地物的性质分类是一种比较系统、适用的分类法。由于地图类型和地图比例尺的不同，地图符号分类类别与详细程度都不同。以地形图为例，其地图符号可分为 8 大类：定位基础、水系、居民地及设施、交通、管线、境界与行政区、地貌和植被与土质。其中，每个大类下面又可划分为不同的中类、小类及子类，最终形成了一个树状的地图符号分类结构。

8.1.2 地图符号的基本结构

当前，GIS 地图符号一般基于图元来设计。图元是构成地图符号的基本图形单位。在空间上，线由点构成、面由线组成，点、线、面状符号之间也存在这种相似性。点状符号是最简单的符号，由基本几何形状、栅格数据块或文字等基本图元组成；线状符号可包含点状符号；面状符号则可包含点状符号和线状符号。尽管三类符号在复杂度、包含的图元类别等方面存在差异，但符号的基本结构却是一致的，如图 8-1 所示。符号数据包含两部分：符号信息和图元。

1. 符号信息

符号信息是对符号的基本描述，由符号编码（唯一标识）、符号名称、符号定位点（线）和图元个数组成。

（1）符号编码：区别符号的标识，具有唯一性。

（2）符号名称：一般借用符号所表示的地物的名称。

（3）符号定位点（线）：对于点状符号称为定位点，指明符号与点要素坐标点的重合位置；对于线状符号称为定位线，指明符号与线要素基线重合的位置。符号定位点（线）的设置与符号的形状相关，地图图式中给出了一定的规则。

（4）图元个数：说明符号中包含的图元个数。

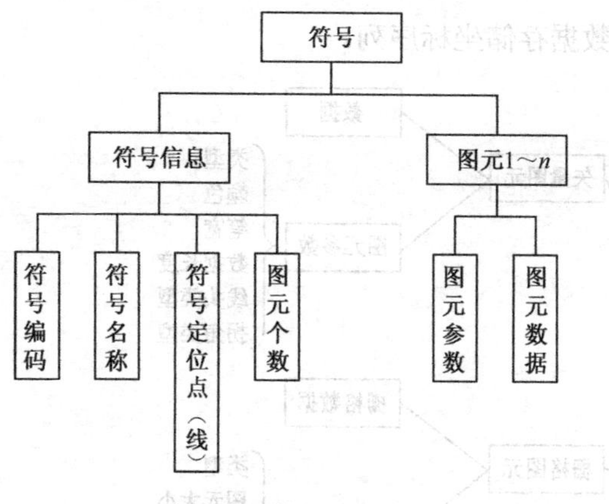

图 8-1　符号的结构

2. 符号图元的组成

图元是组成符号图形的基本数据单位，每个图元由两部分构成：绘制图元时需要的图元参数和表达形状的图元数据，一个符号至少包含一个图元。

（1）图元参数：不同的图元具有不同的图元参数，但任何图元参数所包含的第一个信息都是图元类型。

（2）图元数据：组成图元形状的坐标序列、数据块或者生成图元形状的数据，如圆的圆心与半径。

3. 符号图元的种类

地图符号图元主要包括 6 类：矢量图元、栅格图元、TTF 图元、点状符号图元、线状符号图元和渐变图元。其中，渐变图元分为线宽渐变图元和颜色渐变图元，前者用于线状符号中，后者用于面状符号中；矢量图元又可进一步细分为直线、折线、圆线、圆弧、多边形、填充圆形，如图 8-2 所示。符号能包含的图元种类与符号的类型相关，每个符号中可有一个或多个图元类型。

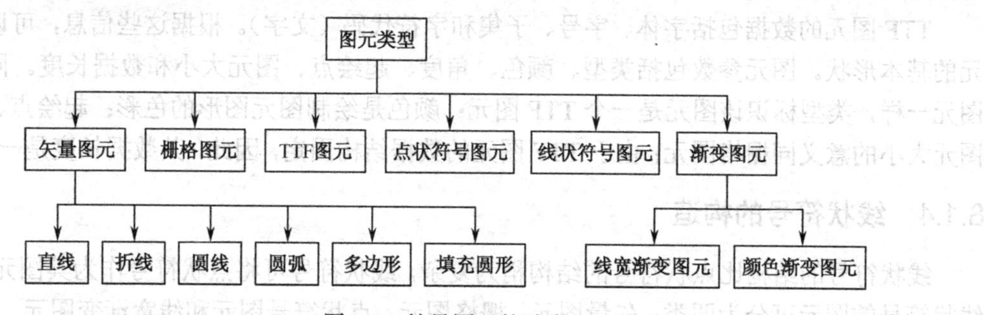

图 8-2　符号图元的种类

8.1.3　点状符号的构造

点状符号的图元类型有矢量图元、栅格图元、TTF 图元三类，如图 8-3 所示。一个点状符号是由一个或多个同类或者不同类的图元组成的。

矢量图元根据几何形状又分为很多子类型，表达这些子类型需要的图元参数与数据都有所差别。在图元参数方面，线类图元需要：类型、笔宽、颜色、线头类型、拐角类型、数据长度；面类图元需要：图元类型、填充颜色和数据长度。在数据方面，圆、圆弧存储圆心和半径，其他矢量图元的数据存储坐标序列。

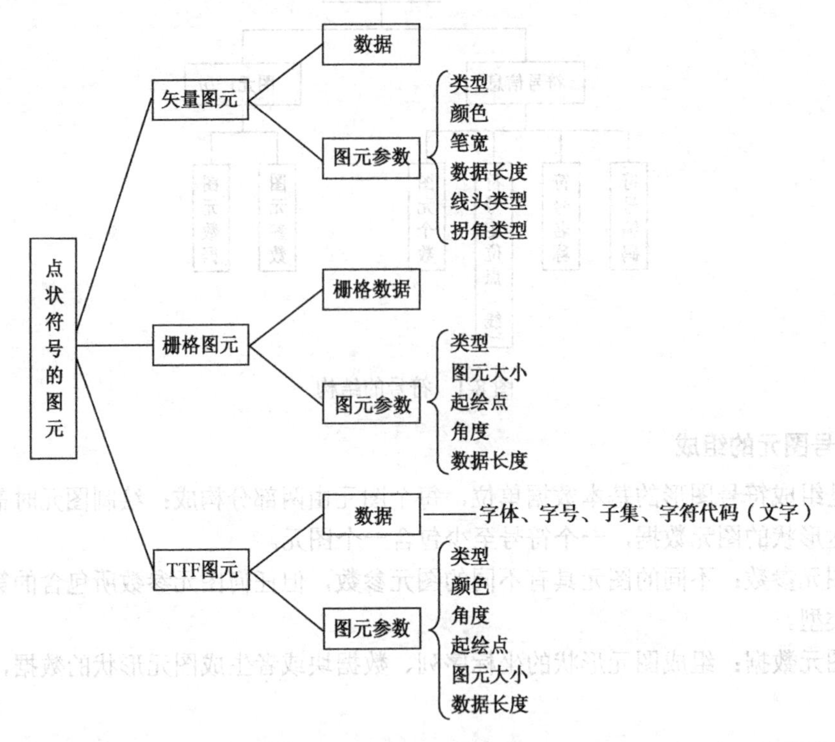

图 8-3　点状符号的图元类型

栅格图元的数据来源于栅格图片，由于栅格数据在放大时会失真，因此，栅格图元数据保存时不进行符号大小单位化处理，而是保存完整的原始数据。栅格图元的图元参数包括：类型指明当前图元是栅格图元；图元大小是该图元在符号单位 1 内的高和宽，表达了图元在符号中所占的比例；起绘点表达图元在符号范围内的位置，是一个取值在[0,1]范围内的坐标对；角度是该图元以起绘点为中心旋转的角度；数据长度则记录整个栅格图片的数据长度。

TTF 图元的数据包括字体、字号、子集和字符代码（文字）。根据这些信息，可以获取图元的基本形状。图元参数包括类型、颜色、角度、起绘点、图元大小和数据长度。同前两类图元一样，类型标识该图元是一个 TTF 图元；颜色是绘制图元图形的色彩；起绘点、角度和图元大小的意义同栅格图元；由于 TTF 图元的数据结构固定，因此，其数据长度是一个定值。

8.1.4　线状符号的构造

线状符号的结构比点状符号的结构稍为复杂，线状符号可将点状符号作为其图元。因此，线状符号的图元可分为四类：矢量图元、栅格图元、点状符号图元和线宽渐变图元，如图 8-4 所示。通常，点状符号图元置于线状符号的顶层。在四类图元中，矢量图元、栅格图元的数据结构与点状符号中的一致，这里不再赘述。由于点状符号中包含了 TTF 图元，而点状符号可作为线状符号的图元，因此，线状符号间接包含了 TTF 图元。

点状符号图元在线状符号中的表达形式由图元参数定义，其图元参数包括类型、符号编码、角度、图元大小、X 与 Y 偏移量、排列方式和间隔，其意义如下。

（1）类型标识图元种类为点状符号。

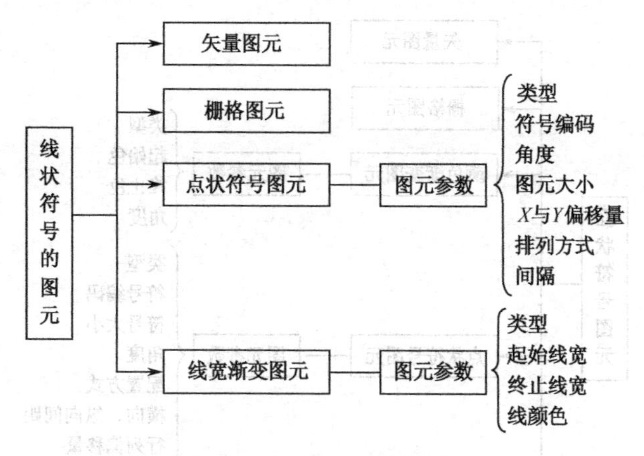

图 8-4　线状符号的图元类型

（2）符号编码是点状符号的标识，由于点状符号的数据已经保存在符号库中，因此，线状符号不用重复记录其数据块而只需要记录其符号编码，通过其符号编码关联点状符号数据。

（3）角度是点状符号以其定位点为中心旋转的角度。

（4）图元大小表达点状符号在线符号单元中的尺寸，是一个[0,1]范围内的值。

（5）X与 Y偏移量表达图元相对于线状符号基线的偏移位置。

（6）排列方式指明点状符号在线状符号上的排列模式，有以下几类：均匀分布、随机分布、只在线头、只在线尾、只在线头和线尾、在顶点、在线中心、在两顶点中心等。

（7）间隔表示分布在线状符号上点状符号两两之间的距离，只有在排列方式为均匀分布时该参数才有意义。另外，同图元大小一样，间隔大小也是单位长度内的值，配置线状符号时，根据符号化信息中给定的配置长度计算出实际大小。

线宽渐变图元实现线的渐变效果，用于表达水系，支持的渐变线的类型有实线、虚线和点线；起始线宽表示线型在定位线头的宽度，终止线宽表示线型在定位线尾的宽度，两个宽度都是[0,1]范围内的值；线颜色指明渐变线的色彩。

8.1.5　面状符号的构造

面状符号用于表达面要素，一般面要素的表达包括边线、底色、填充图案三个方面。基于这个原因，面状符号通常被定义为三者的集合，面状符号编辑时需要同时设置这三个方面的内容。当面要素仅仅是边界属性不同（如已定界限与未定界限），或者只是土壤属性不同，这种面状符号定义方式都要求设计不同的面状符号，不利于符号的重用。为此，将面状符号定义为只包含填充内容，而面要素的边线、底色等表达参数通过符号化信息设定。

面状符号是三类地图符号中最为复杂的一种，可以包含矢量图元、栅格图元、颜色渐变图元，也可以由点状符号图元、线状符号图元以一定的排列方式构成，或者是以上内容的组合，如图 8-5 所示。其中，矢量图元、栅格图元数据组成与线状符号、点状符号中的保持一致。在排列次序上，一般点状符号图元在最上面，线状符号图元次之，其他图元置底。

点状符号图元在面状符号中的图元参数与在线状符号中的有所不同，具体如下。

（1）类型标识图元种类为点状符号。

（2）符号编码关联点状符号数据。

（3）符号大小指明点状符号在面状符号单元中的尺寸。

（4）角度是点状符号以其定位点为中心旋转的角度。

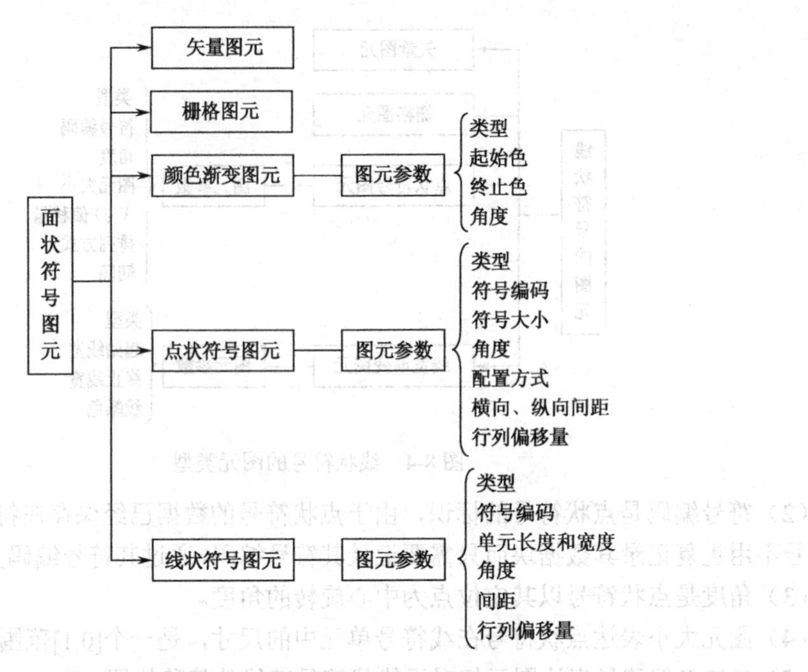

图 8-5 面状符号的图元类型

（5）配置方式分为整列式填充与散列式填充。散列式填充是一种随机填充模式，整列式填充又可分为井字形、品字形排列。

（6）横向、纵向间距分别指定面状符号单元内点状符号间在横向、纵向上的间隔。

（7）行列偏移量指定点状符号起始填充的开始位置。

线状符号图元在面状符号中一般以整列式排列，配置时需要的参数有：类型、符号编码、单元长度和宽度、角度、间距、行列偏移量等，含义如下。

（1）类型标识图元种类为线状符号。

（2）符号编码关联线状符号数据。

（3）单元长度和宽度指明线状符号在面状符号单元中的尺寸。

（4）角度是配置线状符号的基线偏移水平线的角度。

（5）间距表示面状符号中配置线状符号的基线间的距离。

（6）行列偏移量指基线在面状符号单元的偏移位置。

颜色渐变图元实现面要素的渐变填充效果，渐变类型有圆心渐变、矩形渐变和线性渐变等，其中，当为矩形渐变或线性渐变时，可以设定角度；起始色、终止色指明了色彩渐变的区间范围。

8.1.6 地图符号的设计要求

地图符号设计以能快速阅读、牢固记忆、为大多数读者所接受为基本出发点。不同性质和用途的地图，对地图符号的设计有不同的要求，但总的可以概括为以下几个方面。

1. 符号要简明、形状要图案化

地图符号要求形象艺术，构图简单，含义明确，便于绘制和记忆。设计时，要以景物的真实形状为主要依据，突出物体最本质的特征，舍去次要的碎部。对无形可参考的现象，主要以象征或寓意的方法来设计，如以“火炬”象征光明或革命。总之，地图符号要求以简明、

图案化的形象来表达事物，激发人们对实际事物的联想。

2．符号应有概括性和表现力

设计地图符号，在于把事物的共同特征概括、归纳在一起，抽出其中最有代表性的事物及其特征，建立典型而有代表性的符号图形。如地形图用以表示树林种类的针叶林、阔叶林符号，以树的外形和叶形特征，概括所表示的树林种类，既将树林总的特征概括于其中，又有强烈的表现力，但不是树林实际形状的真实写照。

3．符号应有独立性和逻辑系统性

每类符号均应有自己的独立特点。在同类符号中，各个符号之间既要求有明显的区别，又能在形式上保持某种联系，结合事物的性质、数量建立一定的系统。如道路虽属线状符号类，但又区别于其他线状符号。而在同类符号中，各种道路符号的线条粗度、虚实等又有明显的区别和一定的联系。结合分类、分级，便能清楚地看出事物间的相互关系。

4．符号色彩要有象征性

长期以来，五彩缤纷的大自然给人们造成了概念印象，使色彩逐渐形成了习惯象征含义。符号设计如果善于利用这种象征意义，就会加强地图的显示效果。如植被用绿色、地势用棕色、水体用蓝色、热用红色、冷用蓝色等。

5．符号总体要有艺术性

在保证符号科学性的基础上，一定要注意符号的总体艺术性。设计的符号应给人一种美的享受。符号本身应构图简练、美观，色彩艳丽、鲜明，高度抽象概括。符号与符号之间，则要求相互协调、衬托，成为完整系统。

8.1.7 地图符号库

地图符号库是一个管理地图符号的数据库系统，既包含存放符号数据的符号库，还应该提供完备的数据管理功能和操作功能。这些功能可分为两个层次：一个是符号库级的功能；另一个是符号级的功能。

首先，GIS 地图符号库系统需要提供的符号库级的功能如下。

（1）符号库的新建。

（2）符号库的删除。

（3）符号库的合并。

（4）符号库的整库导出为标准符号格式。

其次，在地图符号操作上的功能要包括以下几个方面。

（1）符号的新建。

（2）符号的保存。

（3）符号的修改。

（4）符号的删除。

（5）符号的查询、检索。

（6）符号库之间的复制。

（7）符号导出为标准符号格式。

（8）标准符号格式的符号导入。

最后，对实现以上功能的工具设计，需要达到以下目标。

（1）制作出的符号满足地图图式要求。

（2）界面友好、操作方便灵活。

（3）符号编辑过程可视化。

8.2 GIS 符号化

客观实体经过抽象后以坐标序列和属性形式存放在 GIS 地理数据库中，形成一组空间数据的集合。这些空间数据本身并不可见，当给它们关联以符号、注记并在计算机中利用图形接口绘制出图形即符号化后才变成了可视的地图。可见，符号化是地物抽象的逆过程，是数字地图制图技术的产物。GIS 符号化是一个广泛的概念，既包括符号的配置，也包括注记的配置。符号配置根据要素类型可进一步细分为点符号配置、线符号配置和面符号配置；注记配置根据配置方式分为静态配置和动态配置，根据注记类型分为地名注记配置和说明注记配置。

8.2.1 符号化的两种方式

地图代数理论认为地图是图形符号的空间集合，即地图是点状、线状、面状符号和注记（文字）的集合，表示为：

MAP = Symbol(point)+ Symbol(line)+ Symbol(region)+Label(text)

而符号又可认为是线、面、文字、色彩的集合，即

Symbol = {line,region,text,color}。

替换后，得到

MAP = {line,region,text,color}+{text}

合并后

MAP = {line,region,text,color}

于是，地图符号化最终转变为基本图形的绘制过程，有两种基本的符号化方式：程序法和符号法。

程序法是使用某种程序设计语言为每个符号设计具体的绘制过程，在调用某一绘制过程前无法了解符号形状、色彩、大小等基本情况，其符号化过程如图 8-6（a）所示。这种图形参数加过程模拟的方法使符号就是程序，程序就是符号，设计一个符号就是设计一个绘制程序，如绘制三角点符号和小三角点符号，就需要分别为它们设计一个程序；绘制线状符号也是如此，如绘制公路、铁路线同样需要设计两个程序。程序法使符号的设计与绘制过程集成在了一起，当符号改变时，其绘制程序也要相应修改。因此，难以适应新符号的设计和制作，程序设计量大，而且如果使用的符号很多，绘制程序也相应变多，增加了系统管理程序的难度，也不便于系统的调试和管理。

符号法把符号的设计和绘制分离开来，符号的设计在符号编辑中完成并保存在符号库中，所有符号的绘制由几个通用程序来完成，其符号化过程如图 8-6（b）所示。这种方法使符号数据高度地独立出来，符号化过程也具有了高度的通用性。由于符号的设计与绘制过程分开，如果出现一个新的符号，只需要制作符号、添加到符号库即可，而不用修改绘制程序。符号库中的符号数据是具有统一结构的标准化数据，便于符号的动态扩充和修改；符号绘制程序

针对一类符号设计，即对所有点状符号使用一个绘制程序，所有线状符号使用一个绘制程序，所有面状符号使用一个绘制程序。

由于程序法的不灵活性，当前 GIS 符号化主要采用符号法。

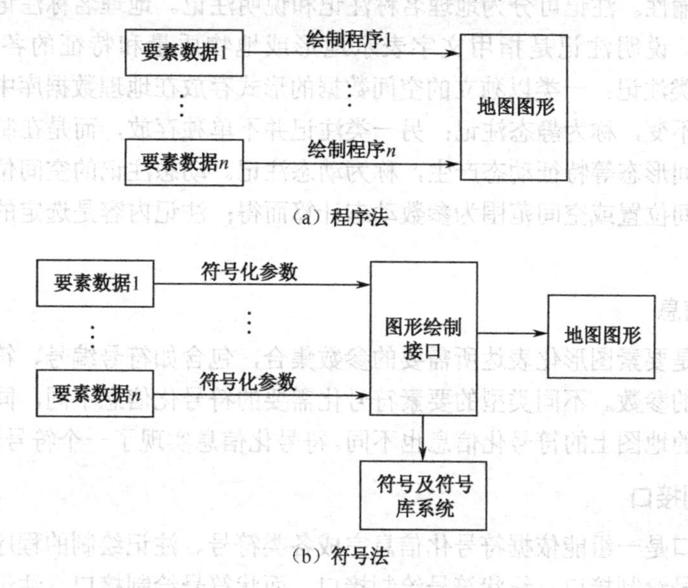

图 8-6 两种符号化方法

8.2.2 符号化的基本元素

符号化是一个复杂的过程，如图 8-7 所示。符号及符号库、注记、符号化信息和图形绘制接口是符号化的基本元素。地图通过符号和注记来表达和传输地理空间信息，实现了地理数据的 GIS 可视化。但若要基于 GIS 数据制图，还需对符号与符号、符号与注记以及注记与注记间的冲突进行处理，才能得到良好的解译制图效果。

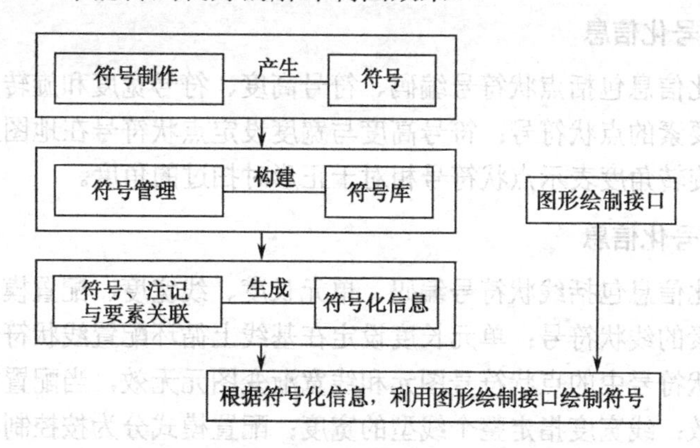

图 8-7 GIS 符号化过程及元素

1. 符号、符号库

地图符号是最重要的地图语言，制图者通过地图符号表达制图对象，而读图者通过地图符号来识别制图对象。它不仅能标识地物的空间位置，还能表达其数量、质量等特征，使其更形象化、准确化，具有可读性和可量测性。符号库系统不仅要提供管理、操作符号库的功能，还应具有地图符号的建立、修改、删除、绘制、查询、导入和导出等多种功能。

2．注记

地图注记也是一种地图语言，它起到对地图符号的补充作用，使地图更具有可读性、应用性和信息的传输性。注记可分为地理名称注记和说明注记。地理名称注记是使用地理要素的名称进行注记，说明注记是指用文字表示地形或地物质量和特征的各种注记。

GIS 中有两类注记：一类以独立的空间数据的形式存放在地理数据库中，其空间位置和注记内容都固定不变，称为静态注记；另一类注记并不单独存放，而是在制图过程中，根据要素的属性、空间形态等特征动态产生，称为动态注记。动态注记的空间位置依据一定的算法并以要素的空间位置或空间范围为参数动态计算而得；注记内容是选定的用于注记的一个或多个属性值。

3．符号化信息

符号化信息是要素图形化表达所需要的参数集合，包含如符号编号、符号尺寸等一系列符号或注记所需的参数。不同类型的要素符号化需要的符号化信息不同，同一要素在不同比例尺或不同类型的地图上的符号化信息也不同。符号化信息实现了一个符号的多种表达方式。

4．图形绘制接口

图形绘制接口是一组能依据符号化信息完成各类符号、注记绘制的程序。通常，图形绘制接口由点状符号绘制接口、线状符号绘制接口、面状符号绘制接口、注记绘制接口和其他基本图形绘制接口组成。对于一些特殊的或复杂的符号，也提供特有的图形绘制接口。图形绘制接口不仅要绘制多个不同的符号，同时还要适应不同输出设备的特征，因为图形可能绘制到显示器、纸张甚至栅格文件。

8.2.3　符号化信息的内容

点、线、面要素与注记的符号化信息各不相同，见表 8-1，下面分别介绍。

1．点要素符号化信息

点要素符号化信息包括点状符号编码、符号高度、符号宽度和旋转角度等。点状符号编码用于关联表达要素的点状符号；符号高度与宽度设定点状符号在地图上的大小，一般以毫米为单位给出；旋转角度表示点状符号相对于正形时扫过的角度。

2．线要素符号化信息

线要素符号化信息包括线状符号编码、单元长度、线宽度、配置模式等。线状符号编码用于关联表达要素的线状符号；单元长度设定在基线上循环配置线状符号时，线状符号单元的长度，但对线状符号中的点状符号图元和线宽渐变图元无效，当配置模式为按控制点配置时，此参数也无效；线宽度指定整个线型的宽度；配置模式分为按控制点配置和按固定长度配置，按控制点配置即定位线两两坐标点间配置一个完整的线型，按固定长度配置即通常所说的横向循环配置。

3．面要素符号化信息

面要素符号化信息包括面状符号编码、符号大小、面颜色、透明度、边线符号编码、边线单元长度、边线宽度等。符号编号设置用于表达要素的面状符号；符号大小设定填充图案单元的高度和宽度；面颜色是面状符号的底色；透明度设置面状符号下内容的可见程度；边线符号编码指定表达面要素边线的线状符号；边线单元长度和边线宽度的意义同线要素符号化信息中的一致。

4. 注记符号化信息

注记符号化需要的参数有字体、字大、字间隔、字形、字列及效果等。字体设置字体类别，字体决定了文字的形状；字大就是文字的尺寸，可以反映被注记对象重要性和数量等级，一般以毫米为单位；字间隔是一列注记各字的间距，根据间距的大小分为接近字间隔、普通字间隔和隔离字间隔；字形即字体的形态，包括正体、左右斜体、左右耸肩、加粗；字列是指文字的排列方式，分为水平字列、垂直字列、雁行字列和屈曲字列；效果包括空心、阴影、上下标、删除线、下画线、阴文、阳文。

表 8-1 各类要素的符号化信息

要 素 类 型	符号化信息
点	点状符号编码、符号高度、符号宽度、旋转角度
线	线状符号编码、单元长度、线宽度、配置模式
面	面状符号编码、符号大小、面颜色、透明度、边线符号编码、边线单元长度、边线宽度
注记	字体、字大、字间隔、字形、字列、效果

8.2.4 符号化信息编辑

符号化信息是对要素进行符号化的依据，定义了要素符号化表达所需要的基本信息。在 GIS 中，可通过以下几种方式编辑符号化信息。

1. 手工编辑

手工编辑是最传统的符号化信息编辑方式。在 GIS 中，制图者逐个选取要素并通过符号化信息编辑界面配置符号化信息，编辑的过程也是要素与符号化信息的关联过程。这种方式全由制图者手工完成，需要大量的人力，效率低下，而且由于疲劳、细心程度、误操作等原因，生成的符号化信息往往存在一些纰漏。

2. 图例板

图例板提供了一个统一编辑符号化信息的场所，如 MapGIS 图例板。在图例板上，制图者将地图上要素的所有符号化信息编辑生成一个个图例，并按一定的分类或顺序放在面板上。当数据输入时，先选中图例板中的某个图例，图例中的符号化信息就自动复制到数据中。图例板的实质是一个存有符号化信息的文件，可以任意复制。因此，图例板实现了符号化信息的一次编辑、多次使用，避免了符号化信息的重复编辑，但要素与符号化信息的关联是通过手工完成的。

3. 专题图

专题图是突出反映一种或几种主题要素的地图，它不仅能反映事物时空的特征，还能反映数量和质量的特征以及各现象间的联系，以反映对象的空间分布特征和时间分布特征为目的。专题图通常有定点符号法、线状符号法、范围法、等值线法等十种基本的表示方法。为完成这些表达，GIS 提供了大量的专题图工具。利用这些工具能实现按要素的一个或多个属性值为各要素自动分配符号化信息或生成随机的符号化信息。专题图工具法实现了符号化信息的自动化生成，提高了地图生产效率。但由于专题图工具总是按一定的规则生成符号化信息的，因此生成的符号化信息有些并不能满足要求，还需要修改。比如，图式上定义的符号大小并没有一定的规律可循，而专题图工具只能按一定算法来设定符号大小，这样即使有部分符号大小符合图式标准，但大部分是不符合要求的，仍需要人工修改。

4．其他工具

有些 GIS 中还提供了一些专有工具，以简化符号化信息的编辑和简化要素、符号化信息的关联方式，如符号化信息的统一修改工具、样式刷工具等。

可见，尽管借助了一定的自动化工具，符号化信息的生产仍需要大量的人工参与。

8.2.5 要素、符号化信息的关联方式

要素与符号化信息的关联方式主要有两种。

1．利用要素 ID 关联

将符号化信息以要素属性的形式保存在数据库中，符号化时根据要素 ID 获取这些信息。在该方式下，每个要素都需要保存符号化信息，即使两个要素的符号化信息相同也不能共同使用，这导致了大量冗余数据的存在。

2．按属性匹配

将符号化信息以样式文件的形式，作为一个单独的文件保存。按属性匹配要素与样式文件中的符号化信息。样式文件以图层或地图为单位存放。当图层或地图的表达要求与生成样式文件的原图层或地图一致时，就可以关联这些样式文件，重用其中定义的符号化信息，但重用程度并不高。

因此，提高符号化信息的重用率，实现要素、符号化信息的自动关联是 GIS 地图制图要解决的问题。

8.3 GIS 地图制图

早期的 GIS 都源于数字制图软件，如加拿大地理信息系统（CGIS）、中国地质大学研制的 MAPCAD 等。其主要功能都是地图制图，空间分析功能极为简单，简直就是一个数字地图制图系统。在与 GIS 相关的这些学科或技术中，测量和遥感为 GIS 提供数据源，而地理学和地图学为 GIS 提供理论支撑。

8.3.1 GIS 制图的关键技术

在 GIS 制图过程中，应用到的技术主要包括数据融合技术、空间数据库技术、符号化技术、制图综合技术、地理空间数据的质量控制与检查技术、地图输出处理技术等。下面对它们逐一进行讨论。

1．数据融合技术

制图软件业的蓬勃发展生产出了大量的地图制图软件，一方面极大满足了不同用户的不同需求，另一方面这些制图平台各定义了自己的数据模型导致空间数据结构的多样性。同时，

随着各种测绘技术的发展和地理空间信息获取方法的多样化，制图资料也越来越多，如纸质地图、航空相片、卫星遥感影像、近景摄影测量、车载GPS测量数据等。制图资料与数据的情况越来越复杂，对应的数据处理方法也越来越多、越来越复杂，如不同格式数据间的转换、空间坐标系的变换、地图投影变换、遥感影像的几何纠正等。多源数据融合技术就是要解决各种数据库中存在的模型差异、精度差异、几何位置的差异和属性定义的差异等问题，通过对数据进行加工处理在最大程度上实现多种数据源间的相互转换和信息共享。在地图制图过程中，高效地使用各种制图资料，不仅可以节省成本，还能提高地图生产率。因此，数据融合技术是GIS地图制图技术的重要组成部分。

2. 空间数据库技术

空间数据是GIS地图制图的重要资源。空间数据包含对现实事物如道路、水系的抽象，也包含为方便科学研究而人为创造的元素如等高线、高程点等。空间数据间往往具有很强的关联性。GIS 一般采用空间数据库存放和管理空间数据。在空间数据库中，存放的实体种类各异，实体类型之间空间关系复杂；空间数据通常以结构化形式存放，数据项记录变长。除存放空间数据外，空间数据库还需要提供大量的空间操作功能如空间检索、特征提取、拓扑和相似性查询等，为实现一份数据多种制图结果提供技术支撑，而这些都是传统数据库技术难以实现的，因此，空间数据库技术是GIS地图制图的一个关键技术。目前，空间数据库技术正朝着面向对象、分布式、并行化、多媒体应用等方向发展。

3. 符号化技术

地理数据是人类对客观世界认知的产物，而地图制图是地理认知的逆过程。制图是以符号来表达客观实体的，最大限度还原事物间的方位关系。数字地图制图技术的出现产生了数字地图，数字地图是一组描述地理要素和现象的离散数据，由确定的坐标和属性组成，其本质上是与地理空间信息相关的各种数据的集合，它本身是不可见的，但可通过地图符号将其再现为可视的地图，这个过程就是符号化。可见，符号化是在数字地图出现以后才提出的，并且地图符号化的好坏直接影响到成图质量，因此地图符号化技术是数字地图制图的核心技术之一。

4. 制图综合技术

在地图编制过程中，根据制图目的，对制图资料、制图对象进行选取和概括，用以反映制图对象的基本特征和典型特点及其内在联系的方法。制图综合的产生一方面是由于地图是以缩小的形式表达客观实体的，另一方面则需要利用大比例尺地图数据库派生出小比例尺地图数据库。制图综合的实质，就是以科学的抽象形式，通过选取和概括的手段，从大量制图对象中选出较大的或较重要的，而舍去次要的或非本质的地物和现象；去掉轮廓形状的碎部而代之以总的形体特征；缩减分类分级数量，减少制图物体间的差别，并用正确的图形反映制图对象的类型特征和典型特点。它是制图作业的一个重要环节，成图质量的好坏及其在科学上和实用上的价值，主要取决于制图综合技术。

5. 地理空间数据的质量控制与检查技术

GIS 的制图数据来源于空间数据库，因此，空间数据质量的好坏直接影响到成图的正确性和精确性，同时，也关系到空间数据库的经济效益和社会效益。只有对空间数据的生产和使用过程进行质量管理和质量控制，时刻分析影响产品质量的原因，才能得到高质量的空间数据。空间数据的质量是空间数据库生存和发展的保障，缺少质量指标的空间数据将无法得到用户的信任，并且直接影响 GIS 应用、分析、决策的正确性和可靠性。

6. 地图输出处理技术

尽管纸质地图永远不会消亡，但 GIS 地图制图的产品已不再仅仅是纸质地图，而是发展为纸质地图、数字地图、电子地图等多种地图并存的局面。地图介质主要是纸张和屏幕；地图输出设备主要有显示器、打印机、印刷机等。GIS 地图制图在地图输出阶段应该充分考虑地图的这些差别，根据地图的类别采取不同的输出处理方法。比如，在生产数字地图之后，还要进行大量的出版处理工作，才能够满足生产纸质地图的要求。这些出版处理工作主要包括编辑、符号化、地图整饰、分色分版等工序，这样最后制版印刷生产出来的纸质地图才符合人们的读图、用图习惯。

8.3.2 GIS 制图工艺流程

GIS 制图是一种数字地图制图，因此，其技术流程与数字地图制图流程一致，如图 8-8 所示。在 GIS 制图实际生产中，数据输入又称数据准备，其包括的内容有数据格式转换、数据拼接、数学基础转换、比例尺设定、数据裁切、要素提取等，但并不是在每次制图中所有这些内容都会涉及，一次制图过程中数据输入要完成的具体内容是由制图数据的现实情况而决定的；数据处理包括符号化编辑、属性标注和地图编辑；图形输出包括地图排版、地图整饰、打印或印刷出版。

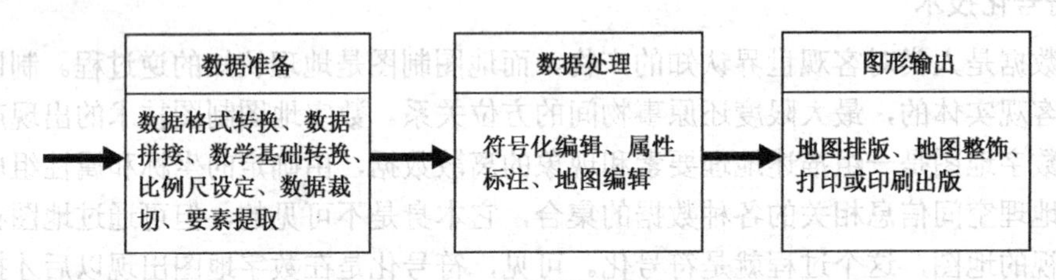

图 8-8 GIS 制图工艺流程

8.3.3 GIS 制图的特征

随着 GIS 应用在各个行业的深入，GIS 逐渐发展成为一个以地理数据库为基础，以空间分析为中心并将分析的结果以地图的形式展示，适时为地理研究和地理决策提供服务的信息系统。现在的 GIS 地图制图具有以下三个方面的特征。

1. 制图数据的多样性

GIS 的制图数据来源于地理数据库，但地理数据库中的数据来源并不单一。首先，测量数据，随着测量技术的发展，数据采集的方式方法越来越多，现代数据采集技术允许在采集时数据直接输入地理数据库保存；其次，扫描数据，已存的纸质地图同样可作为地理数据库的数据来源，扫描纸质地图为栅格文件，将栅格文件矢量化后存入地理数据库；最后，转换数据，其他制图软件的制图数据，经过格式转换后，导入地理数据库。这些不同来源的数据具有各自的特点。一般测量数据都要考虑到方便地理分析而不是制图的需要，因此，在采集时注重实体的完整性、精确性。扫描数据来源于纸质地图的数字化，由于纸质地图本身就是制图成果，在矢量化的过程中充分考虑了地图制图的要求，因此，这类数据不保证完整性和精确性，适合地图制图而不适合地理分析。转换数据的特点需要根据其原有数据格式的情况而定，如从一些计算机辅助设计软件导入的数据，其本身也是适合地图制图而不适合地理分析的。

2. 比例尺的多样性

比例尺表达地面上实体长度在地图上缩小的倍数，是图面上某一长度与对应实际长度的比值。有了地图比例尺，通过量算地图上的距离、面积等就可以计算出实地的距离和面积。比例尺使地图具有了可量测性。我国定义了一系列国家基本地图比例尺，传统地图制图只生产这些比例尺的地图。随着电子地图的出现，地图的比例尺不再限于基本比例尺，电子地图允许无极缩放，其地图比例尺发展为任意比例尺。

3. 地图种类的多样性

应用的发展使地图的种类越来越多，按比例尺可分为大比例尺地图、中比例尺地图和小比例尺地图；根据地图存放介质，可分为纸质地图、数字地图和电子地图；按用途可分为通用地图与专用地图；按地图内容可分为普通地图和专题地图两大类，前者又分为地形图和普通地理图，后者分为自然地图和社会经济地图（人文地图）；另外，还可以按制图区域范围划分。不同种类的地图在制图工艺上存在很大的差别，如普通地图与专题地图，制作普通地图一般只需要根据已有制图数据表达客观地物，而专题地图则不同，专题地图需要利用色彩差别、明暗变化、符号大小差异甚至统计图来突出表现用户感兴趣的内容。

早期的 GIS 制图，由于其制图数据来源单一、比例尺确定、地图种类有限，能很好地满足用户的需求。随着制图数据的多元化、地图比例尺的任意化和地图种类的多样化，GIS 制图越来越不能满足用户的需求，导致了“今天产生的大量用 GIS 软件制作的地图都难看得令人难以接受”。地理分析是当前 GIS 的主要任务，而地图是地理分析的结果展示方式，因此，GIS 必须为完成各类地图的制作提供适当的解决方案。

8.3.4 GIS 制图的三个层次

GIS 已基本具备采集、管理、分析和输出多种地理信息的能力。地图学理论的发展极大地推动了 GIS 制图能力的提升，但 GIS 的制图功能仍存在很大的不足，不能很好地满足用户的需求。一方面是地图效果差，利用分析型地理数据库直接作为制图数据，由于这些数据只顾及数据的精确性和完整性而未考虑地图效果的完美性，因此，制作出的地图很难符合制图规范和读图者视觉的要求。另一方面是自动化程度低，大量的用户和学者早已意识到了 GIS 制图中存在的不足，不断地提出批判和进行研究。GIS 软件厂商也不断地提供新的制图工具，使用户借助这些工具能制作出想要的地图，但操作过程烦琐且需要大量的专业化知识。

地图是连接用户和地理数据库的桥梁，而在多数 GIS 软件中，地图只是地理要素符号化后的产物。从地理数据到地图，GIS 软件提供了三层次的工具：图形化、符号化和制图表达。

1. 图形化

GIS 图形化是利用最简单的点、线、面基本图形配以默认的颜色参数将地理数据显示出来的过程。由于仅仅是描述了地理要素的几何图形，因此，达不到数据形象化的效果，也毫无美学效果。通过全要素显示、分图层显示、分比例尺显示等功能，图形化能反映地理要素的空间分布情况，但绘制效果还不具备地图传递空间信息、直观表达事物的特征，因此，绘制的结果还不是地图。

2. 符号化

符号化是一个将地理数据形象化表达的过程，目的是借助各类符号表示地理数据，配上相应的图例说明，使地图达到易读的效果。符号化是 GIS 制图中的一个重要功能，一般由符号、符号库、要素符号对照表和符号图形绘制模块等部分组成。

在符号化过程中，首先利用 GIS 符号编辑系统根据地图图式规范设计地图符号，建立符号库，然后将关联地图符号与地理要素形成对照表。对照表将要素与符号库中的符号联系起来，绘制要素时，根据对照表找到对应的符号，利用符号图形绘制功能在要素的空间位置上或空间范围中绘制出符号即可。当符号改变时，地图上的显示内容也相应更新；当要素需要其他符号表达时，只需要修改关联的符号标识。而且，同一个符号可表达多个（类）要素，不必重复设计相同的符号。

要素与符号的对应关系可通过人工建立对照表实现，也可采用表达规则实现。符号图形绘制模块包含各类符号的绘制算法，完成输出功能。虽然符号化后的地图已经具备了一定的形象化、易读性，但仍然存在如下不足：① 在符号绘制过程中，只顾及了单个地图符号的科学性与艺术性，忽略了符号间的关系，不能自动处理符号间存在的问题，如重叠等；② 难以实现复杂的线、面符号，如不规则斜坡、阶梯路等。

3. 制图表达

在过去很长一段时间里，地理数据库被认为是 GIS 的根本，空间分析被认为是 GIS 的中心，地图仅仅是表达空间数据和地理分析结果的附属产品，结果导致许多 GIS 生产出来的地图产品在制图学家眼里是缺乏说服力的。制图表达概念的提出表明了大量学者、GIS 厂商对 GIS 制图能力的重新重视。为了能制作出美观又符合制图规范要求的地图，地图学者和 GIS 厂商都做了大量的工作。这些工作的实质主要表现为两个方面：一个是优化符号化功能，提供符号化时考虑符号间关系的制图工具；另一个是将符号化后的地图转化为几何图形，制定工具编辑这些几何图形，这类工具与 CAD 中的图形编辑工具相似。

8.4 GIS 制图表达

符号化将要素的信息以符号的形式表达出来，实现了地理数据到地图数据的转化。地图符号不仅要表达要素的空间位置，还要表达要素间的空间关系。地图上的符号关系不仅是要素关系的转变，还包括为达到某一制图效果的符号协同表达关系。GIS 制图的关键在于如何正确、合理地表达出这些关系。

8.4.1 地图符号间的关系

地图符号间的关系可以分为两类：一类是要素间的层次关系的直接反映；另一类是为达到某一种地图效果而产生的符号间协同表达关系。

1. 要素间的层次关系的直接反映

在三维的现实世界空间中，分布在不同平面上的实体如桥梁与河流表现为一定的层次关系，分布在同一平面上的实体如道路与道路间表现为相邻、相离、相交等位置关系。地图是不同平面的地物投影到地图平面的结果，因此，要素间的层次关系表现为符号间的压盖（叠置），同层要素间的关系表现为符号间的相邻、相离和相交关系。同时，要素的类型也决定了它们在地图上的排列次序，如居民地置于植被、土质之上等。

GIS 以图层划分要素并表达要素间的关系。不同的 GIS 软件可能采用的分层标准不同，但主要从两个方面划分：要素的空间形状和要素的类型。

从空间形状上，GIS 划分出注记和点、线、面要素，并分别构成注记层、点图层、线图层和面图层。由于面要素既有长度也有宽度、线要素只有长度、而点要素既无长度也无宽度，因此为了减少要素间的压盖、清晰地表达要素的空间位置，图层在地图上从下往上的压盖顺序为面图层、线图层、点图层和注记层。因为先进行冲突处理的要素将先绘制，且先绘制的图形在地图的底层，因此，GIS 制图处理的先后次序是面、线、点图层和注记。

从地形图的要素类型上，GIS 划分出水系、地貌、土质植被等自然地理要素和居民地、交通线、境界线等人文经济要素并分别对应相应的图层。尽管对于这类图层划分还没有标准的排列次序，但通常的排列是自然地理要素在下，人文经济要素在上。

因此，GIS 图层、要素的排列次序如图 8-9 所示，也就是各类符号的排列次序。

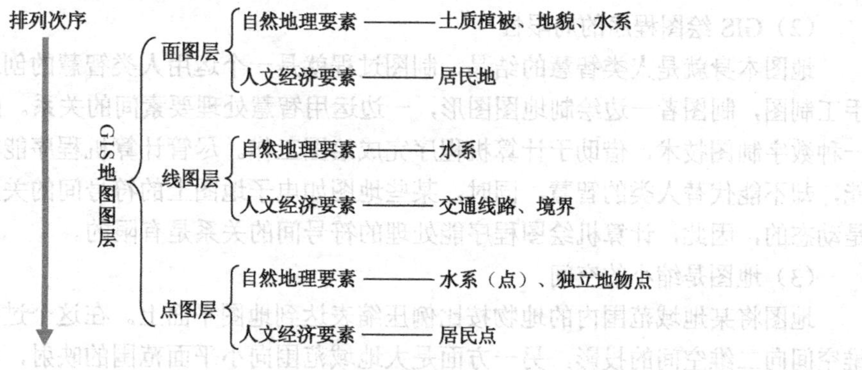

图 8-9 GIS 图层、要素的排列次序

2. 符号间的协同表达关系

地图上的符号并不是孤立的，而是相互影响、相互配合的。地理信息的传递是符号协同表达的结果。如表达一条横跨河流的道路这一地理信息，需要道路、桥梁和河流三种符号共同来表达并遵循一定的配置原则：道路符号遇河流符号断开，桥梁符号压盖河流符号并与道路符号保持相同的宽度等；又如，在表达境界线时，境界线的相交处不能为虚部，以避免被误读等。

总之，地图上的符号不是独立的，既要表达实体间的关系，还要考虑符号配置过程中与其他符号的关系。

8.4.2 地图符号冲突

地图符号化后，如果符号所表达的要素关系发生了改变，如相离变成了相邻、相邻变成了相交、连通变成了压盖，或者出现了不合理的压盖等，统称为符号冲突。

地图符号冲突的表现有很多种，引起冲突的原因也有多种。

（1）分析型数据用于制图

GIS 地理数据库中的数据来源多样，有的是纸质地图扫描矢量化而来，有的是直接野外采集而来。这些数据有的适合制图，有的适合地理分析，但不兼容，适合制图的数据不适合地理分析，适合地理分析的数据却不适合制图。但现在 GIS 的主要功能是地理分析，而分析的结果必须以地图形式展示，因此，GIS 必须支持分析型数据的制图。

分析型数据为了便于分析追求要素的完整性和精确性而不考虑制图的要求，如通过桥梁的道路，分析型数据中道路记录为一个完整的要素在桥梁处并不断开，而制图要求需要道路在桥梁处断开，如图 8-10 所示。

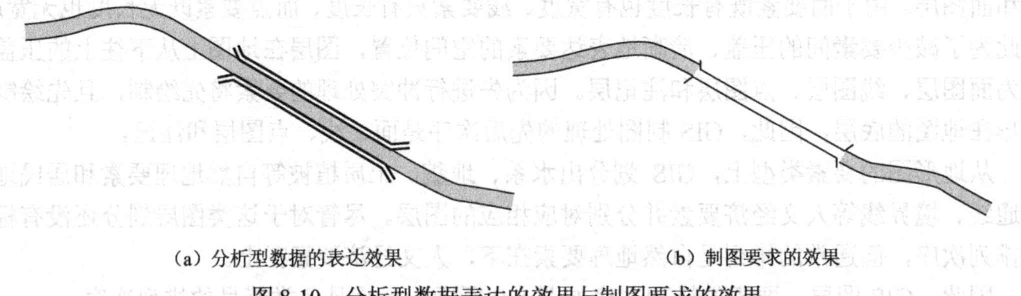

（a）分析型数据的表达效果　　（b）制图要求的效果

图 8-10　分析型数据表达的效果与制图要求的效果

（2）GIS 绘图程序的局限性

地图本身就是人类智慧的结晶，制图过程就是一个运用人类智慧的创造性过程。传统的手工制图，制图者一边绘制地图图形，一边运用智慧处理要素间的关系。而 GIS 地图制图是一种数字制图技术，借助于计算机程序完成绘图工作。尽管计算机程序能模拟人类的某些智能，却不能代替人类的智慧，同时，某些地图如电子地图上的符号间的关系并不是静止的而是动态的，因此，计算机绘图程序能处理的符号间的关系是有限的。

（3）地图是缩小的空间

地图将某地域范围内的地物按比例压缩表达到地图平面上。在这个过程中，一方面是三维空间向二维空间的投影，另一方面是大地域范围向小平面范围的映射，因此，要素争夺图面空间的情况不可避免。尽管数据采集过程对要素进行了取舍，点要素表示为一个坐标点，线要素表示为只有长度的单线，解决了要素间存在的不合理的压盖或空间冲突，但要素符号化后，由于点状符号总有一定的大小、线状符号总有一定的面积，因此，符号冲突就可能出现。

地图是对现实世界认知的表达，地图符号应该正确表达出地物的空间位置、空间关系的真实情况，凡是违背现实或违背人们表达习惯的情况都是冲突。

（1）根据冲突产生的原因和引起的结果划分

① 空间冲突。空间冲突是指同一图面上的符号与符号、符号与注记和注记与注记之间的不合理压盖现象。制图是将三维空间的地物投影到一个平面上，难免不同层的地物相互压盖，合理的压盖在地图上是不可避免且允许的，但空间上同层的地物间的压盖是不允许的，如独立房屋间的压盖、行道树间的压盖等。空间冲突不仅降低地图图面效果、影响地图表达的质量，还可能影响信息传达的正确性。

② 视觉冲突。视觉冲突是指在图面上不存在空间冲突的情况下，由于地图表达的原因导致读者从地图中获取了错误的信息。视觉冲突分为两种情形：一种是符号的间距过小，从视觉上无法分辨而造成的误读；另一种是符号尺寸不合适导致符号间的对比不够鲜明引起的误读。

③ 关系冲突。关系冲突是指地图符号间既没有空间冲突也没有视觉冲突，但地图符号歪曲了实地要素之间的相对关系，或者歪曲了实地要素自身的基本特征。关系冲突也可分为两

种情形：一种是由符号表达错误引起的，如用虚线表达线要素时，在线头或线尾处使用了虚部，导致表达出的线要素与其他地物的关系发生了改变；另一种是关系未被正确地表达，如穿过河流的道路，在河流部分应该表示为桥梁符号。

（2）根据发生冲突的地图内容的类型划分

地图内容包括注记、点状符号、线状符号和面状符号，在表达过程中，这些内容总是相互影响的，根据两两作用原则，可以划分出注记间冲突、注记与点的冲突、注记与线的冲突、注记与面的冲突、点点冲突、点线冲突、点面冲突 、线线冲突、线面冲突和面面冲突等。

地图上的冲突是地图表达过程中需要解决的问题，也是最难解决的问题。不同的冲突类型具有不同的冲突处理方法。

8.4.3 符号冲突的处理原则

地形图上的各种符号不仅表示地物、地貌的位置和存在意义，还必须客观地反映出它们之间的联系，并且要主次分明。能否正确地反映这种关系，关系到是否合乎“图理”的问题[72]。所以，正确地表示和处理好各要素符号之间的关系，不仅可使地形图清晰、易读，而且还可以提高地形图的使用价值。

（1）层次关系。符号的层次关系表达要素间由高程确定的投影关系或从属、重要和次要关系。处理原则：上层符号无面积的，表现为连接关系，如等高线与河流，如图 8-11（a）所示；上层符号有面积的，表现为下层符号断开，如河流与桥梁等，如图 8-11（b）所示。

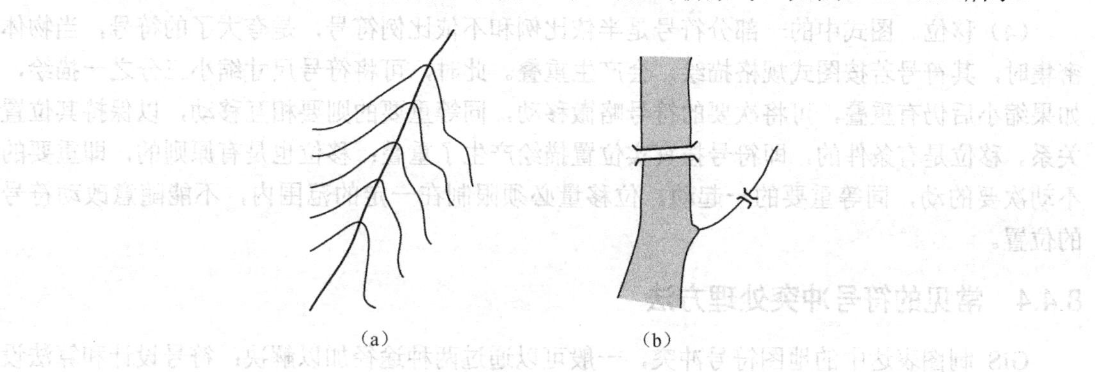

图 8-11　层次关系的处理

（2）相离关系。相离是指不同符号相交或相遇时，需保持一个规定的最小间隔（如大比例尺图式规定不应小于 0.3mm），以便容易识别它们，提高地形图的清晰度。相离描绘的符号在地形图上是大量的，当不同符号相遇时，一般是突出主要物体的符号而间断次要物体的符号。例如，道路通向居民地的出入口处，各种道路都要间断（铁路通过居民地不间断），控制点、独立物体符号与房屋或街区相遇应间断房屋轮廓线或晕线，等高线与土堤、非圈形植被符号相遇，各种道路通过桥梁以及各种符号与注记相遇时，都要留出 0.3mm 的空白，如图 8-12 所示。

（3）共边。平行分布的线状物体（铁路、公路等），按图式上符号的尺寸表示，会有一部分重叠，如果按相离的方法表示，则位移又过多，在这种情况下，允许采用“共边”的方法描绘，即保持主要道路不移位，次要道路只绘出一条边线，其另一条边线与主要道路的一边共线。常见的还有：湖泊、池塘的边线与堤，河流的水涯线与陡岸等均可共边。共边描绘法：

既能减少符号的移位，又不影响清晰度，并且能形象地说明实地物体靠近的真实情况，如图 8-13 所示。

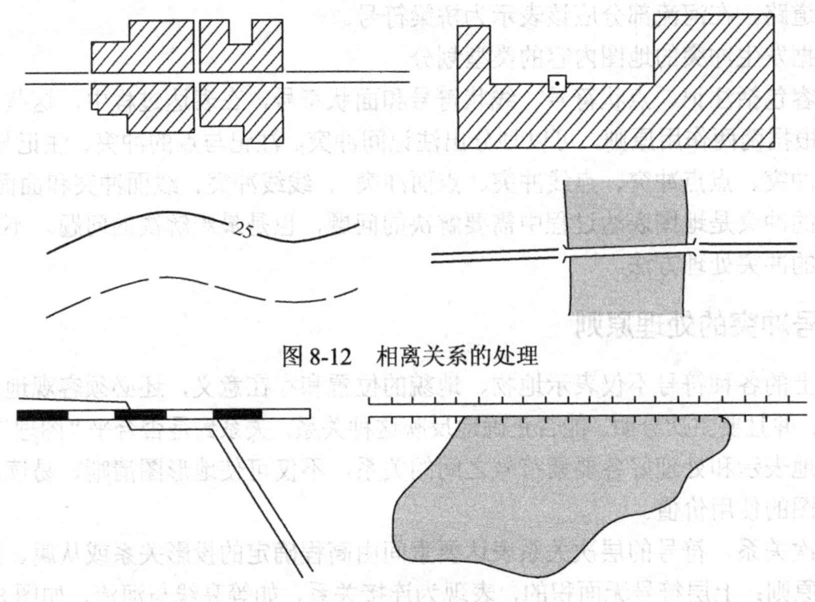

图 8-12　相离关系的处理

图 8-13　共边关系的处理

（4）移位。图式中的一部分符号是半依比例和不依比例符号，是夸大了的符号，当物体密集时，其符号若按图式规格描绘，会产生重叠。此时，可将符号尺寸缩小三分之一描绘，如果缩小后仍有重叠，可将次要的符号略微移动，同等重要的则要相互移动，以保持其位置关系。移位是有条件的，即符号按真实位置描绘产生了重叠；移位也是有原则的，即重要的不动次要的动，同等重要的一起动。位移量必须限制在一定的范围内，不能随意改动符号的位置。

8.4.4　常见的符号冲突处理方法

GIS 制图表达中的地图符号冲突，一般可以通过两种途径加以解决：符号设计和算法设计。通过符号设计解决符号冲突具有简单、花销小等特点。因此，解决符号冲突首先考虑符号设计，当无效时才采用算法设计。下面举例进行说明。

1. 蒙版

符号间的协同表达效果，主要是通过模拟蒙版来实现的。蒙版是印刷上常用的技术，即用一块白板将不希望印刷的内容遮住。地图符号中的蒙版可以通过在地图符号设计中添加一个白色或其他色填充的多边形或矩形。基于这种方法，可以实现以下表达效果。

（1）点状符号压断线状符号的效果，如图 8-14（a）所示。

（2）点状符号压盖面状符号的效果，如图 8-14（b）所示。

（3）线状符号中断线状符号的效果，如图 8-14（c）所示。

（4）线状符号切割面状符号的效果，如图 8-14（d）所示。

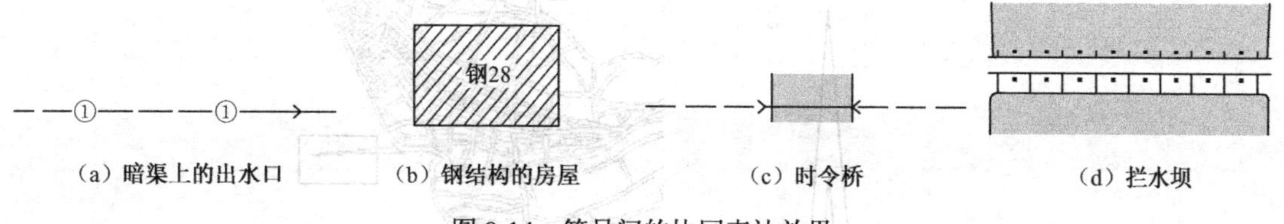

图 8-14 符号间的协同表达效果

2. 分割关系的表达

在城市地图上，交通主干道和城区位于不同的图层，主干道绘制在城区上。但两者不应该是简单的叠加，如图 8-15（a）所示，而应该反映出主干道将整个城区划分成多个街区这一客观事实，达到图 8-15（b）所示的效果。

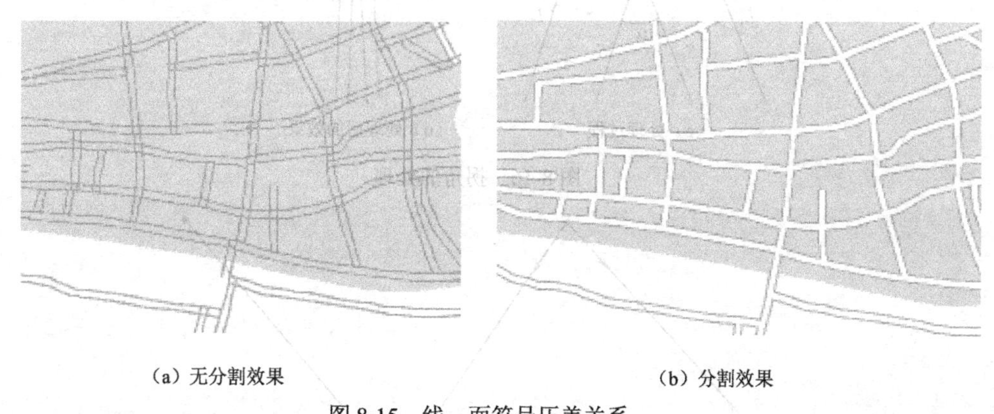

图 8-15 线、面符号压盖关系

最好的解决办法是将道路符号设计由宽、窄两条直线组成。绘制道路符号时，首先对所有的道路要素绘制符号中较宽的那个线图元，即底线，然后再对所有的道路要素绘制符号中较窄的那个线图元即可。

3. 拐角的处理

当定位线在拐弯处的夹角很小时，如果以在拐弯处延长平行线至相交的方式来表达拐角，就会使基于定位线的外平行线伸出很长的距离，如图 8-16（a）所示。在地图上可明显看到这些线飞离定位线的轨迹，严重影响了地图的表达效果，如图 8-16（b）所示，因此必须进行处理。

处理办法是用圆弧线作为拐弯处的连接线，给定一个角度的阈值，当夹角小于阈值时，在拐弯处不延长平行线至相交而用此法处理，处理过程如图 8-16（c）所示。线段 S_1 与 S_2 交于 C 点，夹角为 α，L_1 与 L_2 分别是 S_1、S_2 的距离为 r 的平行线，r 为线符号宽度的一半。A、B 两点是拐点 C 在 L_1 和 L_2 上的对应点，因此，AB 弧度是以 C 点为圆心，半径为 r，起始角为直线 BC 的斜率，扫过角度为（$180° - \alpha$）的弧。处理后的效果如图 8-16（d）所示。

4. 电力线符号的表达

电力线符号通常按照控制点配置，即在定位线上两两坐标点间配置一个完整的电力线符号单元。由于定位线上两两坐标点间的距离一般不同，因此定位线上配置的符号单元长度不一样，如图 8-17 所示。其绘制算法设计如下。

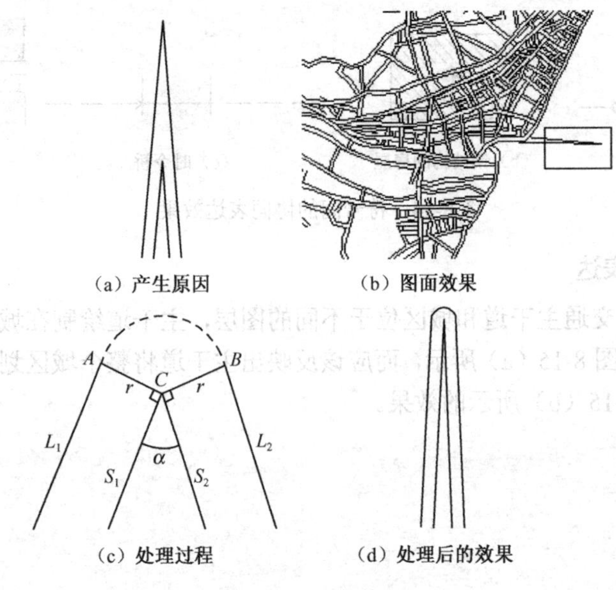

（a）产生原因　（b）图面效果

（c）处理过程　（d）处理后的效果

图 8-16　拐角的处理

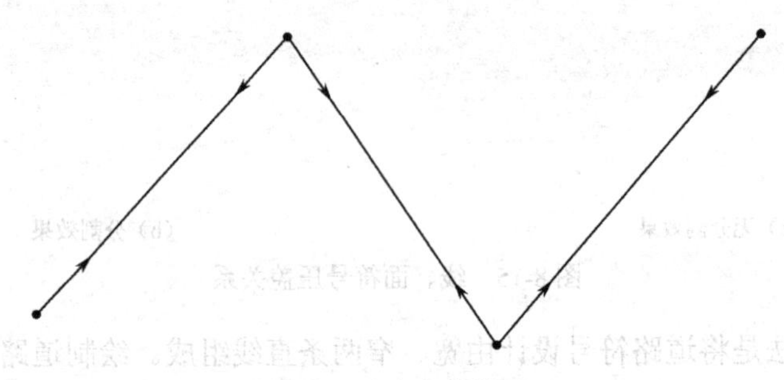

图 8-17　电力线符号

取线状符号信息，得到图元数 N 和符号定位点(x_o,y_o)。

```
do
{
  计算定位线两两坐标点间的线段长度，设为 d
  for (int i=0;i<N;i++)
  {
    根据 d，对符号数据进行大小变换
    if（基本图元）
      同伦变换
  }
}while（定位线上还有线段）
for (int i=0;i<N;i++)
{
  根据 d，对符号数据进行大小变换
  if（点状符号图元）
     配置点状符号图元
  if（渐变线宽图元）
```

配置渐变线宽图元
}

8.5 GIS 地图输出

GIS 产品的输出是指经系统处理分析，可以直接提供给用户的各种地图、图表、数据报表或文字报告。

1. 图形

GIS 输出的图形可以是各种矢量地图和栅格地图，既可以是全要素地图，也可以是根据用户需要分层输出的各种专题地图；可以是用以表示数字高程模型的等高线图、透视图、立体图；可以是通过空间分析得到的一些特殊的地学分析图，如坡度图、坡向图、剖面图等。

2. 数据报表或文字报告

对地图数据库中的图形、属性数据进行分析处理得到的各种表格、清单及查询报告。

3. 数字数据

存储在磁盘、磁带或光盘上的各种图形、图像或测量、统计数据，这些数据可能是某种 GIS 或制图软件的格式数据，如 MapGIS 的点、线、面数据，ARC/INFO 格式数据，AutoCAD 的 DXF 数据；也可能是符合一些国际标准的数据，如计算机图形元文件 CGM 格式数据等。

实施地图数据到图形转换的设备称为图形输出设备。图形输出设备可分为矢量型和栅格型两类。矢量型设备有笔式绘图仪；栅格型设备有光栅扫描显示器、点阵式打印机、静电绘图机、激光照排机和喷墨绘图机。

（1）笔式绘图仪

笔式绘图仪通过计算机控制笔的移动而产生图形。大多数笔式绘图仪是增加型的，即同一方向上按固定步长移动而产生线。许多设备有两个电动机，一个为 X 方向，另一个为 Y 方向。利用一个或两个电动机的组合，可在 8 个对角方向上移动。但是移动步长应很小，以保持各方向的移动相等。

（2）光栅扫描显示器

光栅扫描显示器不但能显示一般的图形，而且能显示具有多种灰度和多种色彩的图形，这就使得显示具有真实立体感的图形成为可能。因此，在计算机地图制图、遥感图像处理以及 GIS 中都用它作为图形显示器。

光栅扫描显示器采用和家用电视机相同的扫描方式。这种方式把显示屏分成有限个离散点，如 1024×1024，每个离散点称为一个像元，屏幕上的像元阵列组成了光栅。每个像元可具有某种灰度或颜色，这时线段由相邻像元串接而成，字符由一定大小的像元矩阵构成。当电子束按顺序扫描整个屏幕时，只有电子束经过组成图形所在位置的各个像元才具有灰度或颜色，从而在整个屏幕上得到所需的图形。

（3）点阵式打印机

用点阵式打印机打印由点、线组成的图形时，常常按块打印，如一次打印 10 或 25 行。为了产生灰色，仅需控制打印的点数。早期的设备是反复打色带型，之后的设备采用激光技术，现在又有了彩色输出，三或四原色的喷枪射出的墨汁流，称为喷墨打印机。

（4）静电绘图机

静电绘图机能够既快速又不受地图内容复杂程序的限制而绘出幅面相当大的地图。这类装置的送纸方式多为滚筒式，固定纸宽的一边可在 1m 以上，而另一边（纸长）则不受长度限制。绘图头是一个与绘图机固定边长相当的静电会写头，其上有一排同等长度的形如针头状的绘写针。

绘图时，图纸先在绘图头下逐行滚动通过，每行中相对于图形位置的绘写针与图纸呈接触状态，其余的呈脱离状态；经过绘图头的图纸通过色调涂布器，图形部分就获得单色（或多色）的效果。静电绘图机是靠电子装置控制的静电感应来完成图形绘制的，所以它具有速度快（每幅图 1~2min）的优点。

（5）激光照排机

激光照排机主要由滚筒和曝光系统两部分组成。绘图时，感光胶片用紧合销钉、胶带或真空吸附装置固定在滚筒上，在滚筒转动过程中，不同大小的光点被以均匀的角步距（其大小取决于所选择像元的尺寸）通过氩气激光管在感光胶片上曝光，光点的大小根据控制机从磁带或磁盘上送给栅格绘图机像元的灰度值来确定。每当滚筒旋转一圈，即绘完一行后，量测螺杆系统便向前移动一个行宽，这个过程一直重复下去，直至全图或一个确定的图块绘完为止。

（6）喷墨绘图机

这种绘图机的构造从本质上说与上述激光照排机相似，但它不是用光来在感光胶片上曝光的，而是同时用 CMYK（青色、品红、黄色和黑色）4 种色液从 4 个喷嘴喷出墨点，并按不同比例混合后在纸上产生所希望的图形或色调。

习题 8

1．什么是地图符号？地图符号有哪些分类？

2．地图符号的基本结构是怎样的？

3．设计地图符号的基本要求有哪些？

4．GIS 符号化需要哪些元素？

5．GIS 地图制图的一般流程是怎样的？

6．GIS 制图表达中符号冲突的原因是什么？

7．GIS 制图表达中符号冲突的处理原则是什么？

8．GIS 的输出产品都有哪些形式？它们各通过什么设备输出？

第 9 章　数字高程模型

与土地利用、土壤分级、地质单元划分等不同，地球表面高低起伏，呈现一种连续变化的曲面，这种曲面是无法用平面地图来确切表示的，因此，要用一种既方便又准确的方法来表达实际的地表现象。数字高程模型（DEM）便是用数字化方式描述地面高程信息的一种方法。掌握该模型，能够更加直观地展示地球表面信息，以便做出各种分析和决策。

9.1　基本概念

9.1.1　DEM 的概念

在早期，由于测量知识的缺乏，人们对于地形表面形态的描述主要采用象形绘图法与写景表示法等符号表达方式。随着测绘技术的提高，地面真实高程数据的获取成为可能，对地形的表达则从不可量测的写景方式发展到以等高线为主的量化表达上。随着新技术的不断发展与应用，如信息技术、遥感技术等，一种全新的数字描述地球表面的方法被普遍采用，这就是 DEM。DEM 是以数字的形式按一定结构组织在一起，表示实际地形特征空间分布的数字模型，也是地形形状和起伏大小的数字描述。DEM 的核心是地形表面特征点的三维坐标数据和一套对地表提供连续描述的算法。最基本的 DEM 是由一系列地面点 x、y 位置及其相联系的高程 Z 所组成的，用数学函数式的表达是：$Z=f(x, y)$，$(x, y)\in$DEM 所在的区域。

尽管 DEM 是为了模拟地面起伏而发展起来的，但也可以用来模拟其他二维表面上连续变化的特征，如地面温度、降水、地球磁力、重力、土地利用、土壤类型等，此时的 DEM 也称为数字地形模型（Digital Terrain Models，DTM）。自从 DTM 的概念被提出以后，又相继出现了许多其他相近的术语，如德国所使用的 DHM（Digital Height Model）、英国所使用的 DGM（Digital Ground Model）、美国国防制图局所使用的 DTEM（Digital Terrain Elevation Model）等。虽然不同地区和机构所采用的术语略有不同，存在着不同的理解，但实质上差别很小。当然，DTM 包含了地面起伏和地表属性两个含义，其趋向于表达比 DEM 具有更广意义的内容。

9.1.2　DEM 的类型

DEM 的类型主要有三种：等高线模型、规则网格模型与不规则网格模型。

1．等高线模型

等高线模型是由一组在地形图上高程相等的有序坐标点所构成的闭合曲线（见图 9-1）。等高线上标注的数字为该等高线的高程，一条等高线对应唯一高程值。等高线模型的优点是直观且占用内存空间少。但等高线模型只使用有限空间位置的高程值，对区域内高程细节变化的描绘不足。

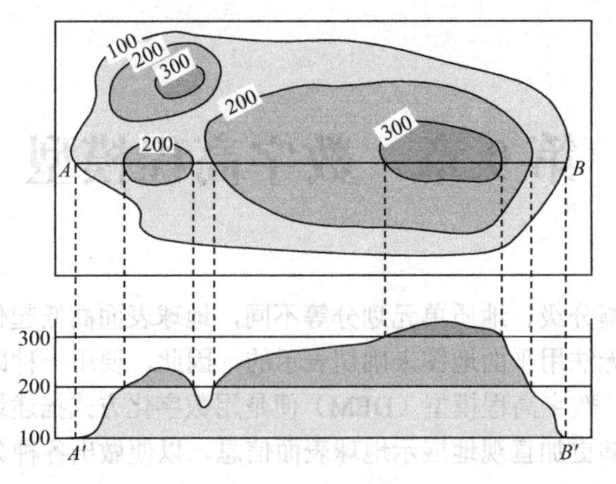

图 9-1　等高线模型

2. 规则网格模型

规则网格模型是通过规则网格单元（如正方形、正六边形等）将研究区域进行剖分，并对每一个单元赋高程值（见图 9-2）。规则网格模型便于存储与计算，但其对复杂地形的结构与细节的描述是有限的，并且在变化不大的平坦区域（如平原等）存在数据冗余的情况。

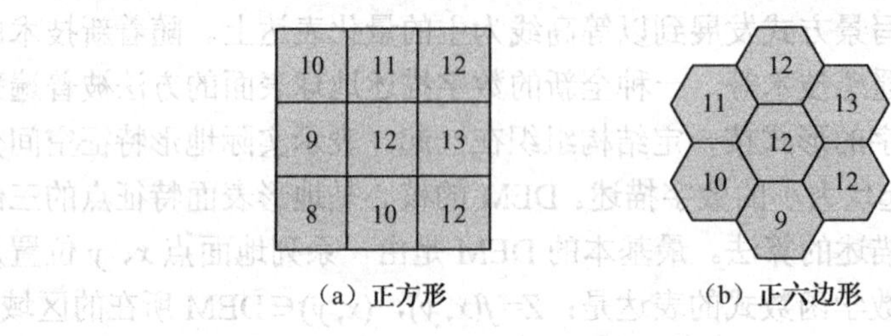

（a）正方形　　（b）正六边形

图 9-2　规则网格模型

3. 不规则网格模型

不规则网格模型是利用区域内有限点集将区域划分为不规则网格相连的网络，有不规则四边形、不规则三角形等（见图 9-3）。其中，基于三角形的不规则三角网（Triangulated Irregular Network，TIN）是应用最为广泛的不规则网格模型。不规则网格模型的优势在于不仅能够减少规则网格模型带来的数据冗余，而且可以精细地描述地形变化。但不规则网格模型的数据存储较规则网格模型更为复杂，不仅需要存储高程值，还需要记录不规则网格单元每个顶点的坐标、顶点间的拓扑关系，以及网格之间的邻接关系。

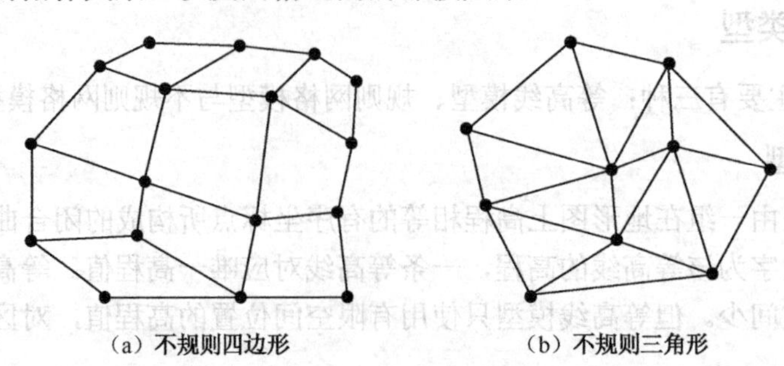

（a）不规则四边形　　（b）不规则三角形

图 9-3　不规则网格模型

9.1.3 DEM 的特点

与传统地形图相比，DEM 作为地形表面的一种数字表达形式有如下特点。

（1）表达形式的多样性。地形数据经过计算机软件处理后，能产生多种比例尺的地形图、纵横断面图和立体图等；而常规地形图一经制作完成后，形式固定且比例尺不易改变，如果需要绘制其他形式的地形图或改变比例尺，则需要经过大量的人工处理工作。

（2）制图精度的恒定性。常规纸质地图，随着时间的推移会产生变形，失掉原有精度。而 DEM 采用数字媒介，能保持精度不变。使用人工方式将常规地图转绘成其他类型地形图件时，会产生一定的精度损失；而 DEM 采用数字记录，其输出结果精度能够得到较好控制。

（3）地图更新的实时性。常规地图信息的增加和修改都必须重复相同的工序，劳动强度大且周期长，不利于地图的实时更新；而 DEM 是数字形式的，增加或改变地形信息只需将修改信息输入计算机，经软件处理后即可产生实时化的各种地形图。

（4）空间尺度的综合性。大比例尺、高分辨率的 DEM 自动覆盖了小比例尺、低分辨率的 DEM，如可从 1m 空间分辨率的 DEM 导出如 10m、100m 等较低空间分辨率的 DEM。

9.1.4 DEM 的用途

DEM 实现了区域地形表面的数字化表达，是新一代的地形图，因此 DEM 的应用领域遍及地形图应用所涉及的行业。

1．科学研究

DEM 对地形特征的描述能够为地球科学的研究提供基础地形参数，并且辅助模型建立。例如，水文学在地形地貌的基础上建立各种地表物质，如水、冰川等的运动模型；气候学则通过 DEM 研究地形因素对温度、湿度、气体分子等的影像，建立地面、大气之间的转换过程模型；数字制图则是在 DEM 的辅助下对遥感图形进行正射校正，提高图像几何校正、解译与分类的精度。

2．工程应用

在工程领域，DEM 主要用于辅助决策与设计，用以提高设计的自动化水平，获取更大的经济效益。以地质、矿山、石油等勘探行业为例，遥感数据与 DEM 的结合能够提供综合、全面、实时、动态的地上、地下的变化信息。此外，DEM 还可以辅助工程选址，在施工作业过程中辅助挖填土石方量计算等。

3．军事应用

DEM 作为地形图的替代品，在作战指挥、战场规划、定位、导航、目标采集与瞄准、搜寻、救援乃至维和行动、指导外交谈判等方面都发挥着重要的作用，是数字战场不可或缺的组成部分。DEM 可模拟虚拟战场环境，辅助战术决策；为作战部队提供实时地图产品；还可以进行飞行器飞行模拟、导弹飞行模拟、炮兵互视性规划、越野通视情况分析等方面的应用。

4．管理应用

DEM 在政府职能部门的应用，有助于辅助设计与决策，提高规划、管理、投资等工作的水平。以洪涝灾害监测为例，政府职能部门能够通过 DEM 对洪水态势、灾区可能受灾情况进行实时的监测与预报，以便采取有效的防治措施和科学的抗洪决策。对于滑坡、坍塌等自然灾害，DEM 与地质、土壤、植被等信息的结合，可以对此类灾害进行预测与损失评估。

9.2 DEM 数据源

9.2.1 DEM 数据特征

DEM 数据由于数据观测方法和获得途径不同，数据分布规律、数据特征有明显的差异。DEM 数据按其空间分布特征可分成两类：网格数据和离散数据。

1．网格数据

网格数据是利用大小和形状都相同的网格，将 DEM 覆盖区划分成规则网格，用相应矩阵元素的行列号来实现网格点的二维地理空间定位，第三维为特性值，可以是高程或其他属性。网格的大小代表数据的精度，例如，地质勘探可在小范围内布置规则网格测点，如图 9-4（a）所示，使用仪器测定重力或磁场强度等数据。对于规则网格来说，仅用 z 的矩阵数据来描述地理场，其对应的平面坐标位置数据蕴含在向量序列关系之中，n 个数据观测点的数据记录个数也为 n，用公式表示如下：

$$\mathrm{DEM}=\{z_{ij}\} \tag{9-1}$$

式中，$i=1, 2, 3, \cdots, m-1$；$j=1, 2, 3, \cdots, n-1$。网格 DEM 数据不仅数据量小且便于管理和检索，适合于分析处理。

2．离散数据

受观测手段的限制，不能按规则网格获取所有地理位置的观测场值，此时，DEM 的构建通过一组地理空间中不规则分布的离散点来实现。其平面二维地理空间定位为离散点的平面坐标，第三维仍为高程或其他属性值。例如，人工地震勘探则通常布设多条测线读取有关地层结构的数据，如图 9-4（b）所示；航测一般沿测线观测，沿测线的测点密度远大于测线间隔的密度，并且测线也并不是等间距的直线，如图 9-4（c）所示；分散流数据常按一定的采样密度沿水系随机采样，如图 9-4（d）所示；更多的数据，如气象、水文以及其他地理抽样调查等呈不规则分布，如图 9-4（e）所示。每个离散数据需要记录三项数据，分别为其坐标值 x、y 和特性值 z，则 n 个离散数据点的数据记录个数为 $3n$。

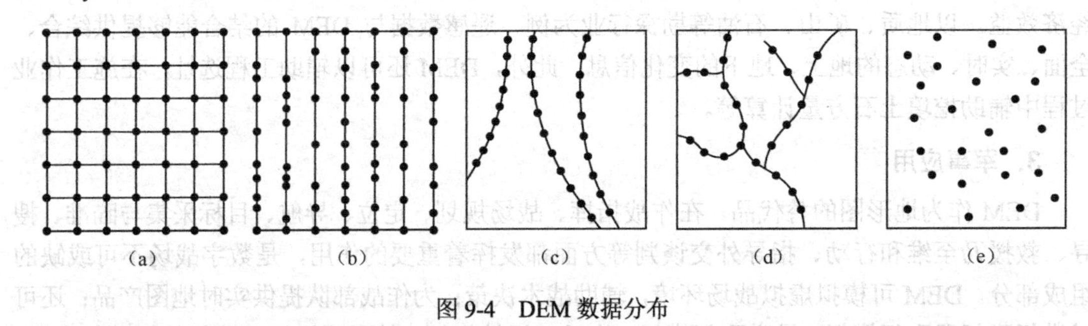

图 9-4　DEM 数据分布

9.2.2 DEM 数据获取

DEM 数据获取的目的是获得一系列包含空间坐标和高程的三维点数据。地面高程数据通常用航测仪器从立体航空像对上获取，即摄影测量方法。在航测方法不能即时供给数据时，现有地形图的数字化也是常用的方式。此外，地面测量、声呐测量、雷达和扫描仪数据也可作为 DEM 的数据来源。

摄影测量方法是最常用的 DEM 数据采集方法，具有较高的效率。其数据获取可进一步划分。

（1）选择采样。在采样之前或采样过程中选择需要采集高程数据的样点。

（2）适应采样。采样过程中发现某些地面没有包含什么信息时，取消某些样点以减少冗余数据。

（3）渐进采样。采样和分析同时进行时，数据分析支配采样进程。渐进采样在产生高程矩阵时能按地表起伏变化的复杂性客观自动地采样。实际上它是连续的不同密度的采样过程：首先按粗略网格采样，然后对变化较复杂的地区进行细网格（采样密度增加一倍）采样，如图 9-5 所示。需采样的点是由计算机对前一次采样获得的数据点进行分析后确定的，即确定是否继续进行更高密度的采样。计算机分析过程是在前一次获取的数据中选择相邻的 9 个点作为窗口，计算沿行或列方向邻接点之间的一阶和二阶差分。差分中包括了地面曲率信息，因此可按曲率信息选取阈值。如果曲率超过阈值则需进行高一级网格密度的采样。

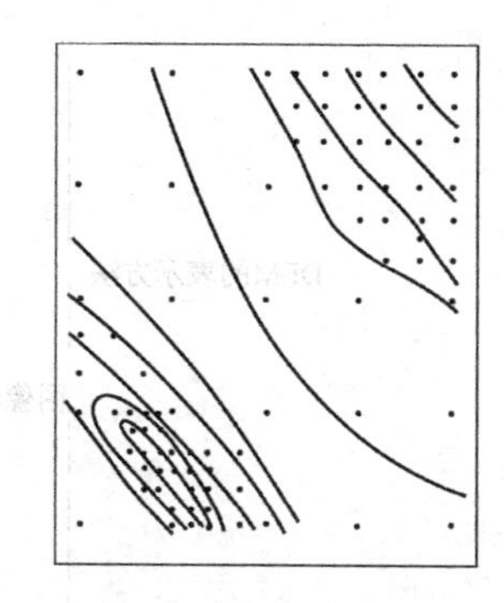

图 9-5　渐进采样示意图

渐进采样在无云层覆盖、无人工地物和地形起伏变化不突然（无陡坎）地区的航片上实施能获得良好的效果；在地形起伏变化特别复杂且多陡崖地区，需多种采样法结合才能保证按需要获得全部地形数据。在陡崖地区手工描绘出选择采样的范围并进行手工采样，其余地区进行自动采样。

9.3 DEM 的构建

9.3.1 数学方法

地表的高程变化可用多种方法来模拟，数学定义的表面或点线图像都可用来表示 DEM，如图 9-6 所示。

1. 数学方法

数学方法拟合表面时需依靠连续三维函数，它能以高平滑度表示复杂表面。对于整体区域地形的宏观起伏态势，常采用整体拟合法。但该方法解算速度慢且对计算机容量要求高，因此，常将复杂表面分成一系列连续的单元，这些局部单元内地形具有统一特征。由于缩小了范围，简化了曲面形态，分块拟合法能够对每一块地形进行很好的刻画，但随之而来的则是不同分块之间的连接与平滑问题。图 9-7 所示为分块法绘制的等高线图，其中可清晰地看出块间连续时漏掉了一些数据。尽管如此，分块拟合依旧广泛应用于复杂表面模拟的机助设计系统，如地下水、土壤特征或其他环境数据的表面内插。

2. 图形方法

（1）线模式

线模式是一系列描述高程测量曲线的等高线，是表示地形的最普通方法。由于现有的地图大多数都绘有等高线，这些地图便是数字地面模型现成的数据源。用扫描仪在这些图上自动获取 DEM 数据已取得很大进展。但数字化现有等高线所产生的 DEM 比利用航空摄影测量方法产生的 DEM 数据质量差。而且数字等高线并不适合于坡度计算和制作晕渲地图，因此常将数字等高线转换成离散高程矩阵之类的点模式。

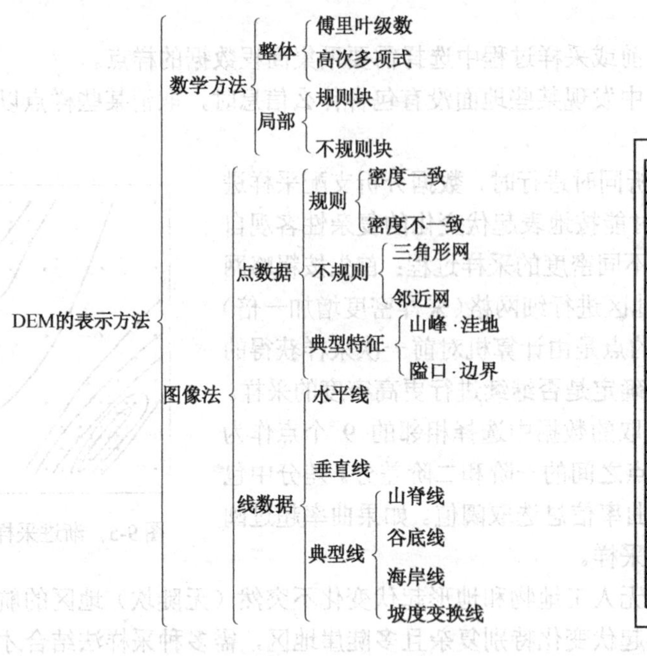

图 9-6　地表的表示方法

图 9-7　分块法绘制的等高线图

Oswald 和 Raetzsch 设计了从一组表示等高线多边形产生高程矩阵的处理系统，此处的等高线是指人工或栅格扫描仪数字化现有等高线加上谷底线和山脊线组成的数字等高线。该系统就是有名的“格拉茨（Graz）地面模型”系统，该系统被认为是数字等高线转换成高程矩阵的现代化系统的代表。格拉茨地面模型产生高程矩阵的步骤如下。①将像元尺寸适合的网格覆盖在包含山脊线、谷底线的等高线数字图像上，凡是位于或接近某一等高线的像元，都将该等高线的高程值分配为这些像元的高程值，其他像元则分配−1。②获得−1 值的像元在栅格数据库的矩阵子集（或窗口）中进行高程值的内插。内插工作通常沿 4 条定向线进行搜索，即东西、南北、东南西北、东北西南。内插时，首先按已分配高程的高差计算窗口内的局部最大坡度；然后将各窗口内的坡度分成 4 类，从最陡的一类开始给未分配高程的像元分配高程值；其他坡度类别重复相同的分配过程，平坦地区则在所有非平坦部分都计算完成后进行单独计算。Oswald 和 Raetzsch 认为这种“依次最陡坡度算法”是完善而实用的技术。同时，一些学者则持相反的观点，他们认为非线性内插法“完全不令人满意”。

（2）点模式

1）规则矩形网格（Grid）

规则矩形网格（Grid）是常见的 DEM 表示方法之一，其高程数据可由解析立体测图仪从立体航片上定量测量，也可由规则或不规则离散数据点内插产生。

计算机中矩阵的处理比较方便，特别是在以栅格为基础的 GIS 中，高程矩阵已成为 DEM 最通用的形式。虽然高程矩阵有利于计算等高线、坡度、坡向、山地阴影、自动描绘流域轮廓等，但规则的网格系统也有如下几方面的缺点。

①在地形简单的地区存在大量冗余数据。

②如果不改变网格大小，则无法适用于起伏复杂程度不同的地区。

③对于某些特种计算如视线计算时，过分依赖网格轴线。

渐进采样法在实际应用中能够在很大程度上解决 DEM 数据采集过程中产生的数据冗余问题。地形变化复杂的地区增加网格数（提高分辨率），而在地形起伏变化不大的地区减少网格数（降低分辨率）。然而，专题制图通常需要综合多种属性数据，它要求栅格数据大小必须统一，DEM 数据则不得不填充所有的像元。因此，在 DEM 的数据存储中，冗余数据问题仍没有解决。高程数据和其他属性数据一样，可能因栅格过于粗略而不能精确表示地形的关键特征，例如，山峰、洼坑、隘口、山脊、山谷等。特征表示的不正确会给地貌分析带来很多问题。

2）不规则三角网（TIN）

① TIN 的特点

不规则三角网（Triangulated Irregular Network，TIN）是由不规则分布的数据点连成的三角网组成，三角网的形状和大小取决于不规则分布的观测点（或称结点）的密度和位置。不规则三角网与高程矩阵不同，它能随地形起伏变化的复杂性而改变采样点的密度和决定采样点的位置，因此，TIN 能克服地形起伏不大的地区产生数据冗余的问题，同时还能按地形特征点（如山脊、山谷及其他重要地形特征）获得 DEM 数据，利用它来绘制三维立体图能够较好地表示复杂地形，具有较好的显示效果。另外，TIN 对于某些类型运算比建立在数字等高线基础上的系统更有效。但 TIN 的缺点是数据结构复杂，不便于规范化管理，难以与其他矢量和栅格数据进行联合分析。而且，由于三角网是不规则排列的，计算每一点高程值的实时性不如规则网格模型。

TIN 相当于对采样点的一个平面三角剖分，是一个连通平面图，如图 9-8 所示。对 N 个点的任意一个三角剖分，其三角形的数量和边的数量是常量，可采用如下方式计算。设 E 表示边的数量，T 表示三角形的数量。根据平面图中的欧拉公式有：

$$N-E+T+1=2 \tag{9-2}$$

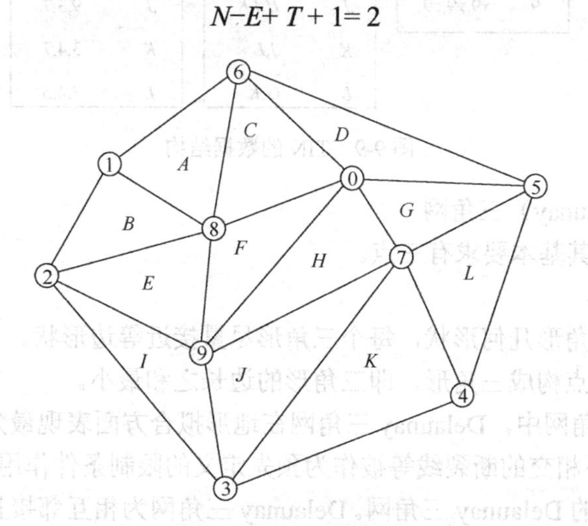

图 9-8　不规则三角网

由于同一条边为两个相邻三角形共同所有，则：

$$2E=3T+N_{\mathrm{h}} \tag{9-3}$$

式中，N_{h} 是包围这 N 个点的凸壳上的点数。

由上述两式可得：

$$E=3(N-1)-N_{\mathrm{h}} \tag{9-4}$$

$$T=2(N-1)-N_{\mathrm{h}} \tag{9-5}$$

② TIN 数据结构

用来描述 TIN 的基本元素有结点、边和面。结点是相邻三角形的公共顶点，也是用来构建 TIN 的采样数据；边是两个三角形的公共边，是 TIN 不光滑性的具体反映，它同时包含特征线、断裂线和区域边界；面是由最近的三个结点组成的三角形面，是 TIN 描述地形表面的基本单元，不能交叉和重叠。结点、边和面之间存在着关联、邻接等拓扑关系，类似于第 2 章定义的多边形网络完整的拓扑结构，但 TIN 没有考虑“洞”和“岛”的情形。TIN 的表示方法有多种，图 9-9 所示是对应于图 9-8 所示的不规则三角网的一种表示方法，它包括点数据结构、边数据结构和三角形数据结构。

点		边		结点	
结点	坐标	三角形	相邻三角形	三角形	结点
0	x0,y0,z0	A	B,C	A	1,8,6
1	x1,y1,z1	B	A,E	B	1,2,8
2	x2,y2,z3	C	D,A,F	C	6,8,0
3	x3,y3,z3	D	C,G	D	0,5,6
4	x4,y4,z4	E	B,I,F	E	2,9,8
5	x5,y5,z5	F	E,H,C	F	9,0,8
6	x6,y6,z6	G	H,L,D	G	7,5,0
7	x7,y7,z7	H	J,G,F	H	7,0,9
8	x8,y8,z8	I	J,E	I	3,9,2
9	x9,y9,z9	J	H,I,K	J	9,3,7
		K	J,L	K	3,4,7
		L	G,K	L	7,4,5

图 9-9 TIN 的数据结构

③ 狄洛尼（Delaunay）三角网

对于 TIN 模型，其基本要求有三点。

- TIN 是唯一的。
- 力求最佳的三角形几何形状，每个三角形尽量接近等边形状。
- 保证最邻近的点构成三角形，即三角形的边长之和最小。

在所有可能的三角网中，Delaunay 三角网在地形拟合方面表现最为出色，因此，它常常用于 TIN 的生成。当不相交的断裂线等被作为预先定义的限制条件作用于 TIN 的生成当中时，必须考虑带约束条件的 Delaunay 三角网。Delaunay 三角网为相互邻接且互不重叠的三角形的集合，每一个三角形的外接圆内不包含其他的点。三角形外接圆内不包含其他点的特性被用作从一系列不重合的平面点建立 Delaunay 三角网的基本法则，可称为空圆法则。Delaunay 三角网是 Voronoi 图的对偶图，由对应 Voronoi 多边形共边的点连接而成。Delaunay 三角形由三个相邻点连接而成，这三个相邻点对应 Voronoi 多边形有一个公共的顶点，此顶点同时也是

Delaunay 三角形外接圆的圆心。图 9-10 描述了欧几里得平面上 16 个点的 Delaunay 三角网及 Voronoi 图的对偶。

④ Voronoi 图及泰森多边形

Voronoi 图又称 Dirichlet 镶嵌，其概念由 Dirichlet 于 1850 年首先提出；1907 年后，俄国数学家 Voronoi 对此做了进一步阐述，提出高次方程化简；1911 年，荷兰气候学家 A.H.Thiessen 为提高大面积气象预报的准确度，应用 Voronoi 图对气象观测站进行了有效区域划分。在二维空间中，Voronoi 图也称为泰森多边形。

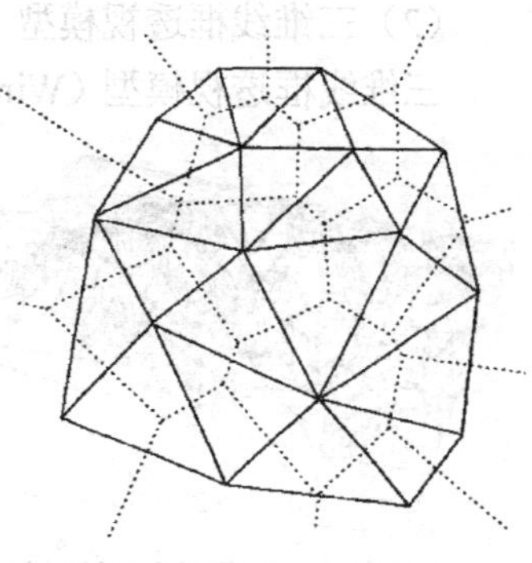

图 9-10　16 个平面点集的 Delaunay 三角网

设 $P=\{p_1,p_2,\cdots,p_n\}<R_2$ 是二维欧式空间上的点集，$d(x,y)$为欧式距离，称 $V(p_i)=\{p\in R_2\mid d(p,p_i)\leqslant d(p,p_j),\ i,j=1,2,\cdots,n,\ i\neq j\}$为 Voronoi 区域。简单地说，Voronoi 图是平面的一个划分，其控制点集 P 中任意两点都不共位，且任意四点不共圆，任意一个内点到该凸多边形的控制点 p_i 的距离都小于该点到其他任何控制点 p_j 的距离。Voronoi 区域的边称为 Voronoi 图的边，Voronoi 区域的顶点称为 Voronoi 区域的顶点。Voronoi 图见图 9-10 中的虚线。Voronoi 图具有以下特性。

- 每个 Voronoi 区域内仅含一个离散点数据。
- 每个 Voronoi 区域内的点到相应离散点的距离最近。
- 位于 Voronoi 区域边上的点到其两边的离散点的距离相等。

由于 Delaunay 三角网与 Voronoi 图的对偶关系，因此，在构造点集的 Voronoi 图之后，再对其作对偶图，即对每条 Voronoi 边（限有限长度线段）作通过点集中某两点的垂线，便得到 Delaunay 三角网。同样，由 Delaunay 三角网也可以方便地得到与之对偶的 Voronoi 图。除可以利用 Delaunay 三角网来求解 Voronoi 图外，还有很多构造 Voronoi 图的方法，如半平面的交、增量构造方法、分而治之法等。

3. DEM 三维表达方法

DEM 三维表达常用的包括立体等高线模型、三维线框透视模型、地形三维表面模型，以及各种地形模型与图像数据叠加而形成的地形景观等。

（1）立体等高线模型

地形立体等高线表示法属于写景法，可用来表示陆地和海底的地形高低起伏变化情况和形态特征，它是将等高线作为空间直角坐标系中函数为 $z=f(x,y)$的空间图形投影到平面上所得到的立体效果。它在采用三维坐标投影变换的同时，还需要根据视线方向进行隐线处理，以便使图形效果更富有立体感，如图 9-11 所示。

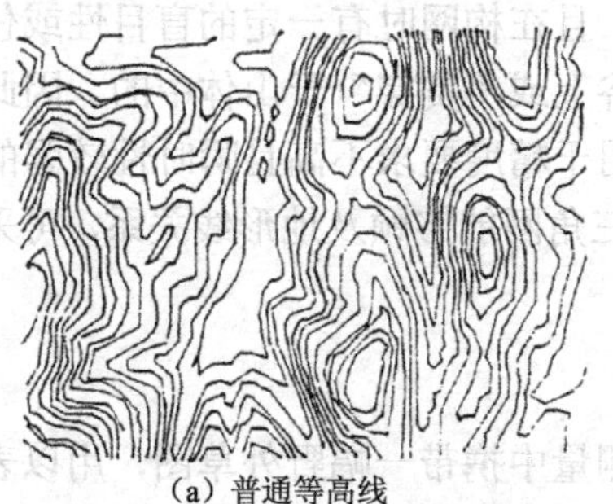

（a）普通等高线

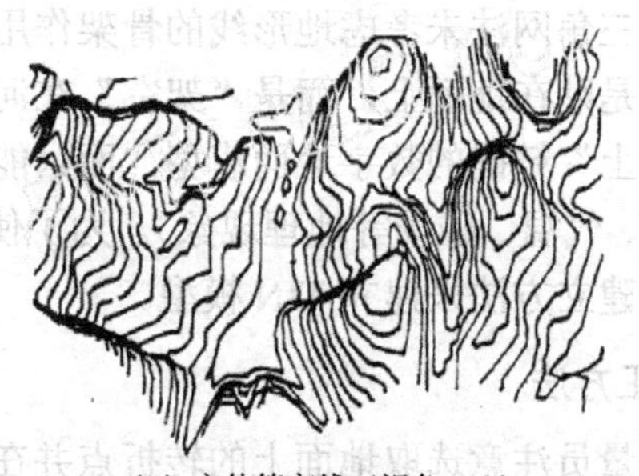

（b）立体等高线（视角 15°）

图 9-11　普通与立体等高线对照图

（2）三维线框透视模型

三维线框透视模型（Wireframe）是计算机图形学和CAD/CAM领域中较早用来表示三维对象的模型，至今仍广为运用，流行的CAD软件、GIS软件等都支持三维对象的线框透视模型的建立。三维线框透视模型是三维对象的轮廓描述，用顶点和邻边来表示三维对象。其优点是结构简单、易于理解、数据量少、建模速度快；缺点是线框模型没有面和体的特征、表面轮廓线将随着视线方向的变化而变化，且由于不是连续的几何信息因此不能明确地定义给定点与对象之间的关系（如点在形体内、外等），如图9-12所示。

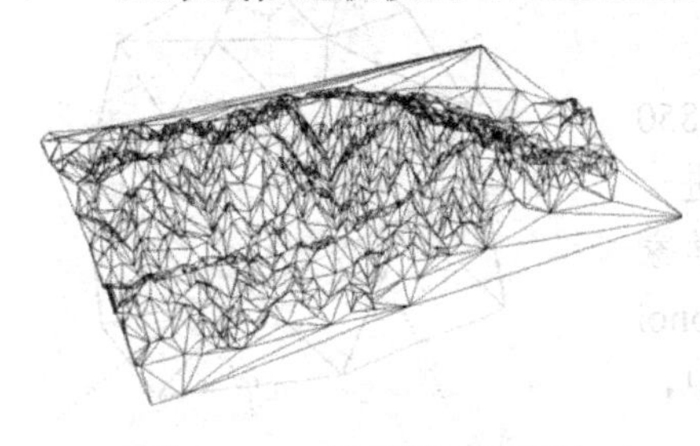

图9-12　三维线框透视模型

（3）地形三维表面模型

三维线框透视模型是通过点和线来建立三维对象的立体模型，仅提供可视化效果而无法进行有关的分析。地形三维表面模型是在三维线框透视模型的基础上，通过增加有关的面、表面特征、边的连接方向等信息，实现对三维表面的以面为基础的定义和描述，从而可满足面面求交、线面消除、明暗色彩图等应用的需求。简而言之，地形三维表面模型用有向边所围成的面域来定义形体表面，由面的集合来定义形体。

若把 DEM 的每个单元看作一个个面域，则可以实现地形表面的三维可视化表达，表达形式可以是不渲染的线框图，也可以采用光照模型进行光照模拟，同时，还可以叠加各种地物信息，以及与遥感影像等数据叠加形成更加逼真的地形三维景观模型，如图9-13所示。

（a）三维模型

（b）叠加河网后的三维模型

图9-13　地形三维景观模型

9.3.2　TIN 的生成方法

由于相同的离散点集可以生成多个不同的三角网，因此也就有多种不同三角网的构网算法。一般的三角网法未考虑地形线的骨架作用，且在构网时有一定的盲目性或任意性，有的三角形边不是贴在地面上，而是“架空”在河谷上或“贯穿”于山体中的。因此，不能用来建立“地貌上”精确的数字地面模型，而只能用于精度要求不高且瞬时性较强的三维空间模型（如气压、气温、磁场等地理现象）。为了使三角网能够顾及地形线关系，可采用人工方法和程序自动建立方法来建立TIN模型。

1. 人工方法

地形测量员注意选取地面上的转折点并在测量中携带一幅野外草图，用以表示由哪些测点构成地形线，如山脊线及谷底线。在这些资料的基础上，人工构成三角形时，以可能的最短的边来构成三角形，并保证每条边位于地面上而不是悬空通过或贯穿地球表面。只要满足上述条件，三角形的形状是无关紧要的，因此，取得高质量等高线的关键在于获得地形线资料。如果没有它，则任何自动化的处理都不能指望达到常规的人工勾绘等高线的质量。

2．程序自动建立方法

程序自动建立方法主要针对 Delaunay 三角网的构建。Delaunay 三角网构网算法可归纳为两大类，即静态三角网和动态三角网。静态三角网指的是在整个建网过程中，已建好的三角网不会因新增点参与构网而发生改变；而动态三角网则相反，在构网时，当一个点被选中参与构网时，原有的三角网被重构以满足 Delaunay 外切圆规则。

静态三角网构网算法主要有辐射扫描算法、递归分裂算法、分解吞并算法、逐步扩展算法、改进层次算法等。动态三角网构网算法主要有增量式算法和增量式动态生成和修改算法。以上算法基本上反映了构建 Delaunay 三角网的各种途径。在生成 TIN 的算法中，数据结构的设计与算法的运行效率紧密相关。

（1）三角形生长算法

三角形生长算法是一种典型的静态三角网生长算法。

1）递归生长算法

递归生长算法的基本过程如图 9-14 所示。

① 在所有数据中取任意的点 1（一般从几何中心附近开始），查找距离此点最近的点 2，相连后作为初始基线 1-2。

② 在初始基线右边应用 Delaunay 法则搜寻点 3，形成第一个 Delaunay 三角形。

③ 并以此三角形的两条新边（2-3, 3-1）作为新的初始基线。

④ 重复步骤②和③直至所有数据点处理完毕。

该算法主要的工作是在大量数据点中搜索给定基线符合要求的邻域点。一种比较简单的搜索方法是通过计算三角形外接圆的圆心和半径来完成对邻域点的搜索。为减少搜索时间，还可以预先将数据按 x 或 y 坐标分块并进行排序。使用外接圆的搜索方法限定了基线的待选邻域点，因此降低了用于搜索 Delaunay 三角网的计算时间。如果引入约束线段，则在确定第 3 点时还要判断形成的三角形边是否与约束线段交叉。

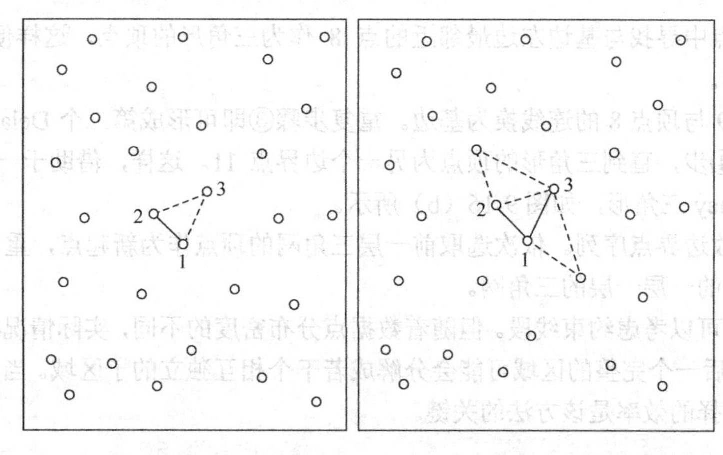

（a）形成第一个三角形　　（b）形成第二个和第三个三角形

图 9-14　递归生长算法的基本过程

2）凸闭包收缩算法

与递归生长算法相反，凸闭包收缩算法的基本思想是，首先找到包含数据区域的最小凸多边形，并从该多边形开始从外向里逐层形成三角形网络。平面点凸闭包的定义是包含这些平面点的最小凸多边形。在凸闭包中，连接任意两点的线段必须完全位于多边形内。凸闭包是数据点的自然极限边界，相当于包围数据点的最短路径。显然，凸闭包是数据集标准Delaunay三角网的一部分。计算凸闭包算法步骤如下。

① 搜索分别对应 $x-y$、$x+y$ 最大值及 $x-y$、$x+y$ 最小值的各两个点。这些点为凸闭包的顶点，且总是位于数据集的四个角上，如图9-15（a）所示的曲点7、9、12、6。

② 将这些点以逆时针方向存储于循环链表中。

③ 搜索线段 IJ 及其右边的所有点，计算对 IJ 有最大偏移量的点 K 作为 IJ 之间新的凸闭包顶点，如点11对边7-9。

④ 重复步骤①、步骤②，直到找不到新的顶点为止，如图9-15（b）、（c）所示。

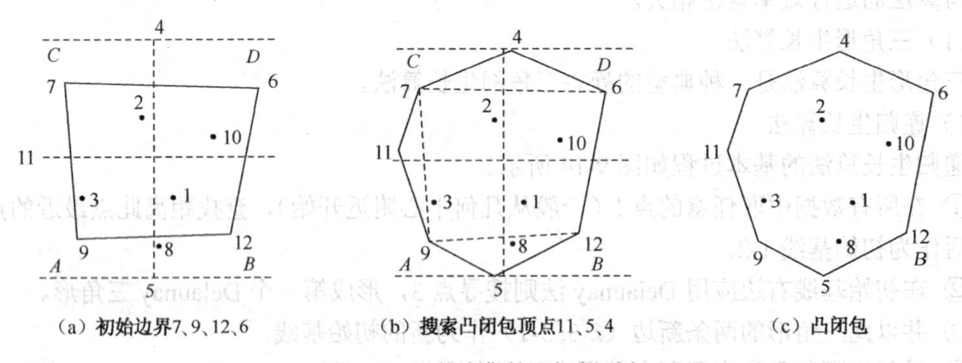

图9-15　寻找点集的凸闭包顶点

一旦提取数据区域的凸闭包，就可以从其中的一条边开始逐层构建三角网了，具体算法如下。

① 将凸多边形按逆时针顺序存入链表结构，左下角点附近的顶点排第一。

② 选择第一个点作为起点，与其相邻点的连线作为第一条基边，如图9-16（a）所示的9-5。

③ 从数据点中寻找与基边左边最邻近的点 8 作为三角形的顶点，这样便形成了第一个Delaunay三角形。

④ 将起点9与顶点8的连线换为基边。重复步骤③即可形成第二个Delaunay三角形。

⑤ 重复第④步，直到三角形的顶点为另一个边界点11。这样，借助于一个起点9便形成了一层Delaunay三角形，如图9-16（b）所示。

⑥ 适当修改边界点序列。依次选取前一层三角网的顶点作为新起点，重复前面的处理，便可建立起连续的一层一层的三角网。

该方法同样可以考虑约束线段。但随着数据点分布密度的不同，实际情况往往比较复杂。比如，边界收缩后一个完整的区域可能会分解成若干个相互独立的子区域。当数据量较大时，如何提高顶点选择的效率是该方法的关键。

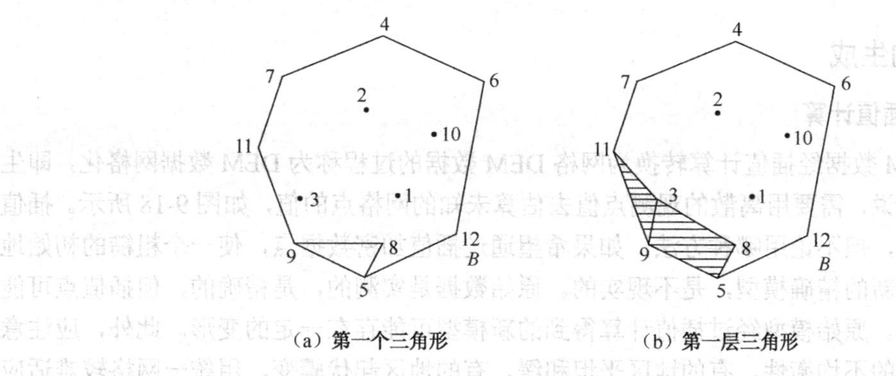

图 9-16　凸闭包收缩算法构建 Delaunay 三角网

（2）数据逐点插入法

数据逐点插入法是一种典型的动态三角网生长算法。三角形生长算法最大的问题是计算的时间复杂性，其原因是，每个三角形的形成都涉及所有待处理的点，且难于通过简单的分块或排序予以彻底解决。数据点越多，问题越突出。而数据逐点插入法在很大程度上克服了这个问题。其具体步骤如下，如图 9-17 所示。

① 首先提取整个数据区域的最小外界矩形范围，并以此作为最简单的凸闭包。

② 按一定规则将数据区域的矩形范围进行网格划分。为了取得比较理想的综合效率，可以限定每个网格单元平均拥有的数据点数。

③ 根据数据点的(x, y)坐标建立分块索引的线性链表。

④ 剖分数据区域的凸闭包形成两个三角形，所有的数据点都一定在这两个三角形范围内。

⑤ 按照步骤③建立的数据链表顺序往步骤④形成的三角形中插入数据点。首先找到包含数据点的三角形，进而连接该点与三角形的三个顶点，简单剖分该三角形为三个新的三角形。

⑥ 根据 Delaunay 三角形的空圆特性，分别调整新生成的三个三角形及其相邻的三角形。对相邻的三角形两两进行检测，如果其中一个三角形的外接圆中包含另一个三角形除公共顶点外的第三个顶点，则交换公共边。

⑦ 重复步骤⑤、步骤⑥，直至所有的数据点都被插入三角网中。

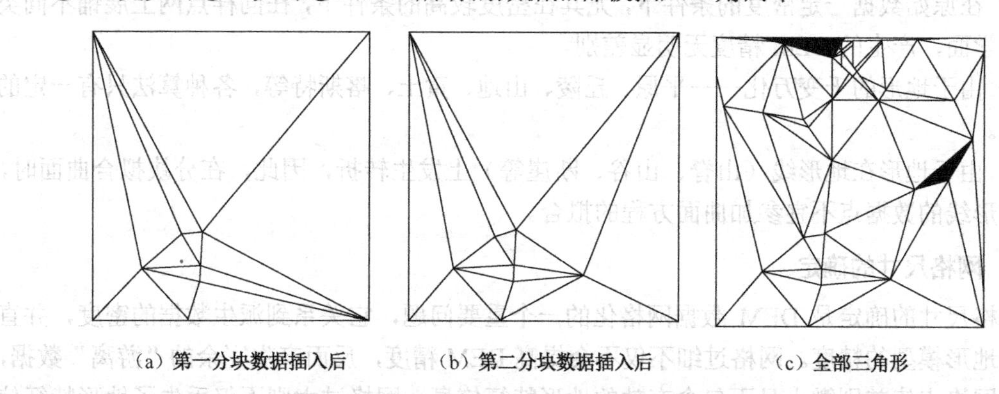

（a）第一分块数据插入后
（b）第二分块数据插入后
（c）全部三角形

图 9-17　数据逐点插入算法构建 Delaunay 三角网

可见，由于步骤③的处理，从而保证了相邻的数据点逐次插入，并通过搜寻加入点的影响三角网（Influence Triangulation），使现存的三角网在局部范围内得到了动态更新，从而大大提高了寻找包含数据点的三角形的效率。

9.3.3 Grid 的生成

1．网格化插值计算

将离散 DEM 数据经插值计算转换为网格 DEM 数据的过程称为 DEM 数据网格化，即生成 Grid。也就是说，需要用离散的观测点值去估算未知的网格点的值，如图 9-18 所示。插值的算法有许多种，但不论用哪种方法，如果希望通过插值加密数据点，使一个粗糙的初始地形模型变成一个新的精确模型，是不现实的。原始数据是实测的，是精确的，但插值点可能会有一定的误差。原始模型经过插值计算得到的新模型可能存在一定的变形。此外，应注意到地形起伏变化的不均衡性，有的地区平坦和缓，有的地区起伏骤变，用统一网格较难适应这种变化的差异。但设计和选用适宜的插值算法仍然是必要的，它可以使原始数据中包括的地理特征能够无明显损失地传递到内插计算的 DEM 中去。

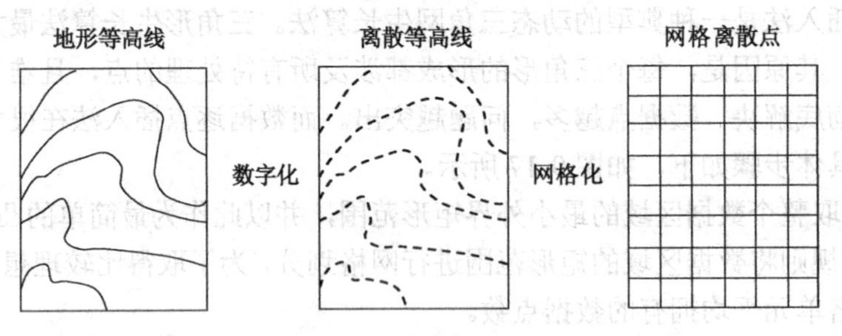

图 9-18 网格化过程

自 DEM 方法提出后，人们从基本理论到内插方法进行了大量研究，相继出现了多种插值算法，积累了丰富的经验。概括并形成较为统一的认识，这将有助于设计和选择插值算法，建立起精度较高的 DEM 数据。

① 对于地形模型，因无一定数学规律可循，故其精度主要决定于原始数据的获取（密度和分布）。

② DEM 精度与原始数据密度基本上呈线性关系。

③ 在原始数据一定密度的条件下，尤其在密度较高的条件下，在同样点网上展铺不同类型的数学面，产生的 DEM 精度无明显差别。

④ 由于地形的千变万化——平原、丘陵、山地、黄土、喀斯特等，各种算法只有一定的适应性。

⑤ 由于地形在地形线（山脊、山谷、断崖等）上发生转折，因此，在分块拟合曲面时，跨越地形线的数据点不宜参加曲面方程的拟合。

2．网格尺寸的确定

网格尺寸的确定是 DEM 数据网格化的一个重要问题，它关系到派生数据的密度，并直接影响地形模型的精度。网格过细不仅不会提高 DEM 精度，反而产生冗余的“游离”数据，即相邻网格点值差别微小且不包含有效的地形特征信息。网格过大则不仅丢失了地形特征信息且会造成地形扭曲，而且派生的网格点数明显低于样点采集数，那么意味着样点的采集工作是失败的，采集了许多实际无用的样点。

因此，在一般情况下，样点的密度基本上决定了网格点密度。网格点数宜大于或接近样点数。在采集优选点情况下，可考虑

$$n < N < 2n \tag{9-6}$$

式中，N 为网格点数，n 为采样点数。

此外，网格尺寸的选定还应分析地形形态特征，如图 9-19 所示，原等高线明显地反映了微地形特征，若是采用 L 边长的网格，这些特征将消失，再现的等高线必定是一条平直的曲线。为此，可选取原图上一定数量的有代表性的等高线，分析其曲率变化情况，而后决定网格的适宜尺寸。图 9-20（a）所示为一条由 n 点组成的等高线，图 9-20（b）所示为其中三点构成一段曲线。当 $D_i \geqslant K$ 时（K 根据 DEM 精度要求确定），计算 S_i 值，$i=1, 2,\cdots, m$，$m \leqslant n$。计算：

$$S_{\min}=\min\{S_1,\ S_2,\cdots,\ S_m\} \tag{9-7}$$

$S_{\min}$ 可以作为确定网格尺寸的参考值。但为了顾及整个制图区域，宜在 S_i 中取若干个小值，并且以其平均值 $\overline{S}_{\min}$ 为参考值，可能比单个 $S_{\min}$ 更适宜，此时可考虑

$$L \leqslant \overline{S}_{\min} \tag{9-8}$$

式（9-6）、式（9-7）、式（9-8）仅可作为网格尺寸的参考值使用。网格尺寸主要取决于制图目标、DEM 数据使用方法和精度要求等因素，并应通过测试，选择适宜的尺寸。

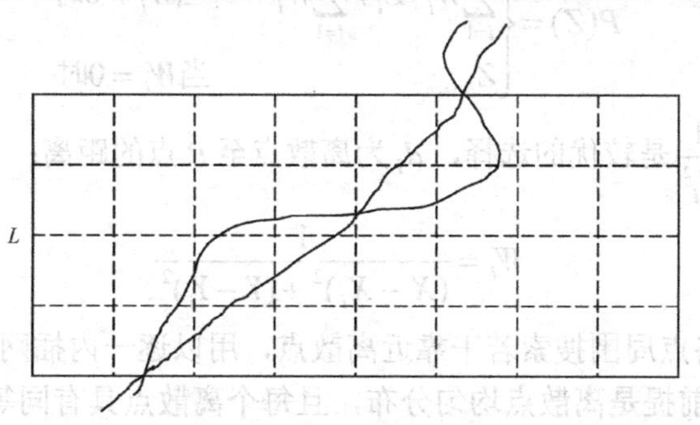

图 9-19　网格尺寸的影响

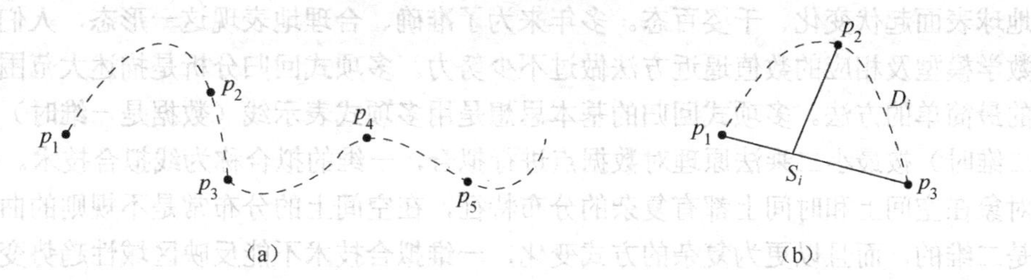

图 9-20　等高线

3. 空间插值方法

（1）移动平均法

移动平均法认为任意一点上场的趋势分量可以从该点一定邻域内其他各点的值及其分布特点平均求得，参加平均的邻域称为窗口。窗口的形状可以是方形或圆形的。圆形比较合理，但方形更方便计算机取数。求平均值时可以用算术平均值、众数或其他加权平均数。选用大小不同的窗口，可以实现数据的分解，大窗口使区域趋势成分比重增大，小窗口则可突出一些局部异常。逐格移动窗口逐点逐行计算直到覆盖全区，就得到了网格化的数据点图。

移动平均在求趋势分量时只涉及一定范围，因此在接图的边界上，只要适当扩边，把相邻图幅影响范围内的数据接在一起处理，即可方便地实现拼接。这类方法已成为各国区域化

探数据处理的标准方法。我国区域化探中常用的是 8km×8km 的窗口。

移动平均保持了对一般趋势的反映，而且很容易填补一些小的数据空缺，使图面完整，但移动平均有一定的平滑效应和边缘效应。

当原始取样点分布较稀且不规则时，可以采用定点数而不定范围的取数方法，即搜索邻近的点直到预定的数目为止。搜索方法可以是四方搜索或八方搜索等。此时由于距离可能相差较大，因此常同时采用距离倒数或距离平方倒数加权的办法，以便压低远处的点的影响。

（2）距离平方倒数加权法

距离平方倒数加权法的主要原理是某点（或某待估网格）的估计值与周围已知点值的距离平方倒数成一定关系，以空间位置的加权平均来计算。

设平面上分布一系列离散点，已知其坐标和高程为 X_i、Y_i、Z_i（i=1, 2,⋯, n），$P(X, Y)$为任意一个网格点，根据周围离散点的高程，通过距离加权插值求 P 点高程，周围点与 P 点因分布位置的差异，对 $P(Z)$ 影响不同，我们把这种影响称为权函数 W_i。权函数主要与距离有关，有时也与方向有关。若是在 P 点周围四个方向上均匀取点，那么可不考虑方向因素，这时

$$P(Z)=\begin{cases}\sum_{i=1}^{n} W_i \cdot Z_i / \sum_{i=1}^{n} W_i & \text{当} W_i \neq 0 \text{时} \\ Z_i & \text{当} W_i = 0 \text{时}\end{cases} \tag{9-9}$$

实践证明，$W_i=\dfrac{1}{d_i^{\,2}}$ 是较优的选择，d_i 为离散点至 P 点的距离：

$$W_i=\frac{1}{(X-X_i)^2+(Y-Y_i)^2} \tag{9-10}$$

这样，在每个网格点周围搜索若干靠近离散点，用以逐一内插网格点高程，建立一个网格 DEM。这种算法的前提是离散点均匀分布，且每个离散点具有同等的意义。

（3）趋势面拟合技术

地球表面起伏变化、千姿百态。多年来为了准确、合理地表现这一形态，人们曾就地形曲面数学模型及相应的数值逼近方法做过不少努力。多项式回归分析是描述大范围空间渐变特征的最简单的方法。多项式回归的基本思想是用多项式表示线（数据是一维时）或面（数据是二维时）按最小二乘法原理对数据点进行拟合，一维的拟合称为线拟合技术。但 GIS 研究的对象在空间上和时间上都有复杂的分布特征，在空间上的分布常是不规则的曲面，数据往往是二维的，而且以更为复杂的方式变化，一维拟合技术不能反映区域性趋势变化，因此必须利用趋势面拟合技术。

趋势面拟合的基本思想是用函数所代表的面来逼近（或拟合）现象特征的趋势变化。拟合时假定数据点的空间坐标 X、Y 为独立变量，而表征特征值的 Z 坐标为因变量。

当数据处在一维空间时，有

一元线性回归函数：

$$Z=a_0+a_1X \tag{9-11}$$

一元非线性回归函数：

$$Z=b_0+b_1X+b_2X^2 \tag{9-12}$$

当数据处在二维空间时，有

一次多项式回归函数：

$$Z = a_0 + a_1 X + a_2 Y \tag{9-13}$$

二次多项式回归函数：

$$Z = b_0 + b_1 X + b_2 Y + b_3 X^2 + b_4 XY + b_5 Y^2 \tag{9-14}$$

式中，a_0、a_1、a_2、b_0、b_1、b_2、b_3、b_4、b_5为多项式系数。当 n 个采样点上观测值 Z_i 和估计值 $\hat{Z}_i$ 的离差平方和为最小时，即

$$\sum_{i=1}^{n}(\hat{Z}_i - Z_i)^2 = \min \tag{9-15}$$

则认为回归方程与被拟合的线或面达到了最佳配准，且可计算出多项式系数，如图 9-21 和图 9-22 所示。

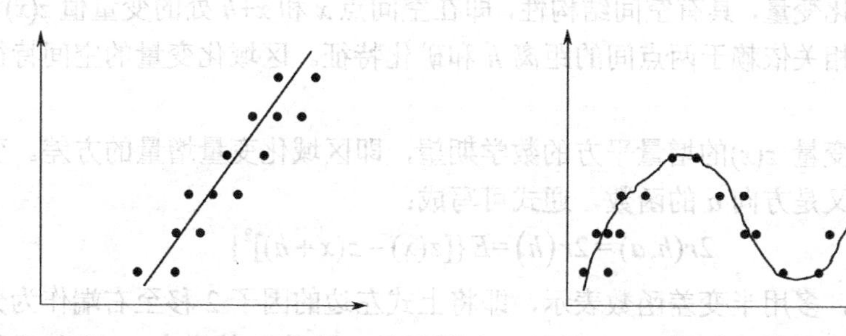

图 9-21　一元线性回归分析　　　　图 9-22　一元非线性回归分析

回归函数的次数并非越高越好。在实际工作中，一般只用到二次，超过三次的复杂多项式往往会导致解的奇异。高次趋势面计算复杂（如六次趋势面方程系数达 28 个），而且次数高的多项式在观测点逼近方面效果虽好，但在内插、外推的效果上则常常降低分离趋势的作用，使整体趋势分离，降低趋势规律的反映。趋势面是一种平滑函数，很难正好通过原始数据点，这就是说，在多重回归中的残差属于正态分布的独立误差，而且趋势面拟合产生的偏差几乎都具有一定程度的空间非相关性。

整体趋势面拟合除应用整体空间的独立点内插外，还有一个最有成效的应用是揭示区域中不同于总趋势的最大偏离部分。因此，在利用某种局部内插方法以前，可以利用整体趋势面拟合技术从数据中去掉一些宏观特征（如最小二乘配置法）。

（4）样条函数

最小二乘曲面拟合假设了所有样本值被观测到的概率相等，而没有考虑样本间的相对位置。当观测点数比较大时，需要用高阶多项式去拟合，这不但使计算复杂化，并且高阶多项式还可能在观测点之间产生振荡。因此，多采用分块拟合的办法，用低阶多项式进行局部拟合。

样条函数拟合即是常用的局部拟合方法，它将数据平面分成若干个单元，在每个单元上用低阶多项式，通常为三次多项式（三次样条函数）构造一个局剖曲面，对单元内的数据点进行最佳拟合，并且使由局部曲面组成的整个表面连续。Akima 在 1978 年提出了用双五次多项式和连续的一阶偏导数进行光滑曲面拟合和内插的方法，称为 Akima 样条插值法。将 xoy 平面分割为三角形网格，各三角形以三个数据点在(x, y)平面上的投影点为顶点，三角形内的某点(x, y)的值用下列公式内插得出：

$$g(x,y) = \sum_{i=0}^{5}\sum_{j=0}^{5-i} q_{ij} x^i y^i \tag{9-16}$$

式中，i, j=1, 2,⋯, 5；q_{ij} 表示多项式系数矩阵元素。

根据三个顶点的场值、一阶偏导数和二阶偏导数，可得到 18 个不相关的条件，三角形三条边两侧的一阶偏导数相等给出另外三个边界条件，这样可求出方程的 21 个系数。

（5）克立金法

克立金法最初是由南非金矿地质学家克立金（D.G.Krige）根据南非金矿的具体情况提出的计算矿产储量的方法，该方法按照样品与待估块段的相对空间位置和相关程度来计算块段品位及储量，并使估计误差为最小。之后，法国学者马特隆（G.Matheron）对克立金法进行了详细的研究，使之公式化和合理化。

克立金法基本原理是根据相邻变量的值（如若干样品元素含量值），利用变差函数所揭示的区域化变量的内在联系来估计空间变量数值的方法。

地质变量是区域化变量，具有空间结构性，即在空间点 x 和 $x+h$ 处的变量值 $z(x)$ 和 $z(x+h)$ 具有自相关性。这种相关依赖于两点间的距离 h 和矿化特征。区域化变量的空间特征由变差函数来描述。

变差函数为区域变量 $z(x)$ 的增量平方的数学期望，即区域化变量增量的方差。变差函数即是距离 h 的函数，又是方向 a 的函数，通式可写成：

$$2r(h,a)=2r(h)=E\{[z(x)-z(x+h)]^2\} \tag{9-17}$$

在地质统计学中，多用半变差函数表示，即将上式左边的因子 2 移至右端作为分母。变差函数一般以变差曲线表示，如图 9-23 所示。由图可见，随着 h 的增大，$r(h)$ 趋于稳定值，这时的 h 称为变程，记为 a，它表示了变量从空间相关状态到不相关状态的转折点，揭示了变量空间自相关性的影响范围。而 $r(a)$ 称为基台值（$c+c_0$），反映了变量变异的强弱。当 h 趋于零时，$r(h)$ 的极限值即曲线在纵坐标的截距为块金常数（c_0），它反映了变量随机性的大小。

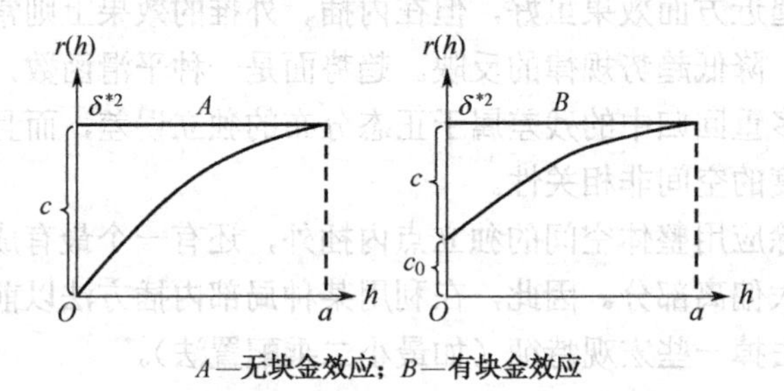

图 9-23 变程（a）、基台值（$c+c_0$）、块金常数（c_0）在变差曲线上的位置

对不规则分布的数据，按一定的方向 $\alpha \pm \mathrm{d}\alpha$ 和距离 $kh \pm \varepsilon(r)$ 将数据点组合成角组和距离组，如图 9-24 所示。$\mathrm{d}\alpha$ 和 $\varepsilon(r)$ 分别为角度和距离的允许误差限。在 $\alpha \pm \mathrm{d}\alpha$ 范围内的数据都被认为沿着 α 方向。在每个方向上，以一维规则分布的计算公式为基础，用求 $[z(x_i)-z(x_i+h)]^2$ 的算术平均值方法计算实验变差函数 $r^*(h)$，画出实验曲线，并用理论曲线拟合，求出 a、c、c_0 等特征参数值。

$$r^*(h)=\frac{1}{2N(h)}\sum_{i=1}^{N(h)}[z(x_i)-z(x_i+h)]^2 \tag{9-18}$$

式中，$z(x_i)$ 为信息值；$N(h)$ 为对应某个 h 的数据对的个数；h 为滞后距。

如图 9-25 所示，沿 X 方向分布 9 个数据点，则对应不同的 h 可求出不同的 $r^*(h)$ 值。例如，当 $h=h_0$ 时，$N(h)=N(h_0)=8$，$r^*(h)=r^*(h_0)=r^*(1)=2.4$；当 $h=2h_0$ 时，$N(h)=N(2h_0)=N(2)=7$，$r^*(h)=r^*(2h_0)=2.7$。

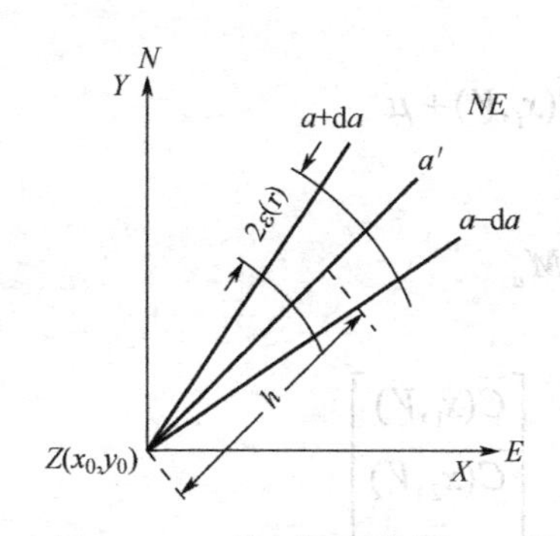

图 9-24　二维不规则数据

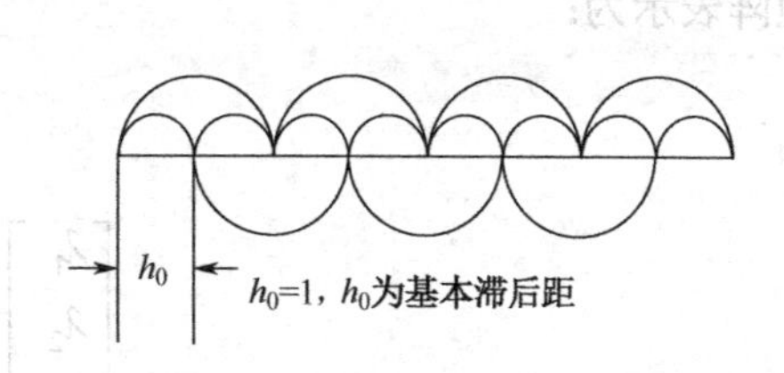

图 9-25　一维规则数据实验半变差函数计算数据构图

在实际工作中，在当怀疑有异向性的特定方向 β 存在时，可确定一个角度允许误差限 $\mathrm{d}\beta$，以准确地估计这一方向上的变差函数。

克立金估值要求满足无偏和最优两个条件。任一估计域的主量 Z_{v}^{*} 可以通过该域影响范围内几个有效信息值 $z(x_i)$ 的线性组合得到，即

$$Z_{\mathrm{v}}^{*}=\sum_{i=1}^{n}\lambda_i z(x_i) \tag{9-19}$$

λ_i 是与 $z(x_i)$ 有关的加权系数，用来表示各个信息值 $z(x_i)$ 对估值 Z_{v}^{*} 的贡献。对于任一给定的块段和数据信息 $\{z(x_i),i=1,2,\cdots,n\}$ 存在一组加权系数 λ_i，要求满足以下条件。

① 无偏估计

所有估计域的实际值与预测值之间的偏差ε平均为零，即估计误差的期望值为零：

$$E\{z_{\mathrm{v}}-z_{\mathrm{v}}^{*}\}=0 \tag{9-20}$$

② 最优估计

估计域的估计值与真实值之间的单个偏差应尽可能小，用估计方差表示：

$$\delta_{\mathrm{E}}^{2}=V_{\mathrm{ar}}\{[z_{\mathrm{v}}-z_{\mathrm{v}}^{*}]\}=E\{(z_{\mathrm{v}}-z_{\mathrm{v}}^{*})^2\} \tag{9-21}$$

δ_{E}^{*} 可以用来有效地度量估计值的精度。

根据无偏条件和估计方差最小，得到下列方程组：

$$\begin{cases}\sum\limits_{i=1}^{n}\lambda_i=1\\ \delta_{\mathrm{E}}^{2}=2\sum\limits_{i=1}^{n}\lambda_i\overline{\gamma}(x_i,V)-\overline{\gamma}(V,V)-\sum\limits_{i=1}^{n}\sum\limits_{j=1}^{n}\lambda_i\lambda_j F(x_i,x_j)\end{cases} \tag{9-22}$$

δ_{E}^{2} 也可用协方差函数 $\overline{C}$ 表示：

$$\delta_{\mathrm{E}}^{2}=\sum_{i=1}^{n}\sum_{j=1}^{n}\lambda_i\lambda_j\overline{C}(x_i,x_j)+\overline{C}(V,V)-2\sum_{i=1}^{n}\lambda_i\overline{C}(x_i,V) \tag{9-23}$$

要使 δ_{E}^{2} 在无偏条件下最小，则求条件极值。采用标准拉格朗日乘数法求解得到克立金方程组：

$$\begin{cases}\sum\limits_{j=1}^{n}\lambda_j\overline{C}(x_i,x_j)-\mu=\overline{C}(x_i,V)\\ \sum\limits_{i=1}^{n}\lambda_i=1\end{cases} \tag{9-24}$$

克立金方差为：

$$\delta_{\mathrm{K}}^2 = \overline{C}(V,V) - \sum_{i=1}^{n} \lambda_i \overline{C}(x_i,V) + \mu \tag{9-25}$$

用矩阵表示为：

$$\boldsymbol{K} \cdot \boldsymbol{\lambda} = \boldsymbol{M}_a \tag{9-26}$$

式中

$$\boldsymbol{\lambda} = \begin{bmatrix} \lambda_1 \\ \lambda_2 \\ \vdots \\ \lambda_n \\ -\mu \end{bmatrix}, \quad \boldsymbol{M}_a = \begin{bmatrix} \overline{C}(x_1,V) \\ \overline{C}(x_2,V) \\ \vdots \\ \overline{C}(x_n,V) \\ 1 \end{bmatrix} \tag{9-27}$$

$\boldsymbol{K}$为对称矩阵，$\overline{C}(x_i,x_j) = \overline{C}(x_j,x_i)$。

当数据点较多时，用克立金法估值，需解高维克立金方程组。计算中可采用超级块段思想减少克立金方程组的数目和维数。

4．集中典型数据网格化插值方法选择

遥感数据是按影像方式记录的栅格数据，常用矩形网格内插法进行放大或重采样，如最邻近点法、双线性插值法或立方卷积法。

地球物理数据，特别是位场数据，是典型的空间连续型数据。一般多用样条函数插值方法，使生成的曲面具有连续的二阶导数和最小的平方曲率。三次样条插值比较适合于高频成分较多的场，对于台阶异常，Akima 样条插值可能显得更为合理，也可以用最小二乘曲面拟合法和距离反比加权法。

一些资料的测线间距大于探测目标的埋深，形成欠采样资料。当测线与场源地质体不垂直时，常规插值常常形成虚假孤立异常，可用方向增强插值的方法弥补采样的缺陷。在对水系沉积物或分散流数据加权插值时，可考虑沿水系的方向给予较大的权。对测线与目标地质体走向不垂直时的数据，可选取长矩形插值窗口，矩形的长边平行于地质体走向并同时加大走向方向各点的权重。

化探异常数据具有较强的随机性和采样点稀疏不规则的特点，因此，网格化估值方法常用滑动平均法、距离平方倒数法和克立金法。

9.4 DEM 的应用

无论 DEM 是高程矩阵、数组、规则的点数据还是三角网数据，都可以从中获得多种派生产品。

9.4.1 三维方块图

三维方块图是被人们熟知的数字地面模型的形式之一，它是以数值的形式表示地表数量变化的富有吸引力的直观方法。现在已有许多可供三维方块图计算用的标准程序。这些程序用线划描绘或阴影栅格显示法表示规则或不规则 x、y、z 数据组的立体图形，如图 9-26 所示。三维方块图计算要求用户指定一个观察点和垂直夸大的比例尺。由于计算中包括了透视因子，使模拟结果产生的模型更加容易被人们接受。另外，计算过程中还包括解决隐藏物的方法。

一般情况下都以观察点到目标物的视线为准，隐藏在较高物体后面的其他物体则不予表示，实在需要表示时则改变观察点的位置。如果在屏幕上显示以栅格数据为基础的三维立体图，为使高物体后面的物体也能显示出来，可采用逐行显示的办法一一显示。

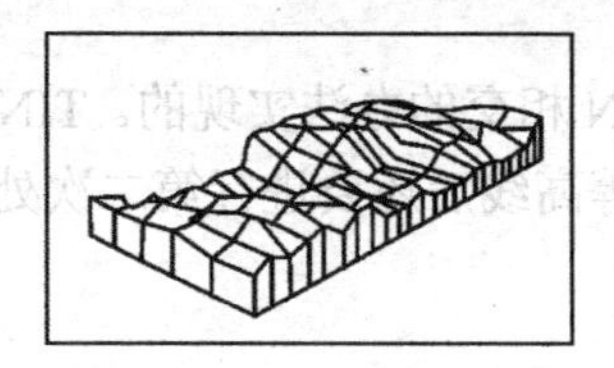

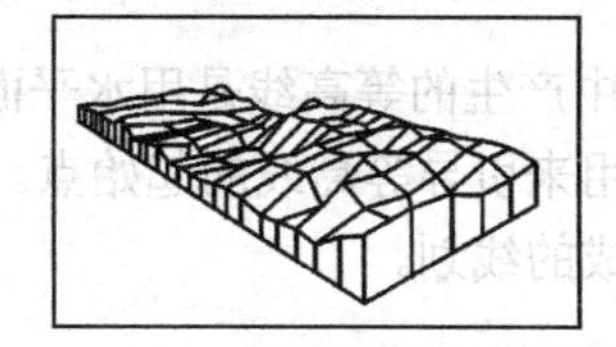

图 9-26　三维方块图

9.4.2　视线图

确定土地景观中点与点之间相互通视的能力对军事活动、微波通信网的规划及娱乐场所和风景旅游点的研究和规划都是十分重要的。按传统的等高线图来确定通视情况较为困难，因为在分析中必须取大量的剖面数据并加以比较。

DEM 的建立为这类分析提供极为方便的基础，能方便地算出一个观察点所看到的各部分。用前面提到的隐藏线算法的改进算法就能实现，在 DEM 中辨认出观察点所在的位置，从这个位置引出所有的射线，比较射线通过的每个点（高程矩阵中即为像元）的高程，将不被物体隐藏的各个点进行特殊编码，从而得出一幅简单的地图。

由于 DEM 通常是立体航空摄影立体像对上直接获取的，高程数据中可能没有包括地面物体的高度等特征，因此得到的结果需要进行仔细检查、判读才能最后确定通视情况。有些分析目的要求把物体的高度加入 DEM 数据中，以便计算它们对通视情况的影响。图 9-27 所示是如何计算通视范围的示意图。计算图中所示建筑物的顶层能看到的地面范围。设不能通视部分的长度为 S，则：

$$S=\frac{V\times(h+t)-(o+t_{\mathrm{w}})}{(H+T)-(h+t)} \tag{9-28}$$

式中，V 为可视范围；H 是建筑物高度；T 为建筑物的地面高程；h 是中间障碍物高度；t 是中间障碍物所在的地面高程；o 和 t_{w} 分别为观察者的身高和所在处的地面高程。

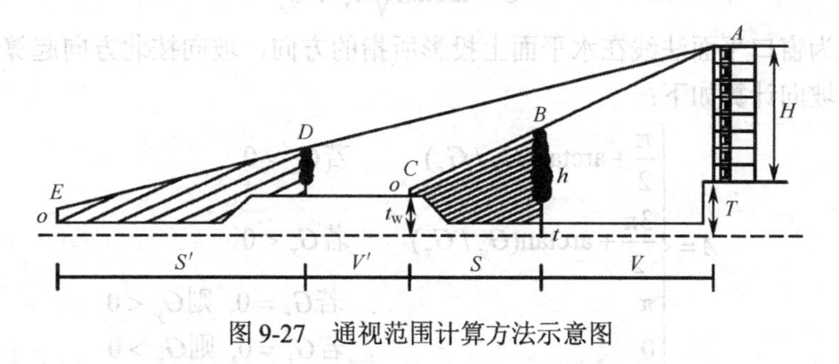

图 9-27　通视范围计算方法示意图

9.4.3　等高线图

从高程矩阵中很容易得到等高线图，方法是把高程矩阵中各像元的高程分成适当的高程类别，然后用不同的颜色或灰度输出每一类别。这类等高线图与传统地形图上的等高线不同，它是高程区间或可以看作某种精度的等高带，而不是单一的线。实际上两高程类别之间的分界线可视为等高线。这样的等高线图对简单环境制图来说已满足要求，但从制图观点来看还过于粗糙，必须用特殊的算法将同高度的点连成线。连接等高线时如果原高程数据点不规则或间隔过大，则必须同时使用内插技术内插到需要的密度。等高线连接的结果用笔绘图仪输出。

从 TIN 数据中产生的等高线是用水平面与 TIN 相交的办法实现的。TIN 中的山脊线、谷底线等数据主要用来引导等高线的起始点。形成等高线后还要进行第二次处理以便消除三角形边界上人为形成的线划。

9.4.4 地形特征的数字表示

数字地形参量是地形特征的数字表征，它们从不同的角度描述了地形和水系的各种特性。描述地形特征的参数有很多，对于不同的应用目的，可有不同的选择和不同的定义。主要有坡度、坡向、视场因子、粗糙度、高程变异、汇水能力、流出方向、山脊密度和水系密度 9 个参量。

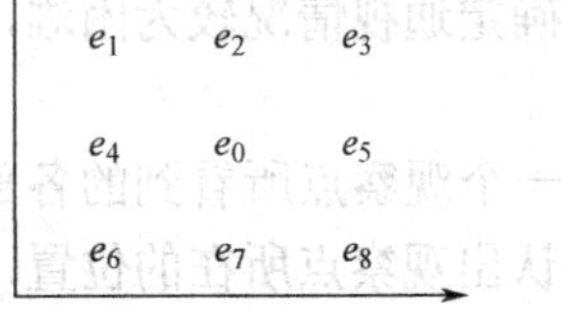

e_1 e_2 e_3

e_4 e_0 e_5

e_6 e_7 e_8

图 9-28 邻域图

根据图像处理的特点，地形参数采用网格法来定义，取 3×3 像元的计算窗口，以中心像元和其邻域 8 个像元的高程数据，进行曲面拟合，计算地形特征参量。

取像元 e_0 的 3×3 邻域，如图 9-28 所示，对像元点 e_0 及其 8 个邻点进行编号。e_0–e_1 代表相应点的高程，像元边长为 P_S，则窗口内高程在 x、y 方向上的平均梯度为：

$$G_x=(e_3+e_5+e_8-e_1-e_4-e_6)/(3\times P_S) \tag{9-29}$$

$$G_y=(e_6+e_7+e_8-e_1-e_2-e_3)/(3\times P_S) \tag{9-30}$$

窗口内 9 个高程点的拟合平面（简称窗口平面）的单位法向矢量为：

$$\boldsymbol{n}=(G_x,\ G_y,-1) \tag{9-31}$$

7 个地形参数定义如下。

（1）坡度和坡向

坡度定义为窗口平面和水平面的夹角，这样定义比较直观，坡度计算如下：

$$G=\arctan\sqrt{G_x^2+G_y^2} \tag{9-32}$$

坡向定义为窗口平面法线在水平面上投影所指的方向，坡向按北方向起算，顺时针旋转的角度测量，坡向计算如下：

$$A=\begin{cases}\dfrac{\pi}{2}+\arctan(G_y/G_x) & 若 G_x>0\\ \dfrac{3\pi}{2}+\arctan(G_y/G_x) & 若 G_x<0\\ \pi & 若 G_x=0,\ 则 G_y<0\\ 0 & 若 G_x=0,\ 则 G_y>0\end{cases} \tag{9-33}$$

坡度的表示可以是数字，把上述计算方法计算的结果仍以像元形式存储或打印。但人们还不太习惯读这类数据，必须以图的形式显示出来。为此，应对坡度计算值进行分类并建立查找表使类别与显示该类别的颜色或灰度相对应。输出时将各像元的坡度值与查找表进行比较，相应类别的颜色或灰度级被送到输出设备产生坡度图。

坡向图是坡向的类别显示图，因为任意斜坡的倾斜方向可取方位角 0°～360°中的任意方向。坡向一般分为 9 类，其中包括东、南、西、北、东北、西北、东南、西南 8 个罗盘方向的 8 类，另一类用于平地。虽然人们都想按统一的分类定义，但坡向经常随地区的不同而变化，用统一分类定义后不利于强调地区特征。于是最有价值的坡度图和坡向图应按类别出现的频率分布的均值和方差加以调整。按均值、方差划分类别时，一般都这样定义类别：均值为一类，均值加、减 0.6 倍方差为另外两类，均值加、减 1.2 倍方差再得两类，其他为一类，共 6 类。这种分类法往往能得到相当满意的结果。坡度、坡向还可以用箭头的长度和方向表示，并能在矢量绘图仪上绘出精美的地图。

（2）视场因子

视场因子是地面某点视场开阔程度的量度，可用视场立体角来表示，但其计算比较复杂。这里采用地表面在 x、y 两个方向上所张的夹角的乘积来表示视场开阔度。对位于水平面上的像元，该乘积为π^2。将视场因子定义为 e_0 点的视场开阔度和水平面上像元的视场开度之比：

$$V=\frac{1}{\pi^2}\left(\pi-\arctan\frac{e_4-e_0}{P_S}-\arctan\frac{e_5-e_0}{P_S}\right)\times\left(\pi-\arctan\frac{e_2-e_0}{P_S}-\arctan\frac{e_7-e_0}{P_S}\right) \tag{9-34}$$

因此，在平面上 $V=1$，在凸面上 $V>1$，在凹面上 $V<1$。

（3）粗糙度

粗糙度表示地面高程的起伏程度，用 e_0 点和周围 8 个点高程差的均值来度量，并以 e_0 点高程为基准计算：

$$F=(|e_1-e_0|+|e_2-e_0|+|e_3-e_0|+|e_4-e_0|+|e_5-e_0|+|e_6-e_0|+|e_7-e_0|+|e_8-e_0|)\div 8 \tag{9-35}$$

（4）高程变异

高程变异也用来表示地面高程的起伏程度。高程变异定义为窗口内 9 个点的高程标准差，以 9 个点高程的均值为基准计算，它表示窗口内高程起伏的程度：

$$S=\left[\frac{1}{9}\sum_{i=0}^{8}\left(e_i-\frac{1}{9}\sum_{j=0}^{8}e_j\right)^2\right]^{1/2} \tag{9-36}$$

（5）汇水能力

汇水能力是水流从周围 8 个邻点汇入 e_0 点的汇集能力的度量，以水流流入 e_0 点的像元数目来衡量：

$$W_V=\#\{e_i>e_0\}，\ i=1,\ 2,\cdots,\ 8 \tag{9-37}$$

式中，W_V 为 e_1～e_8 中高程大于 e_0 的数目，因为水是从高处流向低处的，因此可以认为高程大于 e_0 点的相邻像元点的水流入了 e_0 像元。

（6）流出方向

$$W_D=i\,|\,(e_i\to\min，\ 1\leqslant i\leqslant 8) \tag{9-38}$$

流出方向是指 e_0 点水的主要流出方向，可以认为 e_0 点的水主要流入了其周围 8 个邻点中高程最小（小于 e_0）的像元。以对应像元的方向编码表示，对应于 e_2、e_3、e_5、e_9、e_8、e_7、e_4 和 e_1 点，W_D 分别为 0～7。W_D 和 $\frac{\pi}{4}$ 的乘积即是所对应像元的方位角。当 $W_D=8$ 时，e_0 点处在凹形底部，流出方向 W_D 无意义。

从坡向和流出方向的定义可知两者意义比较相似。坡向定量地表示窗口平面的倾斜方向，流出方向是 e_0 点的最大倾斜方向，两者的区别实际上是面和点的区别。

汇水能力和流出方向两个参数描述了水流的流动和汇集状态，它决定着地球化学元素的分散聚合状况。地表物质在山脊山坡处遭受剥蚀，被流水搬运到山谷处汇集。地球化学元素和重砂矿物在搬运过程中，随水流分散聚合，在一定条件下沉淀。因此，该两个参数同样也描述了地球化学元素的搬运和汇集状况，对分散流和化学等地球化学数据的解译，稀释分析和背景校正都会有很大的帮助。

（7）山脊和水系密度

山脊和水系密度以单位面积内山脊总长度或沟谷总长度表示：

$$D = \sum L / S \tag{9-39}$$

式中，$\sum L$ 为计算单元内山脊或沟谷的总长度；S 为计算单元的面积。它们描述了地表侵蚀作用的强弱和水系的发育程度，是地形地貌分析的重要指标。山脊和水系图像可由山脊水系图经数字化后得到，或者用计算机从 DEM 中自动提取生成。

9.4.5 地貌晕渲图

制图工作者为了增加丘陵和山地地区描述高差起伏的视觉效果而发展了许多相关的制图技术，其中最成功的一种是“阴影立体法”，即地貌晕渲法。用这种技术绘制的图件看起来很动人，但费用太高，晕渲的质量和精度在很大程度上取决于制图工作者的主观意识和技巧。

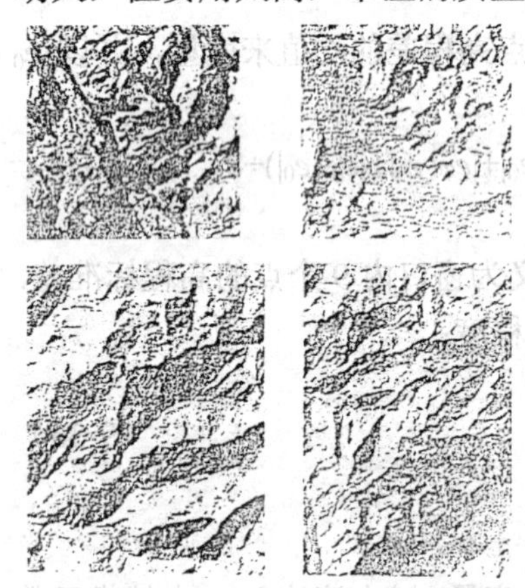

图 9-29　自动化生产的地貌晕渲图

数字地图特别是数字地形图（主要指 DEM）投入生产并加以应用后，地貌晕渲便能自动、精确地实现。自动晕渲的原理基于“地面在人们眼里看到的是什么样子、用何种理想的材料来制作、以什么方向为光源照明方向”等模式。制图输出时如果用灰度级和连续色调技术表示明暗程度，得到的成果（见图 9-29）看起来与航片十分相似。实际上，从高程矩阵中自动生成的地貌晕渲图与航片有许多不同之处，主要表现在：①晕渲图不包含任何地面覆盖信息，仅仅是数字化的地表起伏显示；②光源方向一般确定为西北 45° 方向，这一方向对人的本能感觉来说要比天文真实性好，航片上的阴影主要随太阳角变化；③晕渲图通常都经过了平滑和综合处理，因此没有航片上显示出的地形细节丰富。

自动地貌晕渲图的计算非常简单，首先根据 DEM 数据计算坡度和坡向。然后将坡向数据与光源方向进行比较，而向光源的斜坡得到浅色调灰度值，反方向的斜坡得到深色调灰度值，介于中间坡向的斜坡得到中间灰度值。灰度值的大小则按坡度进一步确定。

计算晕渲图的主要研究集中于坡面反射率的定量描述。反射量是坡度和坡向的函数，一种效果较好的反射函数为：

$$R(pq)=\frac{1}{2}+\frac{1}{2}(p'+a)/b \quad （经验式） \tag{9-40}$$

式中，$p' = (p_0 p + q_0 q)/(p_0^2 + q_0^2)^{\frac{1}{2}}$ 是背向光源方向的坡度；p、q 分别为 x（东、西）方向和 y（南、北）方向的坡度；p_0、q_0 是“标准制图”的光源位置（西北 45°）处的坡度，一般 $p_0=\frac{1}{\sqrt{2}}$，

$q_0=-\frac{1}{\sqrt{2}}$；参数 a 和 b 按水平的灰度值和灰度变化率取值，建议采用 $a=0$，$b=\frac{1}{\sqrt{2}}$。

由于计算反射量的公式都较复杂，计算机所花费的时间很长，因此，将坡度和坡向转换成反射量的工作可用建立查找表的方法来解决，使计算和处理更为有效。查找表的建立以下述原理为基础：坡度和坡向均分成一定的类别，两种类别的任意组合对应一种制图输出的灰级或颜色。例如，光源位置定为西北 45° 时，坡向为东南 45°、坡度大于 50° 的对应灰度值最大等。

从 TIN 地面模型中产生地貌晕渲图的方法与高程矩阵类似，只是灰度值的确定不按像元计算而按小三角面计算。晕渲图本身在描述地表三维状况中已经很有价值，而且在地形定量分析上的应用也在不断扩大。如果把其他专题信息与晕渲图叠置组合在一起，将大幅度提高地图的实用价值。例如，规划出的运输线路专题图与晕渲图叠加后大大增强了直观感等。这些都是传统方法不能实现的。

9.4.6 DEM 数据自动形成地形轮廓线

高程矩阵中没有储存山脊线、谷底线等地形特征线，或者地形图在数字化时没有单独数字化地形特征线的情况下，用程序自动地将它们从高程矩阵中提取出来也许是必要的。例如，从叠置到 DEM 上的卫星图像勾绘出集水范围线使遥感图像与特殊地理景观联系在一起。高程矩阵用于其他数量分析，如费用量、集中范围、旅行时间等，应有一种方法来描绘线、面特征。

到目前为止，人们在进行水系的流域分析和水网分析时需花大量劳动从航片或地图上透绘所需的数据。这一工作不仅十分乏味，而且很容易发生数据误差或错误。特别是在地形起伏不大的地区，用眼睛判断分水线在什么位置不是一件容易的事情。另外，即使用非常详细的地形图来估算蓝色线划表示的水系网中所有潜在的水源实际模型，也会出现严重偏低的估计结果。这些理由都说明自动描绘地形特征线程序的必要性。

1. 山脊线和谷底线的探测

为了自动探测山脊线和谷底线，设计了专门的运算算子。较为简单的算子是 4 个像元的局部算子。该算子在高程矩阵中移动并比较每一位置处 4 个像元的高程值，同时标出其中高程最大（探测谷底线）或最小（探测山脊线）的像元。标记过程完成后，剩下一些未标记的像元就是需要的谷底线或山脊线所在像元。下一步就是把它们连接成线模式以形成山脊线或谷底线。

虽然这类简单算子工作起来效果良好，但与习惯的概念相反——探测谷底，标出最大高程的像元。因此又发展了另一种算子，它的原理是在运算之前首先确定水系网的出口像元和起始像元，然后用 3×3 像元算子置于起始像元上比较出 3×3 像元阵列中高程最低的像元，水流则从起始像元流向那个最低像元。把 3×3 像元算子移到新找出的最低像元，重复比较过程再找出一个最低像元，这样流水线就被探测出来。探测山脊线时则找出最高高程值的像元并标记出来。虽然这种方法有效、可行，但要花大量的计算时间和内存，而且要比简单方法慢很多。

2. 集水范围的确定

集水范围即流域范围的确定对流域分析十分必要。流域探测除确定边界线外还要将整个范围从整个数据库中分离出来，探测方法与山脊线或谷底线的探测类似。首先需要交互式地确定河流流域的出口并作为搜索工作的起始点，以 3×3 算子的中心像元置于起始点上，比较中心像元相邻近的 8 个像元的坡向。如果坡向朝向中心像元，则认为它是中心像元的上游，算子的中心像元移至新的“上游”点。重复比较过程又能得到新的“上游”点。当算子中已有作为“上游”点加以标记的像元时则不予比较。整个数据范围都运算完毕后，流域范围就全部标记出来了。用户可以对这些像元重编码形成某一流域的分布图。

9.4.7 剖面分析

剖面是一个假想的垂直于海拔零平面的平面与地形表面相交，并延伸其地表与海拔零平面之间的部分，研究地形剖面，常常可以以线代面，研究区域的地貌形态、轮廓形状、地势变化、地质构造等。

剖面图的绘制也是在 DEM 网格上进行的。已知两点 *A* 和 *B*，求这两点的剖面图的原理是：首先内插出 *A*、*B* 两点的高程值；然后求出 *AB* 连线与 DEM 网格的所有交点，插值出各交点的坐标和高程，并把交点按其与起始点的距离进行排序；最后选择一定的垂直比例尺和水平比例尺，以各点的高程和到起始点的距离为纵、横坐标绘制剖面图。

DEM 数据还有其他用途，如线路勘察设计、土石方量估计等都是比较有效且经济效益高的方法。

9.5 DEM 分析的误差与精度

DEM 已经在测绘、资源与环境、灾害防治、国防等各应用领域内发挥着越来越巨大的作用。然而，各类 DEM 误差的存在不同程度地降低了分析与应用结果的可信度。强化对基于地形图的 DEM 精度检查与质量评估的研究，为各类 GIS 分析产品提供科学合理的质量标准，对评价 DEM 数据质量，减少生产单位质量检查的盲目性等方面有着深远的影响，具有十分重要的理论意义和应用价值。

9.5.1 DEM 的误差研究概况

关于 DEM 的误差，国外已有很多研究。20 世纪 80 年代以来，对 DEM 误差问题的研究取得了一些重要的成果。如从不同侧面进行了 DME 高程采样误差的成因分析，对 DEM 误差的量化、检测方法和空间分布等进行了研究。国内学者对 DEM 数据精度进行了深层次的研究，从不同角度探讨了 DEM 误差的成因、影响因素、数学模拟以及对 GIS 空间分析应用的影响，初步建立了一套利用不同信息源建立 DEM 的技术规范。另外，对地形描述的不确定性研究中提出区别于高程采样误差的 DME 地形描述误差概念，对 DME 地形描述误差的形成条件、空间分布特征、数学模拟方法等一系列问题进行了系统分析，提出了 DEM 地形描述误差在宏观与微观两个层面的数学模拟的模型。同时，还对不同比例尺、不同栅格分辨率 DEM 的不确定性特征与转换模型进行了研究，为有效估算 DEM 的地形描述精度及确定适宜的 DEM 分辨率提供了理论依据等。并且，随着技术的发展，DEM 生产自动化程度的提高，将会研发出自动化程度较高的 DEM 数据质量控制与检查软件，以满足生产作业和数据应用中的需要。

9.5.2 DEM 的误差来源

DEM 误差的产生与 DEM 的生产过程密切相关，DEM 的生产一般经过原始数据的采集和内插建模两个阶段，在此基础上，把 DEM 误差分为数据源误差和内插建模误差。数据源误差：主要来自原始资料的误差、采点设备误差、人为误差、采集过程中产生的误差等。内插建模误差：在建立 DEM 的过程中，由于需要经过内插计算和建模处理，内插点的计算高程总与实际量测高程之间存在差异，称为内插计算及建模误差。该误差一方面与内插算法有关，另一方面也与原始数据的分布和密度有关。

9.5.3 DEM 的误差分析

原始数据的采集主要是利用不同的采集方式获取 DEM 原始数据的过程，数据采集可分为直接采集方法和间接采集方法两种。

1. 直接采集方法

直接采集数据主要通过 GPS 测量和全站仪等测量仪器直接从野外获取数据，是 DEM 数据局部更新的主要方法。通过该方法获取的数据精度高，实时性强，但野外观测量大，需要耗费大量的人力、物力。随着实时差分（RTK）技术的出现，采用 GPS 获取 DEM 数据也越来越广泛。因此，直接采集数据的误差主要是 GPS 和全站仪等的观测误差。

2. 间接采集方法

（1）通过地图采集数据的误差，主要包括原图误差和数字化误差。原图误差主要包括地图制作过程中地图控制点的展绘及编绘误差、绘图误差、综合误差、地图复制误差、分色板套合误差、图纸变形误差等。

地图数字化主要有两种方式：手扶跟踪数字化和扫描数字化。目前采用较多的是扫描数字化方式。扫描数字化的误差主要包括扫描图像的误差、图像定向误差和扫描处理软件对数字栅格图像处理的误差。由于扫描数字化方式具有获取数据速度快、劳动强度小、自动化程度高等优点，已成为获取 DEM 数据的主要手段。

（2）通过遥感图像采集数据的误差。遥感数据获取与处理的每个过程都会引入误差，一般分为获取遥感图像的误差、遥感图像处理和解译误差。获取遥感图像的误差主要表现为空间分辨率、几何畸变和辐射误差。遥感图像处理和解译误差主要包括图像压缩、数据分析和判读分析、影像存储、影像增强、处理、量化、空间滤波，以及影像模式识别等过程产生的误差，特别是图像压缩和数据分析及判读过程中的误差。

（3）通过摄影测量采集数据的误差。此类误差主要可归结为像点误差与定向误差。像点误差是在进行绝对定向前的各种系统误差与偶然误差的综合误差，主要表现为获取航片误差与坐标量测误差。定向误差包括相对定向和绝对定向的误差。相对定向误差主要取决于像点误差，特别是同名像点量测的误差及对像点坐标系统误差的校正程度，其定向精度可根据平差结果进行估计。绝对定向误差主要与采用的模型、地面点的误差、分布等有关。减弱该类误差的方法主要是选取合适的数学模型、采用足够多的分步均匀的像控点。

3. DEM 内插建模误差

DEM 的内插是指根据若干相邻参考点的高程求出待定点上的高程值，一般将其分为三类：整体内插、分块内插和逐点内插。整体内插主要是通过多项式函数来实现的，它的拟合模型是由研究区域内所有采样点的观测值建立的。分块内插是指把需要建立 DEM 的地区切割成一定尺寸的规则分块，在每一分块上展铺一张数学面。逐点内插是指以待插点为中心，定义一个局部函数去拟合周围的数据点，数据点的范围随待插点的位置变化而变化，如移动拟合法、加权平均法、Voronoi 图法等。

9.5.4 DEM 的精度评价模型

DEM 精度评估可通过两种不同的方式来进行：一种是平面精度和高程精度分开评定；另一种是两种精度同时评定。对于前者，平面的精度结果可独立于垂直方向的精度结果而获得；但对于后者，两种精度的获取必须同时进行。在实际应用中，一般只讨论 DEM 的高程精度评定问题。

DEM 的精度评定可有三种途径：理论分析、试验检测、理论与试验相结合。理论分析和理论与试验相结合方法的共同特点是试图寻求对地表起伏复杂变化的统一量度和各种内插数学模型的通用表达方式，使评定方法、评定所得的精度和某些带规律性的结论有比较普遍的理论意义，所不同的是前者纯粹是理论研究，而后者要通过大量的实验来建立数学模型。应当指出，由于影响 DEM 的因素是多种多样的，因此无论采用哪种途径都不能很好地解决所有的问题。

在实际应用中，常用 DEM 精度评定模型有检查点法、剖面法等。

1．DEM 精度指标

对于 DEM 精度的评估很难提出一个通用的评估标准，一般都用中误差和最大误差来评估，这两个指标反映了网格点的高程值不符合真值的程度。

（1）中误差

其公式是：

$$\sigma=\sqrt{\lim_{n\to\infty}\frac{1}{n}\sum_{k=1}^{n}(R_k-Z_k)^2} \tag{9-41}$$

式中，σ 为 DEM 的中误差；n 为抽样检查点数；Z_k 为检查点的高程真值；R_k 为内插出的 DEM 高程。高程真值是一个客观存在的值，但它又是不可知的，一般把多次观测值的平均值即数学期望近似地看作真值。

中误差是内插生成的 DEM 数据网格点相对于真值的偏离程度。这一指标被普遍运用于 DEM 的精度评估。

（2）最大误差。

网格点的高程值不符合真值的最大偏离程度。

2．常用 DEM 精度评定模型

（1）检查点法

检查点法即事先将检查点按网格或任意形式进行分布，对生成的 DEM，在这些点处进行检查。将这些点处的内插高程和实际高程逐一比较得到各个点的误差，然后计算出中误差。这种方法简单易行，是一种比较常用的方法。

（2）剖面法

剖面法是将一定的剖面量测计算高程点和实际高程点进行比较的精度计算方法。剖面可以沿 x 方向、y 方向或任意方向。可以用数学方法（如传递函数法）计算任意剖面的误差，也可以用实际剖面和内插剖面相比较的方法估算高程误差。

3．DEM 精度评定数学模型

（1）传递函数模型

传递函数模型主要采用通过断面的实际量测高程和拟合高程的傅里叶级数来估计误差，

其原理是任何一个连续曲面的剖面均可表示为一个傅里叶级数：

$$\sigma_{z,x}^2 = \frac{1}{2}\sum_{k=1}^{m}[1-H(U_k)]^2 C_k^2 \tag{9-42}$$

$$H(U_k) = \frac{\overline{C_k}}{C_k} = \frac{(\overline{a}_k^2 + \overline{b}_k^2)^{1/2}}{(a_k^2 + b_k^2)^{1/2}} \tag{9-43}$$

式中，$\sigma_{z,x}^2$ 是在 x 断面的高程误差（在 y 断面上和在 x 断面上相同）；$\overline{a}_k$ 和 $\overline{b}_k$ 为断面实际曲线的傅里叶级数各项的系数；a_k 和 b_k 为断面内插曲线的傅里叶级数各项的系数。采用这种方法可评价 DEM 在 x 方向、y 方向或任意方向断面上的高程点精度。

应当指出，由于影响 DEM 精度因素的多样性，所以在考察 DEM 的精度时，不仅要考虑 DEM 的单点误差，还要考虑 DEM 在山区、平原地区、平缓地区和破碎地区的整体形状，使 DEM 不仅在单点处的精度达到相当的水平，而且整个 DEM 的形状和实际地形保持一致。

（2）协方差函数模型

协方差函数模型可从理论上估算网格点或任意点处的高程误差。它将地表起伏看作一个随机函数，然后用一个协方差函数来表示地表起伏的复杂程度。假定各参考点之间的相关性仅取决于点间的水平距离，而与点位和方向无关，一般选用高斯函数来拟合经验的协方差函数：

$$C_{ij} = C_0 \mathrm{e}^{-\frac{d(i,j)}{a}} \tag{9-44}$$

对于多项式、二元样条等数学模型，点 P 高程内插的方差为：

$$\boldsymbol{\sigma}_{z,p} = C(p,p) + \boldsymbol{A}\cdot C(i,j)\cdot \boldsymbol{A}^{\mathrm{T}} - \boldsymbol{A}\cdot C(i,p) - C(p,i)\cdot \boldsymbol{A}^{\mathrm{T}} \tag{9-45}$$

式中，$i, j = 1, 2, \cdots, n$；C 为协方差；$\boldsymbol{A}$ 为数学模型的系数矩阵。

对于多层叠加面和最小二乘配置法等数学模型，点 P 高程内插的方差为：

$$\boldsymbol{\sigma}_{z,p} = C(p,p) - C(p,i)\cdot C^{-1}(i,j)\cdot C(j,p) \tag{9-46}$$

（3）高频谱分析函数模型

Frederiksen 也设计了一个基于高频部分地形断面的傅里叶谱总和的数学模型，换句话说就是，地形高于 $D_x/2$，D_x 为采样间距。然而，该模型忽略了这样的事实，即随着数据采样间距的增大，频谱幅值将减小，会产生过于乐观的预测结果。

习题 9

1．什么叫 DEM？其数据分布有何特征？

2．什么叫 DEM 数据网格化？网格尺寸如何确定？

3．主要的空间插值方法有哪几种？各自如何进行插值？

4．试述格拉茨地面模型的基本思想。

5．高程矩阵如何建立？有何优缺点？

6．什么叫不规则三角网（TIN）模型？它是如何建立的？有何优点？

7．DEM 有几种主要的数据源？如何进行采样？

8．试述 DEM 的主要用途。

9．DEM 三维表达有哪些方法？

10．DEM 的误差来源有哪些？如何对误差进行分析评价？

第 10 章　网络 GIS

自从 20 世纪 60 年代第一个地理信息系统诞生以来，经过几十年的发展，地理信息系统技术的理论研究、产品开发和应用方面取得了很大的成绩。地理信息系统的认识论、方法论和实际应用方面的研究越来越多样化，在空间数据模型、空间分析、空间可视化、决策支持等方面取得长足的进步。特别是 20 世纪 90 年代后期，互联网（Internet）技术得到了迅速发展，对社会文明的进步和经济发展产生了极为深远的影响，网络技术正在改变着整个世界。网络 GIS 就是以网络为中心的地理信息系统，它使用互联网环境，为各种地理信息系统应用提供 GIS 的分析、制图等功能和空间数据及其数据获取能力。

10.1　概述

10.1.1　网络 GIS 的基本概念

所谓网络 GIS，通俗地讲就是以网络为平台的 GIS。具体来讲，“以网络为平台”包括两层含义：首先是以网络作为 GIS 的应用平台，其次是以网络作为 GIS 的实现平台。

网络 GIS 的应用模式不同于基于单机的 GIS。在用户数量上，网络 GIS 的用户数量与基于单机的 GIS 的用户数量相比极大地增加；在使用方法上，网络 GIS 的用户不必关注服务器端的实现细节，也不必关注数据的组织方式，只需要通过通用的 Web 浏览器或专用的客户端程序实现所需的功能，从而大大降低了用户的使用门槛；在应用方式上，网络 GIS 是多个用户基于同一个系统对同一套数据进行共享和操作的；在更新方式和时效性上，网络 GIS 由于对数据和程序进行集中管理，可以将最新的数据和最新的功能通过网络发送到客户端，提高 GIS 服务的时效性。

网络 GIS 的实现方式不同于基于单机的 GIS。在软件体系上，网络 GIS 是典型的松耦合结构，客户端和服务端之间以及系统的组件和组件之间通过协定的消息协议进行通信，当一方发生变化时不会影响全局的变化，从而大大降低了系统各部分之间的依赖性；在构成单元上，网络 GIS 以具备独立功能、具有不同粒度的各种“组件”构成，这些组件可以是 COM、DCOM、JavaBeans、Java Applet 形式，也可以是 Web Service 形式；在开发重点上，网络 GIS 的开发重点已不再是各个地理信息处理功能的具体实现，而是逐渐转化为如何将实现具体功能的各个功能组件组装起来形成完整的系统；从软件工作模式上，网络 GIS 已经由单系统运行转变为基于网络的多系统之间的协同。

网络 GIS 给 GIS 带来的改变是全方位的。更重要的是，通过网络这个平台将 GIS 从实验室和办公室带到了一个由数十亿网民组成的巨型舞台，从此，GIS 找到了更大的发展空间，社会公众也拥有了了解地球、了解世界的有力工具。

在网络 GIS 出现的短短时间内，先后出现了 DGIS、WebGIS、InternetGIS、GridGIS、CloudGIS 等一系列名词，这对网络 GIS 概念的理解带来一定的困惑。实际上，网络 GIS 可以理解为某一种特定的网络体系和分布式计算结构下的 GIS，也可以理解为网络环境下各种类型 GIS 的统称。

因此，关于网络 GIS 的概念有技术的狭义网络 GIS 和宏观的广义网络 GIS 之分。

1. 狭义网络 GIS

既然计算机网络结构和分布式对象技术形式是网络 GIS 的重要特征，那么在一定时期内特定形式的计算机网络和分布式对象技术融合所形成的 GIS 便是狭义性的网络 GIS。

按照这种定义方法，狭义网络 GIS 主要有以下几种类型。

（1）C/S（Client/Server，客户机/服务器）结构网络 GIS。将用户操作界面和处理功能与数据库部分分离，是一种两层结构体系。服务器与客户端之间通过消息传递机制进行对话。根据客户机和服务器端承载的功能划分策略，又可分为"胖"客户/"瘦"服务器和"瘦"客户/"胖"服务器方式。优点是：客户机功能相对丰富，支持二次开发能力和可扩展性能力强；缺点是：支持的用户数量有限，客户端程序的部署和改进代价较高，对网络带宽的要求高，容易产生网络瓶颈。

（2）B/S（Browser/Server，浏览器/服务器）结构网络 GIS。将表现层、业务逻辑层和数据库层分离，形成"浏览器—应用服务器—数据库服务器"的三层体系结构。优点是：支持的用户数量多，部署简单、费用低，各层之间独立性好，能够有效地提高资源的共享等；缺点是：客户端功能受浏览器限制，协议和服务紧密耦合，通信负担重等。

（3）基于 Web Service 的网络 GIS。它又称为 Service GIS 或服务式网络 GIS，以面向服务的体系框架为基础，基本组件遵循 Web Service 标准，组件之间通过 SOAP 进行交互和访问。优点是：松耦合的体系架构具有较高的鲁棒性，容易更新，具有更好的互操作性，支持大用户、复杂的应用，建立和维护的代价低；缺点是：体系结构约束性差，应用逻辑复杂，需要进一步提高应用的智能化程度。

（4）基于网格的网络 GIS。它又称为 GridGIS，可以理解为服务式网络 GIS 在网格环境下的延伸，主要的区别是组件遵循 Grid Service 标准，以便能够与网格计算资源、存储资源等硬件资源一起构成统一标准的网格服务，宿主于不同网格结点的 GIS 服务可以按照虚拟组织（Virtual Organization，VO）的方式松散耦合，以支持结点的协同工作。优点是：将 GIS 服务与硬件服务结合在一起，在网格环境内具有更好的开放性和互操作能力，支持异构系统的互连互通互操作；缺点是：网格标准与网络标准不完全兼容，未能完全普及，主要应用于科研实验室和大型的政府项目。

（5）基于云计算的网络 GIS。它又称为 CloudGIS，是网络 GIS 与云计算技术相结合的产物，就是将云计算的各种特征用于支撑地理空间信息的各要素，包括建模、存储、处理等，从而改变用户传统的 GIS 应用方法和建设模式，以一种更加友好的方式，高效率、低成本地使用地理信息资源。优点是：资源使用的成本低，连续性和灵活性好，降低了用户的应用复杂度；缺点是：信息安全问题需要进一步解决。

除此之外，根据不同的应用场景还可以将网络 GIS 分为移动式网络 GIS、嵌入式网络 GIS 等形式。这些不同体系结构的网络 GIS 是 GIS 技术与不同的网络体系架构和分布式计算技术相结合的产物，分别出现在不同时期，适用于不同的应用场景并具有不同的优缺点，彼此之间并不存在相互取代关系。

2. 广义网络 GIS

狭义网络 GIS 分类是按照网络 GIS 所依托的网络体系结构和分布式计算模型等进行的，具有技术上的相对独立性。但在实际应用中，一个具体的网络 GIS 中可能不止拥有一种类型的网络结构，用户的应用模式也可能不止一种。如在一个大型的网络 GIS 工程中，可能包括使用手持终端机进行数据采集和更新的用户，也有通过桌面终端对数据进行加工、处理、维护和分析的专业用户，还有通过浏览器进行数据浏览、查询、打印等操作的普通用户，在这样一个典型的应用中可以包括移动式网络 GIS、C/S 结构的网络 GIS、B/S 结构的网络 GIS 等多种形式。这种多个狭义网络 GIS 技术相互结合、互相弥补就构成了广义上的网络 GIS。广义网络 GIS 是指包含了以多种网络协议和不同分布式软件体系构建起来的 GIS 应用。

10.1.2 网络 GIS 的功能特征

作为 GIS 的一种类型，网络 GIS 具有 GIS 所共有的数据采集、管理、分析、处理、输出等功能，同时又具有网络化的特点，主要表现在以下几个方面。

（1）地理数据采集与更新。通过网络 GIS 可以提高数据采集和更新的实时性和效率。例如，用户基于 Web 浏览器或特定的瘦客户端（如 Google Earth）可以进行在线标注，实现信息的添加、更新和发布，或者采用 PDA+GNSS+在线地图服务的方式进行野外数据采集（实际上大多数智能手机已经具备这样的功能），还可以通过 RFID+GNSS 的方式实现位置信息和属性信息的同步采集。在数据采集与更新方面，网络 GIS 带来的不仅是技术上的进步，而且催生了一种新的地理数据采集和更新的模式。

（2）地理数据分布式管理。网络 GIS 的分布式地理数据管理包括两层含义：一是指地理数据可以通过分布在网络上不同结点的数据库进行管理，用户不必关心数据的存储位置和状态；二是指互联网上存在大量具有空间分布特性的信息，基于网络 GIS 平台可以将这些信息准确地定位在空间位置上，使零散的信息能够在同一时空基准上实现集成和管理。

（3）在线数据服务。网络 GIS 能够提供的在线数据服务包括数据网络分发（下载）服务、静态图像显示服务、动态地图显示服务、元数据服务、地理数据查询服务等。

（4）在线处理服务。地理信息处理服务是指能够对空间数据进行某些操作并提供增值服务的基本应用。可以理解为桌面 GIS 中的某些功能组件在网络环境下的服务化封装，一个处理服务通常包括一个或多个输入，对数据进行相应处理后进行输出。处理服务的内容可以涵盖一个完整的 GIS 所应当具备的所有功能，如数据预处理、数据查询、空间分析、打印输出等。用户可以单独使用一个处理服务，也可以通过设定服务链或工作流的方法对多个处理服务和数据服务进行组合，建立松散耦合的关联模式，解决粒度更大的问题。

尽管在狭义网络 GIS 的体系下，每一种网络 GIS 形态都具有不同的特征，但从广义网络 GIS 的角度看，与传统的桌面 GIS 相比，不同类型的网络 GIS 具有一些共性特征。这些特征主要表现在以下几个方面。

（1）网络 GIS 是采用多层架构的开放系统。无论是 C/S 结构的两层体系，还是 B/S 结构的三层或四层体系，以及面向服务的多层体系，网络 GIS 打破了桌面 GIS 的紧耦合状态，能够通过 Java、CORBA、DCOM 等技术跨平台协作运行，也能够通过对象管理、中间件、插件以及服务发现与组合等技术手段与非 GIS 进行集成。一方面提高了 GIS 软件本身的稳定性和扩展能力，另一方面增强了 GIS 的行业应用能力。

（2）网络 GIS 具备数据网络化特征。与桌面 GIS 中数据集中管理的方式不同，网络 GIS 的数据可以来自网络上的各个结点，并且服务于网络上的每一个用户。数据的网络化体现在 GIS 的数据模型、数据组织、存储模式以及应用模式的网络化。Esri 公司的 GeoDatabase 数据模型是典型的网络化 GIS 数据模型，它在面向对象、知识与规则表达方面所表现出来的优势是诸多传统 GIS 数据模型无法比拟的。Oracle 公司利用其 SDO 的数据模型和组织方式实现了 Oracle 数据库对空间数据的无缝存储，Esri 公司的 ArcSDE 利用连续的数据模型策略实现了海量的关系数据库管理，Google 公司利用 BigTable 和 MapReduce 技术实现了基于文件系统的数据存储和管理；对于用户而言，可以在客户端将来自网络上的数据服务与来自本地的数据文件组合在一起完成自己的工作。这些都充分表明了数据网络化的特征。

（3）网络 GIS 具备应用网络化特征。不同的用户对 GIS 具有不同的应用需求，特别是对于一个企业级应用来说，单纯的一个 GIS 软件或系统有时很难满足用户的全部使用要求。网络 GIS 的用户可以将任务分解为多个子任务，并且进一步分解为 GIS 软件可以理解和执行的操作，由多人在多个结点上应用多个不同的软件系统分别完成，再按照约定的消息传递机制和标准对结果进行集成，从而完成整个操作。这种协同工作的模式和能力是传统的桌面 GIS 所不具备的。

（4）网络 GIS 支持更多用户和更广泛的访问。就用户数量而言，网络 GIS 的用户数量与传统桌面 GIS 相比是数量级上的增长，网络 GIS 的出现使 GIS 真正进入大众化和普适化的时代。就访问范围而言，网络 GIS 的用户可以同时访问多个位于不同位置的服务器上的最新数据，并且使用来自多个结点的地理信息处理服务进行加工处理。

（5）网络 GIS 信息共享能力提高。由于采用数据与应用分离的策略，网络 GIS 对地理信息的更新、管理和维护能力得到显著提高，并且无论是哪种结构的网络 GIS，由于采用了通用的网络通信协议，用户可以通过浏览器或客户端实现对网络数据的透明访问，极大地提高了信息共享能力。

（6）网络 GIS 建设和使用成本降低。传统的桌面 GIS 在每个客户端都要配备昂贵的专业 GIS 软件，而用户使用的经常只是一些最基本的功能，这实际上造成了极大的浪费。WebGIS 在客户端通常只需要使用 Web 浏览器（有时还要加一些插件），其软件成本与全套专业 GIS 相比明显要节省得多，维护费用也大大降低。从用户使用的角度，基于通用 Web 浏览器的操作显然比专业 GIS 软件要简单得多，操作复杂度的降低进一步降低了网络 GIS 的使用成本。

10.1.3 网络 GIS 的应用

地理信息具有极强的关联性，全球 80%的信息都与地理信息相关。伴随着网络 GIS 逐渐进入大众化、普适化的时代，几乎在社会生活的每一个领域都可以找到网络 GIS 的应用。

1. 面向行业的网络 GIS

政府部门是 GIS 的传统用户，从对地理信息的应用深度上区分，一些与地理信息关系密切的行业和部门，其网络 GIS 应用专业化程度较高，通俗地将其称为“强 GIS 行业”或“强 GIS 领域”，如国土、规划、交通、水利、农业、军事等，还有一些行业对地理信息有需求，但并不是主流业务，也称其为“弱 GIS 行业”或“弱 GIS 领域”，与地理信息完全没有关系的行业几乎是不存在的。下面以国土资源、交通和军事领域为例介绍网络 GIS 在各行业中的应用。

（1）网络 GIS 在国土资源领域的应用

国土资源是国家重要的战略资源，对国土资源的管理和开发是国家基础战略的重要组成部分。国土资源管理部门作为最早应用 GIS 技术的行业之一，伴随着其信息化建设水平的不断发展，网络 GIS 技术的应用越来越深入，其在国土资源管理中扮演的角色也越来越重要。在国土资源规划、国土资源普查、国土资源监察、国土资源信息服务等工作中都具有重要的作用。

以国土资源信息服务系统为例，国土资源信息服务系统是一个集国土资源信息发布、信息资源查询、土地规划管理辅助决策、政策法规查询等功能于一体的管理信息系统，用户既包括国土资源管理部门，也包括社会公众。为满足两个方面的使用要求，可采用基于 C/S、B/S 以及基于 Web Service 混合的地理信息服务模式，通过用户权限和网关设置区分用户的使用功能。该系统可以提供的主要功能如下。

① 国土资源信息浏览，显示区域内国土资源的总体情况。

② 国土资源统计分析，提供国土资源的分类统计专题图、分时统计专题图等。

③ 国土信息决策支持，对国土资源的历史使用数据和状况进行分析以提供决策参考。

④ 国土信息发布系统，面向公众发布国土资源的公开信息，提供各类查询功能。

⑤ 国土信息政策法规查询等。

（2）网络 GIS 在交通领域的应用

智能交通系统（Intelligent Transportation System，ITS）是未来交通系统的发展方向，它是将先进的信息技术、数据通信传输技术、电子传感技术、控制技术及计算机技术等有效地集成运用于整个地面交通管理系统而建立的一种在大范围内、全方位发挥作用的，实时、准确、高效的综合交通运输管理系统。智能交通系统可以有效地利用现有交通设施、减少交通负荷和环境污染、保证交通安全、提高运输效率，因此，日益受到各国的重视。智能交通系统通常包括交通信息服务系统、交通管理系统、公共交通系统、车辆控制系统、货运管理系统、紧急救援系统等多个子系统。其中每一个子系统中都需要应用网络 GIS 技术。

以公共交通系统为例，智能公交运营指挥调度系统是一个集公交指挥调度、公交运营管理、综合业务通信、乘客信息系统、动态信息发布、远程图文信息发布、网上交通信息查询、多媒体数据信息传输系统等于一体的全方位调度管理服务系统。网络 GIS 可以为系统提供的主要功能如下。

① 基础地理信息显示服务，显示各级比例尺基础地图，提供基础地图操作功能。

② 公交车辆运行状态监控，可在监控中心实时监控公交车的位置及状态。

③ 公交信息查询，如某条公交线路的停靠站点、首/末班车时间、票价等。

④ 最优路径查询，包括公交线路、换乘站点及换乘线路、经过站点等，并且以地图的形式进行显示。

⑤ 公交线路分析及优化，如线路客流量分析、分时流量分析、服务范围分析、优化策略评估等。

⑥ 公交线路变更情况说明和征求市民意见等。

（3）网络 GIS 在军事领域的应用

如同战争离不开地图一样，信息化战争也无法离开地理信息。GIS 在信息化作战中一直扮演着重要的角色。伴随着美军提出的“网络中心战”等新型作战方式，对 GIS 的网络化需求也变得越来越强烈。基于网络的 GIS 平台已经成为现代战争中不可或缺的重要作战系统，其作用如下。

① 为数字化战场建设提供高精度、多分辨率军事地理空间数据框架

地理时空信息是最基础的信息，是制信息权的重要组成部分。没有地理时空信息，其他任何信息就没有了进行空间定位的依据。从这个意义上讲，网络 GIS 平台是数字化战场建设的基础。

② 为数字化部队和数字化士兵建设提供数字化装备

基于网络 GIS 可以为部队指挥控制系统提供现势性强的数字地图或电子地图、战场态势图像，并且通过军事互联网和图形图像显示系统，实时显示在所有主战装备的计算机屏幕上，确保临近部队实施协同作战。

③ 为各级指挥自动化系统提供军事地理环境信息平台

网络 GIS 平台不仅是战场信息融合的平台，而且是指挥自动化系统的重要组成部分。联合作战指挥需要的基础地理信息、战场态势信息等都可以通过 GIS 平台快速接入指挥平台中，为指挥员了解战场态势、编制作战计划提供依据。

④ 为信息化条件下联合作战提供统一的动态变化的战场地理信息服务

它主要包括：全面的地理信息服务支持；全维战场基础地理空间框架数据支持；空间信息获取、处理和服务的一体化支持；全球和任意区域地理信息服务支持及多层次和多类型地理信息服务支持等。

2. 面向公众的网络 GIS

伴随着网络 GIS 的发展，GIS 如今已不再是政府部门的专享，普通的公众一样可以通过各种网络终端享用地理信息服务。车载导航仪、智能手机、平板电脑等各类智能终端中随时都能看到网络 GIS 的身影。网络 GIS 的广泛应用不仅产生了巨大的经济和社会效益，也从观念上、习惯上改变了现代人的生活。因此，当今的时代又能称为 GIS 社会化的时代、大众化的时代。

对于社会公众而言，网络 GIS 的应用有如下典型场景。

（1）网络地图服务

这是网络 GIS 产生的最初动力和最初成果。诞生于 20 世纪 90 时代的 MapQuest 是电子地图服务的鼻祖，当年国内类似的 Go2Map、ChinaQuest 等也风靡一时。然而，由于网络带宽、网民人数等的限制，这一服务却似乎一直不温不火。直到 Google Maps 于 2004 年 10 月发布，凭借先进的技术和巧妙的设计，引发了人们极大的兴趣，让人们把目光聚焦到了电子地图领域。2005 年 6 月，随着 Google Earth 的推出，更是将大量以前对 GIS 一无所知的普通用户吸引到了计算机前。如今网络地图服务已经无所不在，搜索引擎网站、新闻网站、旅游网站、交友网站、购物网站等几乎在互联网的各大门户内都能找到网络地图服务。网民也日益习惯于在网络上查宾馆、查旅游点、查加油站、查行驶路线、查所在位置、查道路拥堵等。类似 Google Earth 的网络 GIS 平台不但能够满足人们地理信息查询的需求，而且成为旅游和猎奇的平台。

如今网络 GIS 提供的网络地图服务已不再是单纯的电子地图，而是一个以电子地图为载体，以地理空间信息为索引的多源、多维信息的综合体，成为互联网上满足网民知识需求的“百科全书”。

（2）导航服务

导航服务是位置服务（Location Based Services，LBS）的一种，也是人们日常生活中使

用最多的网络地理信息服务形式。导航服务并非单纯的网络 GIS 技术的应用，而是网络 GIS 与定位技术的完美结合。就形式而言，不仅包括目前应用最广的基于 GPS 的导航服务，还有基于北斗的导航服务，以及基于移动网络定位技术的导航服务等。网络 GIS 在导航服务中的主要作用首先是获取并在地图上快速定位用户当前的地理位置；二是根据用户的需求，充分发挥网络 GIS 路径分析、缓冲区分析等强大的空间分析功能为用户计算所需的导航路线；三是实时根据用户的位置监控和表达行进位置和状态，并且根据需要对导航路线做出调整。

如今的导航服务不仅具备基础的定位、导航功能，还在交互手段、提供信息类型、服务方式等多方面进行了改进，服务对象也不再局限于飞机、车辆，步行的行人甚至机器人都成为导航服务的受益者。

（3）社交中的地图服务

社交中的地图服务是当前用户增长最快、使用最频繁的网络地理信息服务。特别是伴随着 iPhone、Android 等众多带有 GPS 功能智能手机的迅速普及，基于位置的社交服务网站（Loopt）成为互联网的新宠。2009 年 3 月，当前知名的 Loopt 网站 Foursquare 在美国上线，2010 年 4 月，Foursquare 的用户突破 100 万，2010 年 8 月 30 日，Foursquare 的官方数据显示，该公司用户已经突破 300 万，目前 Foursquare 已经拥有用户 1000 万，日签到次数达 300 万次，远远超过同类 LBS，网站 Foursquare 呈现出的发展曲线比当年的 Twitter 还要快。按照官方的说法，Foursquare 模式 50%是地理信息记录的工具，30%是社交分享的工具，20%是游戏工具。通过 Foursquare 等 Loopt 应用，用户可以通过手机寻找在自己当前位置周边的朋友，也可以将自己的动态（包括当前位置信息、日志、照片等）分享给 FaceBook 或微博、微信好友，以便自己的 SNS 好友及时了解自己的行程和动态，并且借助商家创造的“虚拟勋章、点数或头衔奖励”等游戏元素使这一过程充满趣味性。而网站则可以借助大量的用户在获取广告收益的同时，通过对海量用户信息的深度加工，为商家提供顾客消费习惯分析工具等高级信息，以便商家了解消费者的活动规律和购物习惯，对自己的经营行为进行更好的设计和规划。

社交中的地图服务正在蓬勃发展，应用方式花样翻新。通过各式各样的 Loopt 应用，互联网正在逐步演变为“地理社交网络”，线上的虚拟世界与线下的真实世界的实时互动正在成为现实。

10.2 网络 GIS 体系结构

10.2.1 传统 WebGIS 体系结构阶段

在 WebGIS 发展初期，用户对 WebGIS 的需求较少，主要是以网络地图展示为主，典型的传统 WebGIS 体系结构如图 10-1 所示。

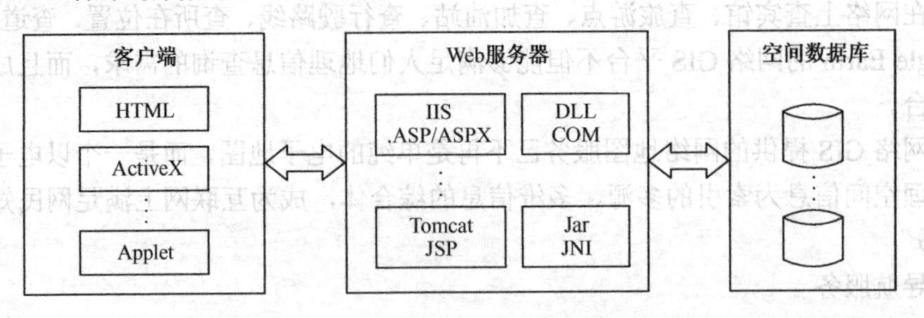

图 10-1 传统 WebGIS 体系结构

传统的 WebGIS 体系结构主要由客户端、Web 服务器、空间数据库构成。

空间数据库：传统的 WebGIS 空间数据库一般有两种形式。一种是自定义的文件系统格式，这种格式的特点是执行空间计算任务的程序可以直接访问本地空间数据库，速度较快，但其也有以下缺点：一是 GIS 计算程序不能与空间数据库进行分布式部署；二是服务器需要同时执行 GIS 计算任务和空间数据存取任务，在大量并发任务环境中服务器的负荷较高，并发处理能力低下。另一种是使用商业关系数据库来存储空间数据，借助商业关系数据库在性能和分布式部署方面的优势，GIS 计算程序可以专门处理空间数据计算任务，对于空间数据的检索、更新等操作交由关系数据库完成，在空间数据库与 Web 服务器分布式部署环境下，Web 服务器的负荷降低，相对于文件数据库，可以提高 Web 服务器的并发用户容纳能力。

Web 服务器：传统的 WebGIS 结构受当时计算机和互联网技术发展的制约，在 Web 服务器动态服务器页面处理技术方面，当时流行 ASP 技术以及后来的 ASP.NET 和 JSP 技术。这些技术均在服务器端执行，借助这个特性，开发人员可以直接编写 ASP 或 JSP 页面在服务器端调用 GIS 软件开发库（如 DLL、COM 或 Jar）实现 GIS 功能的互联网发布，这些服务器页面需要在 Web 服务器中间件如 IIS 或 Tomcat 中运行，所有 GIS 空间计算都需要在 Web 服务器中间件进程中执行，因此，在任务并发处理、任务调度和性能上都会受到一定的制约。另外，对于开发人员而言，当时的服务器页面在编写形式上将用于表示界面的 HTML 代码和服务器端代码混合在一起，这样的开发方式存在逻辑结构不清晰、开发难度大、可维护性差、开发成本高等缺点。

客户端：WebGIS 发展初期，客户端浏览器表现技术主要有三种，分别是 HTML、ActiveX 和 Applet。HTML 方式的优点是不需要下载和安装插件，浏览器直接解析 HTML 标签进行展示，缺点是在需要同时展示大批量空间数据信息时，性能较低。ActiveX 控件的特点是安装后可以在浏览器中达到接近桌面程序的性能，可以展示和处理较大的空间数据信息，缺点是插件升级维护不便，一旦插件需要更新，需要所有浏览器客户端重新下载安装，在网络环境差的使用场合，这种插件技术难以实时同步更新，另外，ActiveX 控件只能在 Windows 系统中使用 IE 内核的浏览器中运行，不能实现跨平台访问。Applet 技术的优点是它借助于 Java 虚拟机的跨平台特性可以方便地实现跨平台跨浏览器运行，但其也具有致命的弱点，在访问嵌入 Applet 的网页时，需要从服务器端下载 Applet 程序的 Jar 包至本地，然后在客户端本地的 Java 虚拟机中运行，虽然这个下载操作每次访问只需要进行一次，但其下载过程直接导致了用户体验差，并且受当时网络带宽发展水平的限制，这个下载过程让用户难以接受，只适合在局域网环境中部署和使用。

10.2.2 面向服务的 WebGIS 体系结构

随着计算机和互联网技术的发展，面向服务架构 SOA 概念被提出并被各大软件服务厂商所采用，SOA 是在分布式环境中，将各种功能接口都以标准的服务接口形式提供给终端用户或其他服务。Thomas Erl 指出，SOA 由一组服务组成，这些服务使用服务描述来保持松散耦合，并且以消息传递作为其通信方法，这些核心特征由面向服务原理塑造和支持，它构成了服务级设计的基础。一般来讲，SOA 是一种组件模型，它可以将应用程序的各个功能模块封装成各自对应的 Web 服务接口，通过 Web 服务定义的接口和协议将其联系起来。接口采用中立的方式定义，独立于具体实现服务的硬件平台、操作系统和编程语言，使得构建在这样的系统中的服务可以使用统一和标准的方式进行通信。这种具有中立的接口定义的特征称为服务之间的松耦合。用户不但可以通过门户站或其他客户端程序访问使用这些服务，还可以根据各自不同的需求对服务接口进行自定义二次组织和调用。同时，整个服务框架中还可以添加诸如注册中心和门户网站的管理层，以有效组织和管理 Web 服务。

传统的 WebGIS 体系结构中的 Web 服务将业务应用门户程序与 GIS 程序捆绑在一起，动态网页后台处理程序直接调用 GIS 软件程序接口，这样开发出来的 WebGIS 接口难以提供给第三方软件使用，这是因为它缺乏标准的调用接口，SOA 恰好能解决这一难题，于是便出现了面向服务的 WebGIS 体系结构，如图 10-2 所示。

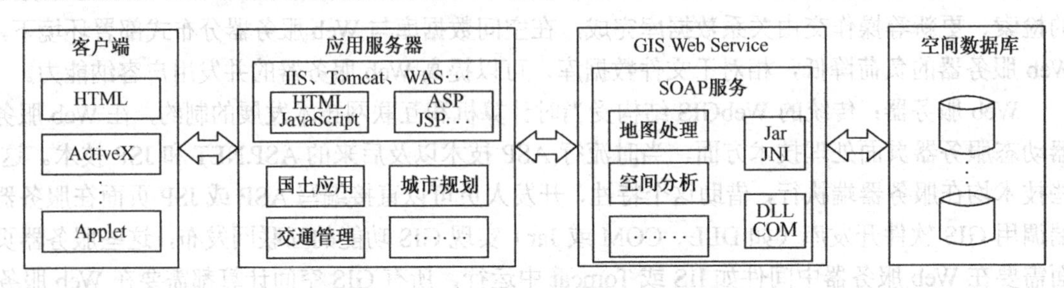

图 10-2　面向服务的 WebGIS 体系结构

与传统的 WebGIS 体系结构相比，这种基于 SOA 的体系结构可以处理日益复杂的业务需求，可实现 GIS Web Service 的分布式部署，各个 WebGIS 应用系统可以直接远程调用标准的 GIS Web 服务接口实现 GIS 功能，WebGIS 服务提供商可以对外提供标准的 GIS Web 服务接口，业务应用系统只需要维护应用门户系统和服务器，降低开发维护难度和成本，从而使 WebGIS 服务提供商可以方便地吸纳和拓展新的业务伙伴。另外，GIS Web 服务器与应用系统服务器实现了分离，在分布式部署环境下，使 GIS 计算任务与应用系统中的业务计算任务相分离，从而降低了提供 GIS 服务的服务器的负荷。空间数据的复杂性决定了 WebGIS 的性能瓶颈在于进行复杂空间计算的服务器处理能力有限，因此这种面向服务的 WebGIS 体系结构能在一定程度上提高 Web 服务的并发处理能力，满足日益增长的用户数量的需求。

基于 SOA 提供标准的 GIS Web Service 具有支持分布式跨平台、跨语言调用的优势，使用服务的客户端可以是 Windows、Linux、Mac 等操作系统，应用客户端可以使用 C#、Java、C++等各种语言调用标准的 Web Service 接口。其部署和调用的简便性扩大了 WebGIS 的应用领域，为 WebGIS 体系结构的发展起到了重要的促进作用。

10.2.3　GIS 服务器独立的 WebGIS 体系结构

随着软件开发技术和行业应用需求的发展，WebGIS 应用领域和 GIS 功能应用不断深入，WebGIS 应用从简单的网络地图发布和浏览功能发展为涵盖地图漫游、地图要素查询编辑、空间分析、投影变换等复杂 GIS 功能的综合 WebGIS，WebGIS 中的功能已开始逐渐替代了传统的桌面 GIS，一些常见的 GIS 功能均可以通过网页的形式在浏览器中实现。随着 WebGIS 功能的深入和用户需求的增加，面向服务的 WebGIS 体系结构在性能方面的缺陷逐渐呈现出来，不能满足日益增长的 WebGIS 业务需求和性能要求，其性能瓶颈主要是 GIS Web Service，由于 Web 服务与 GIS 功能库高度耦合，使得 GIS Web 服务器既要处理服务接口的并发访问请求，又要处理复杂的 GIS 计算任务，而 GIS Web Service 又需要在 Web 服务器中间件如 IIS 中运行，必须由 Web 服务器中间件进程执行 GIS 计算任务，这使得 GIS Web 服务器负荷较高，在大用户量并发访问情况下难以及时处理并给出响应。为了解决这一现状，使 GIS Web

服务中的 Web 服务请求处理和 GIS 计算相分离的 WebGIS 体系结构出现了，如图 10-3 所示。

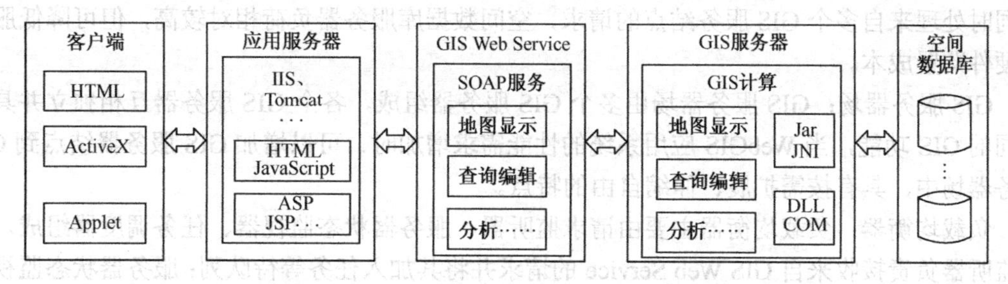

图 10-3　GIS 服务器独立的 WebGIS 体系结构

具有独立 GIS 服务器的五层 WebGIS 体系结构与面向服务的 WebGIS 体系结构相比，在并发处理和用户容纳能力方面有所提升，GIS 服务器与 GIS 开发库紧耦合，GIS 服务器仅处理所有的 GIS 计算任务，而 GIS Web Service 的作用是仅提供标准的 SOAP 服务接口给 WebGIS 应用系统使用，其仅需要处理来自应用服务器的并发访问请求，将最终的 GIS 计算任务提交给 GIS 服务器执行，实现 GIS Web Service 与 GIS 开发库脱离，从而使 GIS 服务器可以以独立进程的方式运行，摆脱需要依赖 IIS、Tomcat 等 Web 中间件进程的限制，提高程序的执行性能。这种体系结构解决了 GIS Web Service 存在的性能瓶颈问题，在一定程度上提高了整个 WebGIS 的并发处理能力。

10.2.4　集群环境下的 WebGIS 体系结构

近几年，WebGIS 发展非常迅速，基于 WebGIS 的各种专业化引用和大众化应用百花齐放，其已广泛应用于气象、地质灾害、电网、管网、电信、消防、公安、农业、林业等各个行业领域，随着 WebGIS 技术成熟度的提高，很多具有丰富空间数据的行业都需要将其在网络上发布提供给行业内用户或公众使用，这给 WebGIS 带来了巨大的挑战，要满足大众用户的访问需求，传统的 WebGIS 模型已无法应对，虽然图 10-3 所示的 WebGIS 体系结构已经将 GIS Web Service 和 GIS 服务器分离，但单个 GIS 服务器的计算能力是有限的，无法满足访问用户数日益增大的 WebGIS 应用需求。因此，迫切需要一个能自由扩展处理能力的 WebGIS 体系结构，在此背景下，基于服务器场的 WebGIS 体系结构出现了，如图 10-4 所示。

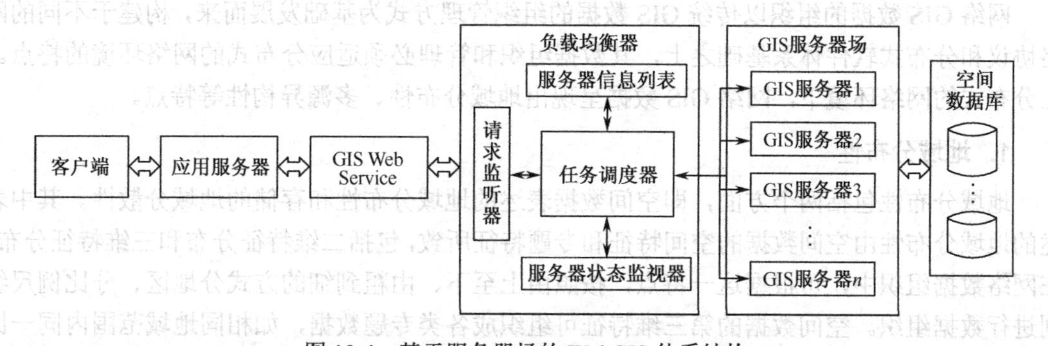

图 10-4　基于服务器场的 WebGIS 体系结构

空间数据库：空间数据库与 GIS 服务器场中的 GIS 服务器结点可以是一对一关系，也可以是一对多关系。如果采用一对一方式，一个空间数据库只需要处理来自一个 GIS 服务器的空间数据存取任务，空间数据库服务器负荷小，但是服务器硬件购置成本高，如果对空间数据有更新操作，还需要考虑数据同步和恢复策略；如果采用一对多方式，一个空间数据库需要同时处理来自多个 GIS 服务结点的请求，空间数据库服务器负荷相对较高，但可降低服务器硬件购置成本。

GIS 服务器场：GIS 服务器场由多个 GIS 服务器组成，各个 GIS 服务器互相独立并具有相同的 GIS 功能，当 WebGIS 应用系统的性能需求增加时，可以增加 GIS 服务器结点到 GIS 服务器场中，具有按需扩展、伸缩自由的特点。

负载均衡器：负载均衡器主要由请求监听器、服务器状态监视器、任务调度器组成。请求监听器负责接收来自 GIS Web Service 的请求并将其加入任务等待队列；服务器状态监视器定期检测 GIS 服务器场中各个 GIS 服务器结点的负载状态；任务调度器采用某种负载均衡算法将任务等待队列中的任务分配到 GIS 服务器场中的某个 GIS 服务器结点进行处理，常见的负载均衡调度算法有最小负载均衡算法、最少连接数算法等。

这种基于服务器场的体系结构不但具有规模可调的特点，还具有较好容错和故障恢复能力，负载均衡器中的服务器状态监视器既可以检测 GIS 服务器结点的负载状态，同时也可以检测 GIS 服务器结点工作是否正常，如果发生故障，可以通知负载均衡器中的任务调度器，将未处理完成的请求转移到另一个正常的 GIS 服务结点继续执行得到正确的结果。

10.3 网络 GIS 数据组织与管理

10.3.1 网络 GIS 数据组织概述

空间数据组织和管理是 GIS 理论与技术发展的基础问题，是指通过研究地理实体的几何信息分布、专题信息和时态变化，进而研究它们在计算机中的存储、管理和分析方法。其中，几何信息包括位置信息和空间关系；专题信息包括地理实体属性及地理实体之间的非空间关系；时态信息描述地理实体随时间的变化，可反映在几何信息与专题信息中。例如，通过地理认知可将地表现象抽象为点、线、面、体四种类型，为了在计算机中再现这些地表现象及其相互关系，根据计算机科学的有关理论和技术（如计算机图形学、数据库、数据结构等），选择合适的数据模型和数据结构存储其空间信息，使其空间特征、属性特征和时间特征能够被高效地调度和管理。

网络 GIS 数据的组织以传统 GIS 数据的组织管理方式为基础发展而来，构建于不同的网络协议和分布式软件体系基础之上，其数据组织和管理必须适应分布式的网络环境的特点。在分布式的网络环境下，网络 GIS 数据呈现出地域分布性、多源异构性等特点。

1．地域分布性

地域分布性包括两个方面，即空间数据表述的地域分布性和存储的地域分散性。其中表述的地域分布性由空间数据的空间特征和专题特征所致，包括二维特征分布和三维特征分布。在网络数据组织中，可根据这一特点，按照由上至下、由粗到细的方式分地区、分比例尺级别进行数据组织。空间数据的第三维特征可组织成各类专题数据，如相同地域范围内同一比例尺地图既有道路数据也有水文数据，既有地籍房产数据也有地下管线数据等。存储的地域分散性是指在现实中，不同专题的空间数据往往由不同行业部门采集、存储、处理和管理，客观上造成不同专题的空间数据存储在不同的部门、地域等。因此，在网络 GIS 应用中，要根据数据特点进行分专题、分类别的组织，并且根据数据存储分布状况进行架构网络硬件。

2. 多源异构性

多源是指空间数据的来源广泛，不仅包括矢量数据和栅格影像，还包括业务部门采集的专题数据，如公共设施数据、建筑物数据等。异构数据是指结构不一致的数据。由于数据的多语义性、多时空性、多尺度性、获取手段的多样性、存储格式的不同以及数据模型与数据结构的差异等，导致多源异构数据的产生，给空间数据集成和信息共享带来困难。因此，需要根据空间数据的不同结构特征，采用合理的组织和管理方法，并且考虑它们之间的转换和交互。

由此可见，网络 GIS 的数据组织管理，必须充分考虑提高 GIS 数据互操作性，提升 GIS 的运算能力，扩展 GIS 应用范围。同时考虑到网络带宽、异构网络环境等因素的影响，需要重新设计 GIS 数据的组织方式。由于数据具有地域分布性，所以只能采用多级分布式数据管理策略，通过服务共享的方式获取数据为我所用。同时，由于网络 GIS 数据除包含常见的矢量数据、瓦片数据等外，通常还包含多源异构的专题数据和第三方数据等，因此同样需要对其进行组织管理。通俗地讲，网络 GIS 数据的特性是更偏向于利用数据，通过基础数据组织管理、元数据管理、专题数据制作等方式，使多源异构的数据通过网络发布，为行业和公众所用。

10.3.2 基础数据组织

1. 网络矢量数据组织

矢量数据结构是一种常见的图形数据结构，即通过记录坐标的方式，尽可能地将点、线、面等地理实体表现得精确无误。其坐标空间假定为连续空间，不必像栅格数据结构那样进行量化处理，因此矢量数据能更精确地定义位置、长度和大小。下面主要从矢量数据压缩和渐进式传输来讲解网络矢量数据组织的原理和方法。

（1）矢量数据压缩

空间数据压缩对于空间数据网络传输以及提高整个网络系统的效率来说是一项很重要的工作，空间数据的网络传输在现阶段条件下一直是限制网络 GIS 应用的瓶颈之一，因此有必要对空间数据在网络传输之前进行压缩，以便减少空间数据网络传输时间，从而提高整个系统的效率。

矢量数据压缩方法根据要压缩空间对象，主要分为曲线数据压缩和面域数据压缩。经过特殊处理，面域数据压缩可以划归为曲线数据压缩的特殊形式，因此许多压缩方法仅仅阐述对曲线矢量数据的压缩方法。目前，曲线数据压缩算法主要有：垂距限值法、角度限值法、光栏法、Douglas-Peucker 算法，以及近几年发展起来的小波压缩方法。

根据压缩后矢量数据是否有损可分为有损压缩和无损压缩。有损压缩方法比较著名的主要有两种：一种是经典的 Douglas-Peucker 算法及其改进算法；另一种是基于小波技术的压缩方法。矢量数据的无损压缩方法也有两种：一种是成熟的、通用的压缩方法，如 zip，rar 和 cab 等，这种方法没有考虑矢量数据特有的特征，压缩率不高，很少有人仅仅利用该种方法对矢量数据进行压缩，一般和其他方法结合使用；另一种是考虑矢量数据本身的特征以及矢量数据的表达精度的有限性，对其存储的数据类型进行处理来达到数据压缩的目的，如用整型数值代替浮点型数值来存储空间坐标点以取得较高压缩比例的方法。

（2）渐进式传输

空间数据的渐进式传输是在网络环境下矢量空间数据多尺度表达的应用，是空间数据从小比例尺下的概略表达向大比例尺下的详细表达的转变过程，也就是地图综合的逆过程，它需要地图综合技术作为支撑，强调综合的过程性，如图 10-5 所示。

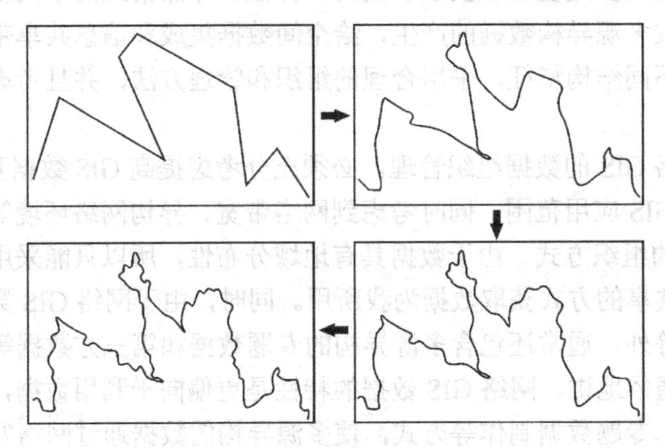

图 10-5 曲线的渐进式显示

矢量空间数据的渐进式传输是一种新型的数据传输方式，它利用空间数据的多尺度特征，实现空间表达从粗糙到精细的渐进式传输与可视化。Bertolotto 和 Egenhofer 最早提出矢量数据渐进式传输的概念，并建立了一种渐进式传输的形式化模型，运用综合算子及其组合定义了实现这一渐进式传输形式的几种操作。

矢量空间数据的渐进式传输是一种新型的数据传输方式，利用空间数据的多尺度特征，实现空间表达从粗糙到精细的渐进式传输与可视化。与传统的传输方式相比，渐进式传输的优点如下。

① 实现了“边传输，边显示”，缩短用户作业的响应时间。渐进式传输首先传输研究区域的概略表达数据，然后逐步叠加细节数据。与完整表达的数据量相比，概略表达的数据量是非常小的，在概略表达的数据被下载之后，客户端即可以进行显示，这样就缩短了用户作业的响应时间。

② 渐进式传输是自适应的传输。它可以根据客户端的比例尺和分辨率决定传输的数据量，如在小比例尺低分辨率下，只传输概略数据，如果用户进一步对某区域放大，再传输该区域的细节数据，在原概略数据的基础上叠加或变换，则用户可以得到与比例尺相匹配的空间表达。

③ 实现了传输过程与用户的交互。在传输过程中，一旦用户发现显示的数据已经可以满足自己的需求，则可以随时停止传输。这样就避免了传输不必要的数据而浪费时间和网络资源。

④ 尊重了由粗到细的空间信息认知规律，起到了信息导航的作用。人们对空间现象的认知表现为从总体到局部、从概略到细微、从重要到次要的层次顺序，在传统地图技术表达中，通常通过概略图、区位图、索引图等方式配于主地图内容实现地物目标的搜索和空间信息的查询。渐进式传输展示了从大范围主体信息内容到局部区域细微信息内容的动态表达，从而引导用户对感兴趣的区域进行认知转移，辅助用户截取其感兴趣的局部区域，并沿着该路径深入细节内容，具有信息导航的作用。

基于渐进式传输的矢量空间数据组织模型可参考相关文献。

（3）二三维一体化

由于二维模型和三维模型不论在数据结构还是在建模流程上都有很大的不同，再加上GIS里有很多功能都是基于二维开发的，所以二维数据与三维数据不论是在建模、数据管理，还是在数据可视化及数据集成等方面都没有做到很好的统一，这导致二维和三维在相似的应用上做重复开发。

二维GIS拥有成熟的数据结构、多种多样的专题图和统计图、丰富的查询、强大的分析手段、成熟的业务处理流程等；但三维GIS比二维GIS更加直观、更加具体，容易被更多的用户所接受。当前的二维GIS和三维GIS各具优势，如果能在一个系统中同时包含二维和三维GIS的功能，则有利于更直观和方便地表达GIS信息。

二三维一体化的内容主要包括数据模型一体化、数据管理一体化及数据显示一体化和应用开发一体化等，如图10-6所示。

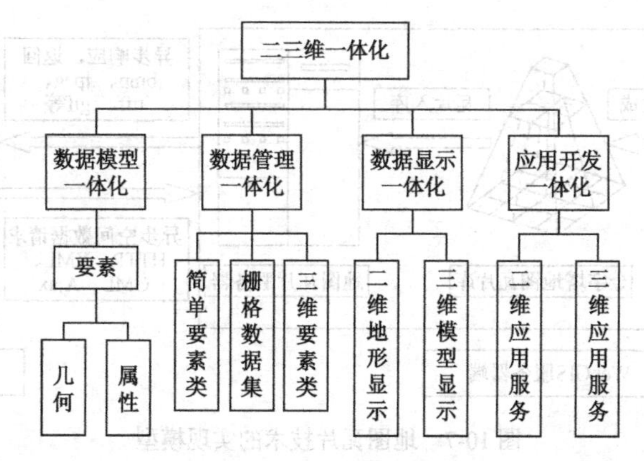

图10-6　二三维一体化示意图

数据模型一体化是从要素模型的概念上对二维数据模型、三维数据模型进行统一的表达，使得二维、三维数据能够采用统一的概念进行管理。地上建筑景观模型、地表模型、地下地质模型都是基于同一空间数据逻辑模型建立的，不同的模型都能够抽象得到一样的空间数据模型，在数据模型层面提供了统一的操作方式，为二维、三维模型的一体化显示、一体化管理、一体化分析奠定了基础。

数据管理一体化是基于分类的概念将空间数据库以统一的要素类、要素数据集进行一体化管理。将地上建筑景观模型、地表模型、地下地质模型这三者数据放在同一数据库中统一存储与读取，无差别地运用图层进行数据组织与管理，实现了在同一平台上多模型的统一管理。

数据显示一体化是采用可视化技术将二维显示与三维显示以统一的视图展现，使得建模效果更加突出二三维的综合显示应用。地面上方的各种建筑、景观模型的建立，地表上地形数据的三维显示，地下地质结构模型、地下管线、地下建筑物的建立与显示等，都能够在同一个场景中一体化展示，即三种模型完全集合在一起显示，相互间不存在缝隙或与实际不符的情况，完整地反映出该区域的全部空间信息。

应用开发一体化是基于平台的数据仓库服务与功能仓库服务技术，屏蔽二三维应用差异，集成二维和三维应用功能。

2．网络瓦片数据组织

网络GIS实现方式多种多样，其中以基于HTTP、XML、GML的B/S结构的瘦客户端和Ajax（Asynchronous JavaScript and XML）的RIA（Rich Internet Application，富网络应用或富客户端）技术模式为主流。其中后者用户只要拥有一台可上网的计算机和任意一款浏览器，不需要安装任何插件或其他客户端软件，就可以使用网络GIS带来的服务。客户端只完成数据量较小的简单操作和应用功能，其他所有的基础性、全局性的GIS功能操作都集中在服务器端实现，因此，服务器端的实现方式会直接决定网络GIS的性能。而其中Web地图的生成、发布、显示和浏览速度是决定网络GIS性能的关键。传统的网络GIS是客户端发送一次地图浏览请求，服务器根据请求实时生成一张图片，时间长、效率低、出图慢。

（1）地图瓦片技术的实现模型

地图瓦片技术的实现模型如图10-7所示，主要由服务器端的金字塔地图瓦片库的构建和客户端的Ajax技术组成。

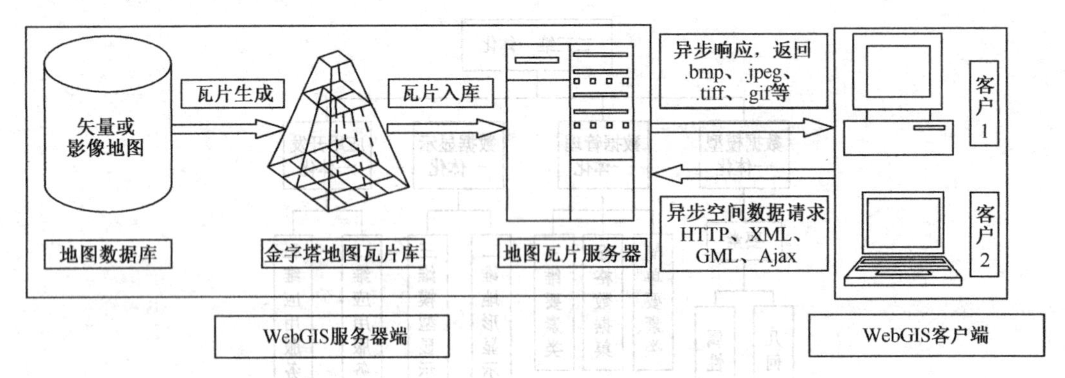

图10-7　地图瓦片技术的实现模型

服务器端的金字塔地图瓦片库的构建方法：主要是对数据库中的空间数据进行符号化显示和分层瓦片切割（瓦片大小可以是128像素×128像素、256像素×256像素、512像素×512像素等），生成不同层次的电子地图瓦片，建立金字塔地图瓦片模型，采用数据库或文件目录的方式对地图瓦片数据进行入库或存储管理，并且对金字塔地图瓦片建立线性四叉树瓦片索引。金字塔的每层分别对应某个比例尺的数据集，底层的地图比例尺最大，顶层的地图比例尺最小。每一个比例尺的数据集可以对应一层或多层的金字塔地图瓦片。利用客户端的Ajax技术编写各类丰富的客户端操作，使其能够完美地控制地图瓦片和地理信息的显示，以满足复杂的地图操作需求。当用户请求某一范围的地图时，服务器只需将相应的地图瓦片数据返回给用户即可。由于图片无须实时生成，所以大大减轻了服务器的负担，并缩短了系统响应时间。

（2）金字塔地图瓦片模型的构建

金字塔地图瓦片模型实际上是一个四叉树结构模型，金字塔每一个层级的结点个数是2^{2n}个，层级索引n从0开始计数，第0层为1个结点，通常可以视为根结点，第1层为$2^{1\times2}$个结点即4个结点，第2层为$2^{2\times2}$个结点即16个结点……。这刚好可以用来描述一个有规律的地图比例尺和显示分辨率的划分。在第0层时，假设一张图片可以看到整个区域的地图，在第1层时，只能显示1/4区域的地图，在第2层时，就只能看到1/16区域的地图，如图10-8所示。

金字塔地图瓦片模型是一种多分辨率层次模型，从瓦片金字塔的顶层到底层，地图显示比例尺越来越大，分辨率越来越高，但每一层的所有瓦片表示的地理范围不变。金字塔地图瓦片模型的构建算法如下（以构建中国全境金字塔地图瓦片模型为例）。

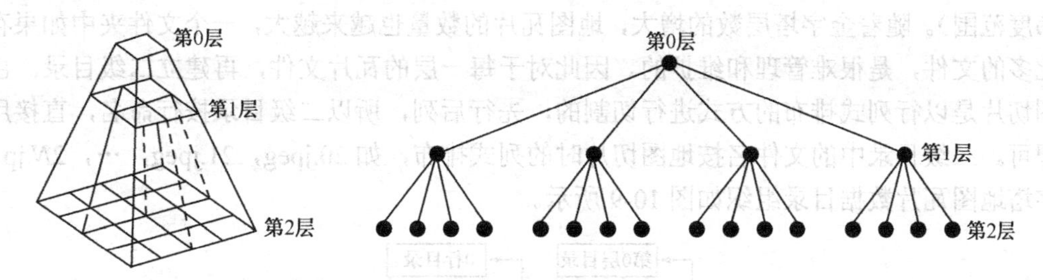

图 10-8　金字塔地图瓦片模型

① 确定地图服务器中有几种比例尺的地图数据集。假设数据库中有 1∶400 万、1∶100 万、1∶25 万三种比例尺的全要素矢量地图数据。

② 确定网络 GIS 地图服务器所要提供的电子地图缩放级别的数量级 n，也即金字塔地图瓦片的层数 n。对于以上三种比例尺地图数据，经过试验，n 确定为 9 层。其中由 1∶400 万数据制作顶层的第 0、1、2 层金字塔地图瓦片，1∶100 万数据制作第 3、4 层金字塔地图瓦片，1∶25 万制作第 5、6、7、8 层金字塔地图瓦片。

③ 确定金字塔地图瓦片的地图投影和制作软件。由于以上三种比例尺的原始地图投影是不相同的，1∶400 万为等积双标准纬线圆锥投影，1∶100 万为等角圆锥投影，1∶25 万为高斯-克吕格投影，如果按照各自的投影方式显示，则同一种比例尺的地图在跨带的位置会有裂隙，不同比例尺同一范围区域由于投影变形大小不一致，很难按四叉树结构模型构建地图瓦片。况且网络 GIS 地图主要用电子地图的形式浏览和显示，对于屏幕大小的显示范围，投影变形所带来的误差随着地图比例尺的增大会越来越小。因此，对于具有不同原始地图投影的数据集，金字塔地图瓦片的地图投影可采用经纬度地图投影（任意圆柱投影）。确定了地图投影，制作软件可以采用支持地图数据库中的数据格式、电子地图显示效果好、地图瓦片生成快的任意一款 GIS 软件，如国产的 MapGIS，国外的 ArcGIS 均可。

④ 第 0 层金字塔地图瓦片制作。采用 GIS 软件将地图比例尺最小的 1∶400 万地图生成一张显示比例尺为 1∶800 万的电子地图图片。此时对要素需要进行选择，由于地图显示比例尺比实际地图数据比例尺要小，所以不能将地图上所有的要素全部显示，选择重要的。如地名，只显示省会以上城市即可。然后对该地图图片进行切片，从地图图片的左上角开始，从左至右、从上到下切割成相同大小（如 256 像素×256 像素）的正方形地图瓦片，形成第 0 层金字塔地图瓦片。

⑤ 采用同样的方法生成第 1～8 层，构成整个金字塔地图瓦片。注意当用 1∶100 万、1∶25 万数据生成瓦片时，任何软件系统都不可能将全国范围的同一比例尺数据生成一张整的图片，这时图片必须分区域生成，区域的划分满足四叉树结构模型即可。区域图片生成后，按同样方法将地图切割成相同大小（256 像素×256 像素）的正方形地图瓦片。

（3）金字塔地图瓦片数据的组织

在网络 GIS 中，金字塔地图瓦片数据在地图瓦片服务器中可采用文件目录或数据库的方式对地图瓦片进行存储。基于文件目录的空间数据存储模式，是将金字塔地图瓦片文件直接以文件目录的结构来组织。不同分层上的数据按不同的目录组织，层目录名可由金字塔层数、地图比例尺、原始地图的经度范围和纬度范围根据某种换算生成，如第 0 层的目录命名为“0_400_5_6”（0 代表第 0 层金字塔、400 代表 1∶400 万地图数据，5_6 代表经纬度范围，假设第 0 层金字塔地图瓦片由 5 行、6 列共 30 张地图瓦片组成，那么每一张地图瓦片有固定的经纬度范围）。随着金字塔层数的增大，地图瓦片的数量也越来越大，一个文件夹中如果存储如此多的文件，是很难管理和维护的。因此对于每一层的瓦片文件，再建立二级目录。由于地图切片是以行列式排布的方式进行切割的，先行后列，所以二级目录按行命名，直接用数字即可。二级目录中的文件名按地图切片时的列式排布，如 20.jpeg，21.jpeg，…，2*N*.jpeg。金字塔地图瓦片数据目录组织如图 10-9 所示。

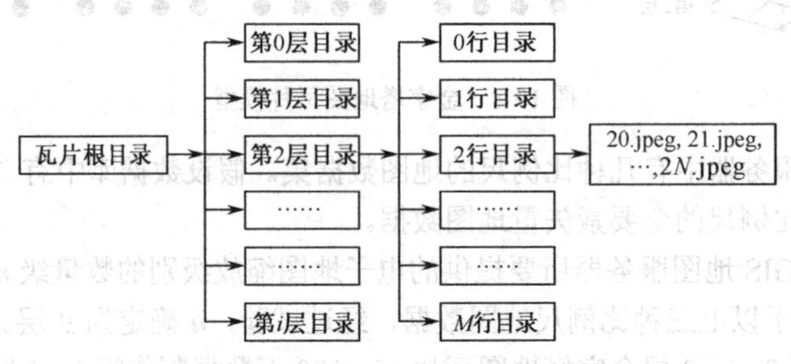

图 10-9　金字塔地图瓦片数据目录组织

当客户端用户发出地图数据请求时，服务器根据用户请求的地图数据的范围可以直接定位到相应目录下的瓦片文件。直接使用文件夹进行瓦片数据组织和管理，实现起来更容易，系统响应速度更快、稳定性更好。这种模式非常适合用户访问量大、对响应速度要求高且对 GIS 功能要求较少的平台，如面向公众提供网络 GIS 服务的门户网站。但是，由于大量的瓦片文件没有统一的管理平台，维护和更新比较麻烦，所以对于数以千万级的地图瓦片文件来说，最安全的方式还是使用地图数据库进行管理。地图数据库管理平台可以方便地实现地图瓦片的更新和维护。但是，对不同金字塔层的地图瓦片需要建立索引机制，同时对于地图瓦片的入库、查询、发布等都需要编写大量的代码实现，实现起来比较复杂。由于系统能方便地实现地图瓦片的更新和维护，在建立索引机制的情况下，响应速度较快，并且兼顾了后台管理和前台快速发布，其在大多数场合下都适用。

（4）地图瓦片索引机制的建立

本文采用四叉树结构模型构建金字塔地图瓦片模型。因此，采用线性四叉树来建立地图瓦片的存储索引，每张瓦片代表四叉树中的一个结点，以实现快速定位到金字塔中某层的地图瓦片，有效管理瓦片数据。在金字塔地图瓦片模型基础上建立线性四叉树瓦片索引，即逻辑分块、物理分块和瓦片结点编码。其中最关键的是结点编码。

① 逻辑分块与前面金字塔地图瓦片模型的构建相对应，规定地图瓦片的划分从地图图片的左上角开始，从左至右、从上到下依次进行。同时规定四叉树的层编码与金字塔地图瓦片模型的层编码保持一致，即四叉树的底层对应金字塔的底层。

② 物理分块在逻辑分块的基础上对地图数据生成的电子地图图片进行物理分块，生成地图瓦片，对边界瓦片中的多余部分用默认像素值填充。生成的地图瓦片的文件名按其所处的瓦片所在的行号、列号进行编号。

③ 线性四叉树的瓦片结点编码由于瓦片是按行、列矩阵方式切割的，因此可用二维数组来存储瓦片索引，每个二维数组和某一层瓦片矩阵相对应，设为 Tile_*n*，其中 *n* 表示瓦片矩阵的层号。二维数组中的每个元素就是它对应的地图瓦片的存储路径，它的下标值和它所对应的地图瓦片在矩阵网格坐标中的坐标值相同。再采用一个一维数组来存储瓦片矩阵的层号，

设为 LayerTile，一维数组中某个元素的索引和它所对应的瓦片矩阵的层号相同。地图瓦片索引布局如图 10-10 所示。

使用这种数据结构，可以很轻易地索引到瓦片的存储路径。设第 n 层某张地图瓦片的行号、列号为(x,y)，则这块地图瓦片的存储路径简写为 LayerTile[n][x][y]。其中 LayerTile[n]即 Tile_n 的起始存储位置。

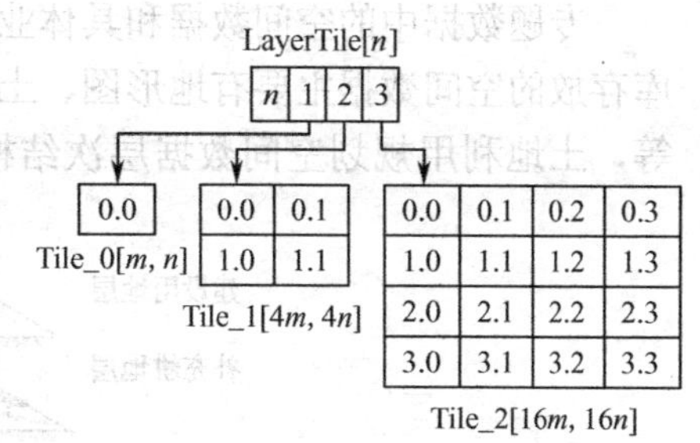

图 10-10　地图瓦片索引布局

10.3.3　专题数据组织

专题数据组织面向具体的业务，本文以土地规划利用所涉及的相关数据为例，介绍网络专题数据组织的常用方式。

专题数据组织指的是与具体业务相关的数据，通常来讲，按照数据的存在形式可以分为空间数据、属性数据和文档类数据三大类。按照业务侧重点不同，表达的专题数据要素也有明显差异，但也存在部分数据的重复使用。因此，存储管理专题数据的基本思路是，在认真分析所有专题数据使用的基础上，以专题图为单位组织存放数据为主，部分重复使用的数据集中存储，以保证在满足制图要求的基础上，减少数据冗余，避免数据不一致和减少数据更新维护的工作量。

专题数据以专题图形式集中保存，使专题数据组织简单明了，便于管理维护，使用时可通过属性直接连接统一的符号库进行符号化。对于部分重复使用的专题数据，一般集中保存在其主要隶属图中，其他专题图中不再存储。制图时可直接从主要隶属图中调用数据，并通过特定属性字段或符号库进行符号化显示。

具体到相关业务，如县（市）级土地利用规划数据库中的专题数据又可进一步细分。

（1）空间数据可以分为基础空间数据和项目数据。基础空间数据包括土地利用现状图、土地利用总体规划和专项规划图以及土地利用年度计划图；项目空间数据主要指建设用地图、补充耕地图。

（2）属性数据包括项目属性数据、各要素层的属性数据（土地利用总体规划图即包含多个要素层）。

（3）文档数据主要有规划文档数据（包含规划文档、规划调整文档等）、土地利用年度计划文档及建设用地项目与补充耕地项目文档数据，以文字文档和扫描图件文档的形式存在。

以上这几类数据通过索引有机地连接起来，可以用图 10-11 来表示专题数据之间的联系。

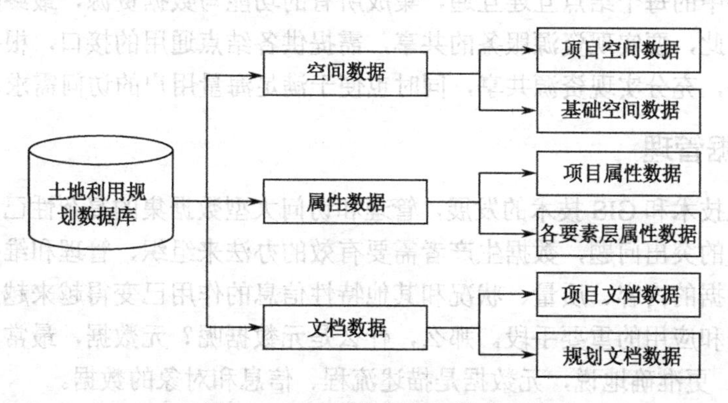

图 10-11　专题数据之间的联系

专题数据中的空间数据和具体业务密切相关，如列举的县（市）级土地利用规划，数据库存放的空间数据主要有地形图、土地利用现状数据、土地利用规划数据和各专项规划数据等，土地利用规划空间数据层次结构如图 10-12 所示。

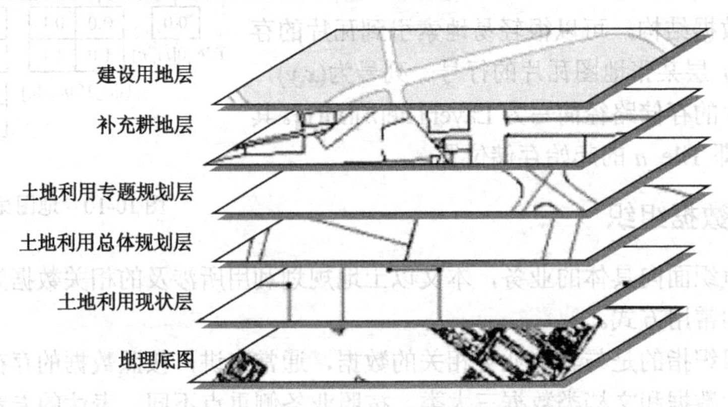

图 10-12　土地利用规划空间数据层次结构

10.3.4　共享服务数据

任何 GIS 应用系统都离不开数据。构建一个完整的网络 GIS 应用系统，实现资源服务共享，其数据是基础，对系统中数据的组织非常关键。面对越来越复杂的业务应用需求，GIS 需要各类数据源提供数据支持，因此涉及各种具有多源、异构、分布式等特性的数据。

网络 GIS 数据除对系统本身所具有的基础数据、专题数据进行组织外，还可以对来自第三方的空间数据进行组织和管理，本文将从第三方获取的多源、异构空间数据统一归纳为共享服务数据。这些共享服务数据主要是指第三方提供的具有 Web 共享服务功能的 GIS 空间数据，如符合 OGC 标准的 GIS 数据、天地图数据等。网络 GIS 支持来自第三方的各种格式空间数据图层的功能实现，如矢量数据、瓦片数据、遥感影像数据、三维景观数据等，数据均以图层方式发布，支持图层叠加显示，并且支持第三方地图服务，如 Google Map、Bing Map、天地图等地图显示、查询和统计功能。

对网络 GIS 中来自第三方的共享服务数据的组织，主要是通过提供通用接口来实现的。处在分布式网络中的各个 GIS 资源，即分布式结点，既作为资源服务器，通过 OGC 服务方式发布共享数据资源、功能资源，或者以自定义 Web 服务形式共享，同时它也是应用客户端，可调用结点本身的资源或访问同一分布式网络中其他结点的异构数据资源，实现应用系统功能。分布式网络中的每个结点互连互通，集成所有的功能与数据资源，最终融合成一个大型的资源网络。因此，要实现资源服务的共享，需提供各结点通用的接口，根据具体应用需要调用相应的服务，充分实现资源共享，同时也便于满足海量用户的访问需求。

10.3.5　元数据管理

随着计算机技术和 GIS 技术的发展，管理和访问大型数据集的复杂性已成为数据生产者和用户共同面临的突出问题，数据生产者需要有效的办法来组织、管理和维护海量数据。元数据作为描述数据的内容、质量、状况和其他特性信息的作用已变得越来越重要，成为信息资源的有效管理和应用的重要手段。那么，什么是元数据呢？元数据，最常见的定义是“关于数据的数据”。更准确地说，元数据是描述流程、信息和对象的数据。

元数据就是为了描述数据信息而诞生的，元数据通常来讲就是描述数据的数据。由于空间数据复杂，用元数据来描述空间数据，可以大大提高管理和利用空间数据的效率，让抽象的空间数据变得具体化，对于空间数据的利用也更加准确和方便，对于空间数据的管理也更加规范化，当然管理的手段就更加丰富。空间元数据是对空间数据进行描述的数据，它以结构化的形式描述地理数据集的内容、质量、表示方式、空间参考、管理方式以及数据集的其他特征。它不仅可以提供对空间信息数据的搜索、导航功能，而且便于数据的转换、维护、理解和使用。它是实现地理空间信息共享的基础，是数字地球的重要技术支撑条件之一。

本文主要介绍与网络 GIS 相关的地球空间元数据标准，反映了元数据的共性和地球空间数据自身的特征，为地球空间数据的使用和共享服务，是面向各类数据收集者和数据用户的。目前地球空间元数据已形成一些区域性和部门性的标准，如国际标准化组织的 ISO/TC211 元数据标准、加拿大标准委员会的地球空间数据集描述标准（CGSB），以及美国联邦地球空间数据委员会的地球空间元数据标准等。

（1）数字地球空间元数据内容标准。该标准由美国联邦地球空间数据委员会组织编写及发布，于 1992 年 7 月开始起草，几经修改，1994 年 7 月，FGDC 正式确认该标准为美国国家地球空间数据元数据标准，并于 1997 年 4 月发布其修订版。该标准的元数据由数据标识信息、数据质量信息、空间数据组织信息、数据空间参考消息、实体及属性信息、数据传播及共享信息和元数据参考信息 7 部分共 219 项数据组成，构成了对地球空间、时间多角度、全方位的描述。

（2）ISO/TC211 元数据标准。国际标准化组织于 1996 年通过了由其第三工作组组织完成的元数据标准，即 ISO/TC211 元数据标准，并于 1997 年发布了其修订版。该标准把元数据的内容分为 7 类，每一类又包括若干子类或具体元数据项，元数据内容有：标识信息、数据质量信息、空间数据表达信息、空间参考信息、特征与属性信息、数据传播信息、元数据参考信息、引述信息、联系信息，其中最后两部分内容为数据集使用的推荐参考信息。

（3）其他元数据标准。美国国家宇航局（NASA）为卫星及其他遥感数据的描述及不同系统之间的数据交换制定了目录交换格式（Directory Interchange Format，DIF）元数据标准。我国国家基础地理信息中心、国家信息中心、北京大学等单位也正在研究和制定元数据标准。

地球空间元数据是地球空间数据集成、共享的基础，随着空间数据共享技术的不断进展，空间元数据建设将会逐步完善充实。

10.3.6 网络 GIS 数据管理

目前，空间数据已经跨入海量数据时代，需要处理 TB 级甚至 PB 级数据，且数据的格式呈现多样化，数据访问和处理的速度必须满足业务需求，同时数据存储的要求也越来越严格和规范，数据保留期较长，从而导致数据管理越来越复杂，管理要求越来越高，难度越来越大。因此，数据管理需遵循操作简单、数据可用、安全可靠和管理规范的原则。

针对网络 GIS 数据的多源异构性特点，采用分布式数据管理体系，按照面向“服务”的思想进行跨平台的数据管理，其组网方案可概括为“纵向多级，横向网络”。在级与级之间，结点与结点之间采用一种“松耦合”方式进行连接，并采用面向“服务”的方式进行数据之间的存取操作。基于“谁管理数据谁提供服务”的原则，每个结点上的数据“管理者”提供“服务”，可解决不同平台不同系统之间、父结点与子结点之间、网络结点之间数据不同的问题。

在数据同步更新方面，可将面向“服务”的设计思想和面向“地理实体”的数据模型相结合，使网络结点之间、父结点与子结点之间，因不同操作系统、不同数据库平台、不同数据大小而产生的“异构数据库”实现增量更新与同步。空间数据的增量更新与同步可解决海量空间数据在互联网上的调用速度问题。

网络 GIS 数据的管理框架如图 10-13 所示。

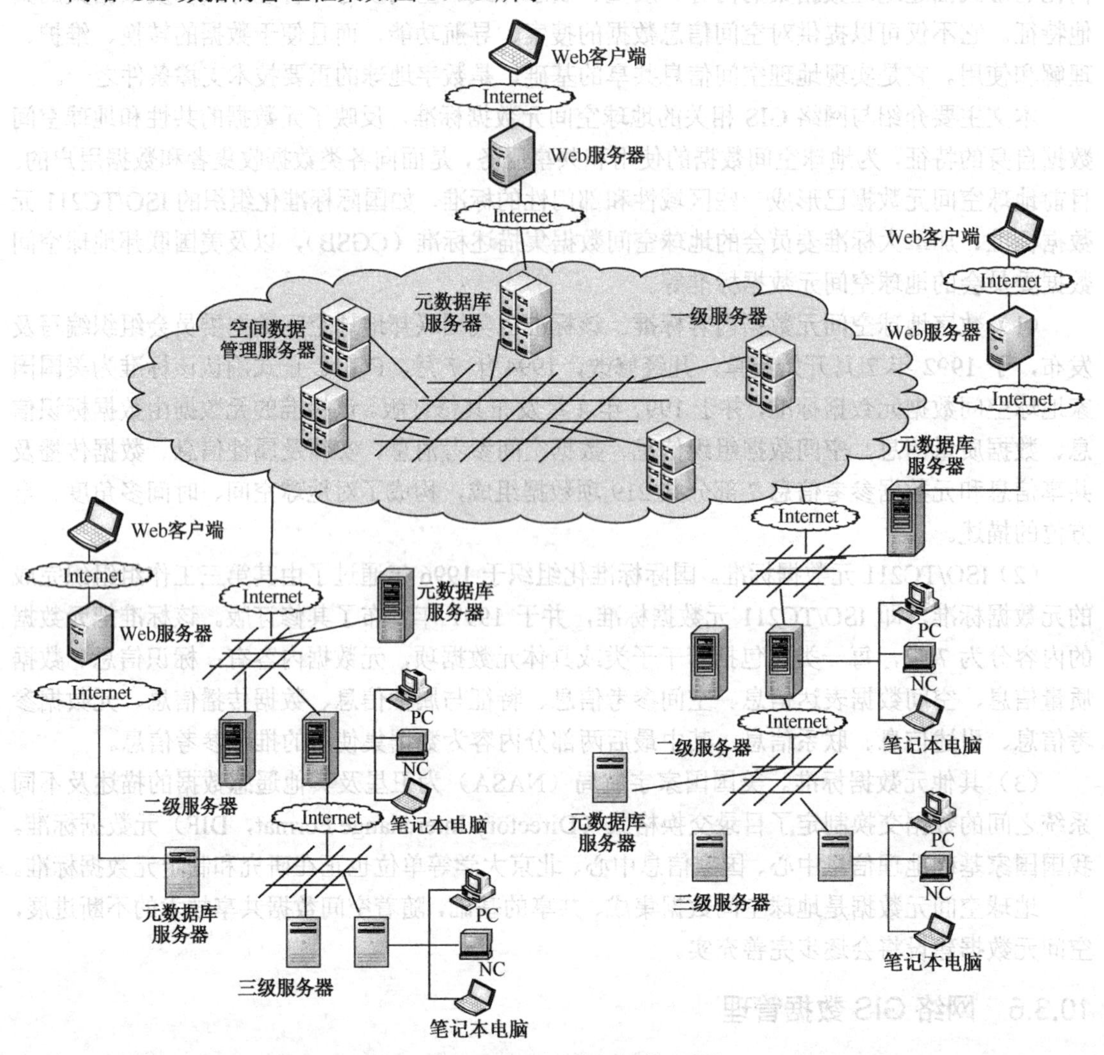

图 10-13　网络 GIS 数据的管理框架

由于空间数据的管理涉及不同级别数据的收集、存储、处理和应用等过程，要有效发挥数据的作用，必须保证数据的正确性、独立性、可靠性、安全性和完整性，减少数据冗余，提高数据共享程度及数据管理效率。对于涉密数据，必须考虑其保密性，防止通过网络传输泄密。

10.4　网络 GIS 关键技术

10.4.1　海量空间数据网络服务

GIS 服务器中的内核服务通过对 GIS 平台核心组件进行服务封装以网络服务的形式提供

数据服务，实现对海量空间数据的调度，数据服务主要职责是负责海量空间数据的高效网络发布，它与元数据服务紧密结合，GIS 服务器结点每发布一个数据服务，均会注册到服务结点元数据库中，通过元数据同步器将其同步到全局元数据库，服务调用者通过调用全局元数据服务可以检索到 GIS 服务器集群中所有服务结点通过数据服务发布的服务及数据相关的元数据信息，进一步实现目标服务器结点的数据服务的调用，这种服务管理机制和部署策略使网络 GIS 平台具备了对海量空间数据的分布式组织管理和调度的能力。海量空间数据服务模型如图 10-14 所示。

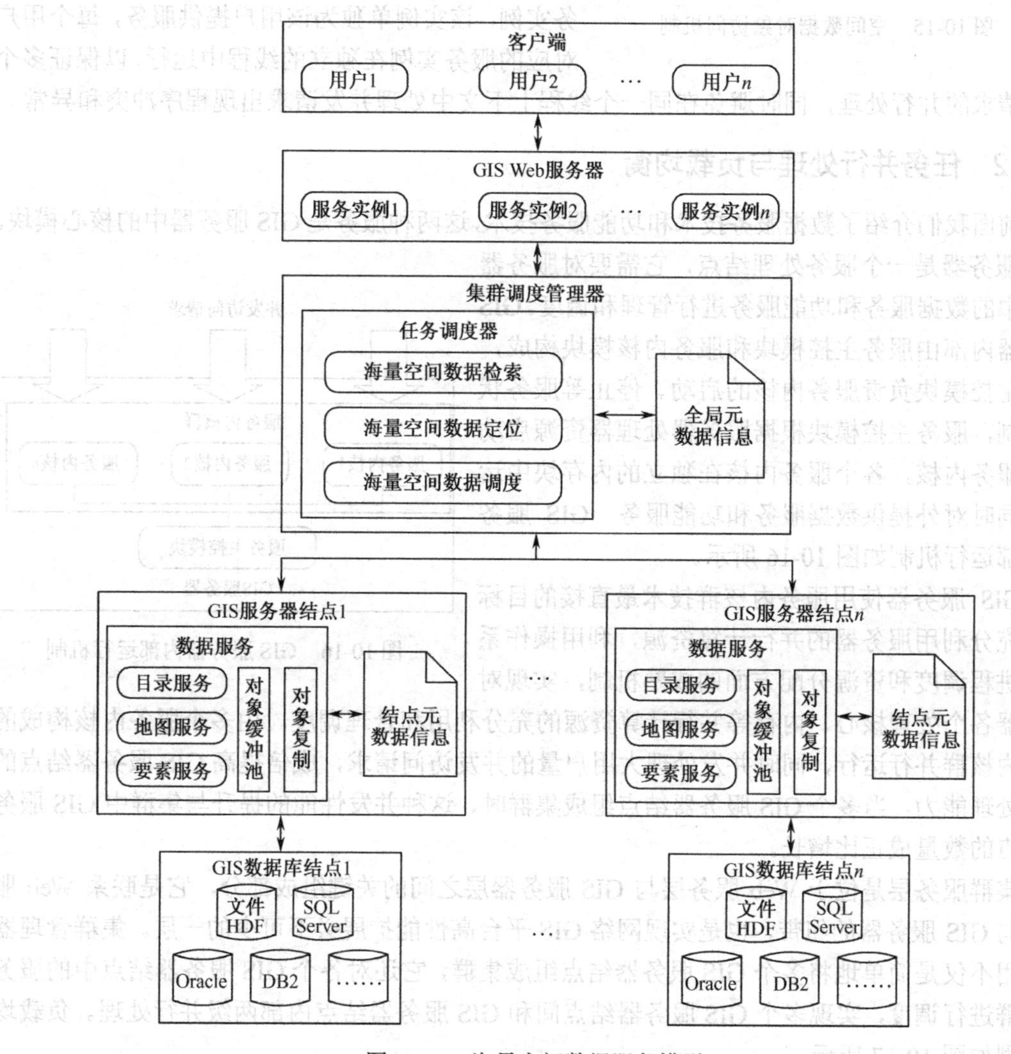

图 10-14　海量空间数据服务模型

数据服务主要提供目录服务、地图服务、要素服务，由于数据服务是 GIS 服务器结点提供的 GIS 核心服务，为了优化数据服务的性能，提高数据服务的并发处理能力，网络 GIS 平台采用了空间数据对象复制技术和对象缓冲池技术。一方面为每个并发访问用户创建空间数据对象副本，使每个用户独立使用一份空间数据对象，避免资源的共享访问冲突和锁机制带来的性能损失；另一方面为空间数据对象建立缓冲池，将最近使用的空间数据对象缓存到对象缓冲池中，每次需要获取空间数据对象时先从对象缓冲池中去检索对象是否存在，如果不

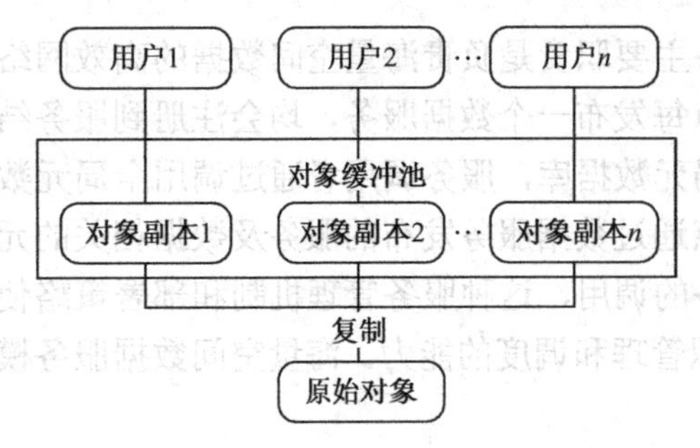

图 10-15　空间数据对象访问机制

存在则重新检索空间数据并重新加载和对象化，然后将其加入对象缓冲池，以减少频繁的磁盘读写带来的性能损耗。空间数据对象访问机制如图 10-15 所示。

为了满足并发访问的需求，数据服务采用了为每个会话创建一个服务实例的模式，即当接收到一个新的用户会话请求时，立即为该用户创建一个服务实例，该实例单独为该用户提供服务，每个用户对应的服务实例在独立的线程中运行，以保证多个用户请求的并行处理，同时避免在同一个线程上下文中处理并发请求出现程序冲突和异常。

10.4.2　任务并行处理与负载均衡

前面我们介绍了数据服务技术和功能服务技术，这两种服务是 GIS 服务器中的核心模块。GIS 服务器是一个服务处理结点，它需要对服务器结点中的数据服务和功能服务进行管理和调度。GIS 服务器内部由服务主控模块和服务内核模块构成，服务主控模块负责服务内核的启动、停止等服务状态控制，服务主控模块根据服务器处理器资源启动多个服务内核，各个服务内核在独立的内存块中运行，同时对外提供数据服务和功能服务。GIS 服务器内部运行机制如图 10-16 所示。

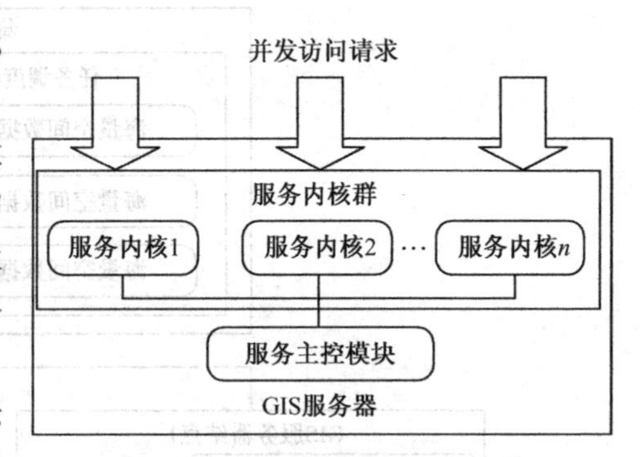

图 10-16　GIS 服务器内部运行机制

GIS 服务器使用服务内核群技术最直接的目标就是充分利用服务器的并行计算资源，利用操作系统在进程调度和资源分配方面的成熟机制，实现对服务器各个处理核心、内存等并行计算资源的充分利用和合理调度。由多个服务内核构成的服务内核群并行运行，同时并发处理大用户量的并发访问请求，成倍提高 GIS 服务器结点的并发处理能力，当多个 GIS 服务器结点组成集群时，这种并发性能的提升与集群中 GIS 服务器结点的数量成正比增长。

集群服务层是位于 Web 服务层与 GIS 服务器层之间的关键组成部分，它是联系 Web 服务器与 GIS 服务器的纽带，也是实现网络 GIS 平台高性能扩展必不可少的一层。集群管理器的作用不仅是简单地将多个 GIS 服务器结点组成集群，它还对各个 GIS 服务器结点中的服务内核群进行调度，实现多个 GIS 服务器结点间和 GIS 服务器结点内部两级并行处理。负载均衡模型如图 10-17 所示。

集群管理器的服务结点信息表中存储了加入 GIS 服务器集群的各个服务结点的服务地址等信息，集群管理器中还有结点状态监控器和负载权值收集器。前者负责实时监控各个服务结点的工作状态，如果结点发生异常，不能继续正常提供服务，则需要更新全局元数据信息表中该结点发布的元数据状态为异常状态，以停止对该结点发布的空间数据请求的处理；后者负责定时收集服务结点的负荷信息，包括 CPU 使用率、内存使用率、网络带宽使用率等信息，为负载均衡器中的任务调度器分配并发任务请求提供参数信息。

针对一般的小型计算任务，并发任务分配使用响应比优先调度方法，综合考虑所有并发用户的平均响应时间和客户端交互体验；针对大型的空间数据可视化任务，一般需要采用大规模矢量数据内容网格化任务分配方法，以实现大型计算任务的公平分配，缩短大型计算任务响应时间，实现面向任务的负载均衡的目的。

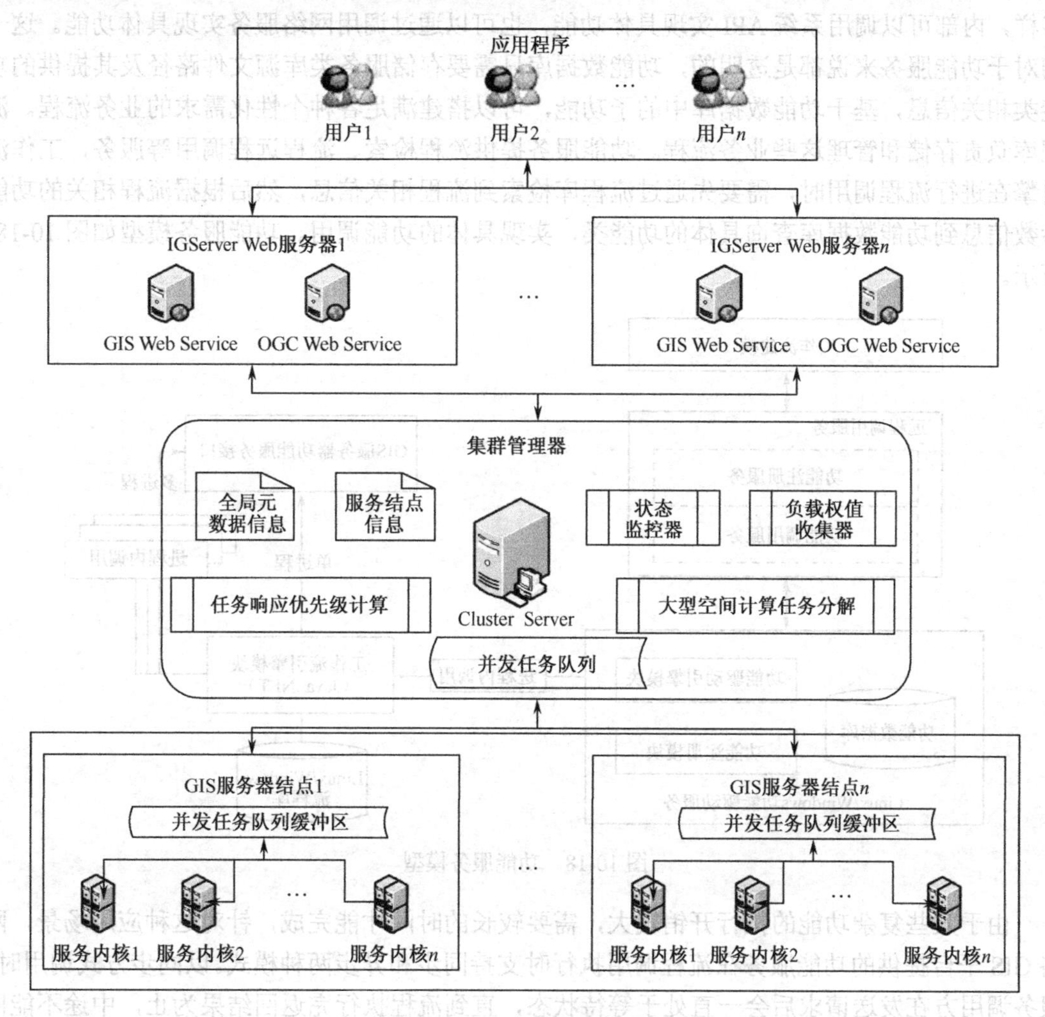

图 10-17　负载均衡模型

GIS 服务器结点间和 GIS 服务器结点内部各服务内核之间均需要进行动态任务调度，由集群服务先将来自 Web 服务层的请求进行排队，加入任务等待队列，各 GIS 服务器结点主动从集群服务的任务等待队列中拉取任务，调度各个服务内核进行并行处理，最大限度地利用 GIS 服务器结点的多核计算资源，利用本集群负载均衡模型实现大规模空间数据的网络访问需求，并满足大用量并发访问的需要。该集群负载均衡模型自由伸缩的特点使用户可以在实际应用环境中，根据应用需要支持的空间数据量的大小和需要支持的并发用户数配置合适数量的 GIS 服务器结点。

10.4.3　功能与服务动态自定义扩展

功能服务（工作流服务）是网络 GIS 平台底层服务的核心组成部分，它不仅提供了常用的 GIS 功能服务，同时还提供了一个功能和流程扩展框架，功能数据库和流程库是功能服务的两个重要组成部分。功能数据库负责存储和管理所有功能的对象类库及方法属性等信息，对外提供功能注册服务和功能调用服务，使用者可以基于.NET、Java等自己熟悉的开发语言开发自己的功能类库，然后将其注册到功能数据库中。这些功能类库内部具体实现方式可以多样，内部可以调用系统API实现具体功能，也可以通过调用网络服务实现具体功能。这一切对于功能服务来说都是透明的，功能数据库只需要存储服务类库源文件路径及其提供的功能类相关信息，基于功能数据库中的子功能，可以搭建满足各种个性化需求的业务流程。流程库负责存储和管理这些业务流程。功能服务提供流程检索、流程远程调用等服务，工作流引擎在进行流程调用时，需要先通过流程库检索到流程相关信息，然后根据流程相关的功能参数信息到功能数据库查询具体的功能类，实现具体的功能调用。功能服务模型如图10-18所示。

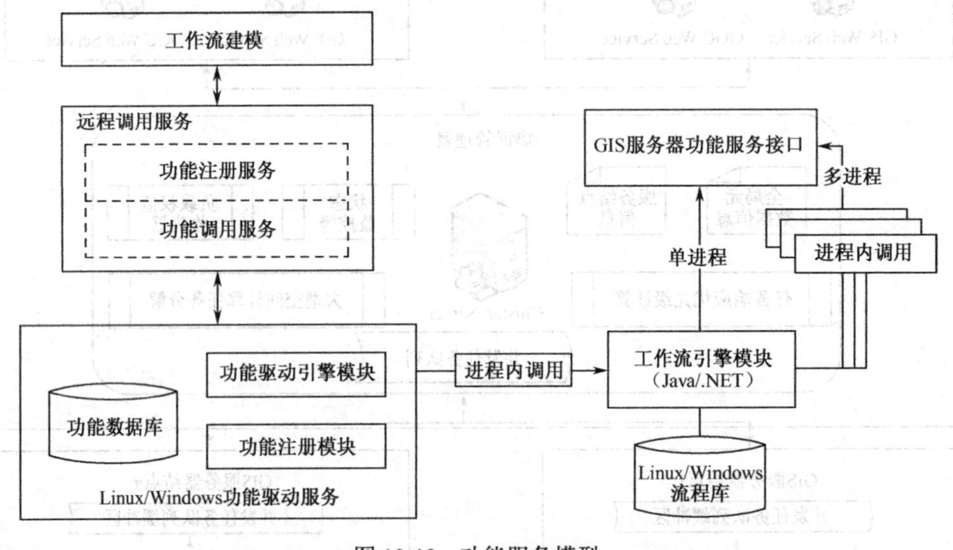

图10-18　功能服务模型

由于某些复杂功能的执行开销较大，需要较长的时间才能完成，针对这种应用场景，网络GIS平台提供的功能服务在流程调用执行时支持同步和异步两种模式。以同步方式调用时，服务调用方在发送请求后会一直处于等待状态，直到流程执行完返回结果为止，中途不能同时进行其他操作。异步执行模式下服务调用方在发送请求后，功能服务会立即返回当前任务的操作标识，调用者在需要检测结果时通过此标识调用功能服务获取结果，在当前流程未完成之前，调用者可以继续调用其他流程。

为了提高功能服务的并行处理能力，工作流引擎支持多进程并行运行，使用流程执行等待队列存储来自调用方的请求，使用多个独立的进程实例同时执行等待队列中的流程调用请求，提高功能服务的并行处理能力。

功能服务框架支持第三方扩展，扩展的基础就是新功能库的注册，功能服务动态加载第三方扩展的功能类库，如Jar包、DLL等包含具体功能函数的文件，然后通过反射机制检索功能库中提供的方法的参数信息，以及返回值信息、属性、构造函数等信息，将其注册到功能数据库中，功能仓库注册原理如图10-19所示。

上面介绍了功能服务支持同步和异步两种执行模式，并使用多进程实例运行方式进行并行处理，为使多进程实例之间负载更加均衡，功能服务中的功能负载均衡器会实时地监控各个进程实例的资源使用和负载情况，在其需要分配请求给功能服务器时，选取当前资源使用率低、负载小的服务进程实例处理当前待分配请求，使多个服务进程实例充分利用功能服务器的计算资源，提高功能服务的并行处理能力。

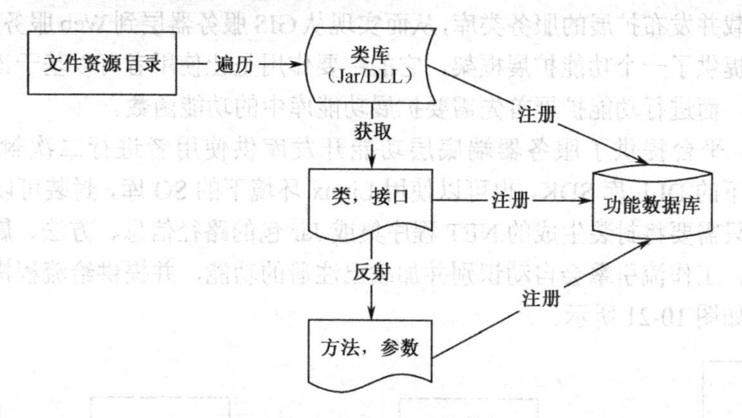

图 10-19　功能仓库注册原理

网络 GIS 具有高性能计算能力的同时，还需要具备服务扩展能力，让使用者根据自己的业务需求对服务进行自定义扩展，网络 GIS 平台无论是 GIS 服务器层还是 Web 服务层，均支持服务自定义扩展，服务扩展框架如图 10-20 所示。

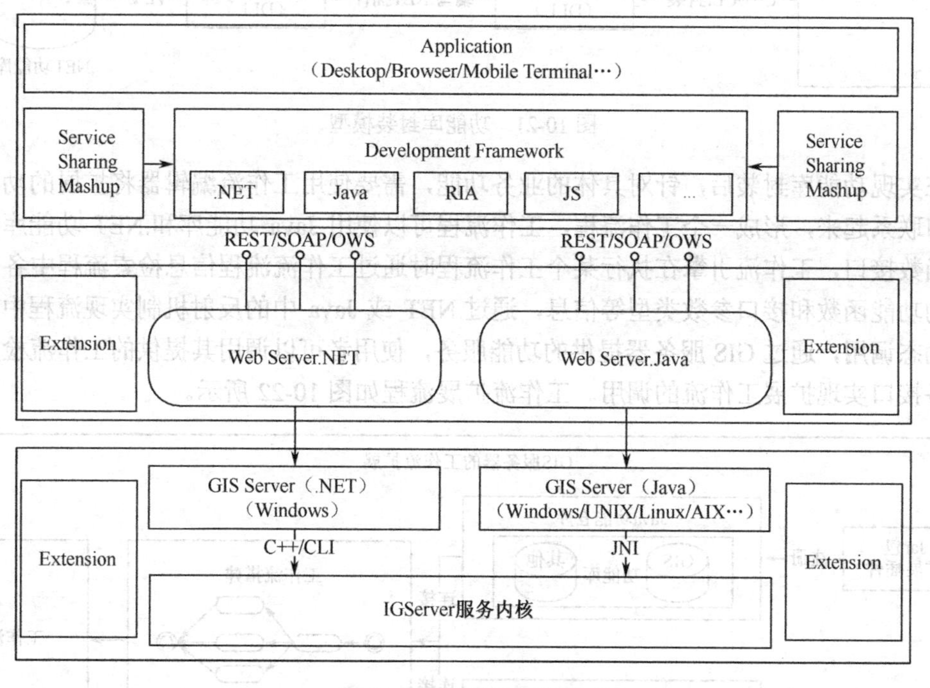

图 10-20　服务扩展框架

在对 GIS 服务器中的内核服务进行扩展时，可以调用网络 GIS 平台内核库中提供的核心功能接口进行服务封装，也可以根据业务需求开发独立的功能服务，通过 GIS 服务器的服务扩展功能将其扩展到 GIS 服务器的服务框架中，GIS 服务器中的服务引擎自动加载扩展服务类库，通过反射机制检索扩展服务类库提供的服务对象并在指定的服务端口和地址发布扩展服务，以供 Web 服务层调用。

网络GIS平台Web服务层可基于自定义服务接口或OGC服务接口进行扩展开发，也可以通过调用GIS服务器层中的自定义服务接口或扩展服务接口封装独立的SOAP或REST服务接口扩展，只需要将生成的服务类库通过服务管理器进行发布，Web服务中的服务扩展模块就会自动加载并发布扩展的服务类库，从而实现从GIS服务器层到Web服务层的服务扩展。

功能服务提供了一个功能扩展框架，它的主要作用是让使用者可以基于该框架扩展自定义开发的功能，而进行功能扩展首先需要扩展功能库中的功能函数。

网络GIS平台提供了服务器端底层功能开发库供使用者进行二次封装，可以使用Windows环境下的DLL库SDK，也可以使用Linux环境下的SO库，封装可以采用CLI、JNI等方式，最终只需要将封装生成的.NET程序集或Jar包的路径信息、方法、属性等信息注册到功能仓库中，工作流引擎会自动识别并加载已注册的功能，并提供给流程搭建者使用，功能库封装模型如图10-21所示。

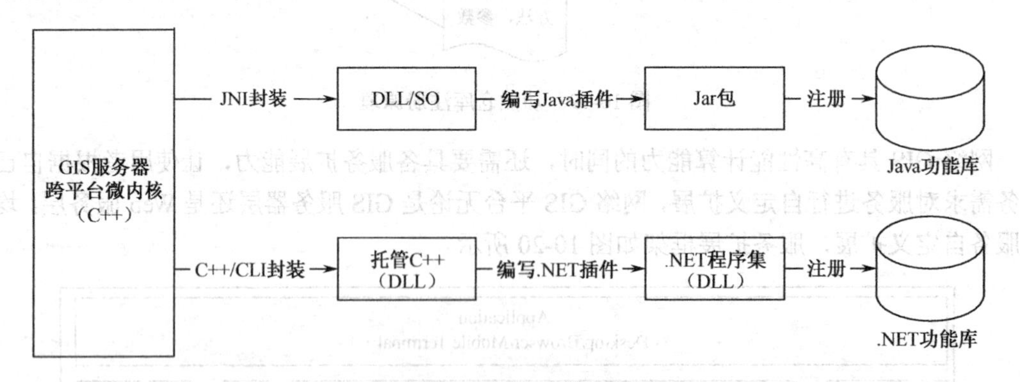

图10-21　功能库封装模型

在实现功能库封装后，针对具体的业务功能，需要使用工作流编辑器将扩展的功能库函数接口联系起来，形成一个工作流程，工作流程可以使用Java功能库和.NET功能库中已注册的函数接口，工作流引擎在执行某个工作流程时通过工作流流程信息检索流程中各个步骤相关的功能函数和接口参数类型等信息，通过.NET或Java中的反射机制实现流程中各个函数的动态调用，通过GIS服务器提供的功能服务，使用者可以调用其提供的工作流检索和执行服务接口实现扩展工作流的调用。工作流扩展流程如图10-22所示。

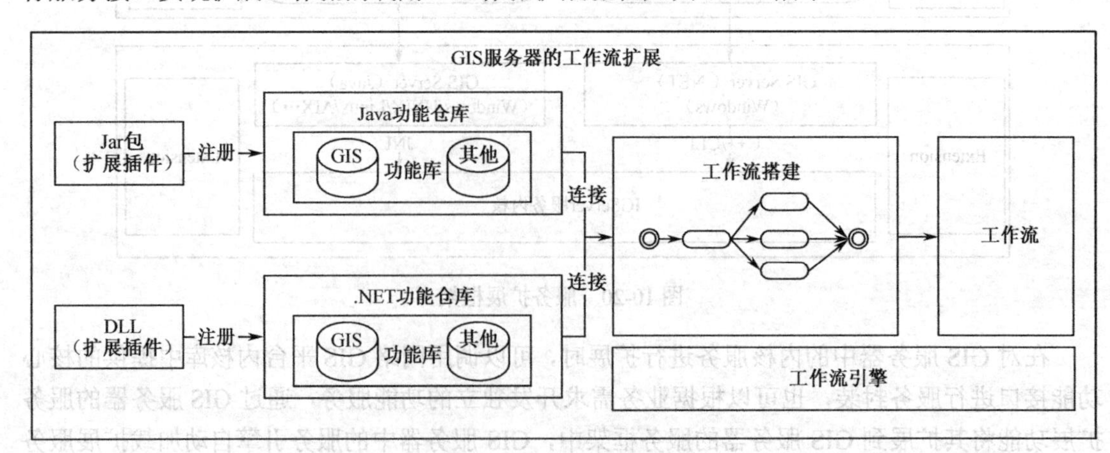

图10-22　工作流扩展流程

综上所述，网络 GIS 平台在底层 GIS 服务器层和 Web 服务层均提供了服务扩展支持，并可以通过功能服务中的功能库和流程库的扩展框架扩展自定义的功能和工作流，使用者可以基于网络 GIS 平台服务开发框架，通过服务扩展机制根据各个部门应用需求构建面向行业的互联网 GIS 服务框架，为各部门的互联网信息共享服务平台的建设提供平台框架基础支撑。

10.4.4 服务不间断运行

网络 GIS 平台是一个面向网络的服务开发平台，必须保证提供的 Web 服务能够 24 小时不间断运行，网络 GIS 平台采用了集群状态监视和结点内部微内核群状态监视两级监控策略，服务状态监控模型如图 10-23 所示。

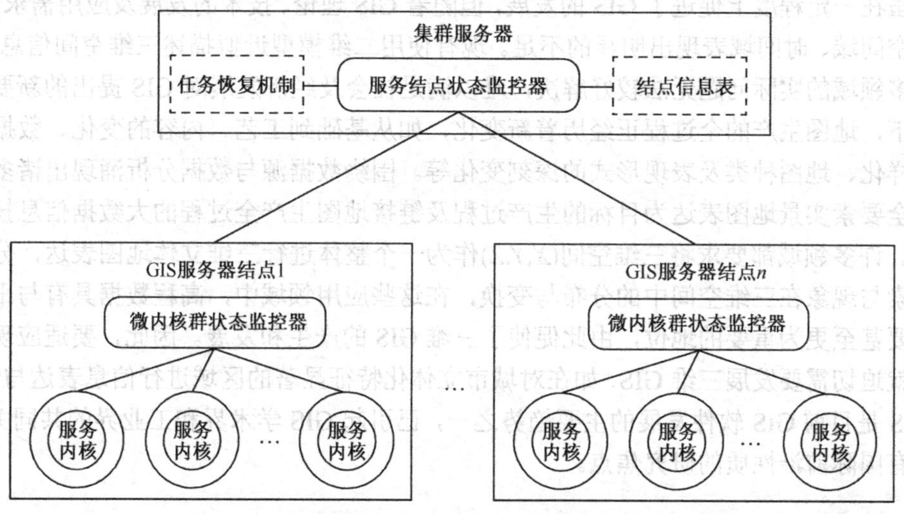

图 10-23　服务状态监控模型

在集群服务器内部的状态监控器负责定时监控集群中各个 GIS 服务器结点的运行状态，当发现有 GIS 服务器结点服务状态发生异常时，状态监控器将立即更新存储于集群服务的 GIS 服务器结点信息表中的服务结点状态标志位。如果当前出现故障的 GIS 服务器结点中有未成功完成的任务，则集群服务中的任务恢复机制会将异常任务重新发送到集群中另一个正常的 GIS 服务器结点继续进行处理，以保证任务最终能够被成功执行。

在 GIS 服务器结点内部，微内核群状态监控器负责对结点内部各个服务内核进行实时状态监控，它主要由 GIS 服务器服务主控模块中的状态监控线程进行，当微内核群状态监控器检测到服务内核挂起或服务不正常时，立即启动服务恢复线程重新启动服务内核实例，使服务内核继续正常提供服务，保证整个网络 GIS 平台 24 小时不间断运行。

习题 10

1．什么是网络 GIS？它有什么功能特征？

2．简述不同时期网络 GIS 体系结构的特点。

3．网络 GIS 中的数据有哪些？主要提供的 Web 服务有哪些？

4．网络 GIS 服务端是如何实现并发处理的？

5．网络 GIS 中地图瓦片是如何组织的？

6．集群环境下的网络 GIS 如何实现负载均衡？

第11章　三维GIS

21世纪以来，地理信息技术以其强大的存储、处理、分析与展现空间和非空间数据的优势，正以空前的速度强有力地改变着人们的生产和生活方式。GIS发展初期，有关理论研究和应用主要集中在二维平面空间，而将第三维——高程看作属性值，从研究论域的角度，这一简化虽在一定程度上促进了GIS的发展，但随着GIS理论、技术的发展及应用需求的改变，它已在空间域、时间域表现出明显的不足。现有使用二维模型近似描述三维空间信息的GIS，使得许多领域的实际问题无法较好解决，难以满足社会及经济发展对GIS提出的新要求。在新时代下，地图生产的全过程正经历着新变化，如从基础到工艺、内容的变化、数据采集方式的多样化、地图种类及表现形式的深刻变化等。围绕数据源与数据分析涌现出诸多方向，以三维全要素实景地图表达为目标的生产过程及链接地图生产全过程的大数据信息技术也随之变化。许多领域都要求将三维空间(X,Y,Z)作为一个整体进行三维立体地图表达，分析地理实体要素与现象在三维空间中的分布与变换，在这些应用领域中，高程数据具有与平面信息同等重要甚至更为重要的地位，由此促使了三维GIS的产生和发展。因此，要适应现代的科学管理就迫切需要发展三维GIS，如在对城市立体化特征显著的区域进行信息表达与管理时，三维GIS是目前GIS软件发展的主要趋势之一，已引起GIS学术界和工业界的共同关注，并成为具有国际前沿性质的研究焦点。

11.1　三维GIS概述

三维GIS是布满整个三维空间的GIS，是能够对三维空间内的空间对象进行真三维描述和分析的GIS，显著区别于传统的二维GIS或2.5维GIS，尤其体现在空间位置、布局和对拓扑关系的描述及空间分析的扩展上。

三维GIS应用范围宽，应用前景广阔。它可以描述地上的大气环境、构筑物、建筑物、地表高程，以及地下地质环境等涵盖地上、地表与地下全方位的三维空间信息，提供全方位三维空间信息分析和服务，已经广泛应用于气象、景观、地质建模等多个领域。在气象应用方面，针对气象站点分布广泛、信息种类繁多等特点，已实现了基于三维技术的全国气象综合GIS平台，为用户提供更及时、更快捷、更准确的气象信息服务。基于GIS实现综合查询并发布高质量的信息加工分析产品对于指导气象部门进行气象决策具有重要意义。在地上景观建模方面，国内外众多学者对三维城市模型进行了实践研究。2010年10月，国家住房和城乡建设部正式发布《城市三维建模技术规范》国家行业标准，完善了城市三维建模的标准。截至2010年年底，全国已有近100个城市相继开展或完成了城市三维的建设工作，并初步取得了较好的社会和经济效益，极大地提高了城市的综合信息管理水平。在地形建模方面，随着遥感和数字摄影测量技术的发展，使用由航空航天摄影测量所获取的地形数据，结合真三维建模技术来创建高度细节层次的三维地形模型已经得到普遍应用，成为未来地形可视化领域主要的地形建模方法。从20世纪90年代初期开始，三维地质建模便受到地球科学专家和学者的重视，并成为矿山地质、水文地质、油气勘探、岩土工程等各领域的研究热点。

11.1.1 三维 GIS 的定义、特点及功能

1．三维 GIS 的定义

从不同的角度出发，GIS 有三种定义：①基于工具箱的定义，认为 GIS 是一个从现实世界采集、存储、转换、显示空间数据的工具集合；②基于数据库的定义，认为 GIS 是一个数据库系统，在数据库里的大多数数据能被索引和操作，以回答各种各样的问题；③基于组织机构的定义，认为 GIS 是一个功能集合，能够存储、检索、操作和显示地理数据，是一个集数据库、专家和持续经济支持的机构团体和组织结构，提供解决问题的各种决策支持。

基于工具箱的定义强调对地理数据的各种操作，基于数据库的定义强调用来处理空间数据的数据组织的差异，而基于组织的定义强调机构和人在处理空间信息上的作用，而不是所需工具的作用。

三维 GIS 是模拟、表示、管理、分析客观世界中的三维空间实体及其相关信息的计算机系统，能为管理和决策提供更加直接和真实的目标和研究对象，图 11-1 所示是数字三维城市效果图。三维 GIS 及其相关技术已经成为目前国内外 GIS 领域内的热点研究课题，它是二维 GIS 技术的延伸和扩展。

图 11-1　数字三维城市效果图

2．三维 GIS 的特点

在三维 GIS 中，空间目标通过 *X*、*Y*、*Z* 三个坐标轴来定义，它与二维 GIS 中定义在二维平面上的目标具有完全不同的性质。在目前二维 GIS 中已存在的零、一、二维空间要素必须进行三维扩展，在几何表示中增加三维信息，同时增加三维要素来表示体目标。空间目标通过三维坐标定义使得空间关系也不同于二维 GIS，其复杂程度更高。二维 GIS 对于平面空间的有限-互斥-完整划分是基于面的划分，三维 GIS 对于三维空间的有限-互斥-完整划分则是基于体的划分。如图 11-2 所示，从内容表达与地图呈现角度看，三维 GIS 的可视表现也比二维 GIS 复杂得多，以至于出现了专门的三维可视化理论、算法和系统。

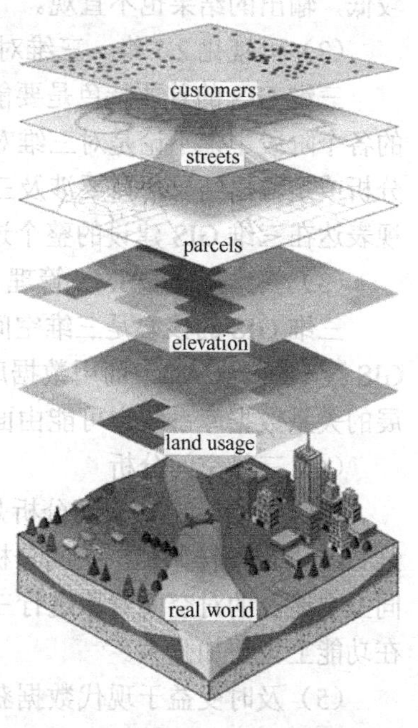

图 11-2　分层地图模型

三维 GIS 的主要特点如下。

（1）空间目标通过 *X*、*Y*、*Z* 三个坐标轴来定义，空间关系基于体进行划分，复杂性明显。

（2）可进行三维空间分析和操作。真正的三维 GIS 必须支持真三维的矢量和栅格数据模型及以此为基础的三维空间

数据库，解决真三维空间要素或对象的操作和分析问题。主要的研究方向：三维数据结构，主要包括数据的有效存储、数据状态的表示和数据的可视化；三维数据的生成和管理；地理数据的三维显示，主要包括三维数据的操作、表面处理、栅格图像、全息图像显示、层次处理等。

（3）可更真实地表达客观世界。从三维空间域解决实体与现象的表达与静态模拟，若同时从时间维、空间维上对 GIS 进行扩展，构成时态三维 GIS，则可进一步实现对复杂地理现象的动态模拟，更为真实地模拟和管理本质上不停运动和变化的三维地理空间提供了可能。

总体来说，与二维 GIS 相比，三维 GIS 对客观世界的表达能给人以更真实的感受，它以立体造型技术给用户展现地理空间现象，不仅能够表达空间对象间的平面关系，而且能描述和表达它们之间的垂向关系。另外，对空间对象进行三维空间分析和操作也是三维 GIS 特有的功能。而与 CAD 及各种科学计算可视化软件相比，它具有独特的管理复杂空间对象能力及空间分析的能力。三维空间数据库是三维 GIS 的核心，三维空间分析则是其独有的能力。与功能增强相对应的是，三维 GIS 的理论研究和系统建设工作比二维 GIS 更加复杂。

3．三维 GIS 的功能

三维 GIS 除具备二维 GIS 的传统功能外，还具有如下独有的功能。

（1）包容一维、二维对象

三维 GIS 不仅要表达三维对象，而且要研究一维、二维对象在三维空间中的表达。三维空间中的一维、二维对象与传统 GIS 的二维空间中的一维、二维对象在表达上是不一样的。传统的二维 GIS 将一维、二维对象垂直投影到二维平面上，存储它们投影结果的几何形态与相互间的位置关系。而三维 GIS 将一维、二维对象置于三维立体空间中考虑，存储的是它们真实的几何位置与空间拓扑关系，这样表达的结果就能区分出一维、二维对象在垂直方向上的变化。二维 GIS 也能通过附加属性信息等方式体现这种变化，但存储、管理的效率就显得较低，输出的结果也不直观。

（2）可视化 2.5 维、三维对象

三维 GIS 的首要特色是要能对 2.5 维、三维对象进行可视化表现。在建立和维护三维 GIS 的各个阶段中，不论是对三维对象的输入、编辑、存储、管理，还是对它们进行空间操作与分析或是输出结果，只要涉及三维对象，就存在三维可视化问题。三维对象的几何建模与可视表达在三维 GIS 建设的整个过程中都是需要的，这是三维 GIS 的一项基本功能。

（3）三维空间 DBMS 管理

三维 GIS 的核心是三维空间数据库。三维空间数据库对空间对象的存储与管理使得三维 GIS 既不同于 CAD、商用数据库与科学计算可视化，也不同于传统的二维 GIS。它可能由扩展的关系数据库系统也可能由面向对象的空间数据库系统存储管理三维空间对象。

（4）三维空间分析

在二维 GIS 中，空间分析是 GIS 区别于三维 CAD 与科学计算可视化的特有功能，在三维 GIS 中也同样如此。空间分析三维化，也就是直接在三维空间中进行空间操作与分析，连同上文述及的对空间对象进行三维化表达与管理，使得三维 GIS 明显不同于二维 GIS，同时在功能上也更加强大。

（5）及时受益于现代数据获取方法的进展和大数据处理技术的发展

目前，由于科技水平的限制，人类获取地学三维数据能力的弱小是阻碍三维 GIS 迅速发展的一个重要原因。一旦三维地学数据变得像遥感数据获取那样及时、广泛与普及，三维 GIS 将会有更迅猛的发展。因此，现时的三维 GIS 设计与开发应充分考虑未来三维地学数据获取能力的提高，以便及时受益于现代数据获取方法的进步。另外，三维 GIS 要处理的数据量往往很大，计算机软硬件技术的飞速发展无疑能提高三维 GIS 的性能，这一点也是三维 GIS 设计必须考虑的。总体来说，三维 GIS 应该留有易于扩展的接口，具有及时吸收外部先进技术的功能。

11.1.2　三维 GIS 发展面临的机遇与挑战

1. 三维 GIS 当前面临的有利因素

三维 GIS 现在正面临着有利的发展时机，这表现在如下几个方面。

（1）二维 GIS 领域已经具备比较成熟的理论和技术，如在数据获取、处理、管理、输出，数据模型与数据结构等方面有很多较为成熟的理论和方法。在实践中，二维 GIS 已有几十年的发展经验，被广泛应用于各个部门和领域。虽然三维 GIS 明显不同于二维 GIS，但二维 GIS 的很多理论、技术和经验都能为三维 GIS 借鉴。

（2）三维可视化技术在生物、医学、地质、大气等领域已有很多成功的应用。三维 GIS 与二维 GIS 的一个重要不同之处在于它有一个三维对象的视觉表现问题，这也是它的一个基本要求，当前成熟的科学计算可视化技术已经为这一要求打下了较为坚实的理论技术基础。三维 GIS 工作者需要对各种地学对象的本质特征进行分析，找出它们与其他领域对象的不同点，进行合适的概念建模和几何建模，利用相应的三维可视化技术进行视觉表现。

（3）在数据存储工具方面，关系数据库已有较成熟的理论技术和广泛应用，为支持空间数据管理的扩展关系数据库系统和面向对象的空间数据库系统已经研制出来并已商业化，但目前还需要不断地完善。例如，现在流行的关系数据库系统基本上都支持空间数据的存储，支持变长记录，因此它们也都是扩展的关系数据库系统。

2. 三维 GIS 当前面临的问题

上述提及的研究成果只是三维 GIS 领域的一部分，由于三维 GIS 涉及的专业领域很广，随着应用的深入，它还有很多问题亟待解决。以三维地学模拟为例，当前面临的主要问题有：复杂的空间关系；不容易找到像医学领域那样易于“解剖”的地学对象；稀疏的、随机的、不充足的采样数据；来自遥感的预示性或模糊性数据的比例尺太小；充足采样数据的获得需要昂贵的代价；岩石块内岩性变化较大；时间和地质过程的动态本质。结合三维 GIS 功能目标，当前三维 GIS 发展需要解决如下关键问题。

（1）三维数据实时廉价获取

地学三维表达与分析和医学可视化有很多相似的地方，但医学可视化在实际应用中比较成功，而地学可视化却显得困难。其中一个重要的原因是地学三维数据采样率很低，难以准确地表达地学对象的真实状况。另一个原因是医学研究者对预期对象一般都有较为准确的印象模式，而地学研究者则因为地学对象的实际复杂性，难以准确地确定研究对象的各种属性。正因为地学对象在自然界的纷繁复杂，使得此地的经验模型不能直接移植到另一地的地学研究对象中，因此三维数据实时获取在地学领域显得尤为重要。

（2）大数据量的存储与快速处理

在三维 GIS 中，无论是基于矢量结构还是基于栅格结构，对于不规则地学对象的精确表达都会遇到大数据量的存储与处理问题。除在硬件上靠计算机厂商生产大容量存储设备和快速处理器外，还应该研究软件算法以提高效率，如针对不同条件的各种高效数据模型设计、并行处理算法、小波压缩算法及在压缩状态下的直接处理分析等。

（3）完整的三维空间数据模型与数据结构

三维空间数据库是三维 GIS 的核心，它直接关系到数据的输入、存储、处理、分析和输出等各个环节，它的好坏直接影响整个 GIS 的性能。而三维空间数据模型是人们对客观世界的理解和抽象，是建立三维空间数据库的理论基础。三维空间数据结构是三维空间数据模型的具体实现，是客观对象在计算机中的底层表达，是对客观对象进行可视表现的基础。虽然有很多人展开过相关方面的研究与开发，但还没有形成能为大多数人所接受的统一理论与模式，有待于进一步研究与完善。

（4）三维空间分析方法的开发

空间分析能力在二维 GIS 中就比较薄弱，只能作为一个大的空间数据库，满足简单的编辑、管理、查询和显示要求，不能为决策者直接提供决策方案。其中很重要的一个原因就是在现有的 GIS 中，空间分析的种类及数量都很少，在三维 GIS 中，同样面临着这个问题。因此，研究开发 GIS 的基本空间分析能力及将各领域的专业知识嵌入 GIS 中，是三维 GIS 发展的一个重要方面。

11.1.3 三维 GIS 研发的问题分析

从前面关于三维 GIS 的发展、定义、特点、功能、面临的机遇与困难，结合当今 GIS 建设的情况，当前三维 GIS 研发应该注意如下几个方面。

（1）目前应以开发二维为主、三维为辅的混合型 GIS 为主要目标，不宜单纯开发三维 GIS。原因有二：① 需求上的决定，在当前 GIS 产业界，二维 GIS 已经能够满足大部分实际需求了，对三维 GIS 的需求只占少部分；② 技术上的限制，正如前文所阐述的，当前在三维数据获取、大数据量处理与存储、三维可视化、三维空间分析方面还不能以较好的性价比满足大规模商业应用的需要。如果完全采用三维 GIS，势必将花费高昂的系统建设费用，在二维 GIS 能够满足需要的情况下，用户没有必要去一味追求高性能。当然，这里并不排除部分单位研制完全的三维 GIS 以满足一些行业的特定需要，如军事、采矿、石油勘探、地质结构研究等工作。在具体实现时，建议在一般情况下进行二维显示与分析，当有特殊需要时可以调出三维结构进行相应处理。

（2）在数据结构上要以边界表达法（BR）为主。不要认为三维 GIS 一定要进行三维空间分析，事实上虽然三维空间分析是三维 GIS 的特色，但实际需求仍然以三维可视化和数据管理为主，因此在三维 GIS 中要以矢量结构为主体数据结构，而在需要时转换为栅格结构。当然，这与研究基于三维栅格框架的三维集成数据结构并不矛盾，相反，集成数据结构反而为矢量栅格的快速转换提供了便捷的通道。

（3）对于需要进行三维空间分析的地方，可以专门研究支持快速分析的数据结构与空间分析算法，如集成矢量与栅格特征的四层矢量化八叉树结构、基于该数据结构的空间数据模型与空间分析等。

（4）城市三维现在已成为当前三维 GIS 中研究与开发的一个重要方面。信息化目前正成为社会发展的主流，城市作为信息与传播的主体，理所当然地也成为三维 GIS 表达的一个重要对象。国内外已有人做出了较好的探索，但在实际系统的开发与应用上还需要加大力度。

11.2 三维空间数据模型及其索引方法

从二维 GIS 转换到成熟的三维 GIS 时，数据管理成为热点问题之一。逼真的三维表示不仅具有多种细节层次的几何表达，还提供具有相片质感的表面描述，如逼真的材质和纹理特征及其他相关的属性信息。因此，有关纹理与材质参数等也是数据库的重要内容。大量栅格数据与矢量数据的集成应用导致数据量急剧增加，“海量”一词则是对此最形象的描述，这里的“海量”是指远远超出计算机核心内存容量的数据量。针对三维可视化交互的实时性要求，对海量数据的有效管理与调度已经成为三维 GIS 的关键技术之一。与传统的二维 GIS 相比，三维 GIS 对数据组织与管理又提出了许多新的更高的要求，如不同类型数据的一体化管理、多尺度模型（LOD）的集成应用。

从数据库到三维虚拟显示的快速转换，如必须只在当前的视线范围内选择物体（金字塔或圆锥内）和动态装载等，都要求新的数据模型和有效的空间索引机制。

传统的基于文件与关系数据库混合的 GIS 数据库管理方式在数据安全性、多用户操作、网络共享及数据动态更新等方面已不能满足日益增长的应用需要。现有的对象关系型数据库管理系统（ORDBMS）虽然还不能直接支持三维空间对象，但其在保留关系数据库优点的同时，也采纳了面向对象数据库设计的某些原理，具有将结构性的数据组织成某种特定数据类型的机制，这使得它不仅能够处理三维数据的复杂关系，也能将在逻辑上需要以整体对待的数据组织成一个对象，这为三维 GIS 的海量数据管理提供了一条切实可行的途径。要满足三维 GIS 在线的各种实时应用（包括地理协同操作）需要，要对多种类型、多种尺度的三维数据进行精心的组织，以提供高效的数据检索机制；同时，还需要优化设计现有的各种数据库管理系统，以提供快速的数据动态存取服务。

11.2.1 三维空间数据模型

近几年，很多人都在致力于三维数据模型的研究，虽然有三维 GIS 问世，但其功能远远不能满足人们分析问题的需要。其原因主要是三维 GIS 理论不成熟，其拓扑关系模型一直没有解决，另外三维基础数据量很大，很难建立一个有效的、易于编程实现的三维数据模型。因此，下面介绍当前在三维 GIS 领域所采用的几种基础数据模型。

三维空间构模方法研究是目前三维 GIS 领域及三维 GMS 领域研究的热点问题。许多专家学者在此领域做了有益的探索。地质、矿山领域的一些专家学者，围绕矿床地质、工程地质和矿山工程问题，对三维 GMS 的空间构建问题进行了卓有成效的理论与技术研究，加拿大、澳大利亚、英国、南非等国还相继推出了一批在矿山和工程地质领域得到推广应用的三维 GMS 软件。

在过去的十几年中，研究提出了 20 余种空间构模方法。若不区分准三维和真三维，则可以将现有空间构模方法归纳为基于面模型（Facial Model）、基于体模型（Volumetric Model）和基于混合模型（Mixed Model）的三大类构模体系，如表 11-1 所示。

1. 三维矢量模型及结构

三维矢量模型是二维中点、线、面矢量模型在三维中的推广。它将三维空间中的实体抽象为三维空间中的点、线、面、体 4 种基本几何元素，然后以这 4 种基本几何元素的集合来构造更复杂的对象。以起点、终点来限定其边界，以一组型值点来限定其形状；以一个外边界环和若干内边界环来限定其边界，以一组型值曲线来限定其形状；以一组曲面来限定其边

表 11-1　三维空间构模法分类

<table>
<tr><th rowspan="2">面 模 型</th><th colspan="2">体 模 型</th><th rowspan="2">混 合 模 型</th></tr>
<tr><th>规则体元</th><th>非规则体元</th></tr>
<tr><td>不规则三角网（TIN）</td><td>结构实体几何（CSG）</td><td>四面体网格（TEN）</td><td>TIN-CSG 混合</td></tr>
<tr><td>网格（Grid）</td><td>体素（Voxel）</td><td>金字塔（Pyramid）</td><td>TIN-Octree 混合或 Hybrid 模型</td></tr>
<tr><td>边界表示模型（B-Rep）</td><td>八叉树（Octree）</td><td>三棱柱（TP）</td><td>Wire Frame-Block 混合</td></tr>
<tr><td>线框（Wire Frame）或相连切片（Linked Slices）</td><td>针体（Needle）</td><td>地质细胞（Geocellular）</td><td>Octree-TEN 混合</td></tr>
<tr><td>断面序列（Series Sections）</td><td>规则块体（Regular Block）</td><td>非规则块体（Irregular Block）</td><td></td></tr>
<tr><td>断面-三角网混合（Section-TIN mixed）</td><td></td><td>实体（Solid）</td><td></td></tr>
<tr><td>多层 DEM</td><td></td><td>三维 Voronoi 图（3D Voronoi）</td><td></td></tr>
<tr><td></td><td></td><td>广义三棱柱（GTP）</td><td></td></tr>
</table>

界和形状。矢量模型能精确表达三维的线状实体、面状实体和体状实体的不规则边界，数据存储格式紧凑、数据量小，并能直观地表达空间几何元素间的拓扑关系，空间查询、拓扑查询、邻接性分析、网络分析的能力较强，而且图形输出美观，容易实现几何变换等空间操作，不足之处是操作算法较为复杂，表达体内的不均一性的能力较差，叠加分析实现较为困难，不便于空间索引。

（1）3D FDS 模型

Molenaar 在原二维拓扑数据结构的基础上，定义了结点（Node）、弧（Arc）、边（Edge）和面（Face）四种几何元素之间的拓扑关系及其与点（Point）、线（Line）、面（Surface）和体（Solid）四种几何目标之间的拓扑关系，并显式地表达了点和体、线和体、点和面、线和面间的 Is-in、Is-on 等拓扑关系，提出了一种基于三维矢量图的形式化数据结构（Formal Data Structure，FDS），如图 11-3 所示。其特点是显式地表达目标几何组成和矢量元素之间的拓扑关系，这有些类似于 CAD 中的 BR 表达与 CSG 表达的集成。

这一模型的主要问题有三个：①仅考虑空间目标表面的划分和边界表达，没有考虑目标的内部结构，因此只适合于形状规则的简单空间目标，难以表达地质环境领域和没有规则边界的复杂目标；②没有对空间实体间的拓扑关系进行严格的定义和形式化描述；③由于显式地存储几何元素间的拓扑关系，使得操作不便。

（2）三维边界（B-Rep）表示法

在形形色色的三维物体中，平面多面体在表示与处理上均比较简单，而且又可以用它来逼近其他各种物体。平面多面体的每个表面都可以看作一个平面多边形。为了有效地表示它们，总要指定它的顶点位置及由哪些点构成边、哪些边围成一个面，这样一些几何与拓扑的信息。这种通过指定顶点位置、构成边的顶点及构成面的边来表示三维物体的方法称为三维边界表示法。即三维边界模型通过面、环、边、点来定义形体的位置和形状，边界线可以是曲线，也可以是空间曲线。例如，一个长方体由 6 个面围成，对应有 6 个环，每个环由 4 条边界定，每条边又由两个端点定义。

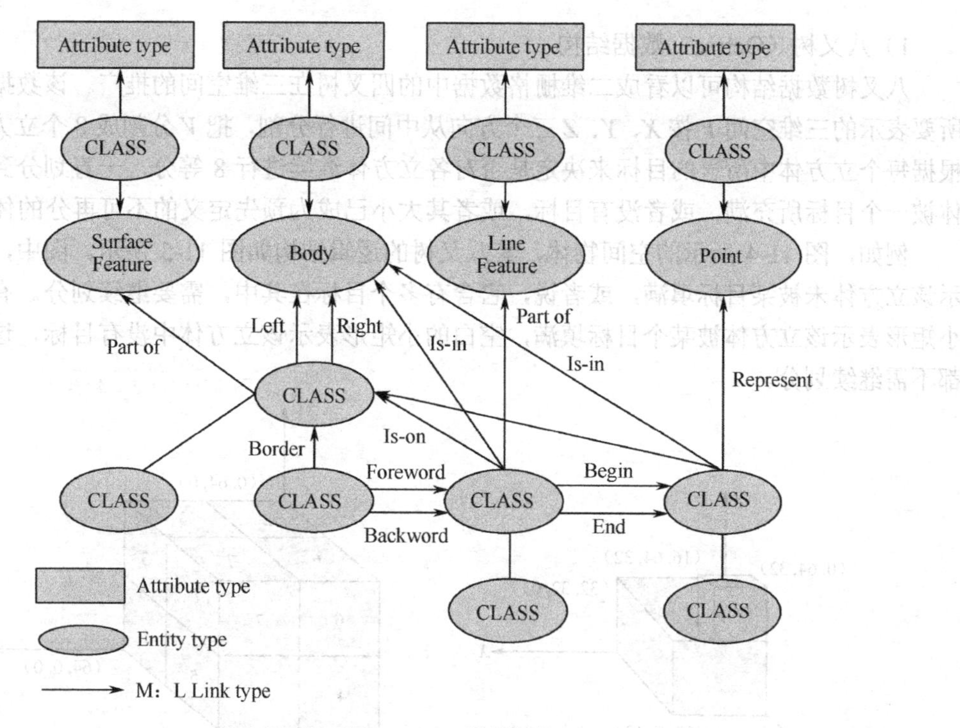

图 11-3　3D FDS 数据结构

比较常用的三维边界表示法采用 3 个表来提供点、边、面的信息，这 3 个表是：顶点表，用来表示多面体各顶点的坐标；边表，指出构成多面体某边的两个顶点；面表，给出围成多面体某个面的各条边。对于后两个表，一般使用指针的方法来指出有关的边、点存放的位置。

三维边界模型的特点是：详细记录了构成物体形体的所有几何元素的几何信息及其相互连接关系，以便直接存取构成形体的各个面、面的边界及各个顶点的定义参数，有利于以面、边、点为基础的各种几何运算和操作。边界表示构模在描述结构简单的三维物体时十分有效，但对于不规则三维地物则很不方便，且效率低下。

2．三维体元模型及结构

真三维地学模拟、地面与地下空间的统一表达、陆地海洋的统一建模、三维拓扑描述、三维空间分析、三维动态地学过程模拟等问题，已成为地学与信息科学的交叉技术前沿和攻关热点。

体模型基于三维空间的体元分割和真三维实体表达，体元的属性可以独立描述和存储，因此可以进行三维空间操作和分析。体元模型可以按体元的面数分为四面体（Tetrahedral）、六面体（Hexahedral）、棱柱体（Prismatic）和多面体（Polyhedral）共 4 种类型，也可以根据体元的规整性分为规则体元和非规则体元两个大类。规则体元包括 CSG、Voxel、Octree、Needle 和 Regular Block 共 5 种模型。规则体元通常用于水体、污染和环境问题构模，其中 Voxel、Octree 模型是一种无采样约束面向场物质（如重力场、磁场）的连续空间的标准分割方法，Needle 和 Regular Block 可用于简单地质构模。非规则体元包括 TEN、Pyramid、TP、Geocellular、Irregular Block、Solid、3D Voronoi 和 GTP 共 8 种模型。非规则体元均是有采样约束的、基于地质地层界面和地质构造的面向实体的三维模型。

1）八叉树（Octree）数据结构

八叉树数据结构可以看成二维栅格数据中的四叉树在三维空间的推广。该数据结构是将所要表示的三维空间 V 按 X、Y、Z 三个方向从中间进行分割，把 V 分割成 8 个立方体；然后根据每个立方体中所含的目标来决定是否对各立方体继续进行 8 等分，一直划分到每个立方体被一个目标所充满，或者没有目标，或者其大小已成为预先定义的不可再分的体素为止。

例如，图 11-4 所示的空间物体，其八叉树的逻辑结构如图 11-5 所示。图中，小圆圈表示该立方体未被某目标填满，或者说，它含有多个目标在其中，需要继续划分。有阴影线的小矩形表示该立方体被某个目标填满，空白的小矩形表示该立方体中没有目标，这两种情况都不需继续划分。

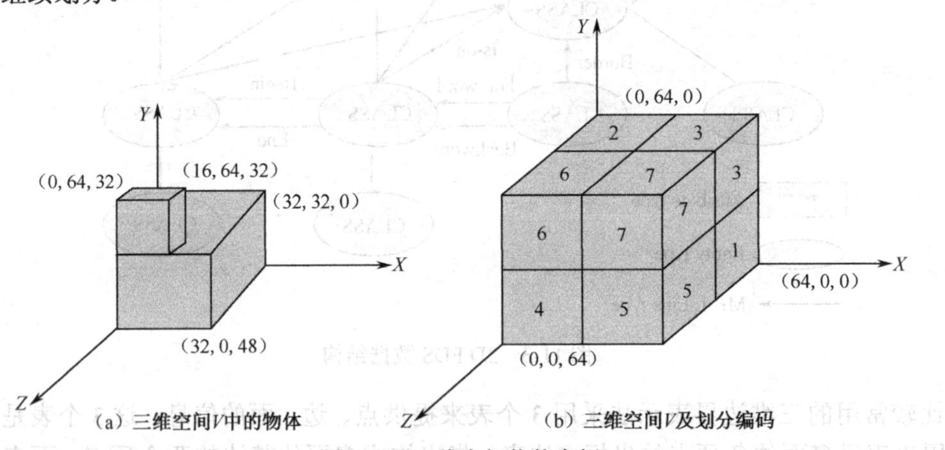

图 11-4　三维空间物体实例

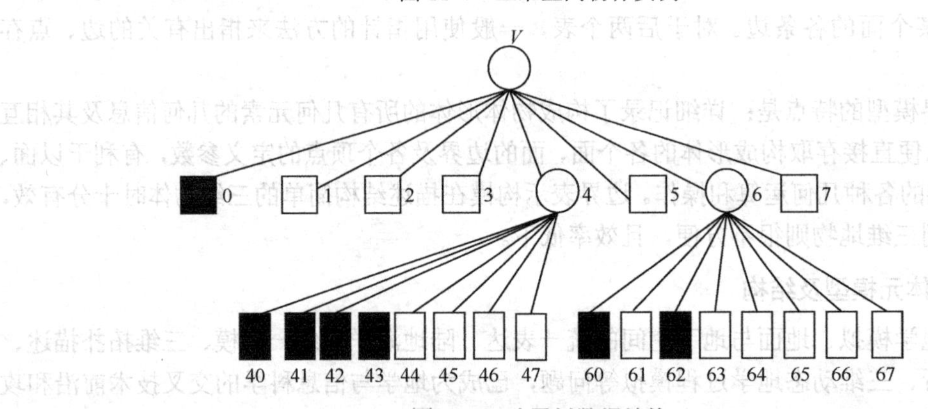

图 11-5　八叉树数据结构

八叉树结构的主要优点是可以非常方便地实现有广泛用途的集合运算（如可以求两个物体的并、交、差等运算），而这些恰恰是其他表示方法比较难以处理或需要耗费许多计算资源的地方。不仅如此，由于这种方法的有序性及分层性，对显示精度和速度的平衡、隐线和隐面的消除等，带来了很大的方便，特别有用。

2）四面体网格

从理论上讲，对任意的三维物体，只要它满足一定的条件，总可以找到一个合适的平面多面体来近似地表示这个三维物体，且使误差保持在一定的范围内。一般地讲，如果要表示某个三维物体，就必须知道从这个物体表面 S_0 上测得的一组点 $P_1, P_2, \cdots, P_N$ 的坐标。然后，就要为这些点建立起某种关系，这种关系有时称为这些点代表的物体的结构。

通常这种近似（或叫逼近）有两种形式：一种是以确定的平面多面体的表面作为原三维物体的表面 S_0 的逼近；另一种则是给出一系列的四面体，这些四面体的集合（又称四面体网格）就是对原三维物体的逼近。前者着眼于物体的边界表示（类似于三维曲面的表示），而后者着眼于三维物体的分解，就像一个三维物体可以用体素来表示一样。

四面体网格（Tetrahedral Network，TEN）是将目标空间用紧密排列但不重叠的不规则四面体形成的网格来表示，其实质是二维TIN结构在三维空间上的扩展。在概念上首先将二维Voronoi网格扩展到三维，形成3D Voronoi多面体，然后将TIN结构扩展到三维形成四面体网格。

（1）四面体网格数据的组成

四面体网格由点、线、面和体四类基本元素组合而成。整个网格的几何变换可以变为每个四面体变换后的组合，这一特性便于许多复杂的空间数据分析。同时，四面体网格既具有体结构的优点，如快速几何变换和快速显示，又可以看成一种特殊的边界表示，具有一些边界表示的优点，如拓扑关系的快速处理。

用四面体网格表示三维空间物体的例子及其数据结构如图11-6和图11-7所示。

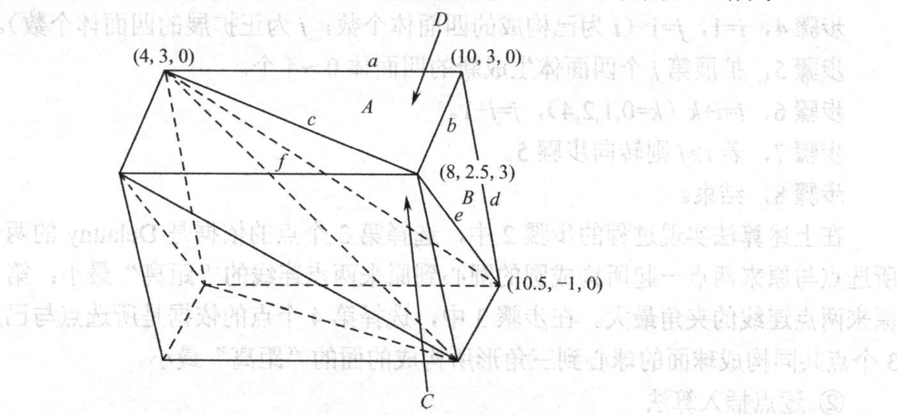

图11-6　用四面体网格表示三维空间物体的例子

四面体

体号	面号	属性
…	…	
1	A，B，C，D	
…	…	

三角形

面号	线段号	属性
A	a，b，c	
B	b，d，e	
C	c，e，f	
D	a，d，f	
…	…	

线

线号	起点	终点	属性
a	1	2	
b	1	3	
c	3	2	
d	1	4	
…	…	…	

结点

点号	X	Y	Z	属性
1	10	3	2	
2	4	3	2	
3	8	1.5	3	
4	10.5	−1	0	
…	…	…	…	

图11-7　用四面体网格表示三维空间物体例子的数据结构

四面体网格数据结构是网格生成程序实现的一个非常重要的问题。网格数据结构的选择和建立，特别是能够满足各种各样网格生成算法要求的数据结构显得尤为重要。

（2）四面体网格数据的生成算法

四面体网格数据模型实质是二维三角网（Triangulation Irregular Nework，TIN）数据结构在三维上的扩展。目前，主要有三种三角网生成的算法，即四面体网格生成算法、逐点插入法和分治算法。下面在分析三角网生成算法的基础上，给出了 3 个建立四面体网格的算法思想及步骤。

① 四面体网格生成算法

该算法的思想是：在数据场中先构成第一个四面体，然后以四面体的某个面向外扩展生成新的四面体，直至全部离散点均已连成网为止。其步骤如下。

步骤 1，在数据场中选择最近两个点连线，作为第一个三角形的一条边。

步骤 2，选择第 3 个点构成第一个三角形。

步骤 3，选择第 4 个点构成第一个四面体。

步骤 4，i=1，j=1（i 为已构成的四面体个数，j 为正扩展的四面体个数）。

步骤 5，扩展第 j 个四面体生成新的四面体 0～4 个。

步骤 6，$i=i+k$（k=0,1,2,4），$j=j+1$。

步骤 7，若 $i \geqslant j$ 则转向步骤 5。

步骤 8，结束。

在上述算法实现过程的步骤 2 中，选择第 3 个点的依据是 Delauny 的两个性质：第一，所选点与原来两点一起所构成圆的圆心到原来两点连线的“距离”最小；第二，是所选点与原来两点连线的夹角最大。在步骤 3 中，选择第 4 个点的依据是所选点与已产生的三角形的 3 个点共同构成球面的球心到三角形所构成的面的“距离”最小。

② 逐点插入算法

该算法的思想是：将未处理的点加到已经存在的四面体网格中，每次插入一个点，然后将四面体网格进行优化。其步骤如下。

步骤 1，生成包含所有数据点的立方体（即建立超四面体顶点）。

步骤 2，生成初始四面体网格。

步骤 3，从数据中取出一点 P 加到三角网中。

步骤 4，搜寻包含点 P 的四面体，将 P 与此四面体的 4 个点相连，形成 4 个四面体。

步骤 5，用 LOP（Local Optimization Procedure）算法从里到外优化所有生成的四面体。

步骤 6，重复步骤 3～5 直至所有点处理完毕。

步骤 7，删除所有包含一个或多个超四面体顶点的四面体。

上述步骤 5 中的 LOP 是生成四面体网格的优化过程，其思想是运用四面体网格的性质，对由两个公共面的四面体组成的六面体进行判断，如果其一个四面体的外接球面包含第 5 个顶点，则将这个六面体的公共面交换，如图 11-8 所示。

③ 分治算法

该算法的思想是：首先将数据排序，即将点集 V 按升序排列使$(x_i,y_i,z_i)<(x_{i+1},y_{i+1},z_{i+1})$，不等式成立的条件是 $x_i \leqslant x_{i+1}$ 且 $y_i \leqslant y_{i+1}$、$z_i < z_{i+1}$。然后递归地分割数据点集，直至子集中只包含 4 个点而形成四面体，然后自下而上地逐级合并生成最终的四面体网格。分治函数 lee(V)内容如下。

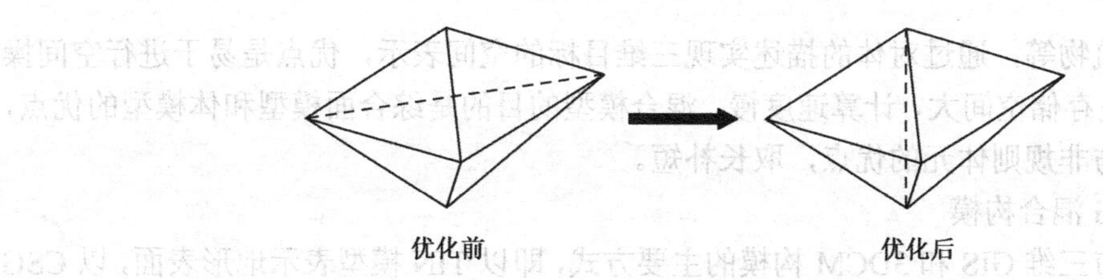

图 11-8　四面体优化示意图

a）把点集 V 分为近似相等的两个子集 V_L 和 V_R。

b）分别在 V_L 和 V_R 中生成四面体网格。

- 如果 V_L 中包含 4～7 个点，则建立 V_L 的四面体网格；否则调用 lee(V_L)。
- 如果 V_R 中包含 4～7 个点，则建立 V_R 的四面体网格；否则调用 lee(V_R)。

c）用局部优化算法 LOP 优化所产生的四面体网格。

d）合并 V_L 和 V_R 中两个四面体网格。

- 分别生成 V_L 和 V_R 的凸多面体。
- 在两个多面体的 Z 方向底线寻找三角形，然后建立四面体。
- 从该四面体逐步扩展直至整个四面体网格建立完毕。

在合并 V_L 和 V_R 中两个四面体网格的过程中，在建立第一个四面体并逐步扩展四面体时，均在与已有数据点相连的顶点中寻找。如图 11-9 所示，当合并 V_L 和 V_R 时，先找到第一个三角形$\triangle P_1P_2P_3$，然后从与 P_1、P_2、P_3 相连的顶点中找到点 P_4，即生成由 $P_1P_2P_3P_4$ 这四个点所组成的四面体。然后分别从$\triangle P_1P_2P_4$和$\triangle P_1P_3P_4$ 向外扩展，$\triangle P_1P_2P_4$ 在与点 P_1、P_2、P_4 相连的点中寻找第四个点，而$\triangle P_1P_3P_4$ 在与点 P_1、P_3、P_4 相连的点中寻找第四个点。每找到一个点，必须确认四面体之间无交叉重叠的情况，若出现这种情况，则放弃这个点，认为该三角形不能再扩展。

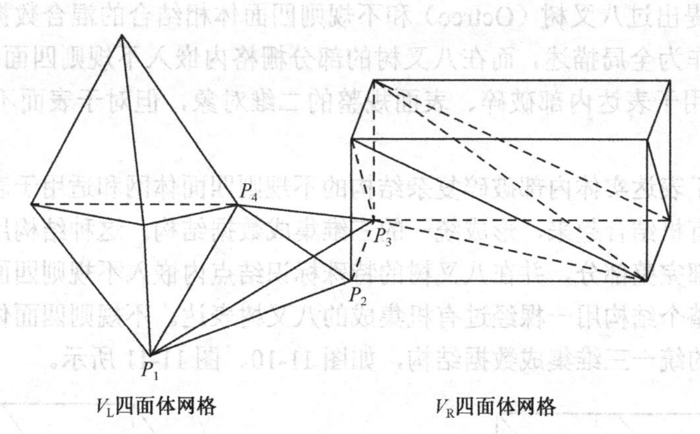

图 11-9　合并 V_L 和 V_R 示意图

在算法实现过程中，数据结构的组织形式是有效建立四面体网格的关键，需要深一步研究和探讨。

3. 三维混合数据模型及结构

基于面模型的构模方法侧重于三维空间实体的表面表示，如地形表面、地质层面等，通过表面表示形成三维目标的空间轮廓，其优点是便于显示和数据更新，不足之处是难以进行空间分析。基于体模型的构模方法侧重于三维空间实体的边界与内部的整体表示，如地层、矿体、水体、建筑物等，通过对体的描述实现三维目标的空间表示，优点是易于进行空间操作和分析，缺点是存储空间大、计算速度慢。混合模型的目的是综合面模型和体模型的优点，并综合规则体元与非规则体元的优点，取长补短。

（1）TIN-CSG 混合构模

这是当前城市三维 GIS 和 3DCM 构模的主要方式，即以 TIN 模型表示地形表面，以 CSG 模型表示城市建筑物，两种模型的数据是分开存储的。为了实现 TIN 与 CSG 的集成，在 TIN 模型的形成过程中将建筑物的地面轮廓作为内部约束，同时把 CSG 模型中建筑物的编号作为 TIN 模型中建筑物的地面轮廓多边形的属性，将两种模型集成在一个用户界面。这种集成是一种表面上的集成方式，一个目标只由一种模型来表示，然后通过公共边界来连接，因此其操作与显示都是分开进行的。

（2）TIN-Octree 混合构模（Hybrid 构模）

这以 TIN 表达三维空间物体的表面，以 Octree 表达内部结构。用指针建立 TIN 和 Octree 之间的联系，其中 TIN 主要用于可视化与拓扑关系表达。这种模型集中了 TIN 和 Octree 的优点，使拓扑关系搜索很有效，而且可以充分利用映射和光线跟踪等可视化技术；缺点是 Octree 模型数据必须随 TIN 数据的变化而改变，否则会引起指针混乱，导致数据维护困难。

（3）Wire Frame-Block 混合构模

这以 Wire Frame 模型来表达目标轮廓、地质或开挖边界，以 Block 模型来填充其内部。为提高边界区域的模拟精度，可按某种规则对 Block 进行细分，如以 Wire Frame 的三角面与 Block 体的截割角度为准则来确定 Block 的细分次数（每次可沿一个方向或多个方向将尺寸减半）。该模型实用效率不高，因为每一次开挖或地质边界的变化都需进一步分割块体，即修改一次模型。

（4）Octree-TEN 混合构模

李德仁等曾提出过八叉树（Octree）和不规则四面体相结合的混合数据结构。在这个结构中，用八叉树作为全局描述，而在八叉树的部分栅格内嵌入不规则四面体作为局部描述。这种结构特别适用于表达内部破碎、表面规整的三维对象，但对于表面不规整的对象则不适用。

考虑将适用于表达实体内部破碎复杂结构的不规则四面体网和适用于表达表面不规整的八叉树层次结构有机结合起来，形成统一的三维集成数据结构。这种结构用八叉树结构表达对象表面及其内部完整部分，并在八叉树的特殊标识结点内嵌入不规则四面体网表达对象内部的破碎部分，整个结构用一棵经过有机集成的八叉树表达。不规则四面体网和三级矢量化八叉树有机结合的统一三维集成数据结构，如图 11-10、图 11-11 所示。

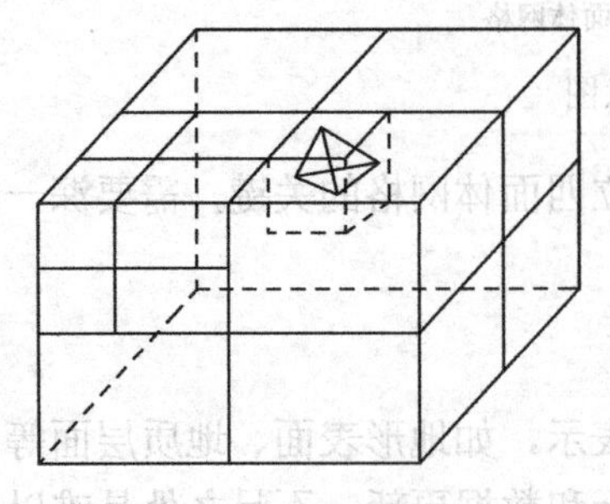

图 11-10　传统八叉树与 TEN 的结合

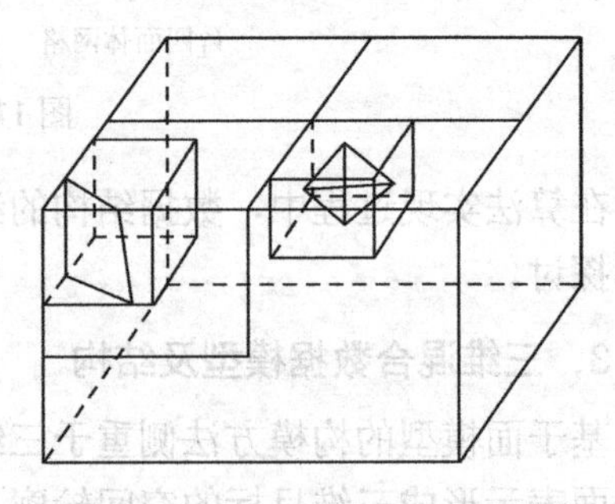

图 11-11　面八叉树与 TEN 的结合

（5）矢量与栅格集成模型

一个三维空间数据模型应具有目标的几何、语义和拓扑描述；具有矢量和栅格数据结构；能够从已有的二维 GIS 获取数据以及三维显示和表示复杂目标的能力。矢量栅格集成的三维空间数据模型如图 11-12 所示。

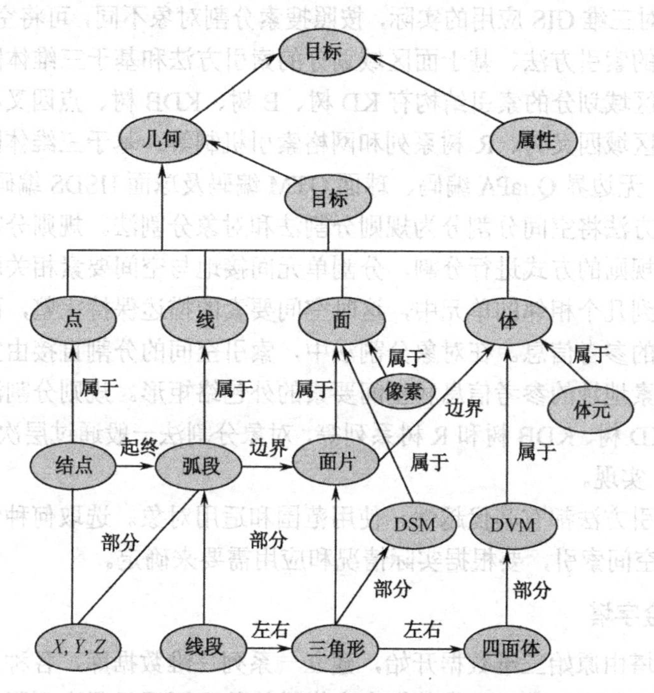

图 11-12　矢量栅格集成的三维空间数据模型

在这个模型中，空间目标分为四大类，即点（0D）、线（1D）、面（2D）和体（3D）。目标的位置、形状大小和拓扑信息都可以得到描述。其中目标的位置信息包含在空间坐标中；目标的形状和大小信息包含在线、面和体目标中；目标的拓扑信息包含在目标的几何要素和几何要素之间的联系中，而且模型中包含矢量和栅格结构。模型中包含的各种目标及其数据模型全面，但对具体的系统用什么样的数据模型可视需要而定。

11.2.2　三维空间数据索引

1. 三维空间数据索引结构及分类

目前，三维空间数据索引结构大多数采用平衡树的概念，即从根结点到所有数据结点的访问长度（索引高度）相同（但在插入和删除操作后可能会有改变），在树的形状上表现为高度的一致性。从任意结点到数据结点的访问长度称为结点的级，数据结点对应第 0 级。图 11-13 所示为一般分层索引结构的示意图，图中的分层索引包括目录结点和数据结点两种。目录结点保存自身的外包络和指向子目录结点的指针，数

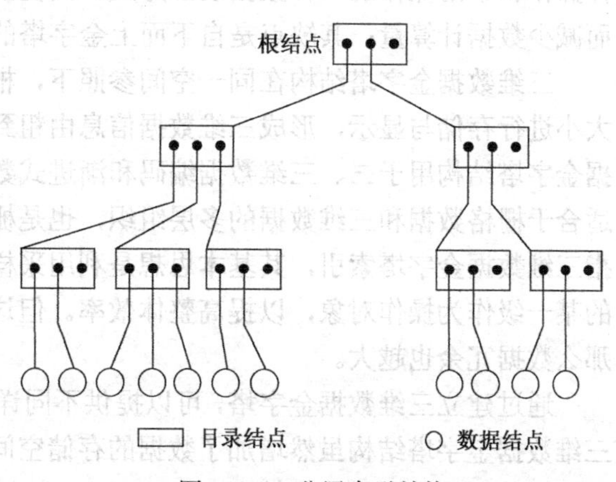

图 11-13　分层索引结构

据结点则包含外包络和指向实际数据对象的指针。

根据空间索引结构的演化过程，空间索引方法可分为四大类，即基于二叉树的索引技术、基于 B 树的索引技术、基于 Hashing 的网格技术和空间目标排序法。

空间索引的基本方法是将整个空间分割成不同的搜索区域，以一定的顺序在这些区域中查找空间实体。针对三维 GIS 应用的实际，按照搜索分割对象不同，可将空间索引分为三类，即基于点区域划分的索引方法、基于面区域划分的索引方法和基于三维体区域划分的索引方法。常见的基于点区域划分的索引结构有 KD 树、B 树、KDB 树、点四叉树等；基于面区域划分的索引结构有区域四叉树、R 树系列和网格索引机制等；基于三维体区域划分的索引结构有 Morton 编码、无边界 QuaPA 编码、球面 QTM 编码及球面 HSDS 编码等。

按照空间分割方法将空间分割分为规则分割法和对象分割法。规则分割法是将地理空间按照某种规则或半规则的方式进行分割，分割单元间接地与空间要素相关联，空间要素的几何形状可能被分割到几个相邻的单元中，这时空间要素的描述保持完整，而空间索引单元只存储空间要素地址的参考信息。在对象分割法中，索引空间的分割直接由空间要素确定，索引单元包括空间要素地址的参考信息和空间要素的外包络矩形。规则分割法包括规则网格、BSP 树、八叉树、KD 树、KDB 树和 R 树系列等，对象分割法一般通过层次包围体（Bounding Volume Hierarchy）实现。

每一种空间索引方法都有其优越性、使用范围和适用对象。选取何种索引机制作为三维 GIS 空间数据库的空间索引，要根据实际情况和应用需要来确定。

2. 三维数据金字塔

三维数据金字塔由原始三维数据开始，建立一系列三维数据库，各种三维数据库反映不同的实体信息的详尽程度。鉴于三维数据金字塔结构的不同层呈现出不同的空间实体信息的特点，在对三维数据浏览时，可以根据当前显示的空间范围取相应金字塔层的数据，以实现三维数据的快速浏览。

一个空间实体的三维数据金字塔是一系列以金字塔形状排列的数据信息分辨率逐步降低的数据库的集合。金字塔的底部是待处理的三维数据信息的高分辨率表示，而顶部是低分辨率的近似。当金字塔向上层移动时，三维数据信息的尺寸和分辨率降低。金字塔是结合降采样操作和平滑操作的一种数据表示方式。其优点是自下而上每一层的数据信息不断减少，从而减少数据计算量；其缺点是自下而上金字塔的量化变得越来越粗糙，且速度很快。

三维数据金字塔结构在同一空间参照下，根据用户需要以不同数据结构和不同的数据量大小进行存储与显示，形成三维数据信息由粗到细、数据量由小到大的金字塔结构。三维数据金字塔结构用于二、三维数据编码和渐进式数据传输，是一种典型的分层数据结构形式，适合于栅格数据和三维数据的多层组织，也是栅格数据和三维数据的有损压缩方式。分层是指三维数据金字塔索引，其基本思想是利用采样自底向上生成金字塔，根据需求直接取其中的某一级作为操作对象，以提高整体效率。但这会导致空间损耗。建级越多，越方便查询，那么数据冗余也越大。

通过建立三维数据金字塔，可以提供不同详尽程度的三维数据，而无须进行实时重采样。三维数据金字塔结构虽然增加了数据的存储空间，但能减少三维数据显示所需的时间，提高了三维数据的查询、检索效率。

目前三维数据金字塔的构建有两种方式：一种是多分辨率的数据源自动构建金字塔；另

一种是除金字塔底层数据是原始数据外，其他层的三维数据从底层自动抽取出来构建。已有的金字塔构建算法包括高斯金字塔、Facet 金字塔、Wavelet 金字塔、平均金字塔等。三维数据金字塔的构建实质上是对三维数据的分块和分层处理。

由于二维模型和三维模型不论在数据结构，还是在建模流程上都有很大的不同，再加上 GIS 里有很多功能都是基于二维开发的，所以二维数据与三维数据不论是在建模、数据管理，还是在数据可视化及数据集成等方面都没有做到很好的统一，导致二维和三维在相似的应用上做重复开发。为此，需要从最基础的数据模型、数据管理、数据可视化及开发集成四个方面，实现基于数据中心的二、三维一体化管理策略。数据模型一体化是从要素模型的概念上对二维数据模型、三维数据模型进行统一表达，使得二、三维数据能采用统一的概念进行管理；数据管理一体化是以分类的概念将空间数据库以统一的要素类、要素数据集进行一体化管理；数据可视化是将二维显示与三维显示以统一的视图展现，使得建模效果更加突出二、三维的综合显示应用；应用开发集成一体化是借助数据中心技术，在不涉及数据本身差异的前提下，以中间件技术为基础的插件管理方式，屏蔽二、三维应用差异，集成二维和三维应用功能。

基于数据中心的二、三维一体化的管理策略，改变了以往二维和三维数据分别处理的局面，使得二、三维在数据模型、数据管理、数据可视化和数据集成等层面上无区别对待，真正实现了二、三维空间数据在深层次上的应用。

从数据模型的角度讲，地上建筑景观模型与地表模型、地下地质模型是基于同一空间数据逻辑模型建立的，不同的模型都能够抽象得到一样的空间数据模型，在数据模型层面提供了统一的操作方式，对三维模型的一体化显示、一体化管理、一体化分析奠定了基础。

从建模的角度讲，地上建筑景观的建模与地表建模、地下地质建模所使用的原理和工具各不相同，但在三维 GIS 平台中，各种建模方法集合在一起，平台同时支持了这三个方面的建模功能，无论创建哪种模型都可以在一个平台内完成。

从三维数据显示角度讲，地面上方的各种建筑、景观模型的建立，地表上地形数据的三维显示，地下地质结构模型、地下管线、地下建筑物的建立与显示都能够在同一个场景中一体化地展示出来，三种模型完全集合在一起显示，相互间不存在缝隙或与实际不符的情况，完整地反映出该区域的全部空间信息。

从数据管理的角度讲，三者数据放在同一数据库中统一存储与读取，无差别地运用图层进行数据组织与管理，实现了在同一平台下多模型的统一管理。

从功能工具使用的角度讲，三种模型所代表的实物和所表达的空间信息不尽相同，但平台提供的基本通用分析工具对不同的模型同样适用，为用户考虑，减少了操作的复杂性。

从三者协同分析的角度讲，地上、地表、地下三维一体化，并不是简单的三者在空间位置上叠加的关系，而是将三者之间空间信息的联系也完整地表达出来，地表对地上建筑起始面的约束，对地质模型的上表面约束将三种模型紧密地结合在一起形成一个整体。在实际的环境下，有时对于空间信息的分析不能仅仅针对地上或地下模型，而需要对三种模型同时分析才能得到正确的结果。如平台提供了动态剖切分析工具就是针对三种模型的一个协同分析工具，可以随着视线平面的推进实时地对地上、地表、地下进行动态剖切，清楚地观察某一垂直平面地下的地质结构、管线分布、地上的建筑与设施的位置。

11.3 三维城市模型数据获取方法

三维 GIS 技术最重要的进展之一就是三维数据获取技术的进步，特别是航空与近景摄影测量、机载与地面激光扫描、地面移动测量与 GNSS 等传感器的精度与速度都有了明显的提高。大量的研究致力于地物（尤其是人工地物）的三维自动重建，而依据分辨率、精度、时间和成本等的不同，已经有许多不同的技术方法可供选择。例如，将三维建筑物模型的重建方法分为以下三类。

（1）基于地图的方法，利用已有 GIS、地图和 CAD 提供的二维平面数据以及其他高度辅助数据经济、快速建立盒状模型。

（2）基于图像的方法，利用近景、航空与遥感图像建立包括顶部细节在内的逼真表面模型，该方法相对比较费时和昂贵，自动化程度还不高。

（3）基于点群的方法，利用激光扫描和地面移动测量快速获得的大量三维点群数据建立几何表面模型。

获取三维空间数据的主要方式包括：低空无人驾驶飞行器遥感、单影像立体测量、地形三维信息获取和地下空间信息获取等。三维重建的数据源还可以分为远距离获取的数据（卫星影像、航空影像、空载激光扫描等）、近距离获取的数据（近景摄影、近距激光扫描、人工测量）和 GIS/CAD 导出的数据三种。

不同的数据源对应着不同的三维模型细节和应用范畴。例如，基于遥感影像和机载激光扫描的方法适用于大范围三维模型数据获取、车载数字摄影测量方法适用于走廊地带建模、地面摄影测量方法和近距离激光扫描方法则适用于复杂地物精细建模等。其中，基于影像和机载激光扫描系统的三维模型获取方法能够适用于在大范围地区快速获取地面与建筑物的几何模型和纹理细节，虽然现有技术在很大程度上还依赖人工辅助，但这无疑是最有潜力的三维模型数据自动获取技术之一。基于已有二维 GIS 数据的简单建模方法具有成本低、自动化程度高的优点，在某些需要快速建立三维模型的领域也有着广泛的应用，这也是现有大多数二维 GIS 提供三维能力的最主要方式。基于 CAD 的人机交互式建模方法将继续用于一些复杂人工目标的全三维逼真重建。另外，基于图像的建模和绘制（Image Based Modeling & Rendering，IBMR）作为一种新的视觉建模方法，在不需要复杂几何模型的前提下也能够获得具有高度真实感的场景表达，能够较好地解决三维建模过程中模型复杂度与绘制的真实感和实时性三者之间的矛盾，大大简化了复杂的数据处理工作。因此，它也越来越多地用于各种虚拟环境的建立，特别是基于图形和图像的两种建模技术综合用于高度真实感的三维景观模型的创建。上述技术主要应用于重建目标的三维表面模型，而有关地球科学领域的真三维重建技术在吴立新教授的“真三维地学模拟的若干问题”一文中有详细介绍。

随着三维 GIS 的深入发展和广泛应用，人们越来越关注三维模型数据的准确性、逼真性和有用性。在追求三维模型逼真和准确的同时，也带来了数据生产的高投入。与二维空间数据相比，三维空间数据不是简单的一一对应或扩展，三维空间数据库的建设至今仍然是一项复杂而昂贵的综合性工程。大型三维 GIS 建设的生产效率、质量控制、数据安全和有效存储与管理等问题日益突出，并直接关系到系统建设与应用的成败。决定空间数据具体生产方案的三个要素分别是精度、成本和效率，最终系统的有用性和提供的空间分析能力又取决于模型的逼真程度以及所选择的数据源和建模方法。因此，三维 GIS 缺乏有关数据内容、细节程度、定位精度和生产工艺等技术标准已经成为制约其推广应用的关键问题之一。

11.4 常用三维建模软件与建模方法

目前主要的三维模型构建方法有：基于二维 GIS 数据自动建立三维模型的方法、基于遥感影像的三维模型构建方法、基于激光扫描系统（Laser Range Scanner）的三维模型构建方法及基于 CAD 模型的三维模型构建方法。

11.4.1 基于二维 GIS 数据的三维建模

二维 GIS 数据为三维区域建模提供了丰富的数据来源，各种地物要素，如地貌、居民地、道路及附属设施、水系及附属设施、植被、绿化地及独立地物等，既具有严格、精确的几何图形数据，又具备完善的属性数据，所有这些数据都为建立三维模型提供了数学基础。可见，二维 GIS 已具有大部分地物实体建模所需的基础数据，同时二维 GIS 本身还具有较完整的数据库及其操作功能。因此，直接将二维 GIS 数据转换到三维模型是一条经济快捷的有效途径。

目前，从二维 GIS 数据到三维数据模型有以下两种方法。

（1）基于相对高度和纹理数据建模

在二维 GIS 的基础上，直接利用给定的建筑物相对高度和纹理数据来构建建筑物的三维模型。这种方法的缺点是模型真实感差，对地上景观信息的表达比较少。由于没有利用 DEM 表达实际的地形起伏特征，所以所有建筑物都立足于一个假定的水平面上。这种方法主要用于快速显示二维 GIS 对应的三维建筑物基本轮廓特征。目前利用这种基于二维 GIS 数据构建三维模型的方法有很多，其中利用基于三维 GIS 平台进行三维模型创建是较为方便的方法。

三维 GIS 平台通过两种方法来实现基于二维平面数据的三维模型构建：一种是将非点状的几何体拉伸生成三维模型；另一种是创建一个带有纹理贴图的三维模型。当需要创建带有纹理贴图的三维模型时，可以使用功能接口来实现。该接口可通过平台中提供的方法创建三维模型，设置纹理坐标点、设置材质列表等。创建出来的三维模型由于进行了纹理映射，细节特征明显、形状逼真，但是需要进行大量的参数设置，实现过程较为复杂。

（2）基于 DEM 建模

DEM 和二维 GIS 结合的方式，用 DEM 作为建筑物的承载体表达地表的起伏，再根据建筑物的相对高度信息即可构建具有真实地理分布的地上景观。由于涉及不同类型数据的应用和比较专业化的三维建模与编辑功能，此种方法建模需要对二维 GIS 软件进行特别的扩展。

11.4.2 基于遥感影像的三维建模

从二维影像自动重建三维地形表面和地物的几何模型乃至具有相片质感的逼真模型一直是摄影测量与遥感的主要目标。摄影测量方法使得同时获取大量复杂的三维地上模型的几何信息与表面纹理信息的自动化成为可能，特别是近年来高分辨率遥感技术和计算机图形图像处理技术的发展，数字摄影测量被认为是当前最适合用来获取大范围高精度三维地上模型数据的主要技术手段。高分辨率卫星遥感的发展为三维地上建模提供了新的信息源，如 IKONOS 图像和 QuickBird 图像的分辨率已经达到了 0.6～1m，并广泛易得。如何提高三维地上模型数据获取的自动化程度一直是摄影测量研究的一个重要问题。

基于遥感影像的建筑物三维重建主要涉及由低到高三个层次的处理：信号层、物理层和语义层。信号层处理二维模式的图像特征；物理层处理是为了沟通图像域和景物域以找出三维结构及其成像形式；语义层处理则限制了景物域对任务域的关系，涉及有关目标属性、关系的目标知识及在景物中识别目标与目标有关的控制知识等。简单地说，低层次处理包括对影像进行增强、边缘检测、影像分割、纹理特征与形状特征的提取；中级处理的输出是描述从影像中提取的特征的性质及其相互关系的数据结构；高级处理根据知识或其他约束条件进行推理，输出对场景的解释。与之相反的是所谓自顶向下的方式：根据模型对输入做一个假设的解释，以后再去证实此假设成立的中低层描述。如果将这两种方式结合起来，形成混合的方式，即先采用自底向上的方式去解释，再将满意的解释信息反馈到中低层，由此去调整中低层的理解，最终得到满意的解释。

由于遥感影像自身成像机制的限制，如缺乏直接的三维信息、不同成像条件导致影像存在差异等，以及景物域情况的复杂多变，如建筑物类型的多样性、局部遮挡等，常常导致获得建筑物存在线索和三维重建的困难，使得当前遥感影像解析的自动化程度仍然很低，距离实用化程度还有很大的差距。

11.4.3 基于激光扫描系统的三维建模

最近几年，激光扫描系统在多等级三维空间目标的实时获取方面取得了较为广泛的应用。激光扫描测量通过激光扫描器和距离传感器来获取被测目标的表面形态。

激光扫描器一般由激光发射器、接收器、时间计数器等部分组成。激光发射器周期性地驱动一个激光二极管发射激光脉冲，然后由接收透镜接收目标表面后反射信号，产生接收信号，利用一个稳定的计时装置对发射与接收时间差计数，经由计算机对测量资料进行内部微处理，显示或存储、输出距离和角度资料，并与距离传感器获取的数据相匹配，最后经过相应系统软件进行一系列处理，获取目标表面三维坐标数据，从而进行各种量算或建立三维模型。

根据搭载平台的不同，激光扫描系统可以分为机载激光扫描系统（Airborne Laser Scanning）、车载激光扫描系统（Vehicle-borne Laser Scanning）和地面激光扫描系统（Terrestrial Laser Scanning），地面激光扫描系统往往又被称为近距离激光扫描系统（Close-range Laser Scanning）。机载激光扫描系统结合其他定位（如惯性导航系统 INS，全球定位系统 GPS）及遥感等技术，可进行大范围数字地表模型数据的高精度实时获取。

车载、地面激光扫描系统可用于城市道路、堤坝、隧道及大型建筑物等复杂三维空间目标的实时检测与模型化。将地面与车载激光扫描系统用于三维城市重建和局部区域空间信息获取，已成为激光扫描技术发展的一个重要方向。固定小型系统可用于人体、各种模具的三维测量及工业自动化生产线的管理。这些技术与虚拟现实等技术结合，可以应用于大范围水灾、震灾及环境等方面的三维实时监测，还可用于工程开挖和堆积物方面的快速测定、智能化交通系统的管理、城市发展调查与规划设计等。

11.4.4 基于 CAD 模型的三维建模

CAD 技术产生于 20 世纪 50 年代后期，在工业和制造业的需求牵引下，目前已经被广泛应用。GIS 自 20 世纪 70 年代以来迅速进入数字地图领域，早期的 GIS 主要处理地图数字化、地图编辑和地图制图，许多 GIS 平台就是直接由 CAD 系统演变而来的。目前 GIS 的综合地理数据管理和空间分析功能与 CAD 强大的数据建模与编辑功能越来越紧密地联系在一起，二者相互结合、相互补充，为功能更强的三维 GIS 发展提供了强劲的原动力。

CAD 应用于三维建模，一种最典型的应用就是使用 CAD 模型来补充常规测绘手段对三维数据获取的不足。目前，用于三维建模的CAD软件种类繁多，各具特色，如AutoDesk公司的3ds Max、MultiGen-Paradigm公司的MultiGen Creator、Newtek公司的Lightware、Microsoft公司的Softimage、SGI公司的Alias以及PTC公司的Pro/ENGINEER等。在目前主要的三维模型的创建过程中，3ds Max、MultiGen Creator的应用比较广泛。

11.5 三维GIS可视化

视觉是理解空间最有用的感觉，因此三维GIS在很大程度上也依赖视觉表现提供更为丰富逼真（具有相片质感）的信息，各种用户结合自己相关的经验与理解就可以做出准确而快速的空间决策。三维可视化能使人们只有抽象概念而难以直接感知的空间现象现实化和直观化，如剖析地下结构、反演不会重现的历史过程、推演未来发展、仿真复杂的时空现象（台风演进、洪水淹没、大气污染、核电站泄漏事故影响、噪声传播、温度和风场变化）等，由此能获得各种超越现实的空间感知经验。目前，大多数三维GIS的三维能力甚至被认为主要体现在三维可视化功能上，并且是区别于二维GIS最重要的特征之一。突出三维可视化功能的三维GIS在许多场合又被称为“虚拟现实GIS”“三维可视化GIS”等。三维可视化越来越多地成为GIS（不仅是三维GIS）的终端表现形式，并且被认为是不同背景的用户进行空间信息交流和视觉分析与空间认知的有效媒介。游雄教授与万刚博士的“战场可视化与数字地图”一文则详细介绍了三维GIS在军事领域的应用——战场环境仿真。与传统二维GIS固定的视角或视点观察效果明显不同，当用户把视点放在三维空间（特别是透视投影空间）里时，不经意的旋转缩放和平移操作往往容易导致方位的迷失感，使得迅速定位产生困难。为了既能享受常规二维GIS地图表示优越的方位感，又能得到三维逼真显示的真实感和沉浸感，多视点的多模态可视化视图表示成为三维GIS最典型的界面特点。三维GIS基于数据库能提供多种形式的交互式三维动态可视化功能。例如，较宏观的飞越漫游能迅速把握整个空间分布包括地形特征和地物布局，较微观的穿行漫游则能准确分辨地形的微小变化和地物的明显特征，而且在运动中能及时更新可见的内容并根据距离远近以不同的细节或尺度进行表现。在计算机交互式图形处理中，实时动画往往要求每秒25～30帧的图形刷新频率，也就是说所有的建模、光照和绘制等处理任务必须在大约17μs的时间内完成。所有这些对数据调度机制和图形绘制策略都提出了新的、更高的要求。因此，数据动态装载、图形渐进描绘、多重细节层次（LOD）和虚拟现实表现等成为三维GIS可视化的典型技术特征。

网络技术、分布式计算技术和三维可视化技术的飞速发展，为分布式三维GIS技术的实现提供了契机。特别是随着各种小型化、便携式的移动计算与显示设备和无线技术的广泛使用，三维GIS的分布呈现出多样化的特点，并正为人们提供日益广泛的增强现实服务。现有分布式三维GIS主要体现在网上三维可视化方面，并且绝大多数是基于VRML实现的。而采用Java3D和插件等技术，由于支持服务器端的数据库管理与存取，因此在浏览器端可以实现在线空间查询和分析等操作。

三维GIS海量数据的交互式真实感可视化对计算机软硬件环境也提出了特殊的要求，而且一些先进的图形卡和工作站已经为此目的问世。除一般的半沉浸式透视显示方式外，沉浸式真三维立体可视化平台也越来越多地用于三维GIS中。但随着三维空间信息的普遍可得，越来越多的需求将利用中低档的桌面系统达到同样的实现目的。因此，大多数研究还是主要针对普通个人计算机处理海量的三维GIS数据，而非SGI这样大型的专用图形工作站高端系统，毕竟此类系统还非常昂贵、难于推广普及。特别值得关注的是，中国四维测绘技术北京公司为此专门研制了系列大场景沉浸式真三维可视化硬件平台，为三维 GIS 应用提供了双计算机双投影仪、单工作站双投影仪、单工作站四投影仪等不同的配置方案。

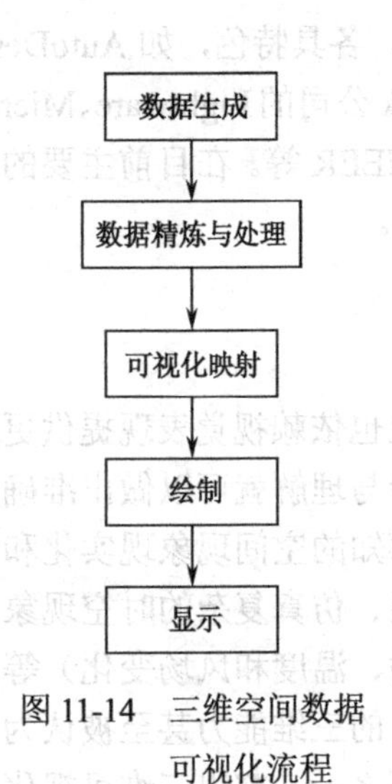

图 11-14 三维空间数据可视化流程

11.5.1 三维空间数据可视化的基本流程

尽管三维空间数据的类型各不相同，数据分布及连接关系的差别也很大，但是其可视化的基本流程大体相同。图 11-14 所示为三维空间数据可视化流程。

第一步，数据生成。即可由计算机数值模拟或测量仪器产生的数据（如 DEM 数据、计算机数值模拟的结果形成数据文件），文件格式由科学计算工作者来定义，因此它是已知的，可以比较方便地输入计算机。

第二步，数据的精炼与处理。因为应用对象的不同，所以这一步的功能也会各不相同。对于数据量过大的原始数据，需要加以精炼和选择，以适当减少数据量。相反，当数据分布过分稀疏而有可能影响可视化的效果时，需要进行有效的插值处理。因为原始数据中一般不会包括数据点所在处的法向，而这又是在后续步骤中需要用到的，因此需要预先计算出来。

第三步，可视化映射。这是整个流程中的核心。其含义是，将经过处理的原始数据转换为可供绘制的几何图素和属性。这里，映射的含义包括可视化方案的设计，即需要决定在最后的图像中应该看到什么，又如何将其表现出来。也就是说，如何用形状、光亮度、颜色及其他属性表示出原始数据中人们感兴趣的性质和特点。这时，往往有多种实现方案，可以给科学计算工作者提供自主选择。

第四步，绘制。将第三步产生的几何图素和属性转换为可供显示的图像，所用的方法是计算机图形学中的基本技术，包括视见变换、光照计算、隐面消除及扫描变换等。

第五步，显示。包括图像的几何变换、图像压缩、颜色量化、图像的格式转换及图像的动态输出等。

11.5.2 三维场景管理与可视化策略

近年来，计算机硬件的处理能力成倍增长，多核化硬件已成为计算机硬件发展的趋势。同时，随着 GIS 理论和技术的不断发展，场景获取的精度越来越高，数据量也呈 TB 级增长趋势。针对如此大规模的海量三维场景数据，三维场景渲染系统的处理能力也需要成倍增长。当前串行化三维场景渲染已不能满足当前大规模三维场景渲染的高效化、实时化需求。三维 GIS 平台充分利用多核硬件的并行化处理能力，同时针对大规模三维场景数据特点，从三维场景可视化流程上进行分析，对可视化过程中的任务进行有效分解，将传统的三维可视化渲染流程分解为：场景更新、数据加载和场景渲染三个主要的并行化模块，以主线程、数据加载模块和场景渲染模块来实现，结合可视对象查找机制，构成三维场景绘制的整个过程。

由于并行线程间共享数据，需要对其进行一定的同步处理操作。场景可视对象查找线程主要负责为渲染线程和数据加载模块提供数据来源，对场景数据列表进行写操作，而其他线程分别对相应的子列表进行读操作。使用锁机制对读、写操作进行锁定，实现了并行化过程中模块间的异步操作，并行调度流程如图 11-15 所示。

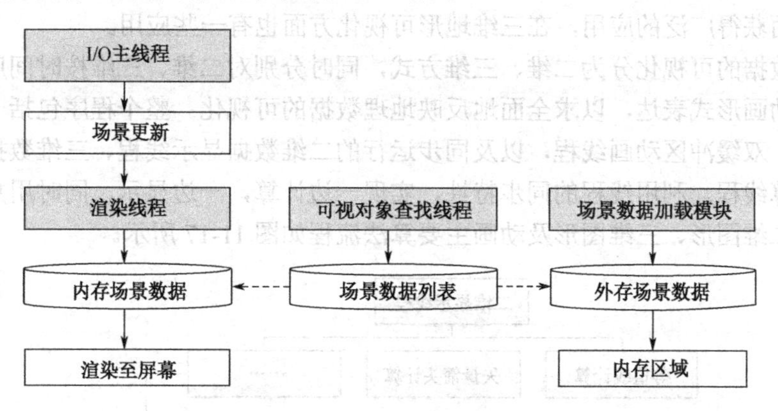

图 11-15 并行调度流程

如图 11-16 所示，横坐标代表渲染的三角形个数（一个绘制单元实体大约由 400 个三角形构成），纵坐标代表每秒渲染的帧数。从图中可以发现，对于大规模场景数据，超过百万的三角形个数时，并行渲染帧数是原始串行渲染帧数的一倍左右。并行化渲染机制的引入，避免了当前串行化三维场景渲染过程中因大数据量调度造成的明显停顿现象，保证了场景绘制的稳定性和连贯性，提高了大规模三维场景绘制的实时交互能力，大大改善了平台的性能。

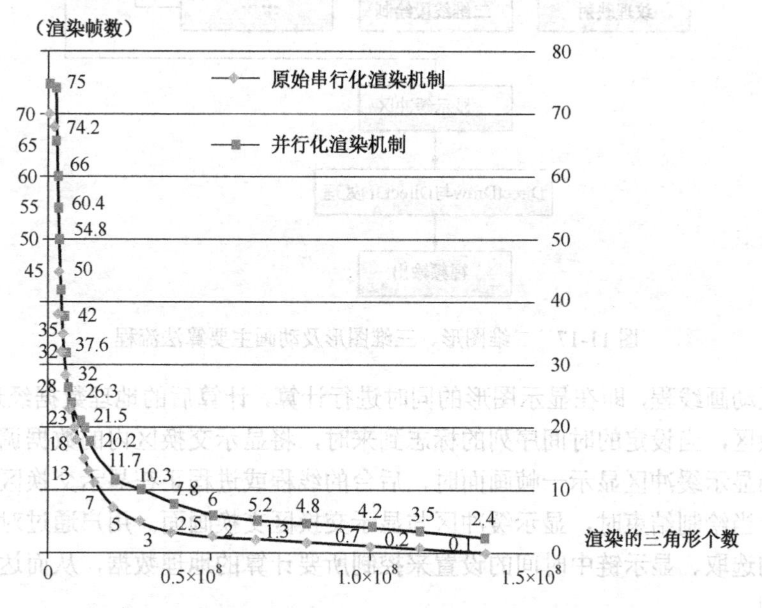

图 11-16 并行化渲染与串行化渲染对比图

11.5.3 基于体素地理数据的可视化

与面模型相对应的是体模型，即应用三维立体网格来直接绘制地理场景，空间中的每一个网格对应某一个可测的属性值。三维立体网格单位为体素（Voxel）。体素可以看作二维像素在三维空间的推广。把采集到的地理数据标量、矢量值分配给体素，其值通过体素的材质、颜色、纹理或透明度反映出来。

由于基于体素图形可以直接对数据进行操作，同时具有实时动画的功能，所以在运算上具有较大的优点，在医学（如三维医学图像的重建）、流体力学（如流场的可视化）、CAD 实体造型等方面获得广泛的应用，在三维地形可视化方面也有一些应用。

对地理数据的可视化分为二维、三维方式，同时分别对二维、三维按时间序列进行实时处理，并以动画形式表达，以求全面地反映地理数据的可视化。整个程序包括一个时间顺序的显示链表、双缓冲区动画线程，以及同步运行的二维数据显示线程、三维数据显示线程和其他显示计算线程。利用线程的同步特性，实现一边计算，一边显示，同时用户进行实时交互的功能，二维图形、三维图形及动画主要算法流程如图 11-17 所示。

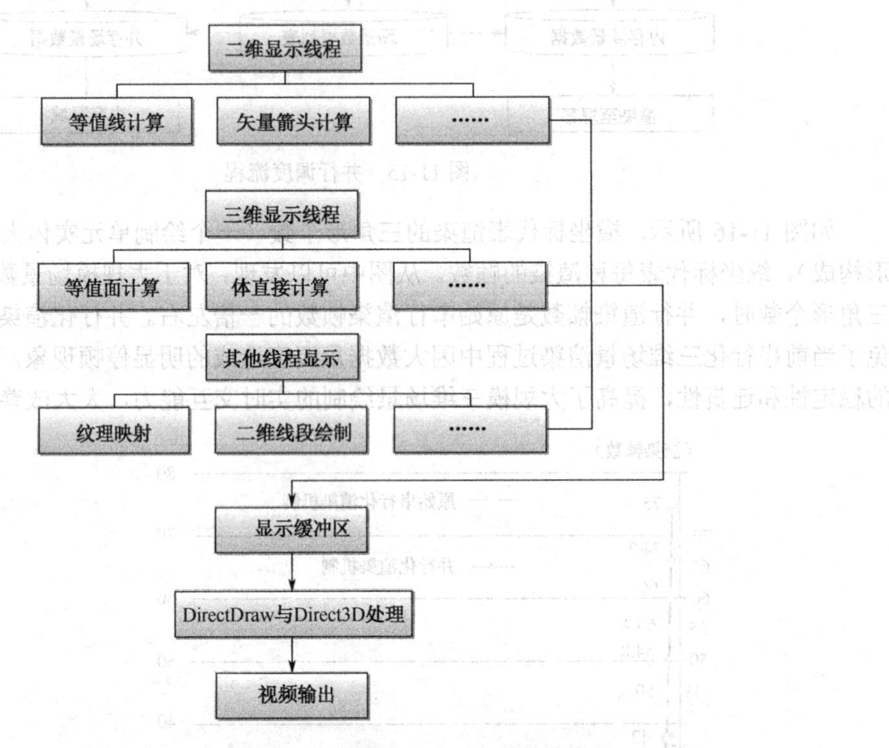

图 11-17　二维图形、三维图形及动画主要算法流程

双缓冲区动画线程，即在显示图形的同时进行计算，计算后的地理数据经过消影、绘制，存入显示交换区，当设定的时间序列的标志到来时，将显示交换区内的数据调入显示内存。也就是说，当显示缓冲区显示一帧画面时，后台的线程或进程正在显示交换区中计算、绘制下一帧画面；当绘制结束时，显示缓冲区与显示交换区交换画面。用户通过对带有时间标志的地理数据的选取、显示链中时间的设置来控制所要计算的地理数据，从而达到对数据及模型的实时控制。

三维要素的显示是直观表示地理多维数据的核心。同样，基于体素的多维数据结构能有效地进行三维要素绘制，既可以采用面模型的方法，如等值面，又可以采用体模型直接绘制地理实体及现象。

等值面可以看作二维空间的等值线在三维空间的延伸，等值面的计算较为复杂，其绘制流程如图 11-18 所示。首先，根据用户对指定的变量、指定的等值面阈值，对每个立体的体素求相交平面，记录交平面的交点。然后，按照先后次序将交点连接起来，如果数据较离散，则需要进行插值，对由交点形成的离散面求法线。

根据 Z 缓冲区算法（Z-Buffer）消除隐藏面，用 Phong 光照模型对等值面进行绘制，体素直接绘制流程如图 11-19 所示。

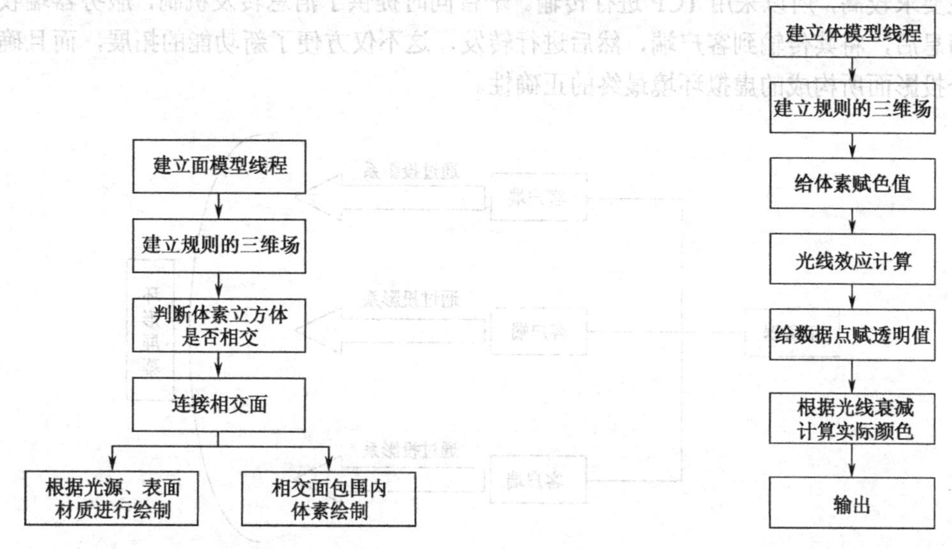

图 11-18　等值面绘制流程　　　图 11-19　体素直接绘制流程

体模型直接绘制根据用户指定的变量从数据库中抽取 x、y、z、t 四维数据，对数据预处理，包括剔除冗余数据、内插稀疏数据、对数据值分类，然后根据数据值赋予颜色、透明度；在三维空间模拟传统的射线技术中，对三维空间的每个体素均分配一个源强度及衰减系数。当光线通过体数据空间时，按每个体素的源强度及光线沿距离的衰减分配一个亮度值投射到图像平面上即可形成三维图像。体空间具有一定的透明度，可由外部直接看到内部。

最后需要指出的是，二维显示、三维立体显示及动画算法并不是割裂开的。在实践中，利用基于体素的多维数据结构能有效地将各种方法组织起来，更好地反映多维地理数据。体素和像素一样能进行块操作、退点操作，这对将基于栅格的空间分析向体空间延伸提供了基础。

11.5.4　虚拟现实展示技术

三维 GIS 可视化仍属于“外观察”方式，人的观察空间与三维图形空间并不合一，只是停留于二维浏览方式，其真实感和互动操作的局限使地理信息的显示和观察较为欠缺。而虚拟现实技术仅使人们通过计算机对复杂数据进行可视化操作与交互，缺乏一定的空间分析功能。本平台将虚拟现实技术与 GIS 结合，开发出了面向 GIS 的虚拟显示立体展示平台。不仅支持 TB 级海量地形影像数据可视化，而且支持 GIS 的基础分析功能，如坡度坡向分析、填挖方计算、可视域分析、洪水淹没分析、日照分析等，同时集成了一系列高级分析功能，如模型编辑、模型定位、模型切割、动态剖切、地面沉降模拟等。

平台集成了三维立体显示中的主动立体分时技术和被动立体分屏技术，采用如图 11-20 所示的基于 C/S 模式的集群式网络结构，由多台联网的高性能 PC 驱动，服务器（主控机）和客户端（工作站）各自运行同一个应用系统。通过千兆位交换机连接，每个 PC 结点负责一个投影面的投影，由于各个 PC 结点并行生成虚拟环境中的不同投影面，所以在 PC 之间需要有多层次的同步机制来进行协调，平台通过设计基于消息的网络信息传递体制，针对不同的消息类型，采用不同的实现方法。对于与视点信息相关的消息，由于对实时性要求比较高，而对消息的可靠性要求不高，所以采用 UDP 进行传输；对于其他的一些控制性命令，由于对可靠性要求较高，所以采用 TCP 进行传输。平台同时提供了消息转发机制，服务器端收到相应的消息后，将其传输到客户端，然后进行转发，这不仅方便了新功能的拓展，而且确保了由各个投影面所构成的虚拟环境最终的正确性。

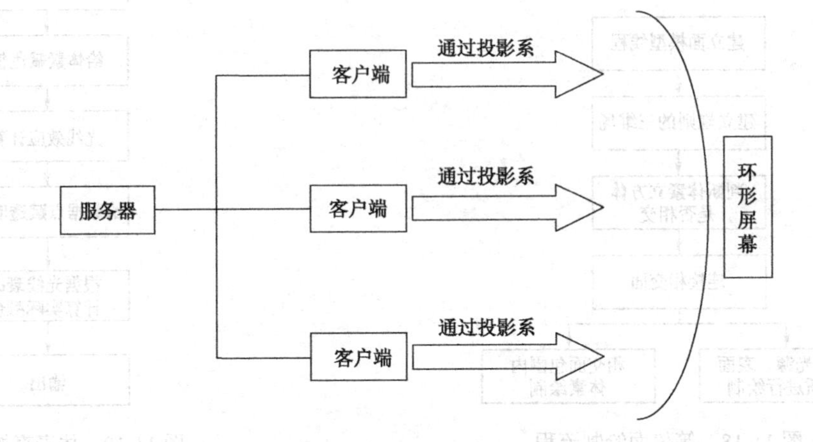

图 11-20　基于 C/S 模式的集群式网络结构

11.6　三维 GIS 空间分析方法

随着对地观测和计算机技术的发展，空间信息及其处理能力已得到极大丰富和加强，人们渴望利用这些空间信息来认识和把握地球和社会的空间运动规律，进行虚拟、科学预测和调控。三维 GIS 在提供三维视觉认知的同时，还提供更深刻的解析空间分析功能，而缺乏新的三维空间分析方法与功能正是制约三维 GIS 更广泛深入专业化应用的主要瓶颈之一。

根据空间分析所处理的对象进行划分，空间分析方法主要有基于图形的方法与基于数据的方法两类。基于图形的空间分析方法如常规的缓冲区分析、叠置分析、网络分析、复合分析、邻近分析与空间联结等能直接从二维扩展至 2.5 维乃至三维。由于三维数据本身可以降到二维，因此三维 GIS 自然能包容二维 GIS 的空间分析功能。三维 GIS 最有特色的是其基于三维数据的复杂分析能力，如计算空间距离、表面积、体积、通视性与可视域等。结合物理、化学模型提供一些更具增值价值的真三维空间分析功能，如水文分析、可视性分析、日照分析与视觉景观分析等已成为三维 GIS 分析研究的重要内容之一，并正积极转向结合属性数据和其他专题数据开发知识发现的新方法、“面向解决与空间有关的问题”提供定量与定性结合的空间决策支持方向发展。

11.6.1　空间量算

三维模型的数学量算主要包含空间距离与角度量算、面积量算、体积量算等。

在长度量算与空间方向量算方面，空间中的任意两点 P_i 和 P_j，设它们在三维空间中的距离长度为 D_{ij}，D_{ij} 在 XOY、XOZ 和 YOZ 平面上的投影分别是 D_{ij}^{XOY} 、D_{ij}^{XOZ} 和 D_{ij}^{YOZ} 。这些长度量的计算比较简单，直接通过简单投影公式计算即可得到。

在面积量算方面，主要包括以下几种类型：三维曲面的表面面积、三维曲面的 XOY 平面的水平投影面积、侧面面积、剖面图的剖面面积。对于含有特征的网格，将其分解为三角形，对于无特征的网格，可由四个角点的高程取平均值即中心点高程，然后将网格分成四个三角形。由每个三角形的三角点坐标(X,Y,Z)计算出通过该三个顶点的斜面内三角形的面积，最后累加就得到了实地的表面积。水平投影面积和侧面面积计算比较简单，不做论述。

三维曲面的表面是由不规则三角网 TIN 构成的，它是由空间邻接的三角形列表组成的。单个三角形的面积直接通过海伦公式可以快速地计算出来，整个地层面的面积就是地层面上的所有三角形面积之和。

在体积量算方面，相对于面积量算，体积（方量）量算是一项比较复杂的工作。根据三维实体模型的复杂程度，体积量算可以有不同的方法。

（1）面积求和法：将三维实体的底层剖分成四面体网络，四面体的体积计算公式很简单，很容易求得，最后求和即可得出底层模型的体积。

（2）三棱柱求和法：简单层状三维实体模型，将每一层的三维实体剖分成三棱柱，然后进行体积求和。

（3）凸多面体体积计算法：三维结构模型中每一个三维实体都是一个多面体，既可能是凸多面体，也可能是凹多面体。凹多面体可以转化成两个凸多面体相减的差值。凸多面体的体积计算相对比较简单。最后求和即可得到模型的体积。

11.6.2　地形分析

数字地形分析是基于 DEM 进行地形分析的一种数字分析技术，地形的可视化表达是地形地貌、景观建模、地形分析等领域的基本技术手段之一。地形可视化不仅局限于地形的表达与仿真，还包括两个方面：一个是地形分析技术，进一步增强地形可视化表达；另一个是在各种可视化表达的基础上，挖掘所隐藏的各种与地形相关的信息。在数字地形分析中，可视化分析的重点在于地形特征的可视化表达和信息的增强，以帮助传达地形曲面参数、地表形态特征和符合地形属性的信息。

数字地形分析有着广泛的应用领域，主要任务有两个：一个是地形数据的基本量算；另一个是数据的地形特征分析。地形数据的基本量算包括如何确定点的高程、两点之间的距离和方位，以及给定区域的面积、表面积和体积的计算。数据的地形特征分析则是地形特征识别及地理对象的相关关系分析，如地形图上根据等高线疏密程度判断地势起伏与地形走向，以及通过分析等高线之间的关系识别山脊、山谷等地貌特征。

从地形分析的复杂性角度可以将地形分析分为两大部分：一部分为基本地形因子的计算，包括坡度、坡向、粗糙度等；另一部分是复杂地形分析，包括可视性分析、地貌特征提取、水系特征分析、道路分析等。这些地形分析的内容与地形模型的结构有着紧密的关系，不同结构的地形模型对应的分析方法也不同。

1．坡度、坡向

坡度定义为水平面与局部地表之间的正切值，包含两个成分：斜度——高度变化的最大值比率；坡向——变化比率最大值的方向。比较通用的度量方法是，斜度用百分比度量，坡向按从正北方向起算的角度计算。坡度和坡向的计算通常使用 3×3 窗口，窗口在 DEM 高程矩阵中连续移动一定距离后，完成整幅图的计算。

2. 通视分析

通视分析有着广泛的应用背景，典型的例子就是观察哨所的设定。显然观察哨所的位置应该设在能监视某一感兴趣的区域，视线不能被地形遮挡，这就是通视分析中典型的点对区域的通视问题。有时还可能对不可见区域进行分析，如低空侦察飞机在飞行时，要尽量躲避敌方雷达的捕捉，显然要选择雷达盲区飞行。根据分析维数不同，通视问题可分为点的通视、线的通视和面的通视。点的通视是指计算视点与待判定点之间的可见性问题；线的通视是指已知视点计算视野问题；区域的通视是指已知视点，计算视点能可视的地形表面区域集合的问题。

11.6.3 交互分析

人机交互是三维建模与可视化系统的重要组成部分。目前，关于三维图形的交互，可通过两种方式来实现：一种方式是使用真正的三维交互设备如三维操纵杆、数据手套等来实现直接三维交互，这是一种面向硬件的方法，而这些硬件价格昂贵；另一种方式是通过现有的二维设备进行三维仿真，这是一种面向软件的方法。

三维交互分析，主要包括三维模型的几何变换、三维交互定位与空间属性查询、三维模型的剖切与虚拟漫游等，为全方位、多角度的认识和理解三维模型提供了有力的支持。

1. 三维模型的几何交换

三维模型可视化的基本操作包括模型放大、缩小、平移、旋转等。三维交互首先要解决的问题是建立屏幕上的二维点坐标与三维空间坐标的对应关系，并将二维屏幕上光标的移动映射到三维空间上的变化。由于鼠标指针在二维屏幕上的移动只提供两个变化的参数，所以要将这两个参数映射到三维空间，需要采取几何变换途径。

2. 三维交互定位与空间属性查询

利用二维交互设备通过软件方法实现三维交互功能的关键是建立屏幕二维坐标与三维空间坐标的对应关系。显然，仅用光标无法区分出三维场景中的所有点，因此必须加入适当的辅助线或辅助面，具体实现时也就分为两个层次：一个是基于切片方式的三维交互定位与空间属性查询；另一个是基于直接拾取方式的三维交互定位与空间属性查询。

3. 三维模型的剖切

为了清晰地展现模型的内部细节，需要对三维模型进行剖切、开挖等分析处理，然后生成立体剖面图、栅状图、平切图、斜切图等可视化的图件，并根据指定的路径实时生成场景、进行漫游等。

习题 11

1. 传统三维 GIS 数据模型分类及特点是什么？
2. 从二维 GIS 数据到三维数据模型有哪些方法？
3. 三维空间数据可视化流程是什么？
4. 三维交互分析主要包括哪些内容？

第 12 章　GIS 工程与标准

从前面各章的内容可知，GIS 是一个面向实际应用的大型计算机软件、硬件系统。与一般信息系统相比，GIS 的特点主要表现在：GIS 是横跨计算机科学、测绘遥感学、摄影测量学、地理学、地图制图学、人工智能、专家系统、信息学等多学科的边缘学科；GIS 以空间数据为主，兼有专业属性数据，数据量庞大、数据结构复杂；GIS 以应用为主要目标，针对不同领域，具有不同的 GIS；GIS 以空间分析统计处理、提出决策为主要任务。这些特点决定了 GIS 工程是一项十分复杂的系统工程，投资大、周期长、风险大、涉及部门繁多。因此，一个完整的 GIS 应用不是简单的原理及方法的应用，而是基于系统化思想指导下的工程化建设过程。

GIS 按其功能和内容一般分为工具型 GIS 和应用型 GIS。工具型 GIS 是一种通用型 GIS，它具有 GIS 的一般功能和特点，向用户提供了一个通用的 GIS 操作平台。此类 GIS 一般都没有地理空间实体，由用户根据自己的需要和一定的应用目的，在其基础上进一步设计和二次开发，以达到解决实际应用问题的目的。这类工具型 GIS 有 ARC/INFO、GenaMap、MapGIS、GeoStar 等。应用型 GIS 是在比较成熟的工具型 GIS 基础上，根据用户的需求和应用目的而设计的一种解决一类或多类实际应用问题的 GIS，它具有地理空间信息实体和解决空间信息的分布规律、空间分布特性及空间信息相互依赖关系的应用模型和方法。

本章将重点介绍设计应用型 GIS 的方法和步骤。

12.1　GIS 工程的概念

GIS 工程是应用 GIS 原理和方法，针对特定的实际应用目的和要求，统筹设计，优化、建设、评价、维护实用 GIS 的全部过程和步骤的统称，也称 GIS 实用工程。

GIS 工程中涉及因素众多，主要可分为硬件、软件、数据及人。硬件是构成 GIS 的物理基础，软件形成 GIS 的推动模型。数据是 GIS 的“血液”——系统保持运作、效益、价值的介质。人则是活跃在 GIS 工程中每个环节的十分重要的因子，既是系统的提出者，又是系统的设计者、建设者，同时还是系统的使用者、维护者。

从 GIS 的特点来看，它具有一般工程所具有的共性，同时又存在自身的特殊性。在一个具体 GIS 的开发建设过程中，需要决策者、设计者、开发者、维护者、数据所有者及各用户单位与开发单位的相互协调合作；涉及项目立项、系统调查、系统分析、系统设计、系统开发和维护多阶段的逐步建设；需要进行资金调拨、人员配置，开发环境策略，开发进度控制等多方面的组织与管理。

如何形成一套科学高效的方法，发展一套可行的开发工具，进行 GIS 的开发与建设，是获得理想 GIS 产品的关键和保证。

12.2　GIS 工程建设过程

12.2.1　GIS 工程建设模式

近年来，云计算、物联网、移动互联网、大数据等新技术蓬勃发展，GIS 工程的建设模式也加快向网络化、服务化、平台化、融合化方向发展。当前云计算技术在 GIS 工程建设中的应用非常深入，IT 资源的组织形态与使用模式"云"化正以星火燎原的趋势在 GIS 中全面铺开，颠覆了传统的 GIS 软件产业的结构模式。

1．软件设计架构转变

网络和存储的融合使得软件获取资源的方式趋向"云"化，云计算的软件架构必须适应云计算提供服务及云计算用户使用的应用场景。即用户可以在任何时间、任何地点，通过任何设备、任何计算环境（操作系统）都能得到这种资源和服务。在经历了过去的单机版、C/S（Client-Server）架构、B/S（Browser-Server）架构，现在演变为 T-C-V 软件结构。

2．软件开发模式转变

软件开发模式由单机版开发模式转向云计算开发模式。单机版的软件所使用的资源是基于 PC 的物理资源（如 PC 的内存和硬盘）；在云计算时代，这种开发模式完全改变，使用的资源不再受到物理资源的限制，内存的使用可以基于数据中心的服务器群，数据库可以通过互联网存储到远端的数据中心中。开发人员也将不再受地域、时间、团队限制，可在任何能够连接互联网的场所进行开发。

3．软件开发工具转变

在传统软件开发中，程序员擅长 C/C++/Java 语言，对单一主机（PC）进行应用开发，关注的计算资源是物理 CPU 的性能、内存的大小、硬盘的存储容量等。在云计算时代，互联网的语言成为云计算时代的主流开发语言工具，如 Python、Ruby on Rails、JavaScript、QT 等，这些语言提供了和互联网进行交互的便利手段。在进行云计算应用开发时，程序员更关注云计算架构下分布式的计算资源组成，如这种应用是在哪个计算集群中完成的、应用之间内部通信的网络带宽、存储的分布式资源位置等。

4．软件商业价值转变

云计算模式使得软件产业基本的商业价值发生了革命性的改变，软件正在从产品 License 到按服务收费的转变。IT 业的本质载体是软件，硬件为软件提供平台。软件在云计算中发展成为服务的载体，这是一个很重要的变化。这种变化对许多软件企业来说影响是巨大的，如微软、谷歌等公司，都在快速地应对云计算时代对其传统技术和产品带来的挑战，并对生命线产品进行变革。同时，软件企业也看到了云计算时代蕴藏的机会，它们从卖产品 License，变成了卖服务、卖广告，而产品本身成为服务的工具。

App Store（应用商店）兴起，使得软件赢利模式发生变化。软件公司开发 App Store，采用云计算平台，公布自己的开发工具，并通过互联网与软件开发者销售软件，通过软件实现服务，在服务中获取利润，而用户通过互联网购买软件，获得相关的服务。

软件价值由技术转向服务质量，关注用户服务需求，促进良性循环，形成"企业-服务-用户"模式的软件价值链。

5．软件开发人员职业要求

在云计算时代，软件工程师需要密切关注所在行业的需求技术发展方向，需要技术转型，研究互联网经济、移动互联网、软件服务的本质、服务的质量保障等，并不断创新。

作为现代信息技术的重要组成部分，GIS 产业在第三次科技革命的机遇下蓬勃发展。GIS 软件建设呈现出专业化、信息化、智能化特点，依次经历如下三个阶段。

- 第一阶段——数据建库：数据是 GIS 的灵魂，数据建库是 GIS 的基础。数据建库要专业化，强调有组织的规划和设计，统一管理基础数据和专题数据，支持从单一功能到专题综合的应用。
- 第二阶段——集成共享：信息集成共享，包括分布式异构数据集成管理、建立共享和服务机制、构建城市/区域性空间信息基础设施等内容。
- 第三阶段——智慧应用：智能化，即智慧应用，需要面向应用、面向用户、面向产业升级，将新一代 IT 技术充分运用在各行各业中，通过 GIS 以更加精细和动态的方式管理生产和生活，从而达到“智慧”状态。

12.2.2 应用型 GIS 设计步骤和方法

应用型 GIS 的设计主要侧重于：

- 需求分析；
- 总体结构描述；
- 软/硬件配置，包括选择合适的工具型 GIS 软件；
- 数据来源、信息分类、规范、标准和内容的确定；
- 数据库结构设计；
- 应用方法选择和应用模型设计；
- 用户界面设计；
- 数据标准化和数据质量保证。

通常，为了节省资金和减轻劳动强度，应用型 GIS 都是建立在一定的工具型 GIS 基础之上的。但也有从底层软件设计开始的专门化的应用型 GIS，此类从底层软件设计的应用型 GIS 的设计和实现难度相对较大，对系统设计和编程人员的知识结构和技术水平的要求比较高，其相应的投资强度也较大。一般都是由比较大的区域性机构或国家性机构组织各行业的专家和技术人员完成和实现的。例如，加拿大地理信息系统（CGIS）是一个由加拿大政府出面组织实施的全国性土地资源规划与评价信息管理系统。

尽管 GIS 的种类繁多、应用领域广泛、技术要求相差大、没有一成不变的模式可供使用，但是无论何种 GIS，其开发建设仍可基本遵循如下方法进行。

GIS 工程建设按开发时间序列化分为四个阶段：需求分析、系统设计、系统实施、系统维护与评价。相应的每个阶段都会形成一定的文档资料，以保证 GIS 开发成功，并以最经济的方式使用人力和物力，便于运行和维护。这些文档作为软件产品的成果之一，集中体现了 GIS 开发建设人员的大量脑力劳动成果，是 GIS 不可缺少的组成部分。GIS 建设流程如图 12-1 所示。

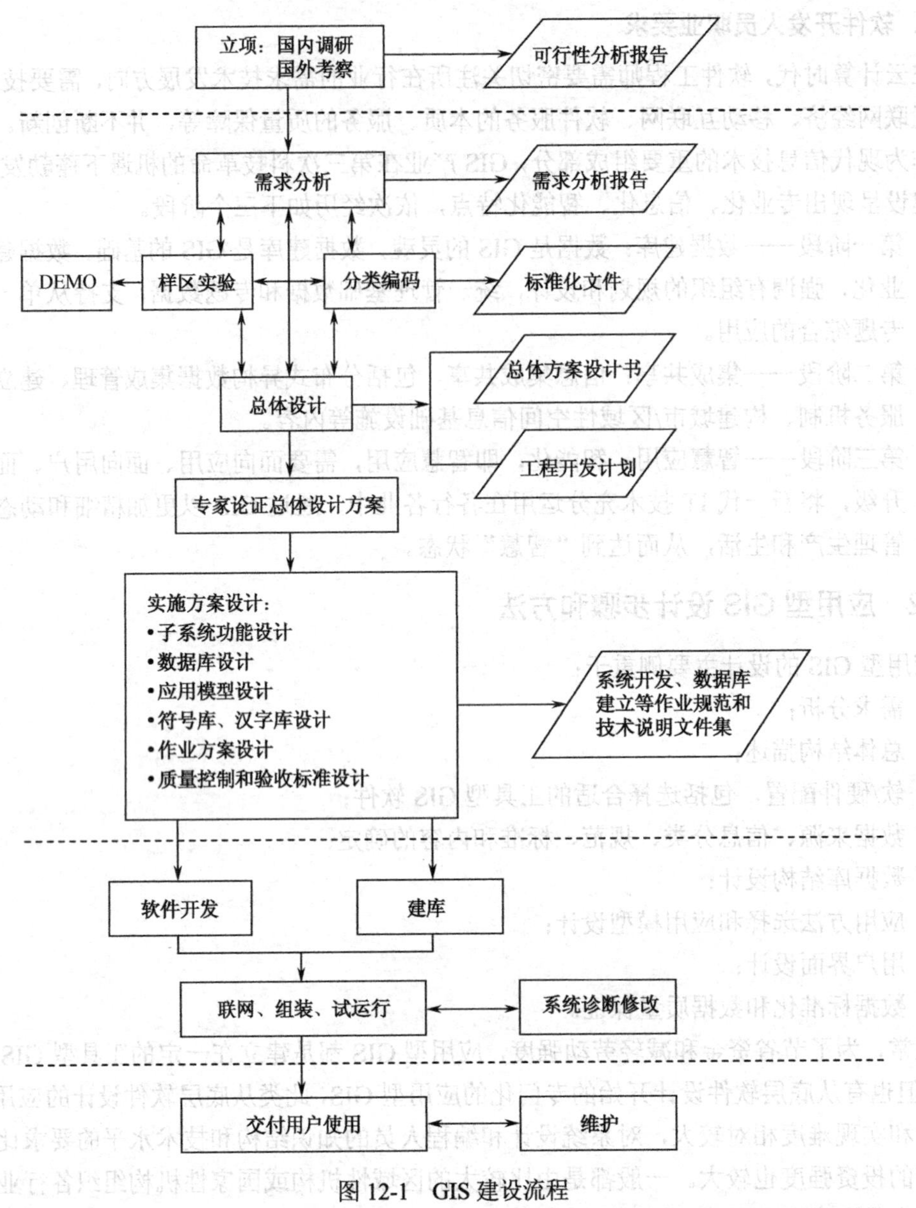

图 12-1　GIS 建设流程

12.2.3　需求分析

需求分析是在对现行系统调查的基础上进行的，是 GIS 工程开发和建设的第一步，由系统分析员承担完成。主要任务是通过用户调查发现系统存在的问题，完成可行性研究工作，确定建立 GIS 是否合理，是否可行。

调查方法可采用访问、座谈、参观、填表、抽样、查阅资料、深入现场、与用户一起工作等各种方法，获得现行的状况和有用的资料。在调查之前，可向用户做 GIS 专题报告。通过报告，可让用户了解 GIS 的基本知识、各种功能及其优点，使他们对 GIS 有一个清楚的了解。这一阶段应完成的工作：

- 用户情况调查；
- 明确系统的目的和任务；

● 系统可行性研究；
● 提交需求分析报告。

1. 用户情况调查

通过对现行系统组织机构、工作任务、职能范围、日常工作流程、信息来源及处理方式、资料使用状况、人员配置、设备装置、费用开支等各方面的调查研究，指出现行工作状况在工作效率、费用支付、人力使用等方面存在的主要问题和薄弱环节，作为待建 GIS 的突破口。

2. 明确系统的目标和任务

在深入用户调查和需求分析的基础上，根据用户的要求和特点而确定系统的服务对象、内容和任务。要确定系统目标，需做如下调查。

（1）确定系统的服务对象和系统的目的

如果用户对象是政府领导层或管理决策人员，则系统的目的应当是评价、分析和决策支持系统；而用户是市政管理部门，系统应是市政信息管理与规划系统，如地下管网系统、土地管理系统等；如果系统的用户是地质地矿部门的科技人员和地学科学管理人员，系统应是矿产预测与评价系统。当然有时系统用户是多方面的，这就需要设计通用型应用 GIS，以满足多用途的需求。

（2）用户研究领域状况调查

此项调查重点是了解用户的研究领域状况，用户研究的方向和深度，用户希望 GIS 解决哪些实际应用问题，以确定系统设计的目的、应用范围和应用深度，为以后总体设计中系统的功能设计和应用模型设计提供科学、合理的依据。例如，一个地学信息系统的用户既有地理科学专家，又有地学管理人员，那么，在系统功能设计和应用模型设计时，就应当既考虑地学新方法、新技术的引入，又要顾及常规地学分析方法和评价决策方法的设计。一般来说，系统目标不可能在调查研究阶段就提得非常具体和确切，随着后续分析和设计工作的逐层深入，新建 GIS 目标也将逐步具体化和定量化。

3. 系统可行性研究

在需求分析和明确目的任务的基础上，进行可行性研究。研究的内容如下。

（1）理论上的可行性

实现应用型 GIS 的设计，其理论上的可行性涉及两个方面的内容：一个是 GIS 提供的数据结构、数据模型与应用所涉及的专业数据的特征和结构是否适宜；另一个是分析方法及应用模型与 GIS 技术的结合是否可行。

（2）技术上的可行性

在技术上需考虑的内容有：在选择计算机系统时，要预见计算机硬件的发展速度和 GIS 软件的使用周期是否相适宜；选择先进的、可行的开发技术和方法；技术力量的可行性分析，包括各种层次、各种专业的技术人员，从事这些工作的技术人员的数量、结构和水平等。

（3）经济和社会效益分析

包括开发 GIS 应用工程时经济承受能力的分析，预算 GIS 的设计与实现过程中所需的费用；估计系统建成后，与建设 GIS 各阶段的投入比，会有多大效益；系统投入使用后，所带来的社会效益，即对社会所产生的影响。

4. 提交需求分析报告

在需求分析、明确系统目的及可行性分析的基础上，提交需求分析报告。报告中的主要内容有：系统的目的和任务；机构运作的逻辑数据流程图，包括数据的输入和输出、各功能的接口界面和数据转换；GIS 的产品，包括地图、报表、文件、屏幕查询及更新的数据库；硬件资源表和软件资源表；所需的专业人员清单；数据来源清单及数据与功能对照表；建设系统的经济和社会效益分析。

12.2.4 系统设计

GIS 建设中的系统设计是在需求分析规定的“干什么”基础上，解决系统如何干的问题。即按照对建设 GIS 的逻辑功能要求，考虑具体的应用领域和实际条件，进行各种具体设计，确定 GIS 建设的实施方案。按照 GIS 规模的大小，可将设计任务分为三部分完成：一是总体设计，用来确定 GIS 的总体结构；二是数据库概念设计，从抽象的角度来设计数据库；三是详细设计，在总体设计的基础上，将各组成部分进一步细化，给出各子系统或模块的足够详细的过程性描述。

1. 总体设计

总体设计的目的是解决“系统如何实现”的问题，其主要任务是划分各系统的功能模块、确定模块之间的联系及其描述；根据系统的目标，配置适当规模的软/硬件及计算机的运行环境；系统开发各阶段的文档，即技术手册、用户手册、培训材料应包括的基本要点的制定；系统的质量、性能、安全性估计或规定。

2. 数据库概念设计

数据库概念设计的内容包括：决定数据库的数据内容、选择适当的数据模型、各数据内容如何在库中组织及考虑整个数据库的冗余度、一致性和完整性。

（1）数据库的宏观地理定义

参考基准与坐标系统：空间坐标系统是应用型 GIS 的基础。一个精确合理的坐标系统是多源地学数据所依赖和参考的依据。在我国，有两种高程基准：一种是 1956 年黄海平均高程基准面；另一种是 1980 年大地坐标系高程基准面。我国的平面坐标系统有三种：北京 54 坐标系、西安 80 坐标系、地心坐标系。

地图投影：如第 3 章所述，地图投影是采用一定的数学法将不可展开的地球椭球面转换为一个可展开的二维平面。在转换过程中，根据不同的投影条件而采用不同的数学方法，所得的结果也不同，即产生不同的变形性质。因此，在数据库设计时，应考虑投影的选择和不同投影的变换。

数据库的比例尺：数据库的比例尺通常取决于用户对数据的精度要求。虽然一旦地理数据被输入数据库中，用户可用任意比例尺进行显示，但数据库的精度和原始图件是一致的。所以说，原始图件的比例尺决定了数据库的比例尺。

（2）数据库数据模型的确定

数据库数据模型的选择是与 GIS 基础软件分不开的，在确定数据库数据模型（层次模型、网状模型、关系模型或面向对象模型）后，接着需要考虑对数据进行分层、各层数据的表示形式、各层数据的属性内容及属性表之间的关系等。

3. 详细设计

详细设计在总体设计的基础上进一步深化，主要内容如下。

详细设计是对总体设计中已划分的子系统或各大模块的进一步深入细化设计。从系统结构上讲，GIS 应具备五大基本功能：数据采集、数据编辑与处理、空间数据库管理、空间查询和空间分析以及结果输出；从应用目的上讲，GIS 应具有三个基本功能：其一，作为一种空间信息数据库，管理和储存空间对象的信息数据；其二，作为一种空间分析工具在各对象层间进行逻辑运算和数学运算（建立模型），从而产生新的派生信息和内涵；其三，根据以上两个基本功能所完成的操作，对空间现象的分布、发生、发展和演化做出判断和决策，即空间决策支持系统功能。

（1）模块设计

在进行模块设计时，除考虑功能模块的合理性、功能结构的完备性外，还要考虑模块各功能的独立性，即功能相对独立，重复度最小，以及功能模块的可靠性、可修改性和操作的简便性。对各模块进行设计时，画出各模块结构组成图，详细描述各模块内容和功能。

（2）数据库详细设计

数据库详细设计是将数据库的概念设计转换成具体的数据库设计。它主要包括数据源的选择、对各种数据集的评价、空间数据层的设计、数据字典的设计及数据库存储和管理结构的设计。

数据源的选择：一个实用 GIS 的开发，通常其数据库开发的造价占整个系统造价的 70%～80%，所以数据库内数据源的选择对于整个系统来说显得格外重要。数据库中各类数据的来源主要有：地图、航空相片、卫星遥感相片、GPS 接收的数据及现有的各种文件数据等。

对各种数据集的评价：数据的来源是多种多样的，其质量也不尽相同。所以哪些数据能为自己所用，须进行一个评价。对数据的评价直接关系到数据的使用目的和数据库的设计。数据的评价主要从三个方面进行：一是数据的一般评价，其中包括数据是否为电子版、是否为标准形式、是否可直接被 GIS 使用、是否为原始数据、是否有可替代数据、是否与其他数据一致（指覆盖地区、比例尺、投影方式、坐标系等）；二是数据的空间特性，其中包括空间特征的表示形式是否一致（如城市是用点还是多边形，河流是用单线还是双线等），空间数据地理控制信息的比较（如用 GPS 点、大地控制测量点、人为划分的地理位置点等），空间地理数据的系列性（如不同地区信息的衔接、边界匹配问题等）；三是属性数据特征的评价，其中包括属性数据的存在性、属性数据与空间位置的匹配性、属性数据的编码系统及属性数据的现势性等。

空间数据层的设计：在收集和评价数据集后，就必须考虑数据库数据的组织形式——数据分层和编码标准的设计了。在对数据分层时须从如下几个方面着手：通常数据按专业内容进行分层；不同属性的数据共用或重叠的问题，如道路与边界重合，设计时这种关系应体现出来；数据与其功能之间的关系，即不同类型的数据由于其应用功能相同可作为一层；由于安全性和保密性的考虑或短期内更新的数据可单独分在一层。设计编码标准时，应尽可能寻找现有的被广泛使用的标准编码。

数据字典的设计：数据字典用于描述数据库的整体结构、数据内容和定义等。一个好的数据字典可以说是一个数据的标准规范，它可使数据库的开发者依此来实施数据库的建设、维护和更新。数据字典的内容包括：数据库的总体组织结构、数据库总体设计的框架、各数据层的详细内容定义及结构、数据命名的定义、元数据（有关数据的数据，是对一个数据集的内容、质量条件及操作过程等的描述）内容等。

数据库存储和管理结构的设计：一是数据使用权限的设置，即不同用户可以有不同的使用权限；二是数据库更新过程中的质量控制和安全性考虑，包括更新数据时必须遵循整个数据库的原则、需要同时考虑空间和属性数据间的关系，以及更新时应有锁住该数据层的功能，以避免其他用户同时做类似操作。

（3）方法库和模型库的设计

GIS 的主要应用特点是提供了一套完整的空间数据分析方法，对研究领域内的特定问题进行统计分析和空间分析，以达到空间决策的目的。随着 GIS 的应用领域越来越广泛，希望能提供不同应用要求的统计和空间分析功能即地理分析模型也越来越迫切。因此，模型建立在整个 GIS 研制所投入精力中占的比重过大，模型相互重复、使用率不高的现象比较严重。在很多情况下，模型都被作为应用程序的组成部分，嵌入应用程序，在这种管理下的模型，其共享性和灵活性都很差。为解决这些问题，近年来提出了模型库系统的概念，要求更为有效地生成、管理和使用模型。这个概念一经提出，很快引起了 GIS 领域内学者的重视，并形成了一个比较活跃的研究方向。虽然目前的研究尚处于探索阶段，特别是模型的自动生成、半自动生成方面离真正实用化尚有一段距离，但已有的研究已能够说明，模型库系统的发展是解决 GIS 应用模型高效利用的必由之路。此外，GIS 中的方法库向用户提供了空间数据的各类分析方法，供用户根据应用目的进行选择。

① 方法库设计

方法库是 GIS 的核心，当 GIS 支持决策研究时，它提供设计决策方案的依据，支持模型构建的工具和作为源分析数据的器件。方法库一般分为两部分，方法库管理系统和方法库实体。方法库管理系统提供了各种方法的管理功能，包括方法的选择、数据分析、结构的处理、记录、存储和成果的建立等。方法库实体是各种方法的集合，它不是简单地将各种方法堆积在一起，而是按一定原则，分门别类的有规律的组合。

② 模型库设计

地学模型库（Geo-Model Base，GMB）提供解决空间决策和地学过程模拟的数学模型，以及模型管理功能。地学模型库一般具备以下特征。

- 提供简便的构造新模型的能力。
- 能访问和集成模型块。
- 对于广泛范围内的模型进行编目和维护，支持多级用户。
- 利用类似于 DBMS 的管理功能管理模型库。
- 可以设计成程序库的形式。

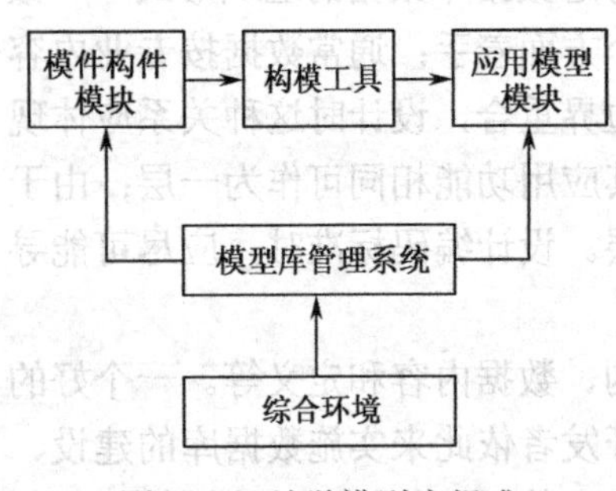

图 12-2　地学模型库组成

地学模型库由模型构件模块、应用模型模块、模型库管理系统及综合环境四部分组成（见图 12-2）。其中，模型构件模块存储通用的、规范的、可多次使用的标准化的“原模型”；应用模型模块是用户自己开发、针对某些具体问题的应用模型集；模型库管理系统是管理、维护和操纵模型构件模块和应用模型模块的软件集。它们集成于综合环境之内，以提供友好的用户界面。综合环境是地学模型库的运行环境，由模型库管理系统和构模工具等组成，是地学模型库的用户界面。

（4）数据获取方案及质量控制

在确定数据内容的选取与分层后，即可设计空间数据和属性数据的数字化方案、数字化作业步骤、数字化质量保证等。空间数据质量控制包括：空间位置的几何精度；空间地理特征的完整性，即是否所有内容均数字化；空间特征表达的完整性，如面状的特征是否以多边形表达；空间数据的拓扑关系；空间数据的地理参考系统是否正确；大地控制点是否正确；边界是否匹配。属性数据质量控制包括：属性表的定义是否正确；主关键项的定义和唯一性；各项的值是否在有效范围之内；各属性表的外部关键项是否正确；关系表之间的关系表达是否正确；各数据项的完整性。

（5）输出设计

在总体设计要求的基础上，对输出的内容、种类、格式、所用设备、介质、精度等做出明确规定。

（6）文档设计

在 GIS 工程建设的整个过程中，在各个阶段都伴随着相应文档的产生。这些文档既表达该阶段的设计思想，又是下一阶段的设计基础。另一方面，有些文档又是系统工程最终结果的另一种形式，如技术手册、使用手册、培训资料等。这些文档对用户使用 GIS 起到指导性作用，成为设计者和使用者沟通的桥梁。所以在此阶段，还须考虑这些文档的内容、形式等的编写事宜。

12.2.5 系统开发与实施

一个 GIS 应用能否真正满足用户的需要，并在解决用户所面临问题的过程中发挥作用，虽然和许多具体技术问题的解决有关，但更重要的是取决于从系统的构思开始，直到投入运行的全过程中，能否采用一套完整、有效的办法对其实用性加以保证。因此，开发 GIS 应用的方法论是一个首先要解决的问题。

1. GIS 应用的开发技术

在众多的系统开发方法论中，一般认为，比较适合于 GIS 应用系统的方法有两种，即原型化开发技术、结构化系统分析和设计方法。

（1）原型化开发技术

原型化开发技术是信息系统开发的一种方法，其最大的特点是对系统的定义在逐步开发的过程中进行，而不是从一开始就预见一切。它是在获得一组基本的需求后快速地加以实现，随着用户和开发人员对系统理解的加深，再不断对这些需求进行补充和细化，快速迭代并建立最终的系统。因为这种方法对需求的定义采用启发方式，并由用户做出响应，是一种动态定义技术，所以对开发人员的经验、能力及开发工具与环境，都提出了较高的要求。原型化开发技术的主要步骤如下。

① 识别基本需求。这是设计初始原型的依据。它不要求完整和完善，只要有一种好的设想即可，同时还要大量收集和充分积累信息。

② 开发工作模型。在此阶段要提出一个有一定深度和广度的工作模型，建立原型的初始方案，并从它开始迭代。建立初始模型所需时间，随其规模大小、复杂性、完整的程度而异。

③ 模型验证。在此要验证系统模型的正确程度，进而开发新的需求，并修改原有的需求。

模型要通过有关专业人员的检查、评价和测试。

④ 修正改进。修正原型不合适的部分并作为新模型开发的基础。

⑤ 判定原型完成。成功的改进都会促进模型的进一步完善。根据用户关键性的需求是否得以完全体现和满足，来决定上述迭代过程能否终止。若模型基本上满足了用户关键性需求，则开发的模型就可告一段落。随着用户对所研究的对象不断深入和对系统了解的不断深化，可能提出新的需求和应用，那么，在已开发模型的基础上，可以重复上述步骤继续开发。因此，该方法非常适用于研究不太深入的地区和对象的模型开发。

（2）结构化系统分析和设计方法

这是一种信息系统分析和设计方法相结合的系统开发技术，这种结构化开发方法最广泛，也比较成熟。此方法的要点是将系统开发的全过程划分为若干个阶段，而后分别确定它们的任务，同时把系统的逻辑和物理模型，即系统"做什么"和"怎么做"分开，以保证各阶段明确、实施有效。为了使系统的开发顺利进行，采用的基本原则如下。

① 从调查入手，充分理解用户的信息需求和业务活动，以此作为系统设计的主要依据。

② 在对需求和约束进行充分调查、分析和理解的基础上，对系统开发的可行性进行论证，以避免和减少系统开发盲目性。

③ 强调运用系统工程观点，即全局的观点对客观世界进行分析，自上而下，从粗到精，将系统逐级分解，最后进行综合，构成相应的概念模型。

④ 强调时间顺序和工作内容，划分系统开发任务的工作阶段，如分析阶段、设计阶段、实施阶段及运行维护阶段等。如果需要还可以进一步细分。

⑤ 加强各阶段的文档资料的规范化和完整化，以便下个阶段的工作有所遵循，并有利于系统的维护，包括变动、扩充和改正错误等。

⑥ 充分估计事物发展变化因素，运用模型结构方式来组织系统，使系统有足够的灵活性和可变性。

⑦ 强调部门，特别是地区或专业机构的高层管理人员参与信息系统的建设和领导工作。

结构化系统分析和设计方法是一种考虑比较周全的开发技术，特别适用于大的区域性GIS应用的开发，如全国性的应用系统或省、区级信息系统等。

2. GIS开发与实施的内容及流程

开发与实施是GIS建设付诸实现的实践阶段，即对系统设计阶段完成的GIS物理模型进行建立，把系统设计方案加以具体实施。在这一过程中，需要投入大量的人力和物力，占用较长的时间，因此必须根据系统设计说明书的要求组织工作，安排计划，培训人员。开发与实施的内容主要如下。

（1）程序编制与调试

程序编制与调试的主要任务是将详细设计产生的每个模块用某种程序语言予以实现，并检验程序的正确性。为了保证程序编制与调试及后续工作的顺利进行，软/硬件人员首先应进行GIS设备的安装和调试工作。程序编制与调试在GIS开发软件提供的环境下进行（如利用ARC/INFO提供的AML宏命令语言或用MapGIS提供的二次开发函数库），按照问题分析、编写详细的程序流程图、确定程序规范化措施、编程、测试等步骤实现。程序编制可采用结构化程序设计方法，使每个程序都具有较强的可读性和可修改性。每个程序都应有详细的程序说明书，包括程序流程图、源程序、调试记录及要求的数据输入格式和产生的输出格式。

（2）数据采集与数据库建立

GIS 建设过程中需要投入大量的人力进行数据的收集、整理和录入工作。GIS 规模大，数据类型复杂多样，数据的收集和准备是一项烦琐、劳动量巨大的任务，要求数据库模式确定后就应进行数据的输入，对数据的输入应按数字化作业方案的要求严格进行，输入人员应进行相应程度的培训工作。

（3）人员的技术培训

GIS 的建设需要很多人员参与工作，包括系统开发人员、用户和领导阶层，为了保证 GIS 的调试并让用户尽快掌握，应提前对有关开发人员、用户、操作人员进行培训，掌握 GIS 的概貌和使用方法。

（4）系统测试

系统测试是指对新建 GIS 进行从上到下全面的测试和检验，看它是否符合系统需求分析所规定的功能要求，发现系统中的错误，保证 GIS 的可靠性。一般来说，应当由系统分析员提供测试标准，编写测试计划，确定测试方法，然后和用户、系统设计员、程序设计员共同对系统进行测试。测试的数据可以是模拟的，也可以是来自用户的实际业务，经过新建 GIS 的处理，检验输出的数据是否符合预期的结果，能否满足用户的实际需求，对不足之处加以改进，直到满足用户需求为止。

测试工作一般按如下流程实施：设计一组测试用例；用各个测试用例的输入数据实际运行被测程序；检测实际输出结果与预期的输出结果是否一致。这里供测试用的数据具有非常重要的作用，为了测试不同的功能，测试数据应满足多方面的要求，并且含有一定的错误数据，以及数据之间的关系应符合程序要求。

GIS 开发与实施阶段将产生一系列文档资料，一般包括用户手册、使用手册、系统测试说明书、程序设计说明书、测试报告等。文档资料的设计与 GIS 工程开发相辅相成，互为补充，共同构成 GIS 工程主体。一方面，GIS 工程开发需要工程化思想的指导和支持，而文档则是这种系统思想的具体体现；另一方面，文档又是 GIS 工程开发的成果表达形式之一，它为项目间沟通、控制、验收、维护等提供了有力的保证。另外，GIS 文档设计又明显有别于 GIS 工程开发，前者注重的是开发思想的整理、表达及规范化，而后者则注重工程的具体实施。GIS 文档在 GIS 工程开发各个阶段所表现出的作用是有差异的，在某些阶段，文档可能发挥出较大的指导作用，而在另外某些阶段，文档则可能发挥控制和沟通的作用，甚至文档也可以仅是一种阶段的记录，等等。

12.2.6 系统的评价和维护

GIS 测试完毕，即可进入正式运行阶段，供用户使用。在这一阶段，系统工作人员要对投入运行后的 GIS 进行必要的调整和修改。系统维护是指在 GIS 整个运行过程中，为适应环境和其他因素的各种变化，保证系统正常工作而采取的一切活动，包括系统功能的改进和解决在系统运行期间发生的一切问题和错误。GIS 规模大、功能复杂，对 GIS 进行维护是 GIS 工程建立中一个非常重要的内容，也是一项耗时、花费成本高的工作，要在技术上、人力安排上和投资上给予足够的重视。

1. GIS 的维护

GIS 维护的内容主要包括以下四个方面。

（1）纠错

纠错性维护是在系统运行中发生异常或故障时进行的，往往是对在开发期间未能发现的遗留错误的纠正。任何一个大型的 GIS 在交付使用后，都可能会发现隐藏的错误。

（2）数据更新

数据是 GIS 运行的“血液”，必须保证 GIS 中数据的现势性，进行数据的实时更新，包括地形图、各类专题图、统计数据、文本数据等空间数据和属性数据。由于空间数据在 GIS 中具有庞大的数据量，所以研究如何利用航空和多种遥感数据实现对 GIS 数据库的实时更新具有重要的意义，如可借助航空影像实现对地图的自动更新。

（3）完善与适应性维护

软件功能扩充、性能提高、用户业务变化、硬件更换、操作系统升级、数据形式变换引起的对系统的修改维护。

（4）硬件设备的维护

硬件设备的维护包括机器设备的日常管理和维护工作。例如，一旦机器发生故障，则要有专门人员进行修理。另外，随着业务的需要和发展还需对硬件设备进行更新。

2．系统评价

系统评价是指对 GIS 的性能进行估计、检查、测试、分析和评审，包括用实际指标与计划指标进行比较，以及评价系统目标实现的程度。系统评价在 GIS 运行一段时间后进行。系统评价的指标包括经济指标、性能指标和管理指标等，最后应就评价结果形成系统评价报告。

12.3　GIS 工程开发模式

12.3.1　搭建式开发模式

1．搭建式开发模式概述

传统的 GIS 软件开发的过程为先由用户提出需求，再由程序员进行编码，最后产品验收，整个过程中用户与软件研发者之间沟通较少。而随着工程的推进，用户对需求的理解会逐渐深刻，同时随着时间的变化，用户的业务也会随之调整，其提出的需求也会不断变化，这样大量的时间就会浪费在功能修改等方面，甚至还会出现重新设计、编码的情况，这样会大大影响项目的进度，造成工程进度的延误。

解决上述问题最好的方式是让用户参与软件研发的全过程，进行及时有效的沟通，针对大多数用户对业务精通，但对研发不熟悉的情况，搭建式开发模式基于已有的系统资源库，以搭建式的方式构建 GIS，这种方式主要是面向业务需求，所有开发人员和用户都能够参与到系统搭建过程中来。

搭建式开发模式中最重要的底层支持模块有两个：功能仓库服务与数据仓库服务。其中数据仓库服务通过统一的数据引擎对外提供 GIS 数据、业务数据、文档数据服务，统一管理不同方向的应用数据；功能仓库服务则提供应用系统功能实现所需要的各类功能资源，这些功能资源包括 GIS 基础功能库、插件库、流程库等。其中，流程库中的功能流程既可单独使用，也可作为搭建新流程所需的流程资源而被再次使用；而由功能库、流程库等资源组成的构件库也是功能仓库服务的重要组成部分。

上述功能仓库服务和数据仓库服务一般会同时满足桌面端、Web 端、移动端等多端的应用系统搭建，也会支持主流的开发框架进行扩展功能的开发。

2．搭建式 GIS 开发框架

下面以 MapGIS 为例介绍搭建式 GIS 开发框架的各部分。

GIS 行业经过多年的发展，逐步形成了以 C/S、B/S 为主流的两大开发模式，支持包括桌面端、Web 端、移动端等多种形式的应用开发。MapGIS 提供了适应上述应用开发模式的 MapGIS IGSS 平台，支持服务器开发、遥感处理开发、三维 GIS 开发、互联网 GIS 服务开发、移动 GIS 开发等多种开发模式，为搭建丰富多样的行业应用系统提供了功能基础。

（1）MapGIS IGSS 二次开发框架（见图 12-3）

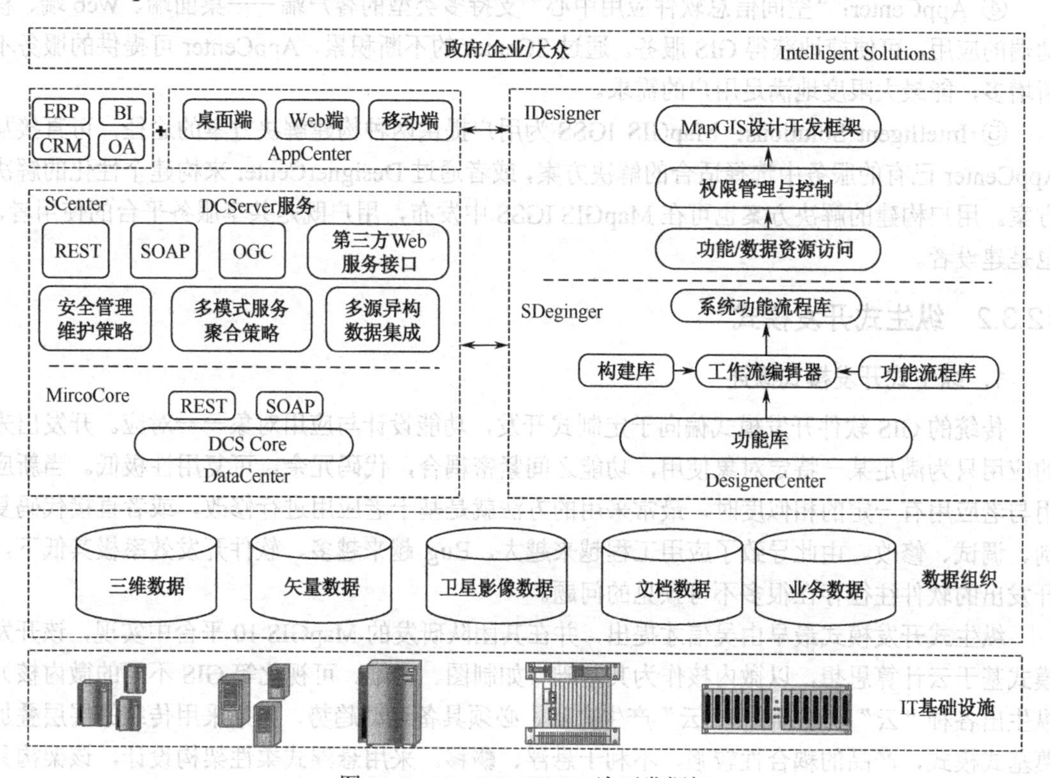

图 12-3　MapGIS IGSS 二次开发框架

① IT 基础设施：以超大规模、虚拟化的硬件架构为支撑，通过网络互连实现各层之间的信息流通与安全管理。

② DataCenter："空间信息数据中心"是 MapGIS IGSS 的"心脏"，提供对服务器的管理及一整套数据资源和功能资源的管理方法，由 DCServer 内核层与 DCServer 服务层组成。其中 DCServer 内核层核心为 DCS Core，提供基础 GIS 功能支持，基于该内核可构建应用于任何操作系统的应用程序，实现数据与功能的统一管理。多个 DCS Core 聚合可以构成 MicroCore（微内核）群。SCenter 核心为 DCServer 服务层，提供各类地理空间信息服务支持。基于 DCServer 服务层多模式服务聚合策略，可发布和管理不同粒度的功能服务，服务可拆分、可聚合；给予 DCServer 服务层提供的安全管理维护策略，将多模式服务统一管理，从而构成 SCenter 空间信息服务中心。同时，它还支持多维时空地理数据共享、多源异构数据集成，用户只需搭建配置这些功能服务，而无须关心功能实现细节。

③ DesignerCenter：“设计开发中心”提供了一个“零编程、巧组合、易搭建”的可视化搭建开发环境。不需要技术高超的程序员，不需要大量的编码，只需简单的搭建配置流程，结合个别满足特定需求的插件，即可实现复杂的应用。其中 SDesigner 为功能设计中心，为 MapGIS IGSS 设计开发中心的基础内核，并提供底层服务的扩展开发，即通过跨平台的内核服务群向上封装扩展或采用服务插件方式扩展，同时可以结合工作流机制进行功能扩展。IDesigner 为应用设计中心，为 MapGIS IGSS 设计开发中心的应用层，基于 DataCenter 服务之上的 Web 服务体系，以服务插件方式提供 Web 服务扩展，实现 GIS 功能与其他业务功能的扩展。

④ AppCenter：“空间信息软件应用中心”支持多类型的客户端——桌面端、Web 端、移动端的应用，可便捷地获得 GIS 服务。通过 SCenter 的不断积累，AppCenter 可提供的服务不断增多，能最大限度地满足用户的需求。

⑤ Intelligent Solutions：MapGIS IGSS 为用户提供两种构建解决方案的途径，可直接从 AppCenter 已有的服务中选择适合的解决方案，或者通过 DesignerCenter 来构建个性化的解决方案。用户构建的解决方案也可在 MapGIS IGSS 中发布，用户既是共享服务平台的使用者，也是建设者。

12.3.2 纵生式开发模式

1. 纵生式开发模式概述

传统的 GIS 软件开发模式偏向于定制式开发，功能设计与应用对象一一对应。开发出来的应用只为满足某一特定对象使用，功能之间紧密耦合，代码冗余，可复用性极低。当新应用与老应用有一定的相似度时，最常采用的方法就是基于老应用进行修改，或者直接代码复制、调试、修改，由此导致了应用工程越来越大、Bug 越来越多、软件开发效率极其低下，开发出的软件往往存在很多不可预见的问题。

纵生式开发模式最早由吴信才提出，并在其团队研发的 MapGIS 10 平台中实现，该开发模式基于云计算思想，以微内核作为其基础（如制图、三维、可视化等 GIS 不同的微内核），纵生出各种“云”功能插件。“云”产生之后，必须具备运动趋势，如果采用传统的层层叠加奠基式模式，产品的耦合性较强，不利于悬浮、飘移。采用悬浮式柔性架构设计，该架构具有松耦合的特性，功能由一系列的微内核群构成，这些内核相对独立。基于这些技术基础，纵生式开发模式保证了功能插件的独立性，使其具备良好的迁移特性，这也为接下来的聚合与重构创造了条件。

在功能插件的独立性支持下，插件之间实现了自由聚合，可以多个插件聚合在一起构成一个功能模块，也可将某些插件作为资源被调用，无须再因小改动“牵一发而动全身”。例如，基于半径缓冲区分析算法进行商业选址，需要了解缓冲区内包括多少企业，有多少世界 500 强企业，这就涉及缓冲区分析、查询、过滤三种功能。用户可以以“按需服务、动态聚合”的理念，从“服务超市”中获取这三种功能，并用工作流的方式搭建起来，生成新功能，实现服务的“即需即取”。

2. MapGIS 纵生式开发模式实现

基于 MapGIS 10 首创的 T-C-V 软件结构，MapGIS 为云端用户研制了 MapGIS“云中心”，实现了 GIS 纵生式开发模式。MapGIS“云中心”包括云需求发布中心、云开发中心、云交易中心、云测试管理中心，如图 12-4 所示，覆盖了软件的需求、生产、交易、管理全生命周期。

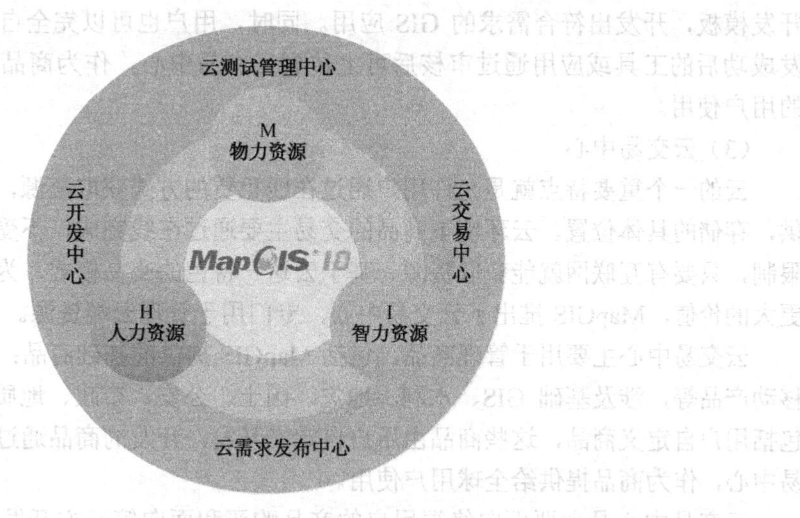

图 12-4　全球资源共享

（1）云需求发布中心

令许多 GIS 用户非常苦恼的一个问题是“有需求，但不会开发”，此时就面临着需要寻找合适的研发团队，耗费大量的人力、物力、财力、时间等资源来开发需求。对于大型项目的需求，可通过公开招标的形式来吸引开发者。而吸引来的开发者的水平如何，是否能在预定的时间内完成软件开发，并保证软件产品达到预期，这些期望并不能得到保证，需要需求者承担软件开发的风险。并且，传统的定制开发必定带来高额的定制性项目开发费用。而对于小型需求用户而言，要找到一个“物美价廉”的开发者则更加困难。是否有这样一个平台，能帮助需求者解决这些问题呢？云需求发布中心为此而生。

云需求发布中心为需求用户提供了一个在线的需求发布、需求响应、需求讨论、进度跟踪、需求查询功能的平台。需求用户可通过云需求发布中心发布自己的需求，全球感兴趣的用户都可以响应需求、开发需求。开发还能带来额外收益，将满足需求的应用上传到云交易中心成为在线商品，由云交易中心负责商品的在线交易管理。这些在线商品，可供全球用户购买使用。

云需求发布中心为需求用户与 GIS 开发爱好者搭建了一个直达通道与快速响应机制，让需求者可以快速发布需求，获取响应，让开发者可以快速获取需求，发送响应。

（2）云开发中心

软件生产是软件生命周期中非常重要的环节，主要由开发者来完成。对于开发者而言，主要关心是否能快捷地获取资源，是否有稳定的 GIS 开发环境支撑，是否能最快速地获取开发支持。同时，开发的功能模块或代码具有高度的复用性、良好的通用性，能非常方便地实现资源的迁移、聚合、重构。另外，还希望尽量缩短项目周期，降低开发成本，取得更大的利润。这就是云 GIS 环境下，开发者对 GIS 平台提出的新要求。

云开发中心为广大 GIS 开发者提供了大量云服务资源，包括在线资源、在线帮助、在线体验等多种在线服务，世界各地的任何个人、团体都可在云开发中心注册用户，注册成功后即可成为一名开发者用户，获取云需求发布中心发布的需求。基于云开发中心提供的各种云服务资源，GIS 开发者可“按需获取”这些云服务，在“我的工作室”“我的工作台”上一键下载、智能安装开发环境，利用 MapGIS 提供的开发框架、功能插件及多款现成的开发模板，开发出符合需求的 GIS 应用。同时，用户也可以完全自定义纵生新的功能。开发成功后的工具或应用通过审核后可上传到云交易中心，作为商品进行买卖，供全球各地的用户使用。

（3）云交易中心

云的一个重要特点就是允许用户通过在线租赁的方式获取资源，而无须关心资源由谁提供，存储的具体位置。云环境下商品的交易主要通过在线完成，不受行政边界、区域、地域限制，只要有互联网就能获取资源。基于云这一特色的交易模式，为更好地管理商品，产生更大的价值，MapGIS 推出了云交易中心，专门用于管理云端资源。

云交易中心主要用于管理商品，包括 MapGIS 提供的基础商品：桌面工具、Web 应用、移动产品等，涉及基础 GIS、水利、地灾、国土、公安、市政、地质、地矿等多个行业；还包括用户自定义商品，这些商品由用户自定义开发，开发的商品通过审核后即可上传到云交易中心，作为商品提供给全球用户使用。

云交易中心是主要面向终端用户的产品购买和面向第三方开发者产品推广的云服务平台，提供在线选配、产品免费体验、线上购买、在线离线安装、产品自动更新等功能。能够在线完成商品的迁移、聚合、重构等操作，提供一键安装功能，为用户开发的产品提供推广运维服务。

云交易中心提供在线注册功能，任何个人或团体通过注册都可以成为云交易中心用户，注册后的用户具有产品试用、购买、安装、体验等权利。对于开发者用户而言，同时拥有管理自己上传商品和购买的商品的权限。

云交易中心包含不可定制的商品和可定制的商品两类。不可定制的商品用户付费后即可使用。可定制的商品，用户下载后，可直接使用该商品，还可基于该商品进行二次开发产生新的商品，新商品也可作为资源上传到云交易中心，供全球用户使用。云交易中心实际上为云端资源中心，包括所有的应用，这些应用可以是 GIS 的，也可以是非 GIS 的。云交易中心既可包含 MapGIS 自己的资源，又可包含全球用户的资源，是共享全球资源的窗口。

（4）云测试管理中心

云测试管理中心是面向产品审核员测试跟踪及质量管理的平台，保证所有在线商品都是符合标准的、保证所有在线商品及交易都是安全的，最终让所有用户的利益得到保证。

MapGIS 提供的云需求发布中心、云开发中心、云交易中心、云测试管理中心四大中心共同打造了 GISer 的全新产业生态链。升级为开发者的用户在云开发中心网站上传自己的作品，通过云测试管理中心的审核，审核通过后，产品将在云交易中心发布，供全球用户选用。云开发中心网站是 GIS 开发者开发作品的工作区，是他们面向全球用户展现、推广自己的作品的舞台，是 GIS 开发者同全世界开发者交流的窗口。四大中心覆盖了软件的需求、生产、交易、管理全生命周期，彻底打破了现有的 GIS 开发及应用模式，在全球范围内实现了人力、智力、物力资源的全共享，对全新的 GIS 软件生产模式做出了有益探索。MapGIS 云中心生产模式如图 12-5 所示。

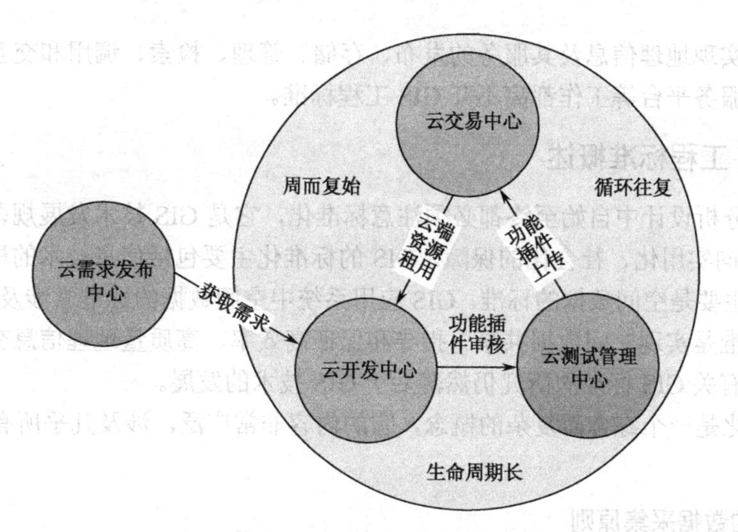

图 12-5 MapGIS 云中心生产模式

3. 纵生式开发模式特点

纵生式开发模式具有如下特点。

（1）异步开发

纵生式开发模式使得 GIS 云服务具备松耦合、可移动性，保证了功能插件的独立性，功能插件可按需获取，注册到具有相同规范的开发框架中，完全实现即插即用，任意聚合、迁移、扩展，功能插件之间无依赖关系，实现异步开发。

（2）无“形界”纵生

纵生式开发模式打破了有形的组织机构、时间及空间条件的限制，让 GIS 开发者可以在互联网上自由组合团队开发。这与传统的云 GIS 服务只能提供固态的单个软件和服务或通过交互反馈支持开发有着本质的区别。

（3）可迁移

纵生式开发模式采用悬浮倒挂式柔性架构设计，功能由一系列的微内核群构成，这些内核相对独立，实现了功能与数据的分离，保证了开发功能插件的独立性及可迁移特性。

（4）可聚合

采用纵生式开发模式可由多个功能插件聚合在一起构成一个功能模块。在研发功能插件时，也可将某些功能插件作为资源调用。功能插件都遵循一定的标准规范，保证了功能插件之间具有良好的聚合性。

（5）可重构

可定制的功能插件为用户开放源码，允许用户基于功能插件源码或功能插件提供的 SDK 修改或扩展功能，重构成新的功能插件。若要保证原有功能插件能继续使用新的功能插件资源，可基于原有功能插件添加自定义功能，保证新添加的功能具有相同的标准规范。这样就能在扩展资源的同时，保证资源的共享性与复用性。

12.4 GIS 工程建设标准

面对网络环境中快速增加的 GIS 信息服务需求，地理信息标准化是解决地理信息共享、服务互操作与系统集成等资源重用与过程协同问题的关键，是推进地理信息共享共建和产业发展的基础。实现地理信息及其服务的发布、存储、管理、检索、调用和交互，有效组织和架构地理信息服务平台等工作都离不开 GIS 工程标准。

12.4.1 GIS 工程标准概述

GIS 应用分析设计中自始至终都必须注意标准化，它是 GIS 技术发展规范化的基础，也是 GIS 应用走向实用化、社会化的保障。GIS 的标准化主要包括信息技术的标准和空间数据的标准，其中主要是空间数据的标准。GIS 应用系统中空间数据的标准常涉及专业数据标准。空间数据的标准是实现空间数据共享、指导和保证高效率、高质量地理信息交流不可缺少的部分。目前，有关 GIS 标准的研究仍然落后于 GIS 技术的发展。

GIS 标准化是一个综合而复杂的概念，它的内容非常广泛，涉及几乎所有与 GIS 有关的领域。

1. 统一的数据采集原则

在数据采集时，必须遵照已经颁布的规范标准，如我国制定的 1∶500～1∶2 000 地形图航空摄影规范、1∶5 000～1∶100 000 地形图航空摄影规范、GPS 的测量规范等。

2. 统一的空间定位框架

统一的空间定位框架是共同的地理坐标基础，用于各种数据信息的输入、输出和匹配处理。这种坐标基础分地理坐标、网格坐标和投影坐标。各种数据源必须具有共同的地理坐标基础。

3. 统一的数据分类标准

数据分类体系划分直接影响到 GIS 数据的组织、系统间数据的连接、传输和共享，以及 GIS 产品的质量。因此，它是系统设计和数据库建立的一项极为重要的基础工作。

国家规范研究组建议，信息分类体系采用宏观的全国分类系统与详细的专业系统之间相递归的分类方案，即低一级的分类系统必须能归并和综合到高一级的分类系统中。第一层包括社会环境、自然环境、资源与能源三大类；第二层按环境因素和资源类别的主要特征与基本差异，再划分为 14 个二级类；第三层是指每一个二级类包括的最主要的内容；最后，按照各个区域的地理特点和用户的需求，编制区域的分类系统和每一个专业类型的具体分类标准。

4. 统一的数据编码系统

统一的数据编码系统是指制定统一的编码标准实现地理要素的计算机输入、存储及系统间数据的交换和共享。我国现有的信息编码系统有《GB—2260—80 编码》《GB—2659—81 编码》和《中华人民共和国邮政分区编码》等。

地理信息及其属性的编码系统和标准要求如下。

（1）凡国家已施行的编码规范和标准，均按国家规定执行。

（2）编码系统的设计必须便于可靠识别，代码结构便于数据逻辑推理和判别。

（3）编码不宜过长，一般为 4～7 位，以减少出错的可能性和节省存储空间。对于多要素的数据信息，通过设置特征位来有效地压缩码位的长度。

（4）编码标准化，包括统一的码位长度、一致的码位格式、明确的代码含义等。

5．统一的数据组织结构

统一的数据组织结构是地理实体的数据组织形式及其相互关系的抽象描述。描述地理实体的空间数据包含空间位置、拓扑关系和属性 3 个方面的内容。其组织结构分矢量和栅格数据结构。

6．统一的数据记录格式

GIS 采用的数据记录格式包括矢量、影像和网格 3 种空间数据及其元数据的记录格式，其数据类型及文件名后缀如表 12-1 所示。

表 12-1 数据类型及文件名后缀

数 据 类 型	文件名后缀
矢量数据	.VCT
影像数据	.TIF/.BMF
影像数据的附加信息	.IMC
网格数据	.GRD
元数据	.MAT

空间矢量数据交换文件由四部分组成。

第一部分为文件头。包含该文件的基本特征数据，如图幅范围、坐标维数、比例尺等。

第二部分为地物类型参数及属性数据结构。地物类型参数包括地物类型代码、地物类型名称、几何类型、属性表名等。属性数据结构包括属性表定义、属性项个数、属性项名、字段描述等。

第三部分为几何图形数据及注记。几何图形包含目标标识码、地物类型码、层名、坐标数据等。注记包含字体、颜色、字形、尺寸、间隔等。

第四部分为属性数据，包含属性表、属性项等。

影像数据的交换格式，原则上采用国际工业标准无压缩的 TIFF 或 BMP 格式，但需要将大地坐标及地面分辨率等信息添加到 TIFF 或 BMP 文件中。网格数据交换文件由文件头和数据体组成。文件头包含该空间数据交换格式的版本号、坐标单位（米或经纬度）、左上角原点坐标、网格间距、行列数、网格值的类型等；数据体包含该网格的地物类型编码或高程值。

元数据文件常为纯文本文件，其记录格式包含元数据项和元数据值。

7．统一的数据质量

GIS 数据质量是指该数据对特定用途的分析、操作和应用的适宜程度。因此，数据质量的好坏是一个相对的概念。

在我国，与 GIS 有关的 GB 系列标准主要是一些地理编码标准，包括 GB 226080《中华人民共和国行政区划代码》、GB/T 13923—92《国土基础信息数据分类与代码》、GB 14804—93《1：500、1：1 000、1：2 000 地形图要素分类与代码》、GB/T 5660—1995《1：5 000、1：10 000、1：25 000、1：100 000 地形图要素分类与代码》等。

目前 GIS 标准主要集中在空间数据模型和空间服务模型及其相关领域。很多组织和政府部门制定了 GIS 标准，其中比较重要的是开放式地理空间数据互操作规范 Open GIS 和 ISO/TC211 标准。

2016 年测绘地理信息标准汇总如图 12-6 所示。

2016年测绘地理信息标准汇总

序号	标准名称	标准编号	实施日期	代替标准号
1	地理信息 元数据 第2部分：影像和格网数据扩展	GB/T 19710.2-2016	2017-02-01	
2	地理信息 基于坐标的空间参照 第2部分：参数值扩展	GB/T 30170.2-2016	2017-02-01	
3	国家基本比例尺地图 1:500 1:1 000 1:2 000正射影像地图	GB/T 33175-2016	2017-05-01	
4	国家基本比例尺地图 1:500 1:1 000 1:2 000地形图	GB/T 33176-2016	2017-05-01	
5	国家基本比例尺地图 1:5 000 1:10 000地形图	GB/T 33177-2016	2017-05-01	
6	国家基本比例尺地图 1:250 000 1:500 000 1:1000 000正射影像地图	GB/T 33178-2016	2017-05-01	
7	国家基本比例尺地图 1:25 000 1:50 000 1:100 000正射影像地图	GB/T 33179-2016	2017-05-01	
8	国家基本比例尺地图 1:25 000 1:50 000 1:100 000地形图	GB/T 33180-2016	2017-05-01	
9	国家基本比例尺地图 1:250 000 1:500 000 1:1 000 000地形图	GB/T 33181-2016	2017-05-01	
10	国家基本比例尺地图 1:5 000 1:10 000正射影像地图	GB/T 33182-2016	2017-05-01	
11	基础地理信息 1:50 000地形要素数据规范	GB/T 33183-2016	2017-02-01	
12	地理信息 地理信息权限表达语言	GB/T 33184-2016	2017-02-01	
13	地理信息 基于地理标识符的空间参照	GB/T 33185-2016	2017-02-01	
14	陆地国界数据规范	GB/T 33186-2016	2017-02-01	
15	地理信息 简单要素访问 第1部分：通用架构	GB/T 33187.1-2016	2017-02-01	
16	地理信息 简单要素访问 第2部分：SQL 选项	GB/T 33187.2-2016	2017-02-01	
17	地理信息 参考模型 第1部分：基础	GB/T 33188.1-2016	2017-02-01	
18	地理信息 要素概念字典与注册簿	GB/T 32853-2016	2017-03-01	
19	测量标志数据库建设规范	CH/T 2013-2016	2017-03-01	
20	大地测量控制点坐标转换技术规范	CH/T 2014-2016	2017-03-01	
21	南极区域低空数字航空摄影规范	CH/T 3018-2016	2017-03-01	
22	城市政务电子地图技术规范	CH/T 4019-2016	2017-03-01	
23	车载移动测量数据规范	CH/T 6003-2016	2017-03-01	
24	车载移动测量技术规范	CH/T 6004-2016	2017-03-01	
25	地理信息系统软件测试规范	GB/T 33447-2016	2017-07-01	
26	数字城市地理信息公共平台运行服务质量规范	GB/T 33448-2016	2017-07-01	
27	地理信息 空间抽样与统计推断	GB/Z 33451-2016	2017-07-01	
28	基础地理信息数据库建设规范	GB/T 33453-2016	2017-07-01	
29	基础地理信息 1:10 000地形要素数据规范	GB/T 33462-2016	2017-07-01	
30	数字航摄仪	JJG（测绘）3401-2016	2016-05-20	JJG（测绘）3401-2013

附：2016年管理体系标准

序号	标准名称	标准编号	实施日期	代替标准号
1	质量管理体系 基础和术语	GB/T 19000-2016	2017-07-01	GB/T 19000-2008
2	质量管理体系 要求	GB/T 19001-2016	2017-07-01	GB/T 19001-2008
3	环境管理体系 要求及使用指南	GB/T 24001-2016	2017-05-01	GB/T 24001-2004

图 12-6　2016 年测绘地理信息标准汇总

12.4.2　GIS 工程标准作用

GIS 工程建设标准的设立主要是为适应在信息化和网络化环境下地理信息技术和产业发展的需要，促进地理信息资源的建设、协调、交流与集成，优化地理数据资源的开发与利用；规范地理信息服务和市场秩序，保护知识产权和国家地理信息安全。

GIS 标准体系可以定义地理信息数据模型和结构，理清标准间的层次及相互关系，解决共性标准和个性标准的隶属和包容关系。同时，规范地理信息数据的获取、处理、存储、分析、访问和表达。描述实现以数字或电子形式在不同用户、不同系统和不同空间位置之间的数据交流的方法、过程和服务。避免标准间的矛盾和交叉、遗漏和重复，推动在分布式计算环境中 GIS 间的互操作，有利于克服地理信息标准编制的盲目性和随机性。

地理信息标准化是地理信息集成和共享的前提，也是地理信息产业化和社会化的必由之路。通过地理信息标准体系的建设可以为标准化主管部门制定方针政策提供参考，为地理信息产业法律、法规提供技术支撑。同时，为地理信息市场准入、契约合同维护、合格评定、产品检验和质量体系认证等诸多方面提供依据，也为跨部门的地理信息标准制修订和协调提供指导。

12.4.3　国际 GIS 标准化组织

当前，国际上地理信息服务标准化和标准体系建设已经非常完善。国际标准化组织地理信息技术委员会（ISO Technical Committee of Geographic Information/Geomatics，ISO/TC211）和开放地理空间信息联盟（Open Geospatial Consortium，OGC）都致力于研究基于服务体系架构的地理空间信息服务技术与标准规范。为了更好地构建地理空间信息应用，ISO/TC211 和 OGC 发起了一系列大规模的研究计划，如 WMT（Web Mapping Tested）、OWS（OGC Web Service）、GSWIE（Geospatial Semantic Web Interoperability Experiment）等。

1. OGC

开放地理空间信息联盟（OGC）是一个非营利性国际标准化组织，致力于提供地理信息行业软件和数据及服务的标准化工作，有效促进了空间地理信息标准及定位服务的发展。

2. ISO/TC211

国际标准化组织地理信息技术委员会（ISO/TC211）的工作范围为：数字地理信息领域标准化。为直接或间接与地理空间定位有关的目标或现象信息，制定一整套结构化标准。规范地理信息数据管理（包括定义和描述）、采集、处理、分析、查询和表示，为不同用户、不同系统、不同地方之间的数据转换提供方法和服务。与其他相关信息技术标准和可能的数据标准相联系，为使用地理信息数据的部门提供标准框架。

目前，参加 ISO/TC211 的积极成员有 29 个，观察员有 27 个，并和许多有关国际组织密切合作。我国从 1994 年该组织成立起即参与工作，1995 年起成为积极成员。国内的技术归口主管部门为国家测绘局，国家基础地理信息中心具体承担技术归口管理工作，主要任务是负责组织国内专家参与 ISO/TC211 国际标准制定，组团参加 ISO/TC211 的全体会议和工作组会议，代表中国对该组织制定的标准、技术规范等提出修改意见并投票等。

ISO/TC211 下设 5 个工作组：框架和参考模型工作组（WG1）、地理空间数据模型和算子工作组（WG2）、地理空间数据管理工作组（WG3）、地理空间数据服务工作组（WG4）、专用标准工作组（WG5）。这 5 个工作组有各自的标准研究和制定任务，但相互间存在紧密的联系。经过 5 年的工作，2001 年 10 月召开的 ISO/TC211 第 13 次全体会议通过决议，将已经完成预定任务的第 1、2、3、5 这 4 个工作组撤销，同时成立了影像工作组（WG6）、信息行业工作组（WG7）、基于位置服务工作组（WG8）、信息管理工作组（WG9）这 4 个新工作组。目前该委员会正开展 37 个国际地理信息标准项目的研制工作。

3. INSPIRE

欧盟空间信息基础设施建设（Infrastructure for Spatial Information in the European Community，INSPIRE）是欧盟议会和欧盟理事会以立法方式颁布的欧洲空间信息基础设施建设法令，目的是建立欧盟统一的空间信息基础设施，实现有关环境空间信息在全欧盟范围内的共享，便于跨区域的政策决策及应用。INSPIRE 法令于 2007 年 4 月 25 日发布，2007 年 5 月 15 日生效，分阶段实施，计划实施到 2020 年。为了确保各参与国空间信息基础设施的兼容一致，INSPIRE 提出了全欧洲范围内实现空间信息共享的总体框架和统一的执行法规，包括元数据、空间数据集、空间数据服务、网络服务、数据与服务共享政策、监督与报告机制等。截至目前共有 28 个国家参加。计划分 3 个层次，覆盖 34 个与环境有关的专题空间数据，建立统一的空间数据共享服务门户和注册平台。

4. FGDC

美国联邦地理数据委员会（FGDC）成立于 1990 年，主要负责美国国家地理空间数据标准的研究和制定，使数据生产商与数据用户之间实现数据共享，支持国家空间数据基础设施建设。多年以来，FGDC 各分委员会和工作组在与州、地区、地方、私营企业、非营利组织、学术界及国际团体的不断协商和合作的基础上，研究制定了 20 余项地理空间数据标准，在美国国家空间数据基础设施建设和数据共享方面起到了积极的推动作用，其中《空间数据转换标准》已得到 ANSI 认可，并上升为国家标准。另外，FGDC 还有数项标准处于草案或提案研究阶段。

12.4.4 常用国际 GIS 标准

1. OWS

OGC 和 ISO/TC211 共同推出了基于 Web 服务（XML）的空间数据互操作实现规范 Web Map Service、Web Feature Service、Web Coverage Service，以及用于空间数据传输与转换的地理信息标记语言 GML。OGC 提出了一个能无缝集成各种在线空间处理和位置服务的框架，即 OWS（OGC Web Service），使得分布式空间处理系统能够通过 XML 和 HTTP 技术进行交互，并为各种在线空间数据资源、来自传感器的信息、空间处理服务和位置服务，基于 Web 的发现、访问、集成、分析、利用和可视化提供互操作框架。

2. WMS

地图服务。Web 地图服务（Web Map Service，WMS）利用具有地理空间位置信息的数据制作地图。其中将地图定义为地理数据可视的表现。这个规范定义了三个操作：GetCapabilities 返回服务级元数据，它是对服务信息内容和要求参数的一种描述；GetMap 返回一个地图影像，其地理空间参考和大小参数是明确定义了的；GetFeatureInfo（可选）返回显示在地图上的某些特殊要素的信息。

3. WFS

矢量服务。Web 地图服务返回的是图层级的地图影像，Web 矢量服务（Web Feature Service，WFS）返回的是矢量级的 GML 编码，并提供对矢量的增加、修改、删除等事务操作，是对 Web 地图服务的进一步深入。OGC Web 矢量服务允许客户端从多个 Web 矢量服务中取得使用地理标记语言（GML）编码的地理空间数据，这个服务定义了五个操作：GetCapabilities 返回 Web 矢量服务性能描述文档（用 XML 描述）；DescribeFeatureType 返回描述可以提供服务的任何矢量结构的 XML 文档；GetFeature 为一个获取矢量实例的请求提供服务；Transaction 为事务请求提供服务；LockFeature 处理在一个事务期间对一个或多个矢量类型实例上锁的请求。

4. WCS

栅格服务。Web 栅格服务（Web Coverage Service，WCS）面向空间影像数据，它将包含地理位置值的地理空间数据作为"栅格"在网上相互交换。网络栅格服务由三种操作组成：GetCapabilities、GetCoverage 和 DescribeCoverageType。GetCapabilities 操作返回描述服务和数据集的 XML 文档。GetCoverage 操作是在 GetCapabilities 确定什么样的查询可以执行、什么样的数据能够获取之后执行的，它使用通用的栅格格式返回地理位置的值或属性。DescribeCoverageType 操作允许客户端请求由具体的 WCS 服务器提供的任意一个覆盖层的完全描述。

以上三个规范既可以作为Web服务的空间数据服务规范，又可以实现空间数据的相互操作。只要某一个GIS软件支持这个接口，部署在本地服务器上，其他GIS软件就可以通过这个接口得到所需要的数据。从技术实现的角度讲，可以将Web服务理解为一个应用程序，它向外界暴露出一个能通过Web进行调用的接口，允许被任何平台、任何系统，用任何语言编写的程序调用。这个应用程序可以用现有的各种编程语言实现。Web服务最大的特点是可以实现跨平台、跨语言、跨硬件的互操作，正是Web服务中的SOAP、WSDL和UDDI保证了Web服务的跨平台互操作的特性，所以如何使用SOAP、WSDL和UDDI来部署、描述、传输和注册一个Web服务是实现Web服务的关键。由于SOAP、WSDL和UDDI是一套标准，不同的厂商可以有实现这些标准的不同产品，如SUN、APACHE、IBM、Borland等公司推出的基于Java平台的Web服务工具包，以及微软提出的.NET平台等，这些工具为实现Web服务的开发、部署、描述提供了方便的工具，极大降低了开发Web服务的复杂度。

5．CityGML

CityGML是一种开放数据模型和基于XML的格式，用于存储和交换虚拟三维城市模型。它是地理标记语言版本3.1.1（GML3）的应用程序模式，这是由OGC和ISO/TC211发布的可扩展的空间数据交换国际标准。CityGML的发展目标是达到三维城市模型的基本实体，属性和关系的通用定义。这对于三维城市模型经济有效的可持续维护尤其重要，允许在不同的应用领域中重用相同的数据。

6．GeoSPARQL

OGC的GeoSPARQL标准支持在语义Web上表示和查询地理空间数据。GeoSPARQL定义了一个用于在RDF中表示地理空间数据的词汇表，它定义了SPARQL查询语言的扩展，用于处理地理空间数据。此外，GeoSPARQL旨在适应基于定性空间推理的系统和基于定量空间计算的系统。

7．KML

Google向OGC提交了KML（以前称为Keyhole标记语言），以便在OGC共识流程中发展，目标如下。KML 2.2版已被采用作为OGC实施标准。未来版本可与包含OGC标准基线的相关OGC标准协调一致。该标准工作目的是，有一种国际标准语言可用于在现有或未来基于网络的在线和移动地图（2D）及地球浏览器（3D）上表达地理注释与可视化。KML与国际最佳实践和标准保持一致，从而实现地球浏览器实施的更大吸收和互操作性。OGC和Google将协同工作，以确保KML实施者社区正确参与该流程，并确保KML社区了解进展和问题。OGC流程将用于确保KML标准的正确生命周期管理，包括向后兼容性等问题。

12.4.5　国内GIS标准及其组织

全国地理信息标准化技术委员会（以下简称地理信息标委会）是在地理信息领域从事全国性标准化工作的非法人技术组织，主要负责地理信息领域国家标准的规划、协调和技术归口管理工作，其宗旨是加快我国地理信息标准化步伐，促进地理信息资源建设和应用，推进地理信息共享。受国家标准化管理委员会（以下简称国家标准委）委托，国家测绘地理信息局负责领导和管理地理信息标委会的工作。

该组织主要工作任务包括：分析地理信息领域标准化的需求；研究提出地理信息领域的国家标准发展规划、标准体系、标准制修订计划项目和组建分技术委员会的建议；负责地理信息国家标准项目提案及送审稿的审查；负责相关国家标准的复审；协助组织地理信息国家标准的制修订；对重要地理信息工程项目的标准化工作进行审查；提出采纳国际标准的建议等。

"国家地理信息标准体系"是为了实现地理信息标准化目标而制定的一套具有内在联系的、科学的、由标准组成的有机整体。为便于阐明跨平台的数据交换和互操作服务，该标准体系中引用概念模式语言，为开发计算机可解译的地理信息模型和地理信息服务提供便利。为方便不同用户、不同目的采用地理信息国家标准，引入了专用标准的概念，可根据需要对多个地理信息国家标准组合或裁切，编制满足专门需要的专用标准。为保持本标准体系的现势性，采用发布地理信息标准指南的方式，反映对标准提出的新需求。

国家地理信息标准体系由通用类、数据资源类、应用服务类、环境与工具类、管理类、专业类和专项类共 7 大类、44 小类和其他相关标准组成。从标准性质上分为三个层次，前 5 类标准为地理信息基础类（第一层）标准，支持专业类（第二层）和专项类（第三层）标准。与地理信息相关的专业类标准，是面向各专业领域对地理信息的需求，对地理信息基础类标准进行扩展和裁减，形成专业标准。地理信息专项标准是面向各类与地理信息相关专项工程的需要，对基础类和专业类标准进行扩展和裁减，形成专项标准。

国家地理信息标准体系表中列出了 219 个标准（不含相关标准），其中通用类标准 32 个，约占 14.6%；数据资源类 85 个，约占 38.8%；应用服务类 57 个，约占 26.0%；环境与工具类 14 个，约占 6.4%；管理类 25 个，约占 11.4%。专业类 2 个（仅以公安专业标准为例）；专项类标准 4 个（仅以电子政务为例）。国家地理信息标准体系中已有和制修订中的标准 106 个，约占 48.2%；待制定标准 114 个，约占 51.8%。其中采用国际标准 42 个，国际标准转化率为 66.7%。其架构如图 12-7 所示。

习题 12

1. 为什么说 GIS 建设过程是一项十分复杂的系统工程？GIS 工程建设按时间序列化分为哪几个阶段？各阶段的主要任务是什么？

2. GIS 开发与实施的内容及流程是什么？

3. 纵生式开发模式有哪些特点？

4. 国际上主要的 GIS 标准化组织有哪些？分别制定了什么标准体系？

5. GIS 工程建设标准化的意义是什么？

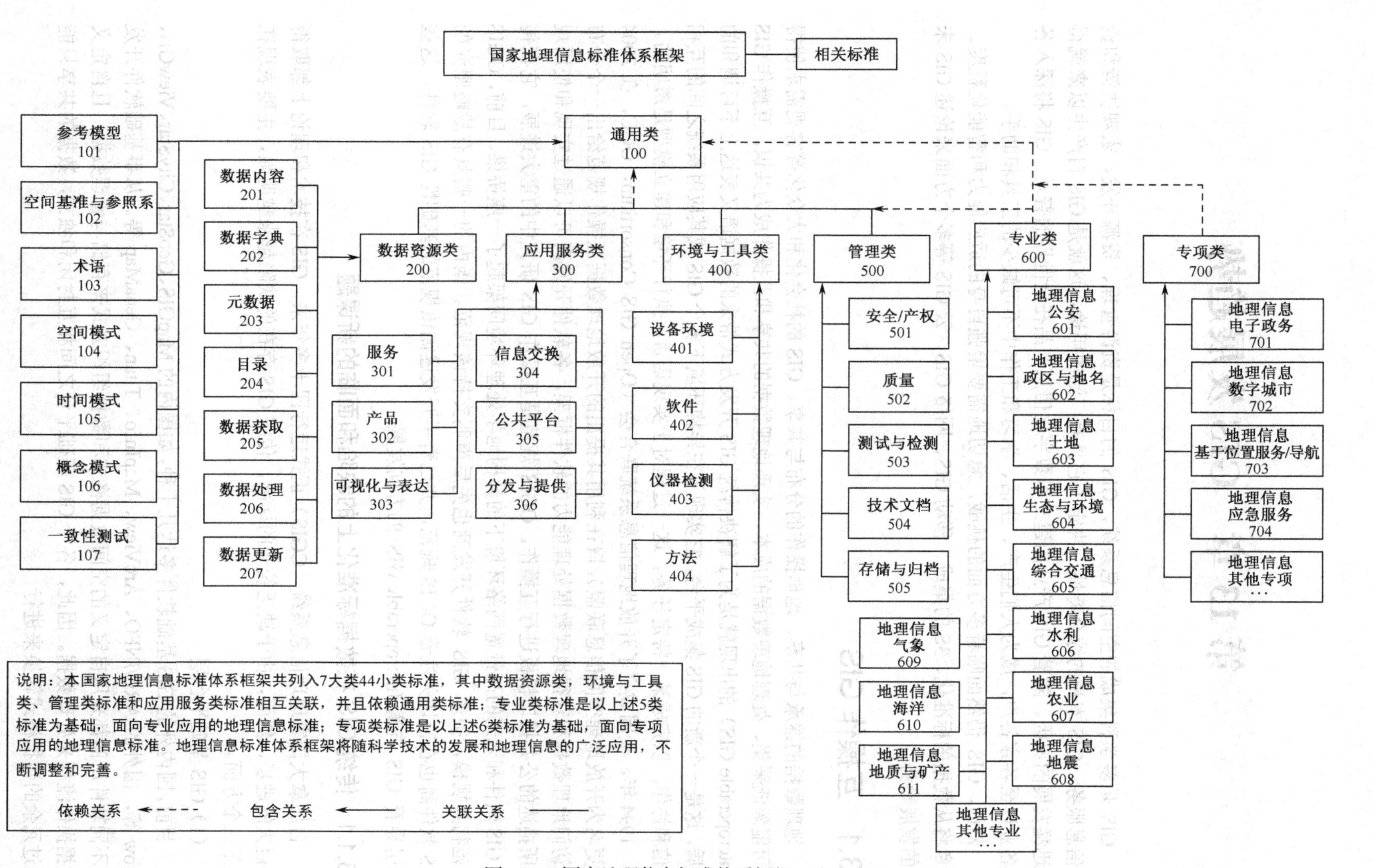

图12-7 国家地理信息标准体系框架

第 13 章　GIS 发展趋势

GIS 是多学科集成的空间信息系统，GIS 的目标是资源管理、资源开发、宏观决策和资源信息服务。GIS 本身的综合特性，决定了它具有广泛的用途，这就是 GIS 自产生以来就得到迅猛发展的原因。随着 GIS 产业的建立和数字化信息产品在全世界的普及，GIS 将深入各行各业以至各家各户，成为人们生产、生活、学习和工作中不可缺少的工具和助手。

然而，GIS 仍然面临着多方面的挑战，急切地需要增强自身的适应能力和智能化程度。本章将从数据的标准化、3S 的集成、移动 GIS、网络 GIS、云 GIS 等多个方面来论述 GIS 未来的发展趋势。

13.1　互操作 GIS

地理数据的继承与共享、地理操作的分布与共享、GIS 的社会化和大众化等客观需求使得尽可能降低采集、处理地理数据的成本，实现地理数据的共享和互操作成为共识。互操作 GIS（Interoperable GIS）的出现就是为了解决传统 GIS 开发方式带来的数据语义表达上不可调和的矛盾，这是一个新的 GIS 集成平台，它实现了在异构环境下多个 GIS 或其应用系统之间的互相通信和协作，以完成某一特定任务。这一过程对于实现语言、执行环境和建立模型是透明的。

1994 年，美国成立了开放地理信息系统联合会（Open GIS Consortium，OGC，在 2004 年更名为开放地理空间信息联盟），旨在利用其提出的开放地理数据互操作规范给出一个分布式访问地理数据和获得地理数据处理能力的软件框架，各软件开发商可以通过实现和使用规范所描述的公共接口模板进行互操作。OGIS 规范是互操作 GIS 研究中的重大进展，它在传统 GIS 软件和未来的高带宽网络环境下的异构地学处理环境间架起了一座桥梁。目前，OGIS 规范初具规模，很多 GIS 软件开发商也先后声明支持该规范。国内的一些具有战略眼光的 GIS 软件商也在密切关注着 OGIS 规范，并已着手开发遵循该规范的基础性 GIS 软件，这些都引导着 GIS 向着 Interoperable GIS 的方向发展。

13.1.1　传统 GIS 在数据标准化上的缺陷和面临的新课题

自加拿大国家地理信息系统（CGIS）正式运行四十多年来，GIS 在技术和理论上都取得了巨大的进步，然而，由于缺乏统一的标准，传统 GIS 存在的缺陷越来越明显，主要表现在以下三个方面。

（1）GIS 基础平台层

目前，国内外的 GIS 基础软件多达几十种，如国内的 MapGIS、GeoStar、CityStar、ViewGis、Grow 等，国外的 ARC/INFO、ArcView、MapInfo、Titan、GenaMap 等。从事基础软件开发的不同软件厂商都采用自定义的空间数据格式和数据组织方式来存储与管理数据，且自定义数据操作流程来处理数据。因此，各个 GIS 基础平台之间相互封闭和独立，数据的共享只能通过冗余的数据格式转换来进行。

（2）GIS 应用系统层

不同领域的 GIS 应用建立在不同的相互封闭的 GIS 基础平台上，它们面向具体的应用背景，实现时采用的数学建模方法也不同，因此也是相互独立的，在语义表达上往往存在着不可调和的矛盾，称为“信息孤岛”。

（3）GIS 最终用户层

GIS 工程包括硬件、软件、应用开发和人员培训等多个方面的建设，是一项投资巨大的系统工程。由于目前各个 GIS 基础平台和应用之间的封闭和独立，最终用户也不得不“从一而终”，就更难以实现存储在异构地理数据库中的地学空间信息的集成。

在过去的几十年中，不兼容的数据格式和数据结构阻碍了 GIS 之间的互操作，如今，在 Internet 环境中，不兼容性又限制了 GIS 技术在企业和生活中的使用。飞速发展的计算机网络和不断拓展的 GIS 应用领域实际需求给 GIS 的进一步发展提出了新的要求。

（1）地理数据的继承和共享

传统的 GIS 在数据标准化上的不力造成的最大弊端就是地理空间数据障碍，即现存的地理空间数据产品采用不同的坐标系统和数据存储格式，互不兼容。而采集数字化地理空间数据非常昂贵，由互操作性差带来的冗余数据转换操作的开支占了 GIS 数据转换和综合成本的 60%～85%，这个高成本导致了地理空间信息的匮乏，降低了 GIS 的发展速度。倘若这个问题能得以有效解决，GIS 产业就能创造出比现在多 10～20 倍的效益。同时，在几十年 GIS 应用的运作中也生成了大量特定格式的数据。如何充分利用这些宝贵的数据，降低这些异质、远程的地理数据的使用成本是亟待解决的问题。

（2）地理操作的分布和共享

GIS 处理的空间数据具有数据量大的特点，例如，仅测绘部门的全国 1∶25 万地形数据库的数据量就达到 4.5GB，又如一景仅包含 7 个波段的 Landsat TM 影像的数据量达到 270MB，而统计覆盖全国的 TM 影像的数据量将达到 135GB。单一的主机显然无法满足海量数据的操作和运算。如何使海量的计算均衡地分布到网络中具有相应计算能力的计算平台上已成为对 GIS 分布计算的新要求。

（3）GIS 社会化的要求

WWW 和 TCP/IP 推动着 Internet 成为最广泛的分布式计算平台。GIS 逐步成为信息社会和信息基础设施的重要组成部分。通过收集和整理各类与居民生活密切相关的信息，并在 Internet 上发布，为国民提供即时、周到的信息服务成为提高国民信息待遇的实现途径，这是 GIS 社会化研究的课题。

总体来说，尽可能地降低采集、处理地理数据的成本，促进地理数据的共享已经成为共识，这就引导着 GIS 向互操作 GIS 的方向发展。

13.1.2 GIS 互操作的概念

互操作是指在异构环境下的两个或多个实体，尽管它们实现的语言、执行的环境和基于的模型不同，但仍然可以相互通信和协作，以完成某一特定任务。这些实体包括应用程序、对象、系统运行环境等。从另一方面说，互操作在软件工业上意味着界面的完全开放，系统间的自由数据交换，以及用户交换作用上的公共性。

GIS 互操作是具有不同数据结构和数据格式的 GIS 的集成。以互操作标准开发的不同 GIS 应用之间能动态地进行相互间的功能调用，数据集之间可以透明地访问，从而允许用户通过网络实时获取不同系统中的地理信息，避免了冗余数据存储，这是实现地理空间数据共享的一次深刻的技术革命。

不同 GIS 之间的互操作可在不同层次上予以实现，如图 13-1 所示。

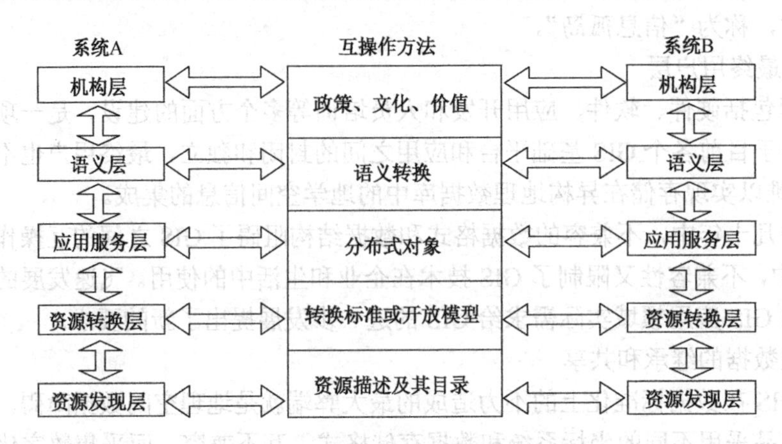

图 13-1　GIS 互操作的 5 个层次

在资源发现层，可通过元数据的方法实现资源描述及其目录，解决需要互操作对象的定位问题，并对这些对象进行描述和登记。

互操作在资源转换层解决不同来源的空间信息在数据结构和模式上的异构性。

应用服务层上的互操作提供不同部门和信息界之间交互地理空间信息的处理和分析功能，实现的方法可采用分布式计算技术和面向对象技术。

语义层上的互操作功能是指在不同信息界之间提供语义交换，可以通过各个信息界的行业信息标准和相互对应规则，以及基于对共同的基础地理信息及其理论的认识来实现。

机构层上的互操作是 GIS 中最高层次的互操作，也就是我们通常所说的信息共享，它涉及政策、文化和价值等不同的层面，需要机构间的协调和一致，并对语义层的互操作产生影响。

图 13-1 中的 GIS 互操作的实现只能由下至上，可以依靠元数据、空间数据交换站、空间数据交换标准、开放地理空间数据转换标准及已有的较为成熟的计算机技术（如 COBRA、ActiveX/COM 等分布式计算平台），首先实现图中底层的互操作，再研究如何进行更高层次上的信息共享。目前，在技术上，美国开放地理信息系统协会已做了许多基础性工作，正在全球范围内努力推动互操作 GIS 的发展。

13.1.3　OGIS 及其特点

OGIS 为软件开发者提供了一个接口框架，用户可以在一个开放信息技术环境中通过一致的计算接口访问和处理不同来源的地理数据。为了实现不同应用程序间可互操作地理数据，OGIS 为这些数据规定了各种数据标准类型和在这些标准类型上所实施的操作，以及如何将这些标准数据类型组织成应用程序之间交互的地理数据；还规定了共享地理数据操作的规范，应用程序可以通过这些规范，得知提供地理操作的服务及如何请求这些服务；或者从服务提供者的角度来看，得知一个请求是数据请求还是服务请求。

OGIS 的这些规范是建立在现有的和将要成为标准的分布计算平台的基础之上的，因此，它并不涉及如何将不同运行环境中的应用程序连接起来相互通信的问题。为了利用以往的地理数据，保护原有投资，以及保证将来方便地引入新的管理、操纵地理数据的方法，OGIS规范也不定义如何存储地理数据和处理地理数据的方法。

应用程序之间真正意义上的地理数据共享或互操作，不仅在于双方能理解相同的数据格式，更重要的是对这些地理数据中所包含的应用意义也有一个共同的理解，这种语义上的一致是由互操作地理数据的应用团体双方达成的。而 OGIS 则为这种一致的达成提供了语义表达与转换机制。OpenGIS 规范是开放互操作的重大进展，OpenGIS 使得我们可以在网络环境下访问异构地理数据和地理处理资源，它通过 OGC 制定的开放式地理空间数据互操作规范来实现。

GIS 开发系统结构图如图 13-2 所示，OGIS 规范和协议是开放式应用软件和开放式应用软件开发平台的基础。OGIS为应用程序和应用程序开发平台提供了一个一致的、开放的接口，使得遵循 OGIS 规范的应用程序可以实现无缝的地理数据共享和地理操作共享。

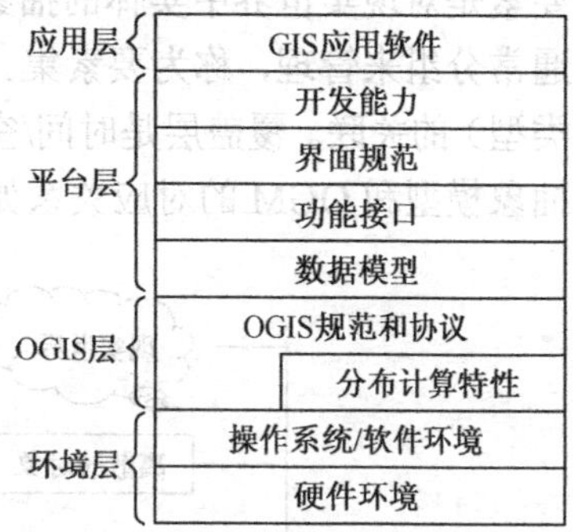

图 13-2　GIS 开发系统结构图

基于 OGIS 的应用程序或软件组件具有如下特点。

（1）互操作性。OGIS 提供地理数据和地理操作的标准接口，这些接口支持孤立系统和网络，以完成应用程序之间的地理数据访问和交换；分布式的客户/服务器结构的地理操作和分布式对等实体的地理操作。

（2）支持信息团体性。具有不同的应用背景的用户可以方便地交换地理数据而不会造成语义的误解和损失。

（3）普适性。通过 OGIS 定义的标准接口和协议，所有的应用程序，无论是属于哪个专业领域，都可以方便地处理地理数据。

（4）兼容性。由于 OGIS 并不定义地理数据的存储格式和处理方法，所以基于 OGIS 的应用程序能够与旧有的地理数据保持兼容。

（5）可移植性。OGIS 独立于软件、硬件及网络环境，因此，它不需修改便可在不同的计算机上运行。

（6）可扩展性。硬件方面，可在不同软件、不同档次的计算机上运行，其性能和硬件平台的性能成正比；软件方面，可以随着新的地理数据类型和处理方法的发展而发展，它具有容纳新的地理数据处理技术和新的分布计算平台技术的能力。

（7）可伸缩性。基于 OGIS 的应用程序通常由相对独立的软件组件构成，这些组件可以为各种计算环境重新配置，而不必考虑数据量的大小。

13.1.4　OGIS 的组成部分

OGIS 软件框架主要由 3 部分组成：统一的开放式地理数据模型；统一的 OGIS 服务模型和实现团体间的地理数据及操作资源共享的信息团体模型。

1. 开放式地理数据模型

OGIS 提供了一个与程序设计语言、硬件设备和网络环境无关的开放式地理数据模型（Open Geodata Model，OGM）。这个地理数据模型以易于理解的地理要素（Feature）为核心，以面向对象的分析方法规定了地理要素的定义、空间属性、语义属性和与其他地理要素的关系，以及地理要素模式等元数据的定义和表示。

在 OGM 中，现实世界的地理事件分为两类：

实体（Entities）——占据一定空间范围的可区分的对象，如建筑物、河流、田地、观测站等；

现象（Phenomena）——在空间中连续变化，但又不占据特定的空间，现象的值或描述只有相对于空间中的某一点时才有意义，如温度、人口密度等。

和现实世界的抽象对应，在 OGIS 中的基本对象是要素（Feature）和覆盖层（Coverage）。要素是对现实世界中实体的抽象或描述，它可以代表任何存在于时间和空间中的事物。要素通常分组来管理，称为要素集。覆盖层是时间/空间范围中的一个地点到一个值（可以是任何类型）的关联。覆盖层是时间/空间域到属性域的函数。覆盖层通常用来表示现象。现实世界、抽象模型和 OGM 的对应关系如图 13-3 所示。

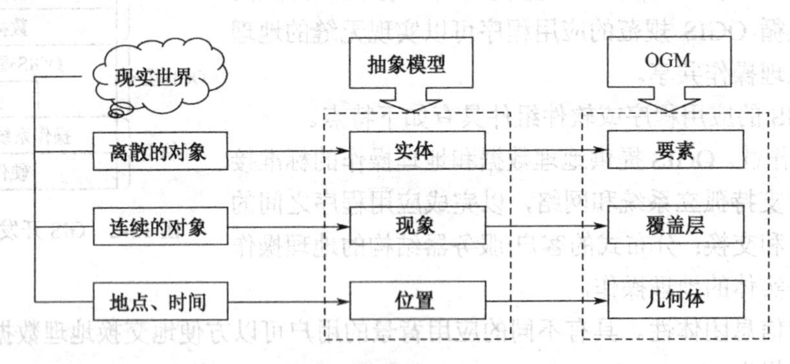

图 13-3　现实世界、抽象模型和 OGM 的对应关系

要素可以递归包含，即要素中的某个属性的值可以是另一个要素、要素集或覆盖层。一般认为，与要素的空间几何属性无关的“属性数据”在要素属性中分为记录要素性质的数据（语义属性），如土壤 pH 值等，以及和描述要素中数据的数据（元数据），如数据采集时间等。

在具体的要素中，将与空间坐标相关的属性抽取出来，称为几何体。在 OGM 中，采用零、一、二和三维拓扑来表示几何体，见表 13-1。

表 13-1　实体在 OGM 中的表示法

实　体	表　示　法	含　　义
点	零维	表示位置
曲线	一维	表示线弧等
表面	二维	表示面积
立体	三维	体积

几何体实际上是一个坐标几何体和一个时间-空间参照系的联合，包括如下四项。

（1）同一个参照系中的一个坐标点序列。

（2）同一个参照系中的其他几何体的集合。

（3）一个几何体构造的算法，这个算法构造出的几何体间接地定义了几何体的空间范围（如一个多边形几何体构造“外接矩形”的算法）。

（4）一个将坐标几何体与它在现实世界中的“位置”相对应的时间-空间参照系，如由以下参照系类型实例化的参照系：墨卡托投影、经纬度等。

2．信息团体模型

所谓信息团体指的是这样一个人群，他们在特定的时间内使用相同的数字化 GIS 术语和相同的空间要素定义，即他们在地理抽象、要素表示和元数据方面有着相同的看法和约定。

信息团体模型（Information Communities Model，ICM）主要任务是解决具有统一的 OGM

及语义描述机制的一个信息部门内部和具有不同 OGM 及语义描述的信息部门之间的数据共享问题。它采用的主要方法是使用语义转换机制，目的是使具有不同特征类定义及语义模式的信息用户群之间实现语义的互操作性。语义转换机制实际上是一个语义词汇对照表，表明了信息团体之间地理要素和相应数量之间的对应关系。

3. OGIS 服务模型

OGIS 服务模型（OGIS Services Model，OSM）是定义地学数据服务的对象模型，由一组相互可操作的软件构件集组成，为对要素的访问提供对象管理、获取、操作、交换等服务设施。具体地说，它有以下功能。

（1）提供了一种方法，通过它能从 OGM 的数据类型构成具体的数据模型，查询数据及将可共享的数据编制成目录。

（2）提供了一种机制，通过它能定义和建立信息团体及建立它们之间的联系。

（3）提供了一种手段，使得能对 OGM 定义的数据类型、用户定义数据类型及其他的功能进行操作。

OGIS 服务模型中主要的结构有目录（Catalog）和注册表（Registry）。目录是一种树状、可嵌套的索引结构，通常用来公布地理数据和地理数据模型。注册表是一种类似数据库的索引，可以实现按照名字检索，同时具有服务提供的性质。注册表通常用来告诉和执行信息团体所提供的地理操作，以及登记新的类型、产生类型的实例。

服务模型中还定义了专门负责信息团体之间信息交换的独立实体——信息代理（Trader）。信息代理就像一个中间商，它可以将信息团体提供的目录和注册表信息“转售”给另一个信息团体的用户，或者接受用户的委托，执行相应的地理操作并将结果返回给用户。

13.1.5 OGIS 的实现技术

1. 面向对象技术和分布计算技术

面向对象技术的出发点是尽可能使软件系统实现对现实世界的直接模拟，尽可能地将现实世界中的事物直接映射到软件系统中，其主要特点是将数据的定义及操作封装在一起，并且有继承、多态和封装等特性。在 OGIS 中，从 OGM 到 OGIS 服务模型，面向对象技术都是无所不在的。例如，把数据类型及操作都封装在一起，将共同的接口提供给用户，用户不需要知道其具体的实现过程；数据是隐藏在对数据进行操作的接口之中的，对具体功能实现的改变不影响其接口；为了定义更具体的对象，可以继承基本对象的特性，再增加一些更具体的方法。

分布计算是指分布处理系统中的计算和数据处理工作，建立分布计算环境是指提供分布处理的服务和工具。建立分布计算环境，必须遵循开放系统原则。OGIS 是在分布处理环境下考虑的，尽管它的目标是实现独立于分布处理平台的标准和接口，但实现 OGIS 必须以分布处理环境为依托。

2. 开放式数据库互连（ODBC）

ODBC 是一个用于访问数据库的统一界面标准。它实际上是一个数据库访问库，它最大的特点是应用程序不随数据库的改变而改变。ODBC 的工作原理是通过使用驱动程序（driver）来提供数据库独立性。而 driver 是一个可以支持 ODBC 函数调用的模块，应用程序通过调用驱动程序所支持的函数来操纵数据库，不同类型的数据库对应不同的驱动程序。

OGIS 和 ODBC 的思想类似。OGIS 是为了访问不同 GIS 软件而研制的统一标准接口，使不同 GIS 软件之间能进行相互操作，但它和 API（应用程序接口）又有所不同。API 与操作系统和程序设计语言有关，而 OGIS 中的接口更抽象、更独立。

3．分布式对象技术

分布式对象技术是建立在网络基础上的。它建立在组件（Component）的概念之上。组件可以跨平台、网络、应用程序运行。

分布式对象技术追求的目标是无缝连接和即插即用，而实现这一理想的关键在于解决重用和互操作问题。这里，“重用”是指一个构件具有通用的特性，所提供的功能能够为多种应用软件系统使用；“互操作”是指来源不同的构件能相互协调、相互通信，共同完成更复杂的功能。因此，它的核心是用统一的标准协议通信来解决对象跨平台的连接和交互问题。

13.2 集成化 GIS

集成化 GIS 是 GIS 向纵深和外延发展的必然结果，是由 GIS 技术特点和在信息化中的地位决定的，也是 GIS 发展的最高水平。GIS 的集成主要有两大方向：一是系统间的集成，属横向集成；二是系统内的集成，属纵向集成。前者扩大了 GIS 的外延作用，后者强调了 GIS 的内部优化和功能。

GIS 作为地理空间数据存储、管理和分析的工具，不是独立存在的，它与现代信息技术及其系统之间的关系十分密切，有时甚至可以认为就是其必要的组成部分。如遥感技术、全球定位技术、计算机网络技术、现代通信技术、图像处理系统、专家系统、计算机制图系统、虚拟现实系统、多媒体系统等，与这些技术和系统的集成，极大地扩展了 GIS 数据采集、数据处理、数据分析、数据显示的能力，拓展了 GIS 的应用范围。如 GIS 与遥感技术集成，极大地增强了数据的获取与更新能力；与 GPS 的结合，产生了 GIS 导航系统；与专家系统集成，产生了智能 GIS；与计算机网络技术、现代通信技术集成，产生了网络 GIS、移动 GIS、无线 GIS；与多媒体技术集成，产生了多媒体 GIS；与虚拟现实技术集成，产生了虚拟现实 GIS 等。

同样，GIS 内部及 GIS 的系统之间也存在集成问题。由于 GIS 技术早期自由发展和商业化的原因，数据格式和系统功能定义存在普遍的异构，造成了严重的信息鸿沟和技术壁垒。集成是解决这些问题的唯一途径。在 GIS 内部，由于空间数据和属性数据在结构上的差异，数据的多源性、多尺度性（多空间维尺度、多时间尺度、多分辨率尺度、多比例尺）和数据质量（如精度不同）的差别、数据库的分布性、数据分析应用模型的各异性、软件系统开发技术的多样性等也需要进行集成。

13.2.1 GPS、RS 与 GIS 的集成

虽然 GIS 在其理论和应用技术上有了很大的发展，但单靠传统 GIS 的使用却不能满足目前社会对信息快速、准确更新的要求。而与 GIS 独立、平行发展的全球定位系统（GPS）和遥感（RS）为 GIS 适应社会发展的需求提供了可能性。

GPS 是以卫星为基础的无线电测时定位、导航系统，可为航空、航天、陆地、海洋等方面的用户提供不同精度的在线或离线的空间定位数据。

RS 在过去的 20 年中已在大面积资源调查、环境监测等方面发挥了重要的作用。在未来

几年中还将会在空间分辨率、光谱分辨率和时间分辨率三个方面，全面出现新的突破。近几年，科学家和应用部门逐渐地认识到，单独地运用上述三种技术（“3S”技术）中的一种往往不能满足一些应用工程的需要。事实上，许多应用工程或应用项目需要综合地利用这三大技术的特长，方可形成和提供所需的对地观测、信息处理、分析模拟的能力。“3S”技术的集成应用于工业、农业、环境监测、交通运输、导航、捕鱼、公安、消防、保险、旅游等不同行业，将产生越来越大的市场价值。

目前，国际上“3S”的研究和应用开始向集成化（或一体化）方向发展。在这种集成应用中：

- GPS 主要用于实时、快速地提供目标，包括各类传感器和运载平台（车、船、飞机、卫星等）的空间位置；
- RS 用于实时地或准实时地提供目标及其环境的语义或非语义信息，发现地球表面上的各种变化，及时地对 GIS 进行数据更新；
- GIS 则是对多种来源的时空数据进行综合处理、集成管理、动态存取，作为新的集成系统的基础平台，并为智能化数据采集提供地学知识。

1. “3S”技术集成中需要解决的理论问题和关键技术

为了实现真正的“3S”技术集成，需要研究和解决“3S”集成系统设计，实现和应用过程中出现的一些共性的基本问题。

（1）“3S”集成系统的实时空间定位

研究“3S”集成系统的传感器实时空间定位以及系统行进过程中快速确定相关地面目标的方法和实现技术。

（2）“3S”集成系统的一体化数据管理

研究“3S”数据的集成管理模式、数据模型，设计和发展相应的数据管理系统，以实现图形、图像、属性、GPS 定位数据等的一体化管理，为“3S”的集成处理和综合应用提供基础平台。

（3）语义和非语义信息的自动提取理论与方法

研究从航空、航天遥感数据和 CCD 立体对象中自动、快速和实时地提取空间目标位置、形状、结构及相互关系与空间目标的语义信息的理论与方法。

（4）基于 GIS 航空航天遥感影像的全数字化智能系统及对 GIS 数据库快速更新的方法。

研究如何依托已建立的 GIS 来实现航空、航天遥感影像的智能化全数字过程，并从中快速发现在哪些地区空间信息发生了变化，进而实现 GIS 数据库的自动/半自动快速更新。

（5）“3S”集成系统中的数据通信与交换

数据通信是“3S”技术集成中的一个关键问题。例如，在环境监测、灾害应急、自动导航和自动加强系统中，需将 GPS 记录数据和遥感图像数据（CCD 记录和雷达记录等）实时传送到信息处理中心或将所有数据传送到量测平台上去，为此，需要研究：数据单向实时传送的理论和方法、数据双向实时传送的理论和方法，以及数据交换的理论和方法。

（6）“3S”集成系统中的可视化技术理论与方法

“3S”集成系统中有不同分辨率、不同时相的大量图形和影像数据，需要研究它们的多级分辨率和多尺度表示，以及在各种介质和终端上的可视化问题。

（7）“3S”集成系统的设计方法及 CASE 工具的研究

主要研究基于计算机辅助软件工程（CASE）技术的“3S”集成系统的设计方法和软件

开发、维护的自动化技术，设计和发展专用于“3S”集成系统设计的CASE工具。

（8）“3S”集成系统中基于客户机/服务器的分布式网络集成环境

“3S”集成系统研究是一项涉及多专业、多用户、多数据的综合研究课题，它需要一个强大而又有效的硬环境支持。这其中包括：多种软件系统（GIS软件ARC/INFO、MapGIS、GeoStar等，全数字化摄影测量系统VirtuoZo，遥感图像处理系统ERDAS、ENVI，GPS数据处理软件WuCAPS等）的综合使用；多类型数据的快速传输；多用户的工作方式。该项研究应根据“3S”集成系统研究的特点与特殊要求，为“3S”集成研究设计提供一个多种空间信息数据获取方式与地理信息管理系统融为一体的基础研究环境。这种集成化环境的研究完成，可以将多种数据集中在一起实现共享，特别是网络化的数据传送方式可以快速有效地将数据传送给各用户，为“3S”集成的演化研究提供条件。

2.“3S”集成模式

（1）“3S”系统的部分系统集成

GPS+GIS，即利用GIS中的电子地图和GPS接收机的实时差分定位技术，组成各种电子导航系统，可用于车船自行驾驶、航空遥感导航等。RS+GIS，对于各种GIS，RS是其重要的外部信息源，是其数据更新的重要手段。反之，GIS则可为RS的图像处理提供所需要的一切辅助数据，以增大遥感图像的信息量和分辨率，提高解释精度。RS+GPS，GPS是一种高精度、全天候和全球性的无线电导航、定位和实时系统。由于GPS定位的高度灵活性和定位精确性，由最初的大地测量，发展到控制测量、工程测量、变形监测和航空摄影测量。GPS作为一种定位手段，可应用它的静态和动态定位方法，直接获取各类大地模型信息，解决了RS传感器位置和姿态的快速定位问题，也解决了RS信息的定位问题。现在GPS与航摄仪（如RC30）连接，在航空摄影瞬间，测定摄影中心的空间位置和航摄仪姿态，使摄影测量外业控制工作大大简化，从而使卫星遥感信息和摄影测量信息（采用DPS技术）直接进入GIS数据库成为可能。RS+GPS+GIS，集RS、GPS、GIS技术的功能为一体，可构成高度自动化、实时化和智能化的GIS，为各种应用提供科学的决策咨询，以解决用户可能提出的各种复杂问题。

由“3S”各自的技术特点和发展趋势可见，它们相互依赖、相互需要、相互支持的趋势越来越明显，各技术的联合应用日趋增多，集成理论的探索也日益深化。到20世纪90年代初期，各技术系统逐步走向综合或集成，充分显示了学科发展从细分走向综合的规律。

（2）按照集成系统的核心来划分的集成方式

其一是以GIS为中心的集成系统，RS和GPS作为系统的重要信息源和更新手段，充实系统的信息和加强系统信息提取功能，以不断保持系统的现势性。反之，GIS则为遥感的信息提取提供辅助信息和专家思维，提高遥感识别精度和可靠性，并为GPS定位点上所采集的各种数据提供管理、分析、制图等手段。其二是以遥感图像处理系统为中心的集成，该集成系统的特征是数据处理和信息提取。GIS和GPS是为遥感影像处理服务的，如GPS和RS结合，可提高遥感对地观测精度，实现对地动态监测等。

（3）按照系统集成的技术水平级别来划分的集成方式

① 松散的集成模式

三个系统虽彼此独立，但各技术系统拥有自己的用户界面、数据库和工具库，而在其内部通过数据通信实现相互结合。

② 三者合一、各取一部的结合模式

这里的合一，并非真正意义上的系统融合，而是三者具有统一的用户界面，但各自仍拥有自己的数据库和工具库。做到的只是表面上无缝的结合，数据传输则在内部通过特征码相结合，这只是某种思想和方法的合一，并非将系统完全融合。系统各取一部分，是取各自的技术系统特点，构成专题性实用型的集成系统。

③ 三者完全合一，整体结合的模式

这种结合要求集成系统具有统一的用户界面、统一的数据模型和统一的数据库管理系统及工具库，可同时实现对图形和图像数据的处理，GPS 直接与系统相接，为实时动态监测提供定位和导航。要实现该种系统的集成，需要研究的是集成系统的数据模型、数据结构、数据管理、模型分析等问题，使之能有效地处理各种不同来源，不同精度的空间数据。

13.2.2 GIS 多源空间数据集成

1. 多源空间数据的特点

多源空间数据由于获取手段、获取方法、数据记录格式等的不同，之间存在明显的差异，表现在如下几个方面。

（1）多语义性

地理系统研究对象的多种类特点决定了地理信息的多语义性。同一个地理信息单元，在现实世界中其几何特征是一致的，但对应着多种语义。它们因解决问题的侧重点不同，产生了不同的解释，造成了语义分异问题。

（2）多时间尺度

时间尺度是指数据表示的时间周期及数据形成周期的长短。时间尺度是表达地理特征变化和过程内在规律所必需的条件。多源数据存在这种多时间尺度问题。根据时间周期的长短，地学数据的时间尺度可分为季节尺度数据、年尺度数据、时段尺度数据、人类历史尺度数据和地质历史尺度数据。不同尺度的地学数据在处理上应区别对待，如地质历史尺度、大区域的数据在处理上可以作为常量使用。因为地理过程的连续性，在数据中可以用细小时刻的瞬时状况表示时段的平均状况。

（3）多分辨率

地理空间数据由于多数据源特性，会产生多空间分辨率、多光谱分辨率等问题。

（4）多比例尺

多比例尺是由地图测绘的特点决定的。人们为了反映相同地理区域地形特征的细节程度，采用了不同的测图比例尺。在计算机还没能对数据进行有效的自动综合处理之前，多比例尺数据库的建设是必要的。

（5）多数据格式

多数据格式是由 GIS 软件和数据生产软件不同的记录或交换格式决定的，是当前无缝集成的主要障碍。

（6）多空间维数

GIS 当前主要表达的是二维几何信息，但随着 GIS 的发展，2.5 维数据、三维数据也将成为 GIS 管理分析的数据内容。

（7）多精度水平

由于数据获取手段、方法、目的的不同，数据的精度会存在差别。

（8）多参考系统

由于数据生产来源不同，不同的部门和应用领域可能提供不同的投影方法和坐标参考系统。GIS 的数据分析需要在统一的投影和坐标系统中进行。

（9）多表达形式

在 GIS 中，矢量数据、栅格数据是常见的形式。随着 GIS 的发展，DEM 数据、正射影像数据、电子扫描数据、多媒体数据等也会成为 GIS 的重要数据内容。

2. 多源空间数据的集成模式

多源空间数据的集成主要是针对多种底层数据和考虑与越来越多的 GIS 数据的集成，主要有三种模式。

（1）数据格式转换模式

这是一种传统的 GIS 数据集成方式。主要问题是各 GIS 数据文件之间缺乏统一的语义和结构描述，转换不能完全表达源数据的信息，存在信息丢失问题。数据转换的过程复杂，多数只能通过导入/导出模式进行，往往转换后还要进行编辑，不利于在线数据的处理和分析。另外，这种将数据统一起来的做法，也违背了数据分布和独立性原则。

（2）数据互操作模式

互操作是数据集成的新模式，它也存在一些局限性。为了真正实现各种数据格式的互操作，需要每种格式的宿主软件都按照统一的规范实现数据访问接口，这在短期内很难实现。而且软件之间的互操作是通过服务器实现的，这两个数据服务器实际就是被访问数据格式的宿主软件，它们需要同时运行才能实现互操作过程。

（3）直接数据访问模式

直接数据访问模式是指一个 GIS 软件实现对其他软件支持的数据格式的直接访问、存取和空间分析，用户可以使用一个 GIS 软件存取多种数据格式，其原理是利用空间数据引擎的方法实现数据的无缝集成。它是数据格式转换的理想方式，但构建成本高。

为了解决数据格式转换带来的种种问题，理想的方案是在一个软件中实现对多种数据的直接访问。多源空间数据的无缝集成（Seamless Intergration of Multi-Source Spatial-Data，SIMS）就是这样一种技术。

① 格式无关数据集成。GIS 用户在使用数据时，可以不必关心数据存储于何种格式，真正实现格式无关数据集成。

② 位置无关数据集成。如果使用大型关系数据库（如 Oracle 和 SQL Server）存储空间数据，这些数据可以存放在网络服务器甚至 Web 服务器中，如果使用文件存储空间数据，这些数据一般是本地的。通过 SIMS 技术访问数据，不仅不必关心数据的存储格式，也不必关心数据的存放位置。用户可以像操作本地数据一样去操作网络数据。

③ 多源数据复合分析。SIMS 技术还允许使用来自不同格式的数据直接进行复合空间分析。SIMS 技术的核心不是分析、破解和转换其他 GIS 软件的二进制文件格式，SIMS 提出了一种内置于 GIS 软件中的特殊数据访问体系结构，它需要实现不同格式数据的管理、调度、缓存（Cache），并提供不同格式数据之间的互操作能力。

SIMS 的访问机制是：提供访问多种格式数据的能力，对每一种数据格式的访问最终通过空间数据引擎（Spatial-data Engine）实现。数据提供者由一组空间数据引擎组成，每个引擎负责访问一种数据格式。比如，SQL Server 引擎访问存储在 SQL Server 中的空间数据，Oracle 引擎访问 Oracle Spatial 数据库，SDE 引擎访问 Esri SDE 支持的各种数据库，ARC/INFO 引擎存取 ARC/INFO Coverage，等等。为方便引擎的管理和调度，每个引擎具有统一的接口，封装成一个动态链接库（Dynamic Linking Library，DDL）。类似于一些软件的插件（Plug-in 或 Add-in）机制，引擎 DLL 存放在特定目录下，程序启动时自动搜索该目录，动态调入并注册。

3．多源数据的融合

一个 GIS 平台系统要与多种信息管理系统建立数据连接，对于各种信息源而言，其数据采集手段、数据模型、物体分类分级标准、属性信息编码及几何位置精度等各不相同，所以当 GIS 平台系统在引用这些数据时必须经历一个识别、筛选、整合、存储等加工过程——多源数据融合过程。多源数据融合要解决的主要问题是数据差异，特别是对空间数据在各种数据库中存在的模型差异、精度差异、几何位置差异和属性定义差异等进行加工处理，在最大限度上实现多种数据源的完全转换或信息共享。

多源数据融合需要做的主要工作是目标编码体系的统一，几何位置、形状的统一，数据模型或结构的统一。融合的算法包括检测层融合、时空层融合、属性层融合和符号层融合等。

4．空间数据的概括（地图综合）

如果要建立现实世界模型，不管是否满意，不进行空间数据的概括是不可能的。在传统的地图绘制方法中，概括用于地图比例尺缩小过程中减少地图表示内容的复杂度，强调精华，摒弃糟粕，维护地图对象间的逻辑关系与唯一关系，以保留地图的审美质量。概括会造成地图目标之间的空间竞争。数字系统（如 GIS 和数字制图系统）中的空间数据概括可理解为一个在减少特定应用的细节时又最大化了特定应用的信息方面，实现了代表现实世界不同部分模型间的转换处理。

大多数具有制图功能的数据库都对应于一定的比例尺，称之为主导比例尺，其他比例尺（从属比例尺）都小于主导比例尺。理论上，从属比例尺的数据可以从主导比例尺数据经过抽取、整合、重组等产生。这个过程称为地图概括（或地图综合）。如果这个过程在数据分析、显示时，由程序自动完成，则称自动概括（综合）。地图自动综合的目的就是建立从多尺度表示到不依（无）比例尺的无缝的空间数据库。

地图的自动概括虽然不是新的研究课题，但存在许多难度。人们提出了多种算法，如面向信息的综合方法、面向滤波的综合方法、启发式的综合方法、专家系统的综合方法、神经元网络的综合方法、分形的综合方法、数学形态学的综合方法、小波分析的综合方法等。但它们并没有完全解决地图综合的所有问题。

13.2.3 GIS 与多媒体技术集成

多媒体技术（Multi-Media）是一种集声、像、图、文、通信等为一体，并以最直接的方式表达和感知信息，以形象化的、可触摸（触屏）的甚至声控对话的人机界面操纵信息处理的技术。应用多媒体技术对 GIS 的系统结构、系统功能及应用模式的设计将产生极大的影响，使得 GIS 的表现形式更丰富、更灵活、更友好。多媒体地理信息系统（MGIS）将文字、图形（图像）、声音、色彩、动画等技术融为一体，为 GIS 应用开拓了新的领域和广阔前景。它不仅能为社会经济、文化教育、旅游、商业、决策管理和规划等提供生动、直观、高效的信息服务，而且将使计算机技术真正走进人类社会生活。多媒体技术在GIS领域的深入应用，乃至出现具有良好集成能力的MGIS是技术发展的必然。多媒体GIS的组成如图13-4所示。

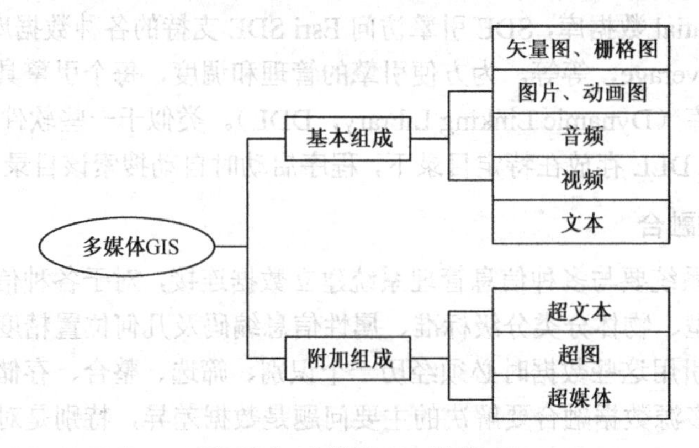

图13-4 多媒体GIS的组成

超文本是指用超链接的方法而形成的文档集合，它可以显示出文本与文本之间相关的内容。目前，超文本主要以电子文档的方式存在，文档内可以包含能够导向其他文档的链接，并且允许从当前阅读位置直接切换到超文本链接所指向的位置。

超图理论用于地图数据库建模能很好地解决空间数据和非空间数据的关联问题。超图可用于表达类与类之间的层次关系，如分类、聚合、概括、分割、多层次联系、复合类等；超图数据模型在应用时，凡图示的联系均可用作检索路径，数据完整性约束可作为类的属性加以说明。

超媒体指的是，在超文本的文档集合中，若文档包含了文本、图形、视频和音频，并且也可以对其他文档中的文本、图形、视频和音频进行访问，则它便被称为超媒体，如网页就是超媒体文档。在多媒体GIS中，超媒体发挥着重要作用，它集结了各类信息，并且解决传统GIS信息单一性的问题，为信息的多样性与可视化提供了有效的途径和方法。

13.2.4 GIS与VR技术集成

VR技术擅长构建具有完美人机交互能力和启发构思的多维空间信息环境，GIS擅长空间地理要素的空间分布、空间关系、空间过程的处理及大规模空间数据库的管理，两者存在领域重叠和互补特性，将这两个领域在理论、技术、研究内容和方法进一步集成已成为VR和GIS领域专家、学者的共识。

1. VRGIS概念

VRGIS（Virtual Reality Geography Information System）是GIS与虚拟现实技术的结合，它整合了三维GIS与面向网络的WebGIS。GIS和VR技术的发展可追溯到20世纪六七十年代，但第一个较为成功的VRGIS出现在20世纪90年代初期，当时Faust和Koller成功完成了虚拟现实系统和GIS的集成实验，并且提出了VRGIS的概念。

根据Faust在1993年提出的VRGIS概念，一个理想的VRGIS应具有以下几个方面的特征。

（1）空间数据的真实表现。

（2）用户可从任意角度进行观察、浸入、实时交互，可在所选择的地理范围内外自由移动。

（3）具有基于三维空间数据库的基本 GIS 功能。

（4）可视化部分作为用户接口是一个自然而完整的部分

VRGIS 可以看作一个特殊的“传统型”GIS，它拥有传统 GIS 具有的空间数据的存储、处理、查询和分析等功能的同时，还将 VR 技术应用到了用户界面和交互方法中。

2. VRGIS 的关键技术

由于计算机科学发展水平和其他相关原因的制约，VRGIS 的发展到今天仍然没有飞跃性的突破。VRGIS 发展的技术难点和关键技术，概括起来大致如下。

（1）VRGIS 的数据问题

一直以来，数据问题都是限制 GIS 发展的一个很重要的问题，这涉及三维空间数据和非空间数据的管理和处理。三维空间数据问题包括了图像数据图幅结构的定义、修改、复制，显示检查，内容的增删修改，拓扑关系的建立，投影变换，比例尺转换，图像数据的处理、存储、提取和叠加，矢量和栅格转换等。非空间数据管理包括表结构如何定义、修改、删除，表如何删除、改名和复制，字段如何修改、添加、删除，记录集合如何操作、提取和统计等。

在传统的 GIS 发展中，仅用于数据的费用就占了总费用的 80%。对于 VRGIS 的发展，数据问题同样也是一个难点和重点，为了对所处环境再现及分析，需要建立三维数据库。现在尚未找到能够完全解决数据问题的方法，但是可以采取一些措施，使数据问题在某种程度上得到减缓。以下两种方法是当前公认的 VRGIS 数据问题缓解方案。

① 将 VRGIS、RS 与 GNSS 相结合。

② 建立分布式的 VRGIS 的数据库。

（2）三维空间分析问题

三维空间分析问题存在于各种应用模型中。一般来说，按照空间特性可将 GIS 分为两类——空间模型和非空间模型。与传统的 GIS 没有太大区别，VR 系统中的非空间模型也主要是对系统中的各种属性数据做计算；这类模型通常用于社会经济领域中的评价、预测和规划。但是，三维空间模型除满足对系统中的图形和属性数据进行运算外，在常用的方法（图形运算、空间检索、统计识别、网络分析及空间扩散计算等）上还需要思考第三维的问题以及如何使分析更加客观、可行且接近现实。

（3）VRGIS 的图形显示问题

VRGIS 的图形显示问题是限制 VRGIS 发展的“瓶颈”问题。这是由计算机的硬件发展现状、GIS 的应用要求和 VR 的需求这三个方面之间的矛盾所决定的。由于受计算机硬件的限制，现在的 VR 要求我们在保证视觉需求的同时，数据量要尽量少；而 GIS 为了空间分析的需求，要求数据要尽量翔实，因此它们在图形显示的数据量上发生了冲突。解决这个问题的研究方向大致有以下几种。

① 研究如何建立优秀的 VRGIS 的数据结构，使 VRGIS 在显示要求下，保证信息的快速提取。

② 在 VR 显示方面，尽可能在保证用户关注部分逼真度的前提下，减少数据量。初步的解决方法主要集中在两个方面：第一个方面，在显示的不同区域的重要性方面做文章，即对于用户相对不重要、不关心的数据显示较为简略，而对于用户重要、关心的数据显示较为详细；第二个方面，在视觉变化上做文章，也就是通常所说的 LOD（Level Of Detail），这方面现在已经有了较好的算法。

③ 利用计算机技术，减缓图形显示矛盾。这主要表现在加速硬件的发展，配备专门的图形加速卡等，同时，对于计算机有限的内存资源进行管理，如利用内存调用、分块内存管理等来加速图形的显示。

3．VRGIS 的分类

从广义上可将 VR 分为两类，一种是沉浸式的，另一种是非沉浸式的。前一种用户可以完全沉浸在计算机产生的三维人造世界中，有一种身临其境的感觉，最初的 VR 就是指的这种。后一种是通过立体眼镜、立体投影系统或其他工具在浏览器上获得立体视觉，这种目前发展得比较快。相对应地，VRGIS 也可以分为沉浸式的和非沉浸式的。

（1）沉浸式 VRGIS

沉浸式 VRGIS 把人作为系统的核心，把人与三维虚拟世界的多感知实时交互作为系统存在的必要条件。强调 GIS 的发展背景及与传统二维 GIS、三维 GIS 数据模型和功能上的集成。用户（观察者/参与者）在系统中的地位比较突出。在完全沉浸式虚拟环境中，头部的转向或身体的位置不同就表示用户的观察视角发生了变化。在设计的同时，除要考虑表达地学现象和过程的完备性外，还必须考虑地学对象与用户在视觉、听见、触觉等方面的相互作用关系，地学对象相对于用户的存在与表达。此外，还需考虑系统接口、人机界面、数据输入、空间数据管理和处理问题、非空间数据的管理与处理问题、空间分析问题、数据模型的二维动态显示问题等。

（2）非沉浸式 VRGIS

非沉浸式 VRGIS 是基于因特网的多用户三维虚拟环境，在因特网环境下实现地学数据的发布与应用分析，并把用户及其相互交流提高到系统的显要位置，使得基于网络的 VRGIS 发展为非沉浸式 VRGIS。用户可以从世界各地上网连接到该三维空间环境。而且以图形化表示各自在该共享环境中的身份，并进行交互。建立一个非沉浸式 VRGIS 须考虑因特网环境下的系统通信与运行结构。三维图形实时计算与显示的数据模型，适合地学数据显示、分析、合作研究的用户界面，以及基于因特网系统开发工具如 VRML 与 Java 的集成应用、共享对象的管理等。

4．VRGIS 的应用

（1）虚拟地球系统结构

利用 VR 技术能够对景观结构、火山构造及地貌构造与地质构造进行模拟，同时还能模拟地球构造，另外还可以对大型交通及城市工程结构进行模拟。此外，可以对平原冲击过程、三角洲演化形成过程及河流地貌与风华地貌等进行模拟，还可以对一些气候形成过程进行模拟，对一些自然灾害、生态系统同样能够进行模拟。

（2）军事模拟及情报应用

在军事中应用 VRGIS 的主要因素就是作战仿真、指挥决策仿真及新式武器研究模拟，可以在今后演习中进行地理仿真环境虚拟预演。

（3）在教育领域中应用

在培训及教育行业中（如虚拟教学、实训基地、科研、实验室等方面）运用 VRGIS 十分合适，因为它能够实行仿真地理环境，生动形象表达出地球的抽象概念，使学习者能够在虚拟环境下更好地理解相关的科学知识。此外，利用非沉浸式 VRGIS，能够对人体模型、化学物结构及太空旅游进行模拟，由于数据比较逼真，可以提高学习者的想象力，并且有效激发其学习兴趣，从而能够有效提高学习效果。

13.3 移动GIS

21世纪是信息化、网络化、数字化、智能化高度发展的新世纪。移动设备及移动互联网的出现和发展，为移动GIS的发展带来了契机。移动GIS是以移动互联网为支撑，以智能手机或平板电脑等移动设备为终端，结合北斗、GPS或基站为定位手段，为行业和大众提供基于位置的服务（Location Based Service）和移动位置的服务（Mobile Location Service），是当前的技术热点。

13.3.1 移动GIS概述

移动GIS是近年来国内外研究的热点，狭义上是指运行于移动终端并具有桌面GIS功能的GIS，它不存在与服务器的交互，是一种离线运行模式；广义上是指一种集成系统，是GIS、GNSS、移动通信、互联网服务、多媒体技术等的集成。

移动GIS主要由三部分组成：客户端部分、服务器部分和数据源部分，分别承载在表现层、中间层和数据层。

表现层是客户端的承载层，直接与用户打交道，是向用户提供GIS服务的窗口。该层支持各种终端，包括手机、PDA、车载终端、PC，为移动GIS提供更新支持。数据层是移动GIS各类数据的集散地，确保GIS功能实现的基础和支撑。中间层是移动GIS的核心部分，系统的服务器都集中在该层，主要负责传输和处理空间数据信息，执行移动GIS的功能等。

移动GIS除具有传统GIS所具有的特点外，还具有以下几个特点。

1．移动性

运行于各种移动终端上，可与服务端通过无线通信实时交互获取空间数据，也可以脱离服务器与传输介质的约束而独立运行，具有移动性。

2．动态（实时）性

作为一种应用服务系统，应能及时地响应用户的请求，处理用户环境中因时间变化而产生的实时影响，如交通流量对车辆运行时间的影响，提供实时的交通流量影响下的最优道路选择等。

3．对位置信息的依赖性

在移动GIS中，系统所提供的服务与用户的当前位置是紧密相关的，如“我在哪儿”“我附近是什么”“我怎么才能到达目的地”。所以需要集成各种定位技术，用于实时确定用户的当前位置和相关信息。

4．移动终端的多样性

移动GIS的表达呈现于移动终端上，移动终端有手机、PDA、车载终端等，这些设备的生产厂商不是唯一的，它们采用的技术也不是统一的，这就必然造成移动终端的多样性。

13.3.2　移动 GIS 的关键技术

1. 嵌入式技术

移动 GIS 的无线终端是一种嵌入式系统。具有代表性的嵌入式无线终端设备包括智能手机、平板电脑等。嵌入式系统是以应用为中心的专用计算机系统，其软/硬件可以根据应用需求进行配置。

2. 无线接入技术

在移动通信领域，无线接入技术可分为两类：一类是基于数字蜂窝移动电话网络的接入技术，目前已有 CDMA、GPRS、GSM、EVDO、WCDMA、3G、4G 等多种无线承载网络；另一类是基于局域网的接入技术，如蓝牙、无线局域网等技术。

3. 移动计算技术

移动计算技术是指使用小型计算设备、在位置不断移动的过程中或在地理位置分布很广的范围内，在不稳定的通信条件下实现联机事务处理和企业核心数据访问。这些小型计算设备具有多种通信手段，如移动通信网络、卫星等，能与互联网或企业内部网相连，但这种连接不是固定的连接，而是间断的连接。移动计算的软件技术使用户可以使用这些设备进行复杂的联机事务处理和信息访问，因为用户所使用的设备体积小，可用的计算资源（内存、存储设备和 CPU）都相当有限，大部分处理工作由计算中心的数据服务器和应用服务器完成。

4. 移动数据库技术

移动数据库是传统分布式数据库的延伸和扩展，是能够支持移动计算环境的数据库，其数据在物理上分散而在逻辑上集中。移动数据库要求支持用户在多种网络条件下都能够有效地访问，完成移动查询和事务处理。嵌入式移动数据库系统是支持移动计算或某种特定计算模式的数据库管理系统，数据库系统与操作系统、具体应用集成在一起，运行在各种智能型嵌入设备或移动设备上。其中，嵌入在移动设备上的数据库系统由于涉及数据库技术、分布式计算技术，以及移动通信技术等多个学科领域，目前已经成为移动 GIS 十分活跃的研究和应用领域。

5. GNSS 定位技术

GNSS 定位技术可为用户提供随时随地的准确位置信息服务。其基本原理是将接收机收到的信号经过误差处理后解算得到位置信息，再将位置信息传给所连接的设备，连接设备对该信息进行一定的计算和变换后传递给移动终端。

GNSS 定位技术已应用在各行业，如车载导航终端、高精度测量、国民经济各行业数据采集等。全球各国家和地区已开始建立 CORS（连续运行参考站）及区域增强系统（SBAS），利用差分技术，精度可以达到亚米级乃至厘米级。利用内置 GNSS，在野外实时获得点位坐标。根据作业需求，选择不同精度的 GNSS 接收机和具备不同附属功能的接收终端。

13.3.3　移动 GIS 的应用

移动 GIS 经过初期和中期的发展，基本上可以作为室外或野外移动办公的辅助工具，应用的领域有数字城市虚拟现实、流域调查、国土资源调查等。但是随着移动计算的发展和完善，移动网络的兼容以及基于 IPv6 协议的通信网络建立，移动计算环境促进了移动 GIS 的全面发展。同时，随着移动互联网的飞速发展和不断进步，人们对地理空间信息的 4A（Anytime，Anywhere，Anybody，Anything）服务的需求日益增大，无线移动与空间信息服务的结合，移动 GIS 的应用越来越广，这里主要描述移动 GIS 最主要的几种应用。

1．车载动态导航

利用 GPRS 无线数据网络传输协议，车载终端可以通过无线网及 Internet 和信息中心进行数据交换，车载终端收到中心发布的动态交通信息后，将其解析、存储，与地图数据相关联，利用这些信息动态更新地图数据，参与导航最优路径的计算，同时，这些信息还需要动态显示在车载终端的导航地图上，简洁、直观地呈现给用户，并为用户提供最优路径分析、实时交通报道、停车场导航等服务。

2．移动定位服务

移动定位服务是一种整合 Internet、无线通信移动定位与 GIS 的技术。它通过移动终端和无线网络的配合来确定移动用户的实际地理位置，从而提供用户需要的与位置相关的信息服务。LBS 系统的特点主要表现在：移动性，用户多数在移动环境中使用 LBS 系统提供的服务；实时性，这是 LBS 系统的基本特点之一，用户获取的信息总是动态的、实时的；强大的应用服务支持，LBS 提供的每种服务业务，都需要电信运营商、服务提供商等多家机构的支持；对位置的依赖性和移动终端的多样性等。移动定位服务被认为是继短信之后的杀手级业务之一，有着巨大的市场规模和良好的赢利前景。

3．移动办公

在室外办公时，利用移动 GIS 将发生事件向监控中心进行汇报，中心快速做出响应。在城市管理中，每个作业人员在自己负责区域内进行巡查，遇到安全隐患，如井盖丢失，利用终端确定位置，打电话、对现场进行拍照并发信息汇报给管理指挥中心，中心指定专人进行现场维护，将危害降低到最小。

4．数据采集

利用移动 GIS 技术采集数据，是对传统数据采集技术的一项新的尝试。当外出采集数据的时候，可以通过移动 GIS 把采集到的空间数据直接传到空间数据服务器上。同时，服务器又可以经过处理将有用的数据再传到移动 GIS 的终端上，以满足野外采集数据所必需的基本数据内容。这样，就形成了由终端到服务器端及由服务器端到终端的数据采集模式，方便了外出数据采集。

13.4 网格 GIS

13.4.1 网格 GIS 概念

网格 GIS（GridGIS）是指实现广域网络环境中空间信息共享和协同服务的分布式 GIS 软件平台和技术体系。将地理上分布、系统异构的各种计算机、空间数据服务器、大型检索存储系统、GIS、虚拟现实系统等，通过高速互联网络连接并集成起来，形成对用户透明的虚拟的空间信息资源的超级处理环境就是 GridGIS。

GridGIS 与传统的 GIS 相比，具有很多突出的特点：形式上，它不是一个环境和功能集中的系统，而更像是由网络连接的分布式的系统大群落；功能上，它超越了传统的管理与分析范畴，更着重于知识的挖掘与智能决策支持，实现传统 GIS 不能或不容易实现的功能；应用上，它的范围和深度都远远超过了传统的 GIS，面向全球范围、全体用户、全方位服务。

GridGIS 与传统 WebGIS 相比，传统 WebGIS 技术的主要目的是为了能够在网络上发布空间数据以及和这些空间数据相关的一些操作，主要通过浏览器直接服务于最终用户；而 GridGIS 的目标是将地理上分散、系统异构的各种计算机、空间数据服务器、大型检索存储系统、GIS、VR 系统等“通过高速互联网络连接并集成起来”，形成对用户透明的虚拟的空间信息资源的超级处理环境。GridGIS 实现互联网上的互操作，真正与平台无关，对各种网络资源的“即插即用”，即只要你能够接触到网格，就可以根据自己的需要，“按需”从网格获取各种资源与服务，而不必关心资源与服务所在的具体位置。

综上所述，所谓 GridGIS 就是建立在 3G 广域网之上，基于 Internet、Grid、GIS 和 Middleware 等技术融合的，充分利用各种网络资源对广泛分布的空间数据与属性数据进行整合、集成、管理、处理和共享，并进行深层开发和利用的，面向全球变化、社会经济各部门及可持续发展各领域应用与服务的智能化的 GIS 工程。

13.4.2 网格 GIS 体系结构

网格环境下的 GIS 涉及的技术包括万维网服务、资源整合、计算网格、数据网格、GIS 等。目前，由于网格本身就是一个新生事物，加上 GridGIS 都是建立在商业化网格计算及 GIS 之上的，GridGIS 很少会去从底层开发，因此当前并不存在基于网格协议的 GIS 软件，故网格环境下的 GIS 的实现通常是采用网格计算理念、基于当前现存的计算操作系统平台，通过部署网格服务来构建面向应用层的 GridGIS 软件来实现信息的共享和互操作。

1. 三层 GridGIS 结构

南京师范大学任建武提出数据资源层、网格服务层和应用层三个层次的 GridGIS 逻辑架构。他认为 GridGIS 是空间信息获取、处理、共享的基本技术框架。建立异构分布式、智能化的空间信息网格计算环境，就是实现异构网络环境下的跨平台计算，支持分布式用户的并发请求并实现最优资源调度，实现网络环境下的多级分布式协同工作机制。三层 GridGIS 结构如图 13-5 所示，分为三个基本层次：数据资源层、网格服务层和应用层。

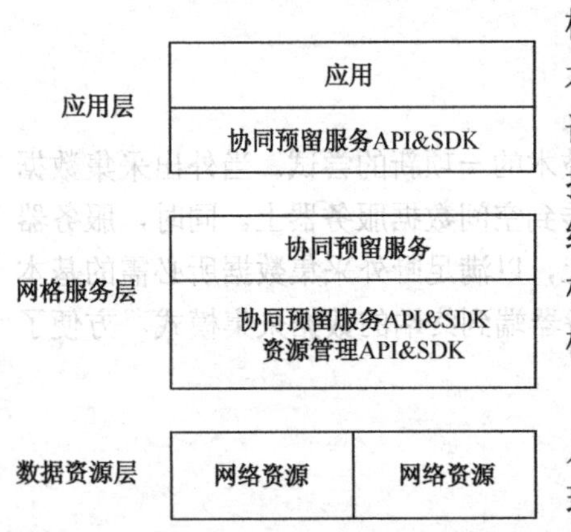

图 13-5 三层 GridGIS 结构

数据资源层是一个本地控制接口，提供资源相关的几种功能，提供资源调用接口，便于高层网格服务的实现。它们是构成网格系统的硬件基础，它包括各种计算资源，这些计算资源通过网络设备连接起来。

网格服务层实现与数据资源无关和应用无关的功能。网格服务层包括一系列协议和分布式计算软件，其屏蔽网格资源层中计算机的分布、异构特性，向数据网格应用层提供用户编程接口和相应的环境，提供更为专业化的服务和组件，用于不同类型的网格数据应用，以支持网格应用的开发。

应用层是体现用户需求的软件系统。在网格服务层提供的中间件平台的基础上，用户利用提供的接口和服务完成网格应用的开发。应用程序集成层对低层资源的调用不再需要关心访问的实现机制。

2. 五层 GridGIS 结构

五层 GridGIS 体系结构实际上是借用了网格的思想，在底层借助于 OGSA-DAI（由 DTI 资助的 e-Science 核心项目）将各种软/硬件资源（包括 GIS 资源）进行整合，借助于 Globus Toolkit（GT），在其应用层开发应用组件以调用网格 OGSA（Open Grid Services Architecture）服务，其结构如图 13-6 所示。

图 13-6 五层 GridGIS 结构

（1）最底层为硬件及资源层，此处有本机（集群）的硬件资源和软件资源（包括 GIS 资源），依托操作系统实现本地的 GIS 资源管理，并向 GT4 环境注册信息。

（2）第二层实际上是目前 GT4 提供的功能，这也是本系统实现的一个基础环境。该层完成 GIS 资源注册及服务，用户可以提交跨部门 GIS 资源的作业与作业所需的各种资源脚本文件，一切操作对用户是全透明的，究竟取用了哪些资源，在什么机器上取的，有哪些机器同时参加了该作业的运算等相关细节都对程序员透明。这层主要涉及 Web Services 等传统的网络协议标准。特别需要指出 Web Services 在提供底层连接时进行了扩展，实现了 Web Services 从无状态到有状态的服务，同时网络上一直使用的协议如 HTTP、FTP、SMTP、Telnet 等都保留，只是根据需要进行了扩展。

（3）第三层主要架设 OGSA-DAI 和 DB2II 完成各种数据库资源的整合，将多个集群或本地机器的 GIS 空间数据库加以集成，实现作业的提交、监视及删除等工作。

（4）第四层是 Globus Toolkit 中的应用层部分，程序员需要在此写软件服务接口、服务的实现和部署描述器，从而实现网格环境中的 GIS 应用。对于下层资源及 GIS 服务的 API 调用，用户根据需要驱动软件调用相应的 API 函数，实现所需的服务。

（5）第五层为用户的浏览器，用户根据需要下载相应的插件，当用户有 GIS 服务请求时只需以 HTTP 形式发送，经由 XML、SOAP、WSDL 层层包裹，去驱动 GT 为其服务，从而实现 GridGIS 的应用。

13.4.3 网格 GIS 实现技术

GridGIS 的实现需要包括中间件（Middleware）技术、GML 互操作语言、Web Services 技术以及分布式计算技术等的支持。其中，分布式计算技术在前面分布式 GIS 部分进行了介绍。

1. 中间件技术

在不断发展的网络环境中，无论是硬件平台还是软件平台，都不可能统一。大型应用软件通常要求在软/硬件各不相同的分布式网络上运行。为了更好地开发和应用能够在异构平台上运行的应用软件，迫切需要一种基于标准的、独立于计算机硬件及操作系统的开发和运行环境。中间件技术就起这样的作用，它是处于操作系统和应用程序之间的软件。人们在使用中间件时，往往是把一组中间件集成在一起，构成一个平台（包括开发平台和运行平台），但在这组中间件中必须有一个通信中间件，因此可以比较形象地把中间件定义为：平台+通信。这个定义也限定了只有在分布式系统中，才能称为中间件。

在基于分布式的网格环境中，中间件可以分为以下三种类型：基于 RPC（Remote Procedure Call）的中间件、面向消息的中间件和基于对象请求/代理的中间件。

（1）基于 RPC 的中间件。RPC 是一种对传统程序设计语言过程调用的扩展，被调用的对象可以存在于分布式系统的任何物理平台上。

（2）面向消息的中间件。它是指支持基于消息传递的进程间的通信方式，这类中间件既适合于客户/服务器模型，也适合于对等网络模型，一般比基于 RPC 形式的中间件具有更高的运行效率。

（3）基于对象请求/代理的中间件。此类中间件是面向对象应用程序的首选，消息通过对象请求代理进行路由选择，它同时处理集成和安全方面的问题。GridGIS 要求实现跨平台的 GIS 的互操作，跨平台的 GIS 要求 GIS 功能能够跨平台，即在异构网络环境下实现 GIS 的分布式操作，这就要求中间件平台的支持，只有这样才有可能实现分布式 GIS，在统一 GridGIS 接口下，不同分布式 GIS 可以实现跨平台 GIS 的互操作。同样，无论是 GIS 中模块之间的互通、互操作，还是应用构件的搭建与跨环境的部署和管理，都需要中间件的支撑。从技术上看，中间件更有效地保证 GIS 的可靠性、可扩展性、可管理性、数据一致性和应用安全性等。其中两种比较重要的网格中间件——Globus 网格中间件和 ProActive 网格中间件。

2. GML 互操作语言

在构建 GridGIS 的体系结构中，将存在大量的中间件及智能主体（Agent）。那么，在异构系统之间、系统内中间件与中间件之间、中间件与智能体之间、智能体与智能体之间，以及网格服务与应用程序之间将如何进行空间信息描述、共享、交互、存储、传输等，是地理标识语言（Geography Markup Language，GML）作用与应用所在。

GML 是 XML 语言在空间地理信息领域的扩展，它是由 OpenGIS 联盟于 2000 年 5 月最先发布的，其目的在于描述、说明地理信息，可以很容易地表现空间信息的结构和内容，并能实现开放式的空间信息交换和管理。目前，GML 已经成为业界公认的空间信息格式标准。由刚开始使用的 DTD 到后续版本使用的 XML Schema 语法和机制，GML 提供了一个开放的、用于定义空间地理数据的框架。同时允许用户自己开发出基于遵循 GML 规范的子集，在这个基础上，又由于其开放式、跨平台的特性使得各个厂商用户能够遵循同一个规范，使相互之间进行空间地理数据的交换成为可能。用户也可以有自己的数据定义格式，但在进行数据交换时用 GML 作为一个媒介来实现数据的传输和交换。

和 HTML 相比，GML 天生就非常适合用于存储和传输空间地理特征的属性信息和几何信息。它在网络空间 GIS 应用领域的地位就如一个深层驱动机，它能将 GIS 的数据核心——地理特征，采用 XML 的文本方式进行描述，并能对网络空间 GIS 的各功能部件之间的空间信息的传输、通信提供强有力的技术支撑。可以把它看作用于在互联网资源共享和交换的地理信息编码，新的地理信息词汇表达方式，新的应用于地理信息服务的通信组件。

3. Web Services 技术

Web Services 是网格关键技术，在 GridGIS 的实现过程中也有着重要的意义。Web Services 是一种新出现的分布式计算技术，它致力于提供简单的、基于 Internet 的标准，如 XML，以解决异构的分布式计算问题。在这一点上，它与 CORBA 等是不一样的。Web Services 定义了描述访问软件构件的技术，访问这些构件的方法，以及确定相关服务提供商的发现方法。

Web Services 的体系结构是基于 Web 服务提供者、Web 服务请求者、Web 服务中介者三个角色和发布、发现、绑定三个动作构建的。简单来说，Web 服务提供者就是 Web 服务的拥有者，等待为其他服务和用户提供自己的功能；Web 服务请求者就是 Web 服务功能的使用者，使用 SOAP（Simple Object Access Protocol）消息向 Web 服务提供者发送调用信息得到其服务；Web 服务中介者就是将一个 Web 服务请求者和合适的提供者联系在一起的管理者，一般是 UDDI（Universal Description，Discovery and Integration）。三个角色是根据逻辑关系划分的，一个实际的 Web 服务既可以扮演 Web 服务提供者的角色，也可以扮演 Web 服务请求者的角色，还可以两种角色都扮演。Web Services 体系结构图中包含三种基本操作，三种角色之间的关系如图 13-7 所示。

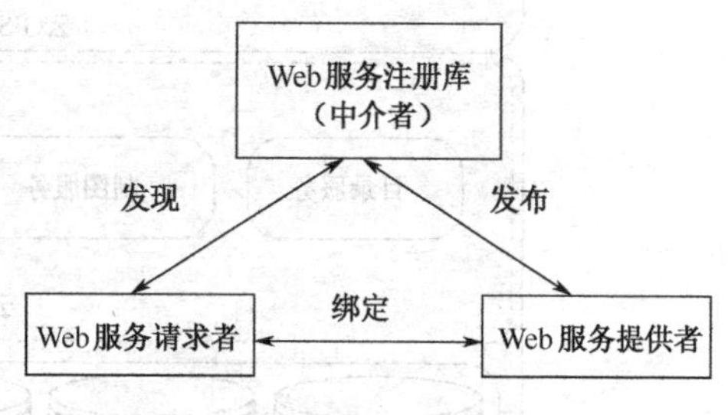

图 13-7　Web Services 体系结构

13.5　云 GIS

13.5.1　云 GIS 概述

云 GIS 是基于云计算的理论、方法和技术，其扩展 GIS 的基本功能，从而进一步改进传统 GIS 的结构体系，以实现海量空间数据的高性能存取与处理操作，使其更好地提供高效的计算能力和数据处理能力，解决地理信息科学领域中计算密集型和数据密集型的各种问题。其实质是将 GIS 的平台、软件和地理空间信息能够方便、高效地部署到以云计算为支撑的“云”基础设施之上，能够以弹性的、按需获取的方式提供最广泛的基于 Web 的服务。

云计算对于平台架构来说，最大的改变就是 GIS 平台所有的技术点都将“暴露”成一个个可调用、可访问的服务，一切都是开放性的并以服务的形式展现，整个产品是一个具有松耦合、可移动、可伸缩性和自适应性的架构。云计算不仅是局部应用模块的虚拟化，而是包括存储、数据库（空间数据库）等在内，整个基础架构都将以服务形式来提供。

从云计算核心的 IaaS（Infrastructure as a Service，基础设施即服务）、PaaS（Platform as a Service，平台即服务）、SaaS（Software as a Service，软件即服务）三大体系结构出发，云 GIS 体系结构可以架构在这两者之上，形成空间信息基础设施及服务（Spatial-IaaS）层次、空间信息平台及服务（Spatial-PaaS）层次和空间信息软件及服务（Spatial-SaaS）层次，如图 13-8 所示。Spatial-IaaS 实现空间信息基础设施虚拟化及管理；Spatial-PaaS 是在空间信息基础设施上开发可伸缩、可扩展的云 GIS 平台；Spatial-SaaS 是开发信息数据的云 GIS 服务或云应用，提供地理数据和地理计算一体化和简单易用的云 GIS 应用构建手段。

云 GIS 有以下几个特点。

（1）体系架构可伸缩自适应特性

云 GIS 采用面向服务的体系架构，功能资源可以根据特定业务逻辑汇集，并且可以不断进行扩充，具有可伸缩的特性。另外，该体系架构具有自适应性特性，可以根据应用和用户规模增长的需要动态伸缩，各个计算结点同构可互换，这样保障了服务的高可靠性，提供无限多的可能，构造千变万化的应用。

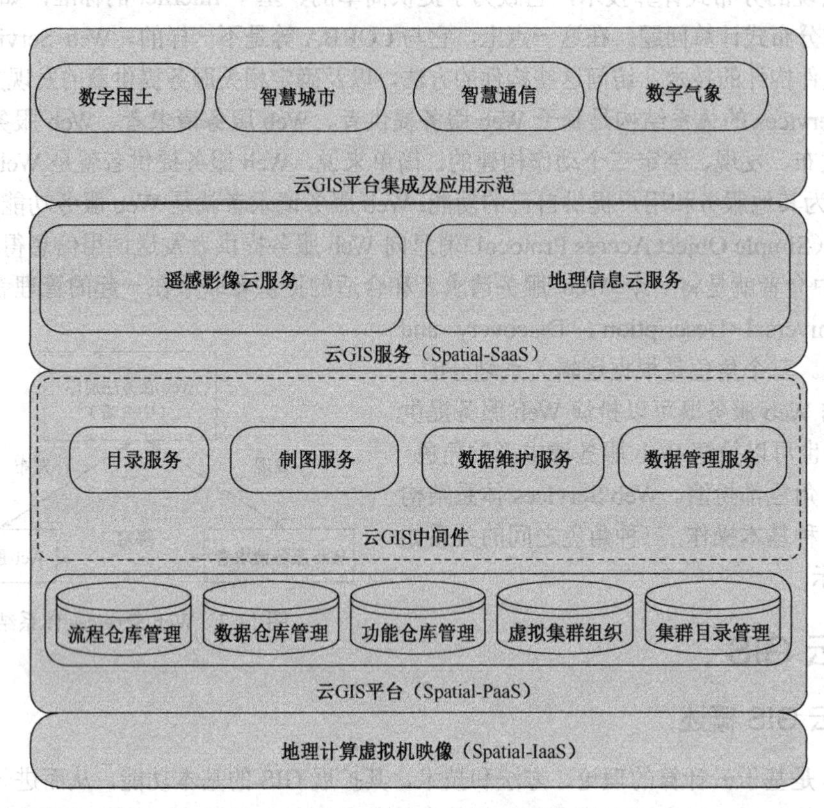

图 13-8　云 GIS 架构图

（2）数据存储虚拟化特性

基于数据一致性模型，采用虚拟化地理信息数据存储技术，为任意类型的地理信息数据提供临时或永久的存储服务，并且可以根据实际需要进行动态扩展，按需为用户提供透明的空间数据管理功能和海量的存储空间，以服务的形式实现异构数据的无缝集成和平滑调用，而用户则无须关心具体的数据存储细节。

（3）功能与数据相分离特性

功能和数据之间的松耦合，在数据或功能发生变化时不会相互影响，并且功能具有可移动、支持热插拔、高度可扩展特性，随着功能资源的不断丰富，将可为用户提供更为丰富易用的地理信息服务。

（4）服务可聚合可搭建特性

服务具有高度的可重用性，可以根据业务流程的变化进行灵活定制，按需即时对功能流程进行调整，可以帮助企业级用户创建和交付创新型业务及客户服务，以便在激烈的市场竞争中脱颖而出。

13.5.2　云 GIS 的应用模式

为了适应用户的不同需求，在美国国家标准技术研究院（National Institute of Standards and

Technology，NIST）名为“The NIST Definition of Cloud Computing”这篇著名的关于云计算概念的文档中，提出了云计算的 4 种模式，分别是公有云、私有云、混合云、行业云。云 GIS 的发展也离不开这 4 种模式的发展，通过比较这 4 种模式，寻找适合我国 GIS 产业发展的云计算模式，将是云 GIS 技术在我国发展的必要前提。

（1）公有云。它是现在最主流、最受欢迎的云计算模式，是一种对公众开放的云服务。云计算服务提供商为公众提供服务的云计算平台，其服务对象是公众。理论上任何人都可以通过授权进入该平台，并得到相应的服务。它能支撑数目庞大的请求，而且因为规模的优势，成本偏低。公有云由云供应商运行，用户只需为其所用的资源付费，无须前期投入，非常经济。就目前我国的 GIS 市场而言，基于“公有云”的 GIS 商业模式可能由于信息保密和商业利益等原因，实现起来会有一定的困难。

（2）私有云。它是云计算服务提供商为企业在其内部搭建的专有云计算系统，服务对象是某个具体的企业。私有云系统存在于企业防火墙之内，企业能对其数据、安全性和服务质量进行有效的控制。而且与传统的企业数据中心相比，私有云可以支持动态的基础设施，降低 IT 架构的复杂度，使各种 IT 资源得到整合和标准化。其不足之处在于成本开支高，企业内部也需要一支专业云计算团队。公有云对很多大中型企业有限制和调控，很难大规模采用；而私有云的上述特点，使其在今后一段时间内将成为最受大中型企业认可的云模式，从而得到较快推广，这也是目前我国云 GIS 平台期望构建的云模式之一。

（3）混合云。它是公有云和私有云混合使用，综合起来搭建云计算平台。它是将用户在私有云上的私密性和公有云上的灵活、低廉性进行一定的权衡的模式。例如，企业的非关键性应用部署到公有云上，降低成本，而安全性较高的非常关键的核心应用部署到完全私密的私有云上。

（4）行业云。它主要是指专门为某个行业的业务设计的云，并且开放给多个同属于这一行业的企业，非常适合业务需求比较相似，对成本比较关注的行业，如游戏行业，盛大的开放平台颇具有行业云的潜质，将其云平台共享给小型游戏开发团队，这些团队负责游戏的创意和开发，其他烦琐的运营、维护都由盛大的开发平台来负责。

今后云 GIS 还需重点研究的技术如下。① GIS 空间数据及空间任务的迁移。空间数据具有数据量大、相关性强等诸多不同于一般数据的特点，这将决定云 GIS 的并行任务迁移也具备与普通并行任务迁移的特点。② 数据加密算法。针对空间数据的特点，在今后的研究工作中应该设计特有的加密算法或设计保证其完整性、可靠性的算法。③ 客户端计算与云端计算的结合。这是由数据服务的保密性和大众性双重属性所决定的。④ 大数据存储管理。在大数据环境下，需要采取以数据为中心的模式，减少数据移动带来的开销。

13.6 智能 GIS

13.6.1 智能 GIS 的概念

智能 GIS 指的是 GIS 与神经网络、专家系统（Expert System，ES）、遗传算法等人工智能算法的结合。智能 GIS 是为了解决各种复杂的规划、管理及决策等问题而设计的，是一个用于支持空间数据进行采集、存储、管理、处理、分析、模拟和可视化的，面向用户的计算机软/硬件集成系统。人工智能与 GIS 相结合不但可以解决先前 GIS 中所面临的问题，还能进一步地促进 GIS 的发展，推动 GIS 走向一个新的阶段。

13.6.2 智能 GIS 的结合方式

人工智能与 GIS 的结合主要从下述三个方面切入。

1. 基于数据采集的结合

由于 GIS 需要的数据具有隐含性的特点，通常需要恰当的方法才能采集得到。

目前，用于 GIS 的数据采集方式大体上有两种：① 利用 GNSS 接收机、航拍器、卫星及全站仪等采集仪器采集数据；② 对原始的纸质地图数据、图片文件或电子表格进行配准投影及数字化处理。第一种方法是现在普遍使用的方法，相对于第二种方法来说，它更贴近现实，更可靠。但是第一种方法也有让人诟病的地方，即它需要投入大量的人力、财力和时间，容易受到多方面的影响，效率通常不是很高。

将人工智能嵌入 GIS 的采集过程中，实现空间数据的自动获取（自动确定采集区域、自动确定采集时间段、自动确定最佳数据采集精度、数据的自动回传等），整个数据采集过程不需要相关人员的亲自参与和监督，这将会大大降低数据采集的难度与成本。

2. 基于数据管理的结合

为了便于日后的使用、分析与决策，GIS 通常需要将已经采集到并经过处理的数据进行集中的存储和管理。由于 GIS 管理的数据通常是空间数据这样的巨型数据集，管理人员在进行数据管理时，常常遇到数据量大、操作重复枯燥、管理困难等问题。将人工智能与 GIS 的数据管理相结合，开发出不同于传统数据库的智能化数据库，该智能化数据应当能根据管理人员的（信息读取、数据分类）需求智能化地管理空间数据库，从而减轻管理人员的工作负担。

3. 基于数据分析的结合

GIS 具有数据分析的作用，数据分析也是 GIS 最为重要的一个功能。数据分析最重要的是具有挖掘数据、发现知识的能力，而非简单地通过检索和查询来提取信息。目前，GIS 的数据分析还缺乏灵活性，不能够像人类一样从多方面去综合性地分析和判断。若将人工智能（深度学习、专家系统等）与 GIS 的数据分析相结合，给 GIS 赋予人的思维能力，上述问题便能在很大程度上得到改善，同时结合了人工智能的 GIS 将大步迈进一个新的发展阶段。

13.6.3 智能 GIS 的应用场景

智能 GIS 可应用的领域很多，具体应用领域包括城市规划、应用地图制图、农林土地建设、交通运输规划、灾害预防、生态环境保护等。

智慧城市是当下信息化建设的热点议题之一。中国工程院院士郭仁忠认为，智慧城市是城市信息化的高级阶段，是若干个信息系统的集成，是体系化的信息系统生态，基于共同的设施和数据资源，且具有大量共性化的操作。智慧城市需要一个操作系统，而这个操作系统非 GIS 莫属。智慧城市主流的服务提供商，包括阿里、腾讯、华为、中兴等公司，从它们的技术解决方案中均能见到 GIS 的身影，在其他的数字城市的设计方案中，GIS 也是无处不在的。

在人工智能的推动下，GIS 必将迎来一次新的发展高潮。

13.7 三维 GIS

1. 三维 GIS

GIS 应用越来越广泛，对三维的呼声也越来越高，像地质、矿业勘探都已经开始使用了三维 GIS 来开发所需应用。目前还没有通用的三维应用平台。随着二维 GIS 及其相关技术的发展与成熟，以及现实对三维的需求越来越强烈，对三维 GIS 的研究和发展已经加快了步伐。

（1）三维空间数据获取

对于三维空间数据获取，目前主要存在以下几种方式：地图扫描数字化、摄影测量、遥感、多传感器集成等。摄影测量技术已经进入了一个全数字摄影测量时代，它利用人工和自动化技术，由数字影像经过加工生成各种数字和模拟的地图产品，已成为三维 GIS 主要的数据来源。遥感技术由于其可以快速实时、全天候地监测和获取遥感影像，是三维空间信息最有效和最方便的数据源，极大地促进了三维 GIS 的发展。不仅如此，空、天、地一体化对地观测传感网，可以从异构式传感器获取多尺度大范围的传感器数据，为实现真正的三维可视化提供了可能。

（2）三维 GIS 空间数据模型

三维 GIS 的空间数据模型需要满足以下要求：明确对象的定义语言，几何变化关系；可以包括多种可视化模型的显示；具有一定的计算分析能力；形成高效的信息检索机制；可与其他模型进行转换。已有的数据模型主要从面、体、集成和对象四个方面进行描述和分析。但现在的三维数据模型缺少统一的数据描述模型，无法真正实现现实世界地理实体三维数据模型的高度统一。

2. 三维 GIS 面临的挑战

三维 GIS 不仅只有某一种技术支持，而是有多种技术的协同支撑，面临着很多的挑战。

（1）三维数据实时获取

实现三维 GIS 表达非常困难，由于三维 GIS 数据采样率很低，无法像二维地图那样准确描述，容易出现偏差。同时，三维 GIS 的属性对于二维来说并不是线性增长的，且其复杂性导致几乎无法准确描述。因此，二维的数据模型在三维中是不可用的，三维数据实时获取尤为关键。

（2）海量数据存储与分析

三维数据量相比二维数据量更是呈指数级的增长，快速处理海量数据是一个巨大的问题。除提升硬件性能外，更需要高效的数据模型和高并行多线程处理和分析技术。

（3）三维 GIS 数据模型

空间数据库是 GIS 的基石与核心，三维也是如此。而要建立三维空间数据库，必须首先建立准确的空间数据模型，否则根本无法实现三维 GIS 的客观描述。

（4）三维 GIS 决策

智能决策是 GIS 的高级应用，在二维中已显示其能力的不足，目前仍很难实现，只能做一些简单的数据库操作，无法实现智能决策。在三维 GIS 中，同样面临着这个问题。

3. 三维 GIS 的发展趋势

随着计算机科学技术的发展和 GIS 应用的不断深入，在很多领域如地质、矿山、环境、海洋、气象、数字城市等，二维 GIS 已不能满足人们的需求，取而代之的是空间的、立体的三维 GIS。进入 20 世纪 90 年代后，三维可视化与虚拟现实技术的迅猛发展使得建立三维 GIS 成为可能，而“数字地球”对建立三维 GIS 也提出了更为迫切的要求。三维 GIS 不仅能表达空间对象间的平面关系和垂向关系，而且也能对其进行三维空间分析和操作，向用户立体展现地理空间现象，给人以更真实的感受。

由于三维 GIS 的复杂性和涉及领域的广泛性，需要实现真正意义上的三维地理信息可视化，将面临一些应用方面的需求。

（1）海量数据的存储和快速处理。由于数据量庞大，海量数据需要分布存储技术，可以采用云计算的分布式存储技术保证数据量的可靠性和可用性。云计算可以同时满足大量用户的需求，并行地为大量用户提供服务，并且具有高吞吐率和高传输率。

（2）空间数据模型的合理选择。由于三维 GIS 的应用领域不尽相同，各领域对三维 GIS 的功能需求差别甚大，寻找一种适合于所有领域的三维空间数据模型是不现实的，不可能研制出一个通用的三维 GIS。各专业领域可以根据其具体的专业需求，选择适当的数据模型，开发出适合于其需求的专业三维 GIS。

根据上述应用需求，主要有以下两个方面的发展趋势。

一方面，随着三维 GIS 的发展已经出现了四维 GIS，即在三维的基础上增加了时间维。如自然灾害会造成局部地质条件剧烈变化，需要将时间数据与三维模型相结合，形成时间-空间的四维 GIS。例如，地质学家评价某时刻的所有地质条件或某时间段内的平均地质条件，就可以考虑时间数据与三维模型结合，形成四维的空间-时间 GIS 模型。

另一方面，随着网络技术的发展，三维 GIS 不仅局限于单机，而更多地应用于网络，使得更多的用户通过 Internet 突破空间限制，共享地球空间的各种信息。

三维 GIS 优势在于对空间信息更加形象生动的表现形式，其目的是使用户更容易完成对空间信息的认知。三维 GIS 涉及很多支撑技术和研究领域，重点在于空间数据的分析处理。目前准三维平台一样在发挥强大的作用，支持专业的应用。三维 GIS 开始向空间决策支持系统方向发展，对智慧城市中的主动聚焦决策服务提供强大的技术支持。

13.8 物联网 GIS

物联网是近年来正在迅猛发展的一项技术，其目的就是通过射频识别（RFID）、红外感应器、全球定位系统、激光扫描器等信息传感设备，按约定的协议，把任何物品与互联网连接起来，进行信息交换和通信，以实现智能化识别、定位、跟踪、监控和管理。物联网就是“物物相连的互联网”，其核心与基础仍然是互联网，是在互联网基础上的延伸和扩展的网络，它将网络用户端延伸和扩展到了任何物品与物品之间，相互之间可以进行信息的交换和通信。

物联网 GIS 是将 GIS 与物联网技术集成起来，用于信息系统的集成与开发，可以充分发挥 GIS 空间管理与分析的优势，以及物联网目标身份快速识别的特点，大幅度改善管理信息系统的工作效率的 GIS 平台。其总体框架如图 13-9 所示。

硬件层：主要包括物联网 GIS 平台建设所需要的硬件设备，包括监测设备及网络、服务器、应用终端等硬件设施。

物联层：主要包括协同信息处理、传感器中间件、短距离传输和自组织组网等内容。

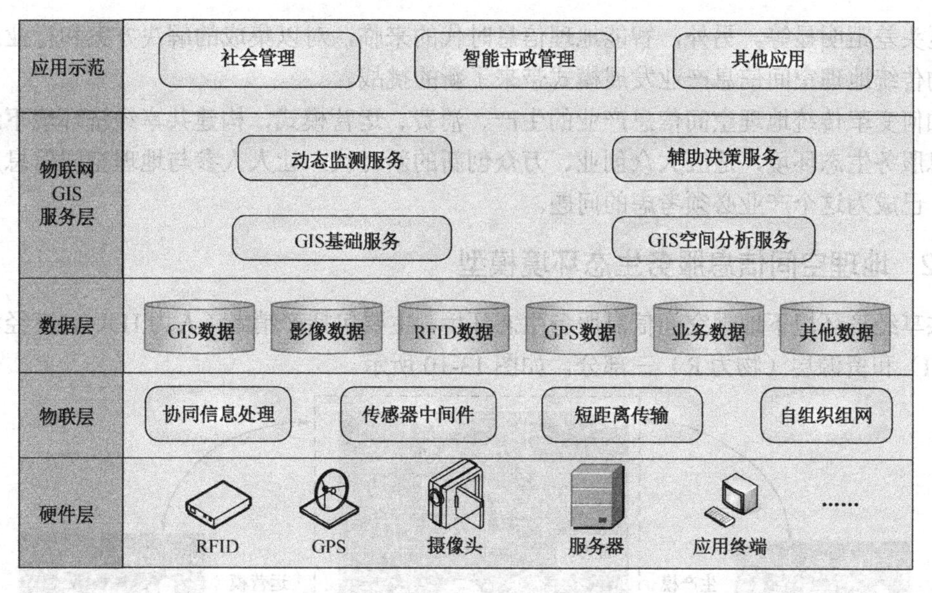

图 13-9　物联网 GIS 总体框架

数据层：是各种地理空间信息和物联数据的集成与交换中心，是集基础与应用为一体的综合开发与应用集成平台，实现多源异构地理信息数据的统一、层次化管理，集成共享。

物联网 GIS 服务层：是整个体系的核心，包括 GIS 基础服务、GIS 空间分析服务、动态监测服务和辅助决策服务等。用于对基础设施数据库进行管理、维护和更新，并提供 GIS 的各种服务功能。

应用示范：面向行业和大众开展应用示范，如社会管理服务应用和智能市政管理服务应用等。

物联网 GIS 可以应用的领域非常宽广，如智能交通、环境保护、政府工作、公共安全、平安家居、智能消防、工业检测、老人护理、个人健康等，目前仍旧需要政府的大力扶持和政策引导，与此同时，随着物联网 GIS 技术的快速发展，这种基础设施管理信息系统也在城市基础设施管理、交通基础设施管理、地下管网管理、灾害监测管理、环境质量监测管理、文化遗产保护管理等领域具有重要的应用潜力。

13.9　地理空间信息服务生态环境建设

13.9.1　地理空间信息服务生态环境发展背景

网约车、共享单车、共享汽车等新型共享经济业态，在我国取得了令人瞩目的成绩，共享经济正在成为最活跃的创新领域，共享经济模式正深刻地改变着我们的生产、生活。国家信息中心发布的《中国分享经济发展报告 2017》预测，到 2020 年，我国分享经济交易规模占国内生产总值（GDP）的比重将达到 10%以上。未来十年，我国分享领域有望出现 5～10 家巨无霸平台型企业。

近年来，我国地理空间信息产业迅猛发展，地理空间信息企业规模和市场规模不断扩大，产业发展质量得到显著提升。2018 年，我国地理信息产业总产值超过 6200 亿元，同比增长 20%。同时，我国地理空间信息产业也存在不容忽视的问题，主要体现在企业的国际化程度相对较低，中小微企业的核心竞争力亟待加强，核心技术还处于跟踪追赶状态，企业规模与国际巨头差距明显等。另外，智能地理信息时代的来临，对以集成的解决方案和行业应用为导向的传统地理空间信息产业发展模式带来了新的挑战。

如何变革传统地理空间信息产业的生产、消费、运营模式，构建共享经济环境下地理空间信息服务生态环境，适应大众创业、万众创新的新时代，让人人参与地理空间信息产业的发展，已成为这个产业必须考虑的问题。

13.9.2 地理空间信息服务生态环境模型

共享经济环境下地理空间信息服务生态环境，主要包括产销者（人力 H）、共享经济平台（智力 I）和资源层（物力 R）三部分，如图 13-10 所示。

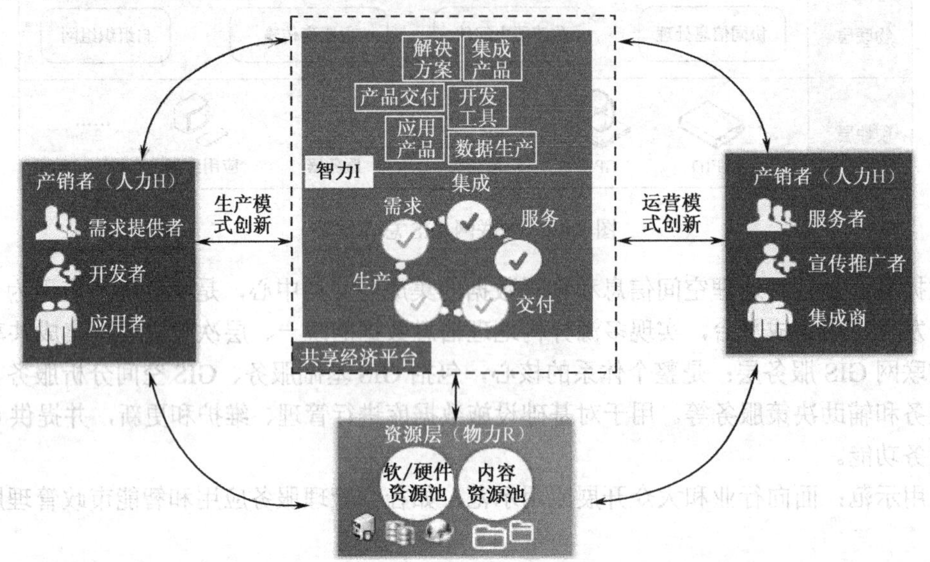

图 13-10 共享经济环境下地理空间信息服务生态环境模型

1．产销者（人力 H）

面向全球，允许产销者以 PC、智能手机、手持设备、各类监控设备等各种终端设备为载体，将自己的地理空间信息产业需求、工具、产品、解决方案等接入共享经济平台，同时从共享经济平台上获取所需资源。

2．共享经济平台（智力 I）

（1）建立不同时空陌生人间关联互动的场所，提供地理空间信息服务从需求、生产、交付、服务到集成的 C2C 环境。

（2）是在支持超大规模、虚拟化硬件架构的基础上，构建的面向互联网的地理空间信息数据、服务和资源管理的体系框架。

（3）全球的产销者均可以提供覆盖地理空间信息产销的各个层面的，小至微内核、大至组件插件的各种粒度的地理空间信息元素，通过共享经济平台实现面向互联网的地理空间信息纵生、飘移、聚合、重构，形成各种各样的地理空间信息应用，共享给全球所有用户，从传统的 B2C 转到 C2C 提供服务。

3．资源层（物力 R）

资源层包括计算机、存储器、数据库、网络设施等软/硬件资源，以及产销者提供的各类内容资源等，该层是支持共享经济平台的基础，使得用户可以在任意位置、使用各种终端通过共享经济平台获取这些资源。

共享经济环境下地理空间信息服务生态环境，涵盖了各种角色的人、各种需求的应用、各种可使用的资源，是一个开放、融合、智能的生态环境，每个人都可以在这个不断扩展的生态圈中，自由享有自己关注的信息、服务，构建属于自己的行业生态圈，以期实现地理空间信息全球人力、物力、智力全共享，促进我国地理空间信息产业持续、快速、健康发展。

13.9.3 地理空间信息服务生态环境实现

武汉中地数码公司基于共享经济理念，初步构建了地理空间信息服务生态环境，并且已上线运行（云生态圈 http://www.smaryun.com/），如图 13-11 所示。地理空间信息服务生态环境包括“两个中心、三个世界”，其中两个中心是指云需求中心和云交易中心，三个世界是指云开发世界、云服务世界和云集成世界。

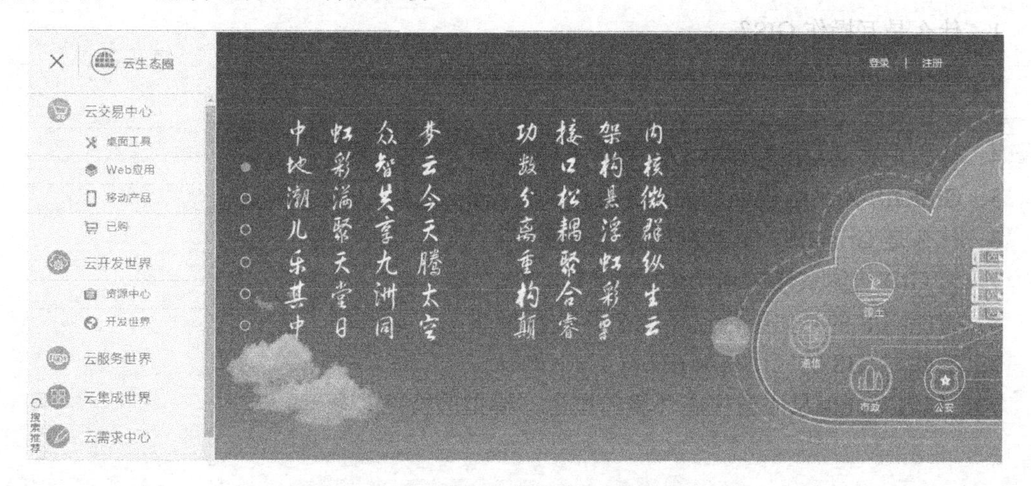

图 13-11 地理空间信息服务生态环境主界面

1. 云需求中心

云需求中心为需求用户与 GIS 开发爱好者搭建了一个直达通道与快速响应机制，让需求者可以快速发布需求，获取响应，让开发者可以快速获取需求，发送响应。

2. 云交易中心

云交易中心是面向终端用户的产品购买和面向第三方开发者产品推广的云服务平台，提供在线选配、产品免费体验、线上购买、在线离线安装、产品自动更新等功能，提供一键安装功能，为用户开发的产品提供推广运维服务。

3. 云开发世界

云开发世界为广大地理空间信息开发者提供了大量云服务资源，包括在线资源、在线帮助、在线体验等多种在线服务，世界各地的任何个人、团体都可在云开发世界注册用户，在线获取需求，在线开发应用。

4. 云服务世界

云服务世界作为地理空间信息服务人才培养和技术咨询服务的基地。面向终端用户，为使用者提供开发技术咨询、行业技术咨询及教育传播服务等多种服务。用户可以直接获取在线服务，也可以在线提出服务需求。

5．云集成世界

云集成世界面向软件集成商或应用集成商，为用户提供智能云化工具箱和应用超市，能够实现软件模块在线选取、业务功能聚合搭建、应用系统一键式部署等功能，按需定制应用系统，快速满足地理空间信息应用需求。

GIS 已经融入了这个世界，不断改变人们的生活方式，并且将以前所未有的速度继续发展。从室外到室内、从地上到地下、从大数据到物联网，GIS 的发展方向具有多面性。新的地理信息时代，我们将会迎来更多挑战。新的地理信息时代，世界将会变得更好。

习题 13

1．什么是互操作 GIS？

2．OGIS 的组成部分是什么？其实现关键技术是什么？

3．GIS 集成化体现在哪些方面？

4．什么是移动 GIS？移动 GIS 有什么特点？

5．GridGIS 体系结构有几种？各有什么特点？

6．什么是 GridGIS？其实现的技术有哪些？

7．云 GIS 的体系架构有什么特点？

8．智能 GIS 的具体结合点体现在哪些方面？

9．物联网 GIS 的应用有哪些？

10．地理空间信息服务生态环境的概念、模型的特点？

参考文献

[1] Agrawal R, Imielinski T, Swami A. Mining association rules between sets of items in large databases[C]. ACM SIGMOD Record. ACM，1993，22（2）：207-216.

[2] Alostair M. North. 亚洲的遥感和地理信息系统[J]. 张燕燕，译. 测绘通报，1997，（7）.

[3] Clementini，E.，Felice，P. D. and van Oosterom，P. A Small Set of Formal Topological Relationships Suitable for End-user Interaction[J]. In lecture Noter in Computer Science，1993，（692）：277-295.

[4] ESRI. Network Analysis（User's Guide of ARC/INFO version 7）. Environmental Systems Research Institute.

[5] ESRI. Network Analysis Guide. USA: Environmental Systems Research Institute，1995.

[6] Fabien RAMOS. A MULTI-LEVEL APPROACH FOR 3D MODELING IN GEOGRAPHICAL INFORMATION SYSTEMS[C]. Symposium on Geospatial Theory，Proeessing and Applications，Commission，Ottawa，2002.

[7] Goodchild MF. Future direetions for geographic information science[J]. Geogrphic Information Science，1995，1（1）：1-7.

[8] Henry T. The Spatial Data Transfer Standard[M]. Cartography and Geographic Information System，1994，21（3）.

[9] Lorensen W. E.，Cline H E. Marching Cubes: A High Resolution 3D Surface Construction Algorithm[J]. Computer Graphics，1987，21（4）：163-169.

[10] Lowell E. Starr. Digital Cartography[J]. Surveying and Land Information Systems，1990，50(2).

[11] Marie-Josee Fortin，Mark Dale. 空间分析—生态学家指南[M]. 杨晓晖，时忠杰，朱建刚，译. 北京：高等教育出版社，2014.

[12] Michael F. Goochild. The National Center for Geographic Information and Analysis[J]. Surveying and Land Information Systems，1990，50（2）.

[13] NSDI. Metadata，Clearinghouse，Standards[EB/OL]. 1998. http://www. fgdc. gov/.

[14] P. A. Barrough. Principles of Geographical Information System for Land Resources Assessment[M]，Clavendon Press，Oxford.

[15] Qiming，Zhou. GIS Applications (Lectures On WWW)[EB/OL]. http://geog. hkbu. edu. hk/QZone/Teaching/GEOG3142.

[16] Ross AL，Frohlich R K. Fracture trace analysis with a geographic infor- mation(GIS)[J]. Bulletin of the Association of Engineering Geologists，1993，（1）.

[17] S. Y. W. Su，H. M. Chen. A Temporal Knowledge Representation Model OSAM/T and Its Query Language OQL/T，Proc[DB/OL]. of the 17th Inter. Conf. on Very Large DataBases，Barcelona，1991：431-441.

[18] Shashi Shekhar，Sanjay Chawla. 空间数据库[M]. 谢昆青，马修军，杨冬青，等译. 北京：机械工业出版社，2004.

[19] Shi W Z. Statistical Modeling Uncertainties of Three dimensional GIS Feature[J]. Cartography and Geographic Information Systems，1997，24（1）：21-26.

[20] Shi W. Z.，B. S. Yang and Q. Q. Li. An Objeet—Orienied data model for complex objeets in three dimensional Geographic Information Systems[J]. international Journal of Geographical Information Science，2003，17（5）：411-430.

[21] Sybil Ihrig. Emil. 实用图像扫描技术[M]. 翟炯，石秋玉，译. 北京：电子工业出版社，1996.

[22] Tor Bernhardsen. 地理信息系统导论[M]. 王浒，李浩川，译. 北京：机械工业出版社，2006.

[23] V. Lum，P. Dadam，et al. Designing DBMS Support for the Temporal Dimension[C]. Proceedings SIGMOD'84 Conference，Boston，USA SIGMOD Record，1984，14（2）：115-130.

[24] Wilson J D. CAD/GIS Convergence. Creating the Next-Generation GIS[J]. GIS WORLD，1996，（9）.

[25] Z. Kemp & E. Oxborrow. An Object Model for Distributed Mutlimedia Geo-graphic Data[C]. Proc. of EGIS '92，Third European Conference on Geographic Information System，Munich，Germany，1992：1294-1303.

[26] Zlatanovas S. VRML for 3D GIS[C]. Proceedings of 15th Spring Conference on Computer Graphics，Budmerice，1999：74-82.

[27] Goodchild M F.Cartographic Futures on a Digital Earth. Proc.of 19th Int.Cartographic Conf., 1999[C]. Ottawa, Canada，Section 2：4-12.

[28] Murad-al-shailch M.M. GIS CARTOGRAPHY IN GIS CERTIFICATION PROGRAMS，Proc. of the 21st Int. Cartographic Conf: (ICC) Durban，South Africa，2003：774-782.

[29] MERWE F.GIS,Maps and Visualization[A].Proceedings of the 21th International Cartographic Conference[C].Durban:[s.n.]，2003.

[30] Meng,L.MISSING THEORIES AND METHODS IN DIGITAL CARTOGRAPHY，Proc.of the 21st Int.Cartographic Conf.(ICC).Durban,South Africa，2003：1887-1894.

[31] Mewre F. GIS maps and visualization.Proc.of the 21st Int.Cartographic Conf.(ICC).Durban.South Africa，2003：666-675.

[32] Aileen Buckly，Charlie Fyre，Barbara Buttenfield，et al.An Information Model for Maps:Towards Cartographic Production from GIS Databases. Environmental Systems Research Institute. http://www.acsm.net/cagis/Buckley.pdf，2005.

[33] Tim O′Reilly. 未来地图：技术、商业和我们的选择[M]. 杨晨曦，戴茗玥，蔡敏瑜，译. 北京：电子工业出版社，2018.

[34] Longley P A. 地理信息系统与科学 第2版[M].张晶，译. 北京：机械工业出版社，2007.

[35] Kang-tsungChang. 地理信息系统导论(第3版)[M]. 张康聪，陈健飞，译. 北京：清华大学出版社，2009.

[36] 边馥苓. 空间信息导论[M]. 北京：测绘科学出版社，2006.

[37] 边馥苓，等. 地理信息系统原理和方法[M]. 北京：测绘出版社，1996.

[38] 蔡孟裔，等. 新编地图学教程[M]. 北京：高等教育出版社，2001.

[39] 陈军，蒋捷. 多维动态GIS的空间数据建模、处理与分析[J]. 武汉测绘科技大学学报，2000，25（3）：189-195.

[40] 陈军. 论中国地理信息系统的发展方向[J]. 地理信息世界，2003（01）：6-11.

[41] 陈俊，宫鹏. 实用地理信息系统——成功地理信息系统的建设与管理[M]. 北京：科学出版社，1998.

[42] 邓良炳，张新长. 地图、地理信息系统与规划[M]. 广州：广东地图出版社，1995.
[43] 杜泽欣. 量化空间关联规则挖掘应用研究[D]. 郑州：解放军信息工程大学，2015.
[44] 杜震洪. 基于J2EE的分布式广电WebGIS系统设计与实现[D]. 浙江大学，2007.
[45] 方金云，张汉松. 数字灌区网格GIS的系统框架[J]. 计算机研究与发展，2003，40（12）：1689-1693.
[46] 方裕，陈斌，薛巍巍. 开放式地理信息系统应用开发平台的理论与实现[J]. 中国图象图形学报，1998（10）：58-70.
[47] 高朗，程声通，谢卫，等. 中国省级环境信息系统设计. 环境科学，1997，18（6）.
[48] 高雪迪. 基于Web Services的空间决策支持技术研究[D]. 北京：中国科学院，2006.
[49] 龚健雅. 地理信息系统基础[M]. 北京：科学出版社，2001.
[50] 郭际元，龚君芳. 由三维离散数据生成四面体格网算法研究[J]. 地球科学，2002（03）：271-273.
[51] 郭秋英. 当前GIS发展的几个特点[J]. 测绘通报，1998（05）：42-44.
[52] 胡鹏，黄杏元，华一新. 地理信息系统原理[M]. 武汉：武汉大学出版社，2002.
[53] 胡毓钜，等. 地图投影[M]. 北京：测绘出版社，1981.
[54] 华一新，吴升，赵军. 地理信息系统原理与技术[M]. 北京：解放军出版社，2000.
[55] 黄仁涛，等. 专题地图编制[M]. 武汉：武汉大学出版社，2006.
[56] 黄杏元，汤勤. 地理信息系统概论[M]. 北京：高等教育出版社，1989.
[57] 黄幼才，刘文宝，李宗华，等. GIS空间数据误差分析和处理[M]. 武汉：中国地质大学出版社，1995.
[58] 蒋良孝，蔡之华. 空间数据挖掘的回顾与展望[J]. 计算机工程，2003，29（6）：9-10.
[59] 金辉. 位置服务和移动定位技术研究[D]. 南京：东南大学，2006.
[60] 李德仁，李清泉. 一种三维GIS混合数据结构研究[J]. 测绘学报，1997，26（2）.
[61] 李德仁. 论RS，GPS与GIS集成的定义、理论关键技术[J]. 遥感学报，1997.
[62] 李建松. 地理信息系统原理[M]. 武汉：武汉大学出版社，2006.
[63] 李琦，陈爱军，夏曙东. WebGIS中地理空间Metadata管理系统研究与设计[J]. 中国图象图形学报，2001（10）.
[64] 李琦，杨超伟，陈爱军. WebGIS中的地理关系数据库模型研究[J]. 中国图象图形学报，2000.
[65] 李青元，常燕卿，曹代勇. 3维GIS拓扑关系中“一面三层”的概念及其在2维的推广[J]. 测绘学报，2002，31（4）：350-355.
[66] 李青元，林宗坚，李成明. 真三维GIS技术研究的现状与发展[J]. 测绘科学，2000，25（2）：47-51.
[67] 李清泉，李德仁. 三维空间数据模型集成的概念框架研究[J]. 测绘学报，1998（04）：46-51.
[68] 李清泉. 基于混合结构的三维GIS数据模型与空间分析研究[D]. 武汉：武汉测绘科技大学，1998.
[69] 李清泉，等. 三维空间数据的实时获取、建模与可视化[M]. 武汉：武汉大学出版社，2003.
[70] 李志林. 数字高程模型（第2版）[M]. 武汉：武汉大学出版社，2000.
[71] 梁启章. GIS和计算机制图[M]. 北京：科学出版社，1995.
[72] 廖克. 现代地图学[M]. 北京：科学出版社，2003.
[73] 刘纪平. 海量空间数据组织与管理初探[M]. 中国图象图形学报，1998，3（6）.
[74] 刘耀林. 从空间分析到空间决策的思考[J]. 武汉大学学报（信息科学版），2007，11，32（11）：1050-1055.
[75] 刘叶青，刘三阳，谷明涛. 一种改进的支持向量机增量学习算法[J]. 计算机工程与应用，

2008，44（10）：142-143.
[76] 陆守一. 地理信息系统[M]. 北京：高等教育出版社，2004
[77] 闾国年，张书亮，龚敏霞. 地理信息系统集成原理与方法[M]. 北京：科学出版社，2003.
[78] 罗振东，廖光裕. 计算机图示学原理和方法[M]. 上海：复旦大学出版社，1993.
[79] 马建文，阎积惠. 地理信息系统及资源信息综合[M]. 北京：地质出版社，1994.
[80] 马耀峰，等. 地图学原理[M]. 北京：科学出版社，2004.
[81] 聂庆华. 地理信息系统及其在环境科学中的应用[M]. 北京：高等教育出版社，2006.
[82] 宁津生，等. 测绘学概论[M]. 武汉大学出版社，2004.
[83] 彭长清. 误差与回归[M]. 北京：兵器工业出版社，1991.
[84] 宋小东，叶嘉安. 地理信息系统及其在城市规划与管理中的应用[M]. 北京：科学出版社，1996.
[85] 孙敏，唐小明，赵仁亮. 面向对象的三维矢量GIS数据模型及拓扑关系的建立[J]. 测绘通报，1998（7）.
[86] 唐泽圣. 三维数据场可视化[M]. 北京：清华大学出版社，1999.
[87] 王桥，吴纪桃. GIS中的应用模型及其管理研究[J]. 测绘学报，1997，（03）：94-97.
[88] 王远飞，何洪林. 空间数据分析方法[M]. 北京：科学出版社，2008.
[89] 王宇详，杨崇俊. 网络地理信息系统发展趋势[J]. 中国测绘，2003，1：34-35.
[90] 王占全. 基于地理信息系统空间数据挖掘若干关键技术的研究[D]. 杭州：浙江大学，2005.
[91] 危拥军. 三维GIS数据组织管理及符号化表示研究[D]. 郑州：解放军信息工程大学，2006.
[92] 邬伦，等. 地理信息系统——原理、方法和应用[M]. 北京：科学出版社，2001.
[93] 毋河海，龚健雅. 地理信息系统（GIS）空间数据结构与处理技术[M]. 测绘出版社，1997.
[94] 毋河海. 地图数据库系统[M]. 北京：测绘出版社，1991.
[95] 吴慧欣. 三维GIS空间数据模型及可视化技术研究[D]. 西安：西北工业大学，2007.
[96] 吴立新，史文中. 地理信息系统原理与算法[M]. 北京：科学出版社，2003.
[97] 吴信才. MAPGIS地理信息系统[M]. 北京：电子工业出版社，2004.
[98] 吴信才. MAPGIS地理信息系统开发手册[M]. 中国地质大学（武汉），2001.
[99] 吴信才.地理信息系统原理与方法（第三版）[M].北京：电子工业出版社，2014.
[100] 肖乐斌，钟耳顺，刘纪远，等. 三维GIS的基本问题探讨[J]. 中国图象图形学报，2001（6）：842-848.
[101] 徐庆荣，杜道生，黄伟，等. 计算机地图制图原理[M]. 武汉：武汉测绘科技大学出版社，1993.
[102] 许海涛，彭认灿. 利用微机实现地形的立体等高线表示[J]. 海洋测绘，1999（2）：28-31.
[103] 杨必胜. 数字城市的三维建模与可视化技术研究[D]. 武汉：武汉大学，2002.
[104] 尹贡白，等. 地图概论[M]. 北京：测绘出版社，1991.
[105] 喻占武，李忠民，郑胜. 基于对象存储的新型网络GIS体系结构研究[J]. 武汉大学学报-信息科学版，2008-3-33（3）：285-288.
[106] 臧淑英. 地理信息系统概论课件[DB/OL]. 2003. http：//jwc. hrbnu. edu. cn/jpk/zangshuying.
[107] 张大顺，郑世书，孙亚军，等. 地理信息系统技术及其在煤矿水害预测中应用[M]. 中国矿业大学出版社，1994.
[108] 张宏，温永宁，刘爱利，等. 地理信息系统算法基础[M]. 北京：科学出版社，2006.
[109] 张犁，林晖，李斌. 互联网时代的地理信息系统[J]. 测绘学报，1998，27（1）.
[110] 张时煌，方裕. 微型嵌入式GIS软件平台的重要意义及发展动态[J]，中国图象图形学报，2001，6（9）：900-906.
[111] 张书亮，吴宇，徐洁慧，等. 网络GIS及其内容体系和应用分析[J]. 地球信息科学，

2007-4-9（2）：43-48.
[112] 张文忠，谢顺平. 微机地理制图[M]. 北京：高等教育出版社，1990.
[113] 张祖勋，黄明智. 时态GIS数据结构的研讨[J]. 测绘通报，1996，（01）：19-22.
[114] 郑贵洲，王琪. 地质图件机助制图相关的几个问题[J]. 地质科技情报，1997，1（2）.
[115] 郑贵洲. 地理信息系统（GIS）在地质学中的应用[J]. 地球科学，1998，（04）：96-99.
[116] 张军海. 河北师范大学地理信息系统精品课程[DB/OL]. 2008. http：//dmt. hebtu. edu. cn/homepages/DLXXXT / web/ jxdg. html.
[117] 中国测绘学会地图学与GIS专业委员会. 地图学与地理信息系统的现状与趋势[J]. 测绘通报，1997.
[118] 中国科学院地理研究所. 环境遥感与地理制图[M]. 重庆：科学技术文献出版社重庆分社，1989.
[119] 周成虎. 地理信息系统概要[M]. 北京：中国科学技术出版社，1993.
[120] 周顺平. 空间数据库技术研究[D]. 武汉：中国地质大学（武汉）大学，2003.
[121] 朱海佚，蔡开裕，樊爱华，等. 分布式系统原理与设计[M]. 长沙：国防科技大学出版社，1997.
[122] 朱亮璞. 遥感地质学[M]. 北京：地质出版社，1994.
[123] 朱选. 地理信息系统原理与技术[M]. 上海：华东师范大学出版社，2006.
[124] 祝国瑞，等. 地图学[M]. 武汉：武汉大学出版社，2004.
[125] 王家耀. 信息化时代的地图学[J]. 测绘工程，2000，9（2）：1-5.
[126] 龙毅，沈婕，周卫. GIS空间数据的分析与制图一体化策略[J]. 测绘科学技术学报，2006，23（4）：299-303.
[127] 尹章才. 地图表达机制及其基于可扩展标记语言的描述[D]. 武汉：武汉大学，2005.
[128] 王卉. GIS工具软件可视化设计中的几个问题[J]. 测绘通报，1998，（12）：7-9.
[129] 程朋根.Geostar地图符号的实现方法[J].地矿测绘，1999，（4）：3-6.
[130] 基础地理信息要素分类与代码（GBT_13923-2006）. 北京：中国标准出版社，2006.
[131] 张明旺. GIS中地图符号的符号化研究与实现[D]. 西华大学，2009.
[132] 刘海砚，孙群. 基于生产过程的空间数据误差分类与质量控制[J]. 测绘工程2007，（04）：14-17.
[133] 胡鹏. 地图代数[M]. 武汉大学出版社，2002.
[134] 游涟，胡鹏. 地图代数的符号化方法[J]. 测绘学报，1994，5：135-141.
[135] 车森，孙群，李少梅，等. 支持多种格式输出的地图符号库研究[J]. 测绘科学技术学报，2008，1：35-37.
[136] 凌善金，鲍静. 论注记与符号的关系及其表现方法[J]. 地图，2001，04：45-46.
[137] 魏秀琴. 基于数据的大幅面挂图的研制[D]. 武汉大学，2004.
[138] 王发艳. 地理信息系统与地图制图[J]. 资源环境与工程，2008-4-22（2）：239-242.
[139] 钱玉国，朱亚敏. 浅议专题地图的特点及制作[J]. 江西测绘（增刊），2007：111-112.
[140] 郭仁忠. 空间分析[M]. 武汉:武汉测绘科技大学出版社，2000.
[141] 刘纪平. 地图数据库图形输出中要素关系处理[J]. 测绘学报，1994，8：222-228.
[142] 黄著. 地理要素间制图关系的研究及相关处理技术[D]. 武汉大学，2005.
[143] 胡圣武. 地图信息挖掘的基本理论研究[J]. 测绘科学，2010-1-35（1）：127-129.
[144] 吴小芳，杜清运，胡月明，等. GIS中要素表达的若干问题分析及处理[J]. 测绘信息与工程，2007，32（2）：29-31.
[145] 谢忠，韩祺娟，吴亮. GIS空间数据库的“一库两用”策略研究[J]. 地理与地理信息科

学，2008-3-24（2）：5-8.
[146] 龙毅，汤国安，周侗. 地理空间分析与制图的数据整合策略和方法[J]. 地球信息科学，2006-6-8（2）：125-130.
[147] 郭明强，吴亮，黄颖，等. WebGIS集群环境下Client主动式负载均衡策略[J]. 武汉大学学报（信息科学版），2015，40（12）：1639-1645.
[148] 郭明强，黄颖，谢忠. 一种多核环境下的WebGIS模型优化策略[J]. 计算机工程，2013，39（08）：15-19.
[149] 郭明强. 面向高性能计算的WebGIS模型关键技术研究[D]. 中国地质大学，2013.
[150] 叶亚琴. 多时态矢量空间数据的增量更新及关键技术研究[D]. 武汉:中国地质大学，2009.
[151] 王俊珏，叶亚琴，方芳. 基于核密度与融合数据的城市功能分区研究[J]. 地理与地理信息科学，2019，35（03）：72-77.
[152] 吴亮，谢忠，陈占龙，等. 分布式空间分析运算关键技术[J]. 地球科学，2010，35（03）：362-368.
[153] 黄颖，谢忠，吴亮，等. 基于聚类调度负载均衡的WebGIS模型[J]. 地球科学，2010，35（03）：407-414.
[154] 杨林，万波，王润，等. 一种基于层次路划结构关系约束的矢量道路网自动匹配方法[J]. 武汉大学学报-信息科学版，2015，40（12）：1661-1668.
[155] 万波. 基于UML模型的空间数据库可视化建模[J]. 测绘科学，v.38，No.182（02）：113-116.
[156] 吴信才，徐世武，万波，等. 新一代的软件结构T-C-V结构[J]. 地球科学，2014，39（02）：221-226.
[157] 吴信才. 地理信息系统的基本技术与发展动态[J]. 地球科学，1998，23（04）：329-333.
[158] 吴信才，童恒建. 3维地理信息系统数据模型的设计[J]. 计算机工程，2004，（06）：93-95.
[159] 吴信才，白玉琪，郭玲玲.地理信息系统（GIS）发展现状及展望[J]. 计算机工程与应用，2000，36（04）：8-9.
[160] 吴信才，郑贵洲. 基于MAPGIS的地图数字化与地图接边[J]. 测绘学院学报，2001，18（04）：307-309.
[161] 吴信才，张成，于海燕. 搭建式GIS软件开发及其对软件工程的影响[J]. 测绘科学，2010，（04）：157-159.
[162] 吴信才. 共享世界的支撑技术—时空大数据与云平台（理论篇）[M]. 北京：科学出版社，2018.
[163] 吴信才. GIS开发大变革—云计算模式下MapGIS全新开发模式深度解析[M]. 北京：电子工业出版社，2015.
[164] 吴信才. 数据中心集成开发平台—新一代GIS应用开发模式[M]. 北京：电子工业出版社，2010.
[165] 吴信才. 面向网络的新一代地理信息系统[M]. 北京：科学出版社，2009.
[166] 周成虎，裴韬. 地理信息系统空间分析原理[M]. 北京：科学出版社，2011.
[167] 汤国安，刘学军，闾国年，等.地理信息系统教程[M]. 北京：高等教育出版社，2007.
[168] 邓敏，刘启亮，吴静. 空间分析[M]. 北京：测绘出版社，2015.
[169] 吴信才. 空间数据库[M]. 北京：科学出版社，2009.
[170] 吴信才，谢忠，成毅，等. 网络地理信息系统[M]. 北京：测绘出版社，2015.
[171] 吴信才. 大型三维GIS平台技术与实践[M]. 北京：电子工业出版社，2013.
[172] 吴信才. 遥感信息工程[M]. 北京：科学出版社，2011.
[173] 汤国安，李发源，刘学军. 数字高程模型教程（第三版）[M]. 北京：科学出版社，2016.